2026 GUIDE
Railway Traffic Safety Manager

철도교통
안전관리자

- 시험요강
- 자격 취득 수 취업처
- CBT 응시요령 안내
- 교통안전관리자

철도교통안전관리자 자격증은 이렇게!

1. **자격증 명:** 철도교통안전관리자

2. **시험장소:** 서울 본부 등 15개소(홈페이지 참조)

3. **응시 수수료:** 20,000원

4. **시험과목**

필수과목	선택과목
■ 교통법규 　• 교통안전법 　• 철도산업발전기본법 　• 철도안전법 ■ 교통안전관리론 ■ 철도공학	■ 열차운전 ┐ ■ 전기이론 　중 택 1 ■ 철도신호 ┘

- 교통법규는 법·시행령·시행규칙 모두 포함(법규 과목의 시험 범위는 시험 시행일 기준으로 시행되는 법령에서 출제 됨)
- 교통안전법은 총칙, 제3장 및 제5장 이하의 규정 중 교통수단운영자에게 적용되는 규정과 관련된 사항만을 말함

5. **시험 진행방법**

교시	시험기간	시험과목
1	1회차 09 : 20 ~ 10 : 10(50분)	• 교통법규(50문제)
1	2회차 13 : 20 ~ 14 : 10(50분)	• 교통법규(50문제)
2	1회차 10 : 30 ~ 11 : 45(75분)	• 교통안전관리론(25문제) • 철도공학(25문제) • 분야별 선택과목(25문제)
2	2회차 14 : 30 ~ 15 : 45(75분)	

6. **접수 대상 및 방법**

인터넷접수	방문접수
모든 응시자 • 자격증에 의한 일부 면제자인 경우 인터넷 접수 시 상세한 자격증 정보를 입력 • 현장 방문 접수 시에는 응시인원마감 등으로 시험접수가 불가할 수도 있사오니 가급적 인터넷으로 시험접수현황을 확인하시고 방문해주시기 바랍니다.	• 방문 접수자는 응시하고자 하는 지역으로 방문 • 항만분야 「선박지원법」에 의한 자격증 취득자는 방문접수만 가능 • 자격증에 의한 일부 면제자인 경우 방문접수 시 반드시 해당 증빙서류(원본 또는 사본)지참 • 취득 자격증별로 제출 서류가 상이하므로 면제기준을 참고하여 제출

• 모든 제출 서류는 원서 접수일 기준 6개월 이내 발행분에 한함.

7. 제출 서류(공통) 및 일부 과목 면제자 증빙서류

■ 공동제출서류(전과목 응시자 및 일부 과목 면제자)
- 응시원서(사진 2매 부착): 최근 6개월 이내 촬영한 여권용 사진(3.5×4.5cm)
- 인터넷 접수의 경우 사진을 10M이하의 jpg파일로 등록

■ 일부 과목 면제자 증빙서류(교통안전법 시행규칙 제25조 별표2)

구분		인터넷 접수	방문 · 우편 접수
국가기술자격법에 따른 자격증 소지자	제출방법	• 자격증 정보입력 • 파일 첨부(추가서류 제출자)	• 자격증 원본 지참 및 사본 제출 • 추가서류 원본 제출
	제출서류	• 자격증 • 자격취득사항확인서 1부 • 경력증명서(공단서식) 및 고용보험가입증명서 각 1부 • 자동차관리사업등록증 1부	
석사학위 이상 취득자	제출방법	• 파일첨부	• 원본 제출
	제출서류	• 해당 학위증명서 1부 • 성적증명서 1부 – 석사학위 이상 소지자로서 대학 또는 대학원에서 면제 받고자 하는 시험과목과 같은 과목을 B학점 이상으로 이수한 자(교통법규는 제외) – 시험과목과 이수한 과목의 명칭이 정확히 일치하지 않을 경우 해당 과목의 강의 계획서를 제출하여 검토 후 면제 가능	
일부면제자 교육 수료자 (도로분야만 해당)	제출방법	• 수료번호를 입력하여 수료여부 확인	• 원본 제출
	제출서류		• 교육 수료증

8. 시행방법

컴퓨터에 의한 시험 시행

[응시제한 및 부정행위 처리]
- 시험시작 시간 이후에 시험장에 도착한 사람은 응시 불가
- 시험 도중 무단으로 퇴장한 사람은 재입장 할 수 없으며 해당 시험 종료처리
- 부정행위 또는 주의사항이나 시험감독의 지시에 따르지 아니하는 사람은 즉각 퇴장조치 및 무효처리하며, 향후 2년간 공단에서 시행하는 자격시험의 응시자격 정지

철도교통안전관리자 자격증은 이렇게!

9. 문제출제 방법 및 채점

■ **문제출제 방법: 문제 은행방식**

문제은행 방식이란?	시험문제 공개 여부(비공개)
다량의 문항분석카드를 체계적으로 분류·정리 보관해 놓은 뒤 랜덤하게 문제를 출제하는 방식	문제은행방식으로 운영되기 때문에 시험문제를 공개할 경우, 반복 출제되는 문제들을 선택하여 단순 암기 위주의 시험 준비로 변할 우려가 있으므로 공개하지 않음.

■ **응시및 채점 방법**
CBT방식 문제가 랜덤하게 개인별 컴퓨터로 전송되어 프로그램 상에서 정답을 체크하여 응시하고, 컴퓨터 프로그램에서 자동적으로 정확하게 채점하여 결과를 표출

10. 합격기준 및 발표

합격 판정	응시과목마다 40% 이상을 얻고, 총점의 60% 이상을 얻은 자
합격자발표	시험 종료 후 즉시 시험 컴퓨터에서 결과 확인
합격 취소	결격사유 해당 또는 부정한 방법으로 시험에 합격한 경우 합격 취소

「교통안전관리자 자격시험 사무편람」 제27조(합격자 결정):
시험은 과목별 100점을 만점으로 하고 각 과목당 총점 40점 이상을 득점하고, 전 과목 총점 평균 60점 이상을 득점한 자

11. 시험 접수기간 및 시험일자

	온라인 접수	시험일자(공휴일·토요일 제외)	CBT 필기시험 장소
상반기	'26. 1. 23(금) 16:00부터 ~ 시험 7일전 18:00까지 (선착순 접수)	2월, 4월, 6월, 8월, 10월, 12월 마지막 월요일 ~ 금요일 (오전, 오후 각 1회) ※ 제주, 화성시험장은 화요일, 목요일 시행	서울구로, 수원, 대전, 대구, 부산, 광주, 인천, 춘천, 청주, 전주, 창원, 울산, 제주, 화성, 상주
하반기	7월 공고 예정 https://lic.kotsa.or.kr/		

* 현장접수 일정: 별도 접수기간 운영
* 정부 정책에 따라 공휴일 등이 발생하는 경우 시험 일정이 변경될 수 있음
* 시험일정은 제한환경에 따라 변경될 수 있음

12. 시험 관련 유의사항

- 시험 당일에는 신분증 지참 필수, 사진변경 희망 시 지참
  (미성년자의 경우 청소년증 또는 학생증+주민등록표(초본) 지참)
- 전과목 응시자에서 일부과목 면제자로 응시전형 변경을 희망하는 경우 '응시전형 변경 신청서, 해당하는 제출서류'를 제출해야 함.
  ※ 세부 변경방법은 "면제전형 제출서류 안내" 파일 참고
- 시험 시작시간 20분전까지 입실하여야 하며, 시험시작 이후에는 시험응시 불가
- 주차장이 매우 협소하여 이용이 불가능할 수 있으므로 대중교통 이용해주시기 바랍니다.
  (위 사유로 시험시작 시간 이후 도착 시 응시수수료 환불 불가)
- 자격증 발급은 인터넷 또는 현장(방문)으로 가능하며, 방문의 경우 시험 응시장소와 상관없이 공단 시험장에서 발급 가능
- 계산기(공학용 포함) 지참 가능하나, 시험 시작 전 초기화 또는 메모리카드 제거 필요

본 문제집으로 공부하는 수험생만의 특혜!!

도서 구매 인증시

1. CBT 셀프테스팅 제공
   (시험장과 동일한 모의고사)
   ※ 인증한 날로부터 1년간 CBT 이용 가능

2. 시험문제 풀이 동영상 제공

※ 오른쪽 서명란에 이름을 기입하여 골든벨 카페로 사진 찍어 도서 인증해주세요.
  (자세한 방법은 카페 참조)

NAVER 카페 [도서출판 골든벨] 도서인증 게시판

카페바로가기

도서 구매 인증서
무료 동영상 강의
CBT 체험 모의고사

본 자격 취득 후 취업처는!

1. **철도 운영 기관**
   - 한국철도공사(KORAIL)
   - 서울교통공사(지하철 1~8호선)
   - 각 지방 도시철도공사(부산, 대구, 광주, 대전, 인천교통공사 등)
   - 민간철도운영사(수서 고속철도 SRT운영사인 SR, 신분당선, 공항철도 등)

2. **철도건설 / 관리 / 관련 기관**
   - 국가철도공단
   - 철도시설유지보수업체(신호, 전기, 궤도, 차량정비 등의 협력업체)

3. **철도 관련 민간 기업**
   - 철도차량 제작사(현대로템, 우진산전 등)
   - 신호·통신·관제시스템 기업
   - 철도 안전 컨설팅 업체

4. **공공기관 및 안전관리 직군**
   - 국토부 산하 철도안전 관련 부서
   - 철도 관련 용업업체의 안전관리 부문
   - 철도건설 현장의 안전관리자(공사 현장에서 법정 선임 필요)

자격검정 CBT웹체험 서비스 안내
https://www.q-net.or.kr/cbt/index.html

CBT 응시요령 안내

1 수험자 정보 확인
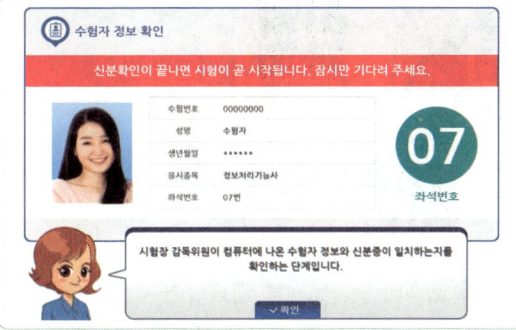

2 유의사항 확인
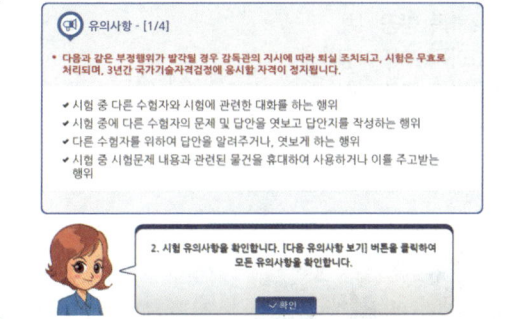

3 문제풀이 메뉴 설명
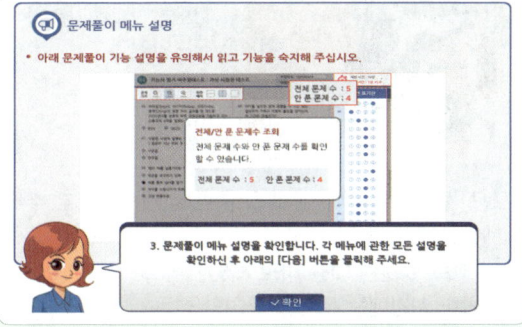

4 문제풀이 연습
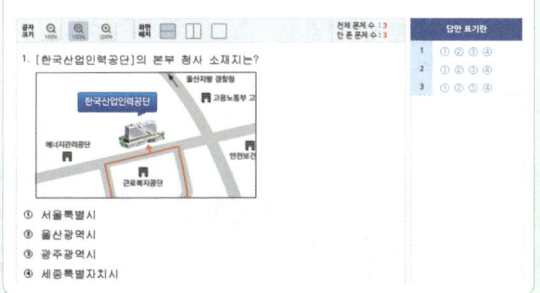

골든벨 CBT셀프 테스팅 바로가기
도서 구매 인증 시 시험장과 동일한 모의고사 1회를 CBT 셀프 테스트할 수 있습니다.

5 시험 준비 완료
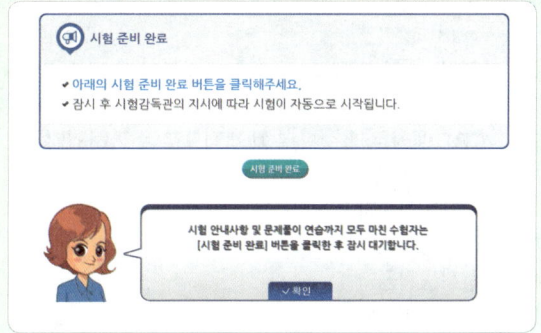

6 문제 풀이
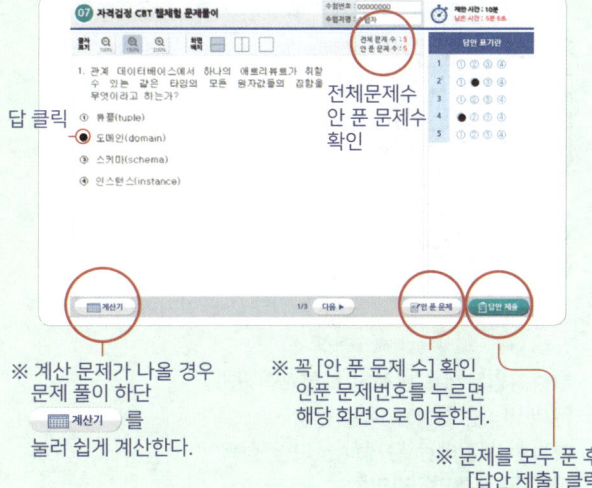

7 답안제출 및 확인
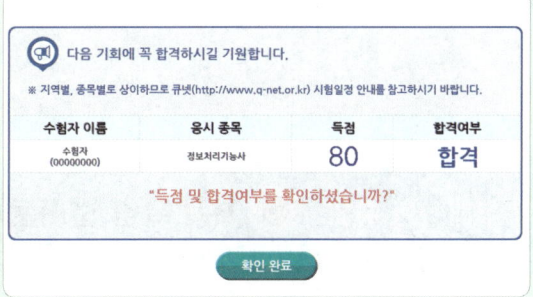

TS 한국교통안전공단 시행

교통안전관리자

Pass 시험 1주 작전
도로교통안전관리자 1000제

김치현·박장우·한창평

최근 시행된 기출문제를 철저히 분석하여 과목별 핵심을 정리하고, 출제 빈도가 높은 내용은 핵심용어 → 요점정리 → CBT 예상문제 순으로 체계적으로 수록하였다.
제1과목 교통안전관리론
제2과목 자동차정비
제3과목 교통심리학
제4과목 자동차공학
제5과목 교통법규
모의고사

Pass 시험 2주 작전
항공교통안전관리자 1200제

류영기·민수홍

최근 시행된 기출문제를 철저히 분석하여 과목별 핵심을 정리하고, 출제 빈도가 높은 내용은 핵심용어 → 요점정리 → CBT 예상문제 순으로 체계적으로 수록하였다.
제1과목 교통안전관리론
제2과목 항공기체
제3과목 교통법규
제4과목 항공기상
실전 모의고사

Pass 시험 2주 작전
철도교통안전관리자 1000제 1
교통안전관리론
철도공학
열차운전

장대성·류영기·민수홍

기출복원문제를 분석한 핵심요점정리
문제마다 촌철살인 해설 삽입
촉박한 시간에는 문제와 풀이만 정독
제1과목 교통안전관리론
제2과목 철도공학
제3과목 열차운전
실전 모의고사

Pass 시험 2주 작전
철도교통안전관리자 교통법규 600제 2
교통안전법
철도산업발전기본법
철도안전법

민수홍

최신 법규 → 문제 → 해설 순으로 체계적으로 수록
해설을 읽으면 바로 풀린다!
QR코드로 관련 내용 바로 확인
촉박한 시간에는 문제와 풀이만 정독
제1과목 교통법규
　　　– 교통안전법
　　　– 철도산업발전기본법
　　　– 철도안전법
실전 모의고사

도서 구매자의 특혜 저자 특강 킬러문제 무료 동영상　 모의고사 CBT 셀프 테스팅

시험 2주 작전 PASS

철도교통 안전관리자

교통법규 600제 ②

교통안전법 | 철도산업발전기본법 | 철도안전법

법학전공 민수홍 교수 편저

불법복사는 지적재산을 훔치는 범죄행위입니다.
저작권법 제97조의 5(권리의 침해죄)에 따라 위반자는 5년 이하의 징역 또는 5천 만원 이하의 벌금에 처하거나 이를 병과할 수 있습니다.

PREFACE

"공부는 쉽게, 효과는 최대"

한번 정독 당연 합격
두번 정독 넉넉 합격
세번 정독 우수 합격

    교통법규(교통안전법, 철도안전법, 철도산업발전기본법)는 타 과목보다 출제 문제 수(50문제)가 2배이고, 이해보다는 암기 위주의 과목입니다. 또한 그 양이 방대하여 많은 시간을 할애해야 해서 공부하기가 쉽지 않은 과목이지요.
    학습 요령은 이론(법률, 법령, 규칙) 개념 정리 후, 문제를 풀면서 난해한 내용은 이론도 다시 짚어보면, 그 효과는 배가 됩니다.

본 교재의 특징은 다음과 같습니다.

첫째, 이 교재는 법규 → 문제 → 해설(법규)로 구성되었습니다. 문제를 풀 때, 해설마다 관련 법규를 요약하였으므로 "읽으면 술술 풀린다!"라는 전략입니다.
둘째, 지면에 담기에 방대한 내용은 QR코드로 첨부하여 수험생이 스마트폰으로 관련 내용을 즉시 확인할 수 있도록 하였습니다.
셋째, 학습 일정이 촉박하거나 재독, 삼독할 때는 문제와 풀이만 읽어내려 가십시오.

또한 저자가 직접 선별한 '킬러 문제 동영상 특강'과 'CBT 셀프 테스트' 기능을 제공하여 학습 효과를 극대화하였습니다.

    끝으로, 40여 년 역사의 탈것전문출판미디어 ㈜골든벨의 대표님과 편집진 여러분께 깊은 감사를 드립니다.

2025년 10월
민수홍

CONTENTS

01 PART 교통법규
필수과목

Chapter 1 교통안전법
- 01. 총칙 — 8
- 02. 교통안전 기본계획 — 12
- 03. 교통안전에 관한 기본시책 — 21
- 04. 교통안전에 관한 세부시책 — 24
- 05. 보칙 및 벌칙 — 43

Chapter 2 철도안전법
- 01. 총칙 — 46
- 02. 철도안전 관리체계 — 51
- 03. 철도종사자의 안전관리 — 66
- 04. 철도시설 및 철도차량의 안전관리 — 106
- 05. 철도차량 운행안전 및 철도 보호 — 140
- 06. 철도사고 조사·처리 — 162
- 07. 철도안전기반 구축 — 165
- 08. 보칙 및 벌칙 — 169

Chapter 3 철도산업발전기본법
- 01. 총칙 — 181
- 02. 철도산업 발전기반의 조성 — 183
- 03. 철도안전 및 이용자 보호 — 193
- 04. 철도산업구조개혁의 추진 — 195
- 05. 보칙 및 벌칙 — 213

Chapter 4 출제 예상문제 — 215

02 PART 모의고사

- 1회 교통법규 모의고사 — 370
- 2회 교통법규 모의고사 — 377

철도교통안전관리자

P·A·R·T 01

교통법규

필수과목

Chapter 1. 교통안전법
Chapter 2. 철도안전법
Chapter 3. 철도산업발전기본법
Chapter 4. 교통법규 출제 예상문제

철도교통안전관리자

01 CHAPTER 교통안전법

01 총칙

1. 목적

(1) 법의 목적(법 제1조)

이 법은 교통안전에 관한 국가 또는 지방자치단체의 의무·추진체계 및 시책 등을 규정하고 이를 종합적·계획적으로 추진함으로써 교통안전 증진에 이바지함을 목적으로 한다.

(2) 시행령의 목적(시행령 제1조)

이 영은 교통안전법에서 위임된 사항과 그 시행에 필요한 사항을 규정함을 목적으로 한다.

2. 용어의 정의

(1) 교통수단(법 제2조제1호)

사람이 이동하거나 화물을 운송하는데 이용되는 것으로서 다음의 어느 하나에 해당하는 운송수단을 말한다.

① 도로교통법에 의한 차마 또는 노면전차, 철도산업발전 기본법에 의한 철도차량(도시철도를 포함한다) 또는 궤도운송법에 따른 궤도에 의하여 교통용으로 사용되는 용구 등 육상교통용으로 사용되는 모든 운송수단(차량이라 한다)
② 해사안전기본법에 의한 선박 등 수상 또는 수중의 항행에 사용되는 모든 운송수단(선박이라 한다)
③ 항공안전법에 의한 항공기 등 항공교통에 사용되는 모든 운송수단(항공기라 한다)

(2) 교통시설(법 제2조제2호)

도로·철도·궤도·항만·어항·수로·공항·비행장 등 교통수단의 운행·운항 또는 항행에 필요한 시설과 그 시설에 부속되어 사람의 이동 또는 교통수단의 원활하고 안전한 운행·운항 또는 항행을 보조하는 교통안전표지·교통관제시설·항행안전시설 등의 시설 또는 공작물을 말한다.

(3) 교통체계(법 제2조제3호)

사람 또는 화물의 이동·운송과 관련된 활동을 수행하기 위하여 개별적으로 또는 서로 유기적으로 연계되어있는 교통수단 및 교통시설의 이용·관리·운영체계 또는 이와 관련된 산업 및 제도 등을 말한다.

(4) 교통사업자(법 제2조제4호)

교통수단·교통시설 또는 교통체계를 운행·운항·설치·관리 또는 운영 등을 하는 자로서 다음의 어느 하나에 해당하는 자를 말한다.

① 여객자동차운수사업자, 화물자동차운수사업자, 철도사업자, 항공운송사업자, 해운업자 등 교통수단을 이용하여 운송 관련 사업을 영위하는 자(교통수단운영자라 한다)
② 교통시설을 설치·관리 또는 운영하는 자(교통시설설치·관리자라 한다)
③ 교통수단운영자 및 교통시설설치·관리자 외에 교통수단 제조사업자, 교통관련 교육·연구·조사기관 등 교통수단·교통시설 또는 교통체계와 관련된 영리적·비영리적 활동을 수행하는 자

(5) 지정행정기관(법 제2조제5호)

교통수단·교통시설 또는 교통체계의 운행·운항·설치 또는 운영 등에 관하여 지도·감독을 행하거나 관련 법령·제도를 관장하는 정부조직법에 의한 중앙행정기관으로서 대통령령으로 정하는 행정기관을 말한다.

지정행정기관(시행령 제2조)

기획재정부, 교육부, 법무부, 행정안전부, 문화체육관광부, 농림축산식품부, 산업통상자원부, 보건복지부, 환경부, 고용노동부, 여성가족부, 국토교통부, 해양수산부, 경찰청, 국무총리 지정 중앙행정기관

---

(6) 교통행정기관(법 제2조제6호)

법령에 의하여 교통수단·교통시설 또는 교통체계의 운행·운항·설치 또는 운영 등에 관하여 교통사업자에 대한 지도·감독을 행하는 지정행정기관의 장, 특별시장·광역시장·도지사·특별자치도지사(시·도지사라 한다) 또는 시장·군수·(자치)구청장을 말한다.

(7) 교통사고(법 제2조제7호)

교통수단의 운행·항행·운항과 관련된 사람의 사상 또는 물건의 손괴를 말한다.

(8) 교통수단안전점검(법 제2조제8호)

교통행정기관이 이 법 또는 관계 법령에 따라 소관 교통수단에 대하여 교통안전에 관한 위험요인을 조사·점검 및 평가하는 모든 활동을 말한다.

(9) 교통시설안전진단(법 제2조제9호)

육상교통·해상교통 또는 항공교통의 안전(교통안전이라 한다)과 관련된 조사·측정·평가 업무를 전문적으로 수행하는 교통안전 진단기관이 교통시설에 대하여 교통안전에 관한 위험요인을 조사·측정 및 평가하는 모든 활동을 말한다.

(10) 단지내도로(시행령 제2조의2)

단지내도로는 공동주택관리법 제2조제1항제2호가목부터 라목까지의 규정에 따른 의무관리대상 공동주택단지 및 고등교육법 제2조에 따른 학교에 설치되는 통행로로서 다음의 어느 하나에 해당하는 것으로 한다.
① 차도
② 보도
③ 자전거도로

3. 국가 등의 의무

(1) 국가 등의 의무(법 제3조)

① 국가는 국민의 생명·신체 및 재산을 보호하기 위하여 교통안전에 관한 종합적인 시책을 수립하고 이를 시행하여야 한다.
② 지방자치단체는 주민의 생명·신체 및 재산을 보호하기 위하여 그 관할구역 내의 교통안전에 관한 시책을 해당 지역의 실정에 맞게 수립하고 이를 시행하여야 한다.
③ 국가 및 지방자치단체(국가등이라 한다)는 교통안전에 관한 시책을 수립·시행하는 것 외에 지역개발·교육·문화 및 법무 등에 관한 계획 및 정책을 수립하는 경우에는 교통안전에 관한 사항을 배려하여야 한다.

(2) 교통시설 설치·관리자의 의무(법 제4조)

교통시설설치·관리자는 해당 교통시설을 설치 또는 관리하는 경우 교통안전표지 그 밖의 교통안전시설을 확충·정비하는 등 교통안전을 확보하기 위한 필요한 조치를 강구하여야 한다.

(3) 교통수단 제조사업자의 의무(법 제5조)

교통수단 제조사업자는 법령에서 정하는 바에 따라 그가 제조하는 교통수단의 구조·설비 및 장치의 안전성이 향상되도록 노력하여야 한다.

(4) 교통수단 운영자의 의무(법 제6조)

교통수단 운영자는 법령에서 정하는 바에 따라 그가 운영하는 교통수단의 안전한 운행·항행·운항 등을 확보하기 위하여 필요한 노력을 하여야 한다.

(5) 차량 운전자 등의 의무(법 제7조)

① 차량을 운전하는 자 등은 법령에서 정하는 바에 따라 해당 차량이 안전운행에 지장이 없는지를 점검하고 보행자와 자전거 이용자에게 위험과 피해를 주지 아니하도록 안전하게 운전하여야 한다.
② 선박에 승선하여 항행업무 등에 종사하는 자(선박승무원등이라 한다)는 법령에서 정하는 바에 따라 해당 선박이 출항하기 전에 검사를 행하여야 하며, 기상조건·해상조건·항로표지 및 사고의 통보 등을 확인하고 안전운항을 하여야 한다.
③ 항공기에 탑승하여 그 운항업무 등에 종사하는 자(항공승무원등이라 한다)는 법령에서 정하는 바에 따라 해당 항공기의 운항 전 확인 및 항행안전시설의 기능장애에 관한 보고 등을 행하고 안전운항을 하여야 한다.

(5) 보행자의 의무(법 제8조)

보행자는 도로를 통행할 때 법령을 준수하여야 하고, 육상교통에 위험과 피해를 주지 아니하도록 노력하여야 한다.

4. 재정 및 금융 조치

(1) 재정·금융상 필요조치 강구(법 제9조제1항)

국가 등은 교통안전에 관한 시책의 원활한 실시를 위하여 예산의 확보, 재정지원 등 재정·금융상의 필요한 조치를 강구하여야 한다.

(2) 교통안전장치 장착 지원(법 제9조제2항)

국가등은 이 법에 따라 다음의 어느 하나에 해당하는 자에게 교통안전장치 장착을 의무화할 경우 이에 따른 비용을 대통령령으로 정하는 바에 따라 지원할 수 있다.
① 여객자동차 운수사업법에 따른 여객자동차운송사업자
② 화물자동차 운수사업법에 따른 화물자동차 운송사업자 또는 화물자동차 운송가맹사업자
③ 도로교통법 제52조에 따른 어린이통학버스(제55조제1항제1호에 따라 운행기록장치를 장착한 차량은 제외한다) 운영자

02 교통안전 기본계획

1. 국가교통안전기본계획

(1) 국가교통안전기본계획 수립(법 제15조제1항)

국토교통부장관은 국가의 전반적인 교통안전수준의 향상을 도모하기 위하여 교통안전에 관한 기본계획(국가교통안전기본계획이라 한다)을 5년 단위로 수립하여야 한다.

(2) 국가교통안전기본계획 포함사항(법 제15조제2항)

국가교통안전기본계획에는 다음의 사항이 포함되어야 한다.
① 교통안전에 관한 중·장기 종합정책방향
② 육상교통·해상교통·항공교통 등 부문별 교통사고의 발생현황과 원인의 분석
③ 교통수단·교통시설별 교통사고 감소목표
④ 교통안전지식의 보급 및 교통문화 향상목표
⑤ 교통안전정책의 추진성과에 대한 분석·평가
⑥ 교통안전정책의 목표달성을 위한 부문별 추진전략
⑦ 고령자, 어린이 등 교통약자의 이동편의 증진법에 따른 교통약자의 교통사고 예방에 관한 사항
⑧ 부문별·기관별·연차별 세부 추진계획 및 투자계획
⑨ 교통안전표지·교통관제시설·항행안전시설 등 교통안전시설의 정비·확충에 관한 계획
⑩ 교통안전 전문인력의 양성
⑪ 교통안전과 관련된 투자사업계획 및 우선순위
⑫ 지정행정기관별 교통안전대책에 대한 연계와 집행력 보완방안
⑬ 그 밖에 교통안전수준의 향상을 위한 교통안전시책에 관한 사항

(3) 국가교통안전기본계획 수립절차

1) 수립지침의 작성 및 통보(법 제15조제3항, 시행령 제10조제1항)

   국토교통부장관은 국가교통안전기본계획의 수립 또는 변경을 위한 지침(수립지침이라 한다)을 작성하여 계획연도 시작 전전년도 6월 말까지 지정행정기관의 장에게 통보하여야 한다.

2) 소관별 교통안전계획안 작성 및 제출(시행령 제10조제2항)

   지정행정기관의 장은 수립지침에 따라 소관별 교통안전에 관한 계획안을 작성하여 계획연도 시작 전년도 2월 말까지 국토교통부장관에게 제출하여야 한다.

3) 국가교통안전기본계획안의 종합·조정(시행령 제10조제3항)

   국토교통부장관은 소관별 교통안전에 관한 계획안을 종합·조정하여 계획연도 시작 전년도 6월 말까지 국가교통안전기본계획을 확정하여야 한다. 소관별 교통안전에 관한 계획안을 종합·조정하는 경우에는 다음 사항을 검토하여야 한다.
   ① 정책목표
   ② 정책과제의 추진시기
   ③ 투자규모
   ④ 정책과제의 추진에 필요한 해당 기관별 협의사항

4) 국가교통위원회의 심의 및 확정(법 제15조제3항)

   국토교통부장관은 제출받은 소관별 교통안전에 관한 계획안을 종합·조정하여 국가교통안전기본계획안을 작성한 후 국가교통위원회의 심의를 거쳐 이를 확정한다.

5) 확정된 국가교통안전기본계획의 통보 및 공고(시행령 제10조제4항)

   국토교통부장관은 국가교통안전기본계획을 확정한 경우에는 확정한 날부터 20일 이내에 지정행정기관의 장과 시·도지사에게 이를 통보하고, 이를 공고하여야 한다.

국가교통안전기본계획 수립절차(법 제15조, 시행령 제10조)		
순서	내용	기한
1	국토교통부장관 수립지침 작성하여 지정행정기관장에게 통보	계획년도 시작 전전년도 6월말
2	지정행정기관장 소관별 계획안 국토교통부장관에게 제출	계획년도 시작 전년도 2월말
3	국토교통부장관 소관별 계획안 종합·조정하여 국가교통안전기본계획안 작성	
4	국가교통안전기본계획안 국가교통위원회 심의 및 확정	계획년도 시작 전년도 6월말
5	국토교통부장관 확정된 국가교통안전기본계획을 지정행정기관장과 시·도지사에게 통보	확정한 날부터 20일 이내

(4) 국가교통안전기본계획 변경 절차(법 제15조제6항, 시행령 제11조)

확정된 국가교통안전기본계획을 변경하는 경우에 수립절차를 준용한다. 다만, 대통령령으로 정하는 경미한 사항을 변경하는 경우에는 그러하지 아니하다.
① 국가교통안전기본계획 또는 국가교통안전시행계획에서 정한 부문별 사업규모를 100분의 10 이내의 범위에서 변경하는 경우
② 국가교통안전기본계획 또는 국가교통안전시행계획에서 정한 시행기한의 범위에서 단위 사업의 시행시기를 변경하는 경우
③ 계산 착오, 오기, 누락, 그 밖에 국가교통안전기본계획 또는 국가교통안전시행계획의 기본방향에 영향을 미치지 아니하는 사항으로서 그 변경 근거가 분명한 사항을 변경하는 경우

2. 국가교통안전시행계획

(1) 국가교통안전시행계획의 수립 절차

1) 소관별 교통안전시행계획안 수립·제출(시행령 제12조제1항)

   지정행정기관의 장은 다음 연도의 소관별 교통안전시행계획안을 수립하여 매년 10월 말까지 국토교통부장관에게 제출하여야 한다.

2) 소관별 교통안전시행계획안 종합·조정(법 제16조제2항, 시행령 제12조제2항)

   국토교통부장관은 제출받은 소관별 교통안전시행계획안을 국가교통안전기본계획에 따라 종합·조정하여 국가교통안전시행계획안을 작성한 후 국가교통위원회의 심의를 거쳐 이를 확정한다. 소관별 교통안전시행계획안 종합·조종할 때에는 다음 사항을 검토하여야 한다.
   ① 국가교통안전기본계획과의 부합 여부
   ② 기대 효과
   ③ 소요예산의 확보 가능성

3) 확정된 국가교통안전시계획 통보 및 공고(법 제16조제3항, 시행령 제12조제3항)

   국토교통부장관은 국가교통안전시행계획을 12월 말까지 확정하여 지정행정기관의 장과 시·도지사에게 통보하고 이를 공고하여야 한다.

국가교통안전시행계획 수립절차(법 제16조, 시행령 제12조)		
순서	내용	기한
1	지정행정기관장 소관별 시행계획안 국토교통부장관에게 제출	매년 10월 말
2	국토교통부장관 소관별 시행계획안 종합·조정하여 국가교통안전시행계획안 작성	-
3	국가교통안전시행계획안 국가교통위원회 심의 및 확정	매년 12월 말
4	국토교통부장관 확정된 국가교통안전기본계획을 지정행정기관장과 시·도지사에게 통보하고 공고	-

(2) **국가교통안전시행계획의 변경 절차**(법 제16조제4항, 시행령 제11조)

국가교통안전시행계획의 변경은 수립절차에 관한 규정을 준용한다. 다만, 경미한 사항을 변경하는 경우에는 그러하지 아니하다.

① 국가교통안전기본계획 또는 국가교통안전시행계획에서 정한 부문별 사업규모를 100분의 10 이내의 범위에서 변경하는 경우
② 국가교통안전기본계획 또는 국가교통안전시행계획에서 정한 시행기한의 범위에서 단위 사업의 시행시기를 변경하는 경우
③ 계산 착오, 오기, 누락, 그 밖에 국가교통안전기본계획 또는 국가교통안전시행계획의 기본방향에 영향을 미치지 아니하는 사항으로서 그 변경 근거가 분명한 사항을 변경하는 경우

3. 지역교통안전기본계획

(1) **지역교통안전기본계획의 수립**(법 제17조제1항)

시·도지사는 국가교통안전기본계획에 따라 시·도의 교통안전에 관한 기본계획(시·도교통안전기본계획이라 한다)을 5년 단위로 수립하여야 하며, 시장·군수·구청장은 시·도교통안전기본계획에 따라 시·군·구의 교통안전에 관한 기본계획(시·군·구교통안전기본계획이라 한다)을 5년 단위로 수립하여야 한다.

(2) **지역교통안전기본계획 포함사항**(시행령 제13조제1항)

시·도교통안전기본계획 또는 시·군·구교통안전기본계획에는 각각 다음 사항이 포함되어야 한다.

① 해당 지역의 육상교통안전에 관한 중·장기 종합정책방향
② 그 밖에 육상교통안전수준을 향상하기 위한 교통안전시책에 관한 사항

지역교통안전기본계획의 수립(법 제17조, 시행령 제13조)			
구분	수립의무자	수립기준	수립단위
시·도교통안전기본계획	시·도지사	국가교통안전기본계획	5년
시·군·구교통안전기본계획	시장·군수·구청장	시·도교통안전기본계획	5년

(3) 지역교통안전기본계획 수립절차

1) 수립지침의 작성 및 통보(법 제17조제2항)

국토교통부장관 또는 시·도지사는 시·도교통안전기본계획 또는 시·군·구교통안전기본계획(지역교통안전기본계획이라 한다)의 수립에 관한 지침을 작성하여 시·도지사 및 시장·군수·구청장에게 통보할 수 있다(임의적).

2) 심의 및 확정(법 제17조제3항, 시행령 제13조제2항)

① 시·도지사가 시·도교통안전기본계획을 수립한 때에는 지방교통위원회의 심의를 거쳐 이를 확정하고, 시장·군수·구청장이 시·군·구교통안전기본계획을 수립한 때에는 시·군·구교통안전위원회의 심의를 거쳐 이를 확정한다.

② 시·도지사 및 시장·군수·구청장(시·도지사등이라 한다)은 각각 계획연도 시작 전년도 10월 말까지 시·도교통안전기본계획 또는 시·군·구교통안전기본계획(지역교통안전기본계획이라 한다)을 확정하여야 한다.

3) 제출 및 공고(시행규칙 제13조제3항)

① 시·도지사는 시·도교통안전기본계획을 확정한 때에는 확정한 날부터 20일 이내에 국토교통부장관에게 제출한 후 이를 공고하여야 한다.

② 시장·군수·구청장은 시·군·구교통안전기본계획을 확정한 때에는 확정한 날부터 20일 이내에 시·도지사에게 제출한 후 이를 공고하여야 한다.

지역교통안전기본계획 수립절차(법 제17조, 시행령 제13조)			
구분	심의·확정	제출·공고	기한
시·도교통안전기본계획	시·도지사 지방교통위원회 심의·확정	확정일부터 20일 이내 국토교통부장관에게 제출	시작 전년도 10월 말
시·군·구교통안전기본계획	시장·군수·구청장 시·군·구교통위원회 심의·확정	확정일부터 20일 이내 시·도지사에게 제출	시작 전년도 10월 말

(4) 지역교통안전기본계획 변경 절차(법 제17조제5항, 시행령 제13조제4항)

① 시·도지사 또는 시장·군수·구청장은 지역교통안전기본계획을 수립하거나 변경하고

자 할 때에는 지방교통위원회 또는 시·군·구교통안전위원회의 심의 전에 주민 및 관계 전문가로부터 의견을 들어야 한다. 다만, 국토교통부령으로 정하는 경미한 사항을 변경하고자 하는 경우에는 그러하지 아니하다.

② 시·도지사등은 주민 및 관계 전문가의 의견을 들으려는 경우에는 시·도교통안전기본계획안 또는 시·군·구교통안전기본계획안(지역교통안전기본계획안이라 한다)의 주요 내용을 해당 관할 지역을 주된 보급지역으로 하는 2개 이상의 일간신문과 해당 지방자치단체의 인터넷 홈페이지에 공고하고 일반인이 14일 이상 열람할 수 있도록 해야 한다. 이 경우 시·도지사등은 충분한 의견을 수렴하기 위하여 필요한 경우에는 공청회를 개최할 수 있다.

③ 공고된 지역교통안전기본계획안의 내용에 대하여 의견이 있는 자는 열람기간 내에 시·도지사등에게 의견서를 제출할 수 있다.

④ 시·도지사등은 제5항에 따라 제출된 의견을 지역교통안전기본계획에 반영할 것인지를 검토하고, 그 결과를 열람기간이 끝난 날부터 60일 이내에 해당 의견서를 제출한 자에게 통보해야 한다.

4. 지역교통안전시행계획

(1) 지역교통안전시행계획의 수립

① 시·도지사 및 시장·군수·구청장은 소관 지역교통안전기본계획을 집행하기 위하여 시·도교통안전시행계획과 시·군·구교통안전시행계획(지역교통안전시행계획이라 한다)을 매년 수립·시행하여야 한다(법 제18조제1항).

② 시·도지사등은 각각 다음 연도의 시·도교통안전시행계획 또는 시·군·구교통안전시행계획(지역교통안전시행계획이라 한다)을 12월 말까지 수립하여야 한다(시행령 제14조제1항).

지역교통안전시행계획의 수립(법 제18조, 시행령 제14조)			
구분	수립의무자	수립목적	수립단위
시·도교통안전시행계획	시·도지사	소관 지역교통안전기본계획 집행	매년
시·군·구교통안전시행계획	시장·군수·구청장	소관 지역교통안전기본계획 집행	매년

(2) 지역교통안전시행계획의 수립 절차

시·도지사는 시·도교통안전시행계획을 수립한 때에는 국토교통부장관에게 제출한 후 이를 공고하여야 하며, 시장·군수·구청장은 시·군·구교통안전시행계획을 수립한 때에는 시·도지사에게 제출한 후 이를 공고하여야 한다(법 제18조제2항).

지역교통안전시행계획 수립절차(법 제18조, 시행령 제14조)		
구분	제출·공고	수립 기한
시·군·구 교통안전시행계획	매년 1월 말까지 시·도지사에게 제출한 후 공고	시작 전년도 12월 말
시·도 교통안전시행계획	매년 2월 말까지 국토교통부장관에게 제출한 후 공고	시작 전년도 12월 말

(3) 교통안전시행계획의 추진실적 제출 및 평가(시행령 제14조, 제15조)

① 시장·군수·구청장은 시·군·구교통안전시행계획과 전년도의 시·군·구교통안전시행계획 추진실적을 매년 1월 말까지 시·도지사에게 제출하여야 한다.

② 시·도지사는 이를 종합·정리하여 그 결과를 시·도교통안전시행계획 및 전년도의 시·도교통안전시행계획 추진실적과 함께 매년 2월 말까지 국토교통부장관에게 제출하여야 한다.

③ 지정행정기관의 장은 전년도의 소관별 국가교통안전시행계획 추진실적을 매년 3월 말까지 국토교통부장관에게 제출하여야 한다.

교통안전시행계획 추진실적 제출(시행령 제14조, 제15조)			
제출자	제출처	제출내용	제출 기한
시장·군수·구청장	시·도지사	전년도의 시·군·구교통안전시행계획 추진실적 + 시·군·구교통안전시행계획	매년 1월 말
시·도지사	국토교통부장관	전년도의 시·군·구교통안전시행계획 추진실적 + 전년도의 시·도교통안전시행계획 추진실적 + 시·도교통안전시행계획	매년 2월 말
지정행정기관의 장	국토교통부장관	전년도의 소관별 국가교통안전시행계획 추진실적	매년 3월 말

(4) 지역교통안전시행계획의 추진실적에 포함되어야 할 세부사항(시행규칙 제3조)

시·도교통안전시행계획 또는 시·군·구교통안전시행계획의 추진실적에 포함되어야 하는 세부사항은 다음과 같다.

1) 지역교통안전시행계획의 단위 사업별 추진실적(예산사업에는 사업량과 예산집행실적을 포함하고, 계획미달사업에는 그 사유와 대책을 포함한다)

2) **지역교통안전시행계획의 추진상 문제점 및 대책**

3) **교통사고 현황 및 분석**

① 연간 교통사고 발생건수 및 사상자 내역

② 교통수단별·교통시설별(관리청이 다른 경우 따로 구분한다) 교통안전정책 목표 달성 여부

③ 교통약자에 대한 교통안전정책 목표 달성 여부
④ 교통사고의 분석 및 대책
⑤ 교통문화지수 향상을 위한 노력
⑥ 그 밖에 지역교통안전 수준의 향상을 위하여 각 지역별로 추진한 시책의 실적

5. 교통시설 설치·관리자 등의 교통안전관리규정

(1) 교통안전관리규정의 수립 및 제출(법 제21조제1항)

대통령령으로 정하는 교통시설설치·관리자 및 교통수단운영자(교통시설설치·관리자등이라 한다)는 그가 설치·관리하거나 운영하는 교통시설 또는 교통수단과 관련된 교통안전을 확보하기 위하여 다음의 사항을 포함한 규정(교통안전관리규정이라 한다)을 정하여 관할교통행정기관에 제출하여야 한다. 이를 변경한 때에도 또한 같다.

1) 교통시설설치·관리자등의 범위(시행령 제16조, 별표 1)

① 교통시설 설치·관리자

교통시설	설치·관리자
도로	1. 한국도로공사 2. 관리청의 허가를 받아 도로공사를 시행하거나 유지하는 관리청이 아닌 자 3. 유료도로를 신설 또는 개축하여 통행료를 받는 비도로관리청 4. 도로 및 도로부속물에 대하여 민간투자사업을 시행하고 이를 관리·운영하는 민간투자법인

② 교통수단 운영자

교통수단	운영자
자동차	다음 중 어느 하나에 해당하는 자 중 사업용으로 20대 이상의 자동차(피견인 자동차는 제외한다)를 사용하는 자 1. 여객자동차운수사업법에 따라 여객자동차운송사업의 면허를 받거나 등록을 한 자 2. 여객자동차운수사업법에 따라 여객자동차운송사업의 관리를 위탁받은 자 3. 여객자동차운수사업법에 따라 자동차대여사업의 등록을 한 자 4. 화물자동차운수사업법에 따라 일반화물자동차운송사업의 허가를 받은 자
궤도	궤도운송법에 따라 궤도사업의 허가를 받은 자 또는 전용궤도의 승인을 받은 전용궤도운영자

(2) 교통안전관리규정에 포함되어야 할 사항(제21조제1항)

① 교통안전의 경영지침에 관한 사항
② 교통안전목표 수립에 관한 사항
③ 교통안전 관련 조직에 관한 사항

④ 교통안전담당자 지정에 관한 사항
⑤ 안전관리대책의 수립 및 추진에 관한 사항
⑥ 그 밖에 교통안전에 관한 중요 사항으로서 대통령령으로 정하는 사항
  ㉠ 교통안전과 관련된 자료·통계 및 정보의 보관·관리에 관한 사항
  ㉡ 교통시설의 안전성 평가에 관한 사항
  ㉢ 사업장에 있는 교통안전 관련 시설 및 장비에 관한 사항
  ㉣ 교통수단의 관리에 관한 사항
  ㉤ 교통업무에 종사하는 자의 관리에 관한 사항
  ㉥ 교통안전의 교육·훈련에 관한 사항
  ㉦ 교통사고 원인의 조사·보고 및 처리에 관한 사항
  ㉧ 그 밖에 교통안전관리를 위하여 국토교통부장관이 따로 정하는 사항

(3) 교통안전관리규정 제출 시기(시행령 제17조)

교통시설 설치·관리자등이 교통안전관리규정을 제출하여야 하는 시기는 다음의 구분에 따른다.

① **교통시설설치·관리자** : 별표 1 제1호의 어느 하나에 해당하게 된 날부터 6개월 이내
② **교통수단운영자** : 별표 1 제2호의 어느 하나에 해당하게 된 날부터 1년의 범위에서 국토교통부령으로 정하는 기간 이내
③ 교통시설설치·관리자등은 교통안전관리규정을 변경한 경우에는 변경한 날부터 3개월 이내에 변경된 교통안전관리규정을 관할 교통행정기관에 제출하여야 한다.

(4) 교통안전관리규정의 검토 등(시행령 제19조)

교통행정기관은 교통시설설치·관리자등이 제출한 교통안전관리규정이 적정하게 작성되었는지를 검토하여야 한다.

검토결과의 구분	내용
적합	교통안전에 필요한 조치가 구체적이고 명료하게 규정되어 있어 교통시설 또는 교통수단의 안전성이 충분히 확보되어 있다고 인정되는 경우
조건부 적합	교통안전의 확보에 중대한 문제가 있지는 아니하지만 부분적으로 보완이 필요하다고 인정되는 경우
부적합	교통안전의 확보에 중대한 문제가 있거나 교통안전관리규정 자체에 근본적인 결함이 있다고 인정되는 경우

(5) 교통안전관리규정의 준수 등(법 제21조제2항, 제3항, 제4항, 시행규칙 제5조)

① 교통시설설치 · 관리자등은 교통안전관리규정을 준수하여야 한다.
② 교통행정기관은 국토교통부령으로 정하는 바에 따라 교통시설설치 · 관리자등이 교통안전관리규정을 준수하고 있는지의 여부를 확인하고 이를 평가하여야 한다.
③ 교통행정기관은 교통안전을 확보하기 위하여 필요하다고 인정하는 때에는 교통안전관리규정의 변경을 명할 수 있다. 이 경우 변경명령을 받은 교통시설설치 · 관리자등은 특별한 사유가 없으면 그 명령을 따라야 한다.
④ 교통안전관리규정 준수 여부의 확인 · 평가는 교통안전관리규정을 제출한 날을 기준으로 매 5년이 지난 날의 전후 100일 이내에 실시한다.

03 교통안전에 관한 기본시책

1. 교통시설의 정비 등

(1) 안전한 교통환경 조성을 위한 필요시책 강구(법 제22조제1항)

국가등은 안전한 교통환경을 조성하기 위하여 교통시설의 정비(교통안전표지 그 밖의 교통안전시설에 대한 정비를 포함한다), 교통규제 및 관제의 합리화, 공유수면 사용의 적정화 등 필요한 시책을 강구하여야 한다.

(2) 보행자 등 배려 의무(법 제22조제2항)

국가등은 주거지 · 학교지역 및 상점가에 대하여 안전한 교통환경 조성을 위한 시책을 강구할 때에 특히 보행자와 자전거이용자가 보호되도록 배려하여야 한다.

2. 교통안전지식의 보급 등

(1) 교통안전 지식 및 의식 제고를 위한 필요시책 강구(법 제23조제1항)

국가등은 교통안전에 관한 지식을 보급하고 교통안전에 관한 의식을 제고하기 위하여 학교 그 밖의 교육기관을 통하여 교통안전교육의 진흥과 교통안전에 관한 홍보활동의 충실을 도모하는 등 필요한 시책을 강구하여야 한다.

(2) 교통안전에 관한 조직 활동 촉진을 위한 필요시책 강구(법 제23조제2항)

국가등은 교통안전에 관한 국민의 건전하고 자주적인 조직 활동이 촉진되도록 필요한 시책을 강구하여야 한다.

(3) 교통안전 체험시설 설치(법 제23조제3항)

국가등은 어린이, 노인 및 장애인(어린이등이라 한다)의 교통안전 체험을 위한 교육시설을 설치할 수 있다. 이 경우 해당 교육시설을 설치하고자 하는 교통행정기관의 장은 관계 행정기관의 장과 협의하여야 한다.

(4) 교통안전 체험시설 설치(법 제23조제4항, 시행령 제19조의2)

1) 국가등은 어린이, 노인 및 장애인의 교통안전 체험을 위한 교육시설 설치를 지원하기 위하여 예산의 범위에서 재정적 지원을 할 수 있다.
2) 국가 및 시·도지사등은 어린이, 노인 및 장애인(어린이등이라 한다)의 교통안전 체험을 위한 교육시설(교통안전 체험시설이라 한다)을 설치할 때에는 다음의 설치 기준 및 방법에 따른다.
   ① 어린이등이 교통사고 예방법을 습득할 수 있도록 교통의 위험상황을 재현할 수 있는 영상장치 등 시설·장비를 갖출 것
   ② 어린이등이 자전거를 운전할 때 안전한 운전방법을 익힐 수 있는 체험시설을 갖출 것
   ③ 어린이등이 교통시설의 운영체계를 이해할 수 있도록 보도·횡단보도 등의 시설을 관계 법령에 맞게 배치할 것
   ④ 교통안전 체험시설에 설치하는 교통안전표지 등이 관계 법령에 따른 기준과 일치할 것

3. 기타 교통안전을 위한 국가등의 의무

(1) 교통수단의 안전운행 등의 확보(법 제24조)

① 국가등은 차량의 운전자, 선박승무원등 및 항공승무원등(운전자등이라 한다)이 해당 교통수단을 안전하게 운행할 수 있도록 필요한 교육을 받도록 하여야 한다.
② 국가등은 운전자등의 자격에 관한 제도의 합리화, 교통수단 운행체계의 개선, 운전자등의 근무조건의 적정화와 복지향상 등을 위하여 필요한 시책을 강구하여야 한다.

(2) 교통안전에 관한 정보의 수집·전파(법 제25조)

국가등은 기상정보 등 교통안전에 관한 정보를 신속하게 수집·전파하기 위하여 기상관측망과 통신시설의 정비 및 확충 등 필요한 시책을 강구하여야 한다.

(3) 교통수단의 안전성 향상(법 제26조)

국가등은 교통수단의 안전성을 향상시키기 위하여 교통수단의 구조·설비 및 장비 등에 관한 안전상의 기술적 기준을 개선하고 교통수단에 대한 검사의 정확성을 확보하는 등 필요한 시책을 강구하여야 한다.

(4) 교통질서의 유지(법 제27조)

국가등은 교통질서를 유지하기 위하여 교통질서 위반자에 대한 단속 등 필요한 시책을 강구하여야 한다.

(5) 위험물의 안전운송(법 제28조)

국가등은 위험물의 안전운송을 위하여 운송 시설 및 장비의 확보와 그 운송에 관한 제반기준의 제정 등 필요한 시책을 강구하여야 한다.

(6) 긴급 시의 구조체제의 정비 등(법 제29조)

① 국가등은 교통사고 부상자에 대한 응급조치 및 의료의 충실을 도모하기 위하여 구조체제의 정비 및 응급의료시설의 확충 등 필요한 시책을 강구하여야 한다.
② 국가등은 해양사고 구조의 충실을 도모하기 위하여 해양사고 발생정보의 수집체제 및 해양사고 구조체제의 정비 등 필요한 시책을 강구하여야 한다.

(7) 손해배상의 적정화(법 제30조)

국가등은 교통사고로 인한 피해자(그 유족을 포함한다)에 대한 손해배상의 적정화를 위하여 손해배상보장제도의 충실 등 필요한 시책을 강구하여야 한다.

(8) 과학기술의 진흥 등(법 제31조)

① 국가등은 교통안전에 관한 과학기술의 진흥을 위한 시험연구체제를 정비하고 연구·개발을 추진하며 그 성과의 보급 등 필요한 시책을 강구하여야 한다.
② 국가등은 교통사고 원인을 과학적으로 규명하기 위하여 교통체계등에 관한 종합적인 연구·조사의 실시 등 필요한 시책을 강구하여야 한다.

(9) 교통안전에 관한 시책 강구상의 배려(법 제32조)

국가등은 교통안전에 관한 시책을 강구할 때 국민생활을 부당하게 침해하지 아니하도록 배려하여야 한다.

04 교통안전에 관한 세부시책

1. 교통수단안전점검

(1) 교통수단안전점검의 실시(법 제33조제1항)

교통행정기관은 소관 교통수단에 대한 교통안전 실태를 파악하기 위하여 주기적으로 또는 수시로 교통수단안전점검을 실시할 수 있다.

(2) 교통수단안전점검의 대상(시행령 제20조)

교통수단 안전점검의 대상은 다음과 같다.

① 여객자동차 운수사업법에 따른 여객자동차운송사업자가 보유한 자동차 및 그 운영에 관련된 사항
② 화물자동차 운수사업법에 따른 화물자동차 운송사업자가 보유한 자동차 및 그 운영에 관련된 사항
③ 건설기계관리법에 따른 건설기계사업자가 보유한 건설기계(도로교통법에 따른 운전면허를 받아야 하는 건설기계에 한정한다) 및 그 운영에 관련된 사항
④ 철도사업법에 따른 철도사업자 및 전용철도운영자가 보유한 철도차량 및 그 운영에 관련된 사항
⑤ 도시철도법에 따른 도시철도운영자가 보유한 철도차량 및 그 운영에 관련된 사항
⑥ 항공사업법에 따른 항공운송사업자가 보유한 항공기(군용항공기 등과 국가기관등항공기는 제외한다) 및 그 운영에 관련된 사항
⑦ 그 밖에 국토교통부령으로 정하는 어린이 통학버스 및 위험물 운반자동차 등 교통수단 안전점검이 필요하다고 인정되는 자동차 및 그 운영에 관련된 사항(시행규칙 제6조)
  ㉠ 도로교통법 제2조제23호에 따른 어린이통학버스
  ㉡ 고압가스 안전관리법 시행령 제2조에 따른 고압가스를 운송하기 위하여 필요한 탱크를 설치한 화물자동차(그 화물자동차가 피견인자동차인 경우에는 연결된 견인자동차를 포함한다)
  ㉢ 위험물안전관리법 시행령 제3조에 따른 지정수량 이상의 위험물을 운반하기 위하여 필요한 탱크를 설치한 화물자동차(그 화물자동차가 피견인자동차인 경우에는 연결된 견인자동차를 포함한다)
  ㉣ 화학물질관리법 제2조제7호에 따른 유해화학물질을 운반하기 위하여 필요한 탱크를 설치한 화물자동차(그 화물자동차가 피견인자동차인 경우에는 연결된 견인자동차를 포함한다)

ⓜ 쓰레기 운반전용의 화물자동차
ⓑ 피견인자동차와 긴급자동차를 제외한 최대적재량 8톤 이상의 화물자동차

(3) 교통수단 개선대책 수립 및 시행 등(법 제33조제2항)

교통행정기관은 교통수단안전점검을 실시한 결과 교통안전을 저해하는 요인이 발견된 경우 그 개선대책을 수립·시행하여야 하며, 교통수단운영자에게 개선사항을 권고할 수 있다.

(4) 교통수단 안전점검의 실시 절차(법 제33조)

① 교통행정기관은 교통수단안전점검을 효율적으로 실시하기 위하여 관련 교통수단운영자로 하여금 필요한 보고를 하게 하거나 관련 자료를 제출하게 할 수 있으며, 필요한 경우 소속 공무원으로 하여금 교통수단운영자의 사업장 등에 출입하여 교통수단 또는 장부·서류나 그 밖의 물건을 검사하게 하거나 관계인에게 질문하게 할 수 있다.

② 소속 공무원이 사업장을 출입하여 검사하려는 경우에는 출입·검사 7일 전까지 검사일시·검사이유 및 검사내용 등을 포함한 검사계획을 교통수단운영자에게 통지하여야 한다. 다만, 증거인멸 등으로 검사의 목적을 달성할 수 없다고 판단되는 경우에는 검사일에 검사계획을 통지할 수 있다.

③ 출입·검사를 하는 공무원은 그 권한을 표시하는 증표를 내보이고 성명·출입시간 및 출입목적 등이 표시된 문서를 교부하여야 한다.

④ 국토교통부장관은 대통령령으로 정하는 교통수단과 관련하여 대통령령으로 정하는 기준 이상의 교통사고가 발생한 경우 해당 교통수단에 대하여 교통수단안전점검을 실시하여야 한다.

⑤ 국토교통부장관은 교통수단안전점검을 실시한 결과 교통안전을 저해하는 요인이 발견된 경우에는 그 결과를 소관 교통행정기관에 통보하여야 한다.

⑥ 교통수단안전점검 결과를 통보받은 교통행정기관은 교통안전 저해요인을 제거하기 위하여 필요한 조치를 하고 국토교통부장관에게 그 조치의 내용을 통보하여야 한다.

의무적 교통수단안전점검 대상 교통수단(법 제33조제6항, 시행령 제20조제2항)

1. 여객자동차운송사업의 면허를 받거나 등록을 한 자가 보유한 교통수단(수요응답형 여객자동차운송사업자 및 개인택시운송사업자 등 자동차 보유 대수가 1대인 운송사업자는 제외한다)
2. 화물자동차 운송사업의 허가를 받은 자가 보유한 교통수단(자동차 보유 대수가 1대인 운송사업자는 제외한다)

대통령령으로 정하는 기준 이상의 교통사고(법 제33조제6항, 시행령 제20조제3항)

1. 1건의 사고로 사망자가 1명 이상 발생한 교통사고
2. 1건의 사고로 중상자가 2명 이상 발생한 교통사고
3. 자동차를 20대 이상 보유한 제2항 각 호의 어느 하나에 해당하는 자의 별표 3의2에 따른 교통안전도 평가지수가 국토교통부령으로 정하는 기준을 초과하여 발생한 교통사고

교통안전도 평가지수(시행령 제20조제3항제3호 관련 별표 3의2)

$$\text{교통안전도 평가지수} = \frac{(\text{교통사고 발생건수} \times 0.4) + (\text{교통사고 사상자 수} \times 0.6)}{\text{자동차등록(면허) 대수}} \times 10$$

*비고
1. 교통사고는 직전연도 1년간의 교통사고를 기준으로 하며, 다음과 같이 구분한다.
   가. 사망사고 : 교통사고가 주된 원인이 되어 교통사고 발생 시부터 30일 이내에 사람이 사망한 사고
   나. 중상사고 : 교통사고로 인하여 다친 사람이 의사의 최초 진단 결과 3주 이상의 치료가 필요한 상해를 입은 사고
   다. 경상사고 : 교통사고로 인하여 다친 사람이 의사의 최초 진단 결과 5일 이상3주 미만의 치료가 필요한 상해를 입은 사고
2. 교통사고 발생건수 및 교통사고 사상자 수 산정 시 경상사고 1건 또는 경상자 1명은 '0.3', 중상사고 1건 또는 중상자 1명은 '0.7', 사망사고 1건 또는 사망자 1명은 '1'을 각각 가중치로 적용하되, 교통사고 발생건수의 산정 시, 하나의 교통사고로 여러 명이 사망 또는 상해를 입은 경우에는 가장 가중치가 높은사고를 적용한다.

(5) 교통수단 안전점검의 항목(시행령 제20조제4항)

① 교통수단의 교통안전 위험요인 조사
② 교통안전 관계 법령의 위반 여부 확인
③ 교통안전관리규정의 준수 여부 점검
④ 그 밖에 국토교통부장관이 관계 교통행정기관의 장과 협의하여 정하는 사항

(6) 교통안전 특별실태조사의 실시 등

1) 특별실태조사(법 제33조의2)
   ① 지정행정기관의 장은 교통사고가 자주 발생하는 등 교통안전이 취약한 시·군·구에 대하여 필요하다고 인정하는 경우 해당 시·군·구의 교통체계에 대한 특별실태조사를 할 수 있다.
   ② 지정행정기관의 장은 특별실태조사를 실시한 결과 교통안전의 확보를 위하여 필요하다고 인정하는 경우에는 관할 교통행정기관에 대하여 교통시설 등의 교통체계를 개선할 것을 권고할 수 있다.
   ③ 지정행정기관의 장의 개선권고를 받은 관할 교통행정기관은 이행계획서를 작성하여 지정행정기관의 장에게 제출하여야 하고, 지정행정기관의 장은 이를 이행하는지 확인 또는 점검하여야 한다.
   ④ 관할 교통행정기관은 이행계획서 및 이행결과보고서를 다음 각 호의 구분에 따라

지정행정기관의 장에게 제출하여야 한다.
- ㉠ 이행계획서 : 개선권고를 받은 날부터 3개월 이내
- ㉡ 이행결과보고서 : 매년 2월 말까지(이행계획서를 제출한 날이 속하는 연도의 다음 연도부터 지정행정기관의 장이 개선권고에 관한 이행이 완료되었다고 판단하는 날이 속하는 연도까지로 한정한다)

2) 특별실태조사의 대상, 절차, 방법(시행규칙 제7조의3)
① 특별실태조사는 교통문화지수가 하위 100분의 20 이내인 시·군·구를 대상으로 한다.
② 지정행정기관의 장은 특별실태조사를 위하여 교통안전 관련 전문가로 하여금 교통안전이 취약한 지역에 대한 현장조사를 실시하도록 할 수 있다.

2. 교통시설안전진단

(1) 교통시설설치자의 의무(법 제34조제1항, 제2항)

① 대통령령으로 정하는 일정 규모 이상의 도로·철도·공항의 교통시설을 설치하려는 자(교통시설설치자라 한다)는 해당 교통시설의 설치 전에 등록한 교통안전진단기관에 의뢰하여 교통시설안전진단을 받아야 한다.
② 교통시설안전진단을 받은 교통시설설치자는 해당 교통시설에 대한 공사계획 또는 사업계획 등에 대한 승인·인가·허가·면허 또는 결정 등(승인등이라 한다)을 받아야 하거나 신고 등을 하여야 하는 경우에는 대통령령으로 정하는 바에 따라 교통안전진단기관이 작성·교부한 교통시설안전진단보고서를 관련서류와 함께 관할 교통행정기관에 제출하여야 한다.

교통시설안전진단을 받아야 하는 교통시설(시행령 제22조 관련, 별표 2)	
도로	1) 일반국도·고속국도 : 총 길이 5km 이상 2) 특별시도·광역시도·지방도 : 총 길이 3km 이상 3) 시도·군도·구도 : 총 길이 1km 이상
철도	1) 철도의 건설 : 1개소 이상의 정거장을 포함하는 총 길이 1km 이상 2) 도시철도의 건설 : 1개소 이상의 정거장을 포함하는 총 길이 1km 이상
공항	비행장 또는 공항의 신설 : 연간 여객처리능력이 10만 명 이상

(2) 교통시설설치·관리자의 의무(법 제34조)

① 대통령령으로 정하는 교통시설의 교통시설설치·관리자는 해당 교통시설의 사용 개시 전에 교통안전진단기관에 의뢰하여 교통시설안전진단을 받아야 한다.

② 교통시설안전진단을 받은 교통시설설치·관리자는 해당 교통시설의 사용 개시 전에 대통령령으로 정하는 바에 따라 교통안전진단기관이 작성·교부한 교통시설안전진단보고서를 관할 교통행정기관에 제출하여야 한다.

③ 교통행정기관은 대통령령으로 정하는 기준 이상의 교통사고가 발생한 경우에는 교통시설설치·관리자로 하여금 해당 교통사고 발생 원인과 관련된 교통시설에 대하여 교통안전진단기관에 의뢰하여 교통시설안전진단을 받을 것을 명할 수 있다.

대통령령으로 정하는 기준 이상의 교통사고(시행령 제25조제3항)

1. 도로 : 교통시설의 결함 여부 등을 조사한 교통사고
2. 철도 : 철도시설의 결함으로 1명 이상의 사망자가 발생한 교통사고
3. 공항 : 공항 또는 공항시설의 결함으로 1명 이상의 사망자가 발생한 교통사고

④ 교통시설안전진단을 받은 교통시설설치·관리자는 교통안전진단기관이 작성·교부한 교통시설안전진단보고서를 관할 교통행정기관에 제출하여야 한다.

교통시설안전진단보고서 필수적 포함 사항(시행령 제26조)

1. 교통시설안전진단을 받아야 하는 자의 명칭 및 소재지
2. 교통시설안전진단 대상의 종류
3. 교통시설안전진단의 실시기간과 실시자
4. 교통시설안전진단 대상의 상태 및 결함 내용
5. 교통안전진단기관의 권고사항
6. 그 밖에 교통안전관리에 필요한 사항

(3) 교통시설안전진단의 명령(시행령 제30조)

① 교통행정기관은 교통시설안전진단을 받을 것을 명할 때에는 교통시설안전진단을 받아야 하는 날부터 30일 전까지 교통시설설치·관리자에게 이를 통보하여야 한다. 다만, 해당 교통시설로 인하여 교통사고를 초래할 중대한 위험요인이 있다고 인정되는 경우로서 긴급하게 교통시설안전진단을 받을 필요가 있다고 인정되는 경우에는 그 기간을 단축할 수 있다.

② 교통시설안전진단 명령은 서면으로 하여야 하며, 그 서면에는 교통시설안전진단의 대상·일시 및 이유를 분명하게 밝혀야 한다.

(4) 교통시설안전진단지침

1) 교통시설안전진단지침의 작성 등(법 제38조)

① 국토교통부장관은 교통시설안전진단의 체계적이고 효율적인 실시를 위하여 대통령령으로 정하는 바에 따라 교통시설안전진단의 실시 항목·방법 및 절차, 교통시설

안전진단을 실시하는 자의 자격 및 구성, 교통시설안전진단보고서의 작성 및 교통시설안전진단 결과의 사후 관리 등의 내용을 포함한 교통시설안전진단지침을 작성하여 이를 관보에 고시하여야 한다.
② 국토교통부장관은 교통시설안전진단지침을 작성하려면 미리 관계지정행정기관의 장과 협의하여야 한다.
③ 교통안전진단기관은 교통시설안전진단을 실시하는 경우에는 교통시설안전진단지침에 따라야 한다.

2) 교통시설안전진단지침의 내용(시행령 제31조)
① 교통시설안전진단에 필요한 사전준비에 관한 사항
② 교통시설안전진단 실시자의 자격 및 구성에 관한 사항
③ 교통시설안전진단의 대상 및 범위에 관한 사항
④ 교통시설안전진단의 항목에 관한 사항
⑤ 교통시설안전진단 방법 및 절차에 관한 사항
⑥ 교통시설안전진단보고서의 작성 및 사후관리에 관한 사항
⑦ 교통시설안전진단의 결과에 따른 조치에 관한 사항
⑧ 교통시설안전진단의 평가에 관한 사항

3. 교통안전진단기관

(1) 교통안전진단기관의 등록 등(법 제39조)

교통시설안전진단을 실시하려는 자는 시·도지사에게 등록하여야 한다. 이 경우 시·도지사는 국토교통부령으로 정하는 바에 따라 교통안전진단기관등록증을 발급하여야 한다.

(2) 교통안전진단기관의 요건(시행령 제32조)

교통시설안전진단을 하려는 자는 다음의 요건을 갖추어야 한다.
① 전문인력 : 시행령 별표 4(QR코드)에서 정하는 전문인력 인정기준에 따른 인력으로서 국토교통부령으로 정하는 교통시설안전진단 교육·훈련과정을 마친 자
② 장비 : 교통안전에 관한 위험요인을 조사·측정하기 위하여 필요한 장비로서 국토교통부령으로 정하는 장비

교통시설안전진단 측정 장비(시행규칙 별표 4)	
도로	1. 노면 미끄럼 저항 측정기 2. 반사성능 측정기 3. 조도계 4. 평균휘도계[광원 단위 면적당 밝기의 평균 측정기] 5. 거리 및 경사 측정기 6. 속도 측정장비 7. 계수기 8. 워킹메저(walking-measure) 9. 위성항법장치(GPS) 10. 그 밖의 부대설비(컴퓨터 포함) 및 프로그램
철도	없음
공항	없음

(3) 변경사항의 신고(법 제40조, 시행규칙 제14조)

① 교통안전진단기관은 등록사항 중 대통령령으로 정하는 사항이 변경된 때에는 국토교통부령으로 정하는 바에 따라 그 사실을 시·도지사에게 신고하여야 한다(상호, 대표자, 사무소 소재지, 전문인력).

② 교통안전진단기관은 계속하여 6개월 이상 휴업하거나 재개업 또는 폐업하고자 하는 때에는 국토교통부령으로 정하는 바에 따라 시·도지사에게 신고하여야 하며, 시·도지사는 폐업신고를 받은 때에는 그 등록을 말소하여야 한다.

(4) 교통안전진단기관의 결격사유(법 제41조)

다음의 어느 하나에 해당하는 자는 교통안전진단기관으로 등록할 수 없다.

① 피성년후견인 또는 피한정후견인
② 파산선고를 받고 복권되지 아니한 자
③ 이 법을 위반하여 징역형의 실형을 선고받고 그 집행이 종료되거나 집행이 면제된 날부터 2년이 지나지 아니한 자
④ 이 법을 위반하여 징역형의 집행유예를 선고받고 그 유예기간 중에 있는 자
⑤ 교통안전진단기관의 등록이 취소된 후 2년이 지나지 아니한 자.
⑥ 임원 중에 제1호부터 제5호까지의 어느 하나에 해당하는 자가 있는 법인

(5) 교통안전진단기관의 등록취소(법 제43조)

1) 필요적 등록취소 사유

시·도지사는 교통안전진단기관이 다음 어느 하나에 해당하는 때에는 그 등록을 취소

하여야 한다.

① 거짓이나 그 밖의 부정한 방법으로 등록을 한 때
② 최근 2년간 2회의 영업정지처분을 받고 새로이 영업정지처분에 해당하는 사유가 발생한 때
③ 교통안전진단기관의 결격사유에의 어느 하나에 해당하게 된 때. 다만, 법인의 임원 중에 어느 하나에 해당하는 자가 있는 경우 6개월 이내에 해당 임원을 개임한 때에는 그러하지 아니하다.
④ 명의대여금지 규정을 위반하여 타인에게 자기의 명칭 또는 상호를 사용하게 하거나 교통안전진단기관등록증을 대여한 때
⑤ 영업정지처분을 받고 영업정지처분기간 중에 새로이 교통시설안전진단 업무를 실시한 때

2) 임의적 등록취소 사유

시·도지사는 교통안전진단기관이 다음 어느 하나에 해당하는 때에는 그 등록을 취소하거나 1년 이내의 기간을 정하여 영업의 정지를 명할 수 있다.

① 교통안전진단기관의 등록기준에 미달하게 된 때
② 교통시설안전진단을 실시할 자격이 없는 자로 하여금 교통시설안전진단을 수행하게 한 때
③ 교통시설안전진단의 실시결과를 평가한 결과 안전의 상태를 사실과 다르게 진단하는 등 교통시설안전진단 업무를 부실하게 수행한 것으로 평가된 때

4. 교통사고관련자료 등의 보관·관리 및 교통안전정보관리체계의 구축 등

(1) 교통사고관련자료 보관·관리 기한 및 방법(법 제51조, 시행령 제38조)

① 교통사고와 관련된 자료·통계 또는 정보(교통사고관련자료등이라 한다)를 보관·관리하는 자는 교통사고가 발생한 날부터 5년간 이를 보관·관리하여야 한다.
② 교통사고관련자료등을 보관·관리하는 자는 교통사고관련자료등의 멸실 또는 손상에 대비하여 그 입력된 자료와 프로그램을 다른 기억매체에 따로 입력시켜 격리된 장소에 안전하게 보관·관리하여야 한다.

(2) 교통사고관련자료 보관·관리자(시행령 제39조)

① 한국교통안전공단법에 따른 한국교통안전공단
② 한국도로교통공단법에 따른 한국도로교통공단

③ 한국도로공사법에 따른 한국도로공사
④ 보험업법에 따라 설립된 손해보험협회에 소속된 손해보험회사
⑤ 여객자동자운송사업법에 따른 여객자동차운송사업의 면허를 받거나 등록을 한 자
⑥ 여객자동차운수사업법에 따른 공제조합
⑦ 화물자동차운수사업법에 따라 화물자동차운수사업자로 구성된 협회가 설립한 연합회

(3) 교통안전정보관리체계의 구축(법 제52조)

교통행정기관의 장은 교통시설·교통수단 및 교통체계의 안전과 관련된 제반 교통안전에 관한 정보와 교통사고관련자료등을 통합적으로 유지·관리할 수 있도록 교통안전정보관리체계를 구축·관리하여야 한다.

(4) 교통안전정보관리체계의 관리·운영(시행령 제40조)

국토교통부장관은 교통안전에 관한 정보와 교통사고관련자료등(교통안전정보라 한다)을 통합적으로 유지·관리할 수 있도록 국토교통부령으로 정하는 교통안전정보를 교통안전정보관리체계로 구축하여 관리·운영하여야 한다.

(5) 교통안전정보의 내용(시행규칙 제17조)

① 교통사고 원인 분석(다만, 범죄의 수사와 관련된 사항은 제외한다)
② 지역교통안전시행계획의 추진실적
③ 교통안전관리규정 준수 여부의 확인·평가 결과
④ 교통수단안전점검 및 교통시설안전진단의 실시결과
⑤ 교통수단의 운행기록등의 점검·분석 결과
⑥ 교통문화지수의 조사 결과
⑦ 여객자동차 운수사업법 또는 화물자동차 운수사업법에 따른 운전적성에 대한 정밀검사 결과
⑧ 자동차 주행거리 및 교통수단의 성능에 관한 정보
⑨ 전자지도 등 교통시설에 관한 정보
⑩ 그 밖에 교통안전에 필요한 정보

5. 교통안전관리자

(1) 교통안전관리자 자격의 취득(법 제53조)

① 국토교통부장관은 교통수단의 운행·운항·항행 또는 교통시설의 운영·관리와 관련된 기술적인 사항을 점검·관리하는 교통안전관리자 자격 제도를 운영하여야 한다.

② 교통안전관리자 자격을 취득하려는 사람은 국토교통부장관이 실시하는 시험에 합격하여야 하며, 국토교통부장관은 시험에 합격한 사람에 대하여는 교통안전관리자 자격증명서를 교부한다.

(2) 교통안전관리자의 자격의 종류(시행령 제41조의2)
① 도로교통안전관리자
② 철도교통안전관리자
③ 항공교통안전관리자
④ 항만교통안전관리자
⑤ 삭도교통안전관리자

(3) 교통안전관리자 시험실시계획의 수립 등(시행규칙 제18조)
① 한국교통안전공단은 교통안전관리자 시험을 매년 실시하여야 하며, 시험을 실시하기 전에 교통안전관리자의 수급상황을 파악하여 시험의 실시에 관한 계획을 국토교통부장관에게 제출하여야 한다.
② 한국교통안전공단은 시험을 시행하려면 시험 시행일 90일 전까지 시험일정과 응시과목 등 시험의 시행에 필요한 사항을 일간신문 및 한국교통안전공단 인터넷 홈페이지에 공고하여야 한다.

(4) 교통안전관리자 결격사유(법 제53조제2항)
다음의 어느 하나에 해당하는 자는 교통안전관리자가 될 수 없다.
① 피성년후견인 또는 피한정후견인
② 금고 이상의 실형을 선고받고 그 집행이 종료되거나 집행이 면제된 날부터 2년이 지나지 아니한 자
③ 금고 이상의 형의 집행유예를 선고받고 그 유예기간 중에 있는 자
④ 교통안전관리자 자격의 취소처분을 받은 날부터 2년이 지나지 아니한 자. 다만, 피성년후견인 또는 피한정후견인에 해당하여 자격이 취소된 경우는 제외한다.

(5) 교통안전관리자 시험과목(시행령 제42조, 시행령 별표 6)

시행령 별표 6

교통안전관리자 시험과목(시행령 제42조, 별표 6)		
구분	필수과목	선택과목
1. 도로교통 안전관리자	가. 교통법규 　1) 「교통안전법」 　2) 「자동차관리법」 　3) 「도로교통법」 나. 교통안전관리론 다. 자동차정비	자동차공학·교통사고조사분석개론·교통심리학 중 택일
2. 철도교통 안전관리자	가. 교통법규 　1) 「교통안전법」 　2) 「철도산업발전 기본법」 　3) 「철도안전법」 나. 교통안전관리론 다. 철도공학	가. 교통법규 　1) 「교통안전법」 　2) 「철도산업발전 기본법」 　3) 「철도안전법」 나. 교통안전관리론 다. 철도공학
3. 항공교통 안전관리자	가. 교통법규 　1) 「교통안전법」 　2) 「항공안전법」 　3) 「항공보안법」 나. 교통안전관리론 다. 항공기체	항공교통관제·항행안전시설·항공기상 중 택일
4. 항만교통 안전관리자	가. 교통법규 　1) 「교통안전법」 　2) 「항만운송사업법」 　3) 「선박의 입항 및 출항 등에 관한 법률」 나. 교통안전관리론 다. 하역장비	위험물취급·기중기구조·선박적화 중 택일
5. 삭도교통 안전관리자	가. 교통법규 　1) 「교통안전법」 　2) 「궤도운송법」 나. 교통안전관리론 다. 삭도구조	전자 및 제어공학·기계공학·전기공학 중 택일

(6) 시험의 일부면제(법 제53조제4항, 시행령 별표 7)

국토교통부장관은 다음 어느 하나에 해당하는 자에 대하여는 시험의 일부를 면제할 수 있다.

시행령 별표 7

① 국가기술자격법 또는 다른 법률에 따라 교통안전분야와 관련이 있는 분야의 자격을 받은 자
② 교통안전분야에 관하여 대통령령으로 정하는 실무경험이 있는 자로서 국토교통부령으로 정하는 교육 및 훈련 과정을 마친 자
③ 석사학위 이상의 학위를 취득한 자

교통안전관리자 시험의 일부 면제 대상자와 면제되는 시험과목(시행령 제43조, 별표 7)		
종류	면제대상자	면제되는 시험과목
1. 도로교통안전관리자	가. 석사학위 이상 소지자로서 대학 또는 대학원에서 시험과목과 같은 과목(「학점인정 등에 관한 법률」 제7조에 따라 학점으로 인정받은 과목을 포함한다. 이하 같다)을 B학점 이상으로 이수한 자	시험과목과 같은 과목 (교통법규는 제외한다. 이하 같다)
	나. 다음 중 어느 하나에 해당하는 자 1) 「국가기술자격법」에 따른 자동차정비산업기사 또는 건설기계정비산업기사 이상의 자격이 있는 자 2) 「국가기술자격법」에 따른 자동차정비기능사·자동차차체수리기능사 또는 건설기계정비기능사 이상의 자격이 있는 자 중 해당 분야의 실무에 3년 이상 종사한 자 3) 「국가기술자격법」에 따른 산업안전산업기사 이상의 자격이 있는 자	선택과목 및 국가자격 시험과목 중 필수과목과 같은 과목(교통법규는 제외한다. 이하 같다)
2. 철도교통안전관리자	가. 석사학위 이상 소지자로서 대학 또는 대학원에서 시험과목과 같은 과목을 B학점 이상으로 이수한 자	시험과목과 같은 과목
	나. 다음 중 어느 하나에 해당하는 자 1) 「국가기술자격법」에 따른 철도차량산업기사 이상의 자격이 있는 자 2) 「국가기술자격법」에 따른 철도차량정비기능사·철도토목기능사·철도운송기능사 또는 철도전기신호기능사 이상의 자격이 있는 자 중 해당 분야의 실무에 3년 이상 종사한 자 3) 「국가기술자격법」에 따른 산업안전산업기사 이상의 자격이 있는 자 4) 「철도안전법」에 따른 철도차량 운전면허 취득자	선택과목 및 국가자격 시험과목 중 필수과목과 같은 과목
3. 항공교통안전관리자	가. 석사학위 이상 소지자로서 대학 또는 대학원에서 시험과목과 같은 과목을 B학점 이상으로 이수한 자	시험과목과 같은 과목
	나. 다음 중 어느 하나에 해당하는 자 1) 「국가기술자격법」에 따른 항공산업기사 이상의 자격이 있는 자 2) 「국가기술자격법」에 따른 항공기체정비기능사·항공기관정비기능사·항공장비정비기능사 또는 항공전자정비기능사 이상의 자격이 있는 자 중 해당 분야의 실무에 3년 이상 종사한 자 3) 「국가기술자격법」에 따른 산업안전산업기사 이상의 자격이 있는 자 4) 「항공안전법」에 따른 운송용·사업용·자가용조종사(활공기는 제외한다), 항공사·항공기관사·항공교통관제사·운항관리사 또는 항공정비사(활공기는 제외한다)	선택과목 및 국가자격 시험과목 중 필수과목과 같은 과목

교통안전관리자 시험의 일부 면제 대상자와 면제되는 시험과목(시행령 제43조, 별표 7)		
종류	면제대상자	면제되는 시험과목
4. 항만교통 안전관리자	가. 석사학위 이상 소지자로서 대학 또는 대학원에서 시험과목과 같은 과목을 B학점 이상으로 이수한 자	시험과목과 같은 과목
	나. 다음 중 어느 하나에 해당하는 자 　1) 「국가기술자격법」에 따른 조선산업기사·컴퓨터응용가공산업기사 또는 항로표지산업기사 이상의 자격이 있는 자 　2) 「국가기술자격법」에 따른 선체건조기능사·동력기계정비기능사 또는 항로표지기능사 이상의 자격이 있는 자 중 해당 분야의 실무에 3년 이상 종사한 자 　3) 「국가기술자격법」에 따른 산업안전산업기사 이상의 자격이 있는 자 　4) 「선박직원법」에 따른 4급 이상의 항해사·기관사·운항사 또는 2급 이상의 통신사	선택과목 및 국가자격 시험과목 중 필수과목과 같은 과목
5. 삭도교통 안전관리자	가. 석사학위 이상 소지자로서 대학 또는 대학원에서 시험과목과 같은 과목을 B학점 이상으로 이수한 자	시험과목과 같은 과목
	나. 「국가기술자격법」에 따른 산업안전산업기사 이상의 자격이 있는자	선택과목

*비고
1. 국가자격 시험과목 중 "자동차차체정비", "자동차정비 및 안전기준" 및 "건설기계정비"는 도로교통안전관리자의 시험과목인 "자동차정비"와 같은 과목으로 본다.
2. 국가자격 시험과목 중 "철도차량공학"은 철도교통안전관리자의 시험과목인 "철도공학"과 같은 과목으로 본다.

교통안전관리자 시험의 일부 면제를 위한 실무경험 요건(시행령 제43조, 별표 8)	
구분	대상자
1. 도로교통 안전관리자	가. 「여객자동차 운수사업법」 또는 「화물자동차 운수사업법」에 따른 자동차운송사업자 또는 사업자단체에서 3년 이상 안전업무(안전교육·점검·지도·홍보·검사 및 정비업무를 말한다. 이하 같다)를 담당한 경력이 있는 자 나. 도로교통분야에서 3년 이상 근무한 경력이 있는 일반직 공무원 및 경찰공무원 다. 도로교통안전 관련 교육기관 또는 연구기관에서 교원이나 연구원으로 3년 이상 근무한 경력이 있는 자 라. 도로교통안전 관련 공공기관에서 3년 이상 교통안전업무를 종사한 경력이 있는 자 마. 그 밖에 가목부터 라목까지와 같은 경력이 있다고 국토교통부장관이 인정하는 자
2. 철도교통 안전관리자	가. 「철도안전법」에 따른 철도운영자 또는 철도시설관리자에게 고용되어 3년 이상 안전업무를 담당한 경력이 있는 자 나. 철도교통분야에서 3년 이상 근무한 경력이 있는 일반직 공무원 다. 철도교통안전 관련 교육기관 또는 연구기관에서 교원이나 연구원으로 3년 이상 근무한 경력이 있는 자 라. 철도교통안전 관련 공공기관에서 3년 이상 교통안전업무를 담당한 경력이 있는 자 마. 그 밖에 가목부터 라목까지와 같은 경력이 있다고 국토교통부장관이 인정하는 자

교통안전관리자 시험의 일부 면제를 위한 실무경험 요건(시행령 제43조, 별표 8)	
구분	대상자
3. 항공교통 안전관리자	가. 「항공법」에 따른 항공운송사업자 또는 관련 협회에서 3년 이상 안전업무를 담당한 경력이 있는 자 나. 항공교통분야에서 3년 이상 근무한 경력이 있는 일반직 공무원 다. 항공교통안전 관련 교육기관 또는 연구기관에서 교원이나 연구원으로 3년 이상 근무한 경력이 있는 자 라. 항공교통안전 관련 공공기관에서 3년 이상 교통안전업무를 담당한 경력이 있는 자 마. 그 밖에 가목부터 라목까지와 같은 경력이 있다고 국토교통부장관이 인정하는 자
4. 항만교통 안전관리자	가. 「항만운송사업법」에 따른 항만운송사업자 또는 관련 사업자단체에서 3년 이상 안전업무를 담당한 경력이 있는 자 나. 항만교통분야에서 3년 이상 근무한 일반직 공무원 다. 항만교통안전 관련 교육기관 또는 연구기관에서 교원이나 연구원으로 3년 이상 근무한 자 라. 항만교통안전 관련 공공기관에서 3년 이상 교통안전업무에 담당한 경력이 있는 자 마. 그 밖에 가목부터 라목까지와 같은 경력이 있다고 국토교통부장관이 인정하는 자
5. 삭도교통 안전관리자	가. 「궤도운송법」에 따른 궤도사업자, 전용궤도운영자 또는 관련 사업체에서 3년 이상 안전업무를 담당한 경력이 있는 자 나. 삭도·궤도교통분야에서 3년 이상 근무한 경력이 있는 일반직 공무원 다. 삭도교통안전 관련 교육기관 또는 연구기관에서 교원이나 연구원으로 3년 이상 근무한 경력이 있는 자 라. 삭도교통안전 관련 공공기관에서 3년 이상 교통안전업무에 담당한 경력이 있는 자 마. 그 밖에 가목부터 라목까지의 규정과 같은 경력이 있다고 국토교통부장관이 인정하는 자

(7) 부정행위자에 대한 제재(법 제53조의2)

① 국토교통부장관은 부정한 방법으로 교통안전관리자 시험에 응시한 사람 또는 시험에서 부정행위를 한 사람에 대하여는 그 시험을 정지시키거나 무효로 한다.
② 시험이 정지되거나 무효로 된 사람은 그 처분이 있은 날부터 2년간 교통안전관리자 시험에 응시할 수 없다.

(8) 교통안전관리자의 자격의 취소 등(법 제54조)

1) 필요적 자격취소

  시·도지사는 교통안전관리자가 다음 어느 하나에 해당하는 때에는 그 자격을 취소하여야 한다.

  ① 다음의 어느 하나에 해당하게 된 때
    ㉠ 피성년후견인 또는 피한정후견인
    ㉡ 금고 이상의 실형을 선고받고 그 집행이 종료되거나 집행이 면제된 날부터 2년이 지나지 아니한 자
    ㉢ 금고 이상의 형의 집행유예를 선고받고 그 유예기간 중에 있는 자

㉣ 교통안전관리자 자격의 취소처분을 받은 날부터 2년이 지나지 아니한 자. 다만, 피성년후견인 또는 피한정후견인에 해당하여 자격이 취소된 경우는 제외한다.

② 거짓이나 그 밖의 부정한 방법으로 교통안전관리자 자격을 취득한 때

2) 임의적 자격취소 또는 1년 이내의 자격정지

시·도지사는 교통안전관리자가 교통안전관리자가 직무를 행하면서 고의 또는 중대한 과실로 인하여 교통사고를 발생하게 한 때에는 교통안전관리자의 자격을 취소하거나 1년 이내의 기간을 정하여 해당 자격의 정지를 명할 수 있다.

3) 자격의 취소 또는 정지처분의 통지

시·도지사는 자격의 취소 또는 정지처분을 한 때에는 국토교통부령으로 정하는 바에 따라 해당 교통안전관리자에게 이를 통지하여야 하고 다음의 사항이 포함되어야 한다(시행규칙 제26조).

① 자격의 취소 또는 정지처분의 사유
② 자격의 취소 또는 정지처분에 대하여 불복하는 경우 불복신청의 절차와 기간 등
③ 교통안전관리자 자격증명서의 반납에 관한 사항

6. 교통안전담당자

(1) 교통안전담당자의 지정 등(법 제54조의2, 시행령 제44조)

대통령령으로 정하는 교통시설설치·관리자 및 교통수단운영자는 다음의 어느 하나에 해당하는 사람을 교통안전담당자로 지정하여 직무를 수행하게 하여야 한다. 그리고 교통안전담당자를 지정 또는 지정해지하거나 교통안전담당자가 퇴직한 경우에는 지체 없이 그 사실을 관할 교통행정기관에 알리고, 지정해지 또는 퇴직한 날부터 30일 이내에 다른 교통안전담당자를 지정해야 한다.

① 교통안전관리자 자격을 취득한 사람
② 산업안전보건법에 따른 안전관리자
③ 자격기본법에 따른 민간자격으로서 국토교통부장관이 교통사고 원인의 조사·분석과 관련된 것으로 인정하는 자격을 갖춘 사람

(2) 교통안전담당자의 직무

1) 교통안전담당자의 직무(시행령 제44조의2제1항)

① 교통안전관리규정의 시행 및 그 기록의 작성·보존

② 교통수단의 운행 · 운항 또는 항행(운행등이라 한다) 또는 교통시설의 운영 · 관리와 관련된 안전점검의 지도 · 감독
③ 교통시설의 조건 및 기상조건에 따른 안전 운행등에 필요한 조치
④ 법 제24조제1항(국가등의 운전자등에 대한 교육의무)에 따른 운전자등(운전자등이라 한다)의 운행등 중 근무상태 파악 및 교통안전 교육 · 훈련의 실시
⑤ 교통사고 원인 조사 · 분석 및 기록 유지
⑥ 운행기록장치 및 차로이탈경고장치 등의 점검 및 관리

2) **교통안전담당자의 조치의무(시행령 제44조의2제2항)**

교통안전담당자는 교통안전을 위해 필요하다고 인정하는 경우에는 다음의 조치를 교통시설설치 · 관리자등에게 요청해야 한다. 다만, 교통안전담당자가 교통시설설치 · 관리자등에게 필요한 조치를 요청할 시간적 여유가 없는 경우에는 직접 필요한 조치를 하고, 이를 교통시설설치 · 관리자등에게 보고해야 한다.

① 국토교통부령으로 정하는 교통수단의 운행등의 계획 변경
② 교통수단의 정비
③ 운전자등의 승무계획 변경
④ 교통안전 관련 시설 및 장비의 설치 또는 보완
⑤ 교통안전을 해치는 행위를 한 운전자등에 대한 징계 건의

(3) 교통안전담당자에 대한 교육(시행령 제44조의3)

교통시설설치 · 관리자등은 교통안전담당자로 하여금 다음의 구분에 따른 교육을 받도록 해야 한다.

① **신규교육** : 교통안전담당자의 직무를 시작한 날부터 6개월 이내에 1회(16시간)
② **보수교육** : 교통안전담당자의 직무를 시작한 날이 속하는 연도를 기준으로 2년마다 1회(8시간)
③ 교육은 다음 각 호의 기관(교통안전담당자 교육기관)이 실시한다.
　㉠ 한국교통안전공단
　㉡ 여객자동차 운수사업법에 따른 운수종사자 연수기관
④ 국토교통부장관은 교육일정 및 장소 등이 포함된 다음 연도 교육계획을 매년 12월 31일까지 고시해야 한다.
⑤ 교통안전담당자 교육기관은 전년도 교육인원 및 수료자 명단 등 교육 실적을 매년 2월 말일까지 국토교통부장관에게 제출해야 한다.
⑥ 위 규정한 사항 외에 구체적인 교육 과목 · 내용 및 그 밖에 교육에 필요한 사항은 국토교통부장관이 정하여 고시한다.

7. 운행기록장치의 장착 및 운행기록의 활용 등

(1) 운행기록장치 장착의무자(법 제55조제1항)

다음 어느 하나에 해당하는 자는 그 운행하는 차량에 국토교통부령으로 정하는 기준에 적합한 운행기록장치를 장착하여야 한다. 다만, 소형 화물차량 등 국토교통부령으로 정하는 차량은 그러하지 아니하다.
① 여객자동차운수사업에 따른 여객자동차 운송사업자
② 화물자동차운수사업법에 따른 화물자동차 운송사업자 및 화물자동차 운송가맹사업자
③ 도로교통법에 따른 어린이통학버스 운영자(운행기록장치를 장착한 차량은 제외한다)

운행기록장치 장착면제 차량(시행규칙 제29조의4)
1. 화물자동차운송사업용 자동차로서 최대 적재량 1톤 이하인 화물자동차
2. 경형·소형 특수자동차 및 구난형·특수용도형 특수자동차
3. 여객자동차운송사업에 사용되는 자동차로서 2002년 6월 30일 이전에 등록된 자동차

(2) 운행기록장치 보관 및 제출(법 제55조제2항, 시행령 제45조)

① 운행기록장치를 장착하여야 하는 자(운행기록장치 장착의무자라 한다)는 운행기록장치에 기록된 운행기록을 대통령령으로 정하는 기간 동안 보관하여야 하며, 교통행정기관이 제출을 요청하는 경우 이에 따라야 한다. 다만, 대통령령으로 정하는 운행기록장치 장착의무자는 교통행정기관의 제출 요청과 관계없이 운행기록을 주기적으로 제출하여야 한다. 이 경우 운행기록장치 장착의무자는 운행기록장치에 기록된 운행기록을 임의로 조작하여서는 아니 된다.
② 대통령령으로 정하는 운행기록 보관기간은 6개월로 한다.

운행기록 주기적 제출 의무자(시행령 제45조제3항)
1. 노선 여객자동차운송사업자
2. 화물자동차 운송사업자 및 화물자동차 운송가맹사업자

운행기록 주기적 제출해야 하는 화물차량(시행령 제45조제4항)
1. 화물자동차 중 최대적재량이 25톤 이상인 자동차
2. 견인형 대형 특수자동차(총중량이 10톤 이상인 자동차)

(3) 운행기록의 제출, 분석 및 활용(시행규칙 제30조제3항)

1) 운행기록 장착의무자는 월별 운행기록을 작성하여 다음 달 말일까지 교통행정기관에 제출하여야 한다.

2) 한국교통안전공단은 운행기록장치 장착의무자가 제출한 운행기록을 점검하고 다음의 항목을 분석하여야 한다.

① 과속
② 급감속
③ 급출발
④ 회전
⑤ 앞지르기
⑥ 진로변경

3) 운행기록의 분석 결과는 다음의 자동차·운전자·교통수단운영자에 대한 교통안전 업무 등에 활용되어야 한다.
① 자동차의 운행관리
② 차량운전자에 대한 교육·훈련
③ 교통수단운영자의 교통안전관리
④ 운행계통 및 운행경로 개선
⑤ 그 밖에 교통수단운영자의 교통사고 예방을 위한 교통안전정책의 수립

4) 차로이탈경고장치의 장착(법 제55조의2, 시행규칙 제30조의2)

법 제55조제1항제1호(여객자동차 운송사업자) 또는 제2호(화물자동차 운송사업자 및 화물자동차 운송가맹사업자)에 따른 차량 중 국토교통부령으로 정하는 차량은 국토교통부령으로 정하는 기준에 적합한 차로이탈경고장치를 장착하여야 한다.

차량이탈경고장치 의무 장착차량(시행규칙 제30조의 2)	
원칙	제외
1. 여객자동차 운송사업자가 운행하는 길이 9m 이상의 승합자동차 2. 화물자동차 운송사업자 및 화물자동차 운송가맹사업자가 운행하는 차량총중량 20톤을 초과하는 화물·특수자동차	1. 덤프형 화물자동차 2. 피견인자동차 3. 입석을 할 수 있는 자동차 4. 그 밖에 자동차의 구조나 운행여건 등으로 설치가 곤란하거나 불필요하다고 국토교통부장관이 인정하는 자동차

8. 교통안전체험에 관한 연구·교육시설의 설치 등

(1) 교통안전체험에 관한 연구·연구시설이 설치·운영(법 제56조제1항)

교통행정기관의 장은 교통수단을 운전·운행하는 자의 교통안전의식과 안전운전능력을 효과적으로 향상시키고 이를 현장에서 적극적으로 실천할 수 있도록 교통안전체험에 관한 연구·교육시설을 설치·운영할 수 있다.

(2) 교통안전체험연구(시행령 제46조제2항)

교통안전체험연구·교육시설은 다음 각 호의 내용을 체험할 수 있도록 하여야 한다.

① 교통사고에 관한 모의 실험
② 비상상황에 대한 대처능력 향상을 위한 실습 및 교정
③ 상황별 안전운전 실습

(3) 중대교통사고에 대한 기준 및 교육실시(법 제56조의2, 시행규칙 제31조의2))

① 차량의 운전자가 중대 교통사고를 일으킨 경우에는 국토교통부령으로 정하는 교육을 받아야 한다. 이 경우 교육의 내용에는 운전자의 안전운전능력을 효과적으로 향상시킬 수 있는 교통안전 체험교육이 포함되어야 한다.
② 중대 교통사고란 차량운전자가 교통수단운영자의 차량을 운전하던 중 1건의 교통사고로 8주 이상의 치료를 요하는 의사의 진단을 받은 피해자가 발생한 사고를 말한다.
③ 차량운전자는 중대 교통사고가 발생하였을 때에는 교통사고조사에 대한 결과를 통지받은 날부터 60일 이내에 교통안전 체험교육을 받아야 한다. 다만, 다음에 해당하는 차량운전자의 경우에는 각 호에서 정한 기간 내에 교육을 받아야 한다.

㉠ 해당 차량운전자가 중대 교통사고 발생에 따른 구속 또는 금고 이상의 실형을 선고받고 그 형이 집행 중인 경우에는 석방 또는 그 집행이 종료되거나 집행을 받지 아니하기로 확정된 날부터 60일 이내
㉡ 해당 차량운전자가 중대 교통사고 발생에 따른 상해를 받아 치료를 받아야 하는 경우에는 치료가 종료된 날부터 60일 이내
㉢ 중대 교통사고로 인하여 운전면허가 취소 또는 정지된 차량운전자의 경우에는 운전면허를 다시 취득하거나 정지기간이 만료되어 운전할 수 있는 날부터 60일 이내

9. 교통문화지수의 조사 및 활용

(1) 교통문화지수의 조사 등(법 제57조)

지정행정기관의 장은 소관 분야와 관련된 국민의 교통안전의식의 수준 또는 교통문화의 수준을 객관적으로 측정하기 위한 지수(교통문화지수라 한다)를 개발·조사·작성하여 그 결과를 공표할 수 있다.

(2) 교통문화지수의 조사 항목 등(시행령 제47조)

교통문화지수 조사 항목은 다음과 같다.
① 운전행태
② 교통안전
③ 보행행태(도로교통분야로 한정한다)
④ 그 밖에 국토교통부장관이 필요하다고 인정하여 정하는 사항

05 보칙 및 벌칙

1. 보칙

(1) 비밀유지 등(법 제58조)

다음의 어느 하나에 해당하는 업무에 종사하는 자 또는 종사하였던 자는 그 직무상 알게 된 비밀을 타인에게 누설하거나 직무상 목적 외에 이를 사용하여서는 아니된다. 다만, 다른 법령에 특별한 규정이 있는 경우에는 그러하지 아니하다.

① 교통수단안전점검 업무
② 교통시설안전진단 업무
③ 교통사고원인조사 업무
④ 교통사고관련자료등의 보관·관리 업무
⑤ 운행기록 관련 업무

(2) 수수료(법 제60조, 시행규칙 제32조)

① 이 법의 규정에 따른 교통안전진단기관의 등록(변경등록을 포함한다), 교통안전관리자 자격시험의 응시, 교통안전관리자자격증의 교부(재교부를 포함한다)를 받고자 하는 자는 국

토교통부령으로 정하는 바에 따라 수수료를 납부하여야 한다.
② 교통안전관리자 자격시험의 응시 수수료 및 교통안전관리자 자격증의 교부(재교부를 포함한다) 수수료는 각각 2만원으로 한다.

(3) 청문

시·도지사는 다음의 어느 하나에 해당하는 처분을 하고자 하는 경우에는 청문을 실시하여야 한다.

① 교통안전진단기관 등록의 취소
② 교통안전관리자 자격의 취소

2. 벌칙 등

(1) 벌칙(법 제63조)

다음 어느 하나에 해당하는 자는 2년 이하의 징역 또는 2천만원 이하의 벌금에 처한다.

① 교통안전진단기관 등록을 하지 아니하고 교통시설안전진단 업무를 수행한 자
② 거짓이나 그 밖의 부정한 방법으로 교통안전진단기관 등록을 한 자
③ 타인에게 자기의 명칭 또는 상호를 사용하게 하거나 교통안전진단기관등록증을 대여한 자 및 교통안전진단기관의 명칭 또는 상호를 사용하거나 교통안전진단기관등록증을 대여받은 자
④ 영업정지처분을 받고 그 영업정지 기간 중에 새로이 교통시설안전진단 업무를 수행한 자
⑤ 직무상 알게 된 비밀을 타인에게 누설하거나 직무상 목적 외에 이를 사용한 자

(2) 과태료(법 제65조)

과태료(법 제65조)	
1천만원 이하	① 교통시설안전진단을 받지 아니하거나 교통시설안전진단보고서를 거짓으로 제출한 자 ② 운행기록장치를 장착하지 아니한 자 ③ 운행기록장치에 기록된 운행기록을 임의로 조작한 자 ④ 차로이탈경고장치를 장착하지 아니한 자
500만원 이하	① 교통안전관리규정을 제출하지 아니하거나 이를 준수하지 아니하는 자 또는 변경명령에 따르지 아니하는 자 ② 교통수단안전점검을 거부·방해 또는 기피한 자 ③ 교통수단안전점검 보고를 하지 아니하거나 거짓으로 보고한 자 또는 자료제출요청을 거부·기피·방해하거나 관계공무원의 질문에 대하여 거짓으로 진술한 자 ④ 교통안전진단기관 등록사항 변경 신고를 하지 아니하거나 거짓으로 신고한 자 ⑤ 신고를 하지 아니하고 교통시설안전진단 업무를 휴업·재개업 또는 폐업하거나 거짓으로 신고한 자 ⑥ 교통안전진단기관에 대한 지도·감독의 경우 보고를 하지 아니하거나 거짓으로 보고한 자 또는 자료제출요청을 거부·기피·방해한 자 ⑦ 교통안전진단기관에 대한 지도·감독의 경우 점검·검사를 거부·기피·방해하거나 질문에 대하여 거짓으로 진술한 자 ⑧ 교통사고관련자료 보관·관리 규정을 위반하여 교통사고관련자료등을 보관·관리하지 아니한 자 ⑨ 교통사고관련자료 보관·관리 규정을 위반하여 교통사고관련자료등을 제공하지 아니한 자 ⑩ 교통안전담당자를 지정하지 아니한 자 ⑪ 교통안전담당자 교육을 받게 하지 아니한 자 ⑫ 운행기록을 보관하지 아니하거나 교통행정기관에 제출하지 아니한 자 ⑬ 운행기록장치 등의 장착 여부 조사를 거부·방해 또는 기피한 자 ⑭ 중대교통사고자 교육규정을 위반하여 교육을 받지 아니한 자 ⑮ 단지내도로의 교통안전규정을 위반하여 통행방법을 게시하지 아니한 자 ⑯ 단지내도로의 교통안전규정을 위반하여 중대한 사고를 통보하지 아니한 자
부가·징수권자	① 국토교통부장관 ② 교통행정기관 ③ 시장·군수·구청장

CHAPTER 02 철도안전법

01 총칙

1. 목적

(1) 법의 목적(법 제1조)

이 법은 철도안전을 확보하기 위하여 필요한 사항을 규정하고 철도안전 관리체계를 확립함으로써 공공복리의 증진에 이바지함을 목적으로 한다.

(2) 시행령의 목적(시행령 제1조)

이 영은 철도안전법에서 위임된 사항과 그 시행에 필요한 사항을 규정함을 목적으로 한다.

(3) 시행규칙의 목적(시행규칙 제1조)

이 규칙은 철도안전법 및 같은 법 시행령에서 위임된 사항과 그 시행에 필요한 사항을 규정함을 목적으로 한다.

2. 용어의 정의

(1) 철도(법 제2조제1호, 철도산업발전기본법(철도산업법이라 한다)제3조제1호)

철도란 여객 또는 화물을 운송하는 데 필요한 철도시설과 철도차량 및 이와 관련된 운영·지원체계가 유기적으로 구성된 운송체계를 말한다.

(2) 전용철도(법 제2조제2호, 철도사업법 제2조제5호)

전용철도란 다른 사람의 수요에 따른 영업을 목적으로 하지 아니하고 자신의 수요에 따라 특수 목적을 수행하기 위하여 설치하거나 운영하는 철도를 말한다.

(3) 철도시설(법 제2조제3호, 철도산업법 제3조제2호)

철도시설이란 다음의 어느 하나에 해당하는 시설(부지를 포함한다)을 말한다.

① 철도의 선로(선로에 부대되는 시설을 포함한다), 역시설(물류시설·환승시설 및 편의시설 등을 포함한다) 및 철도운영을 위한 건축물·건축설비
② 선로 및 철도차량을 보수·정비하기 위한 선로보수기지, 차량정비기지 및 차량유치시설
③ 철도의 전철전력설비, 정보통신설비, 신호 및 열차제어설비
④ 철도노선간 또는 다른 교통수단과의 연계운영에 필요한 시설
⑤ 철도기술의 개발·시험 및 연구를 위한 시설
⑥ 철도경영연수 및 철도전문인력의 교육훈련을 위한 시설
⑦ 그 밖에 철도의 건설·유지보수 및 운영을 위한 시설로서 대통령령으로 정하는 시설

(4) 철도운영(법 제2조제4호, 철도산업법 제3조제3호)

철도운영이란 철도와 관련된 다음의 어느 하나에 해당하는 것을 말한다.

① 철도 여객 및 화물 운송
② 철도차량의 정비 및 열차의 운행관리
③ 철도시설·철도차량 및 철도부지 등을 활용한 부대사업개발 및 서비스

(5) 철도차량(법 제2조제5호, 철도산업법 제3조제4호)

철도차량이란 선로를 운행할 목적으로 제작된 동력차·객차·화차 및 특수차를 말한다.

(6) 철도용품(법 제2조제5호의2)

철도용품이란 철도시설 및 철도차량 등에 사용되는 부품·기기·장치 등을 말한다.

(7) 열차(법 제2조제6호)

열차란 선로를 운행할 목적으로 철도운영자가 편성하여 열차번호를 부여한 철도차량을 말한다.

(8) 선로(법 제2조제7호)

선로란 철도차량을 운행하기 위한 궤도와 이를 받치는 노반(路盤) 또는 인공구조물로 구성된 시설을 말한다.

(9) 철도운영자(법 제2조제8호)

철도운영자란 철도운영에 관한 업무를 수행하는 자를 말한다.

(10) 철도시설관리자(법 제2조제9호)

철도시설관리자란 철도시설의 건설 또는 관리에 관한 업무를 수행하는 자를 말한다.

(11) 철도종사자(법 제2조제10호)

1) 철도종사자란 다음의 어느 하나에 해당하는 사람을 말한다.
   ① 철도차량의 운전업무에 종사하는 사람(운전업무종사자라 한다)
   ② 철도차량의 운행을 집중 제어·통제·감시하는 업무(관제업무라 한다)에 종사하는 사람
   ③ 여객에게 승무(乘務) 서비스를 제공하는 사람(여객승무원이라 한다)
   ④ 여객에게 역무(驛務) 서비스를 제공하는 사람(여객역무원이라 한다)
   ⑤ 철도차량의 운행선로 또는 그 인근에서 철도시설의 건설 또는 관리와 관련한 작업의 협의·지휘·감독·안전관리 등의 업무에 종사하도록 철도운영자 또는 철도시설관리자가 지정한 사람(작업책임자라 한다)
   ⑥ 철도차량의 운행선로 또는 그 인근에서 철도시설의 건설 또는 관리와 관련한 작업의 일정을 조정하고 해당 선로를 운행하는 열차의 운행일정을 조정하는 사람(철도운행안전관리자라 한다)
   ⑦ 그 밖에 철도운영 및 철도시설관리와 관련하여 철도차량의 안전운행 및 질서유지와 철도차량 및 철도시설의 점검·정비 등에 관한 업무에 종사하는 사람으로서 대통령령으로 정하는 사람

2) 그 밖에 대통령령으로 정하는 사람이란 다음의 어느 하나에 해당하는 사람을 말한다(시행령 제3조).
   ① 철도사고, 철도준사고 및 운행장애(철도사고등이라 한다)가 발생한 현장에서 조사·수습·복구 등의 업무를 수행하는 사람
   ② 철도차량의 운행선로 또는 그 인근에서 철도시설의 건설 또는 관리와 관련된 작업의 현장감독업무를 수행하는 사람
   ③ 철도시설 또는 철도차량을 보호하기 위한 순회점검업무 또는 경비업무를 수행하는 사람
   ④ 정거장에서 철도신호기·선로전환기 또는 조작판 등을 취급하거나 열차의 조성업무를 수행하는 사람
   ⑤ 철도에 공급되는 전력의 원격제어장치를 운영하는 사람
   ⑥ 사법경찰관리의 직무를 수행할 자와 그 직무범위에 관한 법률 제5조제11호에 따른 철도경찰 사무에 종사하는 국가공무원
   ⑦ 철도차량 및 철도시설의 점검·정비 업무에 종사하는 사람

(12) 철도사고(법 제2조제11호, 시행규칙 제1조의2)

철도사고란 철도운영 또는 철도시설관리와 관련하여 사람이 죽거나 다치거나 물건이 파손되는 사고로 국토교통부령으로 정하는 것을 말한다.

1) **철도교통사고** : 철도차량의 운행과 관련된 사고로서 다음의 어느 하나에 해당하는 사고
   ① **충돌사고** : 철도차량이 다른 철도차량 또는 장애물(동물 및 조류는 제외한다)과 충돌하거나 접촉한 사고
   ② **탈선사고** : 철도차량이 궤도를 이탈하는 사고
   ③ **열차화재사고** : 철도차량에서 화재가 발생하는 사고
   ④ **기타철도교통사고** : 위의 사고에 해당하지 않는 사고로서 철도차량의 운행과 관련된 사고

2) **철도안전사고** : 철도시설 관리와 관련된 사고로서 다음의 어느 하나에 해당하는 사고. 다만, 재난 및 안전관리 기본법 제3조제1호가목에 따른 자연재난으로 인한 사고는 제외한다.
   ① **철도화재사고** : 철도역사, 기계실 등 철도시설에서 화재가 발생하는 사고
   ② **철도시설파손사고** : 교량·터널·선로, 신호·전기·통신 설비 등의 철도시설이 파손되는 사고
   ③ **기타철도안전사고** : 위에 해당하지 않는 사고로서 철도시설 관리와 관련된 사고

(13) 철도준사고(법 제2조제12호, 시행규칙 제1조의3)

철도준사고란 철도안전에 중대한 위해를 끼쳐 철도사고로 이어질 수 있었던 것으로 국토교통부령으로 정하는 것을 말한다.

① 운행허가를 받지 않은 구간으로 열차가 주행하는 경우
② 열차가 운행하려는 선로에 장애가 있음에도 진행을 지시하는 신호가 표시되는 경우. 다만, 복구 및 유지 보수를 위한 경우로서 관제 승인을 받은 경우에는 제외한다.
③ 열차 또는 철도차량이 승인 없이 정지신호를 지난 경우
④ 열차 또는 철도차량이 역과 역사이로 미끄러진 경우
⑤ 열차운행을 중지하고 공사 또는 보수작업을 시행하는 구간으로 열차가 주행한 경우
⑥ 안전운행에 지장을 주는 레일 파손이나 유지보수 허용범위를 벗어난 선로 뒤틀림이 발생한 경우
⑦ 안전운행에 지장을 주는 철도차량의 차륜, 차축, 차축베어링에 균열 등의 고장이 발생한 경우
⑧ 철도차량에서 화약류 등 철도안전법 시행령 제45조에 따른 위험물 또는 제78조제1항에 따른 위해물품이 누출된 경우
⑨ 제1호부터 제8호까지의 준사고에 준하는 것으로서 철도사고로 이어질 수 있는 것

(14) 운행장애(법 제2조제13호, 시행규칙 제1조의4)

운행장애란 철도사고 및 철도준사고 외에 철도차량의 운행에 지장을 주는 것으로서 국토교통부령으로 정하는 것을 말한다.

① 관제의 사전승인 없는 정차역 통과
② 다음의 구분에 따른 운행 지연. 다만, 다른 철도사고 또는 운행장애로 인한 운행 지연은 제외한다.
　　㉠ 고속열차 및 전동열차 : 20분 이상
　　㉡ 일반여객열차 : 30분 이상
　　㉢ 화물열차 및 기타열차 : 60분 이상

(15) 철도차량정비(법 제2조제14호)

철도차량정비란 철도차량(철도차량을 구성하는 부품·기기·장치를 포함한다)을 점검·검사, 교환 및 수리하는 행위를 말한다.

(16) 철도차량정비기술자(법 제2조제15호)

철도차량정비기술자란 철도차량정비에 관한 자격, 경력 및 학력 등을 갖추어 철도안전법 제24조의2에 따라 국토교통부장관의 인정을 받은 사람을 말한다.

(17) 정거장(시행령 제2조제1호)

정거장이란 여객의 승하차(여객 이용시설 및 편의시설을 포함한다), 화물의 적하(積荷), 열차의 조성(組成 : 철도차량을 연결하거나 분리하는 작업을 말한다), 열차의 교차통행 또는 대피를 목적으로 사용되는 장소를 말한다.

(18) 선로전환기(시행령 제2조제2호)

선로전환기란 철도차량의 운행선로를 변경시키는 기기를 말한다.

3. 국가 등의 책무(법 제4조)

① 국가와 지방자치단체는 국민의 생명·신체 및 재산을 보호하기 위하여 철도안전시책을 마련하여 성실히 추진하여야 한다.
② 철도운영자 및 철도시설관리자(철도운영자등이라 한다)는 철도운영이나 철도시설관리를 할 때에는 법령에서 정하는 바에 따라 철도안전을 위하여 필요한 조치를 하고, 국가나 지방자치단체가 시행하는 철도안전시책에 적극 협조하여야 한다.

02 철도안전 관리체계

1. 철도안전 종합계획

(1) 철도안전 종합계획의 수립(법 제5조제1항)

국토교통부장관은 5년마다 철도안전에 관한 종합계획(철도안전 종합계획이라 한다)을 수립하여야 한다.

(2) 철도안전 종합계획의 포함사항(법 제5조제2항)

철도안전 종합계획에는 다음의 사항이 포함되어야 한다.
① 철도안전 종합계획의 추진 목표 및 방향
② 철도안전에 관한 시설의 확충, 개량 및 점검 등에 관한 사항
③ 철도차량의 정비 및 점검 등에 관한 사항
④ 철도안전 관계 법령의 정비 등 제도개선에 관한 사항
⑤ 철도안전 관련 전문 인력의 양성 및 수급관리에 관한 사항
⑥ 철도종사자의 안전 및 근무환경 향상에 관한 사항
⑦ 철도안전 관련 교육훈련에 관한 사항
⑧ 철도안전 관련 연구 및 기술개발에 관한 사항
⑨ 그 밖에 철도안전에 관한 사항으로서 국토교통부장관이 필요하다고 인정하는 사항

(3) 철도안전 종합계획의 수립 절차

1) 협의 및 심의(법 제5조제3항)

국토교통부장관은 철도안전 종합계획을 수립할 때에는 미리 관계 중앙행정기관의 장 및 철도운영자등과 협의한 후 철도산업발전기본법 제6조제1항에 따른 철도산업위원회의 심의를 거쳐야 한다. 수립된 철도안전 종합계획을 변경(대통령령으로 정하는 경미한 사항의 변경은 제외한다)할 때에도 또한 같다.

2) 대통령령으로 정하는 경미한 사항(시행령 제4조)

대통령령으로 정하는 "경미한 사항의 변경"이란 다음의 어느 하나에 해당하는 변경을 말한다.

① 법 제5조제1항에 따른 철도안전 종합계획(철도안전 종합계획이라 한다)에서 정한 총사업비를 원래 계획의 100분의 10 이내에서의 변경
② 철도안전 종합계획에서 정한 시행기한 내에 단위사업의 시행시기의 변경

③ 법령의 개정, 행정구역의 변경 등과 관련하여 철도안전 종합계획을 변경하는 등 당초 수립된 철도안전 종합계획의 기본방향에 영향을 미치지 아니하는 사항의 변경

3) 자료의 제출(법 제5조제4항)

국토교통부장관은 철도안전 종합계획을 수립하거나 변경하기 위하여 필요하다고 인정하면 관계 중앙행정기관의 장 또는 특별시장·광역시장·특별자치시장·도지사·특별자치도지사(시·도지사라 한다)에게 관련 자료의 제출을 요구할 수 있다. 자료 제출 요구를 받은 관계 중앙행정기관의 장 또는 시·도지사는 특별한 사유가 없으면 이에 따라야 한다.

4) 관보의 고시(법 제5조제5항)

국토교통부장관은 철도안전 종합계획을 수립하거나 변경하였을 때에는 이를 관보에 고시하여야 한다.

2. 소관별 시행계획

(1) 시행계획 수립 의무자(법 제6조)

국토교통부장관, 시·도지사 및 철도운영자등은 철도안전 종합계획에 따라 소관별로 철도안전 종합계획의 단계적 시행에 필요한 연차별 시행계획(시행계획이라 한다)을 수립·추진하여야 한다.

(2) 수립절차(시행령 제5조)

시행계획 수립절차(시행령 제5조)			
제출자	제출처	내용	기한
시·도지사 철도운영자등	국토교통부장관	다음 연도 시행계획	매년 10월 말
		전년도 시행계획	매년 2월 말

① 특별시장·광역시장·특별자치시장·도지사 또는 특별자치도지사(시·도지사라 한다)와 철도운영자 및 철도시설관리자(철도운영자등이라 한다)는 다음 연도의 시행계획을 매년 10월 말까지 국토교통부장관에게 제출하여야 한다.
② 시·도지사 및 철도운영자등은 전년도 시행계획의 추진실적을 매년 2월 말까지 국토교통부장관에게 제출하여야 한다.
③ 국토교통부장관은 시·도지사 및 철도운영자등이 제출한 다음 연도의 시행계획이 철도안전 종합계획에 위반되거나 철도안전 종합계획을 원활하게 추진하기 위하여 보완이 필요하다고 인정될 때에는 시·도지사 및 철도운영자등에게 시행계획의 수정을 요청할

수 있다.
　④ 수정 요청을 받은 시·도지사 및 철도운영자등은 특별한 사유가 없는 한 이를 시행계획에 반영하여야 한다.

3. 철도안전투자의 공시

(1) 철도안전투자 예산규모 공시의무 (법 제6조의2제1항)

철도운영자는 철도차량의 교체, 철도시설의 개량 등 철도안전 분야에 투자(철도안전투자라 한다)하는 예산 규모를 매년 공시하여야 한다. 철도안전투자의 공시 기준, 항목, 절차 등에 필요한 사항은 국토교통부령으로 정한다.

(2) 철도안전투자의 공시 시기 및 방법(시행규칙 제1조의5제2항, 제3항)

① 철도운영자는 철도안전투자의 예산 규모를 매년 5월말까지 공시해야 한다.
② 공시는 철도안전정보종합관리시스템과 해당 철도운영자의 인터넷 홈페이지에 게시하는 방법으로 한다.

(3) 공시 기준(시행규칙 제1조의5제1항)

1) 예산 규모에 포함되어야 할 예산
　① 철도차량 교체에 관한 예산
　② 철도시설 개량에 관한 예산
　③ 안전설비의 설치에 관한 예산
　④ 철도안전 교육훈련에 관한 예산
　⑤ 철도안전 연구개발에 관한 예산
　⑥ 철도안전 홍보에 관한 예산
　⑦ 그 밖에 철도안전에 관련된 예산으로서 국토교통부장관이 정해 고시하는 사항

2) 다음의 사항이 모두 포함된 예산 규모를 공시할 것
　① 과거 3년간 철도안전투자의 예산 및 그 집행 실적
　② 해당 년도 철도안전투자의 예산
　③ 향후 2년간 철도안전투자의 예산

3) 국가의 보조금, 지방자치단체의 보조금 및 철도운영자의 자금 등 철도안전투자 예산의 재원을 구분해 공시할 것

4. 안전관리체계의 승인

(1) 안전관리체계의 승인(법 제7조제1항)

철도운영자등(전용철도의 운영자는 제외한다)은 철도운영을 하거나 철도시설을 관리하려는 경우에는 인력, 시설, 차량, 장비, 운영절차, 교육훈련 및 비상대응계획 등 철도 및 철도시설의 안전관리에 관한 유기적 체계(안전관리체계라 한다)를 갖추어 국토교통부장관의 승인을 받아야 한다.

(2) 안전관리체계의 변경승인(법 제7조제3항)

철도운영자등은 승인받은 안전관리체계를 변경(안전관리기준의 변경에 따른 안전관리체계의 변경을 포함한다)하려는 경우에는 국토교통부장관의 변경승인을 받아야 한다. 다만, 국토교통부령으로 정하는 경미한 사항을 변경하려는 경우에는 국토교통부장관에게 신고하여야 한다.

(3) 안전관리체계의 경미한 변경의 신고(시행규칙 제3조)

1) 국토교통부령으로 정하는 경미한 사항이란 다음의 어느 하나에 해당하는 사항을 제외한 변경사항을 말한다.
   ① 안전 업무를 수행하는 전담조직의 변경(조직 부서명의 변경은 제외한다)
   ② 열차운행 또는 유지관리 인력의 감소
   ③ 철도차량 또는 다음의 어느 하나에 해당하는 철도시설의 증가
      ㉠ 교량, 터널, 옹벽
      ㉡ 선로(레일)
      ㉢ 역사, 기지, 승강장안전문
      ㉣ 전차선로, 변전설비, 수전실, 수·배전선로
      ㉤ 연동장치, 열차제어장치, 신호기장치, 선로전환기장치, 궤도회로장치, 건널목보안장치
      ㉥ 통신선로설비, 열차무선설비, 전송설비
   ④ 철도노선의 신설 또는 개량
   ⑤ 사업의 합병 또는 양도·양수
   ⑥ 유지관리 항목의 축소 또는 유지관리 주기의 증가
   ⑦ 위탁 계약자의 변경에 따른 열차운행체계 또는 유지관리체계의 변경

2) 철도운영자등은 경미한 사항을 변경하려는 경우에는 철도안전관리체계 변경신고서에 다음의 서류를 첨부하여 국토교통부장관에게 제출하여야 한다.

① 안전관리체계의 변경내용과 증빙서류
② 변경 전후의 대비표 및 해설서

3) 국토교통부장관은 경미한 사항의 변경 신고를 받은 때에는 첨부서류를 확인한 후 철도안전관리체계 변경신고확인서를 발급하여야 한다.

(4) 철도안전관리체계 기술기준 고시(법 제7조제5항, 시행규칙 제5조)

① 국토교통부장관은 철도안전경영, 위험관리, 사고 조사 및 보고, 내부점검, 비상대응계획, 비상대응훈련, 교육훈련, 안전정보관리, 운행안전관리, 차량·시설의 유지관리(차량의 기대수명에 관한 사항을 포함한다) 등 철도운영 및 철도시설의 안전관리에 필요한 기술기준을 정하여 고시하여야 한다.
② 국토교통부장관은 안전관리기준을 정할 때 전문기술적인 사항에 대해 철도기술심의위원회의 심의를 거칠 수 있다.
③ 국토교통부장관은 안전관리기준을 정한 경우에는 이를 관보에 고시해야 한다.

(5) 안전관리체계의 승인 절차 등(법 제7조제6항, 시행규칙 제2조)

안전관리체계에 대한 승인절차, 승인방법, 검사기준, 검사방법, 신고절차 및 고시방법 등에 관하여 필요한 사항은 국토교통부령으로 정한다. 철도운영자 및 철도시설관리자(철도운영자등이라 한다)가 안전관리체계를 승인받으려는 경우에는 철도운용 또는 철도시설 관리 개시 예정일 90일 전까지 철도안전관리체계 승인신청서에 다음의 서류를 첨부하여 국토교통부장관에게 제출하여야 한다.

① 철도사업법 또는 도시철도법에 따른 철도사업면허증 사본
② 조직·인력의 구성, 업무 분장 및 책임에 관한 서류
③ 다음의 사항을 적시한 철도안전관리시스템에 관한 서류
  ㉠ 철도안전관리시스템 개요
  ㉡ 철도안전경영
  ㉢ 문서화
  ㉣ 위험관리
  ㉤ 요구사항 준수
  ㉥ 철도사고 조사 및 보고
  ㉦ 내부 점검
  ㉧ 비상대응
  ㉨ 교육훈련

ㅊ 안전정보
ㅋ 안전문화

④ 다음의 사항을 적시한 열차운행체계에 관한 서류
　ㄱ 철도운영 개요
　ㄴ 철도사업면허
　ㄷ 열차운행 조직 및 인력
　ㄹ 열차운행 방법 및 절차
　ㅁ 열차 운행계획
　ㅂ 승무 및 역무
　ㅅ 철도관제업무
　ㅇ 철도보호 및 질서유지
　ㅈ 열차운영 기록관리
　ㅊ 위탁 계약자 감독 등 위탁업무 관리에 관한 사항

⑤ 다음의 사항을 적시한 유지관리체계에 관한 서류
　ㄱ 유지관리 개요
　ㄴ 유지관리 조직 및 인력
　ㄷ 유지관리 방법 및 절차(법 제38조에 따른 종합시험운행 실시 결과(완료된 결과를 말한다)를 반영한 유지관리 방법을 포함한다)
　ㄹ 유지관리 이행계획
　ㅁ 유지관리 기록
　ㅂ 유지관리 설비 및 장비
　ㅅ 유지관리 부품
　ㅇ 철도차량 제작 감독
　ㅈ 위탁 계약자 감독 등 위탁업무 관리에 관한 사항

⑥ 법 제38조(종합시험운행)에 따른 종합시험운행 실시 결과 보고서

(6) 안전관리체계 변경 절차(시행규칙 제2조제2항)

철도운영자등이 승인받은 안전관리체계를 변경하려는 경우에는 변경된 철도운용 또는 철도시설 관리 개시 예정일 30일 전(제3조제1항제4호(철도노선의 신설 또는 개량)에 따른 변경사항의 경우에는 90일 전)까지 철도안전관리체계 변경승인신청서에 다음의 서류를 첨부하여 국토교통부장관에게 제출하여야 한다.

① 안전관리체계의 변경내용과 증빙서류

② 변경 전후의 대비표 및 해설서

(7) 전용철도 운영자의 의무(법 제7조제2항)

전용철도의 운영자는 자체적으로 안전관리체계를 갖추고 지속적으로 유지하여야 한다.

(8) 안전관리체계의 승인 방법 및 증명서 발급 등(법 제7조제4항, 시행규칙 제4조)

1) 안전관리체계의 검사

안전관리체계의 승인 또는 변경승인을 위한 검사는 다음에 따른 서류검사와 현장검사로 구분하여 실시한다. 다만, 서류검사만으로 법 제7조제5항에 따른 안전관리에 필요한 기술기준("안전관리기준이라 한다)에 적합 여부를 판단할 수 있는 경우에는 현장검사를 생략할 수 있다.

① 서류검사 : 철도운영자등이 제출한 서류가 안전관리기준에 적합한지 검사
② 현장검사 : 안전관리체계의 이행가능성 및 실효성을 현장에서 확인하기 위한 검사

2) 도시철도 관할 시·도지사 협의

국토교통부장관은 도시철도 또는 도시철도건설사업 또는 도시철도운송사업을 위탁받은 법인이 건설·운영하는 도시철도에 대하여 안전관리체계의 승인 또는 변경승인을 위한 검사를 하는 경우에는 해당 도시철도의 관할 시·도지사와 협의할 수 있다. 이 경우 협의 요청을 받은 시·도지사는 협의를 요청받은 날부터 20일 이내에 의견을 제출하여야 하며, 그 기간 내에 의견을 제출하지 아니하면 의견이 없는 것으로 본다.

3) 승인증명서 발급 의무

국토교통부장관은 검사 결과 안전관리기준에 적합하다고 인정하는 경우에는 철도안전관리체계 승인증명서를 신청인에게 발급하여야 한다.

5. 안전관리체계의 유지 등

(1) 안전관리체계의 유지 의무(법 제8조제1항)

철도운영자등은 철도운영을 하거나 철도시설을 관리하는 경우에는 승인받은 안전관리체계를 지속적으로 유지하여야 한다.

(2) 안전관리체계의 검사(법 제8조제2항)

국토교통부장관은 안전관리체계 위반 여부 확인 및 철도사고 예방 등을 위하여 철도운영자등이 안전관리체계를 지속적으로 유지하는지 다음의 검사를 통해 국토교통부령으로 정

하는 바에 따라 점검·확인할 수 있다.

① **정기검사** : 철도운영자등이 국토교통부장관으로부터 승인 또는 변경승인 받은 안전관리체계를 지속적으로 유지하는지를 점검·확인하기 위하여 정기적으로 실시하는 검사
② **수시검사** : 철도운영자등이 철도사고 및 운행장애 등을 발생시키거나 발생시킬 우려가 있는 경우에 안전관리체계 위반사항 확인 및 안전관리체계 위해요인 사전예방을 위해 수행하는 검사

(3) 안전관리체계의 검사 주기(시행규칙 제6조제1항)

국토교통부장관은 정기검사를 1년마다 1회 실시해야 한다.

(4) 사전 검사계획의 통보(시행규칙 제6조제2항)

국토교통부장관은 정기검사 또는 수시검사를 시행하려는 경우에는 검사 시행일 7일 전까지 다음의 내용이 포함된 검사계획을 검사 대상 철도운영자등에게 통보해야 한다. 다만, 철도사고, 철도준사고 및 운행장애(철도사고등이라 한다)의 발생 등으로 긴급히 수시검사를 실시하는 경우에는 사전 통보를 하지 않을 수 있고, 검사 시작 이후 검사계획을 변경할 사유가 발생한 경우에는 철도운영자등과 협의하여 검사계획을 조정할 수 있다.

① 검사반의 구성
② 검사 일정 및 장소
③ 검사 수행 분야 및 검사 항목
④ 중점 검사 사항
⑤ 그 밖에 검사에 필요한 사항

(5) 검사 시기의 유예 또는 변경(시행규칙 제6조제3항)

국토교통부장관은 다음의 사유로 철도운영자등이 안전관리체계 정기검사의 유예를 요청한 경우에 검사 시기를 유예하거나 변경할 수 있다.

① 검사 대상 철도운영자등이 사법기관 및 중앙행정기관의 조사 및 감사를 받고 있는 경우
② 항공·철도사고조사위원회가 철도사고에 대한 조사를 하고 있는 경우
③ 대형 철도사고의 발생, 천재지변, 그 밖의 부득이한 사유가 있는 경우

(6) 시정조치 명령(법 제8조제3항)

국토교통부장관은 검사 결과 안전관리체계가 지속적으로 유지되지 아니하거나 그 밖에 철도안전을 위하여 필요하다고 인정하는 경우에는 국토교통부령으로 정하는 바에 따라 시정

조치를 명할 수 있다.

(7) 검사 결과보고서 작성(시행규칙 제6조제4항)

국토교통부장관은 정기검사 또는 수시검사를 마친 경우에는 다음의 사항이 포함된 검사 결과보고서를 작성하여야 한다.

① 안전관리체계의 검사 개요 및 현황
② 안전관리체계의 검사 과정 및 내용
③ 시정조치 사항
④ 제출된 시정조치계획서에 따른 시정조치명령의 이행 정도
⑤ 철도사고에 따른 사망자·중상자의 수 및 철도사고등에 따른 재산피해액

6. 안전관리체계 승인의 취소 등

(1) 승인의 취소(법 제9조)

국토교통부장관은 안전관리체계의 승인을 받은 철도운영자등이 다음의 어느 하나에 해당하는 경우에는 그 승인을 취소하거나 6개월 이내의 기간을 정하여 업무의 제한이나 정지를 명할 수 있다.

1) 필요적 취소 사유

거짓이나 그 밖의 부정한 방법으로 승인을 받은 경우에는 그 승인을 취소하여야 한다.

2) 임의적 취소 사유

① 법 제7조제3항(승인된 안전관리체계의 변경승인 및 신고)을 위반하여 변경승인을 받지 아니하거나 변경신고를 하지 아니하고 안전관리체계를 변경한 경우
② 법 제8조제1항(철도운영자등의 안전관리체계 유지의무)을 위반하여 안전관리체계를 지속적으로 유지하지 아니하여 철도운영이나 철도시설의 관리에 중대한 지장을 초래한 경우
③ 법 제8조제3항(국토교통부장관의 시정조치 명령)에 따른 시정조치명령을 정당한 사유 없이 이행하지 아니한 경우

(2) 처분의 기준 및 절차 등(법 제9조제4항, 시행규칙 제7조, 시행규칙 별표 1)

1) 일반기준

㉠ 위반행위의 횟수에 따른 행정처분의 가중된 부과기준은 최근 2년간 같은 위반행위로 행정처분을 받은 경우에 적용한다. 이 경우 기간의 계산은 위반행위에 대하여 행

정처분을 받은 날과 그 처분 후 다시 같은 위반행위를 하여 적발된 날을 기준으로 한다.
ⓒ 가목에 따라 가중된 부과처분을 하는 경우 가중처분의 적용 차수는 그 위반행위 전 부과처분 차수(가목에 따른 기간 내에 행정처분이 둘 이상 있었던 경우에는 높은 차수를 말한다)의 다음 차수로 한다.
ⓒ 위반행위가 둘 이상인 경우로서 그에 해당하는 각각의 처분기준이 다른 경우에는 그 중 무거운 처분기준(무거운 처분기준이 같을 때에는 그 중 하나의 처분기준을 말한다)에 따르며, 둘 이상의 처분기준이 같은 업무제한·정지인 경우에는 무거운 처분기준의 2분의 1 범위에서 가중할 수 있되, 각 처분기준을 합산한 기간을 초과할 수 없다.
ⓒ 국토교통부장관은 다음의 어느 하나에 해당하는 경우에는 제2호의 개별기준에 따른 업무제한·정지 기간의 2분의 1 범위에서 그 기간을 줄일 수 있다.
  • 위반행위가 사소한 부주의나 오류로 인한 것으로 인정되는 경우
  • 위반행위자가 법 위반상태를 시정하거나 해소하기 위한 노력이 인정되는 경우
  • 그 밖에 위반행위의 정도, 위반행위의 동기와 그 결과 등을 고려하여 업무제한·정지 기간을 줄일 필요가 있다고 인정되는 경우
ⓒ 국토교통부장관은 다음의 어느 하나에 해당하는 경우에는 제2호의 개별기준에 따른 업무제한·정지 기간의 2분의 1 범위에서 그 기간을 늘릴 수 있다. 다만, 법 제9조 제1항에 따른 업무제한·정지 기간의 상한을 넘을 수 없다.
  • 위반의 내용 및 정도가 중대하여 공중에게 미치는 피해가 크다고 인정되는 경우
  • 법 위반상태의 기간이 6개월 이상인 경우
  • 그 밖에 위반행위의 정도, 위반행위의 동기와 그 결과 등을 고려하여 업무제한·정지 기간을 늘릴 필요가 있다고 인정되는 경우

2) 개별기준

위반행위	근거 법조문	처분 기준
가. 거짓이나 그 밖의 부정한 방법으로 승인을 받은 경우 　　1) 1차 위반	법 제9조 제1항제1호	승인취소
나. 법 제7조제3항을 위반하여 변경승인을 받지 않고 안전관리체계를 변경한 경우 　　1) 1차 위반 　　2) 2차 위반 　　3) 3차 위반 　　4) 4차 이상 위반	법 제9조 제1항제2호	업무정지(업무제한) 10일 업무정지(업무제한) 20일 업무정지(업무제한) 40일 업무정지(업무제한) 80일
다. 법 제7조제3항을 위반하여 변경신고를 하지 않고 안전관리체계를 변경한 경우 　　1) 1차 위반 　　2) 2차 위반 　　3) 3차 이상 위반	법 제9조 제1항제2호	경고 업무정지(업무제한) 10일 업무정지(업무제한) 20일
라. 법 제8조제1항을 위반하여 안전관리체계를 지속적으로 유지하지 않아 철도운영이나 철도시설의 관리에 중대한 지장을 초래한 경우 　　1) 철도사고로 인한 사망자 수 　　　가) 1명 이상 3명 미만 　　　나) 3명 이상 5명 미만 　　　다) 5명 이상 10명 미만 　　　라) 10명 이상 　　2) 철도사고로 인한 중상자 수 　　　가) 5명 이상 10명 미만 　　　나) 10명 이상 30명 미만 　　　다) 30명 이상 50명 미만 　　　라) 50명 이상 100명 미만 　　　마) 100명 이상 　　3) 철도사고 또는 운행장애로 인한 재산피해액 　　　가) 5억원 이상 10억원 미만 　　　나) 10억원 이상 20억원 미만 　　　다) 20억원 이상	법 제9조 제1항제3호	 업무정지(업무제한) 30일 업무정지(업무제한) 60일 업무정지(업무제한) 120일 업무정지(업무제한) 180일 업무정지(업무제한) 15일 업무정지(업무제한) 30일 업무정지(업무제한) 60일 업무정지(업무제한) 120일 업무정지(업무제한) 60일 업무정지(업무제한) 15일 업무정지(업무제한) 30일 업무정지(업무제한) 60일
마. 법 제8조제3항에 따른 시정조치명령을 정당한 사유 없이 이행하지 않은 경우 　　1) 1차 위반 　　2) 2차 위반 　　3) 3차 위반 　　4) 4차 위반	법 제9조 제1항제4호	업무정지(업무제한) 20일 업무정지(업무제한) 40일 업무정지(업무제한) 80일 업무정지(업무제한) 160일

*비고
1. "사망자"란 철도사고가 발생한 날부터 30일 이내에 그 사고로 사망한 경우를 말한다.
2. "중상자"란 철도사고로 인해 부상을 입은 날부터 7일 이내 실시된 의사의 최초 진단 결과 24시간 이상 입원 치료가 필요한 상해를 입은 사람(의식불명, 시력상실을 포함)을 말한다.
3. "재산피해액"이란 시설피해액(인건비와 자재비등 포함), 차량피해액(인건비와 자재비등 포함), 운임환불 등을 포함한 직접손실액을 말한다.

(3) 과징금

1) **과징금의 부과(법 제9조의2제1항)**

   국토교통부장관은 철도운영자등에 대하여 업무의 제한이나 정지를 명하여야 하는 경우로서 그 업무의 제한이나 정지가 철도 이용자 등에게 심한 불편을 주거나 그 밖에 공익을 해할 우려가 있는 경우에는 업무의 제한이나 정지를 갈음하여 30억원 이하의 과징금을 부과할 수 있다.

2) **과징금의 부과기준 등(법 제9조의2제1항, 시행령 제6조, 시행령 별표 1)**

   ① 일반기준

   ㉠ 위반행위의 횟수에 따른 과징금의 가중된 부과기준은 최근 2년간 같은 위반행위로 과징금 부과처분을 받은 경우에 적용한다. 이 경우 기간의 계산은 위반행위에 대하여 과징금 부과처분을 받은 날과 그 처분 후 다시 같은 위반행위를 하여 적발된 날을 기준으로 한다.

   ㉡ 가목에 따라 가중된 부과처분을 하는 경우 가중처분의 적용 차수는 그 위반행위 전 부과처분 차수(가목에 따른 기간 내에 과징금 부과처분이 둘 이상 있었던 경우에는 높은 차수를 말한다)의 다음 차수로 한다.

   ㉢ 위반행위가 둘 이상인 경우로서 각 처분내용이 모두 업무정지인 경우에는 각 처분기준에 따른 과징금을 합산한 금액을 넘지 않는 범위에서 무거운 처분기준에 해당하는 과징금 금액의 2분의 1의 범위에서 가중할 수 있다.

   ㉣ 국토교통부장관은 다음의 어느 하나에 해당하는 경우에는 제2호의 개별기준에 따른 과징금 금액의 2분의 1 범위에서 그 금액을 줄일 수 있다. 다만, 과징금을 체납하고 있는 위반행위자의 경우에는 그렇지 않다.
   - 위반행위가 사소한 부주의나 오류로 인한 것으로 인정되는 경우
   - 위반행위자가 법 위반상태를 시정하거나 해소하기 위한 노력이 인정되는 경우
   - 그 밖에 사업 규모, 사업 지역의 특수성, 위반행위의 정도, 위반행위의 동기와 그 결과 및 위반 횟수 등을 고려하여 과징금 금액을 줄일 필요가 있다고 인정되는 경우

   ㉤ 국토교통부장관은 다음의 어느 하나에 해당하는 경우에는 제2호의 개별기준에 따른 과징금 금액의 2분의 1 범위에서 그 금액을 늘릴 수 있다. 다만, 법 제9조의2제1항에 따른 과징금 금액의 상한을 넘을 경우 상한금액으로 한다.
   - 위반의 내용 및 정도가 중대하여 공중에게 미치는 피해가 크다고 인정되는 경우
   - 법 위반상태의 기간이 6개월 이상인 경우
   - 그 밖에 사업 규모, 사업 지역의 특수성, 위반행위의 정도, 위반행위의 동기와 그 결과 및 위반 횟수 등을 고려하여 과징금 금액을 늘릴 필요가 있다고 인정되는 경우

② 개별기준

위반행위	근거 법조문	과징금 금액 (단위: 100만원)

가. 법 제7조제3항을 위반하여 변경승인을 받지 않고 안전관리체계를 변경한 경우
  1) 1차 위반
  2) 2차 위반
  3) 3차 위반
  4) 4차 이상 위반
	법 제9조
	제1항제2호
		
		120
		240
		480
		960

나. 법 제7조제3항을 위반하여 변경신고를 하지 않고 안전관리체계를 변경한 경우
  1) 1차 위반
  2) 2차 위반
  3) 3차 이상 위반
	법 제9조
	제1항제2호
		
		경고
		120
		240

다. 법 제8조제1항을 위반하여 안전관리체계를 지속적으로 유지하지 않아 철도운영이나 철도시설의 관리에 중대한 지장을 초래한 경우
  1) 철도사고로 인한 사망자 수
    가) 1명 이상 3명 미만
    나) 3명 이상 5명 미만
    다) 5명 이상 10명 미만
    라) 10명 이상
  2) 철도사고로 인한 중상자 수
    가) 5명 이상 10명 미만
    나) 10명 이상 30명 미만
    다) 30명 이상 50명 미만
    라) 50명 이상 100명 미만
    마) 100명 이상
  3) 철도사고 또는 운행장애로 인한 재산피해액
    가) 5억원 이상 10억원 미만
    나) 10억원 이상 20억원 미만
    다) 20억원 이상
	법 제9조
	제1항제3호
		
		360
		720
		1,440
		2,160
		
		180
		360
		720
		1,440
		2,160
		
		180
		360
		720

라. 법 제8조제3항에 따른 시정조치명령을 정당한 사유 없이 이행하지 않은 경우
  1) 1차 위반
  2) 2차 위반
  3) 3차 위반
  4) 4차 위반
	법 제9조
	제1항제4호
		
		240
		480
		960
		1,920

*비고

1. "사망자"란 철도사고가 발생한 날부터 30일 이내에 그 사고로 사망한 경우를 말한다.
2. "중상자"란 철도사고로 인해 부상을 입은 날부터 7일 이내 실시된 의사의 최초 진단 결과 24시간 이상 입원 치료가 필요한 상해를 입은 사람(의식불명, 시력상실을 포함)을 말한다.
3. "재산피해액"이란 시설피해액(인건비와 자재비등 포함), 차량피해액(인건비와 자재비등 포함), 운임환불 등을 포함한 직접손실액을 말한다.
4. 위 표의 다목 1)부터 3)까지의 규정에 따른 과징금을 부과하는 경우에 사망자, 중상자, 재산피해가 동시에 발생한 경우는 각각의 과징금을 합산하여 부과한다. 다만, 합산한 금액이 법 제9조의2제1항에 따른 과징금 금액의 상한을 초과하는 경우에는 법 제9조의2제1항에 따른 상한금액을 과징금으로 부과한다.
5. 위 표 및 제4호에 따른 과징금 금액이 해당 철도운영자등의 전년도(위반행위가 발생한 날이 속하는 해의 직전 연도를 말한다) 매출액의 100분의 4를 초과하는 경우에는 전년도 매출액의 100분의 4에 해당하는 금액을 과징금으로 부과한다.

3) 과징금의 징수(법 제9조의2제3항)

국토교통부장관은 과징금을 내야 할 자가 납부기한까지 과징금을 내지 아니하는 경우에는 국세 체납처분의 예에 따라 징수한다.

4) 과징금의 부과 및 납부(시행령 제7조)
① 국토교통부장관은 과징금을 부과할 때에는 그 위반행위의 종류와 해당 과징금의 금액을 명시하여 이를 납부할 것을 서면으로 통지하여야 한다.
② 과징금의 통지를 받은 자는 통지를 받은 날부터 20일 이내에 국토교통부장관이 정하는 수납기관에 과징금을 내야 한다.
③ 과징금을 받은 수납기관은 그 과징금을 낸 자에게 영수증을 내주어야 한다.
④ 과징금의 수납기관은 과징금을 받으면 지체 없이 그 사실을 국토교통부장관에게 통보하여야 한다.

7. 철도운영자등에 대한 안전관리 수준평가

(1) 실시권자(법 제9조의3제1항)

국토교통부장관은 철도운영자등의 자발적인 안전관리를 통한 철도안전 수준의 향상을 위하여 철도운영자등의 안전관리 수준에 대한 평가를 실시할 수 있다.

(2) 개선 및 시정조치 명령(법 제9조의3제2항)

국토교통부장관은 안전관리 수준평가를 실시한 결과 그 평가결과가 미흡한 철도운영자등에 대하여 제8조(안전관리체계 유지 등)제2항에 따른 검사를 시행하거나 같은 조 제3항에 따른 시정조치 등 개선을 위하여 필요한 조치를 명할 수 있다.

(3) 철도운영자등에 대한 안전관리 수준평가의 대상 및 기준(시행규칙 제8조)

철도운영자등의 안전관리 수준에 대한 평가(안전관리 수준평가라 한다)의 대상 및 기준은 다음과 같다. 다만, 철도시설관리자에 대해서 안전관리 수준평가를 하는 경우 철도안전투자 분야를 제외하고 실시할 수 있다.

1) 사고 분야
① 철도교통사고 건수   ② 철도안전사고 건수
③ 운행장애 건수   ④ 사상자 수

2) 철도안전투자 분야 : 철도안전투자의 예산 규모 및 집행 실적

3) 안전관리 분야
   ① 안전성숙도 수준
   ② 정기검사 이행실적
4) 그 밖에 안전관리 수준평가에 필요한 사항으로서 국토교통부장관이 정해 고시하는 사항

(4) 안전관리 수준평가 기한

국토교통부장관은 매년 3월말까지 안전관리 수준평가를 실시한다.

(5) 안전관리 수준평가 방법

안전관리 수준평가는 서면평가의 방법으로 실시한다. 다만, 국토교통부장관이 필요하다고 인정하는 경우에는 현장평가를 실시할 수 있다.

(6) 안전관리 수준평가 통보

국토교통부장관은 안전관리 수준평가 결과를 해당 철도운영자등에게 통보해야 한다. 이 경우 해당 철도운영자등이 지방공기업법에 따른 지방공사인 경우에는 해당 지방공사의 업무를 관리·감독하는 지방자치단체의 장에게도 함께 통보할 수 있다.

8. 철도안전 우수운영자

(1) 철도안전 우수운영자 지정(법 제9조의4)

① 국토교통부장관은 안전관리 수준평가 결과에 따라 철도운영자등을 대상으로 철도안전 우수운영자를 지정할 수 있다.
② 철도안전 우수운영자로 지정을 받은 자는 철도차량, 철도시설이나 관련 문서 등에 철도안전 우수운영자로 지정되었음을 나타내는 표시를 할 수 있다.
③ 철도안전 우수운영자로 지정을 받은 자가 아니면 철도차량, 철도시설이나 관련 문서 등에 우수운영자로 지정되었음을 나타내는 표시를 하거나 이와 유사한 표시를 하여서는 아니 된다.
④ 국토교통부장관은 철도안전 우수운영자 지정 표시 규정을 위반하여 우수운영자로 지정되었음을 나타내는 표시를 하거나 이와 유사한 표시를 한 자에 대하여 해당 표시를 제거하게 하는 등 필요한 시정조치를 명할 수 있다.

(2) 철도안전 우수운영자 지정 대상 등(법 제9조의4제5항, 시행규칙 제9조)

① 철도안전 우수운영자 지정의 대상, 기준, 방법, 절차 등에 필요한 사항은 국토교통부령으로 정한다.

② 철도안전 우수운영자 지정의 유효기간은 지정받은 날부터 1년으로 한다.
③ 철도안전 우수운영자는 철도안전 우수운영자로 지정되었음을 나타내는 표시를 하려면 국토교통부장관이 정해 고시하는 표시를 사용해야 한다.
④ 국토교통부장관은 철도안전 우수운영자에게 포상 등의 지원을 할 수 있다.

(3) 철도안전 우수운영자 지정의 취소(법 제9조의5, 시행규칙 제9조의2)

국토교통부장관은 철도안전 우수운영자 지정을 받은 자가 다음의 어느 하나에 해당하는 경우에는 그 지정을 취소할 수 있다.

1) 필요적 취소사유
   ① 거짓이나 그 밖의 부정한 방법으로 철도안전 우수운영자 지정을 받은 경우
   ② 안전관리체계의 승인이 취소된 경우

2) 임의적 취소사유
   ① 계산 착오, 자료의 오류 등으로 안전관리 수준평가 결과가 최상위 등급이 아닌 것으로 확인된 경우
   ② 철도안전 우수운영자 지정 표시 규정을 위반하여 국토교통부장관이 정해 고시하는 표시가 아닌 다른 표시를 사용한 경우

03 철도종사자의 안전관리

1. 철도차량 운전면허

(1) 운전면허의 취득(법 제10조)

① 철도차량을 운전하려는 사람은 국토교통부장관으로부터 철도차량 운전면허(운전면허라 한다)를 받아야 한다. 다만, 운전교육훈련 또는 운전면허시험을 위하여 철도차량을 운전하는 경우 등 대통령령으로 정하는 경우에는 그러하지 아니하다.
② 도시철도법 제2조제2호에 따른 노면전차를 운전하려는 사람은 철도차량 운전면허 외에 도로교통법 제80조에 따른 운전면허를 받아야 한다.

(2) 운전면허 없이 운전할 수 있는 경우(시행령 제10조)

① 철도차량 운전에 관한 전문 교육훈련기관(운전교육훈련기관이라 한다)에서 실시하는 운전

교육훈련을 받기 위하여 철도차량을 운전하는 경우
② 운전면허시험(운전면허시험이라 한다)을 치르기 위하여 철도차량을 운전하는 경우
③ 철도차량을 제작·조립·정비하기 위한 공장 안의 선로에서 철도차량을 운전하여 이동하는 경우
④ 철도사고등을 복구하기 위하여 열차운행이 중지된 선로에서 사고복구용 특수차량을 운전하여 이동하는 경우

(3) 운전면허의 종류(시행령 제11조)

① 고속철도차량 운전면허
② 제1종 전기차량 운전면허
③ 제2종 전기차량 운전면허
④ 디젤차량 운전면허
⑤ 철도장비 운전면허
⑥ 노면전차 운전면허

(4) 운전면허 종류별 운전 가능한 철도차량(시행규칙 별표 1의2)

철도차량 운전면허 종류별 운전이 가능한 철도차량(철도안전법 시행규칙 별표 1의2)	
운전면허의 종류	운전할 수 있는 철도차량의 종류
1. 고속철도차량 운전면허	가. 고속철도차량　　　나. 철도장비 운전면허에 따른 운전할 수 있는 차량
2. 제1종 전기차량 운전면허	가. 전기기관차　　　　나. 철도장비 운전면허에 따라 운전할 수 있는 차량
3. 제2종 전기차량 운전면허	가. 전기동차　　　　　나. 철도장비 운전면허에 따라 운전할 수 있는 차량
4. 디젤차량 운전면허	가. 디젤기관차　　　　나. 디젤동차 다. 증기기관차　　　　라. 철도장비 운전면허에 따라 운전할 수 있는 차량
5. 철도장비 운전면허	가. 철도건설과 유지보수에 필요한 기계나 장비 나. 철도시설의 검측장비 다. 철도·도로를 모두 운행할 수 있는 철도복구장비 라. 전용철도에서 시속 25킬로미터 이하로 운전하는 차량 마. 사고복구용 기중기 바. 입환(入換)작업을 위해 원격제어가 가능한 장치를 설치하여 시속 25킬로미터 이하로 운전하는 동력차
6. 노면전차 운전면허	노면전차

*비고
1. 시속 100킬로미터 이상으로 운행하는 철도시설의 검측장비 운전은 고속철도차량 운전면허, 제1종 전기차량 운전면허, 제2종 전기차량 운전면허, 디젤차량 운전면허 중 하나의 운전면허가 있어야 한다.
2. 선로를 시속 200킬로미터 이상의 최고운행 속도로 주행할 수 있는 철도차량을 고속철도차량으로 구분한다.
3. 동력장치가 집중되어 있는 철도차량을 기관차, 동력장치가 분산되어 있는 철도차량을 동차로 구분한다.
4. 도로 위에 부설한 레일 위를 주행하는 철도차량은 노면전차로 구분한다.
5. 철도차량 운전면허(철도장비 운전면허는 제외한다) 소지자는 철도차량 종류에 관계없이 차량기지 내에서 시속 25킬로미터 이하로 운전하는 철도차량을 운전할 수 있다. 이 경우 다른 운전면허의 철도차량을 운전하는 때에는 국토교통부장관이 정하는 교육훈련을 받아야 한다.
6. "전용철도"란 「철도사업법」 제2조제5호에 따른 전용철도를 말한다.

(5) 운전면허의 결격사유(법 제11조제1항, 시행령 제12조)

다음의 어느 하나에 해당하는 사람은 운전면허를 받을 수 없다.

① 19세 미만인 사람
② 철도차량 운전상의 위험과 장해를 일으킬 수 있는 정신질환자 또는 뇌전증환자로서 대통령령으로 정하는 사람(해당 분야 전문의가 정상적인 운전을 할 수 없다고 인정하는 사람)
③ 철도차량 운전상의 위험과 장해를 일으킬 수 있는 약물(마약류 관리에 관한 법률에 따른 마약류 및 화학물질관리법에 따른 환각물질을 말한다) 또는 알코올 중독자로서 대통령령으로 정하는 사람(해당 분야 전문의가 정상적인 운전을 할 수 없다고 인정하는 사람)
④ 두 귀의 청력 또는 두 눈의 시력을 완전히 상실한 사람
⑤ 운전면허가 취소된 날부터 2년이 지나지 아니하였거나 운전면허의 효력정지기간 중인 사람

(6) 운전면허의 결격사유 관련 개인정보의 제공 요청(법 제11조제2항, 시행령 제12조의2)

1) 개인정보 제공 요청자

① 국토교통부장관은 운전면허 결격사유의 확인을 위하여 개인정보를 보유하고 있는 기관의 장에게 해당 정보의 제공을 요청할 수 있다. 이 경우 요청을 받은 기관의 장은 특별한 사유가 없으면 이에 따라야 한다.
② 전항에 따라 요청하는 대상기관과 개인정보의 내용 및 제공방법 등에 필요한 사항은 대통령령으로 정한다.

2) 개인정보 제공 기관

① 보건복지부장관
② 병무청장
③ 시·도지사 또는 시장·군수·구청장(자치구의 구청장을 말한다)
④ 육군참모총장, 해군참모총장, 공군참모총장 또는 해병대사령관

3) 요청 가능 개인정보의 내용(시행령 제12조의2제2항, 시행령 별표 1의2)

운전면허의 결격사유 확인을 위하여 요청할 수 있는 개인정보의 내용(시행령 별표 1의2)	
보유기관	개인정보의 내용
1. 보건복지부장관 또는 시·도지사	마약류 중독자로 판명되거나 마약류 중독으로 치료보호기관에서 치료 중인 사람에 대한 자료
2. 병무청장	정신질환 및 뇌전증으로 신체등급이 5급 또는 6급으로 판정된 사람에 대한 자료
3. 특별자치시장·특별자치도지사·시장·군수 또는 구청장	가. 시각장애인 또는 청각장애인으로 등록된 사람에 대한 자료 나. 정신질환으로 6개월 이상 입원·치료 중인 사람에 대한 자료
4. 육군참모총장, 해군참모총장, 공군참모총장 또는 해병대사령관	군 재직 중 정신질환 또는 뇌전증으로 전역 조치된 사람에 대한 자료

2. 운전면허의 신체검사

(1) 운전면허의 신체검사(법 제12조)

① 운전면허를 받으려는 사람은 철도차량 운전에 적합한 신체상태를 갖추고 있는지를 판정받기 위하여 국토교통부장관이 실시하는 신체검사에 합격하여야 한다.
② 국토교통부장관은 신체검사를 신체검사의료기관에서 실시하게 할 수 있다.
③ 신체검사의 합격기준, 검사방법 및 절차 등에 관하여 필요한 사항은 국토교통부령으로 정한다.

(2) 신체검사 방법 · 절차 · 합격기준 등(시행규칙 제12조)

① 운전면허의 신체검사 또는 관제자격증명의 신체검사를 받으려는 사람은 신체검사 판정서에 성명 · 주민등록번호 등 본인의 기록사항을 작성하여 신체검사 실시 의료기관(신체검사의료기관이라 한다)에 제출하여야 한다.
② 신체검사의 항목과 합격기준은 별표 2 제1호와 같다.
③ 신체검사의료기관은 신체검사 판정서의 각 신체검사 항목별로 신체검사를 실시한 후 합격여부를 기록하여 신청인에게 발급하여야 한다.
④ 그 밖에 신체검사의 방법 및 절차 등에 관하여 필요한 세부사항은 국토교통부장관이 정하여 고시한다.

(3) 신체검사 실시 의료기관(법 제13조)

① 의료법 제3조제2항제1호가목의 의원

② 의료법 제3조제2항제3호가목의 병원
③ 의료법 제3조제2항제3호바목의 종합병원

(4) 신체검사 항목 및 불합격 기준(시행규칙 제12조제2항)

철도안전법 시행규칙 별표 2(운전면허 또는 관제자격증명 취득을 위한 신체검사 항목 및 불합격 기준)

시행규칙 별표 2

3. 운전적성검사

(1) 운전적성검사(법 제15조)

① 운전면허를 받으려는 사람은 철도차량 운전에 적합한 적성을 갖추고 있는지를 판정받기 위하여 국토교통부장관이 실시하는 적성검사(운전적성검사라 한다)에 합격하여야 한다.

② 운전적성검사에 불합격한 사람 또는 운전적성검사 과정에서 부정행위를 한 사람은 다음의 구분에 따른 기간 동안 운전적성검사를 받을 수 없다.
　㉠ 운전적성검사에 불합격한 사람 : 검사일부터 3개월
　㉡ 운전적성검사 과정에서 부정행위를 한 사람 : 검사일부터 1년

③ 운전적성검사의 합격기준, 검사의 방법 및 절차 등에 관하여 필요한 사항은 국토교통부령으로 정한다.

④ 국토교통부장관은 운전적성검사에 관한 전문기관(운전적성검사기관이라 한다)을 지정하여 운전적성검사를 하게 할 수 있다.

⑤ 운전적성검사기관의 지정기준, 지정절차 등에 관하여 필요한 사항은 대통령령으로 정한다.

⑥ 운전적성검사기관은 정당한 사유 없이 운전적성검사 업무를 거부하여서는 아니 되고, 거짓이나 그 밖의 부정한 방법으로 운전적성검사 판정서를 발급하여서는 아니 된다.

(2) 적성검사 방법·절차 및 합격기준 등(시행규칙 제16조)

① 운전적성검사 또는 관제적성검사를 받으려는 사람은 적성검사 판정서에 성명·주민등록번호 등 본인의 기록사항을 작성하여 운전적성검사기관 또는 관제적성검사기관에 제출하여야 한다.

② 운전적성검사기관 또는 관제적성검사기관은 적성검사 판정서의 각 적성검사 항목별로 적성검사를 실시한 후 합격 여부를 기록하여 신청인에게 발급하여야 한다.

③ 그 밖에 운전적성검사 또는 관제적성검사의 방법·절차·판정기준 및 항목별 배점기준 등에 관하여 필요한 세부사항은 국토교통부장관이 정한다.

(3) 적성검사의 항목 및 합격기준(시행규칙 제16조제2항)

검사대상	검사항목		불합격기준
	문답형 검사	반응형 검사	

고속철도차량
제1종전기차량
제2종전기차량
디젤차량
노면전차
철도장비
철도차량
운전면허시험 응시자
	• 인성
	  -일반성격
	  -안전성향
		• 주의력
		  -복합기능
		  -선택주의
		  -지속주의
		• 인식및기억력
		  -시각변별
		  -공간지각
		• 판단및행동력
		  -추론
		  -민첩성
			• 문답형 검사항목 중 안전성향 검사에서 부적합으로 판정된 사람
			• 반응형 검사 평가점수가 30점 미만인 사람

철도교통관제사
자격증명 응시자
	• 인성
	  -일반성격
	  -안전성향
		• 주의력
		  -복합기능
		  -선택주의
		• 인식및기억력
		  -시각변별
		  -공간지각
		  -작업기억
		• 판단및행동력
		  -추론
		  -민첩성
			• 문답형 검사항목 중 안전성향 검사에서 부적합으로 판정된 사람
			• 반응형 검사 평가점수가 30점 미만인 사람

*비고
1. 문답형 검사 판정은 적합 또는 부적합으로 한다.
2. 반응형 검사 점수 합계는 70점으로 한다.
3. 안전성향검사는 전문의(정신건강의학) 진단결과로 대체 할 수 있으며, 부적합 판정을 받은 자에 대해서는 당일 1회에 한하여 재검사를 실시하고 그 재검사 결과를 최종적인 검사결과로 할 수 있다.
4. 철도차량 운전면허 소지자가 다른 종류의 철도차량 운전면허를 취득하려는 경우에는 운전적성검사를 받은 것으로 본다. 다만, 철도장비 운전면허 소지자(2020년 10월 8일 이전에 적성검사를 받은 사람만 해당한다)가 다른 종류의 철도차량 운전면허를 취득하려는 경우에는 적성검사를 받아야 한다.
5. 도시철도 관제자격증명을 취득한 사람이 철도 관제자격증명을 취득하려는 경우에는 관제적성검사를 받은 것으로 본다.

(4) 적성검사기관의 지정절차

1) 운전적성검사기관의 지정절차(시행령 제13조)

① 운전적성검사기관으로 지정을 받으려는 자는 국토교통부장관에게 지정 신청을 하여야 한다.

② 국토교통부장관은 운전적성검사기관 지정 신청을 받은 경우에는 지정기준을 갖추었는지 여부, 운전적성검사기관의 운영계획, 운전업무종사자의 수급상황 등을 종합

적으로 심사한 후 그 지정 여부를 결정하여야 한다.

③ 국토교통부장관은 운전적성검사기관을 지정한 경우에는 그 사실을 관보에 고시하여야 한다.

④ 운전적성검사기관 지정절차에 관한 세부적인 사항은 국토교통부령으로 정한다.

2) 운전적성검사기관 또는 관제적성검사기관의 지정절차 등(시행규칙 제17조)

운전적성검사기관 또는 관제적성검사기관으로 지정받으려는 자는 적성검사기관 지정 신청서에 다음의 서류를 첨부하여 국토교통부장관에게 제출하여야 한다. 이 경우 국토교통부장관은 전자정부법 제36조제1항에 따른 행정정보의 공동이용을 통하여 법인 등기사항증명서(신청인이 법인인 경우만 해당한다)를 확인하여야 한다.

① 운영계획서
② 정관이나 이에 준하는 약정(법인 그 밖의 단체만 해당한다)
③ 운전적성검사 또는 관제적성검사를 담당하는 전문인력의 보유 현황 및 학력·경력·자격 등을 증명할 수 있는 서류
④ 운전적성검사시설 또는 관제적성검사시설 내역서
⑤ 운전적성검사장비 또는 관제적성검사장비 내역서
⑥ 운전적성검사기관 또는 관제적성검사기관에서 사용하는 직인의 인영

(5) 운전적성검사기관의 지정기준(시행령 제14조)

1) 운전적성검사기관의 지정기준은 다음과 같다.

① 운전적성검사 업무의 통일성을 유지하고 운전적성검사 업무를 원활히 수행하는데 필요한 상설 전담조직을 갖출 것
② 운전적성검사 업무를 수행할 수 있는 전문검사인력을 3명 이상 확보할 것
③ 운전적성검사 시행에 필요한 사무실, 검사장과 검사 장비를 갖출 것
④ 운전적성검사기관의 운영 등에 관한 업무규정을 갖출 것

2) 운전적성검사기관 및 관제적성검사기관의 세부 지정기준 등(시행규칙 제18조)

① 운전적성검사기관 및 관제적성검사기관의 세부 지정기준은 별표 5와 같다.
② 국토교통부장관은 운전적성검사기관 또는 관제적성검사기관이 지정기준에 적합한지를 2년마다 심사해야 한다.
③ 철도안전법 시행규칙 별표 5(운전적성검사기관 또는 관제적성검사기관의 세부 지정기준)

시행규칙 별표 5

(6) 운전적성검사기관의 변경사항 통지(시행령 제15조)

① 운전적성검사기관은 그 명칭·대표자·소재지나 그 밖에 운전적성검사 업무의 수행에 중대한 영향을 미치는 사항의 변경이 있는 경우에는 해당 사유가 발생한 날부터 15일 이내에 국토교통부장관에게 그 사실을 알려야 한다.
② 국토교통부장관은 제1항에 따라 통지를 받은 때에는 그 사실을 관보에 고시하여야 한다.

(7) 운전적성검사기관의 지정취소 및 업무정지(법 제15조의2)

1) 지정취소 및 업무정지 사유

국토교통부장관은 운전적성검사기관이 다음의 어느 하나에 해당할 때에는 지정을 취소하거나 6개월 이내의 기간을 정하여 업무의 정지를 명할 수 있다. 다만, 제1호 및 제2호에 해당할 때에는 지정을 취소하여야 한다.

① 거짓이나 그 밖의 부정한 방법으로 지정을 받았을 때
② 업무정지 명령을 위반하여 그 정지기간 중 운전적성검사 업무를 하였을 때
③ 운전적성검사기관 지정기준에 맞지 아니하게 되었을 때
④ 정당한 사유 없이 운전적성검사 업무를 거부하였을 때
⑤ 거짓이나 그 밖의 부정한 방법으로 운전적성검사 판정서를 발급하였을 때

2) 지정취소 및 업무정지 기준(시행규칙 제19조)

국토교통부장관은 운전적성검사기관 또는 관제적성검사기관의 지정을 취소하거나 업무정지의 처분을 한 경우에는 지체 없이 운전적성검사기관 또는 관제적성검사기관에 지정기관 행정처분서를 통지하고, 그 사실을 관보에 고시하여야 한다.

운전적성검사기관 및 관제적성검사기관의 지정취소 및 업무정지의 기준(철도안전법 시행규칙 별표 6)					
위반사항	해당 법조문	1차위반	2차위반	3차위반	4차위반
1. 거짓이나 그 밖의 부정한 방법으로 지정을 받은 경우	법 제15조의2 제1항제1호	지정취소			
2. 업무정지 명령을 위반하여 그 정지기간 중 운전적성검사업무 또는 관제적성검사업무를 한 경우	법 제15조의2 제1항제2호	지정취소			
3. 법 제15조제5항 또는 제21조의6제4항에 따른 지정기준에 맞지 아니하게 된 경우	법 제15조의2 제1항제3호	경고 또는 보완명령	업무정지 1개월	업무정지 3개월	지정취소
4. 정당한 사유 없이 운전적성검사업무 또는 관제적성검사업무를 거부한 경우	법 제15조의2 제1항제4호	경고	업무정지 1개월	업무정지 3개월	지정취소

운전적성검사기관 및 관제적성검사기관의 지정취소 및 업무정지의 기준(철도안전법 시행규칙 별표 6)					
위반사항	해당 법조문	1차위반	2차위반	3차위반	4차위반
5. 법 제15조제6항을 위반하여 거짓이나 그 밖의 부정한 방법으로 운전적성검사 판정서 또는 관제적성검사 판정서를 발급한 경우	법 제15조의2 제1항제5호	업무정지 1개월	업무정지 3개월	지정 취소	

*비고
1. 위반행위가 둘 이상인 경우로서 그에 해당하는 각각의 처분기준이 다른 경우에는 그 중 무거운 처분기준에 따르며, 위반행위가 둘 이상인 경우로서 그에 해당하는 각각의 처분기준이 같은 경우에는 무거운 처분기준의 2분의 1까지 가중할 수 있되, 각 처분기준을 합산한 기간을 초과할 수 없다.
2. 위반행위의 횟수에 따른 행정처분의 가중된 부과기준은 최근 1년간 같은 위반행위로 행정처분을 받은 경우에 적용한다. 이 경우 기간의 계산은 위반행위에 대하여 행정처분을 받은 날과 그 처분 후 다시 같은 위반행위를 하여 적발된 날을 기준으로 한다.
3. 비고 제2호에 따라 가중된 행정처분을 하는 경우 가중처분의 적용 차수는 그 위반행위 전 부과처분 차수(비고 제2호에 따른 기간 내에 행정처분이 둘 이상 있었던 경우에는 높은 차수를 말한다)의 다음 차수로 한다.
4. 처분권자는 위반행위의 동기·내용 및 위반의 정도 등 다음 각 목에 해당하는 사유를 고려하여 그 처분을 감경할 수 있다. 이 경우 그 처분이 업무정지인 경우에는 그 처분기준의 2분의 1 범위에서 감경할 수 있고, 지정취소인 경우(거짓이나 그 밖의 부정한 방법으로 지정을 받은 경우나 업무정지 명령을 위반하여 그 정지기간 중 적성검사업무를 한 경우는 제외한다)에는 3개월의 업무정지 처분으로 감경할 수 있다.
    가. 위반행위가 고의나 중대한 과실이 아닌 사소한 부주의나 오류로 인한 것으로 인정되는 경우
    나. 위반의 내용·정도가 경미하여 이해관계인에게 미치는 피해가 적다고 인정되는 경우

3) 적성검사기관 재지정 금지 기간(철도안전법 제15조의2제3항)

국토교통부장관은 지정이 취소된 운전적성검사기관이나 그 기관의 설립·운영자 및 임원이 그 지정이 취소된 날부터 2년이 지나지 아니하고 설립·운영하는 검사기관을 운전적성검사기관으로 지정하여서는 아니 된다.

4. 운전교육훈련

(1) 운전교육훈련 의무(법 제16조제1항)

운전면허를 받으려는 사람은 철도차량의 안전한 운행을 위하여 국토교통부장관이 실시하는 운전에 필요한 지식과 능력을 습득할 수 있는 교육훈련(운전교육훈련이라 한다)을 받아야 한다.

(2) 운전교육훈련의 기간 및 방법 등(시행규칙 제20조)

① 운전교육훈련은 운전면허 종류별로 실제 차량이나 모의운전연습기를 활용하여 실시한다.
② 운전교육훈련을 받으려는 사람은 철도차량 운전에 관한 전문 교육훈련기관(운전교육훈련기관이라 한다)에 운전교육훈련을 신청하여야 한다.

③ 운전교육훈련기관은 운전교육훈련과정별 교육훈련신청자가 적어 그 운전교육훈련과정의 개설이 곤란한 경우에는 국토교통부장관의 승인을 받아 해당 운전교육훈련과정을 개설하지 아니하거나 운전교육훈련시기를 변경하여 시행할 수 있다.

④ 운전교육훈련기관은 운전교육훈련을 수료한 사람에게 운전교육훈련 수료증을 발급하여야 한다.

(3) 운전교육훈련의 과목과 교육훈련시간(시행규칙 제20조제3항)

철도안전법 시행규칙 별표 7(운전면허 취득을 위한 교육훈련 과정별 교육시간 및 교육훈련과목)

시행규칙 별표 7

(4) 운전교육훈련기관

1) 운전교육훈련기관의 지정(법 제16조제3항)

    국토교통부장관은 철도차량 운전에 관한 전문 교육훈련기관(운전교육훈련기관이라 한다)을 지정하여 운전교육훈련을 실시하게 할 수 있다.

2) 운전교육훈련기관의 지정절차 및 심사(시행령 제16조, 시행규칙 제21조, 제22조)

    ① 운전교육훈련기관으로 지정을 받으려는 자는 국토교통부장관에게 지정 신청을 하여야 한다.

    ② 국토교통부장관은 운전교육훈련기관의 지정 신청을 받은 경우에는 지정기준을 갖추었는지 여부, 운전교육훈련기관의 운영계획 및 운전업무종사자의 수급 상황 등을 종합적으로 심사한 후 그 지정 여부를 결정하여야 한다.

    ③ 국토교통부장관은 운전교육훈련기관을 지정한 때에는 그 사실을 관보에 고시하여야 한다.

    ④ 국토교통부장관은 운전교육훈련기관이 지정기준에 적합한 지의 여부를 2년마다 심사하여야 한다.

3) 운전교육훈련기관 지정을 위한 제출서류(시행규칙 제21조)

    운전교육훈련기관으로 지정받으려는 자는 운전교육훈련기관 지정신청서에 다음의 서류를 첨부하여 국토교통부장관에게 제출하여야 한다. 이 경우 국토교통부장관은 전자정부법 제36조제1항에 따른 행정정보의 공동이용을 통하여 법인 등기사항증명서(신청인이 법인인 경우만 해당한다)를 확인하여야 한다.

    ① 운전교육훈련계획서(운전교육훈련평가계획을 포함한다)
    ② 운전교육훈련기관 운영규정
    ③ 정관이나 이에 준하는 약정(법인 그 밖의 단체에 한정한다)

④ 운전교육훈련을 담당하는 강사의 자격 · 학력 · 경력 등을 증명할 수 있는 서류 및 담당업무
⑤ 운전교육훈련에 필요한 강의실 등 시설 내역서
⑥ 운전교육훈련에 필요한 철도차량 또는 모의운전연습기 등 장비 내역서
⑦ 운전교육훈련기관에서 사용하는 직인의 인영

4) 운전교육훈련기관 지정기준(시행령 제17조)

운전교육훈련기관 지정기준은 다음과 같다.
① 운전교육훈련 업무 수행에 필요한 상설 전담조직을 갖출 것
② 운전면허의 종류별로 운전교육훈련 업무를 수행할 수 있는 전문인력을 확보할 것
③ 운전교육훈련 시행에 필요한 사무실 · 교육장과 교육 장비를 갖출 것
④ 운전교육훈련기관의 운영 등에 관한 업무규정을 갖출 것

5) 운전교육훈련기관의 세부 지정기준(시행규칙 제22조)

철도안전법 시행규칙 별표 8(운전교육훈련기관의 세부 지정기준)

시행규칙 별표 8

6) 운전교육훈련기관의 지정취소 및 업무정지 등(시행규칙 제23조)

① 국토교통부장관은 운전교육훈련기관이 다음의 어느 하나에 해당할 때에는 지정을 취소하거나 6개월 이내의 기간을 정하여 업무의 정지를 명할 수 있다. 다만, 제1호 및 제2호에 해당할 때에는 지정을 취소하여야 한다.
   ㉠ 거짓이나 그 밖의 부정한 방법으로 지정을 받았을 때
   ㉡ 업무정지 명령을 위반하여 그 정지기간 중 운전적성검사 업무를 하였을 때
   ㉢ 지정기준에 맞지 아니하게 되었을 때
   ㉣ 정당한 사유 없이 운전교육훈련업무를 거부하였을 때
   ㉤ 거짓이나 그 밖의 부정한 방법으로 운전교육훈련 수료증을 발급하였을 때

② 국토교통부장관은 운전교육훈련기관의 지정을 취소하거나 업무정지의 처분을 한 경우에는 지체 없이 그 운전교육훈련기관에 별지 제11호의3서식의 지정기관 행정처분서를 통지하고 그 사실을 관보에 고시하여야 한다.

7) 운전교육훈련기관의 지정취소 및 업무정지기준(시행규칙 제23조제1항)

운전교육훈련기관의 지정취소 및 업무정지기준(시행규칙 별표 9)					
위반사항	근거 법조문	처분기준			
		1차 위반	2차 위반	3차 위반	4차 위반
1. 거짓이나 그 밖의 부정한 방법으로 지정을 받은 경우	법 제15조의2 제1항제1호	지정취소			
2. 업무정지 명령을 위반하여 그 정지기간 중 운전교육훈련업무를 한 경우	법 제15조의2 제1항제2호	지정취소			
3. 법 제16조제4항에 따른 지정기준에 맞지 아니한 경우	법 제15조의2 제1항제3호	경고 또는 보완명령	업무정지 1개월	업무정지 3개월	지정취소
4. 정당한 사유 없이 운전교육훈련업무를 거부한 경우	법 제15조의2 제1항제4호	경고	업무정지 1개월	업무정지 3개월	지정취소
5. 법 제16조제5항에 따라 준용되는 법 제15조제6항을 위반하여 거짓이나 그 밖의 부정한 방법으로 운전교육훈련 수료증을 발급한 경우	법 제15조의2 제1항제5호	업무정지 1개월	업무정지 3개월	지정취소	

*비고
1. 위반행위가 둘 이상인 경우로서 그에 해당하는 각각의 처분기준이 다른 경우에는 그 중 무거운 처분기준에 따르며, 위반행위가 둘 이상인 경우로서 그에 해당하는 각각의 처분기준이 같은 경우에는 무거운 처분기준의 2분의 1까지 가중할 수 있되, 각 처분기준을 합산한 기간을 초과할 수 없다.
2. 위반행위의 횟수에 따른 행정처분의 가중된 부과기준은 최근 1년간 같은 위반행위로 행정처분을 받은 경우에 적용한다. 이 경우 기간의 계산은 위반행위에 대하여 행정처분을 받은 날과 그 처분 후 다시 같은 위반행위를 하여 적발된 날을 기준으로 한다.
3. 비고 제2호에 따라 가중된 행정처분을 하는 경우 가중처분의 적용 차수는 그 위반행위 전 부과처분 차수(비고 제2호에 따른 기간 내에 행정처분이 둘 이상 있었던 경우에는 높은 차수를 말한다)의 다음 차수로 한다.
4. 처분권자는 위반행위의 동기·내용 및 위반의 정도 등 다음 각 목에 해당하는 사유를 고려하여 그 처분을 감경할 수 있다. 이 경우 그 처분이 업무정지인 경우에는 그 처분기준의 2분의 1 범위에서 감경할 수 있고, 지정취소인 경우(거짓이나 그 밖의 부정한 방법으로 지정을 받은 경우나 업무정지 명령을 위반하여 정지기간 중 교육훈련업무를 한 경우는 제외한다)에는 3개월의 업무정지 처분으로 감경할 수 있다.
　가. 위반행위가 고의나 중대한 과실이 아닌 사소한 부주의나 오류로 인한 것으로 인정되는 경우
　나. 위반의 내용·정도가 경미하여 이해관계인에게 미치는 피해가 적다고 인정되는 경우

5. 운전면허시험 및 운전업무 실무수습

(1) 운전면허시험의 실시(법 제17조)

① 운전면허를 받으려는 사람은 국토교통부장관이 실시하는 철도차량 운전면허시험(운전면허시험이라 한다)에 합격하여야 한다.

② 운전면허시험은 결격사유에 해당하지 아니하는 사람으로서 신체검사 및 운전적성검사에 합격한 후 운전교육훈련을 받은 사람이 응시할 수 있다.

③ 운전면허시험의 과목, 절차 등에 관하여 필요한 사항은 국토교통부령으로 정한다.

(2) 운전면허시험의 구분(시행규칙 제24조)

① 철도차량 운전면허시험(운전면허시험이라 한다)은 운전면허의 종류별로 필기시험과 기능시험으로 구분하여 시행한다. 이 경우 기능시험은 실제차량이나 모의운전연습기를 활용하여 시행한다.
② 기능시험은 필기시험을 합격한 경우에만 응시할 수 있다.
③ 필기시험에 합격한 사람에 대해서는 필기시험에 합격한 날부터 2년이 되는 날이 속하는 해의 12월 31일까지 실시하는 운전면허시험에 있어 필기시험의 합격을 유효한 것으로 본다.

(3) 운전면허시험의 과목 및 합격 기준(시행규칙 제24조제2항)

철도안전법 시행칙 별표 10(철도차량 운전면허시험의 과목 및 합격 기준)

시행규칙 별표 10

(4) 운전면허시험 시행계획의 공고(시행규칙 제25조)

① 한국교통안전공단은 운전면허시험을 실시하려는 때에는 매년 11월 30일까지 필기시험 및 기능시험의 일정·응시과목 등을 포함한 다음 해의 운전면허시험 시행계획을 인터넷 홈페이지 등에 공고하여야 한다.
② 한국교통안전공단은 운전면허시험의 응시 수요 등을 고려하여 필요한 경우에는 공고한 시행계획을 변경할 수 있다. 이 경우 미리 국토교통부장관의 승인을 받아야 하며 변경되기 전의 필기시험일 또는 기능시험일(필기시험일 또는 기능시험일이 앞당겨진 경우에는 변경된 필기시험일 또는 기능시험일을 말한다)의 7일 전까지 그 변경사항을 인터넷 홈페이지 등에 공고하여야 한다.

(5) 운전면허시험 응시원서의 제출 등(시행규칙 제26조)

① 운전면허시험에 응시하려는 사람은 필기시험 응시원서 접수기한까지 철도차량 운전면허시험 응시원서에 다음의 서류를 첨부하여 한국교통안전공단에 제출해야 한다. 다만, 운전교육훈련기관이 발급한 운전교육훈련 수료증명서는 기능시험 응시원서 접수기한까지 제출할 수 있다.

> 1. 신체검사의료기관이 발급한 신체검사 판정서(운전면허시험 응시원서 접수일 이전 2년 이내인 것에 한정한다)
> 2. 운전적성검사기관이 발급한 운전적성검사 판정서(운전면허시험 응시원서 접수일 이전 10년 이내인 것에 한정한다)
> 3. 운전교육훈련기관이 발급한 운전교육훈련 수료증명서
> 3의2. 운전교육훈련기관으로 지정받은 대학의 장이 발급한 철도운전관련 교육과목 이수 증명서(별표 7 제7호 마목에 따라 이론교육 과목의 이수로 인정받으려는 경우에만 해당한다)

4. 철도차량 운전면허증의 사본(철도차량 운전면허 소지자가 다른 철도차량 운전면허를 취득하고자 하는 경우에 한정한다)
5. 관제자격증명서 사본(관제자격증명 취득자만 제출한다)
6. 운전업무 수행 경력증명서(고속철도차량 운전면허시험에 응시하는 경우에 한정한다)

② 한국교통안전공단은 제1항제1호부터 제5호까지의 서류를 영 제63조제1항제7호에 따라 관리하는 정보체계에 따라 확인할 수 있는 경우에는 그 서류를 제출하지 않도록 할 수 있다.

③ 한국교통안전공단은 제1항에 따라 운전면허시험 응시원서를 접수한 때에는 철도차량 운전면허시험 응시원서 접수대장에 기록하고 운전면허시험 응시표를 응시자에게 발급하여야 한다. 다만, 응시원서 접수 사실을 영 제63조제1항제7호에 따라 관리하는 정보체계에 따라 관리하는 경우에는 응시원서 접수 사실을 철도차량 운전면허시험 응시원서 접수대장에 기록하지 아니할 수 있다.

④ 한국교통안전공단은 운전면허시험 응시원서 접수마감 7일 이내에 시험일시 및 장소를 한국교통안전공단 게시판 또는 인터넷 홈페이지 등에 공고하여야 한다.

(6) 운전면허시험 응시표의 재발급(시행규칙 제27조)

운전면허시험 응시표를 발급받은 사람이 응시표를 잃어버리거나 헐어서 못 쓰게 된 경우에는 사진(3.5센티미터 × 4.5센티미터) 1장을 첨부하여 한국교통안전공단에 재발급을 신청(정보통신망 이용촉진 및 정보보호 등에 관한 법률에 따른 정보통신망을 이용한 신청을 포함한다)하여야 하고, 한국교통안전공단은 응시원서 접수 사실을 확인한 후 운전면허시험 응시표를 신청인에게 재발급하여야 한다.

(7) 시험실시 결과의 게시 등(시행규칙 제28조)

① 한국교통안전공단은 운전면허시험을 실시하여 합격자를 결정한 때에는 한국교통안전공단 게시판 또는 인터넷 홈페이지에 게재하여야 한다.
② 한국교통안전공단은 운전면허시험을 실시한 경우에는 운전면허 종류별로 필기시험 및 기능시험 응시자 및 합격자 현황 등의 자료를 국토교통부장관에게 보고하여야 한다.

(8) 운전면허증의 발급 등(법 제18조, 시행규칙 제29조)

① 국토교통부장관은 운전면허시험에 합격한 사람이 철도차량 운전면허증(운전면허증이라 한다) 발급일을 기준으로 결격사유에 해당하지 아니하는 경우에는 국토교통부령으로 정하는 바에 따라 운전면허증을 발급하여야 한다.

② 운전면허시험에 합격한 사람은 한국교통안전공단에 철도차량 운전면허증 (재)발급신청서를 제출하여야 한다.
③ 철도차량 운전면허증을 발급받은 사람(운전면허 취득자라 한다)이 철도차량 운전면허증을 잃어버렸거나 헐어 못 쓰게 된 때에는 철도차량 운전면허증 (재)발급신청서에 분실사유서나 헐어 못 쓰게 된 운전면허증을 첨부하여 한국교통안전공단에 제출하여야 한다.
④ 한국교통안전공단은 철도차량 운전면허증을 발급이나 재발급한 때에는 철도차량 운전면허증 관리대장에 이를 기록·관리하여야 한다.

(9) 운전면허의 갱신

1) 원칙(법 제19조)
   ① 운전면허의 유효기간은 10년으로 한다.
   ② 운전면허 취득자로서 유효기간 이후에도 그 운전면허의 효력을 유지하려는 사람은 운전면허의 유효기간 만료 전에 국토교통부령으로 정하는 바에 따라 운전면허의 갱신을 받아야 한다.
   ③ 국토교통부장관은 운전면허의 갱신을 신청한 사람이 다음의 어느 하나에 해당하는 경우에는 운전면허증을 갱신하여 발급하여야 한다.
      ㉠ 운전면허의 갱신을 신청하는 날 전 10년 이내에 국토교통부령으로 정하는 철도차량의 운전업무에 종사한 경력이 있거나 국토교통부령으로 정하는 바에 따라 이와 같은 수준 이상의 경력이 있다고 인정되는 경우
      ㉡ 국토교통부령으로 정하는 교육훈련을 받은 경우
   ④ 운전면허 취득자가 운전면허의 갱신을 받지 아니하면 그 운전면허의 유효기간이 만료되는 날의 다음 날부터 그 운전면허의 효력이 정지된다.
   ⑤ 운전면허의 효력이 정지된 사람이 6개월의 범위에서 대통령령으로 정하는 기간[1] 내에 운전면허의 갱신을 신청하여 운전면허의 갱신을 받지 아니하면 그 기간이 만료되는 날의 다음 날부터 그 운전면허는 효력을 잃는다.
   ⑥ 국토교통부장관은 운전면허 취득자에게 그 운전면허의 유효기간이 만료되기 전에 국토교통부령으로 정하는 바에 따라 운전면허의 갱신에 관한 내용을 통지하여야 한다.
   ⑦ 국토교통부장관은 운전면허의 효력이 실효된 사람이 운전면허를 다시 받으려는 경우 대통령령으로 정하는 바에 따라 그 절차의 일부를 면제할 수 있다.

---

1) 제19조(운전면허 갱신 등) ① 법 제19조제4항에 따라 운전면허의 효력이 정지된 사람이 제2항에 따른 기간 내에 운전면허 갱신을 받은 경우 해당 운전면허의 유효기간은 갱신 받기 전 운전면허의 유효기간 만료일 다음 날부터 기산한다.
② 법 제19조제5항에서 "대통령령으로 정하는 기간"이란 6개월을 말한다.

2) 운전면허 갱신 절차(시행규칙 제31조)
   ① 철도차량운전면허(운전면허라 한다)를 갱신하려는 사람은 운전면허의 유효기간 만료일 전 6개월 이내에 철도차량 운전면허 갱신신청서에 다음의 서류를 첨부하여 한국교통안전공단에 제출하여야 한다.
      ㉠ 철도차량 운전면허증
      ㉡ 법 제19조제3항 각 호에 해당함을 증명하는 서류
   ② 갱신받은 운전면허의 유효기간은 종전 운전면허 유효기간의 만료일 다음 날부터 기산한다.

3) 운전면허 갱신에 필요한 경력 등(시행규칙 제32조)
   ① 법 제19조제3항제1호에서 "국토교통부령으로 정하는 철도차량의 운전업무에 종사한 경력"이란 운전면허의 유효기간 내에 6개월 이상 해당 철도차량을 운전한 경력을 말한다.
   ② 법 제19조제3항제1호에서 "이와 같은 수준 이상의 경력"이란 다음의 어느 하나에 해당하는 업무에 2년 이상 종사한 경력을 말한다.
      ㉠ 관제업무
      ㉡ 운전교육훈련기관에서의 운전교육훈련업무
      ㉢ 철도운영자등에게 소속되어 철도차량 운전자를 지도·교육·관리하거나 감독하는 업무
   ③ 법 제19조제3항제2호에서 "국토교통부령으로 정하는 교육훈련을 받은 경우"란 운전교육훈련기관이나 철도운영자등이 실시한 철도차량 운전에 필요한 교육훈련을 운전면허 갱신신청일 전까지 20시간 이상 받은 경우를 말한다.

4) 운전면허 갱신 안내 통지(시행규칙 제33조)
   ① 한국교통안전공단은 운전면허의 효력이 정지된 사람이 있는 때에는 해당 운전면허의 효력이 정지된 날부터 30일 이내에 해당 운전면허 취득자에게 이를 통지하여야 한다.
   ② 한국교통안전공단은 운전면허의 유효기간 만료일 6개월 전까지 해당 운전면허 취득자에게 운전면허 갱신에 관한 내용을 통지하여야 한다.
   ③ 운전면허 갱신에 관한 통지는 철도차량 운전면허 갱신통지서에 따른다.
   ④ 통지를 받을 사람의 주소 등을 통상적인 방법으로 확인할 수 없거나 통지서를 송달할 수 없는 경우에는 한국교통안전공단 게시판 또는 인터넷 홈페이지에 14일 이상 공고함으로써 통지에 갈음할 수 있다.

(10) 운전면허증의 대여 등 금지(법 제19조의2)

누구든지 운전면허증을 다른 사람에게 빌려주거나 빌리거나 이를 알선하여서는 아니 된다.

(11) 운전면허의 취소 · 정지 등(법 제20조, 시행규칙 제34조)

① 국토교통부장관은 운전면허 취득자가 다음의 어느 하나에 해당할 때에는 운전면허를 취소하거나 1년 이내의 기간을 정하여 운전면허의 효력을 정지시킬 수 있다. 다만, 제1호부터 제4호까지의 규정에 해당할 때에는 운전면허를 취소하여야 한다.

> 1. 거짓이나 그 밖의 부정한 방법으로 운전면허를 받았을 때
> 2. 제11조제1항제2호[2], 제3호[3], 제4호[4]의 규정에 해당하게 되었을 때
> 3. 운전면허의 효력정지기간 중 철도차량을 운전하였을 때
> 4. 운전면허증을 다른 사람에게 빌려주었을 때
> 5. 철도차량을 운전 중 고의 또는 중과실로 철도사고를 일으켰을 때
> 5의2. 제40조의2제1항[5] 또는 제5항[6]을 위반하였을 때
> 6. 제41조제1항[7]을 위반하여 술을 마시거나 약물을 사용한 상태에서 철도차량을 운전하였을 때
> 7. 제41조제2항[8]을 위반하여 술을 마시거나 약물을 사용한 상태에서 업무를 하였다고 인정할 만한 상당한 이유가 있음에도 불구하고 국토교통부장관 또는 시·도지사의 확인 또는 검사를 거부하였을 때
> 8. 이 법 또는 이 법에 따라 철도의 안전 및 보호와 질서유지를 위하여 한 명령·처분을 위반하였을 때

---

[2] 철도차량 운전상의 위험과 장해를 일으킬 수 있는 정신질환자 또는 뇌전증환자로서 대통령령으로 정하는 사람
[3] 철도차량 운전상의 위험과 장해를 일으킬 수 있는 약물 또는 알코올 중독자로서 대통령령으로 정하는 사람
[4] 두 귀의 청력 또는 두 눈의 시력을 완전히 상실한 사람
[5] 운전업무종사자는 철도차량의 운전업무 수행 중 다음 각 호의 사항을 준수하여야 한다.
  1. 철도차량 출발 전 국토교통부령으로 정하는 조치 사항을 이행할 것
  2. 국토교통부령으로 정하는 철도차량 운행에 관한 안전 수칙을 준수할 것
[6] 철도사고등이 발생하는 경우 해당 철도차량의 운전업무종사자와 여객승무원은 철도사고등의 현장을 이탈하여서는 아니 되며, 철도차량 내 안전 및 질서유지를 위하여 승객 구호조치 등 국토교통부령으로 정하는 후속조치를 이행하여야 한다. 다만, 의료기관으로의 이송이 필요한 경우 등 국토교통부령으로 정하는 경우에는 그러하지 아니하다.
[7] 다음 각 호의 어느 하나에 해당하는 철도종사자(실무수습 중인 사람을 포함한다)는 술(「주세법」 제3조제1호에 따른 주류를 말한다. 이하 같다)을 마시거나 약물을 사용한 상태에서 업무를 하여서는 아니 된다.
  1. 운전업무종사자
  2. 관제업무종사자
  3. 여객승무원
  4. 작업책임자
  5. 철도운행안전관리자
  6. 정거장에서 철도신호기·선로전환기 및 조작판 등을 취급하거나 열차의 조성(組成: 철도차량을 연결하거나 분리하는 작업을 말한다)업무를 수행하는 사람
  7. 철도차량 및 철도시설의 점검·정비 업무에 종사하는 사람
[8] 국토교통부장관 또는 시·도지사(「도시철도법」 제3조제2호에 따른 도시철도 및 같은 법 제24조에 따라 지방자치단체로부터 도시철도의 건설과 운영의 위탁을 받은 법인이 건설·운영하는 도시철도만 해당한다. 이하 이 조, 제42조, 제45조, 제46조 및 제82조제6항에서 같다)는 철도안전과 위험방지를 위하여 필요하다고 인정하거나 제1항에 따른 철도종사자가 술을 마시거나 약물을 사용한 상태에서 업무를 하였다고 인정할 만한 상당한 이유가 있을 때에는 철도종사자에 대하여 술을 마셨거나 약물을 사용하였는지 확인 또는 검사할 수 있다. 이 경우 그 철도종사자는 국토교통부장관 또는 시·도지사의 확인 또는 검사를 거부하여서는 아니 된다.

② 국토교통부장관이 운전면허의 취소 및 효력정지 처분을 하였을 때에는 국토교통부령으로 정하는 바에 따라 그 내용을 해당 운전면허 취득자와 운전면허 취득자를 고용하고 있는 철도운영자등에게 통지하여야 한다.

③ 처분대상자의 주소 등을 통상적인 방법으로 확인할 수 없거나 철도차량 운전면허 취소·효력정지 처분 통지서를 송달할 수 없는 경우에는 운전면허시험기관인 한국교통안전공단 게시판 또는 인터넷 홈페이지에 14일 이상 공고함으로써 통지에 갈음할 수 있다.

④ 운전면허의 취소 또는 효력정지 통지를 받은 운전면허 취득자는 그 통지를 받은 날부터 15일 이내에 운전면허증을 국토교통부장관에게 반납하여야 한다.

⑤ 국토교통부장관은 운전면허의 효력이 정지된 사람으로부터 운전면허증을 반납받았을 때에는 보관하였다가 정지기간이 끝나면 즉시 돌려주어야 한다.

(12) 운전면허의 취소 또는 효력정지 처분의 세부기준(시행규칙 제35조)

철도안전법 시행규칙 별표 10의2(운전면허취소·효력정지 처분의 세부기준)

시행규칙 별표 10의2

(13) 운전업무 실무수습

1) 운전업무 실무수습 의무(법 제21조)

철도차량의 운전업무에 종사하려는 사람은 국토교통부령으로 정하는 바에 따라 실무수습을 이수하여야 한다.

2) 운전업무 실무수습의 세부기준(시행규칙 제37조)

실무수습·교육의 세부기준(철도안전법 시행규칙 별표 11)		

1. 운전면허취득 후 실무수습·교육 기준
   가. 철도차량 운전면허 실무수습 이수경력이 없는 사람

면허종별	실무수습·교육항목	실무수습·교육시간 또는 거리
제1종 전기차량 운전면허	• 선로·신호 등 시스템 • 운전취급 관련 규정 • 제동기 취급 • 제동기 외의 기기취급 • 속도관측 • 비상시 조치 등	400시간 이상 또는 8,000킬로미터 이상
디젤차량 운전면허		400시간 이상 또는 8,000킬로미터 이상
제2종 전기차량 운전면허		400시간 이상 또는 6,000킬로미터 이상 (단, 무인운전 구간의 경우 200시간 이상 또는 3,000킬로미터 이상)
철도장비 운전면허		300시간 이상 또는 3,000킬로미터 이상(입환(入換)작업을 위해 원격제어가 가능한 장치를 설치하여 시속 25킬로미터 이하로 동력차를 운전할 경우 150시간 이상)
노면전차 운전면허		300시간 이상 또는 3,000킬로미터 이상

실무수습·교육의 세부기준(철도안전법 시행규칙 별표 11)

나. 철도차량 운전면허 실무수습 이수경력이 있는 사람

면허종별	실무수습·교육항목	실무수습·교육시간 또는 거리
고속철도차량 운전면허	• 선로·신호 등 시스템 • 운전취급 관련 규정 • 제동기 취급 • 제동기 외의 기기취급 • 속도관측 • 비상시조치 등	200시간 이상 또는 10,000킬로미터 이상
제1종 전기차량 운전면허		200시간 이상 또는 4,000킬로미터 이상
디젤차량 운전면허		200시간 이상 또는 4,000킬로미터 이상
제2종 전기차량 운전면허		200시간 이상 또는 3,000킬로미터 이상 (단, 무인운전 구간의 경우 100시간 이상 또는 1,500킬로미터 이상)
철도장비 운전면허		150시간 이상 또는 1,500킬로미터 이상
노면전차 운전면허		150시간 이상 또는 1,500킬로미터 이상

2. 그 밖의 철도차량 운행을 위한 실무수습·교육 기준

  가. 운전업무종사자가 운전업무 수행경력이 없는 구간을 운전하려는 때에는 60시간 이상 또는 1,200킬로미터 이상의 실무수습·교육을 받아야 한다. 다만, 철도장비 운전업무를 수행하는 경우는 30시간 이상 또는 600킬로미터 이상으로 한다.

  나. 운전업무종사자가 기기취급방법, 작동원리, 조작방식 등이 다른 철도차량을 운전하려는 때는 해당 철도차량의 운전면허를 소지하고 30시간 이상 또는 600킬로미터 이상의 실무수습·교육을 받아야 한다.

  다. 연장된 신규 노선이나 이설선로의 경우에는 수습구간의 거리에 따라 다음과 같이 실무수습 교육을 실시한다. 다만, 제75조제10항에 따라 영업시운전을 생략할 수 있는 경우에는 영상자료 등 교육자료를 활용한 선로견습으로 실무수습을 실시할 수 있다.

  1) 수습구간이 10킬로미터 미만 : 1왕복 이상
  2) 수습구간이 10킬로미터 이상~20킬로미터 미만 : 2왕복 이상
  3) 수습구간이 20킬로미터 이상 : 3왕복 이상

  라. 철도장비 운전면허 취득 후 원격제어가 가능한 장치를 설치한 동력차의 운전을 위한 실무수습·교육을 150시간 이상 이수한 사람이 다른 철도장비 운전업무에 종사하려는 경우 150시간 이상의 실무수습·교육을 받아야 한다.

3. 일반사항

  가. 제1호 및 제2호에서 운전실무수습·교육의 시간은 교육시간, 준비점검시간 및 차량점검시간과 실제운전시간을 모두 포함한다.

  나. 실무수습 교육거리는 선로견습, 시운전, 실제 운전거리를 포함한다.

4. 제1호부터 제3호까지에서 규정한 사항 외에 운전업무 실무수습의 방법·평가 등에 관하여 필요한 세부사항은 국토교통부장관이 정하여 고시한다.

(14) 무자격자의 운전업무 금지 등(법 제21조의2)

철도운영자등은 운전면허를 받지 아니하거나(제20조에 따라 운전면허가 취소되거나 그 효력이 정지된 경우를 포함한다) 제21조에 따른 실무수습을 이수하지 아니한 사람을 철도차량의 운전업무에 종사하게 하여서는 아니 된다.

6. 관제자격증명 및 관제업무 실무수습

(1) 관제자격증명(법 제21조의3)

① 관제업무에 종사하려는 사람은 국토교통부장관으로부터 철도교통관제사 자격증명(관제자격증명이라 한다)을 받아야 한다.
② 관제자격증명은 대통령령으로 정하는 바에 따라 관제업무의 종류별로 받아야 한다.

(2) 관제자격증명의 결격사유(법 제21조의4)

다음의 어느 하나에 해당하는 사람은 관제자격증명을 받을 수 없다.

① 19세 미만인 사람
② 관제업무상의 위험과 장해를 일으킬 수 있는 정신질환자 또는 뇌전증환자로서 대통령령으로 정하는 사람
③ 관제업무상의 위험과 장해를 일으킬 수 있는 약물(마약류 및 환각물질을 말한다) 또는 알코올 중독자로서 대통령령으로 정하는 사람
④ 두 귀의 청력 또는 두 눈의 시력을 완전히 상실한 사람
⑤ 관제자격증명이 취소된 날부터 2년이 지나지 아니하였거나 관제자격증명의 효력정지 기간 중인 사람

(3) 관제자격증명의 종류(시행령 제20조의2)

철도교통관제사 자격증명(관제자격증명이라 한다)은 다음의 구분에 따른 관제업무의 종류별로 받아야 한다.

① 도시철도 차량에 관한 관제업무 : 도시철도 관제자격증명
② 철도차량에 관한 관제업무(도시철도 차량에 관한 관제업무를 포함한다) : 철도 관제자격증명

(4) 관제자격증명의 신체검사(법 제21조의5)

① 관제자격증명을 받으려는 사람은 관제업무에 적합한 신체상태를 갖추고 있는지 판정받기 위하여 국토교통부장관이 실시하는 신체검사에 합격하여야 한다.

② 신체검사의 방법 및 절차 등에 관하여는 제12조(운전면허의 신체검사) 및 제13조(신체검사 실시 의료기관)를 준용한다. 이 경우 "운전면허"는 "관제자격증명"으로, "철도차량 운전"은 "관제업무"로 본다.

(5) 관제적성검사(법 제21조의6)

① 관제자격증명을 받으려는 사람은 관제업무에 적합한 적성을 갖추고 있는지 판정받기 위하여 국토교통부장관이 실시하는 적성검사(관제적성검사라 한다)에 합격하여야 한다.
② 관제적성검사의 방법 및 절차 등에 관하여는 제15조제2항[9] 및 제3항[10]을 준용한다. 이 경우 "운전적성검사"는 "관제적성검사"로 본다.
③ 국토교통부장관은 관제적성검사에 관한 전문기관(관제적성검사기관이라 한다)을 지정하여 관제적성검사를 하게 할 수 있다.
④ 관제적성검사기관의 지정기준 및 지정절차 등에 필요한 사항은 대통령령으로 정한다.
⑤ 관제적성검사기관의 지정취소 및 업무정지 등에 관하여는 제15조제6항[11] 및 제15조의2[12]를 준용한다. 이 경우 "운전적성검사기관"은 "관제적성검사기관"으로, "운전적성검사"는 "관제적성검사"로, "제15조제5항"은 "제21조의6제4항"으로 본다.

(6) 관제적성검사기관의 지정절차 등(시행령 제20조의 3)

관제적성검사에 관한 전문기관(관제적성검사기관이라 한다)의 지정절차, 지정기준 및 변경사항 통지에 관하여는 제13조(운전적성검사기관 지정절차), 제14조(운전적성검사기관 지정기준), 제15조(운전적성검사기관의 변경사항 통지)의 규정을 준용한다. 이 경우 "운전적성검사기관"은 "관제적성검사기관"으로, "운전업무종사자"는 "관제업무종사자"로, "운전적성검사"는 "관제적성검사"로 본다.

---

9) 운전적성검사에 불합격한 사람 또는 운전적성검사 과정에서 부정행위를 한 사람은 다음 각 호의 구분에 따른 기간 동안 운전적성검사를 받을 수 없다.
　1. 운전적성검사에 불합격한 사람: 검사일부터 3개월
　2. 운전적성검사 과정에서 부정행위를 한 사람: 검사일부터 1년
10) 운전적성검사의 합격기준, 검사의 방법 및 절차 등에 관하여 필요한 사항은 국토교통부령으로 정한다.
11) 운전적성검사기관은 정당한 사유 없이 운전적성검사 업무를 거부하여서는 아니 되고, 거짓이나 그 밖의 부정한 방법으로 운전적성검사 판정서를 발급하여서는 아니 된다.
12) 제15조의2(운전적성검사기관의 지정취소 및 업무정지)
　① 국토교통부장관은 운전적성검사기관이 다음 각 호의 어느 하나에 해당할 때에는 지정을 취소하거나 6개월 이내의 기간을 정하여 업무의 정지를 명할 수 있다. 다만, 제1호 및 제2호에 해당할 때에는 지정을 취소하여야 한다.
　　1. 거짓이나 그 밖의 부정한 방법으로 지정을 받았을 때
　　2. 업무정지 명령을 위반하여 그 정지기간 중 운전적성검사 업무를 하였을 때
　　3. 제15조제5항에 따른 지정기준에 맞지 아니하게 되었을 때
　　4. 제15조제6항을 위반하여 정당한 사유 없이 운전적성검사 업무를 거부하였을 때
　　5. 제15조제6항을 위반하여 거짓이나 그 밖의 부정한 방법으로 운전적성검사 판정서를 발급하였을 때
　② 제1항에 따른 지정취소 및 업무정지의 세부기준 등에 관하여 필요한 사항은 국토교통부령으로 정한다.
　③ 국토교통부장관은 제1항에 따라 지정이 취소된 운전적성검사기관이나 그 기관의 설립·운영자 및 임원이 그 지정이 취소된 날부터 2년이 지나지 아니하고 설립·운영하는 검사기관을 운전적성검사기관으로 지정하여서는 아니 된다.

(7) 관제교육훈련(법 제21조의7)

1) 관제교육훈련 일반

① 관제자격증명을 받으려는 사람은 관제업무의 안전한 수행을 위하여 국토교통부장관이 실시하는 관제업무에 필요한 지식과 능력을 습득할 수 있는 교육훈련(관제교육훈련이라 한다)을 받아야 한다. 다만, 다음의 어느 하나에 해당하는 사람에게는 국토교통부령으로 정하는 바에 따라 관제교육훈련의 일부를 면제할 수 있다.

　㉠ 고등교육법 제2조에 따른 학교에서 국토교통부령으로 정하는 관제업무 관련 교과목을 이수한 사람
　㉡ 다음의 어느 하나에 해당하는 업무에 대하여 5년 이상의 경력을 취득한 사람
　　• 철도차량의 운전업무
　　• 철도신호기·선로전환기·조작판의 취급업무
　㉢ 관제자격증명을 받은 후 다른 종류의 관제자격증명을 받으려는 사람

② 관제교육훈련의 기간 및 방법 등에 필요한 사항은 국토교통부령으로 정한다.
③ 국토교통부장관은 관제업무에 관한 전문 교육훈련기관(관제교육훈련기관이라 한다)을 지정하여 관제교육훈련을 실시하게 할 수 있다.
④ 관제교육훈련기관의 지정기준 및 지정절차 등에 필요한 사항은 대통령령으로 정한다.
⑤ 관제교육훈련기관의 지정취소 및 업무정지 등에 관하여는 제15조제6항 및 제15조의2를 준용한다. 이 경우 "운전적성검사기관"은 "관제교육훈련기관"으로, "운전적성검사"는 "관제교육훈련"으로, "제15조제5항"은 "제21조의7제4항"으로, "운전적성검사 판정서"는 "관제교육훈련 수료증"으로 본다.

2) 관제교육훈련의 일부 면제(시행규칙 제38조의3)

관제교육훈련의 과목 및 교육훈련시간(철도안전법 시행규칙 별표 11의2)		
1. 관제교육훈련의 과목 및 교육훈련시간		
관제자격증명 종류	관제교육훈련 과목	교육훈련시간
가. 철도 관제자격증명	• 열차운행계획 및 실습 • 철도관제(노면전차 관제를 포함한다)시스템 운용 및 실습 • 열차운행선 관리 및 실습 • 비상 시 조치 등	360시간
나. 도시철도 관제자격증명	• 열차운행계획 및 실습 • 도시철도관제(노면전차 관제를 포함한다)시스템 운용 및 실습 • 열차운행선 관리 및 실습 • 비상 시 조치 등	280시간

관제교육훈련의 과목 및 교육훈련시간(철도안전법 시행규칙 별표 11의2)

2. 관제교육훈련의 일부 면제
   가. 법 제21조의7제1항제1호에 따라 「고등교육법」 제2조에 따른 학교에서 제1호에 따른 관제교육훈련 과목 중 어느 하나의 과목과 교육내용이 동일한 교과목을 이수한 사람에게는 해당 관제교육훈련 과목의 교육훈련을 면제한다. 이 경우 교육훈련을 면제받으려는 사람은 해당 교과목의 이수 사실을 증명할 수 있는 서류를 관제교육훈련기관에 제출하여야 한다
   나. 법 제21조의7제1항제2호에 따라 철도차량의 운전업무 또는 철도신호기·선로전환기·조작판의 취급업무에 5년 이상의 경력을 취득한 사람에 대한 철도 관제자격증명 또는 도시철도 관제자격증명의 교육훈련시간은 105시간으로 한다. 이 경우 교육훈련을 면제받으려는 사람은 해당 경력을 증명할 수 있는 서류를 관제교육훈련기관에 제출하여야 한다.
   다. 법 제21조의7제1항제3호에 따라 도시철도 관제자격증명을 취득한 사람에 대한 철도 관제자격증명의 교육훈련시간은 80시간으로 한다. 이 경우 교육 훈련을 면제받으려는 사람은 도시철도 관제자격증명서 사본을 관제교육훈련기관에 제출해야 한다.

(8) 관제교육훈련기관의 지정절차 등(시행령 제20조의4)

관제업무에 관한 전문 교육훈련기관(관제교육훈련기관이라 한다)의 지정절차, 지정기준 및 변경사항 통지에 관하여는 제16조(운전교육훈련기관 지정절차), 제17조(운전교육훈련기관 지정기준), 제18조(운전교육훈련기관의 변경사항 통지)의 규정을 준용한다. 이 경우 "운전교육훈련기관"은 "관제교육훈련기관"으로, "운전업무종사자"는 "관제업무종사자"로, "운전교육훈련"은 "관제교육훈련"으로 본다.

(9) 관제교육훈련기관의 세부 지정기준 등(시행규칙 제38조의5)

국토교통부장관은 관제교육훈련기관이 지정기준에 적합한지를 2년마다 심사해야 한다.

관제교육훈련기관의 세부 지정기준(철도안전법 시행규칙 별표 11의3)	

1. 인력기준
   가. 자격기준

등 급	학력 및 경력
책임교수	1) 박사학위 소지자로서 철도교통에 관한 업무에 10년 이상 또는 철도교통관제 업무에 5년 이상 근무한 경력이 있는 사람 2) 석사학위 소지자로서 철도교통에 관한 업무에 15년 이상 또는 철도교통관제 업무에 8년 이상 근무한 경력이 있는 사람 3) 학사학위 소지자로서 철도교통에 관한 업무에 20년 이상 또는 철도교통관제 업무에 10년 이상 근무한 경력이 있는 사람 4) 철도 관련 4급 이상의 공무원 경력 또는 이와 같은 수준 이상의 자격 및 경력이 있는 사람 5) 대학의 철도교통관제 관련 학과에서 조교수 이상으로 재직한 경력이 있는 사람 6) 선임교수 경력이 3년 이상 있는 사람

등급	학력 및 경력
선임교수	1) 박사학위 소지자로서 철도교통에 관한 업무에 5년 이상 또는 철도교통관제 업무나 철도차량 운전 관련 업무에 3년 이상 근무한 경력이 있는 사람 2) 석사학위 소지자로서 철도교통에 관한 업무에 10년 이상 또는 철도교통관제 업무나 철도차량 운전 관련 업무에 5년 이상 근무한 경력이 있는 사람 3) 학사학위 소지자로서 철도교통에 관한 업무에 15년 이상 또는 철도교통관제 업무나 철도차량 운전 관련 업무에 8년 이상 근무한 경력이 있는 사람 4) 철도 관련 5급 이상의 공무원 경력 또는 이와 같은 수준 이상의 자격 및 경력이 있는 사람 5) 대학의 철도교통관제 관련 학과에서 전임강사 이상으로 재직한 경력이 있는 사람 6) 교수 경력이 3년 이상 있는 사람
교수	철도교통관제 업무에 1년 이상 또는 철도차량 운전업무에 3년 이상 근무한 경력이 있는 사람으로서 다음의 어느 하나에 해당하는 학력 및 경력을 갖춘 사람 1) 학사학위 소지자로서 철도교통관제사나 철도차량 운전업무수행자에 대한 지도교육 경력이 2년 이상 있는 사람 2) 전문학사학위 소지자로서 철도교통관제사나 철도차량 운전업무수행자에 대한 지도교육 경력이 3년 이상 있는 사람 3) 고등학교 졸업자로서 철도교통관제사나 철도차량 운전업무수행자에 대한 지도교육 경력이 5년 이상 있는 사람 4) 철도교통관제와 관련된 교육기관에서 강의 경력이 1년 이상 있는 사람

*비고
1. 철도교통에 관한 업무란 철도운전·신호취급·안전에 관한 업무를 말한다.
2. 철도교통에 관한 업무 경력에는 책임교수의 경우 철도교통관제 업무 3년 이상, 선임교수의 경우 철도교통관제 업무 2년 이상이 포함되어야 한다.
3. 철도차량운전 관련 업무란 철도차량 운전업무수행자에 대한 안전관리·지도교육 및 관리감독 업무를 말한다.
4. 철도차량 운전업무나 철도교통관제 업무 수행경력이 있는 사람으로서 현장 지도교육의 경력은 운전업무나 관제업무 수행경력으로 합산할 수 있다.
5. 책임교수·선임교수의 학력 및 경력란 1)부터 3)까지의 "근무한 경력" 및 교수의 학력 및 경력란 1)부터 3)까지의 "지도교육 경력"은 해당 학위를 취득 또는 졸업하기 전과 취득 또는 졸업한 후의 경력을 모두 포함한다.

나. 보유기준

1회 교육생 30명을 기준으로 철도교통관제 전임 책임교수 1명, 비전임 선임교수, 교수를 각 1명 이상 확보하여야 하며, 교육인원이 15명 추가될 때마다 교수 1명 이상을 추가로 확보하여야 한다. 이 경우 추가로 확보하여야 하는 교수는 비전임으로 할 수 있다.

2. 시설기준 : 다음 각 목의 시설기준을 갖출 것. 다만, 운전교육훈련기관 또는 정비교육훈련기관이 관제교육훈련기관으로 함께 지정받으려는 경우 중복되는 시설기준을 추가로 갖추지 않을 수 있다.

가. 강의실

면적 60제곱미터 이상의 강의실을 갖출 것. 다만, 1제곱미터당 교육인원은 1명을 초과하지 아니하여야 한다.

나. 실기교육장

1) 모의관제시스템을 설치할 수 있는 실습장을 갖출 것
2) 30명이 동시에 실습할 수 있는 면적 90제곱미터 이상의 컴퓨터지원시스템 실습장을 갖출 것

다. 그 밖에 교육훈련에 필요한 사무실·편의시설 및 설비를 갖출 것

3. 장비기준 : 다음 각 목의 장비기준을 갖출 것. 다만, 운전교육훈련기관 또는 정비교육훈련기관이 관제교육훈련기관으로 함께 지정받으려는 경우 중복되는 장비기준을 추가로 갖추지 않을 수 있다.

   가. 모의관제시스템

장비명	성능기준	보유기준
전 기능 모의관제시스템	• 제어용 서버 시스템 • 대형 표시반 및 Wall Controller 시스템 • 음향시스템 • 관제사 콘솔 시스템 • 교수제어대 및 평가시스템	1대 이상 보유

   나. 컴퓨터지원교육시스템

장비명	성능기준	보유기준
컴퓨터지원교육시스템	• 열차운행계획 • 철도관제시스템 운용 및 실무 • 열차운행선 관리 • 비상 시 조치 등	관련 프로그램 및 컴퓨터 30대 이상 보유

   *비고
   1. 컴퓨터지원교육시스템이란 컴퓨터의 멀티미디어 기능을 활용하여 관제교육훈련을 시행할 수 있도록 제작된 기본기능 모의관제시스템 및 이를 지원하는 컴퓨터시스템 일체를 말한다.
   2. 기본기능 모의관제시스템이란 철도 관제교육훈련에 꼭 필요한 부분만을 제작한 시스템을 말한다.

4. 관제교육훈련에 필요한 교재를 갖출 것
5. 다음 각 목의 사항을 포함한 업무규정을 갖출 것
   가. 관제교육훈련기관의 조직 및 인원
   나. 교육생 선발에 관한 사항
   다. 연간 교육훈련계획: 교육과정 편성, 교수인력의 지정 교과목 및 내용 등
   라. 교육기관 운영계획
   마. 교육생 평가에 관한 사항
   바. 실습설비 및 장비 운용방안
   사. 각종 증명의 발급 및 대장의 관리
   아. 교수인력의 교육훈련
   자. 기술도서 및 자료의 관리·유지
   차. 수수료 징수에 관한 사항
   카. 그 밖에 국토교통부장관이 관제교육훈련에 필요하다고 인정하는 사항

(10) 관제자격증명시험(법 제21조의8)

1) 원칙

① 관제자격증명을 받으려는 사람은 관제업무에 필요한 지식 및 실무역량에 관하여 국토교통부장관이 실시하는 학과시험 및 실기시험(관제자격증명시험이라 한다)에 합격하

여야 한다.
② 관제자격증명시험은 결격사유에 해당하지 아니하는 사람으로서 신체검사와 관제적성검사에 합격한 후 관제교육훈련을 받은 사람이 응시할 수 있다.
③ 국토교통부장관은 다음의 어느 하나에 해당하는 사람에게는 국토교통부령으로 정하는 바에 따라 관제자격증명시험의 일부를 면제할 수 있다.
㉠ 운전면허를 받은 사람
㉡ 관제자격증명을 받은 후 다른 종류의 관제자격증명에 필요한 시험에 응시하려는 사람

2) 관제자격증명시험의 과목 및 합격기준(시행규칙 제38조의7)
① 관제자격증명시험 중 실기시험은 모의관제시스템을 활용하여 시행한다.
② 관제자격증명시험 중 실기시험은 학과시험을 합격한 경우에만 응시할 수 있다.
③ 관제자격증명시험 중 학과시험에 합격한 사람에 대해서는 학과시험에 합격한 날부터 2년이 되는 날이 속하는 해의 12월 31일까지 실시하는 관제자격증명시험에 있어 학과시험의 합격을 유효한 것으로 본다.

관제자격증명시험의 과목 및 합격기준 등(철도안전법 시행규칙 별표 11의4)

1. 과목

관제자격증명 종류	학과시험 과목	실기시험 과목
가. 철도 관제자격증명	• 철도 관련 법 • 관제 관련 규정 • 철도시스템 일반 • 철도교통 관제 운영 • 비상 시 조치 등	• 열차운행계획 • 철도관제 시스템 운용 및 실무 • 열차운행선 관리 • 비상 시 조치 등
나. 도시철도 관제자격증명	• 철도 관련 법 • 관제 관련 규정 • 도시철도시스템 일반 • 도시철도교통 관제 운영 • 비상 시 조치 등	• 열차운행계획 • 도시철도관제 시스템 운용 및 실무 • 도시열차운행선 관리 • 비상 시 조치 등

*비고
1. 위 표의 학과시험 과목란 및 실기시험 과목란의 "관제"는 노면전차 관제를 포함한다.
2. 위 표의 "철도 관련 법"은 「철도안전법」, 같은 법 시행령 및 시행규칙과 관련 지침을 포함한다.
3. "관제 관련 규정"은 「철도차량운전규칙」 또는 「도시철도운전규칙」, 이 규칙 제76조제4항에 따른 규정 등 철도교통 운전 및 관제에 필요한 규정을 말한다.

관제자격증명시험의 과목 및 합격기준 등(철도안전법 시행규칙 별표 11의4)

2. 시험의 일부 면제

  가. 철도차량 운전면허 소지자

  제1호의 학과시험 과목 중 철도 관련 법 과목 및 철도 · 도시철도 시스템 일반 과목 면제

  나. 도시철도 관제자격증명 취득자

  1) 학과시험 과목

  제1호가목의 철도 관제자격증명 학과시험 과목 중 철도 관련 법 과목 및 관제 관련 규정 과목 면제

  2) 실기시험 과목

  제1호가목의 철도 관제자격증명 실기시험 과목 중 열차운행계획, 철도관제시스템 운용 및 실무 과목 면제

3. 합격기준

  가. 학과시험 합격기준: 과목당 100점을 만점으로 하여 시험 과목당 40점 이상(관제 관련 규정의 경우 60점 이상), 총점 평균 60점 이상 득점할 것

  나. 실기시험의 합격기준: 시험 과목당 60점 이상, 총점 평균 80점 이상 득점할 것

---

3) 관제자격증명시험 시행계획의 공고(시행규칙 제38조의8)

관제자격증명시험 시행계획의 공고에 관하여는 제25조[13]를 준용한다. 이 경우 "운전면허시험"은 "관제자격증명시험"으로, "필기시험 및 기능시험"은 "학과시험 및 실기시험"으로 본다.

4) 관제자격증명시험의 일부 면제(시행규칙 제38조의9)

관제자격증명시험의 일부 면제 대상 및 기준은 다음과 같다.

① 철도차량 운전면허 소지자 : 학과시험 과목 중 철도 관련 법 과목 및 철도 · 도시철도 시스템 일반 과목 면제

② 도시철도 관제자격증명 취득자

  ㉠ 학과시험 과목 : 철도 관제자격증명 학과시험 과목 중 철도 관련 법 과목 및 관제 관련 규정 과목 면제

  ㉡ 실기시험 과목 : 철도 관제자격증명 실기시험 과목 중 열차운행계획, 철도관제시스템 운용 및 실무 과목 면제

5) 관제자격증명시험 응시원서의 제출 등(시행규칙 제38조의10)

① 관제자격증명시험에 응시하려는 사람은 관제자격증명시험 응시원서에 다음의 서류를 첨부하여 한국교통안전공단에 제출해야 한다.

---

13) 제25조(운전면허시험 시행계획의 공고) ① 「한국교통안전공단법」에 따른 한국교통안전공단(이하 "한국교통안전공단"이라 한다)은 운전면허시험을 실시하려는 때에는 매년 11월 30일까지 필기시험 및 기능시험의 일정 · 응시과목 등을 포함한 다음 해의 운전면허시험 시행계획을 인터넷 홈페이지 등에 공고하여야 한다.
② 한국교통안전공단은 운전면허시험의 응시 수요 등을 고려하여 필요한 경우에는 제1항에 따라 공고한 시행계획을 변경할 수 있다. 이 경우 미리 국토교통부장관의 승인을 받아야 하며 변경되기 전의 필기시험일 또는 기능시험일(필기시험일 또는 기능시험일이 앞당겨진 경우에는 변경된 필기시험일 또는 기능시험일을 말한다)의 7일 전까지 그 변경사항을 인터넷 홈페이지 등에 공고하여야 한다.

㉠ 신체검사의료기관이 발급한 신체검사 판정서(관제자격증명시험 응시원서 접수일 이전 2년 이내인 것에 한정한다)

㉡ 관제적성검사기관이 발급한 관제적성검사 판정서(관제자격증명시험 응시원서 접수일 이전 10년 이내인 것에 한정한다)

㉢ 관제교육훈련기관이 발급한 관제교육훈련 수료증명서

㉣ 철도차량 운전면허증의 사본(철도차량 운전면허 소지자만 제출한다)

㉤ 도시철도 관제자격증명서의 사본(도시철도 관제자격증명 취득자만 제출한다)

② 한국교통안전공단은 관제자격증명시험 응시원서 접수마감 7일 이내에 시험일시 및 장소를 한국교통안전공단 게시판 또는 인터넷 홈페이지 등에 공고하여야 한다.

6) 관제자격증명서의 대여 등 금지(법 제21조의10)

누구든지 관제자격증명서를 다른 사람에게 빌려주거나 빌리거나 이를 알선하여서는 아니 된다.

7) 관제자격증명의 취소·정지 등(법 제21조의11)

① 국토교통부장관은 관제자격증명을 받은 사람이 다음의 어느 하나에 해당할 때에는 관제자격증명을 취소하거나 1년 이내의 기간을 정하여 관제자격증명의 효력을 정지시킬 수 있다. 다만, 제1호부터 제4호까지의 어느 하나에 해당할 때에는 관제자격증명을 취소하여야 한다.

㉠ 거짓이나 그 밖의 부정한 방법으로 관제자격증명을 취득하였을 때

㉡ 제21조의4에서 준용하는 제11조제1항제2호부터 제4호[14]까지의 어느 하나에 해당하게 되었을 때

㉢ 관제자격증명의 효력정지 기간 중에 관제업무를 수행하였을 때

㉣ 관제자격증명서를 다른 사람에게 빌려주었을 때

㉤ 관제업무 수행 중 고의 또는 중과실로 철도사고의 원인을 제공하였을 때

㉥ 제40조의2제2항[15]을 위반하였을 때

㉦ 술을 마시거나 약물을 사용한 상태에서 관제업무를 수행하였을 때

---

14) 다음 각 호의 어느 하나에 해당하는 사람은 운전면허를 받을 수 없다.
  2. 철도차량 운전상의 위험과 장해를 일으킬 수 있는 정신질환자 또는 뇌전증환자로서 대통령령으로 정하는 사람
  3. 철도차량 운전상의 위험과 장해를 일으킬 수 있는 약물(「마약류 관리에 관한 법률」 제2조제1호에 따른 마약류 및 「화학물질관리법」 제22조제1항에 따른 환각물질을 말한다. 이하 같다) 또는 알코올 중독자로서 대통령령으로 정하는 사람
  4. 두 귀의 청력 또는 두 눈의 시력을 완전히 상실한 사람

15) 관제업무종사자는 관제업무 수행 중 다음 각 호의 사항을 준수하여야 한다.
  1. 국토교통부령으로 정하는 바에 따라 운전업무종사자 등에게 열차 운행에 관한 정보를 제공할 것
  2. 철도사고, 철도준사고 및 운행장애(이하 "철도사고등"이라 한다) 발생 시 국토교통부령으로 정하는 조치 사항을 이행할 것

◎ 술을 마시거나 약물을 사용한 상태에서 관제업무를 하였다고 인정할 만한 상당한 이유가 있음에도 불구하고 국토교통부장관 또는 시·도지사의 확인 또는 검사를 거부하였을 때

④ 관제자격증명의 취소 또는 효력정지의 기준 및 절차 등에 관하여는 제20조제2항부터 제6항[16]까지를 준용한다. 이 경우 "운전면허"는 "관제자격증명"으로, "운전면허증"은 "관제자격증명서"로 본다.

8) 관제자격증명의 취소 또는 효력정지 처분의 세부기준(시행규칙 제38조의18)

관제자격증명의 취소 또는 효력정지 처분의 세부기준(철도안전법 시행규칙 별표 11의5)					
위반사항 및 내용		근거 법조문	처분기준			
^		^	1차위반	2차위반	3차위반	4차위반
1. 거짓이나 그 밖의 부정한 방법으로 관제자격증명을 취득한 경우		법 제21조의11 제1항제1호	자격증명 취소			
2. 법 제21조의4에서 준용하는 법 제11조제2호부터 제4호까지의 어느 하나에 해당하게 된 경우		법 제21조의11 제1항제2호	자격증명 취소			
3. 관제자격증명의 효력정지 기간 중에 관제업무를 수행한 경우		법 제21조의11 제1항제3호	자격증명 취소			
4. 법 제21조의10을 위반하여 관제자격증명서를 다른 사람에게 대여한 경우		법 제21조의11 제1항제4호	자격증명 취소			
5. 관제업무 수행 중 고의 또는 중과실로 철도사고의 원인을 제공한 경우	사망자가 발생한 경우	법 제21조의11 제1항제5호	자격증명 취소			
^	부상자가 발생한 경우	^	효력정지 3개월	자격증명 취소		
^	1천만원 이상 물적 피해가 발생한 경우	^	효력정지 15일	효력정지 3개월	자격증명 취소	

---

16) 제20조(운전면허의 취소·정지 등) ② 국토교통부장관이 제1항에 따라 운전면허의 취소 및 효력정지 처분을 하였을 때에는 국토교통부령으로 정하는 바에 따라 그 내용을 해당 운전면허 취득자와 운전면허 취득자를 고용하고 있는 철도운영자등에게 통지하여야 한다.
③ 제2항에 따른 운전면허의 취소 또는 효력정지 통지를 받은 운전면허 취득자는 그 통지를 받은 날부터 15일 이내에 운전면허증을 국토교통부장관에게 반납하여야 한다.
④ 국토교통부장관은 제3항에 따라 운전면허의 효력이 정지된 사람으로부터 운전면허증을 반납받았을 때에는 보관하였다가 정지기간이 끝나면 즉시 돌려주어야 한다.
⑤ 제1항에 따른 취소 및 효력정지 처분의 세부기준 및 절차는 그 위반의 유형 및 정도에 따라 국토교통부령으로 정한다.
⑥ 국토교통부장관은 국토교통부령으로 정하는 바에 따라 운전면허의 발급, 갱신, 취소 등에 관한 자료를 유지·관리하여야 한다.

관제자격증명의 취소 또는 효력정지 처분의 세부기준(철도안전법 시행규칙 별표 11의5)					
위반사항 및 내용	근거 법조문	처분기준			
		1차위반	2차위반	3차위반	4차위반
6. 법 제40조의2제2항제1호를 위반한 경우	법 제21조의11 제1항제6호	효력정지 1개월	효력정지 2개월	효력정지 3개월	효력정지 4개월
7. 법 제40조의2제2항제2호를 위반한 경우	법 제21조의11 제1항제6호	효력정지 1개월	자격증명 취소		
8. 법 제41조제1항을 위반하여 술을 마신 상태(혈중 알코올농도 0.1퍼센트 이상)에서 관제업무를 수행한 경우	법 제21조의11 제1항제7호	자격증명 취소			
9. 법 제41조제1항을 위반하여 술을 마신 상태(혈중 알코올농도 0.02퍼센트 이상 0.1퍼센트 미만)에서 관제업무를 수행하다가 철도사고의 원인을 제공한 경우	법 제21조의11 제1항제7호	자격증명 취소			
10. 법 제41조제1항을 위반하여 술을 마신 상태(혈중 알코올농도 0.02퍼센트 이상 0.1퍼센트 미만)에서 관제업무를 수행한 경우(제9호의 경우는 제외한다)	법 제21조의11 제1항제7호	효력정지 3개월	자격증명 취소		
11. 법 제41조제1항을 위반하여 약물을 사용한 상태에서 관제업무를 수행한 경우	법 제21조의11 제1항제7호	자격증명 취소			
12. 법 제41조제2항을 위반하여 술을 마시거나 약물을 사용한 상태에서 관제업무를 하였다고 인정할 만한 상당한 이유가 있음에도 불구하고 국토교통부장관 또는 시·도지사의 확인 또는 검사를 거부한 경우	법 제21조의11 제1항제8호	자격증명 취소			

비고
1. 위반행위가 둘 이상인 경우로서 그에 해당하는 각각의 처분기준이 다른 경우에는 그 중 무거운 처분기준에 따르며, 위반행위가 둘 이상인 경우로서 그에 해당하는 각각의 처분기준이 같은 경우에는 무거운 처분기준의 2분의 1까지 가중할 수 있되, 각 처분기준을 합산한 기간을 초과할 수 없다.
2. 위반행위의 횟수에 따른 행정처분의 가중된 부과기준은 최근 1년간 같은 위반행위로 행정처분을 받은 경우에 적용한다. 이 경우 기간의 계산은 위반행위에 대하여 행정처분을 받은 날과 그 처분 후 다시 같은 위반행위를 하여 적발된 날을 기준으로 한다.
3. 비고 제2호에 따라 가중된 행정처분을 하는 경우 가중처분의 적용 차수는 그 위반행위 전 부과처분 차수(비고 제2호에 따른 기간 내에 행정처분이 둘 이상 있었던 경우에는 높은 차수를 말한다)의 다음 차수로 한다.

(11) 관제업무 실무수습 및 관리(시행규칙 제39조, 제39조의2)

① 관제업무에 종사하려는 사람은 다음의 관제업무 실무수습을 모두 이수하여야 한다.
　　㉠ 관제업무를 수행할 구간의 철도차량 운행의 통제·조정 등에 관한 관제업무 실무수습

ⓒ 관제업무 수행에 필요한 기기 취급방법 및 비상 시 조치방법 등에 대한 관제업무 실무수습

② 철도운영자등은 관제업무 실무수습의 항목 및 교육시간 등에 관한 실무수습 계획을 수립하여 시행하여야 한다. 이 경우 총 실무수습 시간은 100시간 이상으로 하여야 한다.

③ 전항에도 불구하고 관제업무 실무수습을 이수한 사람으로서 관제업무를 수행할 구간 또는 관제업무 수행에 필요한 기기의 변경으로 인하여 다시 관제업무 실무수습을 이수하여야 하는 사람에 대해서는 별도의 실무수습 계획을 수립하여 시행할 수 있다.

④ 철도운영자등은 실무수습 계획을 수립한 경우에는 그 내용을 한국교통안전공단에 통보하여야 한다.

(12) 무자격자의 관제업무 금지 등(법 제22조의2)

철도운영자등은 관제자격증명을 받지 아니하거나(제21조의11에 따라 관제자격증명이 취소되거나 그 효력이 정지된 경우를 포함한다) 제22조에 따른 실무수습을 이수하지 아니한 사람을 관제업무에 종사하게 하여서는 아니 된다.

7. 운전업무종사자 등의 관리

(1) 운전업무종사자 등의 검사 의무(법 제23조제1항)

철도차량 운전·관제업무 등 대통령령으로 정하는 업무에 종사하는 철도종사자는 정기적으로 신체검사와 적성검사를 받아야 한다.

(2) 운전업무종사자 등에 대한 신체검사

1) 신체검사의 구분(시행규칙 제40조제1항)

철도종사자에 대한 신체검사는 다음과 같이 구분하여 실시한다.

① **최초검사** : 해당 업무를 수행하기 전에 실시하는 신체검사
② **정기검사** : 최초검사를 받은 후 2년마다 실시하는 신체검사
③ **특별검사** : 철도종사자가 철도사고등을 일으키거나 질병 등의 사유로 해당 업무를 적절히 수행하기가 어렵다고 철도운영자등이 인정하는 경우에 실시하는 신체검사

2) 신체검사·적성검사를 받아야 하는 철도종사자(시행령 제21조)

① 운전업무종사자
② 관제업무종사자
③ 정거장에서 철도신호기·선로전환기 및 조작판 등을 취급하는 업무를 수행하는 사람

3) 최초검사의 의제(시행규칙 제40조제2항)

운전업무종사자 또는 관제업무종사자는 운전면허의 신체검사 또는 관제자격증명의 신체검사를 받은 날에 최초검사를 받은 것으로 본다. 다만, 해당 신체검사를 받은 날부터 2년 이상이 지난 후에 운전업무나 관제업무에 종사하는 사람은 최초검사를 받아야 한다.

4) 정기검사의 유효기간(시행규칙 제40조제3항)

정기검사는 최초검사나 정기검사를 받은 날부터 2년이 되는 날(신체검사 유효기간 만료일이라 한다) 전 3개월 이내에 실시 한다. 이 경우 정기검사의 유효기간은 신체검사 유효기간 만료일의 다음날부터 기산한다.

5) 신체검사의 항목 및 불합격 기준(시행규칙 제40조제4항)

철도안전법 시행규칙 별표 2(신체검사의 항목 및 불합격 기준)

시행규칙 별표 2

(3) 운전업무종사자 등에 대한 적성검사

1) 적성검사의 구분(시행규칙 제41조)

신체검사 등을 받아야 하는 철도종사자에 대한 적성검사는 다음과 같이 구분하여 실시한다.

① **최초검사** : 해당 업무를 수행하기 전에 실시하는 적성검사
② **정기검사** : 최초검사를 받은 후 10년(50세 이상인 경우에는 5년)마다 실시하는 적성검사
③ **특별검사** : 철도종사자가 철도사고등을 일으키거나 질병 등의 사유로 해당 업무를 적절히 수행하기 어렵다고 철도운영자등이 인정하는 경우에 실시하는 적성검사

2) 최초검사의 의제(시행규칙 제41조제2항)

운전업무종사자 또는 관제업무종사자는 운전적성검사 또는 관제적성검사를 받은 날에 최초검사를 받은 것으로 본다. 다만, 해당 운전적성검사 또는 관제적성검사를 받은 날부터 10년(50세 이상인 경우에는 5년) 이상이 지난 후에 운전업무나 관제업무에 종사하는 사람은 최초검사를 받아야 한다.

3) 정기검사의 유효기간(시행규칙 제41조제3항)

정기검사는 최초검사나 정기검사를 받은 날부터 10년(50세 이상인 경우에는 5년)이 되는 날(적성검사 유효기간 만료일이라 한다) 전 12개월 이내에 실시한다. 이 경우 정기검사의 유효기간은 적성검사 유효기간 만료일의 다음날부터 기산한다.

(4) 운전업무종사자등의 적성검사 항목 및 불합격 기준(시행규칙 제41조제4항)

철도안전법 시행규칙 별표 13(운전업무종사자등의 적성검사 항목 및 불합격 기준)

시행규칙 별표 13

8. 철도종사자에 대한 안전 및 직무교육

(1) 사업주의 교육 의무(법 제24조)

① 철도운영자등 또는 철도운영자등과의 계약에 따라 철도운영이나 철도시설 등의 업무에 종사하는 사업주(사업주라 한다)는 자신이 고용하고 있는 철도종사자에 대하여 정기적으로 철도안전에 관한 교육을 실시하여야 한다.
② 철도운영자등은 자신이 고용하고 있는 철도종사자가 적정한 직무수행을 할 수 있도록 정기적으로 직무교육을 실시하여야 한다.
③ 철도운영자등은 사업주의 안전교육 실시 여부를 확인하여야 하고, 확인 결과 사업주가 안전교육을 실시하지 아니한 경우 안전교육을 실시하도록 조치하여야 한다.

(2) 철도종사자에 대한 안전교육

1) 철도안전교육의 대상(시행규칙 제41조의2제1항)

철도운영자등 및 철도운영자등과 계약에 따라 철도운영이나 철도시설 등의 업무에 종사하는 사업주(사업주라 한다)가 철도안전에 관한 교육(철도안전교육이라 한다)을 실시하여야 하는 대상은 다음과 같다.
① 철도차량의 운전업무에 종사하는 사람(운전업무종사자라 한다)
② 철도차량의 운행을 집중 제어·통제·감시하는 업무(관제업무라 한다)에 종사하는 사람
③ 여객에게 승무 서비스를 제공하는 사람(여객승무원이라 한다)
④ 여객에게 역무 서비스를 제공하는 사람(여객역무원이라 한다)
⑤ 철도차량의 운행선로 또는 그 인근에서 철도시설의 건설 또는 관리와 관련된 작업의 현장감독업무를 수행하는 사람
⑥ 철도시설 또는 철도차량을 보호하기 위한 순회점검업무 또는 경비업무를 수행하는 사람
⑦ 정거장에서 철도신호기·선로전환기 또는 조작판 등을 취급하거나 열차의 조성업무를 수행하는 사람
⑧ 철도에 공급되는 전력의 원격제어장치를 운영하는 사람
⑨ 철도차량 및 철도시설의 점검·정비 업무에 종사하는 사람

2) 철도안전교육 시간 및 위탁 등(시행규칙 제41조의2제2항, 제4항)
   ① 철도운영자등 및 사업주는 철도안전교육을 강의 및 실습의 방법으로 매 분기마다 6시간 이상 실시하여야 한다. 다만, 다른 법령에 따라 시행하는 교육에서 철도안전법 시행규칙 별표 13의2 내용의 교육을 받은 경우 그 교육시간은 철도안전교육을 받은 것으로 본다.
   ② 철도운영자등 및 사업주는 철도안전교육을 안전전문기관 등 안전에 관한 업무를 수행하는 전문기관에 위탁하여 실시할 수 있다.

3) 철도안전교육의 내용(시행규칙 제41조의2제3항)

철도종사자에 대한 안전교육의 내용(철도안전법 시행규칙 [별표 13의2])		
교육대상	교육과목	교육방법
1. 철도종사자 (법 제44조의3제1항에 따른 철도로 운송하는 위험물을 취급하는 종사자는 제외한다)	가. 철도안전법령 및 안전관련 규정 나. 철도운전 및 관제이론 등 분야별 안전업무수행 관련 사항 다. 철도사고 사례 및 사고예방대책 라. 철도사고 및 운행장애 등 비상 시 응급조치 및 수습복구대책 마. 안전관리의 중요성 등 정신교육 바. 근로자의 건강관리 등 안전·보건관리에 관한 사항 사. 철도안전관리체계 및 철도안전관리시스템(Safety Management System) 아. 위기대응체계 및 위기대응 매뉴얼 등	강의 및 실습
2. 위험물을 취급하는 철도종사자 (법 제44조의3제1항에 따른 철도로 운송하는 위험물을 취급하는 종사자를 말한다)	가. 제1호 가목부터 아목까지의 교육과목 나. 위험물 취급 안전 교육	강의 및 실습

(3) 철도종사자에 대한 직무교육(시행규칙 제41조의3)
1) 직무교육의 대상
   다음의 어느 하나에 해당하는 사람(철도운영자등이 철도직무교육 담당자로 지정한 사람은 제외한다)은 철도운영자등이 실시하는 직무교육(철도직무교육이라 한다)을 받아야 한다.
   ① 철도차량의 운전업무에 종사하는 사람(운전업무종사자라 한다)
   ② 철도차량의 운행을 집중 제어·통제·감시하는 업무(관제업무라 한다)에 종사하는 사람
   ③ 여객에게 승무 서비스를 제공하는 사람(여객승무원이라 한다)
   ④ 정거장에서 철도신호기·선로전환기 또는 조작판 등을 취급하거나 열차의 조성업무를 수행하는 사람

⑤ 철도에 공급되는 전력의 원격제어장치를 운영하는 사람
⑥ 철도차량 및 철도시설의 점검·정비 업무에 종사하는 사람

2) 철도직무교육의 내용·시간·방법 등(시행규칙 제41조의3제2항)

철도안전법 시행규칙 별표 13의3(철도직무교육의 내용 · 시간 · 방법 등)

시행규칙 별표 13의3

9. 철도차량정비기술자

(1) 철도차량정비기술자의 인정 등(법 제24조의2)

① 철도차량정비기술자로 인정을 받으려는 사람은 국토교통부장관에게 자격 인정을 신청하여야 한다.
② 국토교통부장관은 신청인이 대통령령으로 정하는 자격, 경력 및 학력 등 철도차량정비기술자의 인정기준에 해당하는 경우에는 철도차량정비기술자로 인정하여야 한다.
③ 국토교통부장관은 신청인을 철도차량정비기술자로 인정하면 철도차량정비기술자로서의 등급 및 경력 등에 관한 증명서(철도차량정비경력증이라 한다)를 그 철도차량정비기술자에게 발급하여야 한다.
④ 철도차량정비기술자 인정의 신청, 철도차량정비경력증의 발급 및 관리 등에 필요한 사항은 국토교통부령으로 정한다.

(2) 철도차량정비기술자의 인정기준(시행령 제21조의2)

철도차량정비기술자의 인정기준(철도안전법 시행령 별표 1의3)

1. 철도차량정비기술자는 자격, 경력 및 학력에 따라 등급별로 구분하여 인정하되, 등급별 세부기준은 다음 표와 같다.

등급구분	역량지수
1등급 철도차량정비기술자	80점 이상
2등급 철도차량정비기술자	60점 이상 80점 미만
3등급 철도차량정비기술자	40점 이상 60점 미만
4등급 철도차량정비기술자	10점 이상 40점 미만

2. 제1호에 따른 역량지수의 계산식은 다음과 같다.

역량지수 = 자격별 경력점수 + 학력점수

철도차량정비기술자의 인정기준(철도안전법 시행령 별표 1의3)

가. 자격별 경력점수

국가기술자격 구분	점수
기술사 및 기능장	10점/년
기사	8점/년
산업기사	7점/년
기능사	6점/년
국가기술자격증이 없는 경우	3점/년

1) 철도차량정비기술자의 자격별 경력에 포함되는 「국가기술자격법」에 따른 국가기술자격의 종목은 국토교통부장관이 정하여 고시한다. 이 경우 둘 이상의 다른 종목 국가기술자격을 보유한 사람의 경우 그 중 점수가 높은 종목의 경력점수만 인정한다.
2) 경력점수는 다음 업무를 수행한 기간에 따른 점수의 합을 말하며, 마) 및 바)의 경력의 경우 100분의 50을 인정한다.
    가) 철도차량의 부품·기기·장치 등의 마모·손상, 변화 상태 및 기능을 확인하는 등 철도차량 점검 및 검사에 관한 업무
    나) 철도차량의 부품·기기·장치 등의 수리, 교체, 개량 및 개조 등 철도차량 정비 및 유지관리에 관한 업무
    다) 철도차량 정비 및 유지관리 등에 관한 계획수립 및 관리 등에 관한 행정업무
    라) 철도차량의 안전에 관한 계획수립 및 관리, 철도차량의 점검·검사, 철도차량에 대한 설계·기술검토·규격관리 등에 관한 행정업무
    마) 철도차량 부품의 개발 등 철도차량 관련 연구 업무 및 철도관련 학과 등에서의 강의 업무
    바) 그 밖에 기계설비·장치 등의 정비와 관련된 업무
3) 2)를 적용할 때 다음의 어느 하나에 해당하는 경력은 제외한다.
    가) 18세 미만인 기간의 경력(국가기술자격을 취득한 이후의 경력은 제외한다)
    나) 주간학교 재학 중의 경력(「직업교육훈련 촉진법」 제9조에 따른 현장실습계약에 따라 산업체에 근무한 경력은 제외한다)
    다) 이중취업으로 확인된 기간의 경력
    라) 철도차량정비업무 외의 경력으로 확인된 기간의 경력
4) 경력점수는 월 단위까지 계산한다. 이 경우 월 단위의 기간으로 산입되지 않는 일수의 합이 30일 이상인 경우 1개월로 본다.

나. 학력점수

학력 구분	점수	
	철도차량정비 관련 학과	철도차량정비 관련 학과 외의 학과
석사 이상	25점	10점
학사	20점	9점
전문학사(3년제)	15점	8점
전문학사(2년제)	10점	7점
고등학교 졸업	5점	

철도차량정비기술자의 인정기준(철도안전법 시행령 별표 1의3)

1) "철도차량정비 관련 학과"란 철도차량 유지보수와 관련된 학과 및 기계·전기·전자·통신 관련 학과를 말한다. 다만, 대상이 되는 학력점수가 둘 이상인 경우 그 중 점수가 높은 학력점수에 따른다.

2) 철도차량정비 관련 학과의 학위 취득자 및 졸업자의 학력 인정 범위는 다음과 같다.
   가) 석사 이상
      ① 「고등교육법」에 따른 학교에서 철도차량정비 관련 학과의 석사 또는 박사 학위과정을 이수하고 졸업한 사람
      ② 그 밖에 관계 법령에 따라 국내 또는 외국에서 (1)과 같은 수준 이상의 학력이 있다고 인정되는 사람
   나) 학사
      ① 「고등교육법」에 따른 학교에서 철도차량정비 관련 학과의 학사 학위과정을 이수하고 졸업한 사람
      ② 그 밖에 관계 법령에 따라 국내 또는 외국에서 ①과 같은 수준의 학력이 있다고 인정되는 사람
   다) 전문학사(3년제)
      ① 「고등교육법」에 따른 학교에서 철도차량정비 관련 학과의 전문학사 학위과정을 이수하고 졸업한 사람(철도차량정비 관련 학과의 학위과정 3년을 이수한 사람을 포함한다)
      ② 그 밖의 관계 법령에 따라 국내 또는 외국에서 ①과 같은 수준의 학력이 있다고 인정되는 사람
   라) 전문학사(2년제)
      ① 「고등교육법」에 따른 4년제 대학, 2년제 대학 또는 전문대학에서 2년 이상 철도차량정비 관련 학과의 교육과정을 이수한 사람
      ② 그 밖에 관계 법령에 따라 국내 또는 외국에서 ①과 같은 수준의 학력이 있다고 인정되는 사람
   마) 고등학교 졸업
      ① 「초·중등교육법」에 따른 해당 학교에서 철도차량정비 관련 학과의 고등학교 과정을 이수하고 졸업한 사람
      ② 그 밖에 관계 법령에 따라 국내 또는 외국에서 ①과 같은 수준의 학력이 있다고 인정되는 사람

3) 철도차량정비 관련 학과 외의 학위 취득자 및 졸업자의 학력 인정 범위는 다음과 같다.
   가) 석사 이상
      ① 「고등교육법」에 따른 학교에서 석사 또는 박사 학위과정을 이수하고 졸업한 사람
      ② 그 밖에 관계 법령에 따라 국내 또는 외국에서 ①과 같은 수준 이상의 학력이 있다고 인정되는 사람
   나) 학사
      ① 「고등교육법」에 따른 학교에서 학사 학위과정을 이수하고 졸업한 사람
      ② 그 밖에 관계 법령에 따라 국내 또는 외국에서 ①과 같은 수준의 학력이 있다고 인정되는 사람
   다) 전문학사(3년제)
      ① 「고등교육법」에 따른 학교에서 전문학사 학위과정을 이수하고 졸업한 사람(전문학사 학위과정 3년을 이수한 사람을 포함한다)
      ② 그 밖의 관계 법령에 따라 국내 또는 외국에서 ①과 같은 수준의 학력이 있다고 인정되는 사람
   라) 전문학사(2년제)
      ① 「고등교육법」에 따른 4년제 대학, 2년제 대학 또는 전문대학에서 2년 이상 교육과정을 이수한 사람
      ② 그 밖에 관계 법령에 따라 국내 또는 외국에서 ①과 같은 수준의 학력이 있다고 인정되는 사람
   마) 고등학교 졸업
      ① 「초·중등교육법」에 따른 해당 학교에서 고등학교 과정을 이수하고 졸업한 사람
      ② 그 밖에 관계 법령에 따라 국내 또는 외국에서 ①과 같은 수준의 학력이 있다고 인정되는 사람

(3) 철도차량정비기술자의 인정 신청(시행규칙 제42조)

철도차량정비기술자로 인정(등급변경 인정을 포함한다)을 받으려는 사람은 철도차량정비기술자 인정 신청서에 다음의 서류를 첨부하여 한국교통안전공단에 제출해야 한다.
① 철도차량정비업무 경력확인서　② 국가기술자격증 사본
③ 졸업증명서 또는 학위취득서　④ 사진
⑤ 철도차량정비경력증　⑥ 정비교육훈련 수료증

(4) 철도차량정비기술자의 명의 대여금지 등(법 제24조의3)

① 철도차량정비기술자는 자기의 성명을 사용하여 다른 사람에게 철도차량정비 업무를 수행하게 하거나 철도차량정비경력증을 빌려 주어서는 아니 된다.
② 누구든지 다른 사람의 성명을 사용하여 철도차량정비 업무를 수행하거나 다른 사람의 철도차량정비경력증을 빌려서는 아니 된다.
③ 누구든지 제1항이나 제2항에서 금지된 행위를 알선해서는 아니 된다.

(5) 철도차량정비기술자의 인정취소 등(법 제24조의5)

① 국토교통부장관은 철도차량정비기술자가 다음의 어느 하나에 해당하는 경우 그 인정을 취소하여야 한다.
　㉠ 거짓이나 그 밖의 부정한 방법으로 철도차량정비기술자로 인정받은 경우
　㉡ 철도차량정비기술자의 인정기준에 따른 자격기준에 해당하지 아니하게 된 경우
　㉢ 철도차량정비 업무 수행 중 고의로 철도사고의 원인을 제공한 경우
② 국토교통부장관은 철도차량정비기술자가 다음의 어느 하나에 해당하는 경우 1년의 범위에서 철도차량정비기술자의 인정을 정지시킬 수 있다.
　㉠ 다른 사람에게 철도차량정비경력증을 빌려 준 경우
　㉡ 철도차량정비 업무 수행 중 중과실로 철도사고의 원인을 제공한 경우

10. 철도차량정비기술교육훈련

(1) 정비교육훈련(법 제24조의4)

① 철도차량정비기술자는 업무 수행에 필요한 소양과 지식을 습득하기 위하여 대통령령으로 정하는 바에 따라 국토교통부장관이 실시하는 교육·훈련(정비교육훈련이라 한다)을 받아야 한다.
② 국토교통부장관은 철도차량정비기술자를 육성하기 위하여 철도차량정비 기술에 관한 전문 교육훈련기관(정비교육훈련기관이라 한다)을 지정하여 정비교육훈련을 실시하게 할

수 있다.
③ 정비교육훈련기관은 정당한 사유 없이 정비교육훈련 업무를 거부하여서는 아니 되고, 거짓이나 그 밖의 부정한 방법으로 정비교육훈련 수료증을 발급하여서는 아니 된다.
④ 정비교육훈련기관의 지정취소 및 업무정지 등에 관하여는 제15조의2(운전적성검사기관의 지정취소 및 업무정지)를 준용한다.

(2) 정비교육훈련 실시기준(시행령 제21조의3, 시행규칙 제42조의3)

① 정비교육훈련의 실시기준은 다음과 같다.
  ㉠ **교육내용 및 교육방법** : 철도차량정비에 관한 법령, 기술기준 및 정비기술 등 실무에 관한 이론 및 실습 교육
  ㉡ **교육시간** : 철도차량정비업무의 수행기간 5년마다 35시간 이상
② 철도차량정비기술자가 철도차량정비기술자의 상위 등급으로 등급변경의 인정을 받으려는 경우 정비교육훈련을 받아야 한다.

(3) 정비교육훈련의 실시 시기 및 시간 등(시행규칙 제42조의3제1항)

정비교육훈련의 실시시기 및 시간 등(철도안전법 시행규칙 별표 13의4)

1. 정비교육훈련의 시기 및 시간

교육훈련 시기	교육훈련 시간
기존에 정비 업무를 수행하던 철도차량 차종이 아닌 새로운 철도차량 차종의 정비에 관한 업무를 수행하는 경우 그 업무를 수행하는 날부터 1년 이내	35시간 이상
철도차량정비업무의 수행기간 5년마다	35시간 이상

*비고 : 위 표에 따른 35시간 중 인터넷 등을 통한 원격교육은 10시간의 범위에서 인정할 수 있다.

2. 정비교육훈련의 면제 및 연기
  가. 「고등교육법」에 따른 학교, 철도차량 또는 철도용품 제작회사, 「과학기술분야 정부출연연구기관 등의 설립·운영 및 육성에 관한 법률」 등 관계법령에 따라 설립된 연구기관·교육기관 및 주무관청의 허가를 받아 설립된 학회·협회 등에서 철도차량정비와 관련된 교육훈련을 받은 경우 위 표에 따른 정비교육훈련을 받은 것으로 본다. 이 경우 해당 기관으로부터 교육과목 및 교육시간이 명시된 증명서(교육수료증 또는 이수증 등)를 발급 받은 경우에 한정한다.
  나. 철도차량정비기술자는 질병·입대·해외출장 등 불가피한 사유로 정비교육훈련을 받아야 하는 기한까지 정비교육훈련을 받지 못할 경우에는 정비교육훈련을 연기할 수 있다. 이 경우 연기 사유가 없어진 날부터 1년 이내에 정비교육훈련을 받아야 한다.
3. 정비교육훈련은 강의·토론 등으로 진행하는 이론교육과 철도차량정비 업무를 실습하는 실기교육으로 시행하되, 실기교육을 30% 이상 포함해야 한다.
4. 그 밖에 정비교육훈련의 교육과목 및 교육내용, 교육의 신청 방법 및 절차 등에 관한 사항은 국토교통부장관이 정하여 고시한다.

(4) 정비교육훈련기관 지정기준 및 절차

1) **정비교육훈련기관 지정기준(시행령 제21조의4제1항)**

   정비교육훈련기관의 지정기준은 다음과 같다.
   ① 정비교육훈련 업무 수행에 필요한 상설 전담조직을 갖출 것
   ② 정비교육훈련 업무를 수행할 수 있는 전문인력을 확보할 것
   ③ 정비교육훈련에 필요한 사무실, 교육장 및 교육 장비를 갖출 것
   ④ 정비교육훈련기관의 운영 등에 관한 업무규정을 갖출 것

2) **정비교육훈련기관의 세부 지정기준(시행규칙 제42조의4)**

   철도안전법 시행규칙 별표 13의5(정비교육훈련기관의 세부 지정기준)
   국토교통부장관은 정비교육훈련기관이 제1항에 따른 정비교육훈련기관의 지정기준에 적합한지의 여부를 2년마다 심사해야 한다.

   시행규칙 별표 13의5

3) **정비교육훈련기관의 지정의 신청 등(시행규칙 제42조의5제1항)**

   정비교육훈련기관으로 지정을 받으려는 자는 정비교육훈련기관 지정신청서에 다음의 서류를 첨부하여 국토교통부장관에게 제출해야 한다. 이 경우 국토교통부장관은 행정정보의 공동이용을 통하여 법인 등기사항증명서(신청인이 법인이 경우에만 해당한다)를 확인해야 한다.

   ① 정비교육훈련계획서(정비교육훈련평가계획을 포함한다)
   ② 정비교육훈련기관 운영규정
   ③ 정관이나 이에 준하는 약정(법인 및 단체에 한정한다)
   ④ 정비교육훈련을 담당하는 강사의 자격·학력·경력 등을 증명할 수 있는 서류 및 담당업무
   ⑤ 정비교육훈련에 필요한 강의실 등 시설 내역서
   ⑥ 정비교육훈련에 필요한 실습 시행 방법 및 절차
   ⑦ 정비교육훈련기관에서 사용하는 직인의 인영(印影: 도장 찍은 모양)

4) **정비교육훈련기관의 지정취소 등(시행규칙 제42조의6)**

   철도안전법 시행규칙 별표 13의6(정비교육훈련기관의 지정취소 및 업무정지의 기준)

   시행규칙 별표 13의6

정비교육훈련기관의 지정취소 및 업무정지의 기준(철도안전법 시행규칙 별표 13의6)

2. 개별기준

위반사항	해당 법조문	처분기준			
		1차 위반	2차 위반	3차 위반	4차 위반
1. 거짓이나 그 밖의 부정한 방법으로 지정을 받은 경우	법 제15조의2 제1항제1호	지정취소			
2. 업무정지 명령을 위반하여 그 정지기간 중 정비교육훈련업무를 한 경우	법 제15조의2 제1항제2호	지정취소			
3. 법 제24조의4제3항에 따른 지정기준에 맞지 않은 경우	법 제15조의2 제1항제3호	경고 또는 보완명령	업무정지 1개월	업무정지 3개월	지정취소
4. 법 제24조의4제4항을 위반하여 정당한 사유 없이 정비교육훈련업무를 거부한 경우	법 제15조의2 제1항제4호	경고	업무정지 1개월	업무정지 3개월	지정취소
5. 법 제24조의4제4항을 위반하여 거짓이나 그 밖의 부정한 방법으로 정비교육훈련 수료증을 발급한 경우	법 제15조의2 제1항제5호	업무정지 1개월	업무정지 3개월	지정취소	

5) 정비교육훈련기관의 변경사항 통지 등(철도안전법 시행령 제21조의5)

① 정비교육훈련기관은 제21조의4제4항[17] 각 호의 사항이 변경된 때에는 그 사유가 발생한 날부터 15일 이내에 국토교통부장관에게 그 내용을 통지해야 한다.

② 국토교통부장관은 제1항에 따른 통지를 받은 때에는 그 내용을 관보에 고시해야 한다.

04 철도시설 및 철도차량의 안전관리

1. 승하차용 출입문 설비의 설치

(1) 승하차용 출입문 설비의 설치 의무(법 제25조의2)

철도시설관리자는 선로로부터의 수직거리가 국토교통부령으로 정하는 기준(1,135밀리미터) 이상인 승강장에 열차의 출입문과 연동되어 열리고 닫히는 승하차용 출입문 설비를 설치하여야 한다.

---

[17] 국토교통부장관은 정비교육훈련기관을 지정한 때에는 다음 각 호의 사항을 관보에 고시해야 한다.
1. 정비교육훈련기관의 명칭 및 소재지
2. 대표자의 성명
3. 그 밖에 정비교육훈련에 중요한 영향을 미친다고 국토교통부장관이 인정하는 사항

(2) 승강장안전문 설치 의무의 예외(시행규칙 제43조)

다음의 어느 하나에 해당하는 승강장으로서 철도기술심의위원회에서 승강장에 열차의 출입문과 연동되어 열리고 닫히는 승하차용 출입문 설비(승강장안전문이라 한다)를 설치하지 않아도 된다고 심의·의결한 승강장은 그러하지 아니하다.

① 여러 종류의 철도차량이 함께 사용하는 승강장으로서 열차 출입문의 위치가 서로 달라 승강장안전문을 설치하기 곤란한 경우
② 열차가 정차하지 않는 선로 쪽 승강장으로서 승객의 선로 추락 방지를 위해 안전난간 등의 안전시설을 설치한 경우
③ 여객의 승하차 인원, 열차의 운행 횟수 등을 고려하였을 때 승강장안전문을 설치할 필요가 없다고 인정되는 경우

2. 철도기술심의위원회

(1) 철도기술심의위원회의 설치(시행규칙 제44조)

국토교통부장관은 다음의 사항을 심의하게 하기 위하여 철도기술심의위원회(기술위원회라 한다)를 설치한다.

① 법 제7조제5항[18]·제26조제3항[19]·제26조의3제2항[20]·제27조제2항[21] 및 제27조의2제2항[22]에 따른 기술기준의 제정·개정 또는 폐지
② 법 제27조제1항[23]에 따른 형식승인 대상 철도용품의 선정·변경 및 취소
③ 법 제34조제1항[24]에 따른 철도차량·철도용품 표준규격의 제정·개정 또는 폐지

---

18) 제7조(안전관리체계의 승인) ⑤ 국토교통부장관은 철도안전경영, 위험관리, 사고 조사 및 보고, 내부점검, 비상대응계획, 비상대응훈련, 교육훈련, 안전정보관리, 운행안전관리, 차량·시설의 유지관리(차량의 기대수명에 관한 사항을 포함한다) 등 철도운영 및 철도시설의 안전관리에 필요한 기술기준을 정하여 고시하여야 한다.
19) 제26조(철도차량 형식승인) ③ 국토교통부장관은 제1항에 따른 형식승인 또는 제2항 본문에 따른 변경승인을 하는 경우에는 해당 철도차량이 국토교통부장관이 정하여 고시하는 철도차량의 기술기준에 적합한지에 대하여 형식승인검사를 하여야 한다.
20) 제26조의3(철도차량 제작자승인) ② 국토교통부장관은 제1항에 따른 제작자승인을 하는 경우에는 해당 철도차량 품질관리체계가 국토교통부장관이 정하여 고시하는 철도차량의 제작관리 및 품질유지에 필요한 기술기준에 적합한지에 대하여 국토교통부령으로 정하는 바에 따라 제작자승인검사를 하여야 한다.
21) 제27조(철도용품 형식승인) ② 국토교통부장관은 제1항에 따른 형식승인을 하는 경우에는 해당 철도용품이 국토교통부장관이 정하여 고시하는 철도용품의 기술기준에 적합한지에 대하여 국토교통부령으로 정하는 바에 따라 형식승인검사를 하여야 한다.
22) 제27조의2(철도용품 제작자승인) ② 국토교통부장관은 제1항에 따른 제작자승인을 하는 경우에는 해당 철도용품 품질관리체계가 국토교통부장관이 정하여 고시하는 철도용품의 제작관리 및 품질유지에 필요한 기술기준에 적합한지에 대하여 국토교통부령으로 정하는 바에 따라 철도용품 제작자승인검사를 하여야 한다.
23) 제27조(철도용품 형식승인) ① 국토교통부장관이 정하여 고시하는 철도용품을 제작하거나 수입하려는 자는 국토교통부령으로 정하는 바에 따라 해당 철도용품의 설계에 대하여 국토교통부장관의 형식승인을 받아야 한다.
24) 제34조(표준화) ① 국토교통부장관은 철도의 안전과 호환성의 확보 등을 위하여 철도차량 및 철도용품의 표준규격을 정하여 철도운영자등 또는 철도차량을 제작·조립 또는 수입하려는 자 등(차량제작자등이라 한다)에게 권고할 수 있다. 다만, 「산업표준화법」에 따른 한국산업표준이 제정되어 있는 사항에 대하여는 그 표준에 따른다.

④ 영 제63조제4항[25]에 따른 철도안전에 관한 전문기관이나 단체의 지정
⑤ 그 밖에 국토교통부장관이 필요로 하는 사항

(2) 철도기술심의위원회의 구성·운영(시행규칙 제45조)

① 기술위원회는 위원장을 포함한 15인 이내의 위원으로 구성하며 위원장은 위원중에서 호선한다.
② 기술위원회에 상정할 안건을 미리 검토하고 기술위원회가 위임한 안건을 심의하기 위하여 기술위원회에 기술분과별 전문위원회(전문위원회라 한다)를 둘 수 있다.
③ 이 규칙에서 정한 것 외에 기술위원회 및 전문위원회의 구성·운영 등에 관하여 필요한 사항은 국토교통부장관이 정한다.

3. 철도차량 형식승인

(1) 철도차량 형식승인(법 제26조제1항, 제5항)

① 국내에서 운행하는 철도차량을 제작하거나 수입하려는 자는 국토교통부령으로 정하는 바에 따라 해당 철도차량의 설계에 관하여 국토교통부장관의 형식승인을 받아야 한다.
② 누구든지 형식승인을 받지 아니한 철도차량을 운행하여서는 아니 된다.

(2) 철도차량 형식승인 신청

1) 신청서 제출(시행규칙 제46조제1항)

철도차량 형식승인을 받으려는 자는 철도차량 형식승인신청서에 다음의 서류를 첨부하여 국토교통부장관에게 제출하여야 한다.

① 철도차량기술기준에 대한 적합성 입증계획서 및 입증자료
② 철도차량의 설계도면, 설계 명세서 및 설명서(적합성 입증을 위하여 필요한 부분에 한정한다)
③ 형식승인검사의 면제 대상에 해당하는 경우 그 입증서류
④ 차량형식 시험 절차서
⑤ 그 밖에 철도차량기술기준에 적합함을 입증하기 위하여 국토교통부장관이 필요하다고 인정하여 고시하는 서류

---

25) 제63조(업무의 위탁) ④ 국토교통부장관은 법 제77조제2항에 따라 다음 각 호의 업무를 국토교통부장관이 지정하여 고시하는 철도안전에 관한 전문기관이나 단체에 위탁한다.
  1. 삭제
  2. 법 제69조제4항에 따른 자격부여 등에 관한 업무 중 제60조의2에 따른 자격부여신청 접수, 자격증명서 발급, 관계 자료 제출 요청 및 자격부여에 관한 자료의 유지·관리 업무

2) 변경신청서 제출(시행규칙 제46조제2항)

철도차량 형식승인을 받은 사항을 변경하려는 경우에는 철도차량 형식변경승인신청서에 다음의 서류를 첨부하여 국토교통부장관에게 제출하여야 한다.

① 해당 철도차량의 철도차량 형식승인증명서
② 형식승인신청 시 제출서류(변경되는 부분 및 그와 연관되는 부분에 한정한다)
③ 변경 전후의 대비표 및 해설서

3) 통보의무(시행규칙 제46조제3항)

국토교통부장관은 철도차량 형식승인 또는 변경승인 신청을 받은 경우에 15일 이내에 승인 또는 변경승인에 필요한 검사 등의 계획서를 작성하여 신청인에게 통보하여야 한다.

(3) 경미한 사항의 변경

1) 변경승인 및 신고(법 제26조제2항)

형식승인을 받은 자가 승인받은 사항을 변경하려는 경우에는 국토교통부장관의 변경승인을 받아야 한다. 다만, 국토교통부령으로 정하는 경미한 사항을 변경하려는 경우에는 국토교통부장관에게 신고하여야 한다.

2) 경미한 사항 변경(시행규칙 제47조제1항)

경미한 사항을 변경하려는 경우란 다음의 어느 하나에 해당하는 변경을 말한다.

① 철도차량의 구조안전 및 성능에 영향을 미치지 아니하는 차체 형상의 변경
② 철도차량의 안전에 영향을 미치지 아니하는 설비의 변경
③ 중량분포에 영향을 미치지 아니하는 장치 또는 부품의 배치 변경
④ 동일 성능으로 입증할 수 있는 부품의 규격 변경
⑤ 그 밖에 철도차량의 안전 및 성능에 영향을 미치지 아니한다고 국토교통부장관이 인정하는 사항의 변경

(4) 철도차량 형식승인검사

1) 형식승인검사 의무(법 제26조제3항)

국토교통부장관은 형식승인 또는 변경승인을 하는 경우에는 해당 철도차량이 국토교통부장관이 정하여 고시하는 철도차량의 기술기준에 적합한지에 대하여 형식승인검사를 하여야 한다.

2) 형식승인검사의 방법(시행규칙 제48조제1항)

철도차량 형식승인검사는 다음의 구분에 따라 실시한다.

① **설계적합성 검사** : 철도차량의 설계가 철도차량기술기준에 적합한지 여부에 대한 검사

② **합치성 검사** : 철도차량이 부품단계, 구성품단계, 완성차단계에서 설계와 합치하게 제작되었는지 여부에 대한 검사

③ **차량형식 시험** : 철도차량이 부품단계, 구성품단계, 완성차단계, 시운전단계에서 철도차량기술기준에 적합한지 여부에 대한 시험

3) 형식승인검사의 면제 및 범위(법 제26조제4항, 시행령 제22조)

국토교통부장관은 다음의 어느 하나에 해당하는 경우에는 형식승인검사의 전부 또는 일부를 면제할 수 있다.

① 시험·연구·개발 목적으로 제작 또는 수입되는 철도차량으로서 여객 및 화물 운송에 사용되지 아니하는 철도차량에 해당하는 경우 : 형식승인검사의 전부 면제

② 수출 목적으로 제작 또는 수입되는 철도차량으로서 국내에서 철도운영에 사용되지 아니하는 철도차량에 해당하는 경우 : 형식승인검사의 전부 면제

③ 대한민국이 체결한 협정 또는 대한민국이 가입한 협약에 따라 형식승인검사가 면제되는 철도차량의 경우 : 대한민국이 체결한 협정 또는 대한민국이 가입한 협약에서 정한 면제의 범위

④ 그 밖에 철도시설의 유지·보수 또는 철도차량의 사고복구 등 특수한 목적을 위하여 제작 또는 수입되는 철도차량으로서 국토교통부장관이 정하여 고시하는 경우 : 형식승인검사 중 철도차량의 시운전단계에서 실시하는 검사를 제외한 검사로서 국토교통부령으로 정하는 검사[26)

(5) 형식승인의 취소 등

1) 형식승인의 취소(법 제26조의2제1항, 제3항)

① 국토교통부장관은 형식승인을 받은 자가 다음의 어느 하나에 해당하는 경우에는 그 형식승인을 취소할 수 있다. 다만, 제1호에 해당하는 경우에는 그 형식승인을 취소하여야 한다.

㉠ 거짓이나 그 밖의 부정한 방법으로 형식승인을 받은 경우

㉡ 철도차량 기술기준에 중대하게 위반되는 경우

---

26) 국토교통부령으로 정하는 검사란 설계적합성 검사, 합치성 검사 및 차량형식 시험(시운전단계에서의 시험은 제외한다)을 말한다.

ⓒ 변경승인명령을 이행하지 아니한 경우

② 거짓이나 그 밖의 부정한 방법으로 형식승인을 받은 경우에 해당되는 사유로 형식승인이 취소된 경우에는 그 취소된 날부터 2년간 동일한 형식의 철도차량에 대하여 새로 형식승인을 받을 수 없다.

2) 변경승인 명령(법 제26조의2제2항, 시행규칙 제50조제2항)

① 국토교통부장관은 형식승인이 철도차량 기술기준에 위반(철도차량 기술기준에 중대하게 위반되는 경우는 제외)된다고 인정하는 경우에는 그 형식승인을 받은 자에게 국토교통부령으로 정하는 바에 따라 변경승인을 받을 것을 명하여야 한다.

② 변경승인 명령을 받은 자는 명령을 통보받은 날부터 30일 이내에 철도차량 형식승인의 변경승인을 신청하여야 한다.

4. 철도차량 제작자승인

(1) 철도차량 품질관리체계 제작자 승인(법 제26조의3제1항)

1) 원칙

형식승인을 받은 철도차량을 제작(외국에서 대한민국에 수출할 목적으로 제작하는 경우를 포함한다)하려는 자는 국토교통부령으로 정하는 바에 따라 철도차량의 제작을 위한 인력, 설비, 장비, 기술 및 제작검사 등 철도차량의 적합한 제작을 위한 유기적 체계(철도차량 품질관리체계라 한다)를 갖추고 있는지에 대하여 국토교통부장관의 제작자승인을 받아야 한다.

2) 예외

국토교통부장관은 대한민국이 체결한 협정 또는 대한민국이 가입한 협약에 따라 제작자승인이 면제되는 경우 등 대통령령으로 정하는 경우에는 제작자승인 대상에서 제외하거나 제작자승인검사의 전부 또는 일부를 면제할 수 있다.

(2) 철도차량 제작자승인의 신청(시행규칙 제51조제1항)

철도차량 제작자승인을 받으려는 자는 철도차량 제작자승인신청서에 다음의 서류를 첨부하여 국토교통부장관에게 제출하여야 한다. 다만, 제작자승인이 면제되는 경우에는 그 입증서류만 첨부한다.

① 철도차량의 제작관리 및 품질유지에 필요한 기술기준(철도차량제작자승인기준이라 한다)에 대한 적합성 입증계획서 및 입증자료

② 철도차량 품질관리체계서 및 설명서

③ 철도차량 제작 명세서 및 설명서
④ 제작자승인 또는 제작자승인검사의 면제 대상에 해당하는 경우 그 입증서류
⑤ 그 밖에 철도차량제작자승인기준에 적합함을 입증하기 위하여 국토교통부장관이 필요하다고 인정하여 고시하는 서류

(3) 철도차량 제작자승인의 변경신청(시행규칙 제51조제2항)

철도차량 제작자승인을 받은 자가 철도차량 제작자승인 받은 사항을 변경하려는 경우에는 철도차량 제작자변경승인신청서에 다음의 서류를 첨부하여 국토교통부장관에게 제출하여야 한다.
① 해당 철도차량의 철도차량 제작자승인증명서
② 제작자승인신청 시 제출하는 서류 일체(변경되는 부분 및 그와 연관되는 부분에 한정한다)
③ 변경 전후의 대비표 및 해설서

(4) 철도차량 제작자승인의 경미한 사항 변경(시행규칙 제52조제1항)

다음에 해당하는 경미한 사항을 변경하려는 경우에는 국토교통부장관에게 신고하여야 한다.
① 철도차량 제작자의 조직변경에 따른 품질관리조직 또는 품질관리책임자에 관한 사항의 변경
② 법령 또는 행정구역의 변경 등으로 인한 품질관리규정의 세부내용 변경
③ 서류간 불일치 사항 및 품질관리규정의 기본방향에 영향을 미치지 아니하는 사항으로서 그 변경근거가 분명한 사항의 변경

(5) 철도차량 제작자승인검사(법 제26조의3제2항)

1) 제작자승인검사의 의무

국토교통부장관은 제작자승인을 하는 경우에는 해당 철도차량 품질관리체계가 국토교통부장관이 정하여 고시하는 철도차량의 제작관리 및 품질유지에 필요한 기술기준에 적합한지에 대하여 국토교통부령으로 정하는 바에 따라 제작자승인검사를 하여야 한다.

2) 제작자승인검사의 방법(시행규칙 제53조제1항)

철도차량 제작자승인검사는 다음의 구분에 따라 실시한다.
① 품질관리체계 적합성검사 : 해당 철도차량의 품질관리체계가 철도차량제작자승인기준에 적합한지 여부에 대한 검사
② 제작검사 : 해당 철도차량에 대한 품질관리체계의 적용 및 유지 여부 등을 확인하는 검사

(6) 철도차량 제작자승인의 면제 및 범위(시행령 제23조)

① 대한민국이 체결한 협정 또는 대한민국이 가입한 협약에 따라 제작자승인이 면제되거나 제작자승인검사의 전부 또는 일부가 면제되는 경우 : 대한민국이 체결한 협정 또는 대한민국이 가입한 협약에서 정한 제작자승인 또는 제작자승인검사의 면제 범위
② 철도시설의 유지·보수 또는 철도차량의 사고복구 등 특수한 목적을 위하여 제작 또는 수입되는 철도차량으로서 국토교통부장관이 정하여 고시하는 철도차량에 해당하는 경우 : 제작자승인검사의 전부

(7) 철도차량 제작자승인 결격사유(법 제26조의4)

다음의 어느 하나에 해당하는 자는 철도차량 제작자승인을 받을 수 없다.

① 피성년후견인
② 파산선고를 받고 복권되지 아니한 사람
③ 이 법 또는 대통령령으로 정하는 철도 관계 법령[27]을 위반하여 징역형의 실형을 선고받고 그 집행이 종료(집행이 종료된 것으로 보는 경우를 포함한다)되거나 집행이 면제된 날부터 2년이 지나지 아니한 사람
④ 이 법 또는 대통령령으로 정하는 철도 관계 법령을 위반하여 징역형의 집행유예를 선고받고 그 유예기간 중에 있는 사람
⑤ 제작자승인이 취소된 후 2년이 지나지 아니한 자
⑥ 임원 중에 상기 사유 중 어느 하나에 해당하는 사람이 있는 법인

(8) 철도차량 제작자승인의 승계(법 제26조의5)

① 철도차량 제작자승인을 받은 자가 그 사업을 양도하거나 사망한 때 또는 법인의 합병이 있는 때에는 양수인, 상속인 또는 합병 후 존속하는 법인이나 합병에 의하여 설립되는 법인은 제작자승인을 받은 자의 지위를 승계한다.
② 철도차량 제작자승인의 지위를 승계하는 자는 승계일부터 1개월 이내에 국토교통부령으로 정하는 바에 따라 그 승계사실을 국토교통부장관에게 신고하여야 한다.

---

[27] 철도안전법 시행령 제24조(철도 관계 법령의 범위) 법 제26조의4제3호 및 제4호에서 "대통령령으로 정하는 철도 관계 법령"이란 각각 다음 각 호의 어느 하나에 해당하는 법령을 말한다.
  1. 「건널목 개량촉진법」
  2. 「도시철도법」
  3. 「철도의 건설 및 철도시설 유지관리에 관한 법률」
  4. 「철도사업법」
  5. 「철도산업발전 기본법」
  6. 「한국철도공사법」
  7. 「국가철도공단법」
  8. 「항공·철도 사고조사에 관한 법률」

③ 제작자승인의 지위를 승계하는 자에 대하여는 제26조의4(결격사유)를 준용한다. 다만, 제26조의4 각 호의 어느 하나에 해당하는 상속인이 피상속인이 사망한 날부터 3개월 이내에 그 사업을 다른 사람에게 양도한 경우에는 피상속인의 사망일부터 양도일까지의 기간 동안 피상속인의 제작자승인은 상속인의 제작자승인으로 본다.

(9) 철도차량 완성검사(법 제26조의6)

1) 완성검사 수검 의무

   철도차량 제작자승인을 받은 자는 제작한 철도차량을 판매하기 전에 해당 철도차량이 형식승인을 받은대로 제작되었는지를 확인하기 위하여 국토교통부장관이 시행하는 완성검사를 받아야 한다.

2) 완성검사의 신청(시행규칙 제56조제1항)

   철도차량 완성검사를 받으려는 자는 철도차량 완성검사신청서에 다음의 서류를 첨부하여 국토교통부장관에게 제출하여야 한다.
   ① 철도차량 형식승인증명서
   ② 철도차량 제작자승인증명서
   ③ 형식승인된 설계와의 형식동일성 입증계획서 및 입증서류
   ④ 주행시험 절차서
   ⑤ 그 밖에 형식동일성 입증을 위하여 국토교통부장관이 필요하다고 인정하여 고시하는 서류

3) 완성검사의 방법(시행규칙 제57조제1항)

   철도차량 완성검사는 다음의 구분에 따라 실시한다.
   ① **완성차량검사** : 안전과 직결된 주요 부품의 안전성 확보 등 철도차량이 철도차량기술기준에 적합하고 형식승인 받은 설계대로 제작되었는지를 확인하는 검사
   ② **주행시험** : 철도차량이 형식승인 받은대로 성능과 안전성을 확보하였는지 운행선로 시운전 등을 통하여 최종 확인하는 검사

(10) 철도차량 제작자승인의 취소 등(법 제26조의7)

1) 제작자승인의 취소 등

   국토교통부장관은 철도차량 제작자승인을 받은 자가 다음의 어느 하나에 해당하는 경우에는 그 승인을 취소하거나 6개월 이내의 기간을 정하여 업무의 제한이나 정지를 명할 수 있다.
   ① 거짓이나 그 밖의 부정한 방법으로 제작자승인을 받은 경우(필요적 취소)

② 변경승인을 받지 아니하거나 변경신고를 하지 아니하고 철도차량을 제작한 경우
③ 시정조치명령을 정당한 사유 없이 이행하지 아니한 경우
④ 철도차량 또는 철도용품의 제작·수입·판매 또는 사용 중지 명령을 이행하지 아니하는 경우
⑤ 업무정지 기간 중에 철도차량을 제작한 경우(필요적 취소)

2) 철도차량 제작자승인 관련 처분 기준(시행규칙 별표 14)

철도차량 제작자승인 관련 처분 기분(시행규칙 별표 14)				
위반사항	처분기준			
	1차 위반	2차 위반	3차 위반	4차 이상 위반
가. 거짓이나 그 밖의 부정한 방법으로 제작자승인을 받은 경우	승인취소			
나. 변경승인을 받지 않고 철도차량을 제작한 경우	업무정지(업무제한) 3개월	업무정지(업무제한) 6개월	승인취소	
다. 변경신고를 하지 않고 철도차량을 제작한 경우	경고	업무정지(업무제한) 3개월	업무정지(업무제한) 6개월	승인취소
라. 시정조치명령을 정당한 사유 없이 이행하지 않은 경우	경고	업무정지(업무제한) 3개월	업무정지(업무제한) 6개월	승인취소
마. 철도차량 또는 철도용품의 제작·수입·판매 또는 사용 중지 명령을 이행하지 않은 경우	업무정지(업무제한) 3개월	업무정지(업무제한) 6개월	승인취소	
바. 업무정지 기간 중에 철도차량을 제작한 경우	승인취소			

5. 철도용품 형식승인

(1) 철도용품 형식승인(법 제27조)

① 국토교통부장관이 정하여 고시하는(철도용품 기술기준) 철도용품을 제작하거나 수입하려는 자는 국토교통부령으로 정하는 바에 따라 해당 철도용품의 설계에 대하여 국토교통부장관의 형식승인을 받아야 한다.
② 누구든지 형식승인을 받지 아니한 철도용품(국토교통부장관이 정하여 고시하는 철도용품만 해당한다)을 철도시설 또는 철도차량 등에 사용하여서는 아니 된다.

(2) 철도용품 형식승인 신청

1) 신청서 제출(시행규칙 제60조제1항)

철도용품 형식승인을 받으려는 자는 철도용품 형식승인신청서에 다음의 서류를 첨부하여 국토교통부장관에게 제출하여야 한다.

① 철도용품의 기술기준에 대한 적합성 입증계획서 및 입증자료
② 철도용품의 설계도면, 설계 명세서 및 설명서
③ 철도용품 형식승인검사의 면제 대상에 해당하는 경우 그 입증서류
④ 용품형식 시험 절차서
⑤ 그 밖에 철도용품기술기준에 적합함을 입증하기 위하여 국토교통부장관이 필요하다고 인정하여 고시하는 서류

2) 변경신청서 제출(시행규칙 제60조제2항)

① 철도용품 형식승인 받은 사항을 변경하려는 경우에는 철도용품 형식변경승인신청서에 다음의 서류를 첨부하여 국토교통부장관에게 제출하여야 한다.
② 해당 철도용품의 철도용품 형식승인증명서
③ 철도용품 승인신청 시의 첨부서류 일체(변경되는 부분 및 그와 연관되는 부분에 한정한다)
④ 변경 전후의 대비표 및 해설서

3) 통보의무(시행규칙 제60조제3항)

국토교통부장관은 철도용품 형식승인 또는 변경승인 신청을 받은 경우에 15일 이내에 승인 또는 변경승인에 필요한 검사 등의 계획서를 작성하여 신청인에게 통보하여야 한다.

(3) 경미한 사항의 변경

1) 변경승인 및 신고(법 제27조제4항)

철도용품 형식승인을 받은 자가 승인받은 사항을 변경하려는 경우에는 국토교통부장관의 변경승인을 받아야 한다. 다만, 국토교통부령으로 정하는 경미한 사항을 변경하려는 경우에는 국토교통부장관에게 신고하여야 한다.

2) 경미한 사항 변경(시행규칙 제61조제1항)

경미한 사항을 변경하려는 경우란 다음의 어느 하나에 해당하는 변경을 말한다.

① 철도용품의 안전 및 성능에 영향을 미치지 아니하는 형상 변경
② 철도용품의 안전에 영향을 미치지 아니하는 설비의 변경
③ 중량분포 및 크기에 영향을 미치지 아니하는 장치 또는 부품의 배치 변경
④ 동일 성능으로 입증할 수 있는 부품의 규격 변경

⑤ 그 밖에 철도용품의 안전 및 성능에 영향을 미치지 아니한다고 국토교통부장관이 인정하는 사항의 변경

(4) 철도용품 형식승인검사(법 제27조제4항)

1) 형식승인검사 의무

국토교통부장관은 형식승인 또는 변경승인을 하는 경우에는 해당 철도용품이 국토교통부장관이 정하여 고시하는 철도용품의 기술기준에 적합한지에 대하여 형식승인검사를 하여야 한다.

2) 형식승인검사의 방법(시행규칙 제62조제1항)

철도용품 형식승인검사는 다음의 구분에 따라 실시한다.

① **설계적합성 검사** : 철도용품의 설계가 철도용품기술기준에 적합한지 여부에 대한 검사
② **합치성 검사** : 철도용품이 부품단계, 구성품단계, 완성품단계에서 설계와 합치하게 제작되었는지 여부에 대한 검사
③ **용품형식 시험** : 철도용품이 부품단계, 구성품단계, 완성품단계, 시운전단계에서 철도용품기술기준에 적합한지 여부에 대한 시험

3) 형식승인검사의 면제 및 범위(법 제26조제4항, 시행령 제22조)

국토교통부장관은 다음의 어느 하나에 해당하는 경우에는 형식승인검사의 전부 또는 일부를 면제할 수 있다.

① 시험·연구·개발 목적으로 제작 또는 수입되는 철도용품으로서 여객 및 화물 운송에 사용되지 아니하는 철도용품에 해당하는 경우 : 형식승인검사의 전부 면제
② 수출 목적으로 제작 또는 수입되는 철도용품으로서 국내에서 철도운영에 사용되지 아니하는 철도용품에 해당하는 경우 : 형식승인검사의 전부 면제
③ 대한민국이 체결한 협정 또는 대한민국이 가입한 협약에 따라 형식승인검사가 면제되는 철도차량의 경우 : 대한민국이 체결한 협정 또는 대한민국이 가입한 협약에서 정한 면제의 범위
④ 그 밖에 철도시설의 유지·보수 또는 철도차량의 사고복구 등 특수한 목적을 위하여 제작 또는 수입되는 철도용품으로서 국토교통부장관이 정하여 고시하는 경우 : 형식승인검사 중 철도용품의 시운전단계에서 실시하는 검사를 제외한 검사로서 국토교통부령으로 정하는 검사[28]

---

28) 국토교통부령으로 정하는 검사란 설계적합성 검사, 합치성 검사 및 용품형식 시험(시운전단계에서의 시험은 제외한다)을 말한다.

(5) 형식승인의 취소 등(법 제27조제4항)

1) 형식승인의 취소(법 제26조의2제1항, 제3항)

① 국토교통부장관은 형식승인을 받은 자가 다음의 어느 하나에 해당하는 경우에는 그 형식승인을 취소할 수 있다. 다만, 제1호에 해당하는 경우에는 그 형식승인을 취소하여야 한다.
  ㉠ 거짓이나 그 밖의 부정한 방법으로 형식승인을 받은 경우
  ㉡ 철도용품 기술기준에 중대하게 위반되는 경우
  ㉢ 변경승인명령을 이행하지 아니한 경우

② 거짓이나 그 밖의 부정한 방법으로 형식승인을 받은 경우에 해당되는 사유로 형식승인이 취소된 경우에는 그 취소된 날부터 2년간 동일한 형식의 철도용품에 대하여 새로 형식승인을 받을 수 없다.

2) 변경승인 명령(법 제26조의2제2항, 시행규칙 제50조제2항)

① 국토교통부장관은 형식승인이 철도용품 기술기준에 위반(철도용품 기술기준에 중대하게 위반되는 경우는 제외)된다고 인정하는 경우에는 그 형식승인을 받은 자에게 국토교통부령으로 정하는 바에 따라 변경승인을 받을 것을 명하여야 한다.

② 변경승인 명령을 받은 자는 명령을 통보받은 날부터 30일 이내에 철도용품 형식승인의 변경승인을 신청하여야 한다.

6. 철도용품 제작자승인

(1) 철도용품 품질관리체계 제작자 승인(법 제27조의2제1항, 제3항)

① 형식승인을 받은 철도용품을 제작(외국에서 대한민국에 수출할 목적으로 제작하는 경우를 포함한다)하려는 자는 국토교통부령으로 정하는 바에 따라 철도용품의 제작을 위한 인력, 설비, 장비, 기술 및 제작검사 등 철도용품의 적합한 제작을 위한 유기적 체계(철도용품 품질관리체계라 한다)를 갖추고 있는지에 대하여 국토교통부장관으로부터 제작자승인을 받아야 한다.

② 제작자승인을 받은 자는 해당 철도용품에 대하여 국토교통부령으로 정하는 바에 따라 형식승인을 받은 철도용품임을 나타내는 형식승인표시를 하여야 한다.

(2) 철도용품 제작자승인의 신청(시행규칙 제64조제1항)

철도용품 제작자승인을 받으려는 자는 철도용품 제작자승인신청서에 다음의 서류를 첨부하여 국토교통부장관에게 제출하여야 한다. 다만, 제작자승인이 면제되는 경우에는 그 입증서류만 첨부한다.

① 철도용품의 제작관리 및 품질유지에 필요한 기술기준(철도용품제작자승인기준이라 한다)에 대한 적합성 입증계획서 및 입증자료
② 철도용품 품질관리체계서 및 설명서
③ 철도용품 제작 명세서 및 설명서
④ 제작자승인 또는 제작자승인검사의 면제 대상에 해당하는 경우 그 입증서류
⑤ 그 밖에 철도용품제작자승인기준에 적합함을 입증하기 위하여 국토교통부장관이 필요하다고 인정하여 고시하는 서류

(3) 철도용품 제작자승인검사

1) 제작자승인검사의 의무(법 제27조의2제2항)

국토교통부장관은 제작자승인을 하는 경우에는 해당 철도용품 품질관리체계가 국토교통부장관이 정하여 고시하는 철도용품의 제작관리 및 품질유지에 필요한 기술기준(철도용품 기술기준)에 적합한지에 대하여 국토교통부령으로 정하는 바에 따라 철도용품 제작자승인검사를 하여야 한다.

2) 제작자승인검사의 방법(시행규칙 제66조제1항)

철도용품 제작자승인검사는 다음의 구분에 따라 실시한다.

① 품질관리체계의 적합성검사 : 해당 철도용품의 품질관리체계가 철도용품제작자승인기준에 적합한지 여부에 대한 검사
② 제작검사 : 해당 철도용품에 대한 품질관리체계 적용 및 유지 여부 등을 확인하는 검사

(4) 철도용품 형식승인의 표시(시행규칙 제68조)

철도용품 제작자승인을 받은 자는 해당 철도용품에 다음의 사항을 포함하여 형식승인을 받은 철도용품(형식승인품이라 한다)임을 나타내는 표시를 하여야 한다.

① 형식승인품명 및 형식승인번호
② 형식승인품명의 제조일
③ 형식승인품의 제조자명(제조자임을 나타내는 마크 또는 약호를 포함한다)
④ 형식승인기관의 명칭

(5) 철도용품 품질관리체계의 유지(시행규칙 제71조)

1) 검사의 실시

국토교통부장관은 철도용품 품질관리체계에 대하여 1년마다 1회의 정기검사를 실시하고, 철도용품의 안전 및 품질 확보 등을 위하여 필요하다고 인정하는 경우에는 수시로

검사할 수 있다.

2) 검사계획의 통보

국토교통부장관은 정기검사 또는 수시검사를 시행하려는 경우에는 검사 시행일 15일 전까지 다음의 내용이 포함된 검사계획을 철도용품 제작자승인을 받은 자에게 통보하여야 한다.

① 검사반의 구성
② 검사 일정 및 장소
③ 검사 수행 분야 및 검사 항목
④ 중점 검사 사항
⑤ 그 밖에 검사에 필요한 사항

(6) 검사 업무의 위탁(법 제27조의3, 시행령 제28조의2)

① 국토교통부장관은 다음의 업무를 한국철도기술연구원 및 한국교통안전공단에 위탁한다.
　㉠ 철도차량 형식승인검사
　㉡ 철도차량 제작자승인검사
　㉢ 철도차량 완성검사(완성차량검사는 제외)
　㉣ 철도용품 형식승인검사
　㉤ 철도용품 제작자승인검사

② 국토교통부장관은 완성차량검사 업무를 국토교통부장관이 지정하여 고시하는 철도안전에 관한 전문기관 또는 단체에 위탁한다.

7. 형식승인 등의 사후관리

(1) 안전 및 품질의 확인·점검을 위한 조치(법 제31조제1항, 시행규칙 제72조제1항)

국토교통부장관은 형식승인을 받은 철도차량 또는 철도용품의 안전 및 품질의 확인·점검을 위하여 필요하다고 인정하는 경우에는 소속 공무원으로 하여금 다음의 조치를 하게 할 수 있다.

① 철도차량 또는 철도용품이 철도차량 기술기준 또는 철도용품 기술기준에 적합한지에 대한 조사
② 철도차량 또는 철도용품 형식승인 및 제작자승인을 받은 자의 관계 장부 또는 서류의 열람·제출
③ 철도차량 또는 철도용품에 대한 수거·검사

④ 철도차량 또는 철도용품의 안전 및 품질에 대한 전문연구기관에의 시험·분석 의뢰
⑤ 사고가 발생한 철도차량 또는 철도용품에 대한 철도운영 적합성 조사
⑥ 장기 운행한 철도차량 또는 철도용품에 대한 철도운영 적합성 조사
⑦ 철도차량 또는 철도용품에 결함이 있는지의 여부에 대한 조사
⑧ 그 밖에 철도차량 또는 철도용품의 안전 및 품질에 관하여 국토교통부장관이 필요하다고 인정하여 고시하는 사항

(2) 조사 등에 대한 의무(법 제31조제2항)

철도차량 또는 철도용품 형식승인 및 제작자승인을 받은 자와 철도차량 또는 철도용품의 소유자·점유자·관리인 등은 정당한 사유 없이 철도차량 또는 철도용품의 안전 및 품질의 확인·점검을 위한 조사·열람·수거 등을 거부·방해·기피하여서는 아니 된다.

(3) 조사 등을 하는 공무원의 의무(법 제31조제3항)

조사·열람 또는 검사 등을 하는 공무원은 그 권한을 표시하는 증표를 지니고 이를 관계인에게 내보여야 한다. 이 경우 그 증표에 관하여 필요한 사항은 국토교통부령으로 정한다.

(4) 철도차량 판매자의 조치(법 제31조제4항)

철도차량 완성검사를 받은 자가 해당 철도차량을 판매하는 경우 다음의 조치를 하여야 한다.
① 철도차량정비에 필요한 부품을 공급할 것
② 철도차량을 구매한 자에게 철도차량정비에 필요한 기술지도·교육과 정비매뉴얼 등 정비 관련 자료를 제공할 것

(5) 철도차량 부품의 안정적 공급(시행규칙 제72조의2)

① 철도차량 완성검사를 받아 해당 철도차량을 판매한 자(철도차량 판매자라 한다)는 그 철도차량의 완성검사를 받은 날부터 20년 이상 다음에 따른 부품을 해당 철도차량을 구매한 자(해당 철도차량을 구매한 자와 계약에 따라 해당 철도차량을 정비하는 자를 포함한다. 철도차량 구매자라 한다)에게 공급해야 한다. 다만, 철도차량 판매자가 철도차량 구매자와 협의하여 철도차량 판매자가 공급하는 부품 외의 다른 부품의 사용이 가능하다고 약정하는 경우에는 철도차량 판매자는 해당 부품을 철도차량 구매자에게 공급하지 않을 수 있다.
  ㉠ 국토교통부장관이 형식승인 대상으로 고시하는 철도용품
  ㉡ 철도차량의 동력전달장치(엔진, 변속기, 감속기, 견인전동기 등), 주행·제동장치 또는 제어장치 등이 고장난 경우 해당 철도차량 자력(自力)으로 계속 운행이 불가능하여 다른 철도차량의 견인을 받아야 운행할 수 있는 부품

ⓒ 그 밖에 철도차량 판매자와 철도차량 구매자의 계약에 따라 공급하기로 약정한 부품

② 철도차량 판매자가 철도차량 구매자에게 제공하는 부품의 형식 및 규격은 철도차량 판매자가 판매한 철도차량과 일치해야 한다.

③ 철도차량 판매자는 자신이 판매 또는 공급하는 부품의 가격을 결정할 때 해당 부품의 제조원가(개발비용을 포함한다) 등을 고려하여 신의성실의 원칙에 따라 합리적으로 결정해야 한다.

(6) 철도차량 판매자의 자료 제공 등

1) 자료의 제공(시행규칙 제72조의3제1항)

   철도차량 판매자는 해당 철도차량의 구매자에게 다음의 자료를 제공해야 한다.

   ① 해당 철도차량이 최적의 상태로 운용되고 유지보수 될 수 있도록 철도차량시스템 및 각 장치의 개별부품에 대한 운영 및 정비 방법 등에 관한 유지보수 기술문서
   ② 철도차량 운전 및 주요 시스템의 작동방법, 응급조치 방법, 안전규칙 및 절차 등에 대한 설명서 및 고장수리 절차서
   ③ 철도차량 판매자 및 철도차량 구매자의 계약에 따라 공급하기로 약정하는 각종 기술문서
   ④ 해당 철도차량에 대한 고장진단기(고장진단기의 원활한 작동을 위한 소프트웨어를 포함한다) 및 그 사용 설명서
   ⑤ 철도차량의 정비에 필요한 특수공기구 및 시험기와 그 사용 설명서
   ⑥ 그 밖에 철도차량 판매자와 철도차량 구매자의 계약에 따라 제공하기로 한 자료

2) 유지보수 기술문서의 제공(시행규칙 제72조의3제2항)

   유지보수 기술문서에는 다음의 사항이 포함되어야 한다.

   ① 부품의 재고관리, 주요 부품의 교환주기, 기록관리 사항
   ② 유지보수에 필요한 설비 또는 장비 등의 현황
   ③ 유지보수 공정의 계획 및 내용(일상 유지보수, 정기 유지보수, 비정기 유지보수 등)
   ④ 철도차량이 최적의 상태를 유지할 수 있도록 유지보수 단계별로 필요한 모든 기능 및 조치를 상세하게 적은 기술문서

3) 기술지도 등(시행규칙 제72조의3제3항)

   철도차량 판매자는 철도차량 구매자에게 다음에 따른 방법으로 기술지도 또는 교육을 시행해야 한다.

   ① 시디(CD), 디브이디(DVD) 등 영상녹화물의 제공을 통한 시청각 교육

② 교재 및 참고자료의 제공을 통한 서면 교육

③ 그 밖에 철도차량 판매자와 철도차량 구매자의 계약 또는 협의에 따른 방법

4) 집합교육 등(시행규칙 제72조의3제4항)

철도차량 판매자는 다음의 어느 하나에 해당하는 경우에는 해당 철도차량 구매자에게 집합교육 또는 현장교육을 실시해야 한다. 이 경우 철도차량 판매자와 철도차량 구매자는 집합교육 또는 현장교육의 시기, 대상, 기간, 내용 및 비용 등을 협의해야 한다.

① 철도차량 판매자가 해당 철도차량 정비기술의 효과적인 보급을 위하여 필요하다고 인정하는 경우

② 철도차량 구매자가 해당 철도차량 정비기술을 효과적으로 배우기 위해 집합교육 또는 현장교육이 필요하다고 요청하는 경우

5) 자료 제공 및 교육의 시기(시행규칙 제72조의3제5항)

철도차량 판매자는 철도차량 구매자에게 해당 철도차량의 인도 예정일 3개월 전까지 관련 자료를 제공하고 관련 교육을 시행해야 한다. 다만, 철도차량 구매자가 따로 요청하거나 철도차량 판매자와 철도차량 구매자가 합의하는 경우에는 기술지도 또는 교육의 시기, 기간 및 방법 등을 따로 정할 수 있다.

6) 비용의 결정(시행규칙 제72조의3제6항)

철도차량 판매자가 해당 철도차량 구매자에게 고장진단기 등 장비·기구 등의 제공 및 기술지도·교육을 유상으로 시행하는 경우에는 유사 장비·물품의 가격 및 유사 교육 비용 등을 기초로 하여 합리적인 기준에 따라 비용을 결정해야 한다.

(7) 철도차량 판매자에 대한 이행명령(법 제31조제6항, 시행규칙 제72조의4)

① 국토교통부장관은 철도차량 완성검사를 받아 해당 철도차량을 판매한 자가 철도차량 정비 관련 제반 조치를 이행하지 아니한 경우에는 그 이행을 명할 수 있다.

② 국토교통부장관은 철도차량 판매자에게 이행명령을 하려면 해당 철도차량 판매자가 이행해야 할 구체적인 조치사항 및 이행 기간 등을 명시하여 서면(전자문서를 포함한다)으로 통지해야 한다.

③ 국토교통부장관은 이행명령을 통지하기 전에 철도차량 판매자와 해당 철도차량 구매자 간의 분쟁 조정 등을 위하여 철도차량 부품 제작업체, 철도차량 정밀안전진단기관 또는 학계 등 관련분야 전문가의 의견을 들을 수 있다.

8. 제작 또는 판매 중지 등

(1) 제작 등의 중지 명령(법 제32조제1항)

국토교통부장관은 형식승인을 받은 철도차량 또는 철도용품이 다음의 어느 하나에 해당하는 경우에는 그 철도차량 또는 철도용품의 제작·수입·판매 또는 사용의 중지를 명할 수 있다. 다만, 형식승인이 취소된 경우에는 제작·수입·판매 또는 사용의 중지를 명하여야 한다.

① 형식승인이 취소된 경우
② 변경승인 이행명령을 받은 경우
③ 완성검사를 받지 아니한 철도차량을 판매한 경우(판매 또는 사용의 중지 명령만 해당한다)
④ 형식승인을 받은 내용과 다르게 철도차량 또는 철도용품을 제작·수입·판매한 경우

(2) 시정조치

1) 시정조치 원칙(법 제32조제2항)

중지명령을 받은 철도차량 또는 철도용품의 제작자는 국토교통부령으로 정하는 바에 따라 해당 철도차량 또는 철도용품의 회수 및 환불 등에 관한 시정조치계획을 작성하여 국토교통부장관에게 제출하고 이 계획에 따른 시정조치를 하여야 한다. 다만, 변경승인 이행명령을 받은 경우 및 완성검사를 받지 아니한 철도차량을 판매한 경우로서 그 위반경위, 위반정도 및 위반효과 등이 국토교통부령으로 정하는 경미한 경우에는 그러하지 아니하다.

2) 시정조치계획의 제출(시행규칙 제73조제1항)

중지명령을 받은 철도차량 또는 철도용품의 제작자는 다음의 사항이 포함된 시정조치계획서를 국토교통부장관에게 제출하여야 한다.

① 해당 철도차량 또는 철도용품의 명칭, 형식승인번호 및 제작연월일
② 해당 철도차량 또는 철도용품의 위반경위, 위반정도 및 위반결과
③ 해당 철도차량 또는 철도용품의 제작 수 및 판매 수
④ 해당 철도차량 또는 철도용품의 회수, 환불, 교체, 보수 및 개선 등 시정계획
⑤ 해당 철도차량 또는 철도용품의 소유자·점유자·관리자 등에 대한 통지문 또는 공고문

3) 시정조치의 면제(법 제32조제3항, 시행규칙 제73조제2항)

시정조치를 면제할 수 있는 국토교통부령으로 정하는 경미한 경우란 다음의 어느 하나에 해당하는 경우를 말한다.

① 구조안전 및 성능에 영향을 미치지 아니하는 형상의 변경 위반
② 안전에 영향을 미치지 아니하는 설비의 변경 위반
③ 중량분포에 영향을 미치지 아니하는 장치 또는 부품의 배치 변경 위반
④ 동일 성능으로 입증할 수 있는 부품의 규격 변경 위반
⑤ 안전, 성능 및 품질에 영향을 미치지 아니하는 제작과정의 변경 위반
⑥ 그 밖에 철도차량 또는 철도용품의 안전 및 성능에 영향을 미치지 아니한다고 국토교통부장관이 인정하여 고시하는 경우

4) 시정조치 보고의무(법 제32조제4항, 시행규칙 제73조제3항)

철도차량 또는 철도용품 제작자가 시정조치를 하는 경우에는 시정조치가 완료될 때까지 매 분기마다 분기 종료 후 20일 이내에 국토교통부장관에게 시정조치의 진행상황을 보고하여야 하고, 시정조치를 완료한 경우에는 완료 후 20일 이내에 그 시정내용을 국토교통부장관에게 보고하여야 한다.

9. 표준화

(1) 철도표준규격의 제정 및 권고(법 제34조제1항)

국토교통부장관은 철도의 안전과 호환성의 확보 등을 위하여 철도차량 및 철도용품의 표준규격을 정하여 철도운영자등 또는 철도차량을 제작·조립 또는 수입하려는 자 등(차량제작자등이라 한다)에게 권고할 수 있다. 다만, 산업표준화법에 따른 한국산업표준이 제정되어 있는 사항에 대하여는 그 표준에 따른다.

(2) 철도표준규격의 제정 절차 등(시행규칙 제74조)

① 국토교통부장관은 철도차량이나 철도용품의 표준규격(철도표준규격이라 한다)을 제정·개정하거나 폐지하려는 경우에는 기술위원회의 심의를 거쳐야 한다.
② 국토교통부장관은 철도표준규격을 제정·개정하거나 폐지하는 경우에 필요한 경우에는 공청회 등을 개최하여 이해관계인의 의견을 들을 수 있다.
③ 국토교통부장관은 철도표준규격을 제정한 경우에는 해당 철도표준규격의 명칭·번호 및 제정 연월일 등을 관보에 고시하여야 한다. 고시한 철도표준규격을 개정하거나 폐지한 경우에도 또한 같다.
④ 국토교통부장관은 철도표준규격을 고시한 날부터 3년마다 타당성을 확인하여 필요한 경우에는 철도표준규격을 개정하거나 폐지할 수 있다. 다만, 철도기술의 향상 등으로 인하여 철도표준규격을 개정하거나 폐지할 필요가 있다고 인정하는 때에는 3년 이내에도 철도표준규격을 개정하거나 폐지할 수 있다.

⑤ 철도표준규격의 제정·개정 또는 폐지에 관하여 이해관계가 있는 자는 철도표준규격 제정·개정·폐지 의견서에 다음의 서류를 첨부하여 한국철도기술연구원에 제출할 수 있다.
　㉠ 철도표준규격의 제정·개정 또는 폐지안
　㉡ 철도표준규격의 제정·개정 또는 폐지안에 대한 의견서
⑥ 철도표준규격 제정·개정·폐지 의견서를 받은 한국철도기술연구원은 이를 검토한 후 그 검토 결과를 해당 이해관계인에게 통보하여야 한다.
⑦ 철도표준규격의 관리 등에 필요한 세부사항은 국토교통부장관이 정하여 고시한다.

10. 종합시험운행

(1) 종합시험운행의 실시 및 보고(법 제38조제1항)

철도운영자등은 철도노선을 새로 건설하거나 기존노선을 개량하여 운영하려는 경우에는 정상운행을 하기 전에 종합시험운행을 실시한 후 그 결과를 국토교통부장관에게 보고하여야 한다.

(2) 개선·시정 명령(법 제38조제2항)

국토교통부장관은 종합시험운행 결과 보고를 받은 경우에는 철도의 건설 및 철도시설 유지관리에 관한 법률에 따른 기술기준에의 적합 여부, 철도시설 및 열차운행체계의 안전성 여부, 정상운행 준비의 적절성 여부 등을 검토하여 필요하다고 인정하는 경우에는 개선·시정할 것을 명할 수 있다.

(3) 종합시험운행의 시기(시행규칙 제75조제1항, 제2항)

① 철도운영자등이 실시하는 종합시험운행은 해당 철도노선의 영업을 개시하기 전에 실시한다.
② 종합시험운행은 철도운영자와 합동으로 실시한다. 이 경우 철도운영자는 종합시험운행의 원활한 실시를 위하여 철도시설관리자로부터 철도차량, 소요인력 등의 지원 요청이 있는 경우 특별한 사유가 없는 한 이에 응하여야 한다.

(4) 종합시험운행계획의 수립(시행규칙 제75조제3항)

철도시설관리자는 종합시험운행을 실시하기 전에 철도운영자와 협의하여 다음의 사항이 포함된 종합시험운행계획을 수립하여야 한다.
① 종합시험운행의 방법 및 절차
② 평가항목 및 평가기준 등

③ 종합시험운행의 일정
④ 종합시험운행의 실시 조직 및 소요인원
⑤ 종합시험운행에 사용되는 시험기기 및 장비
⑥ 종합시험운행을 실시하는 사람에 대한 교육훈련계획
⑦ 안전관리조직 및 안전관리계획
⑧ 비상대응계획
⑨ 그 밖에 종합시험운행의 효율적인 실시와 안전 확보를 위하여 필요한 사항

(5) 종합시험운행의 구분 및 절차(시행규칙 제75조제5항)

종합시험운행은 다음의 절차로 구분하여 순서대로 실시한다.

① **시설물검증시험** : 해당 철도노선에서 허용되는 최고속도까지 단계적으로 철도차량의 속도를 증가시키면서 철도시설의 안전상태, 철도차량의 운행적합성이나 철도시설물과의 연계성, 철도시설물의 정상 작동 여부 등을 확인·점검하는 시험
② **영업시운전** : 시설물검증시험이 끝난 후 영업 개시에 대비하기 위하여 열차운행계획에 따른 실제 영업상태를 가정하고 열차운행체계 및 철도종사자의 업무숙달 등을 점검하는 시험

(6) 안전관리책임자의 지정(시행규칙 제75조제9항)

철도운영자등이 종합시험운행을 실시하는 때에는 안전관리책임자를 지정하여 다음의 업무를 수행하도록 하여야 한다.

① 산업안전보건법 등 관련 법령에서 정한 안전조치사항의 점검·확인
② 종합시험운행을 실시하기 전의 안전점검 및 종합시험운행 중 안전관리 감독
③ 종합시험운행에 사용되는 철도차량에 대한 안전 통제
④ 종합시험운행에 사용되는 안전장비의 점검·확인
⑤ 종합시험운행 참여자에 대한 안전교육

11. 철도차량의 개조

(1) 철도차량 개조금지(법 제38조의2제1항)

철도차량을 소유하거나 운영하는 자(소유자등이라 한다)는 철도차량 최초 제작 당시와 다르게 구조, 부품, 장치 또는 차량성능 등에 대한 개량 및 변경 등(개조라 한다)을 임의로 하고 운행하여서는 아니 된다.

(2) 철도차량 개조승인 등

1) **개조승인 및 개조신고(법 제38조의2제2항, 제3항, 제4항)**
   ① 소유자등이 철도차량을 개조하여 운행하려면 철도차량의 기술기준에 적합한지에 대하여 국토교통부령으로 정하는 바에 따라 국토교통부장관의 승인(개조승인이라 한다)을 받아야 한다. 다만, 국토교통부령으로 정하는 경미한 사항을 개조하는 경우에는 국토교통부장관에게 신고(개조신고라 한다)하여야 한다.
   ② 소유자등이 철도차량을 개조하여 개조승인을 받으려는 경우에는 국토교통부령으로 정하는 바에 따라 적정 개조능력이 있다고 인정되는 자가 개조 작업을 수행하도록 하여야 한다.
   ③ 국토교통부장관은 개조승인을 하려는 경우에는 해당 철도차량이 철도차량의 기술기준에 적합한지에 대하여 개조승인검사를 하여야 한다.
   ④ 개조승인절차, 개조신고절차, 승인방법, 검사기준, 검사방법 등에 대하여 필요한 사항은 국토교통부령으로 정한다.

2) **개조신고 대상인 경미한 사항의 변경(시행규칙 제75조의4제1항)**
   경미한 사항을 개조하는 경우란 다음의 어느 하나에 해당하는 경우를 말한다.
   ① 차체구조 등 철도차량 구조체의 개조로 인하여 해당 철도차량의 허용 적재하중 등 철도차량의 강도가 100분의 5 미만으로 변동되는 경우
   ② 설비의 변경 또는 교체에 따라 해당 철도차량의 중량 및 중량분포가 다음에 따른 기준 이하로 변동되는 경우
      ㉠ 고속철도차량 및 일반철도차량의 동력차(기관차) : 100분의 2
      ㉡ 고속철도차량 및 일반철도차량의 객차·화차·전기동차·디젤동차 : 100분의 4
      ㉢ 도시철도차량 : 100분의 5
   ③ 다음의 어느 하나에 해당하지 아니하는 장치 또는 부품의 개조 또는 변경
      ㉠ 주행장치 중 주행장치틀, 차륜 및 차축
      ㉡ 제동장치 중 제동제어장치 및 제어기
      ㉢ 추진장치 중 인버터 및 컨버터
      ㉣ 보조전원장치
      ㉤ 차상신호장치
      ㉥ 차상통신장치
      ㉦ 종합제어장치
      ㉧ 철도차량기술기준에 따른 화재시험 대상인 부품 또는 장치. 다만, 화재예방, 소방시설 설치·유지 및 안전관리에 관한 법률에 따른 화재안전기준을 충족하는

부품 또는 장치는 제외한다.
④ 국토교통부장관으로부터 철도용품 형식승인을 받은 용품으로 변경하는 경우(제1호 및 제2호에 따른 요건을 모두 충족하는 경우로서 소유자등이 지상에 설치되어 있는 설비와 철도차량의 부품·구성품 등이 상호 접속되어 원활하게 그 기능이 확보되는지에 대하여 확인한 경우에 한한다)
⑤ 철도차량 제작자와의 계약에 따른 성능개선을 위한 장치 또는 부품의 변경
⑥ 철도차량 개조의 타당성 및 적합성 등에 관한 검토·시험을 위한 대표편성 철도차량의 개조에 대하여 과학기술분야 정부출연연구기관 등의 설립·운영 및 육성에 관한 법률에 따른 한국철도기술연구원의 승인을 받은 경우
⑦ 철도차량의 장치 또는 부품을 개조한 이후 개조 전의 장치 또는 부품과 비교하여 철도차량의 고장 또는 운행장애가 증가하여 개조 전의 장치 또는 부품으로 긴급히 교체하는 경우
⑧ 그 밖에 철도차량의 안전, 성능 등에 미치는 영향이 미미하다고 국토교통부장관으로부터 인정을 받은 경우

3) 철도차량 개조능력이 있다고 인정되는 자(시행규칙 제75조의5)

적정 개조능력이 있다고 인정되는 자란 다음의 어느 하나에 해당하는 자를 말한다.
① 개조 대상 철도차량 또는 그와 유사한 성능의 철도차량을 제작한 경험이 있는 자
② 개조 대상 부품 또는 장치 등을 제작하여 납품한 실적이 있는 자
③ 개조 대상 부품·장치 또는 그와 유사한 성능의 부품·장치 등을 1년 이상 정비한 실적이 있는 자
④ 철도차량 정비조직인증을 받은 인증정비조직
⑤ 개조 전의 부품 또는 장치 등과 동등 수준 이상의 성능을 확보할 수 있는 부품 또는 장치 등의 신기술을 개발하여 해당 부품 또는 장치를 철도차량에 설치 또는 개량하는 자

4) 개조승인검사의 구분(시행규칙 제75조의6제1항)

개조승인 검사는 다음의 구분에 따라 실시한다.
① **개조적합성 검사** : 철도차량의 개조가 철도차량기술기준에 적합한지 여부에 대한 기술문서 검사
② **개조합치성 검사** : 해당 철도차량의 대표편성에 대한 개조작업이 기술문서와 합치하게 시행되었는지 여부에 대한 검사
③ **개조형식시험** : 철도차량의 개조가 부품단계, 구성품단계, 완성차단계, 시운전단계에서 철도차량기술기준에 적합한지 여부에 대한 시험

12. 철도차량의 운행제한

(1) 철도차량 운행제한의 명령(법 제38조의3)

① 국토교통부장관은 다음의 어느 하나에 해당하는 사유가 있다고 인정되면 소유자등에게 철도차량의 운행제한을 명할 수 있다.

　㉠ 소유자등이 개조승인을 받지 아니하고 임의로 철도차량을 개조하여 운행하는 경우

　㉡ 철도차량이 철도차량의 기술기준에 적합하지 아니한 경우

② 국토교통부장관은 운행제한을 명하는 경우 사전에 그 목적, 기간, 지역, 제한내용 및 대상 철도차량의 종류와 그 밖에 필요한 사항을 해당 소유자등에게 통보하여야 한다.

(2) 과징금의 부과(법 제38조의4, 제9조의2)

1) 원칙

① 국토교통부장관은 소유자등에 대하여 철도차량의 운행제한을 명하여야 하는 경우로서 그 철도차량의 운행제한이 철도 이용자 등에게 심한 불편을 주거나 그 밖에 공익을 해할 우려가 있는 경우에는 철도차량의 운행제한을 갈음하여 30억원 이하의 과징금을 부과할 수 있다.

② 과징금을 부과하는 위반행위의 종류, 과징금의 부과기준 및 징수방법, 그 밖에 필요한 사항은 대통령령으로 정한다.

③ 국토교통부장관은 과징금을 내야 할 자가 납부기한까지 과징금을 내지 아니하는 경우에는 국세 체납처분의 예에 따라 징수한다.

2) 과징금의 부과기준(시행령 별표 1)

시행령 별표 1

안전관리체계 관련 과징금 부과기준(철도안전법 시행령 별표 1)	
위반행위	과징금 금액 (백만원)
가. 법 제7조제3항을 위반하여 변경승인을 받지 않고 안전관리체계를 변경한 경우	
1) 1차 위반	120
2) 2차 위반	240
3) 3차 위반	480
4) 4차 이상 위반	960
나. 법 제7조제3항을 위반하여 변경신고를 하지 않고 안전관리체계를 변경한 경우	
1) 1차 위반	경고
2) 2차 위반	120
3) 3차 이상 위반	240
다. 법 제8조제1항을 위반하여 안전관리체계를 지속적으로 유지하지 않아 철도운영이나 철도시설의 관리에 중대한 지장을 초래한 경우	
1) 철도사고로 인한 사망자 수	
가) 1명 이상 3명 미만	360
나) 3명 이상 5명 미만	720
다) 5명 이상 10명 미만	1,440
라) 10명 이상	2,160
2) 철도사고로 인한 중상자 수	
가) 5명 이상 10명 미만	180
나) 10명 이상 30명 미만	360
다) 30명 이상 50명 미만	720
라) 50명 이상 100명 미만	1,440
마) 100명 이상	2,160
3) 철도사고 또는 운행장애로 인한 재산피해액	
가) 5억원 이상 10억원 미만	180
나) 10억원 이상 20억원 미만	360
다) 20억원 이상	720
라. 법 제8조제3항에 따른 시정조치명령을 정당한 사유 없이 이행하지 않은 경우	
1) 1차 위반	240
2) 2차 위반	480
3) 3차 위반	960
4) 4차 이상 위반	1,920

3) 철도차량 운행제한 처분기준(시행규칙 제75조의7, 시행규칙 별표 16)

소유자등에 대한 철도차량의 운행제한 처분기준은 철도안전법 시행규칙 별표 16과 같다.

시행규칙 별표 16

철도차량 운행제한 관련 처분기준(철도안전법 시행규칙 별표 16)				
위반 행위	처분기준(해당 철도차량)			
	1차 위반	2차 위반	3차 위반	4차 위반
가. 철도차량이 철도차량 기술기준에 적합하지 않은 경우	시정명령	운행정지 1개월	운행정지 2개월	운행정지 4개월
나. 소유자등이 개조승인을 받지 않고 임의로 철도차량을 개조하여 운행하는 경우	운행정지 1개월	운행정지 2개월	운행정지 4개월	운행정지 6개월

13. 철도차량 이력관리

(1) 철도차량 이력관리 의무(법 제38조의5)

① 소유자등은 보유 또는 운영하고 있는 철도차량과 관련한 제작, 운용, 철도차량정비 및 폐차 등 이력을 관리하여야 한다.

② 이력을 관리하여야 할 철도차량, 이력관리 항목, 전산망 등 관리체계, 방법 및 절차 등에 필요한 사항은 국토교통부장관이 정하여 고시한다.

(2) 소유자등의 보고의무(법 제38조의5제4항)

소유자등은 철도차량 이력을 국토교통부장관에게 정기적으로 보고하여야 한다.

(3) 국토교통부장관의 의무

국토교통부장관은 보고된 철도차량과 관련한 제작, 운용, 철도차량정비 및 폐차 등 이력을 체계적으로 관리하여야 한다.

(4) 철도차량 이력 관련 금지행위(법 제38조의5제3항)

누구든지 관리하여야 할 철도차량의 이력에 대하여 다음의 행위를 하여서는 아니 된다.

① 이력사항을 고의 또는 과실로 입력하지 아니하는 행위
② 이력사항을 위조·변조하거나 고의로 훼손하는 행위
③ 이력사항을 무단으로 외부에 제공하는 행위

14. 철도차량정비 등

(1) 철도차량정비 등

1) 철도운영자등의 의무(법 제38조의6제1항)

철도운영자등은 운행하려는 철도차량의 부품, 장치 및 차량성능 등이 안전한 상태로 유지될 수 있도록 철도차량정비가 된 철도차량을 운행하여야 한다.

2) 철도차량정비 및 원상복구 명령(법 제38조의6제3항, 시행규칙 제75조의8)

① 국토교통부장관은 철도차량이 다음의 어느 하나에 해당하는 경우에 철도운영자등에게 해당 철도차량에 대하여 국토교통부령으로 정하는 바에 따라 철도차량정비 또는 원상복구를 명할 수 있다. 다만, 제2호 또는 제3호에 해당하는 경우에는 국토교통부장관은 철도운영자등에게 철도차량정비 또는 원상복구를 명하여야 한다.

㉠ 철도차량기술기준에 적합하지 아니하거나 안전운행에 지장이 있다고 인정되는 경우
㉡ 소유자등이 개조승인을 받지 아니하고 철도차량을 개조한 경우
㉢ 국토교통부령으로 정하는 철도사고 또는 운행장애 등이 발생한 경우[29]

② 국토교통부장관은 철도운영자등에게 철도차량정비 또는 원상복구를 명하는 경우에는 그 시정에 필요한 기간을 주어야 한다.

③ 철도운영자등은 국토교통부장관으로부터 철도차량정비 또는 원상복구 명령을 받은 경우에는 그 명령을 받은 날부터 14일 이내에 시정조치계획서를 작성하여 서면으로 국토교통부장관에게 제출해야 하고, 시정조치를 완료한 경우에는 지체 없이 그 시정내용을 국토교통부장관에게 서면으로 통지해야 한다.

(2) 철도차량 정비조직인증

1) 정비조직인증기준의 인증(법 제38조의7제1항)

철도차량정비를 하려는 자는 철도차량정비에 필요한 인력, 설비 및 검사체계 등에 관한 기준(정비조직인증기준이라 한다)을 갖추어 국토교통부장관으로부터 인증을 받아야 한다. 다만, 국토교통부령으로 정하는 경미한 사항의 경우에는 그러하지 아니하다.

---

[29] 철도안전법 시행규칙 제75조의8(철도차량정비 또는 원상복구 명령 등)제4항 "국토교통부령으로 정하는 철도사고 또는 운행장애 등"이란 다음 각 호의 경우를 말한다.
1. 철도차량의 고장 등 철도차량 결함으로 인해 법 제61조 및 이 규칙 제86조제3항에 따른 보고대상이 되는 열차사고 또는 위험사고가 발생한 경우
2. 철도차량의 고장 등 철도차량 결함에 따른 철도사고로 사망자가 발생한 경우
3. 동일한 부품·구성품 또는 장치 등의 고장으로 인해 법 제61조 및 이 규칙 제86조제3항에 따른 보고대상이 되는 지연운행이 1년에 3회 이상 발생한 경우
4. 그 밖에 철도 운행안전 확보 등을 위해 국토교통부장관이 정하여 고시하는 경우

2) 변경인증(법 제38조의7제2항)

정비조직의 인증을 받은 자(인증정비조직이라 한다)가 인증받은 사항을 변경하려는 경우에는 국토교통부장관의 변경인증을 받아야 한다. 다만, 국토교통부령으로 정하는 경미한 사항을 변경하는 경우에는 국토교통부장관에게 신고하여야 한다.

3) 정비조직운영기준의 발급(법 제38조의7제3항)

국토교통부장관은 정비조직을 인증하려는 경우에는 국토교통부령으로 정하는 바에 따라 철도차량정비의 종류·범위·방법 및 품질관리절차 등을 정한 세부 운영기준(정비조직운영기준이라 한다)을 해당 정비조직에 발급하여야 한다.

4) 정비조직인증기준(시행규칙 제75조의9제1항)

정비조직인증기준은 다음과 같다.

① 정비조직의 업무를 적절하게 수행할 수 있는 인력을 갖출 것
② 정비조직의 업무범위에 적합한 시설·장비 등 설비를 갖출 것
③ 정비조직의 업무범위에 적합한 철도차량 정비매뉴얼, 검사체계 및 품질관리체계 등을 갖출 것

5) 정비조직인증의 신청(시행규칙 제75조의9제2항)

철도차량 정비조직의 인증을 받으려는 자는 철도차량 정비업무 개시예정일 60일 전까지 철도차량 정비조직인증 신청서에 정비조직인증기준을 갖추었음을 증명하는 자료를 첨부하여 국토교통부장관에게 제출해야 한다.

6) 인증정비조직 변경인증 신청(시행규칙 제75조의9제3항)

철도차량 정비조직의 인증을 받은 자(인증정비조직이라 한다)가 인증정비조직의 변경인증을 받으려면 변경내용의 적용 예정일 30일 전까지 인증정비조직 변경인증 신청서에 다음의 서류를 첨부하여 국토교통부장관에게 제출해야 한다.

① 변경하고자 하는 내용과 증명서류
② 변경 전후의 대비표 및 설명서

7) 정비조직인증기준 변경(시행규칙 제75조의11제1항)

정비조직인증기준의 인증을 받지 않아도 되는 경미한 사항이란 다음의 어느 하나에 해당하는 정비조직을 말한다.

① 철도차량 정비업무에 상시 종사하는 사람이 50명 미만의 조직
② 중소기업기본법 시행령에 따른 소기업 중 해당 기업의 주된 업종이 운수 및 창고업에 해당하는 기업(통계법에 따라 통계청장이 고시하는 한국표준산업분류의 대분류에 따른 운수

및 창고업을 말한다)

　　③ 철도사업법에 따른 전용철도 노선에서만 운행하는 철도차량을 정비하는 조직

8) 인증정비조직의 경미한 사항의 변경(시행규칙 제75조의11제2항)

신고로 처리 가능한 국토교통부령으로 정하는 경미한 사항의 변경이란 다음의 어느 하나에 해당하는 사항의 변경을 말한다.

① 철도차량 정비를 위한 사업장을 기준으로 철도차량 정비와 관련된 업무를 수행하는 인력의 100분의 10 이하 범위에서의 변경

② 철도차량 정비를 위한 사업장을 기준으로 철도차량 정비에 직접 사용되는 토지 면적의 1만제곱미터 이하 범위에서의 변경

③ 그 밖에 철도차량 정비의 안전 및 품질 등에 중대한 영향을 초래하지 않는 설비 또는 장비 등의 변경

9) 인증변경신고의 면제(시행규칙 제75조의11제3항)

다음의 어느 하나에 해당하는 경우 정비조직인증의 변경에 관한 신고(인증변경신고라 한다)를 하지 않을 수 있다.

① 철도차량 정비를 위한 사업장을 기준으로 철도차량 정비와 관련된 업무를 수행하는 인력이 100분의 5 이하 범위에서 변경되는 경우

② 철도차량 정비를 위한 사업장을 기준으로 철도차량 정비에 직접 사용되는 면적이 3천제곱미터 이하 범위에서 변경되는 경우

③ 철도차량 정비를 위한 설비 또는 장비 등의 교체 또는 개량

④ 그 밖에 철도차량 정비의 안전 및 품질 등에 영향을 초래하지 않는 사항의 변경

10) 정비조직인증의 결격사유(법 제38조의8)

다음의 어느 하나에 해당하는 자는 정비조직의 인증을 받을 수 없다. 법인인 경우에는 임원 중 다음의 어느 하나에 해당하는 사람이 있는 경우에도 또한 같다.

① 피성년후견인 및 피한정후견인

② 파산선고를 받은 자로서 복권되지 아니한 자

③ 정비조직의 인증이 취소된 후 2년이 지나지 아니한 자

④ 이 법을 위반하여 징역 이상의 실형을 선고받고 그 집행이 끝나거나 그 집행이 면제된 날부터 2년이 지나지 아니한 사람

⑤ 이 법을 위반하여 징역 이상의 형의 집행유예를 선고받고 그 유예기간 중에 있는 사람

11) 인증정비조직의 준수사항(법 제38조의9)

인증정비조직은 다음의 사항을 준수하여야 한다.

① 철도차량정비기술기준을 준수할 것
② 정비조직인증기준에 적합하도록 유지할 것
③ 정비조직운영기준을 지속적으로 유지할 것
④ 중고 부품을 사용하여 철도차량정비를 할 경우 그 적정성 및 이상 여부를 확인할 것
⑤ 철도차량정비가 완료되지 않은 철도차량은 운행할 수 없도록 관리할 것

12) 인증정비조직의 인증 취소(법 제38조의10제1항, 시행규칙 제75조의12제1항)

국토교통부장관은 인증정비조직이 다음의 어느 하나에 해당하면 인증을 취소하거나 6개월 이내의 기간을 정하여 업무의 제한이나 정지를 명할 수 있다. 다만, 거짓이나 그 밖의 부정한 방법으로 인증을 받은 경우, 고의로 국토교통부령으로 정하는 철도사고 및 중대한 운행장애를 발생시킨 경우 및 정비조직인증의 결격사유에 해당하는 경우에는 그 인증을 취소하여야 한다.

① 거짓이나 그 밖의 부정한 방법으로 인증을 받은 경우
② 고의 또는 중대한 과실로 사망자가 발생하는 철도사고를 일으킨 경우 및 5억원 이상의 재산피해가 발생하는 중대한 운행장애를 발생시킨 경우
③ 변경인증을 받지 아니하거나 변경신고를 하지 아니하고 인증받은 사항을 변경한 경우
④ 피성년후견인, 피한정후견인 및 파산선고를 받고 복권되지 아니한 자 등 정비조직인증의 결격사유에 해당하게 된 경우
⑤ 인증정비조직의 준수사항을 위반한 경우

15. 철도차량 정밀안전진단 등

(1) 철도차량 정밀안전진단(법 제38조의12)

① 소유자등은 철도차량이 제작된 시점(완성검사증명서를 발급받은 날부터 기산한다)부터 국토교통부령으로 정하는 일정기간 또는 일정주행거리가 지나 노후된 철도차량을 운행하려는 경우 일정기간마다 물리적 사용가능 여부 및 안전성능 등에 대한 진단(정밀안전진단이라 한다)을 받아야 한다.
② 국토교통부장관은 철도사고 및 중대한 운행장애 등이 발생된 철도차량에 대하여는 소유자등에게 정밀안전진단을 받을 것을 명할 수 있다. 이 경우 소유자등은 특별한 사유가 없으면 이에 따라야 한다.
③ 국토교통부장관은 정밀안전진단 대상이 특정 시기에 집중되는 경우나 그 밖의 부득이

한 사유로 소유자등이 정밀안전진단을 받을 수 없다고 인정될 때에는 그 기간을 연장하거나 유예할 수 있다.

④ 소유자등은 정밀안전진단 대상이 정밀안전진단을 받지 아니하거나 정밀안전진단 결과 또는 정밀안전진단 결과에 대한 평가 결과 계속 사용이 적합하지 아니하다고 인정되는 경우에는 해당 철도차량을 운행해서는 아니 된다.

⑤ 소유자등은 정밀안전진단기관으로부터 정밀안전진단을 받아야 한다.

⑥ 정밀안전진단 등의 기준·방법·절차 등에 필요한 사항은 국토교통부령으로 정한다.

(2) 철도차량 정밀안전진단의 시행시기 및 방법

1) 철도차량 정밀안전진단의 시행시기(시행규칙 제75조의13제1항)

    소유자등은 다음의 구분에 따른 기간이 경과하기 전에 해당 철도차량의 물리적 사용가능 여부 및 안전성능 등에 대한 정밀안전진단(최초 정밀안전진단이라 한다)을 받아야 한다. 다만, 잦은 고장·화재·충돌 등으로 다음 구분에 따른 기간이 도래하기 이전에 정밀안전진단을 받은 경우에는 그 정밀안전진단을 최초 정밀안전진단으로 본다.

    ① 2014년 3월 19일 이후 구매계약을 체결한 철도차량 : 철도차량 완성검사증명서를 발급받은 날부터 20년

    ② 2014년 3월 18일까지 구매계약을 체결한 철도차량 : 영업 시운전을 시작한 날부터 20년

2) 철도차량 정밀안전진단의 방법(시행규칙 제75조의16)

    정밀안전진단은 다음의 구분에 따라 시행한다.

    ① 상태 평가 : 철도차량의 치수 및 외관검사
    ② 안전성 평가 : 결함검사, 전기특성검사 및 전선열화검사
    ③ 성능 평가 : 역행시험, 제동시험, 진동시험 및 승차감시험

(3) 철도차량 정밀안전진단기관의 지정 등

1) 정밀안전진단기관의 지정(법 제38조의13제1항)

    국토교통부장관은 원활한 정밀안전진단 업무 수행을 위하여 철도차량 정밀안전진단기관(정밀안전진단기관이라 한다)을 지정하여야 한다.

2) 정밀안전진단기관의 지정기준(시행규칙 제75조의17제2항)

    ① 정밀안전진단기관의 지정기준은 다음과 같다.
    ② 정밀안전진단업무를 수행할 수 있는 상설 전담조직을 갖출 것
    ③ 정밀안전진단업무를 수행할 수 있는 기술 인력을 확보할 것

④ 정밀안전진단업무를 수행하기 위한 설비와 장비를 갖출 것
⑤ 정밀안전진단기관의 운영 등에 관한 업무규정을 갖출 것
⑥ 지정 신청일 1년 이내에 정밀안전진단기관 지정취소 또는 업무정지를 받은 사실이 없을 것
⑦ 정밀안전진단 외의 업무를 수행하고 있는 경우 그 업무를 수행함으로 인하여 정밀안전진단업무가 불공정하게 수행될 우려가 없을 것
⑧ 철도차량을 제조 또는 판매하는 자가 아닐 것
⑨ 그 밖에 국토교통부장관이 정하여 고시하는 정밀안전진단기관의 지정 세부기준에 맞을 것

3) 정밀안전진단기관의 업무(시행규칙 제75조의18)

정밀안전진단기관의 업무 범위는 다음과 같다.
① 해당 업무분야의 철도차량에 대한 정밀안전진단 시행
② 정밀안전진단의 항목 및 기준에 대한 조사·검토
③ 정밀안전진단의 항목 및 기준에 대한 제정·개정 요청
④ 정밀안전진단의 기록 보존 및 보호에 관한 업무
⑤ 그 밖에 국토교통부장관이 필요하다고 인정하는 업무

(4) 철도차량 정밀안전진단기관의 지정취소 등(법 제38조의13제3항)

1) 지정의 취소

국토교통부장관은 정밀안전진단기관이 다음의 어느 하나에 해당하는 경우에 그 지정을 취소하거나 6개월 이내의 기간을 정하여 그 업무의 전부 또는 일부의 정지를 명할 수 있다. 다만, 제1호부터 제3호까지의 어느 하나에 해당하는 경우에는 그 지정을 취소하여야 한다.

① 거짓이나 그 밖의 부정한 방법으로 지정을 받은 경우(필요적 취소)
② 업무정지명령을 위반하여 업무정지 기간 중에 정밀안전진단 업무를 한 경우(필요적 취소)
③ 정밀안전진단 업무와 관련하여 부정한 금품을 수수하거나 그 밖의 부정한 행위를 한 경우(필요적 취소)
④ 정밀안전진단 결과를 조작한 경우
⑤ 정밀안전진단 결과를 거짓으로 기록하거나 고의로 결과를 기록하지 아니한 경우
⑥ 성능검사 등을 받지 아니한 검사용 기계·기구를 사용하여 정밀안전진단을 한 경우
⑦ 정밀안전진단 결과를 평가한 결과 고의 또는 중대한 과실로 사실과 다르게 진단하는 등 정밀안전진단 업무를 부실하게 수행한 것으로 평가된 경우

2) 지정취소 및 업무정지의 기준(시행규칙 제75조의19제1항)

정밀안전진단기관의 지정취소 및 업무정지의 기준은 시행규칙 별표 18과 같다.

시행규칙 별표 18

정밀안전진단기관의 지정취소 및 업무정지의 기준(철도안전법 시행규칙 별표 18)				
위반사항	처분기준			
	1차 위반	2차 위반	3차 위반	4차 이상 위반
가. 거짓이나 그 밖의 부정한 방법으로 지정을 받은 경우	지정 취소			
나. 업무정지명령을 위반하여 업무정지 기간 중에 정밀안전진단 업무를 한 경우	지정 취소			
다. 정밀안전진단 업무와 관련하여 부정한 금품을 수수하거나 그 밖의 부정한 행위를 한 경우	지정 취소			
라. 정밀안전진단 결과를 조작한 경우	업무정지 2개월	업무정지 6개월	지정 취소	
마. 정밀안전진단 결과를 거짓으로 기록하거나 고의로 결과를 기록하지 않은 경우	업무정지 2개월	업무정지 6개월	지정 취소	
바. 성능검사 등을 받지 않은 검사용 기계·기구를 사용하여 정밀안전진단을 한 경우	업무정지 1개월	업무정지 2개월	업무정지 4개월	업무정지 6개월
사. 법 제38조의14제1항에 따라 정밀안전진단 결과를 평가한 결과 고의 또는 중대한 과실로 사실과 다르게 진단하는 등 정밀안전진단 업무를 부실하게 수행한 것으로 평가된 경우	업무정지 2개월	업무정지 6개월	지정 취소	

(5) 정밀안전진단 결과의 평가(법 제38조의14)

① 국토교통부장관은 정밀안전진단기관의 부실 진단을 방지하기 위하여 소유자등이 정밀안전진단을 받은 경우 정밀안전진단기관이 수행한 해당 정밀안전진단의 결과를 평가할 수 있다.

② 국토교통부장관은 정밀안전진단기관 또는 소유자등에게 정밀안전진단 결과의 평가에 필요한 자료를 제출하도록 요구할 수 있다. 이 경우 자료의 제출을 요구받은 자는 특별한 사유가 없으면 이에 따라야 한다.

③ 정밀안전진단 결과의 평가의 대상, 방법, 절차 등에 필요한 사항은 국토교통부령으로 정한다.

05 철도차량 운행안전 및 철도보호

1. 철도차량의 운행

(1) 철도교통관제(법 제39조의2)

① 철도차량을 운행하는 자는 국토교통부장관이 지시하는 이동·출발·정지 등의 명령과 운행 기준·방법·절차 및 순서 등에 따라야 한다.
② 국토교통부장관은 철도차량의 안전하고 효율적인 운행을 위하여 철도시설의 운용상태 등 철도차량의 운행과 관련된 조언과 정보를 철도종사자 또는 철도운영자등에게 제공할 수 있다.
③ 국토교통부장관은 철도차량의 안전한 운행을 위하여 철도시설 내에서 사람, 자동차 및 철도차량의 운행제한 등 필요한 안전조치를 취할 수 있다.
④ 철도교통관제업무의 대상, 내용 및 절차 등에 관하여 필요한 사항은 국토교통부령으로 정한다.

(2) 철도교통관제업무의 대상 및 내용 등

1) 철도교통관제업무 대상에서의 제외(시행규칙 제76조제1항)

다음의 어느 하나에 해당하는 경우에는 국토교통부장관이 행하는 철도교통관제업무(관제업무라 한다)의 대상에서 제외한다.

① 정상운행을 하기 전의 신설선 또는 개량선에서 철도차량을 운행하는 경우
② 철도차량을 보수·정비하기 위한 차량정비기지 및 차량유치시설에서 철도차량을 운행하는 경우

2) 철도교통관제업무의 내용(시행규칙 제76조제2항)

국토교통부장관이 행하는 철도교통관제업무의 내용은 다음과 같다.

① 철도차량의 운행에 대한 집중 제어·통제 및 감시
② 철도시설의 운용상태 등 철도차량의 운행과 관련된 조언과 정보의 제공 업무
③ 철도보호지구에서 법 제45조제1항[30] 각 호의 어느 하나에 해당하는 행위를 할 경우 열차운행 통제 업무
④ 철도사고등의 발생 시 사고복구, 긴급구조·구호 지시 및 관계 기관에 대한 상황 보고·전파 업무
⑤ 그 밖에 국토교통부장관이 철도차량의 안전운행 등을 위하여 지시한 사항

2. 영상기록장치

(1) 영상기록장치의 설치 · 운영(법 제39조의3제1항)

철도운영자등은 철도차량의 운행상황 기록, 교통사고 상황 파악, 안전사고 방지, 범죄 예방 등을 위하여 다음의 철도차량 또는 철도시설에 영상기록장치를 설치 · 운영하여야 한다. 이 경우 영상기록장치의 설치 기준, 방법 등은 대통령령으로 정한다.

① 철도차량 중 대통령령으로 정하는 동력차 및 객차[31]
② 승강장 등 대통령령으로 정하는 안전사고의 우려가 있는 역 구내[32]
③ 대통령령으로 정하는 차량정비기지[33]
④ 변전소 등 대통령령으로 정하는 안전확보가 필요한 철도시설[34]
⑤ 건널목 개량촉진법에 따른 건널목으로서 대통령령으로 정하는 안전확보가 필요한 건널목[35]

---

30) 철도안전법 제45조(철도보호지구에서의 행위제한 등) ① 철도경계선(가장 바깥쪽 궤도의 끝선을 말한다)으로부터 30미터 이내(도시철도 중 노면전차의 경우에는 10미터 이내)의 지역(철도보호지구라 한다)에서 다음의 어느 하나에 해당하는 행위를 하려는 자는 대통령령으로 정하는 바에 따라 국토교통부장관 또는 시 · 도지사에게 신고하여야 한다.
  1. 토지의 형질변경 및 굴착
  2. 토석, 자갈 및 모래의 채취
  3. 건축물의 신축 · 개축 · 증축 또는 인공구조물의 설치
  4. 나무의 식재(대통령령으로 정하는 경우만 해당한다)
  5. 그 밖에 철도시설을 파손하거나 철도차량의 안전운행을 방해할 우려가 있는 행위로서 대통령령으로 정하는 행위
31) 다음 각 호의 동력차 및 객차를 말한다.
  1. 열차의 맨 앞에 위치한 동력차로서 운전실 또는 운전설비가 있는 동력차
  2. 승객 설비를 갖추고 여객을 수송하는 객차
32) 승강장, 대합실 및 승강설비를 말한다
33) 다음 각 호의 차량정비기지를 말한다.
  1. 철도사업법에 따른 고속철도차량을 정비하는 차량정비기지
  2. 철도차량을 중정비(철도차량을 완전히 분해하여 검수 · 교환하거나 탈선 · 화재 등으로 중대하게 훼손된 철도차량을 정비하는 것을 말한다)하는 차량정비기지
  3. 대지면적이 3천제곱미터 이상인 차량정비기지
34) 다음 각 호의 철도시설을 말한다.
  1. 변전소(구분소를 포함한다), 무인기능실(전철전력설비, 정보통신설비, 신호 또는 열차 제어설비 운영과 관련된 경우만 해당한다)
  2. 노선이 분기되는 구간에 설치된 분기기(선로전환기를 포함한다), 역과 역 사이에 설치된 건넘선
  3. 통합방위법에 따라 국가중요시설로 지정된 교량 및 터널
  4. 철도의 건설 및 철도시설 유지관리에 관한 법률에 따른 고속철도에 설치된 길이 1킬로미터 이상의 터널
35) 건널목 개량촉진법에 따라 개량건널목으로 지정된 건널목(입체교차화 또는 구조 개량된 건널목은 제외한다)을 말한다.

(2) 영상기록장치 설치 기준 및 방법(시행령 제30조의2, 시행령 별표 4의4)

영상기록장치의 설치 기준 및 방법(철도안전법 시행령 별표 4의4)

1. 법 제39조의3제1항제1호에 따른 동력차에는 다음 각 목의 기준에 따라 영상기록장치를 설치해야 한다.
    가. 다음의 상황을 촬영할 수 있는 영상기록장치를 각각 설치할 것
        1) 선로변을 포함한 철도차량 전방의 운행 상황
        2) 운전실의 운전조작 상황
    나. 가목에도 불구하고 다음의 어느 하나에 해당하는 철도차량의 경우에는 같은 목 2)의 상황을 촬영할 수 있는 영상기록장치는 설치하지 않을 수 있다.
        1) 운행정보의 기록장치 등을 통해 철도차량의 운전조작 상황을 파악할 수 있는 철도차량
        2) 무인운전 철도차량
        3) 전용철도의 철도차량

2. 법 제39조의3제1항제1호에 따른 객차에는 다음 각 목의 기준에 따라 영상기록장치를 설치해야 한다.
    가. 영상기록장치의 해상도는 범죄 예방 및 범죄 상황 파악 등에 지장이 없는 정도일 것
    나. 객차 내에 사각지대가 없도록 설치할 것
    다. 여객 등이 영상기록장치를 쉽게 인식할 수 있는 위치에 설치할 것

3. 법 제39조의3제1항제2호부터 제4호까지의 규정에 따른 시설에는 다음 각 목의 기준에 따라 영상기록장치를 설치해야 한다.
    가. 다음의 상황을 촬영할 수 있는 영상기록장치를 모두 설치할 것
        1) 여객의 대기·승하차 및 이동 상황
        2) 철도차량의 진출입 및 운행 상황
        3) 철도시설의 운영 및 현장 상황
    나. 철도차량 또는 철도시설이 충격을 받거나 화재가 발생한 경우 등 정상적이지 않은 환경에서도 영상기록장치가 최대한 보호될 수 있을 것

(3) 영상기록장치 설치 안내(시행령 제31조)

철도운영자등은 운전업무종사자 및 여객 등 개인정보 보호법 제2조제3호에 따른 정보주체가 쉽게 인식할 수 있는 운전실 및 객차 출입문 등에 다음의 사항이 표시된 안내판을 설치해야 한다.

① 영상기록장치의 설치 목적
② 영상기록장치의 설치 위치, 촬영 범위 및 촬영 시간
③ 영상기록장치 관리 책임 부서, 관리책임자의 성명 및 연락처
④ 그 밖에 철도운영자등이 필요하다고 인정하는 사항

(4) 영상기록 제공 금지(법 제39조의3제4항)

철도운영자등은 다음의 어느 하나에 해당하는 경우 외에는 영상기록을 이용하거나 다른 자에게 제공하여서는 아니 된다.

① 교통사고 상황 파악을 위하여 필요한 경우
② 범죄의 수사와 공소의 제기 및 유지에 필요한 경우
③ 법원의 재판업무수행을 위하여 필요한 경우

(5) 영상기록의 보관기준 및 보관기간(시행규칙 제76조의3)

① 철도운영자등은 영상기록장치에 기록된 영상기록을 영 제32조에 따른 영상기록장치 운영·관리 지침에서 정하는 보관기간 동안 보관하여야 한다. 이 경우 보관기간은 3일 이상의 기간이어야 한다.
② 철도운영자등은 보관기간이 지난 영상기록을 삭제하여야 한다. 다만, 보관기간 내에 영상기록에 대한 제공을 요청 받은 경우에는 해당 영상기록을 제공하기 전까지는 영상기록을 삭제해서는 아니 된다.

(5) 영상기록장치의 운영·관리 지침(시행령 제32조)

철도운영자등은 영상기록장치에 기록된 영상이 분실·도난·유출·변조 또는 훼손되지 않도록 다음의 사항이 포함된 영상기록장치 운영·관리 지침을 마련해야 한다.

① 영상기록장치의 설치 근거 및 설치 목적
② 영상기록장치의 설치 대수, 설치 위치 및 촬영 범위
③ 관리책임자, 담당 부서 및 영상기록에 대한 접근 권한이 있는 사람
④ 영상기록의 촬영 시간, 보관기간, 보관장소 및 처리방법
⑤ 철도운영자등의 영상기록 확인 방법 및 장소
⑥ 정보주체의 영상기록 열람 등 요구에 대한 조치
⑦ 영상기록에 대한 접근 통제 및 접근 권한의 제한 조치
⑧ 영상기록을 안전하게 저장·전송할 수 있는 암호화 기술의 적용 또는 이에 상응하는 조치
⑨ 영상기록 침해사고 발생에 대응하기 위한 접속기록의 보관 및 위조·변조 방지를 위한 조치
⑩ 영상기록에 대한 보안프로그램의 설치 및 갱신
⑪ 영상기록의 안전한 보관을 위한 보관시설의 마련 또는 잠금장치의 설치 등 물리적 조치
⑫ 그 밖에 영상기록장치의 설치·운영 및 관리에 필요한 사항

3. 열차운행의 일시중지

(1) 열차운행 일시중지의 사유(법 제40조)

① 철도운영자는 다음의 어느 하나에 해당하는 경우로서 열차의 안전운행에 지장이 있다고 인정하는 경우에는 열차운행을 일시 중지할 수 있다.

㉠ 지진, 태풍, 폭우, 폭설 등 천재지변 또는 악천후로 인하여 재해가 발생하였거나 재해가 발생할 것으로 예상되는 경우
㉡ 그 밖에 열차운행에 중대한 장애가 발생하였거나 발생할 것으로 예상되는 경우

② 철도종사자는 철도사고 및 운행장애의 징후가 발견되거나 발생 위험이 높다고 판단되는 경우에는 관제업무종사자에게 열차운행을 일시 중지할 것을 요청할 수 있다. 이 경우 요청을 받은 관제업무종사자는 특별한 사유가 없으면 즉시 열차운행을 중지하여야 한다.
③ 철도종사자는 열차운행의 중지 요청과 관련하여 고의 또는 중대한 과실이 없는 경우에는 민사상 책임을 지지 아니한다.
④ 누구든지 열차운행의 중지를 요청한 철도종사자에게 이를 이유로 불이익한 조치를 하여서는 아니 된다.

4. 철도종사자의 준수사항

(1) 운전업무종사자의 준수사항 등

1) 운전업무종사자의 준수사항(법 제40조의2제1항)

운전운전업무종사자는 철도차량의 운전업무 수행 중 다음의 사항을 준수하여야 한다.
① 철도차량 출발 전 국토교통부령으로 정하는 조치사항을 이행할 것
② 국토교통부령으로 정하는 철도차량 운행에 관한 안전 수칙을 준수할 것

2) 철도차량 출발 전 이행하여야 할 조치사항(시행규칙 제76조의4제1항)

철도차량 출발 전 국토교통부령으로 정하는 조치사항이란 다음을 말한다.
① 철도차량이 차량정비기지에서 출발하는 경우 다음의 기능에 대하여 이상 여부를 확인할 것
㉠ 운전제어와 관련된 장치의 기능
㉡ 제동장치 기능
㉢ 그 밖에 운전 시 사용하는 각종 계기판의 기능
② 철도차량이 역시설에서 출발하는 경우 여객의 승하차 여부를 확인할 것. 다만, 여객승무원이 대신하여 확인하는 경우에는 그러하지 아니하다.

3) 준수하여야 할 철도차량 운행에 관한 안전수칙(시행규칙 제76조의4제2항)

국토교통부령으로 정하는 철도차량 운행에 관한 안전 수칙이란 다음을 말한다.
① 철도신호에 따라 철도차량을 운행할 것

② 철도차량의 운행 중에 휴대전화 등 전자기기를 사용하지 아니할 것. 다만, 다음의 어느 하나에 해당하는 경우로서 철도운영자가 운행의 안전을 저해하지 아니하는 범위에서 사전에 사용을 허용한 경우에는 그러하지 아니하다.
  ㉠ 철도사고등 또는 철도차량의 기능장애가 발생하는 등 비상상황이 발생한 경우
  ㉡ 철도차량의 안전운행을 위하여 전자기기의 사용이 필요한 경우
  ㉢ 그 밖에 철도운영자가 철도차량의 안전운행에 지장을 주지 아니한다고 판단하는 경우
③ 철도운영자가 정하는 구간별 제한속도에 따라 운행할 것
④ 열차를 후진하지 아니할 것. 다만, 비상상황 발생 등의 사유로 관제업무종사자의 지시를 받는 경우에는 그러하지 아니하다.
⑤ 정거장 외에는 정차를 하지 아니할 것. 다만, 정지신호의 준수 등 철도차량의 안전운행을 위하여 정차를 하여야 하는 경우에는 그러하지 아니하다.
⑥ 운행구간의 이상이 발견된 경우 관제업무종사자에게 즉시 보고할 것
⑦ 관제업무종사자의 지시를 따를 것

(2) 관제업무종사자의 준수사항 등

1) 관제업무종사자의 준수사항(법 제40조의2제2항)

관제업무종사자는 관제업무 수행 중 다음의 사항을 준수하여야 한다.
① 국토교통부령으로 정하는 바에 따라 운전업무종사자 등에게 열차 운행에 관한 정보를 제공할 것
③ 철도사고, 철도준사고 및 운행장애(철도사고등이라 한다) 발생 시 국토교통부령으로 정하는 조치사항을 이행할 것

2) 관제업무종사자가 제공하여야 할 정보(시행규칙 제76조의5제1항)

관제업무종사자는 다음의 정보를 운전업무종사자, 여객승무원 또는 영 제3조제4호(정거장에서 철도신호기·선로전환기 또는 조작판 등을 취급하거나 열차의 조성업무를 수행하는 사람)에 따른 사람에게 제공하여야 한다.
① 열차의 출발, 정차 및 노선변경 등 열차 운행의 변경에 관한 정보
② 열차 운행에 영향을 줄 수 있는 다음의 정보
  ㉠ 철도차량이 운행하는 선로 주변의 공사·작업의 변경 정보
  ㉡ 철도사고등에 관련된 정보
  ㉢ 재난 관련 정보
  ㉣ 테러 발생 등 그 밖의 비상상황에 관한 정보

3) 관제업무종사자가 철도사고등 발생 시 이행하여야 할 조치사항(시행규칙 제76조의5제2항)
   ① 철도사고등이 발생하는 경우 여객 대피 및 철도차량 보호 조치 여부 등 사고현장 현황을 파악할 것
   ② 철도사고등의 수습을 위하여 필요한 경우 다음 각 목의 조치를 할 것
      ㉠ 사고현장의 열차운행 통제
      ㉡ 의료기관 및 소방서 등 관계기관에 지원 요청
      ㉢ 사고 수습을 위한 철도종사자의 파견 요청
      ㉣ 2차 사고 예방을 위하여 철도차량이 구르지 아니하도록 하는 조치 지시
      ㉤ 안내방송 등 여객 대피를 위한 필요한 조치 지시
      ㉥ 전차선(선로를 통하여 철도차량에 전기를 공급하는 장치를 말한다)의 전기공급 차단 조치
      ㉦ 구원열차 또는 임시열차의 운행 지시
      ㉧ 열차의 운행간격 조정
   ③ 철도사고등의 발생사유, 지연시간 등을 사실대로 기록하여 관리할 것

(3) 작업책임자의 준수사항 등

1) 작업책임자의 준수사항(법 제40조의2제3항)

   작업책임자는 철도차량의 운행선로 또는 그 인근에서 철도시설의 건설 또는 관리와 관련된 작업 수행 중 다음의 사항을 준수하여야 한다.
   ① 국토교통부령으로 정하는 바에 따라 작업 수행 전에 작업원을 대상으로 안전교육을 실시할 것
   ② 국토교통부령으로 정하는 작업안전에 관한 조치 사항을 이행할 것

2) 작업책임자가 실시해야 할 안전교육의 내용(시행규칙 제76조의6제1항)

   작업책임자는 작업 수행 전에 작업원을 대상으로 다음의 사항이 포함된 안전교육을 실시해야 한다.
   ① 해당 작업일의 작업계획(작업량, 작업일정, 작업순서, 작업방법, 작업원별 임무 및 작업장 이동방법 등을 포함한다)
   ② 안전장비 착용 등 작업원 보호에 관한 사항
   ③ 작업특성 및 현장여건에 따른 위험요인에 대한 안전조치 방법
   ④ 작업책임자와 작업원의 의사소통 방법, 작업통제 방법 및 그 준수에 관한 사항
   ⑤ 건설기계 등 장비를 사용하는 작업의 경우에는 철도사고 예방에 관한 사항
   ⑥ 그 밖에 안전사고 예방을 위해 필요한 사항으로서 국토교통부장관이 정해 고시하는 사항

3) 작업책임자가 이행해야 할 작업안전에 관한 조치사항(시행규칙 제76조의6제2항)
   ① 작업일정 및 열차의 운행일정 등에 관한 작업수행 전 조정 내용에 따라 작업계획 등의 조정·보완
   ② 작업 수행 전 다음 각 목의 조치
      ㉠ 작업원의 안전장비 착용상태 점검
      ㉡ 작업에 필요한 안전장비·안전시설의 점검
      ㉢ 그 밖에 작업 수행 전에 필요한 조치로서 국토교통부장관이 정해 고시하는 조치
   ③ 작업시간 내 작업현장 이탈 금지
   ④ 작업 중 비상상황 발생 시 열차방호 등의 조치
   ⑤ 해당 작업으로 인해 열차운행에 지장이 있는지 여부 확인
   ⑥ 작업완료 시 상급자에게 보고
   ⑦ 그 밖에 작업안전에 필요한 사항으로서 국토교통부장관이 정해 고시하는 사항

(4) 철도운행안전관리자의 준수사항 등
   1) 철도운행안전관리자의 준수사항(법 40조의2제4항)
      철도운행안전관리자는 철도차량의 운행선로 또는 그 인근에서 철도시설의 건설 또는 관리와 관련된 작업 수행 중 다음의 사항을 준수하여야 한다.
      ① 작업일정 및 열차의 운행일정을 작업수행 전에 조정할 것
      ② 작업일정 및 열차의 운행일정을 작업과 관련하여 관할 역의 관리책임자(정거장에서 철도신호기·선로전환기 또는 조작판 등을 취급하는 사람을 포함한다) 및 관제업무종사자와 협의하여 조정할 것
      ③ 국토교통부령으로 정하는 열차운행 및 작업안전에 관한 조치사항을 이행할 것

   2) 철도운행안전관리자의 열차운행 및 작업안전에 관한 조치사항(시행규칙 제76조의7)
      ① 작업일정 및 열차의 운행일정 등에 관한 작업수행 전 조정에 따른 조정 내용을 작업책임자에게 통지
      ② 철도운행안전관리자의 업무
      ③ 작업 수행 전 다음 각 목의 조치
         ㉠ 배치한 열차운행감시인의 안전장비 착용상태 및 휴대물품 현황 점검
         ㉡ 그 밖에 작업 수행 전에 필요한 조치로서 국토교통부장관이 정해 고시하는 조치
      ④ 관할 역의 관리책임자(정거장에서 철도신호기·선로전환기 또는 조작판 등을 취급하는 사람을 포함한다) 및 작업책임자와의 연락체계 구축
      ⑤ 작업시간 내 작업현장 이탈 금지

⑥ 작업이 지연되거나 작업 중 비상상황 발생 시 작업일정 및 열차의 운행일정 재조정 등에 관한 조치
⑦ 그 밖에 열차운행 및 작업안전에 필요한 사항으로서 국토교통부장관이 정해 고시하는 사항

(5) 철도사고등의 발생 시 후속조치 등

1) 현장 이탈 금지 등(법 제40조의2제5항)

철도사고등이 발생하는 경우 해당 철도차량의 운전업무종사자와 여객승무원은 철도사고등의 현장을 이탈하여서는 아니 되며, 철도차량 내 안전 및 질서유지를 위하여 승객 구호조치 등 국토교통부령으로 정하는 후속조치를 이행하여야 한다. 다만, 의료기관으로의 이송이 필요한 경우 등 국토교통부령으로 정하는 경우에는 그러하지 아니하다.

2) 후속조치의 이행 의무(시행규칙 제76조의8제1항)

운전업무종사자와 여객승무원은 다음의 후속조치를 이행하여야 한다. 이 경우 운전업무종사자와 여객승무원은 후속조치에 대하여 각각의 역할을 분담하여 이행할 수 있다.
① 관제업무종사자 또는 인접한 역시설의 철도종사자에게 철도사고등의 상황을 전파할 것
② 철도차량 내 안내방송을 실시할 것. 다만, 방송장치로 안내방송이 불가능한 경우에는 확성기 등을 사용하여 안내하여야 한다.
③ 여객의 안전을 확보하기 위하여 필요한 경우 철도차량 내 여객을 대피시킬 것
④ 2차 사고 예방을 위하여 철도차량이 구르지 아니하도록 하는 조치를 할 것
⑤ 여객의 안전을 확보하기 위하여 필요한 경우 철도차량의 비상문을 개방할 것
⑥ 사상자 발생 시 응급환자를 응급처치하거나 의료기관에 긴급히 이송되도록 지원할 것

3) 현장 이탈 금지 및 후속조치 이행의 예외(시행규칙 제76조의8제2항)

후속조치 의무가 면제되는 의료기관으로의 이송이 필요한 경우 등 국토교통부령으로 정하는 경우란 다음의 어느 하나에 해당하는 경우를 말한다.
① 운전업무종사자 또는 여객승무원이 중대한 부상 등으로 인하여 의료기관으로의 이송이 필요한 경우
② 관제업무종사자 또는 철도사고등의 관리책임자로부터 철도사고등의 현장 이탈이 가능하다고 통보받은 경우
③ 여객을 안전하게 대피시킨 후 운전업무종사자와 여객승무원의 안전을 위하여 현장을 이탈하여야 하는 경우

(6) 철도종사자의 흡연 금지(법 제40조의3)

철도종사자(제21조에 따른 운전업무 실무수습을 하는 사람을 포함한다)는 업무에 종사하는 동안에는 열차 내에서 흡연을 하여서는 아니 된다.

(7) 철도종사자의 음주 제한 등

1) 음주 제한 철도종사자의 종류(법 제41조제1항)

다음의 어느 하나에 해당하는 철도종사자(실무수습 중인 사람을 포함한다)는 술을 마시거나 약물을 사용한 상태에서 업무를 하여서는 아니 된다.

① 운전업무종사자
② 관제업무종사자
③ 여객승무원
④ 작업책임자
⑤ 철도운행안전관리자
⑥ 정거장에서 철도신호기·선로전환기 및 조작판 등을 취급하거나 열차의 조성(철도차량을 연결하거나 분리하는 작업을 말한다)업무를 수행하는 사람
⑦ 철도차량 및 철도시설의 점검·정비 업무에 종사하는 사람

2) 음주 등 여부의 확인(법 제41조제2항)

국토교통부장관 또는 시·도지사는 철도안전과 위험방지를 위하여 필요하다고 인정하거나 제1항에 따른 철도종사자가 술을 마시거나 약물을 사용한 상태에서 업무를 하였다고 인정할 만한 상당한 이유가 있을 때에는 철도종사자에 대하여 술을 마셨거나 약물을 사용하였는지 확인 또는 검사할 수 있다. 이 경우 그 철도종사자는 국토교통부장관 또는 시·도지사의 확인 또는 검사를 거부하여서는 아니 된다.

3) 음주 등 판단 기준(법 제41조제3항)

음주 또는 약물 투여의 확인 또는 검사 결과 철도종사자가 술을 마시거나 약물을 사용하였다고 판단하는 기준은 다음의 구분과 같다.

① 술 : 혈중 알코올농도가 0.02퍼센트(제1항제4호부터 제6호까지의[36] 철도종사자는 0.03퍼센트) 이상인 경우

---

[36] 4. 작업책임자
5. 철도운행안전관리자
6. 정거장에서 철도신호기·선로전환기 및 조작판 등을 취급하거나 열차의 조성(組成: 철도차량을 연결하거나 분리하는 작업을 말한다)업무를 수행하는 사람
7. 철도차량 및 철도시설의 점검·정비 업무에 종사하는 사람

② 약물 : 양성으로 판정된 경우

4) 음주 등에 대한 확인 또는 검사(시행령 제43조의2)
① 술을 마셨는지에 대한 확인 또는 검사는 호흡측정기 검사의 방법으로 실시하고, 검사 결과에 불복하는 사람에 대해서는 그 철도종사자의 동의를 받아 혈액 채취 등의 방법으로 다시 측정할 수 있다.
② 약물을 사용하였는지에 대한 확인 또는 검사는 소변 검사 또는 모발 채취 등의 방법으로 실시한다.
③ 상기 확인 또는 검사의 세부절차와 방법 등 필요한 사항은 국토교통부장관이 정한다.

5. 위해물품 휴대 금지

(1) 위해물품 휴대 금지원칙(법 제42조제1항)

누구든지 무기, 화약류, 유해화학물질 또는 인화성이 높은 물질 등 공중이나 여객에게 위해를 끼치거나 끼칠 우려가 있는 물건 또는 물질(위해물품이라 한다)을 열차에서 휴대하거나 적재할 수 없다. 다만, 국토교통부장관 또는 시·도지사의 허가를 받은 경우 또는 국토교통부령으로 정하는 특정한 직무를 수행하기 위한 경우에는 그러하지 아니하다.

(2) 위해물품 휴대금지의 예외

국토교통부령으로 정하는 특정한 직무를 수행하기 위한 경우란 다음의 사람이 직무를 수행하기 위하여 위해물품을 휴대·적재하는 경우를 말한다.
① 철도경찰 사무에 종사하는 국가공무원(철도특별사법경찰관리라 한다)
② 경찰관 직무를 수행하는 사람
③ 경비업법에 따른 경비원
④ 위험물품을 운송하는 군용열차를 호송하는 군인

(3) 위해물품의 종류(시행규칙 제78조제1항)

① **화약류** : 총포·도검·화약류 등의 안전관리에 관한 법률에 따른 화약·폭약·화공품과 그 밖에 폭발성이 있는 물질
② **고압가스** : 섭씨 50도 미만의 임계온도를 가진 물질, 섭씨 50도에서 300킬로파스칼을 초과하는 절대압력(진공을 0으로 하는 압력을 말한다)을 가진 물질, 섭씨 21.1도에서 280킬로파스칼을 초과하거나 섭씨 54.4도에서 730킬로파스칼을 초과하는 절대압력을 가진 물질이나, 섭씨 37.8도에서 280킬로파스칼을 초과하는 절대가스압력(진공을 0으로 하는 가스압력을 말한다)을 가진 액체상태의 인화성 물질

③ 인화성 액체 : 밀폐식 인화점 측정법에 따른 인화점이 섭씨 60.5도 이하인 액체나 개방식 인화점 측정법에 따른 인화점이 섭씨 65.6도 이하인 액체
④ 가연성 물질류 : 다음 각 목에서 정하는 물질
  ㉠ 가연성고체 : 화기 등에 의하여 용이하게 점화되며 화재를 조장할 수 있는 가연성고체
  ㉡ 자연발화성 물질 : 통상적인 운송상태에서 마찰·습기흡수·화학변화 등으로 인하여 자연발열하거나 자연발화하기 쉬운 물질
  ㉢ 그 밖의 가연성물질 : 물과 작용하여 인화성 가스를 발생하는 물질
⑤ 산화성 물질류 : 다음 각 목에서 정하는 물질
  ㉠ 산화성 물질 : 다른 물질을 산화시키는 성질을 가진 물질로서 유기과산화물 외의 것
  ㉡ 유기과산화물 : 다른 물질을 산화시키는 성질을 가진 유기물질
⑥ 독물류 : 다음 각 목에서 정하는 물질
  ㉠ 독물 : 사람이 흡입·접촉하거나 체내에 섭취한 경우에 강력한 독작용이나 자극을 일으키는 물질
  ㉡ 병독을 옮기기 쉬운 물질 : 살아 있는 병원체 및 살아 있는 병원체를 함유하거나 병원체가 부착되어 있다고 인정되는 물질
⑦ 방사성 물질 : 원자력안전법에 따른 핵물질 및 방사성물질이나 이로 인하여 오염된 물질로서 방사능의 농도가 킬로그램당 74킬로베크렐(그램당 0.002마이크로큐리) 이상인 것
⑧ 부식성 물질 : 생물체의 조직에 접촉한 경우 화학반응에 의하여 조직에 심한 위해를 주는 물질이나 열차의 차체·적하물 등에 접촉한 경우 물질적 손상을 주는 물질
⑨ 마취성 물질 : 객실승무원이 정상근무를 할 수 없도록 극도의 고통이나 불편함을 발생시키는 마취성이 있는 물질이나 그와 유사한 성질을 가진 물질
⑩ 총포·도검류 등 : 총포·도검·화약류 등의 안전관리에 관한 법률에 따른 총포·도검 및 이에 준하는 흉기류
⑪ 그 밖의 유해물질 : 상기 외의 것으로서 화학변화 등에 의하여 사람에게 위해를 주거나 열차 안에 적재된 물건에 물질적인 손상을 줄 수 있는 물질

6. 위험물의 운송위탁 및 운송 금지

(1) 위험물의 운송위탁 및 운송금지 원칙(법 제43조)

누구든지 점화류 또는 점폭약류를 붙인 폭약, 니트로글리세린, 건조한 기폭약, 뇌홍질화연에 속하는 것 등 대통령령으로 정하는 위험물의 운송을 위탁할 수 없으며, 철도운영자는

이를 철도로 운송할 수 없다.

(2) 운송위탁 및 운송 금지 위험물의 종류(시행령 제44조)

① 점화 또는 점폭약류를 붙인 폭약
② 니트로글리세린
③ 건조한 기폭약
④ 뇌홍질화연에 속하는 것
⑤ 그 밖에 사람에게 위해를 주거나 물건에 손상을 줄 수 있는 물질로서 국토교통부장관이 정하여 고시하는 위험물

7. 위험물의 운송

(1) 운송취급주의 위험물의 운송 방법(법 제44조제1항)

대통령령으로 정하는 위험물(위험물이라 한다)의 운송을 위탁하여 철도로 운송하려는 자와 이를 운송하는 철도운영자(위험물취급자라 한다)는 국토교통부령으로 정하는 바에 따라 철도운행상의 위험 방지 및 인명 보호를 위하여 위험물을 안전하게 포장·적재·관리·운송(위험물취급이라 한다)하여야 한다.

(2) 운송취급주의 위험물의 종류(시행령 제45조)

운송취급주의를 해야 하는 대통령령으로 정하는 위험물이란 다음의 어느 하나에 해당하는 것으로서 국토교통부령으로 정하는 것(위험물철도운송규칙 별표 1) 을 말한다.

① 철도운송 중 폭발할 우려가 있는 것
② 마찰·충격·흡습 등 주위의 상황으로 인하여 발화할 우려가 있는 것
③ 인화성·산화성 등이 강하여 그 물질 자체의 성질에 따라 발화할 우려가 있는 것
④ 용기가 파손될 경우 내용물이 누출되어 철도차량·레일·기구 또는 다른 화물 등을 부식시키거나 침해할 우려가 있는 것
⑤ 유독성 가스를 발생시킬 우려가 있는 것
⑥ 그 밖에 화물의 성질상 철도시설·철도차량·철도종사자·여객 등에 위해나 손상을 끼칠 우려가 있는 것

운송취급주의 위험물
(위험물철도운송규칙 별표 1, 철도안전법 시행령 제45조 관련)

제1류 화약류
1. 제1.1급: 대폭발위험성이 있는 폭발성 물질 및 폭발성 제품(발화 시 해당 폭발성 물질 또는 폭발성 제품의 대부분이 동시에 폭발하는 것)
2. 제1.2급: 대폭발위험성은 없으나 분사위험성이 있는 폭발성 물질 및 폭발성 제품(발화 시 해당 폭발성 물질 또는 폭발성 제품이 연소되면서 빠른 속도로 가스를 내뿜는 것)
3. 제1.3급: 대폭발위험성은 없으나 화재위험성, 폭발위험성 또는 분사위험성이 있는 폭발성 물질 및 폭발성 제품
4. 제1.4급: 폭발위험성과 분사위험성이 낮은 폭발성 물질 및 폭발성 제품(운송 중 발화하는 경우 폭발위험성이 포장에 국한되거나 분사위험성이 감지되지 않을 정도의 것)
5. 제1.5급: 대폭발위험성이 있는 둔감한 폭발성 물질(통상의 운송조건에서는 발화하기 어렵고 화재의 경우에도 폭발하기 어려운 물질)
6. 제1.6급: 대폭발위험성이 없는 둔감한 폭발성 제품(둔감한 폭발성 물질을 주성분으로 하여 만들어진 폭발성 제품)

제2류 가스류
1. 제2.1급: 인화성가스
2. 제2.2급: 비인화성·비독성가스
3. 제2.3급: 독성가스

제3류 인화성액체류

제4류 가연성 고체, 자연 발화성 물질, 물과 접촉 시 인화성 가스를 방출하는 물질
1. 제4.1급: 가연성 고체, 자기 반응성 물질 및 둔감한 화약류
2. 제4.2급: 자연 발화성 물질
3. 제4.3급: 물과 접촉 시 인화성 가스를 방출하는 물질

제5류 산화성 물질 및 유기과산화물
1. 제5.1급: 산화성물질
2. 제5.2급: 유기과산화물

제6류 독물 및 전염성 물질
1. 제6.1급: 독물
2. 제6.2급: 전염성 물질

제7류 방사능 물질

제8류 부식성 물질

제9류 철도운송 중 나타나는 유해성이 제1류부터 제8류까지에 속하지 아니하는 물질이나 제품으로 국토교통부장관이 정하여 고시하는 물질이나 제품

8. 철도보호지구에서의 행위제한 등

(1) 철도보호지구 내 행위의 신고(법 제45조제1항)

철도경계선(가장 바깥쪽 궤도의 끝선을 말한다)으로부터 30미터 이내(노면전차의 경우에는 10미터 이내)의 지역(철도보호지구라 한다)에서 다음의 어느 하나에 해당하는 행위를 하려는 자는 대

통령령으로 정하는 바에 따라 국토교통부장관 또는 시·도지사에게 신고하여야 한다.

① 토지의 형질변경 및 굴착

② 토석, 자갈 및 모래의 채취

③ 건축물의 신축·개축·증축 또는 인공구조물의 설치

④ 나무의 식재(대통령령으로 정하는 경우만 해당한다)

⑤ 그 밖에 철도시설을 파손하거나 철도차량의 안전운행을 방해할 우려가 있는 행위로서 대통령령으로 정하는 행위[37]

(2) 노면전차 철도보호지구 주변 행위의 신고(법 제45조제2항)

노면전차 철도보호지구의 바깥쪽 경계선으로부터 20미터 이내의 지역에서 굴착, 인공구조물의 설치 등 철도시설을 파손하거나 철도차량의 안전운행을 방해할 우려가 있는 행위로서 대통령령으로 정하는 행위[38]를 하려는 자는 대통령령으로 정하는 바에 따라 국토교통부장관 또는 시·도지사에게 신고하여야 한다.

(3) 행위의 금지·제한·조치 명령(철도안전법 제45조제3항, 제4항)

① 국토교통부장관 또는 시·도지사는 철도차량의 안전운행 및 철도 보호를 위하여 필요하다고 인정할 때에는 철도보호지구 내 행위를 하는 자에게 그 행위의 금지 또는 제한을 명령하거나 대통령령으로 정하는 필요한 조치를 하도록 명령할 수 있다.

② 국토교통부장관 또는 시·도지사는 철도차량의 안전운행 및 철도 보호를 위하여 필요하다고 인정할 때에는 토지, 나무, 시설, 건축물, 그 밖의 공작물(시설등이라 한다)의 소유자나 점유자에게 다음의 조치를 하도록 명령할 수 있다.

㉠ 시설등이 시야에 장애를 주면 그 장애물을 제거할 것

---

37) 철도안전법 시행령 제48조(철도보호지구에서의 안전운행 저해행위 등) 법 제45조제1항제5호에서 "대통령령으로 정하는 행위"란 다음 각 호의 어느 하나에 해당하는 행위를 말한다.
1. 폭발물이나 인화물질 등 위험물을 제조·저장하거나 전시하는 행위
2. 철도차량 운전자 등이 선로나 신호기를 확인하는 데 지장을 주거나 줄 우려가 있는 시설이나 설비를 설치하는 행위
3. 철도신호등(鐵道信號燈)으로 오인할 우려가 있는 시설물이나 조명 설비를 설치하는 행위
4. 전차선로에 의하여 감전될 우려가 있는 시설이나 설비를 설치하는 행위
5. 시설 또는 설비가 선로의 위나 밑으로 횡단하거나 선로와 나란히 되도록 설치하는 행위
6. 그 밖에 열차의 안전운행과 철도 보호를 위하여 필요하다고 인정하여 국토교통부장관이 정하여 고시하는 행위

38) 철도안전법 시행령 제48조의2(노면전차의 안전운행 저해행위 등) ① 법 제45조제2항에서 "대통령령으로 정하는 행위"란 다음 각 호의 어느 하나에 해당하는 행위를 말한다.
1. 깊이 10미터 이상의 굴착
2. 다음 각 목의 어느 하나에 해당하는 것을 설치하는 행위
  가. 「건설기계관리법」 제2조제1항제1호에 따른 건설기계 중 최대높이가 10미터 이상인 건설기계
  나. 높이가 10미터 이상인 인공구조물
3. 「위험물안전관리법」 제2조제1항제1호에 따른 위험물을 같은 항 제2호에 따른 지정수량 이상 제조·저장하거나 전시하는 행위

ⓒ 시설등이 붕괴하여 철도에 위해를 끼치거나 끼칠 우려가 있으면 그 위해를 제거하고 필요하면 방지시설을 할 것
　　ⓒ 철도에 토사 등이 쌓이거나 쌓일 우려가 있으면 그 토사 등을 제거하거나 방지시설을 할 것

(4) 철도보호지구 내 철도보호를 위한 안전조치(시행령 제49조)

법 제45조제3항에서 대통령령으로 정하는 필요한 조치란 다음의 어느 하나에 해당하는 조치를 말한다.

① 공사로 인하여 약해질 우려가 있는 지반에 대한 보강대책 수립·시행
② 선로 옆의 제방 등에 대한 흙막이공사 시행
③ 굴착공사에 사용되는 장비나 공법 등의 변경
④ 지하수나 지표수 처리대책의 수립·시행
⑤ 시설물의 구조 검토·보강
⑥ 먼지나 티끌 등이 발생하는 시설·설비나 장비를 운용하는 경우 방진막, 물을 뿌리는 설비 등 분진방지시설 설치
⑦ 신호기를 가리거나 신호기를 보는데 지장을 주는 시설이나 설비 등의 철거
⑧ 안전울타리나 안전통로 등 안전시설의 설치
⑨ 그 밖에 철도시설의 보호 또는 철도차량의 안전운행을 위하여 필요한 안전조치

9. 금지행위

(1) 여객열차에서의 금지행위(법 제47조제1항, 제2항)

① 여객(무임승차자를 포함한다)은 여객열차에서 다음의 어느 하나에 해당하는 행위를 하여서는 아니 된다.
　　㉠ 정당한 사유 없이 국토교통부령으로 정하는 여객출입 금지장소에 출입하는 행위
　　㉡ 정당한 사유 없이 운행 중에 비상정지버튼을 누르거나 철도차량의 옆면에 있는 승강용 출입문을 여는 등 철도차량의 장치 또는 기구 등을 조작하는 행위
　　㉢ 여객열차 밖에 있는 사람을 위험하게 할 우려가 있는 물건을 여객열차 밖으로 던지는 행위
　　㉣ 흡연하는 행위
　　㉤ 철도종사자와 여객 등에게 성적 수치심을 일으키는 행위
　　㉥ 술을 마시거나 약물을 복용하고 다른 사람에게 위해를 주는 행위
　　㉦ 그 밖에 공중이나 여객에게 위해를 끼치는 행위로서 국토교통부령으로 정하는 행위[39]

② 여객은 여객열차에서 다른 사람을 폭행하여 열차운행에 지장을 초래하여서는 아니 된다.

(2) 여객출입 금지장소(시행규칙 제79조)

국토교통부령으로 정하는 여객출입 금지장소는 다음과 같다.
① 운전실
② 기관실
③ 발전실
④ 방송실

(3) 금지행위자에 대한 조치(법 제47조제3항)

운전업무종사자, 여객승무원 또는 여객역무원은 제1항 또는 제2항의 금지행위를 한 사람에 대하여 필요한 경우 다음의 조치를 할 수 있다.
1. 금지행위의 제지
2. 금지행위의 녹음·녹화 또는 촬영

(4) 철도보호 및 질서유지를 위한 금지행위

1) 금지행위의 종류(법 제48조제1항)

누구든지 정당한 사유 없이 철도 보호 및 질서유지를 해치는 다음의 어느 하나에 해당하는 행위를 하여서는 아니 된다.
① 철도시설 또는 철도차량을 파손하여 철도차량 운행에 위험을 발생하게 하는 행위
② 철도차량을 향하여 돌이나 그 밖의 위험한 물건을 던져 철도차량 운행에 위험을 발생하게 하는 행위
③ 궤도의 중심으로부터 양측으로 폭 3미터 이내의 장소에 철도차량의 안전 운행에 지장을 주는 물건을 방치하는 행위
④ 철도교량 등 국토교통부령으로 정하는 시설 또는 구역에 국토교통부령으로 정하는 폭발물 또는 인화성이 높은 물건 등을 쌓아 놓는 행위
⑤ 선로(철도와 교차된 도로는 제외한다) 또는 국토교통부령으로 정하는 철도시설에 철도운영자등의 승낙 없이 출입하거나 통행하는 행위

---

39) 제80조(여객열차에서의 금지행위) 법 제47조제1항제7호에서 "국토교통부령으로 정하는 행위"란 다음 각 호의 행위를 말한다.
 1. 여객에게 위해를 끼칠 우려가 있는 동식물을 안전조치 없이 여객열차에 동승하거나 휴대하는 행위
 2. 타인에게 전염의 우려가 있는 법정 감염병자가 철도종사자의 허락 없이 여객열차에 타는 행위
 3. 철도종사자의 허락 없이 여객에게 기부를 부탁하거나 물품을 판매·배부하거나 연설·권유 등을 하여 여객에게 불편을 끼치는 행위

⑥ 역시설 등 공중이 이용하는 철도시설 또는 철도차량에서 폭언 또는 고성방가 등 소란을 피우는 행위
⑦ 철도시설에 국토교통부령으로 정하는 유해물 또는 열차운행에 지장을 줄 수 있는 오물을 버리는 행위
⑧ 역시설 또는 철도차량에서 노숙하는 행위
⑨ 열차운행 중에 타고 내리거나 정당한 사유 없이 승강용 출입문의 개폐를 방해하여 열차운행에 지장을 주는 행위
⑩ 정당한 사유 없이 열차 승강장의 비상정지버튼을 작동시켜 열차운행에 지장을 주는 행위
⑪ 그 밖에 철도시설 또는 철도차량에서 공중의 안전을 위하여 질서유지가 필요하다고 인정되어 국토교통부령으로 정하는 금지행위

2) 폭발물 등 적치 금지구역(시행규칙 제81조)

국토교통부령으로 정하는 폭발물 또는 인화성이 높은 물건 등을 쌓아 놓는 행위를 금지하는 철도교량 등 국토교통부령으로 정하는 시설 또는 구역이란 다음의 구역 또는 시설을 말한다.

① 정거장 및 선로(정거장 또는 선로를 지지하는 구조물 및 그 주변지역을 포함한다)
② 철도 역사
③ 철도 교량
④ 철도 터널

3) 출입금지 철도시설(시행규칙 제83조)

철도운영자등의 승낙 없이 출입하거나 통행하는 행위가 금지되는 철도시설이란 다음의 철도시설을 말한다.

① 위험물을 적하하거나 보관하는 장소
② 신호ㆍ통신기기 설치장소 및 전력기기ㆍ관제설비 설치장소
③ 철도운전용 급유시설물이 있는 장소
④ 철도차량 정비시설

4) 열차운행에 지장을 줄 수 있는 유해물(시행규칙 제84조)

철도시설에 버리는 행위가 금지되는 유해물이란 철도시설이나 철도차량을 훼손하거나 정상적인 기능ㆍ작동을 방해하여 열차운행에 지장을 줄 수 있는 산업폐기물ㆍ생활폐기물을 말한다.

5) 질서유지를 위한 금지행위(시행규칙 제85조)

철도시설 또는 철도차량에서 공중의 안전을 위하여 질서유지가 필요하다고 인정되어 국토교통부령으로 정하는 금지행위란 다음의 행위를 말한다.

① 흡연이 금지된 철도시설이나 철도차량 안에서 흡연하는 행위
② 철도종사자의 허락 없이 철도시설이나 철도차량에서 광고물을 붙이거나 배포하는 행위
③ 역시설에서 철도종사자의 허락 없이 기부를 부탁하거나 물품을 판매·배부하거나 연설·권유를 하는 행위
④ 철도종사자의 허락 없이 선로변에서 총포를 이용하여 수렵하는 행위

10. 보안검색장비

(1) 보안검색의 실시(법 제48조의2제1항)

국토교통부장관은 철도차량의 안전운행 및 철도시설의 보호를 위하여 필요한 경우에는 철도특별사법경찰관리로 하여금 여객열차에 승차하는 사람의 신체·휴대물품 및 수하물에 대한 보안검색을 실시하게 할 수 있다

(2) 보안검색장비의 성능인증 등(법 제48조의3)

① 보안검색을 하는 경우에는 국토교통부장관으로부터 성능인증을 받은 보안검색장비를 사용하여야 한다.
② 보안검색장비 성능인증을 위한 기준·방법·절차 등 운영에 필요한 사항은 국토교통부령으로 정한다.
③ 국토교통부장관은 보안검색장비 성능인증을 받은 보안검색장비의 운영, 유지관리 등에 관한 기준을 정하여 고시하여야 한다.
④ 국토교통부장관은 성능인증을 받은 보안검색장비가 운영 중에 계속하여 성능을 유지하고 있는지를 확인하기 위하여 국토교통부령으로 정하는 바에 따라 정기적으로 또는 수시로 점검을 실시하여야 한다.
⑤ 국토교통부장관은 성능인증을 받은 보안검색장비가 다음의 어느 하나에 해당하는 경우에는 그 인증을 취소할 수 있다. 다만, 제1호에 해당하는 때에는 그 인증을 취소하여야 한다.
　㉠ 거짓이나 그 밖의 부정한 방법으로 인증을 받은 경우
　㉡ 보안검색장비가 성능인증 기준에 적합하지 아니하게 된 경우

(3) 보안검색의 실시 범위(시행규칙 제85조의2제1항)

보안검색의 실시 범위는 다음의 구분에 따른다.
① **전부검색** : 국가의 중요 행사 기간이거나 국가 정보기관으로부터 테러 위험 등의 정보를 통보받은 경우 등 국토교통부장관이 보안검색을 강화하여야 할 필요가 있다고 판단하는 경우에 국토교통부장관이 지정한 보안검색 대상 역에서 보안검색 대상 전부에 대하여 실시
② **일부검색** : 휴대 · 적재 금지 위해물품(위해물품이라 한다)을 휴대 · 적재하였다고 판단되는 사람과 물건에 대하여 실시하거나 전부검색으로 시행하는 것이 부적합하다고 판단되는 경우에 실시

(4) 보안검색의 실시 방법(시행규칙 제85조의2제2항)

위해물품을 탐지하기 위한 보안검색은 보안검색장비를 사용하여 검색한다. 다만, 다음의 어느 하나에 해당하는 경우에는 여객의 동의를 받아 직접 신체나 물건을 검색하거나 특정 장소로 이동하여 검색을 할 수 있다.
① 보안검색장비의 경보음이 울리는 경우
② 위해물품을 휴대하거나 숨기고 있다고 의심되는 경우
③ 보안검색장비를 통한 검색 결과 그 내용물을 판독할 수 없는 경우
④ 보안검색장비의 오류 등으로 제대로 작동하지 아니하는 경우
⑤ 보안의 위협과 관련한 정보의 입수에 따라 필요하다고 인정되는 경우

(5) 보안검색의 절차(시행규칙 제85조의2제5항)

철도특별사법경찰관리가 보안검색을 실시하는 경우에는 검색 대상자에게 자신의 신분증을 제시하면서 소속과 성명을 밝히고 그 목적과 이유를 설명하여야 한다. 다만, 다음의 어느 하나에 해당하는 경우에는 사전 설명 없이 검색할 수 있다.
① 보안검색 장소의 안내문 등을 통하여 사전에 보안검색 실시계획을 안내한 경우
② 의심물체 또는 장시간 방치된 수하물로 신고된 물건에 대하여 검색하는 경우

(6) 보안검색장비의 종류(시행규칙 제85조의3)

보안검색장비의 종류는 다음의 구분에 따른다.
① **위해물품을 검색 · 탐지 · 분석하기 위한 장비** : 엑스선 검색장비, 금속탐지장비(문형 금속탐지장비와 휴대용 금속탐지장비를 포함한다), 폭발물 탐지장비, 폭발물흔적탐지장비, 액체폭발물탐지장비 등

② 보안검색 시 안전을 위하여 착용·휴대하는 장비 : 방검복, 방탄복, 방폭 담요 등

11. 직무장비의 휴대 및 사용 등

(1) 철도특별사법경찰관리의 직무장비의 사용(법 제48조의5제1항)

철도특별사법경찰관리는 철도안전법 및 사법경찰관리의 직무를 수행할 자와 그 직무범위에 관한 법률에 따른 직무를 수행하기 위하여 필요하다고 인정되는 상당한 이유가 있을 때에는 합리적으로 판단하여 필요한 한도에서 직무장비를 사용할 수 있다.

(2) 직무장비의 종류(법 제48조의5제2항)

직무장비란 철도특별사법경찰관리가 휴대하여 범인검거와 피의자 호송 등의 직무수행에 사용하는 수갑, 포승, 가스분사기, 가스발사총(고무탄 발사겸용인 것을 포함한다), 전자충격기, 경비봉을 말한다.

(3) 안전교육 및 안전검사(법 제48조의5제3항)

철도특별사법경찰관리가 직무수행 중 직무장비를 사용할 때 사람의 생명이나 신체에 위해를 끼칠 수 있는 직무장비(가스분사기, 가스발사총 및 전자충격기를 말한다)를 사용하는 경우에는 사전에 필요한 안전교육과 안전검사를 받은 후 사용하여야 한다.

12. 철도종사자의 직무상 지시 준수 등

(1) 철도종사자의 직무상 지시 준수 의무(법 제49조)

① 열차 또는 철도시설을 이용하는 사람은 이 법에 따라 철도의 안전·보호와 질서유지를 위하여 하는 철도종사자의 직무상 지시에 따라야 한다.
② 누구든지 폭행·협박으로 철도종사자의 직무집행을 방해하여서는 아니 된다.

(2) 철도종사자의 권한표시(시행령 제51조)

① 철도종사자는 복장·모자·완장·증표 등으로 그가 직무상 지시를 할 수 있는 사람임을 표시하여야 한다.
② 철도운영자등은 철도종사자가 권한 표시를 할 수 있도록 복장·모자·완장·증표 등의 지급 등 필요한 조치를 하여야 한다.

13. 사람 또는 물건에 대한 퇴거 조치 등

(1) 퇴거 또는 철거의 대상(법 제50조)

철도종사자는 다음의 어느 하나에 해당하는 사람 또는 물건을 열차 밖이나 대통령령으로 정하는 지역 밖으로 퇴거시키거나 철거할 수 있다.

① 제42조(위해물품의 휴대 금지)를 위반하여 여객열차에서 위해물품을 휴대한 사람 및 그 위해물품
② 제43조(위험물의 운송위탁 및 운송 금지)를 위반하여 운송 금지 위험물을 운송위탁하거나 운송하는 자 및 그 위험물
③ 제45조(철도보호지구에서의 행위제한 등)제3항 또는 제4항[40]에 따른 행위 금지·제한 또는 조치 명령에 따르지 아니하는 사람 및 그 물건
④ 제47조(여객열차에서의 금지행위)제1항 또는 제2항[41]을 위반하여 금지행위를 한 사람 및 그 물건
⑤ 제48조(철도 보호 및 질서유지를 위한 금지행위)제1항[42]을 위반하여 금지행위를 한 사람 및 그 물건
⑥ 제48조의2(여객 등의 안전 및 보안)에 따른 보안검색에 따르지 아니한 사람
⑦ 제49조(철도종사자의 직무상 지시 준수)를 위반하여 철도종사자의 직무상 지시를 따르지 아니하거나 직무집행을 방해하는 사람

---

40) ③ 국토교통부장관 또는 시·도지사는 철도차량의 안전운행 및 철도 보호를 위하여 필요하다고 인정할 때에는 제1항 또는 제2항의 행위를 하는 자에게 그 행위의 금지 또는 제한을 명령하거나 대통령령으로 정하는 필요한 조치를 하도록 명령할 수 있다.
　④ 국토교통부장관 또는 시·도지사는 철도차량의 안전운행 및 철도 보호를 위하여 필요하다고 인정할 때에는 토지, 나무, 시설, 건축물, 그 밖의 공작물(이하 "시설등"이라 한다)의 소유자나 점유자에게 다음 각 호의 조치를 하도록 명령할 수 있다.
　　1. 시설등이 시야에 장애를 주면 그 장애물을 제거할 것
　　2. 시설등이 붕괴하여 철도에 위해(危害)를 끼치거나 끼칠 우려가 있으면 그 위해를 제거하고 필요하면 방지시설을 할 것
　　3. 철도에 토사 등이 쌓이거나 쌓일 우려가 있으면 그 토사 등을 제거하거나 방지시설을 할 것
41) ① 여객(무임승차자를 포함한다)은 여객열차에서 다음 각 호의 어느 하나에 해당하는 행위를 하여서는 아니 된다.
　　1. 정당한 사유 없이 국토교통부령으로 정하는 여객출입 금지장소에 출입하는 행위
　　2. 정당한 사유 없이 운행 중에 비상정지버튼을 누르거나 철도차량의 옆면에 있는 승강용 출입문을 여는 등 철도차량의 장치 또는 기구 등을 조작하는 행위
　　3. 여객열차 밖에 있는 사람을 위험하게 할 우려가 있는 물건을 여객열차 밖으로 던지는 행위
　　4. 흡연하는 행위
　　5. 철도종사자와 여객 등에게 성적 수치심을 일으키는 행위
　　6. 술을 마시거나 약물을 복용하고 다른 사람에게 위해를 주는 행위
　　7. 그 밖에 공중이나 여객에게 위해를 끼치는 행위로서 국토교통부령으로 정하는 행위
　② 여객은 여객열차에서 다른 사람을 폭행하여 열차운행에 지장을 초래하여서는 아니 된다.

(2) 퇴거지역의 범위(시행령 제52조)

사람 또는 물건을 퇴거시키거나 철거할 수 있는 대통령령으로 정하는 지역이란 다음의 어느 하나에 해당하는 지역을 말한다.

① 정거장
② 철도신호기 · 철도차량정비소 · 통신기기 · 전력설비 등의 설비가 설치되어 있는 장소의 담장이나 경계선 안의 지역
③ 화물을 적하하는 장소의 담장이나 경계선 안의 지역

06 철도사고조사·처리

1. 철도사고등의 발생 시 조치

(1) 철도사고등 발생 시 조치 의무(법 제60조제1항)

철도운영자등은 철도사고등이 발생하였을 때에는 사상자 구호, 유류품 관리, 여객 수송 및 철도시설 복구 등 인명피해 및 재산피해를 최소화하고 열차를 정상적으로 운행할 수 있도록 필요한 조치를 하여야 한다.

(2) 철도사고등 발생 시 조치 사항(시행령 제56조)

철도사고등이 발생한 경우 철도운영자등이 준수하여야 하는 사항은 다음과 같다.

---

42) ① 누구든지 정당한 사유 없이 철도 보호 및 질서유지를 해치는 다음 각 호의 어느 하나에 해당하는 행위를 하여서는 아니 된다.
  1. 철도시설 또는 철도차량을 파손하여 철도차량 운행에 위험을 발생하게 하는 행위
  2. 철도차량을 향하여 돌이나 그 밖의 위험한 물건을 던져 철도차량 운행에 위험을 발생하게 하는 행위
  3. 궤도의 중심으로부터 양측으로 폭 3미터 이내의 장소에 철도차량의 안전 운행에 지장을 주는 물건을 방치하는 행위
  4. 철도교량 등 국토교통부령으로 정하는 시설 또는 구역에 국토교통부령으로 정하는 폭발물 또는 인화성이 높은 물건 등을 쌓아 놓는 행위
  5. 선로(철도와 교차된 도로는 제외한다) 또는 국토교통부령으로 정하는 철도시설에 철도운영자등의 승낙 없이 출입하거나 통행하는 행위
  6. 역시설 등 공중이 이용하는 철도시설 또는 철도차량에서 폭언 또는 고성방가 등 소란을 피우는 행위
  7. 철도시설에 국토교통부령으로 정하는 유해물 또는 열차운행에 지장을 줄 수 있는 오물을 버리는 행위
  8. 역시설 또는 철도차량에서 노숙하는 행위
  9. 열차운행 중에 타고 내리거나 정당한 사유 없이 승강용 출입문의 개폐를 방해하여 열차운행에 지장을 주는 행위
  10. 정당한 사유 없이 열차 승강장의 비상정지버튼을 작동시켜 열차운행에 지장을 주는 행위
  11. 그 밖에 철도시설 또는 철도차량에서 공중의 안전을 위하여 질서유지가 필요하다고 인정되어 국토교통부령으로 정하는 금지행위

① 사고수습이나 복구작업을 하는 경우에는 인명의 구조와 보호에 가장 우선순위를 둘 것
② 사상자가 발생한 경우에는 법 제7조제1항에 따른 안전관리체계에 포함된 비상대응계획에서 정한 절차(비상대응절차라 한다)에 따라 응급처치, 의료기관으로 긴급이송, 유관기관과의 협조 등 필요한 조치를 신속히 할 것
③ 철도차량 운행이 곤란한 경우에는 비상대응절차에 따라 대체교통수단을 마련하는 등 필요한 조치를 할 것

2. 보고

(1) 철도운영자등의 보고의무(법 제61조)

① 철도운영자등은 사상자가 많은 사고 등 대통령령으로 정하는 철도사고등이 발생하였을 때에는 국토교통부령으로 정하는 바에 따라 즉시 국토교통부장관에게 보고하여야 한다.
② 철도운영자등은 대통령령으로 정하는 철도사고등을 제외한 철도사고등이 발생하였을 때에는 국토교통부령으로 정하는 바에 따라 사고 내용을 조사하여 그 결과를 국토교통부장관에게 보고하여야 한다.

(2) 국토교통부장관에게 즉시 보고하여야 하는 철도사고(시행령 제57조)

법 제61조제1항에서 사상자가 많은 사고 등 대통령령으로 정하는 철도사고등이란 다음의 어느 하나에 해당하는 사고를 말한다.

① 열차의 충돌이나 탈선사고
② 철도차량이나 열차에서 화재가 발생하여 운행을 중지시킨 사고
③ 철도차량이나 열차의 운행과 관련하여 3명 이상 사상자가 발생한 사고
④ 철도차량이나 열차의 운행과 관련하여 5천만원 이상의 재산피해가 발생한 사고

(3) 철도사고등의 의무보고

1) 보고 사항(시행규칙 제86조제1항)

철도운영자등은 즉시보고 대상 철도사고등이 발생한 때에는 다음의 사항을 국토교통부장관에게 즉시 보고하여야 한다.

① 사고 발생 일시 및 장소
② 사상자 등 피해사항
③ 사고 발생 경위
④ 사고 수습 및 복구 계획 등

2) 철도사고 보고의 구분(시행규칙 제86조제2항)

철도운영자등은 사상자가 많은 사고 등 대통령령으로 정하는 철도사고등을 제외한 법 제61조제2항에 따른 철도사고등이 발생한 때에는 다음의 구분에 따라 국토교통부장관에게 이를 보고하여야 한다.

① 초기보고 : 사고발생현황 등
② 중간보고 : 사고수습·복구상황 등
③ 종결보고 : 사고수습·복구결과 등

(4) 고장 등의 보고의무

1) 철도차량 등에 발생한 고장 등 보고(법 제61조의2)

① 철도차량 또는 철도용품에 대하여 형식승인을 받거나 철도차량 또는 철도용품에 대하여 제작자승인을 받은 자는 그 승인받은 철도차량 또는 철도용품이 설계 또는 제작의 결함으로 인하여 국토교통부령으로 정하는 고장, 결함 또는 기능장애가 발생한 것을 알게 된 경우에는 국토교통부령으로 정하는 바에 따라 국토교통부장관에게 그 사실을 보고하여야 한다.

② 철도차량 정비조직인증을 받은 자가 철도차량을 운영하거나 정비하는 중에 국토교통부령으로 정하는 고장, 결함 또는 기능장애가 발생한 것을 알게 된 경우에는 국토교통부령으로 정하는 바에 따라 국토교통부장관에게 그 사실을 보고하여야 한다.

2) 형식승인 및 제작자승인을 받은 자의 보고의무(시행규칙 제87조제1항)

법 제61조의2제1항에서 국토교통부령으로 정하는 고장, 결함 또는 기능장애란 다음의 어느 하나에 해당하는 고장, 결함 또는 기능장애를 말한다.

① 법 제26조(철도차량 형식승인) 및 제26조의3(철도차량 제작자승인)에 따른 승인내용과 다른 설계 또는 제작으로 인한 철도차량의 고장, 결함 또는 기능장애
② 법 제27(철도용품 형식승인)조 및 제27조의2(철도용품 제작자승인)에 따른 승인내용과 다른 설계 또는 제작으로 인한 철도용품의 고장, 결함 또는 기능장애
③ 하자보수 또는 피해배상을 해야 하는 철도차량 및 철도용품의 고장, 결함 또는 기능장애
④ 그 밖에 상기 규정에 따른 고장, 결함 또는 기능장애에 준하는 고장, 결함 또는 기능장애

3) 철도차량 정비조직인증을 받은 자의 보고의무(시행규칙 제87조제2항)

법 제61조의2제2항에서 국토교통부령으로 정하는 고장, 결함 또는 기능장애란 다음의 어느 하나에 해당하는 고장, 결함 또는 기능장애[법 제61조(철도사고등 의무보고)에 따라 보고된 고장, 결함 또는 기능장애는 제외한다]를 말한다.

① 철도차량 중정비(철도차량을 완전히 분해하여 검수·교환하거나 탈선·화재 등으로 중대하게 훼손된 철도차량을 정비하는 것을 말한다)가 요구되는 구조적 손상
② 차상신호장치, 추진장치, 주행장치 그 밖에 철도차량 주요장치의 고장 중 차량 안전에 중대한 영향을 주는 고장
③ 법 제26조제3항, 제26조의3제2항, 제27조제2항 및 제27조의2제2항에 따라 고시된 기술기준에 따른 최대허용범위(제작사가 기술자료를 제공하는 경우에는 그 기술자료에 따른 최대허용범위를 말한다)를 초과하는 철도차량 구조의 균열, 영구적인 변형이나 부식
④ 그 밖에 상기 규정에 따른 고장, 결함 또는 기능장애에 준하는 고장, 결함 또는 기능장애

(5) 철도안전 자율보고(법 제61조의3, 시행규칙 제88조제1항)

① 철도안전을 해치거나 해칠 우려가 있는 사건·상황·상태 등(철도안전위험요인이라 한다)을 발생시켰거나 철도안전위험요인이 발생한 것을 안 사람 또는 철도안전위험요인이 발생할 것이 예상된다고 판단하는 사람은 국토교통부장관에게 그 사실을 보고할 수 있다.
② 국토교통부장관은 제1항에 따른 보고(철도안전 자율보고라 한다)를 한 사람의 의사에 반하여 보고자의 신분을 공개해서는 아니 되며, 철도안전 자율보고를 사고예방 및 철도안전 확보 목적 외의 다른 목적으로 사용해서는 아니 된다.
③ 누구든지 철도안전 자율보고를 한 사람에 대하여 이를 이유로 신분이나 처우와 관련하여 불이익한 조치를 하여서는 아니 된다.
④ 제1항부터 제3항까지에서 규정한 사항 외에 철도안전 자율보고에 포함되어야 할 사항, 보고 방법 및 절차는 국토교통부령으로 정한다.
⑤ 철도안전 자율보고를 하려는 자는 철도안전 자율보고서를 한국교통안전공단 이사장에게 제출하거나 국토교통부장관이 정하여 고시하는 방법으로 한국교통안전공단 이사장에게 보고해야 한다.

07 철도안전기반 구축

1. 철도안전 전문기관 등의 육성

(1) 국토교통부장관의 의무(법 제69조제1항, 제2항)

① 국토교통부장관은 철도안전에 관한 전문기관 또는 단체를 지도·육성하여야 한다.
② 국토교통부장관은 철도시설의 건설, 운영 및 관리와 관련된 안전점검업무 등 대통령령

으로 정하는 철도안전업무에 종사하는 전문인력(철도안전 전문인력이라 한다)을 원활하게 확보할 수 있도록 시책을 마련하여 추진하여야 한다.

(2) 철도안전 전문인력의 구분(시행령 제59조제1항)

철도안전전문인력이란 다음의 어느 하나에 해당하는 인력을 말한다.

① 철도운행안전관리자
② 철도안전전문기술자

    ㉠ 전기철도 분야 철도안전전문기술자
    ㉡ 철도신호 분야 철도안전전문기술자
    ㉢ 철도궤도 분야 철도안전전문기술자
    ㉣ 철도차량 분야 철도안전전문기술자

(3) 철도안전 전문인력의 업무 범위(시행령 제59조제2항)

1) 철도운행안전관리자의 업무

① 철도차량의 운행선로나 그 인근에서 철도시설의 건설 또는 관리와 관련한 작업을 수행하는 경우에 작업일정의 조정 또는 작업에 필요한 안전장비·안전시설 등의 점검
② 전항에 따른 작업이 수행되는 선로를 운행하는 열차가 있는 경우 해당 열차의 운행일정 조정
③ 열차접근경보시설이나 열차접근감시인의 배치에 관한 계획 수립·시행과 확인
④ 철도차량 운전자나 관제업무종사자와 연락체계 구축 등

2) 철도안전전문기술자의 업무

① 전기철도·철도신호·철도궤도 분야 철도안전전문기술자 : 해당 철도시설의 건설이나 관리와 관련된 설계·시공·감리·안전점검 업무나 레일용접 등의 업무
② 철도차량 분야 철도안전전문기술자 : 철도차량의 설계·제작·개조·시험검사·정밀안전진단·안전점검 등에 관한 품질관리 및 감리 등의 업무

(4) 안전전문기관

1) 안전전문기관의 지정(법 제69조제5항)

국토교통부장관은 철도안전에 관한 전문기관(안전전문기관이라 한다)을 지정하여 철도안전 전문인력의 양성 및 자격관리 등의 업무를 수행하게 할 수 있다.

2) 분야별 안전전문기관의 지정(시행규칙 제92조의2)

국토교통부장관은 다음의 분야별로 구분하여 전문기관을 지정할 수 있다.

① 철도운행안전 분야
② 전기철도 분야
③ 철도신호 분야
④ 철도궤도 분야
⑤ 철도차량 분야

3) 안전전문기관 지정기준(시행령 제60조의3제2항)

안전전문기관의 지정기준은 다음과 같다.
① 업무수행에 필요한 상설 전담조직을 갖출 것
② 분야별 교육훈련을 수행할 수 있는 전문인력을 확보할 것
③ 교육훈련 시행에 필요한 사무실·교육시설과 필요한 장비를 갖출 것
④ 안전전문기관 운영 등에 관한 업무규정을 갖출 것

2. 철도운행안전관리자

(1) 철도운행안전관리자의 배치 등(법 제69조의2)

① 철도운영자등은 철도차량의 운행선로 또는 그 인근에서 철도시설의 건설 또는 관리와 관련한 작업을 시행할 경우 철도운행안전관리자를 배치하여야 한다. 다만, 철도운영자등이 자체적으로 작업 또는 공사 등을 시행하는 경우 등 대통령령으로 정하는 경우[43]에는 그러하지 아니하다.
② 철도운행안전관리자의 배치기준, 방법 등에 관하여 필요한 사항은 국토교통부령으로 정한다.

(2) 철도운행안전관리자의 배치 기준(시행규칙 제92조의6)

철도운행안전관리자의 배치기준 등은 철도안전법 시행규칙 별표 27과 같다.

시행규칙 별표 27

---

43) 철도안전법 시행령 제60조의6(철도운행안전관리자의 배치) 법 제69조의2제1항 단서에서 "철도운영자등이 자체적으로 작업 또는 공사 등을 시행하는 경우 등 대통령령으로 정하는 경우"란 다음 각 호의 어느 하나에 해당하는 경우를 말한다.
  1. 철도운영자등이 선로 점검 작업 등 3명 이하의 인원으로 할 수 있는 소규모 작업 또는 공사 등을 자체적으로 시행하는 경우
  2. 천재지변 또는 철도사고 등 부득이한 사유로 긴급 복구 작업 등을 시행하는 경우

3. 철도안전 전문인력

(1) 철도안전 전문인력의 정기교육(법 제69조의3)

① 철도안전 전문인력의 분야별 자격을 부여받은 사람은 직무 수행의 적정성 등을 유지할 수 있도록 정기적으로 교육을 받아야 한다.
② 철도운영자등은 철도안전 전문인력의 정기교육을 받지 아니한 사람을 관련 업무에 종사하게 하여서는 아니 된다.
③ 철도안전 전문인력에 대한 정기교육의 주기, 교육 내용, 교육 절차 등에 관하여 필요한 사항은 국토교통부령으로 정한다.

(2) 철도안전 전문인력의 정기교육에 대한 세부 사항(시행규칙 제92조의7)

① 철도안전 전문인력에 대한 정기교육의 주기, 교육 내용, 교육 절차 등은 철도안전법 시행규칙 별표 28과 같다.
② 철도안전 전문인력의 정기교육은 안전전문기관에서 실시한다.

시행규칙 별표 28

(3) 자격의 취소·정지(법 제69조의5)

국토교통부장관은 철도운행안전관리자가 다음의 어느 하나에 해당할 때에는 철도운행안전관리자 자격을 취소하거나 1년 이내의 기간을 정하여 철도운행안전관리자 자격을 정지시킬 수 있다. 다만, 제1호부터 제3호까지의 규정에 해당할 때에는 철도운행안전관리자 자격을 취소하여야 한다.

① 거짓이나 그 밖의 부정한 방법으로 철도운행안전관리자 자격을 받았을 때(필요적 취소)
② 철도운행안전관리자 자격의 효력정지기간 중에 철도운행안전관리자 업무를 수행하였을 때(필요적 취소)
③ 철도운행안전관리자 자격을 다른 사람에게 빌려주었을 때(필요적 취소)
④ 철도운행안전관리자의 업무 수행 중 고의 또는 중과실로 인한 철도사고가 일어났을 때
⑤ 술을 마시거나 약물을 사용한 상태에서 철도운행안전관리자 업무를 하였을 때
⑥ 술을 마시거나 약물을 사용한 상태에서 업무를 하였다고 인정할 만한 상당한 이유가 있음에도 불구하고 국토교통부장관 또는 시·도지사의 확인 또는 검사를 거부하였을 때

4. 재정지원

정부는 다음의 기관 또는 단체에 보조 등 재정적 지원을 할 수 있다.

① 운전적성검사기관, 관제적성검사기관 또는 정밀안전진단기관
② 운전교육훈련기관, 관제교육훈련기관 또는 정비교육훈련기관

③ 인증기관, 시험기관, 안전전문기관 및 철도안전에 관한 단체
④ 제77조제2항에 따라 업무를 위탁받은 기관 또는 단체(한국교통안전공단)

08 보칙 및 벌칙

1. 보칙

(1) 보고 및 검사(법 제73조)

국토교통부장관이나 관계 지방자치단체는 다음의 어느 하나에 해당하는 경우 대통령령으로 정하는 바에 따라 철도관계기관등에 대하여 필요한 사항을 보고하게 하거나 자료의 제출을 명할 수 있다.

철도안전법 제73조

> 1. 철도안전 종합계획 또는 시행계획의 수립 또는 추진을 위하여 필요한 경우
> 1의2. 제6조의2제1항에 따른 철도안전투자의 공시가 적정한지를 확인하려는 경우
> 2. 제8조제2항에 따른 점검·확인을 위하여 필요한 경우
> 2의2. 제9조의3제1항에 따른 안전관리 수준평가를 위하여 필요한 경우
> 3. 운전적성검사기관, 관제적성검사기관, 운전교육훈련기관, 관제교육훈련기관, 안전전문기관, 정비교육훈련기관, 정밀안전진단기관, 인증기관, 시험기관, 위험물 포장·용기검사기관 및 위험물취급전문교육기관의 업무 수행 또는 지정기준 부합 여부에 대한 확인이 필요한 경우
> 4. 철도운영자등의 제21조의2, 제22조의2 또는 제23조제3항에 따른 철도종사자 관리의무 준수 여부에 대한 확인이 필요한 경우
> 4의2. 제31조제4항에 따른 조치의무 준수 여부를 확인하려는 경우
> 5. 제38조제2항에 따른 검토를 위하여 필요한 경우
> 5의2. 제38조의9에 따른 준수사항 이행 여부를 확인하려는 경우
> 6. 제40조에 따라 철도운영자가 열차운행을 일시 중지한 경우로서 그 결정 근거 등의 적정성에 대한 확인이 필요한 경우
> 7. 제44조제2항에 따른 철도운영자의 안전조치 등이 적정한지에 대한 확인이 필요한 경우
> 7의2. 제44조의2제1항에 따라 위험물 포장 및 용기의 안전성에 대한 확인이 필요한 경우
> 7의3. 제44조의3제1항에 따른 철도로 운송하는 위험물을 취급하는 종사자의 위험물취급안전교육 이수 여부에 대한 확인이 필요한 경우
> 8. 제61조에 따른 보고와 관련하여 사실 확인 등이 필요한 경우
> 9. 제68조, 제69조제2항 또는 제70조에 따른 시책을 마련하기 위하여 필요한 경우
> 10. 제72조의2제1항에 따른 비용의 지원을 결정하기 위하여 필요한 경우

(2) 수수료(법 제74조)

① 이 법에 따른 교육훈련, 면허, 검사, 진단, 성능인증 및 성능시험 등을 신청하는 자는 국토교통부령으로 정하는 수수료를 내야 한다. 다만, 이 법에 따라 국토교통부장관의 지정을 받은 운전적성검사기관, 관제적성검사기관, 운전교육훈련기관, 관제교육훈련기관, 정비교육훈련기관, 정밀안전진단기관, 인증기관, 시험기관, 안전전문기관, 위험물 포장·용기검사기관 및 위험물취급전문교육기관(대행기관이라 한다) 또는 제77조제2항에 따라 업무를 위탁받은 기관(수탁기관이라 한다)의 경우에는 대행기관 또는 수탁기관이 정하는 수수료를 대행기관 또는 수탁기관에 내야 한다.

② 제1항 단서에 따라 수수료를 정하려는 대행기관 또는 수탁기관은 그 기준을 정하여 국토교통부장관의 승인을 받아야 한다. 승인받은 사항을 변경하려는 경우에도 또한 같다.

(3) 청문(법 제75조)

국토교통부장관은 다음의 어느 하나에 해당하는 처분을 하는 경우에는 청문을 하여야 한다.

철도안전법 제75조

1. 제9조제1항에 따른 안전관리체계의 승인 취소
2. 제15조의2에 따른 운전적성검사기관의 지정취소(제16조제5항, 제21조의6제5항, 제21조의7제5항, 제24조의4제5항 또는 제69조제7항에서 준용하는 경우를 포함한다)
3. 삭제
4. 제20조제1항에 따른 운전면허의 취소 및 효력정지
4의2. 제21조의11제1항에 따른 관제자격증명의 취소 또는 효력정지
4의3. 제24조의5제1항에 따른 철도차량정비기술자의 인정 취소
5. 제26조의2제1항(제27조제4항에서 준용하는 경우를 포함한다)에 따른 형식승인의 취소
6. 제26조의7(제27조의2제4항에서 준용하는 경우를 포함한다)에 따른 제작자승인의 취소
7. 제38조의10제1항에 따른 인증정비조직의 인증 취소
8. 제38조의13제3항에 따른 정밀안전진단기관의 지정 취소
8의2. 제44조의2제6항에 따른 위험물 포장·용기검사기관의 지정 취소 또는 업무정지
8의3. 제44조의3제5항에 따른 위험물취급전문교육기관의 지정 취소 또는 업무정지
9. 제48조의4제3항에 따른 시험기관의 지정 취소
10. 제69조의5제1항에 따른 철도운행안전관리자의 자격 취소
11. 제69조의5제2항에 따른 철도안전전문기술자의 자격 취소

(4) 벌칙 적용에서 공무원 의제(법 제76조)

철도안전법 제76조

다음의 어느 하나에 해당하는 사람은 형법 제129조부터 제132조까지의 규정[44]을 적용할 때에는 공무원으로 본다.

> 1. 운전적성검사 업무에 종사하는 운전적성검사기관의 임직원 또는 관제적성검사 업무에 종사하는 관제적성검사기관의 임직원
> 2. 운전교육훈련 업무에 종사하는 운전교육훈련기관의 임직원 또는 관제교육훈련 업무에 종사하는 관제교육훈련기관의 임직원
> 2의2. 정비교육훈련 업무에 종사하는 정비교육훈련기관의 임직원
> 2의3. 정밀안전진단 업무에 종사하는 정밀안전진단기관의 임직원
> 2의4. 제27조의3에 따라 위탁받은 검사 업무에 종사하는 기관 또는 단체의 임직원
> 2의5. 제48조의4에 따른 성능시험 업무에 종사하는 시험기관의 임직원 및 성능인증·점검 업무에 종사하는 인증기관의 임직원
> 2의6. 제69조제5항에 따른 철도안전 전문인력의 양성 및 자격관리 업무에 종사하는 안전전문기관의 임직원
> 2의7. 제44조의2제4항에 따른 위험물 포장·용기검사 업무에 종사하는 위험물 포장·용기검사기관의 임직원
> 2의8. 제44조의3제3항에 따른 위험물취급안전교육 업무에 종사하는 위험물취급전문교육기관의 임직원
> 3. 제77조제2항에 따라 위탁업무에 종사하는 철도안전 관련 기관 또는 단체의 임직원

(5) 업무의 위탁(시행령 제63조)

철도안전법 시행령 제63조

1) 한국교통안전공단에의 업무 위탁(시행령 제63조제1항)

국토교통부장관은 다음의 업무를 한국교통안전공단에 위탁한다.

① 안전관리기준에 대한 적합 여부 검사
② 기술기준의 제정 또는 개정을 위한 연구·개발
③ 안전관리체계에 대한 정기검사 또는 수시검사

---

[44] 형법 제129조(수뢰, 사전수뢰) ① 공무원 또는 중재인이 그 직무에 관하여 뇌물을 수수, 요구 또는 약속한 때에는 5년 이하의 징역 또는 10년 이하의 자격정지에 처한다.
② 공무원 또는 중재인이 될 자가 그 담당할 직무에 관하여 청탁을 받고 뇌물을 수수, 요구 또는 약속한 후 공무원 또는 중재인이 된 때에는 3년 이하의 징역 또는 7년 이하의 자격정지에 처한다.
제130조(제삼자뇌물제공) 공무원 또는 중재인이 그 직무에 관하여 부정한 청탁을 받고 제3자에게 뇌물을 공여하게 하거나 공여를 요구 또는 약속한 때에는 5년 이하의 징역 또는 10년 이하의 자격정지에 처한다.
제131조(수뢰후부정처사, 사후수뢰) ①공무원 또는 중재인이 전2조의 죄를 범하여 부정한 행위를 한 때에는 1년 이상의 유기징역에 처한다.
② 공무원 또는 중재인이 그 직무상 부정한 행위를 한 후 뇌물을 수수, 요구 또는 약속하거나 제삼자에게 이를 공여하게 하거나 공여를 요구 또는 약속한 때에도 전항의 형과 같다.
③ 공무원 또는 중재인이었던 자가 그 재직 중에 청탁을 받고 직무상 부정한 행위를 한 후 뇌물을 수수, 요구 또는 약속한 때에는 5년 이하의 징역 또는 10년 이하의 자격정지에 처한다.
④ 전3항의 경우에는 10년 이하의 자격정지를 병과할 수 있다.
제132조(알선수뢰) 공무원이 그 지위를 이용하여 다른 공무원의 직무에 속한 사항의 알선에 관하여 뇌물을 수수, 요구 또는 약속한 때에는 3년 이하의 징역 또는 7년 이하의 자격정지에 처한다.

④ 철도운영자등에 대한 안전관리 수준평가
⑤ 운전면허시험의 실시
⑥ 운전면허증 또는 관제자격증명서의 발급과 운전면허증 또는 관제자격증명서의 재발급이나 기재사항의 변경
⑦ 운전면허증 또는 관제자격증명서의 갱신 발급과 따른 운전면허 또는 관제자격증명 갱신에 관한 내용 통지
⑧ 운전면허증 또는 관제자격증명서의 반납의 수령 및 보관
⑨ 운전면허 또는 관제자격증명의 발급·갱신·취소 등에 관한 자료의 유지·관리
⑩ 관제자격증명시험의 실시
⑪ 철도차량정비기술자의 인정 및 철도차량정비경력증의 발급·관리
⑫ 철도차량정비기술자 인정의 취소 및 정지에 관한 사항
⑬ 종합시험운행 결과의 검토
⑭ 철도차량의 이력관리에 관한 사항
⑮ 철도차량 정비조직의 인증 및 변경인증의 적합 여부에 관한 확인
⑯ 정비조직운영기준의 작성
⑰ 정밀안전진단기관이 수행한 해당 정밀안전진단의 결과 평가
⑱ 철도안전 자율보고의 접수
⑲ 철도안전에 관한 지식 보급과 철도안전에 관한 정보의 종합관리를 위한 정보체계 구축 및 관리
⑳ 철도차량정비기술자의 인정 취소에 관한 청문

2) 한국철도기술연구원에의 업무 위탁(시행령 제63조제2항)

국토교통부장관은 다음의 업무를 한국철도기술연구원에 위탁한다.

① 기술기준의 제정 또는 개정을 위한 연구·개발
② 정기검사 또는 수시검사
③ 철도차량·철도용품 표준규격의 제정·개정 등에 관한 업무 중 표준규격의 제정·개정·폐지에 관한 신청의 접수
④ 철도차량·철도용품 표준규격의 제정·개정 등에 관한 업무 중 표준규격의 제정·개정·폐지 및 확인 대상의 검토
⑤ 철도차량·철도용품 표준규격의 제정·개정 등에 관한 업무 중 표준규격의 제정·개정·폐지 및 확인에 대한 처리결과 통보
⑥ 철도차량·철도용품 표준규격의 제정·개정 등에 관한 업무 중 표준규격서의 작성
⑦ 철도차량·철도용품 표준규격의 제정·개정 등에 관한 업무 중 표준규격서의 기록

및 보관

⑧ 철도차량 개조승인검사

3) 국가철도공단에의 업무 위탁(시행령 제63조제3항)

국토교통부장관은 철도보호지구 등의 관리에 관한 다음의 업무를 국가철도공단법에 따른 국가철도공단에 위탁한다.

① 철도보호지구에서의 행위의 신고 수리, 노면전차 철도보호지구의 바깥쪽 경계선으로부터 20미터 이내의 지역에서의 행위의 신고 수리 및 행위 금지·제한이나 필요한 조치명령
② 손실보상과 손실보상에 관한 협의

4) 철도안전에 관한 전문기관이나 단체에의 업무 위탁(시행령 제63조제4항)

국토교통부장관은 다음의 업무를 국토교통부장관이 지정하여 고시하는 철도안전에 관한 전문기관이나 단체에 위탁한다.

① 자격부여 등에 관한 업무 중 자격부여신청 접수, 자격증명서 발급, 관계 자료 제출 요청 및 자격부여에 관한 자료의 유지·관리 업무

2. 벌칙

(1) 주요 벌칙(법 제78조)

철도안전법 제78조

① 다음의 어느 하나에 해당하는 사람은 무기징역 또는 5년 이상의 징역에 처한다.
  ㉠ 사람이 탑승하여 운행 중인 철도차량에 불을 놓아 소훼한 사람
  ㉡ 사람이 탑승하여 운행 중인 철도차량을 탈선 또는 충돌하게 하거나 파괴한 사람

② 철도시설 또는 철도차량을 파손하여 철도차량 운행에 위험을 발생하게 한 사람은 10년 이하의 징역 또는 1억원 이하의 벌금에 처한다.
③ 과실로 제1항의 죄를 지은 사람은 1년 이하의 징역 또는 1천만원 이하의 벌금에 처한다.
④ 과실로 제2항의 죄를 지은 사람은 1천만원 이하의 벌금에 처한다.
⑤ 업무상 과실이나 중대한 과실로 제1항의 죄를 지은 사람은 3년 이하의 징역 또는 3천만원 이하의 벌금에 처한다.
⑥ 업무상 과실이나 중대한 과실로 제2항의 죄를 지은 사람은 2년 이하의 징역 또는 2천만원 이하의 벌금에 처한다.
⑦ 제1항 및 제2항의 미수범은 처벌한다.

(2) 벌칙(법 제79조)

철도안전법 제79조

1) 5년 이하의 징역 또는 5천만원 이하의 벌금

   폭행·협박으로 철도종사자의 직무집행을 방해한 자

2) 3년 이하의 징역 또는 3천만원 이하의 벌금

   ① 안전관리체계의 승인을 받지 아니하고 철도운영을 하거나 철도시설을 관리한 자
   ② 철도차량 제작자승인을 받지 아니하고 철도차량을 제작한 자
   ③ 철도용품 제작자승인을 받지 아니하고 철도용품을 제작한 자
   ④ 개조승인을 받지 아니하고 철도차량을 임의로 개조하여 운행한 자
   ⑤ 적정 개조능력이 있다고 인정되지 아니한 자에게 철도차량 개조 작업을 수행하게 한 자
   ⑥ 국토교통부장관의 운행제한 명령을 따르지 아니하고 철도차량을 운행한 자
   ⑦ 철도사고등 발생 시 철도종사자 준수사항을 위반하여 사람을 사상에 이르게 하거나 철도차량 또는 철도시설을 파손에 이르게 한 자
   ⑧ 술을 마시거나 약물을 사용한 상태에서 업무를 한 사람
   ⑨ 위험물의 운송위탁 및 운송 금지 규정을 위반하여 운송 금지 위험물의 운송을 위탁하거나 그 위험물을 운송한 자
   ⑩ 위험물 취급 규정을 위반하여 위험물을 운송한 자
   ⑪ 여객열차에서 다른 사람을 폭행하여 열차운행에 지장을 초래한 자
   ⑫ 철도차량을 향하여 돌이나 그 밖의 위험한 물건을 던져 철도차량 운행에 위험을 발생하게 하는 행위를 한 자
   ⑬ 궤도의 중심으로부터 양측으로 폭 3미터 이내의 장소에 철도차량의 안전 운행에 지장을 주는 물건을 방치하는 행위를 한 자
   ⑭ 철도교량 등 국토교통부령으로 정하는 시설 또는 구역에 국토교통부령으로 정하는 폭발물 또는 인화성이 높은 물건 등을 쌓아 놓는 행위를 한 자

3) 2년 이하의 징역 또는 2천만원 이하의 벌금

   ① 거짓이나 그 밖의 부정한 방법으로 안전관리체계의 승인을 받은 자
   ② 안전관리체계의 유지 규정을 위반하여 철도운영이나 철도시설의 관리에 중대하고 명백한 지장을 초래한 자
   ③ 거짓이나 그 밖의 부정한 방법으로 운전적성검사기관, 운전교육훈련기관, 관제적성검사기관, 관제교육훈련기관, 정비교육훈련기관, 정밀안전진단기관 또는 안전전문기관 지정을 받은 자
   ④ 업무정지 기간 중에 해당 업무를 한 자

⑤ 거짓이나 그 밖의 부정한 방법으로 철도차량 형식승인 또는 철도용품 형식승인을 받은 자
⑥ 철도차량 형식승인을 받지 아니한 철도차량을 운행한 자
⑦ 거짓이나 그 밖의 부정한 방법으로 철도차량 제작자승인 또는 철도용품 제작자승인을 받은 자
⑧ 거짓이나 그 밖의 부정한 방법으로 철도차량 제작자승인 또는 철도용품 제작자승인의 면제를 받은 자
⑨ 철도차량 완성검사를 받지 아니하고 철도차량을 판매한자
⑩ 업무정지 기간 중에 철도차량 또는 철도용품을 제작한 자
⑪ 형식승인을 받지 아니한 철도용품을 철도시설 또는 철도차량 등에 사용한 자
⑫ 거짓이나 그 밖의 부정한 방법으로 위탁받은 검사 업무를 수행한 자
⑬ 제작 또는 판매 중지명령에 따르지 아니한 자
⑭ 종합시험운행을 실시하지 아니하거나 실시한 결과를 국토교통부장관에게 보고하지 아니하고 철도노선을 정상운행한 자
⑮ 철도차량정비가 되지 않은 철도차량임을 알면서 운행한 자
⑯ 철도차량정비 또는 원상복구 명령에 따르지 아니한 자
⑰ 거짓이나 그 밖의 부정한 방법으로 철도차량 정비조직의 인증을 받은 자
⑱ 고의 또는 중대한 과실로 철도사고 또는 중대한 운행장애를 발생시킨 자
⑲ 정밀안전진단을 받지 아니하거나 정밀안전진단 결과 또는 정밀안전진단 결과에 대한 평가 결과 계속 사용이 적합하지 아니하다고 인정된 철도차량을 운행한 자
⑳ 열차운행의 일시중지 요청을 받았음에도 특별한 사유 없이 열차운행을 중지하지 아니한 자
㉑ 열차운행을 일시중지한 철도종사자에게 불이익한 조치를 한 자
㉒ 철도종사자 음주 확인 또는 검사에 불응한 자
㉓ 정당한 사유 없이 위해물품을 휴대하거나 적재한 사람
㉔ 철도보호지구에서의 행위의 신고를 하지 아니하거나 행위 제한 또는 금지 명령에 따르지 아니한 자
㉕ 여객열차의 운행 중 정당한 사유 없이 비상정지버튼을 누르거나 승강용 출입문을 여는 행위를 한 사람
㉖ 철도안전 자율보고를 한 사람에게 불이익한 조치를 한 자

4) 1년 이하의 징역 또는 1천만원 이하의 벌금
① 철도차량 운전면허를 받지 아니하고 철도차량을 운전한 사람
② 거짓이나 그 밖의 부정한 방법으로 운전면허를 받은 사람
③ 거짓이나 그 밖의 부정한 방법으로 관제자격증명을 받은 사람
④ 거짓이나 그 밖의 부정한 방법으로 철도차량정비기술자로 인정받은 사람
⑤ 운전면허증을 다른 사람에게 빌려주거나 빌리거나 이를 알선한 사람
⑥ 실무수습을 이수하지 아니하고 철도차량의 운전업무에 종사한 사람
⑦ 운전면허를 받지 아니하거나 실무수습을 이수하지 아니한 사람을 철도차량의 운전업무에 종사하게 한 철도운영자등
⑧ 관제자격증명을 받지 아니하고 관제업무에 종사한 사람
⑨ 관제자격증명서를 다른 사람에게 빌려주거나 빌리거나 이를 알선한 사람
⑩ 실무수습을 이수하지 아니하고 관제업무에 종사한 사람
⑪ 관제자격증명을 받지 아니하거나 실무수습을 이수하지 아니한 사람을 관제업무에 종사하게 한 철도운영자등
⑫ 신체검사와 적성검사를 받지 아니하거나 신체검사와 적성검사에 합격하지 아니하고 운전·관제업무를 한 사람 및 그로 하여금 그 업무에 종사하게 한 자
⑬ 다른 사람에게 자기의 성명을 사용하여 철도차량정비 업무를 수행하게 하거나 자신의 철도차량정비경력증을 빌려 준 사람
⑭ 다른 사람의 성명을 사용하여 철도차량정비 업무를 수행하거나 다른 사람의 철도차량정비경력증을 빌린 사람
⑮ 명의대여 행위를 알선한 사람
⑯ 형식승인을 받지 아니한 철도차량 또는 철도용품을 판매한 자
⑰ 정비부품공급 및 관련자료 제공 등 이행 명령에 따르지 아니한 자
⑱ 종합시험운행 결과를 허위로 보고한 자
⑲ 정비조직의 인증을 받지 아니하고 철도차량정비를 한 자
⑳ 철도교통관제 지시를 따르지 아니한 자
㉑ 영상기록장치 설치 목적과 다른 목적으로 영상기록장치를 임의로 조작하거나 다른 곳을 비춘 자 또는 운행기간 외에 영상기록을 한 자
㉒ 영상기록을 목적 외의 용도로 이용하거나 다른 자에게 제공한 자
㉓ 영상기록장치 운영·관리에 대한 안전성 확보에 필요한 조치를 하지 아니하여 영상기록장치에 기록된 영상정보를 분실·도난·유출·변조 또는 훼손당한 자
㉔ 여객열차에서 술을 마시거나 약물을 복용하고 다른 사람에게 위해를 주는 행위를 한 사람

㉕ 거짓이나 부정한 방법으로 철도운행안전관리자 자격을 받은 사람
㉖ 철도운행안전관리자를 배치하지 아니하고 철도시설의 건설 또는 관리와 관련한 작업을 시행한 철도운영자
㉗ 정기교육을 받지 아니하고 업무를 한 사람 및 그로 하여금 그 업무에 종사하게 한 자
㉘ 철도안전 전문인력의 분야별 자격을 다른 사람에게 빌려주거나 빌리거나 이를 알선한 사람

5) 500만원 이하의 벌금

여객열차에서 철도종사자와 여객 등에게 성적 수치심을 일으키는 행위를 한 자

(3) 형의 가중(법 제80조)

① 제78조제1항의 죄를 지어 사람을 사망에 이르게 한 자는 사형, 무기징역 또는 7년 이상의 징역에 처한다.
② 제79조제1항, 제3항제16호 또는 제17호의 죄를 범하여 열차운행에 지장을 준 자는 그 죄에 규정된 형의 2분의 1까지 가중한다.
③ 제79조제3항제16호 또는 제17호의 죄를 범하여 사람을 사상에 이르게 한 자는 5년 이하의 징역 또는 5천만원 이하의 벌금에 처한다.

3. 과태료(법 제82조)

철도안전법 제82조

(1) 1천만원 이하의 과태료

① 제7조제3항(제26조의8 및 제27조의2제4항에서 준용하는 경우를 포함한다)을 위반하여 안전관리체계의 변경승인을 받지 아니하고 안전관리체계를 변경한 자
② 제8조제3항(제26조의8 및 제27조의2제4항에서 준용하는 경우를 포함한다)을 위반하여 정당한 사유 없이 시정조치 명령에 따르지 아니한 자
③ 제9조의4제4항을 위반하여 시정조치 명령을 따르지 아니한 자
④ 제26조제2항(제27조제4항에서 준용하는 경우를 포함한다)을 위반하여 변경승인을 받지 아니한 자
⑤ 제26조의5제2항(제27조의2제4항에서 준용하는 경우를 포함한다)에 따른 신고를 하지 아니한 자
⑥ 제27조의2제3항을 위반하여 형식승인표시를 하지 아니한 자
⑦ 제31조제2항을 위반하여 조사·열람·수거 등을 거부, 방해 또는 기피한 자
⑧ 제32조제2항 또는 제4항을 위반하여 시정조치계획을 제출하지 아니하거나 시정조치의 진행 상황을 보고하지 아니한 자

⑨ 제38조제2항에 따른 개선·시정 명령을 따르지 아니한 자
⑩ 제38조의5제3항을 위반한 이력사항을 고의로 입력하지 아니한 자
⑪ 제38조의5제3항을 위반한 이력사항을 위조·변조하거나 고의로 훼손한 자
⑫ 제38조의5제3항을 위반한 이력사항을 무단으로 외부에 제공한 자
⑬ 제38조의7제2항을 위반하여 변경인증을 받지 아니한 자
⑭ 제38조의9에 따른 준수사항을 지키지 아니한 자
⑮ 제38조의12제2항에 따른 정밀안전진단 명령을 따르지 아니한 자
⑯ 제38조의14제2항 후단을 위반하여 특별한 사유 없이 자료를 제출하지 아니하거나 거짓으로 제출한 자
⑰ 제39조의2제3항에 따른 안전조치를 따르지 아니한 자
⑱ 제39조의3제1항을 위반하여 영상기록장치를 설치·운영하지 아니한 자
⑲ 제48조의3제1항을 위반하여 국토교통부장관의 성능인증을 받은 보안검색장비를 사용하지 아니한 자
⑳ 제49조제1항을 위반하여 철도종사자의 직무상 지시에 따르지 아니한 사람
㉑ 제61조제1항 및 제61조의2제1항·제2항에 따른 보고를 하지 아니하거나 거짓으로 보고한 자
㉒ 제73조제1항에 따른 보고를 하지 아니하거나 거짓으로 보고한 자
㉓ 제73조제1항에 따른 자료제출을 거부, 방해 또는 기피한 자
㉔ 제73조제2항에 따른 소속 공무원의 출입·검사를 거부, 방해 또는 기피한 자

(2) **500만원 이하의 과태료**

① 제7조제3항(제26조의8 및 제27조의2제4항에서 준용하는 경우를 포함한다)을 위반하여 안전관리체계의 변경신고를 하지 아니하고 안전관리체계를 변경한 자
② 제24조제1항을 위반하여 안전교육을 실시하지 아니한 자 또는 제24조제2항을 위반하여 직무교육을 실시하지 아니한 자
③ 제24조제3항을 위반하여 안전교육 실시 여부를 확인하지 아니하거나 안전교육을 실시하도록 조치하지 아니한 철도운영자등
④ 제26조제2항(제27조제4항에서 준용하는 경우를 포함한다)을 위반하여 변경신고를 하지 아니한 자
⑤ 제38조의2제2항 단서를 위반하여 개조신고를 하지 아니하고 개조한 철도차량을 운행한 자
⑥ 제38조의5제3항제1호를 위반하여 이력사항을 과실로 입력하지 아니한 자
⑦ 제38조의7제2항을 위반하여 변경신고를 하지 아니한 자
⑧ 제40조의2에 따른 준수사항을 위반한 자

⑨ 제44조제1항에 따른 위험물취급의 방법, 절차 등을 따르지 아니하고 위험물취급을 한 자(위험물을 철도로 운송한 자는 제외한다)
⑩ 제44조의2제1항에 따른 검사를 받지 아니하고 포장 및 용기를 판매 또는 사용한 자
⑪ 제44조의3제1항을 위반하여 자신이 고용하고 있는 종사자가 위험물취급안전교육을 받도록 하지 아니한 위험물취급자
⑫ 제47조제1항제1호 또는 제3호를 위반하여 여객출입 금지장소에 출입하거나 물건을 여객열차 밖으로 던지는 행위를 한 사람
⑬ 제47조제4항을 위반하여 여객열차에서의 금지행위에 관한 사항을 안내하지 아니한 자
⑭ 제48조제1항제5호를 위반하여 철도시설(선로는 제외한다)에 승낙 없이 출입하거나 통행한 사람
⑮ 제48조제1항제7호·제9호 또는 제10호를 위반하여 철도시설에 유해물 또는 오물을 버리거나 열차운행에 지장을 준 사람
⑯ 제48조의3제2항에 따른 보안검색장비의 성능인증을 위한 기준·방법·절차 등을 위반한 인증기관 및 시험기관
⑰ 제61조제2항에 따른 보고를 하지 아니하거나 거짓으로 보고한 자

(3) 300만원 이하의 과태료
① 제9조의4제3항을 위반하여 우수운영자로 지정되었음을 나타내는 표시를 하거나 이와 유사한 표시를 한 자
② 제20조제3항(제21조의11제2항에서 준용하는 경우를 포함한다)을 위반하여 운전면허증을 반납하지 아니한 사람

(4) 100만원 이하의 과태료
① 제40조의3을 위반하여 업무에 종사하는 동안에 열차 내에서 흡연을 한 사람
② 제47조제1항제4호를 위반하여 여객열차에서 흡연을 한 사람
③ 제48조제1항제5호를 위반하여 선로에 승낙 없이 출입하거나 통행한 사람
④ 제48조제1항제6호를 위반하여 폭언 또는 고성방가 등 소란을 피우는 행위를 한 사람

(5) 50만원 이하의 과태료
① 제45조제4항을 위반하여 조치명령을 따르지 아니한 자
② 제47조제1항제7호를 위반하여 공중이나 여객에게 위해를 끼치는 행위를 한 사람

(6) 과태료 징수권자

국토교통부장관 또는 시·도지사가 부과·징수한다.

(7) 과태료 부과기준(시행령 제64조)

과태료 부과기준은 철도안전법 시행령 별표 6과 같다.

시행령 별표 6

철도산업발전기본법

01 총칙

1. 목적(법 제1조)

이 법은 철도산업의 경쟁력을 높이고 발전기반을 조성함으로써 철도산업의 효율성 및 공익성의 향상과 국민경제의 발전에 이바지함을 목적으로 한다.

2. 적용 범위(법 제2조)

이 법은 다음의 어느 하나에 해당하는 철도에 대하여 적용한다. 다만, 제2장(철도산업 발전기반의 조성)의 규정은 모든 철도에 대하여 적용한다.
① 국가 및 한국고속철도건설공단이 소유·건설·운영 또는 관리하는 철도
② 국가철도공단 및 한국철도공사가 소유·건설·운영 또는 관리하는 철도

3. 용어의 정의(법 제3조)

(1) 철도

철도라 함은 여객 또는 화물을 운송하는 데 필요한 철도시설과 철도차량 및 이와 관련된 운영·지원체계가 유기적으로 구성된 운송체계를 말한다.

(2) 철도시설

다음의 어느 하나에 해당하는 시설(부지를 포함한다)을 말한다.
① 철도의 선로(선로에 부대되는 시설을 포함한다), 역시설(물류시설·환승시설 및 편의시설 등을 포함한다) 및 철도운영을 위한 건축물·건축설비
② 선로 및 철도차량을 보수·정비하기 위한 선로보수기지, 차량정비기지 및 차량유치시설
③ 철도의 전철전력설비, 정보통신설비, 신호 및 열차제어설비

④ 철도노선간 또는 다른 교통수단과의 연계운영에 필요한 시설
⑤ 철도기술의 개발·시험 및 연구를 위한 시설
⑥ 철도경영연수 및 철도전문인력의 교육훈련을 위한 시설
⑦ 그 밖에 철도의 건설·유지보수 및 운영을 위한 시설로서 대통령령으로 정하는 시설[45]

(3) 철도운영

철도운영이라 함은 철도와 관련된 다음의 어느 하나에 해당하는 것을 말한다.

① 철도 여객 및 화물 운송
② 철도차량의 정비 및 열차의 운행관리
③ 철도시설·철도차량 및 철도부지 등을 활용한 부대사업개발 및 서비스

(4) 철도차량

철도차량이라 함은 선로를 운행할 목적으로 제작된 동력차·객차·화차 및 특수차를 말한다.

(5) 선로

선로라 함은 철도차량을 운행하기 위한 궤도와 이를 받치는 노반 또는 공작물로 구성된 시설을 말한다.

(6) 철도시설의 건설

철도시설의 건설이라 함은 철도시설의 신설과 기존 철도시설의 직선화·전철화·복선화 및 현대화 등 철도시설의 성능 및 기능향상을 위한 철도시설의 개량을 포함한 활동을 말한다.

(7) 철도시설의 유지보수

철도시설의 유지보수라 함은 기존 철도시설의 현상유지 및 성능향상을 위한 점검·보수·교체·개량 등 일상적인 활동을 말한다.

---

[45] 철도안전법 시행령 제2조(철도시설) 철도산업발전기본법 제3조제2호 사목에서 "대통령령이 정하는 시설"이라 함은 다음 각호의 시설을 말한다.
1. 철도의 건설 및 유지보수에 필요한 자재를 가공·조립·운반 또는 보관하기 위하여 당해 사업기간중에 사용되는 시설
2. 철도의 건설 및 유지보수를 위한 공사에 사용되는 진입도로·주차장·야적장·토석채취장 및 사토장과 그 설치 또는 운영에 필요한 시설
3. 철도의 건설 및 유지보수를 위하여 당해 사업기간중에 사용되는 장비와 그 정비·점검 또는 수리를 위한 시설
4. 그 밖에 철도안전관련시설·안내시설 등 철도의 건설·유지보수 및 운영을 위하여 필요한 시설로서 국토교통부장관이 정하는 시설

(8) 철도산업

철도산업이라 함은 철도운송·철도시설·철도차량 관련산업과 철도기술개발관련산업 그 밖에 철도의 개발·이용·관리와 관련된 산업을 말한다.

(9) 철도시설관리자

철도시설관리자라 함은 철도시설의 건설 및 관리 등에 관한 업무를 수행하는 자로서 다음의 어느 하나에 해당하는 자를 말한다.
① 관리청(국토교통부장관)
② 국가철도공단
③ 철도시설관리권을 설정받은 자
④ 철도시설의 관리를 대행·위임 또는 위탁받은 자

(10) 철도운영자

철도운영자라 함은 한국철도공사 등 철도운영에 관한 업무를 수행하는 자를 말한다.

(11) 공익서비스

공익서비스라 함은 철도운영자가 영리목적의 영업활동과 관계없이 국가 또는 지방자치단체의 정책이나 공공목적 등을 위하여 제공하는 철도서비스를 말한다.

02 철도산업 발전기반의 조성

1. 철도산업시책

(1) 시책의 기본방향(법 제4조제1항)

국가는 철도산업시책을 수립하여 시행하는 경우 효율성과 공익적 기능을 고려하여야 한다.

(2) 국가의 의무(법 제4조제2항)

① 국가는 에너지이용의 효율성, 환경친화성 및 수송효율성이 높은 철도의 역할이 국가의 건전한 발전과 국민의 교통편익 증진을 위하여 필수적인 요소임을 인식하여 적정한 철도수송분담의 목표를 설정하여 유지하고 이를 위한 철도시설을 확보하는 등 철도산업 발전을 위한 여러 시책을 마련하여야 한다.

② 국가는 철도산업시책과 철도투자·안전 등 관련 시책을 효율적으로 추진하기 위하여 필요한 조직과 인원을 확보하여야 한다.

2. 철도산업발전기본계획

(1) 철도산업발전기본계획의 수립(법 제5조제1항)

국토교통부장관은 철도산업의 육성과 발전을 촉진하기 위하여 5년 단위로 철도산업발전기본계획(기본계획이라 한다)을 수립하여 시행하여야 한다.

(2) 철도산업발전기본계획의 내용(법 제5조제2항)

기본계획에는 다음의 사항이 포함되어야 한다.

① 철도산업 육성시책의 기본방향에 관한 사항
② 철도산업의 여건 및 동향전망에 관한 사항
③ 철도시설의 투자·건설·유지보수 및 이를 위한 재원확보에 관한 사항
④ 각종 철도간의 연계수송 및 사업조정에 관한 사항
⑤ 철도운영체계의 개선에 관한 사항
⑥ 철도산업 전문인력의 양성에 관한 사항
⑦ 철도기술의 개발 및 활용에 관한 사항
⑧ 그 밖에 철도산업의 육성 및 발전에 관한 사항으로서 대통령령으로 정하는 사항[46]

(3) 철도산업발전기본계획 수립 시 고려사항(법 제5조제3항)

기본계획은 국가기간교통망계획, 중기 교통시설투자계획 및 국토교통과학기술 연구개발 종합계획과 조화를 이루도록 하여야 한다.

(4) 철도산업발전기본계획의 사전 심의

1) 사전 심의 원칙(법 제5조제4항)

국토교통부장관은 기본계획을 수립하고자 하는 때에는 미리 기본계획과 관련이 있는

---

[46] 철도안전법 시행령 제3조(철도산업발전기본계획의 내용) 법 제5조제2항제8호에서 "대통령령이 정하는 사항"이라 함은 다음 각호의 사항을 말한다.
  1. 철도수송분담의 목표
  2. 철도안전 및 철도서비스에 관한 사항
  3. 다른 교통수단과의 연계수송에 관한 사항
  4. 철도산업의 국제협력 및 해외시장 진출에 관한 사항
  5. 철도산업시책의 추진체계
  6. 그 밖에 철도산업의 육성 및 발전에 관한 사항으로서 국토교통부장관이 필요하다고 인정하는 사항

행정기관의 장과 협의한 후 철도산업위원회의 심의를 거쳐야 한다. 수립된 기본계획을 변경(대통령령으로 정하는 경미한 변경은 제외한다)하고자 하는 때에도 또한 같다.

2) 사전 심의 예외(시행령 제4조)

법 제5조제4항 후단에서 대통령령이 정하는 경미한 변경이라 함은 다음의 변경을 말한다.

① 철도시설투자사업 규모의 100분의 1의 범위안에서의 변경
② 철도시설투자사업 총투자비용의 100분의 1의 범위안에서의 변경
③ 철도시설투자사업 기간의 2년의 기간내에서의 변경

(5) 관보 고시(법 제5조제5항)

국토교통부장관은 기본계획을 수립 또는 변경한 때에는 이를 관보에 고시하여야 한다.

(6) 철도산업발전시행계획의 수립

1) 연도별 시행계획의 수립 의무(법 제5조제6항)

관계행정기관의 장은 수립·고시된 기본계획에 따라 연도별 시행계획을 수립·추진하고, 해당 연도의 계획 및 전년도의 추진실적을 국토교통부장관에게 제출하여야 한다.

2) 시행계획의 수립 절차 등(시행령 제5조)

① 관계행정기관의 장은 당해 연도의 시행계획을 전년도 11월말까지 국토교통부장관에게 제출하여야 한다.
② 관계행정기관의 장은 전년도 시행계획의 추진실적을 매년 2월말까지 국토교통부장관에게 제출하여야 한다.

3. 철도산업위원회

(1) 철도산업위원회의 구성(법 제6조)

① 철도산업에 관한 기본계획 및 중요정책 등을 심의·조정하기 위하여 국토교통부에 철도산업위원회(위원회라 한다)를 둔다.
② 위원회는 위원장을 포함한 25인 이내의 위원으로 구성한다.
③ 위원회에 상정할 안건을 미리 검토하고 위원회가 위임한 안건을 심의하기 위하여 위원회에 분과위원회를 둔다.
④ 이 법에서 규정한 사항외에 위원회 및 분과위원회의 구성·기능 및 운영에 관하여 필요한 사항은 대통령령으로 정한다

(2) 철도산업위원회의 구성원(시행령 제6조)

① 철도산업위원회(위원회라 한다)의 위원장은 국토교통부장관이 된다.
② 위원회의 위원은 다음의 자가 된다.
　㉠ 기획재정부차관·교육부차관·과학기술정보통신부차관·행정안전부차관·산업통상자원부차관·고용노동부차관·국토교통부차관·해양수산부차관 및 공정거래위원회부위원장
　㉡ 국가철도공단의 이사장
　㉢ 한국철도공사의 사장
　㉣ 철도산업에 관한 전문성과 경험이 풍부한 자중에서 위원회의 위원장이 위촉하는 자
③ 위원장 위촉에 의한 위원의 임기는 2년으로 하되, 연임할 수 있다.

(3) 철도산업위원회의 심의·조정 사항(법 제6조제2항)

위원회는 다음의 사항을 심의·조정한다.
① 철도산업의 육성·발전에 관한 중요정책 사항
② 철도산업구조개혁에 관한 중요정책 사항
③ 철도시설의 건설 및 관리 등 철도시설에 관한 중요정책 사항
④ 철도안전과 철도운영에 관한 중요정책 사항
⑤ 철도시설관리자와 철도운영자간 상호협력 및 조정에 관한 사항
⑥ 이 법 또는 다른 법률에서 위원회의 심의를 거치도록 한 사항
⑦ 그 밖에 철도산업에 관한 중요한 사항으로서 위원장이 회의에 부치는 사항

(4) 철도산업위원회 위원의 해촉(시행령 제6조의2)

위원회의 위원장은 위원장이 위촉한 위원이 다음의 어느 하나에 해당하는 경우에는 해당 위원을 해촉할 수 있다.
① 심신장애로 인하여 직무를 수행할 수 없게 된 경우
② 직무와 관련된 비위사실이 있는 경우
③ 직무태만, 품위손상이나 그 밖의 사유로 인하여 위원으로 적합하지 아니하다고 인정되는 경우
④ 위원 스스로 직무를 수행하는 것이 곤란하다고 의사를 밝히는 경우

(5) 위원회의 운영(시행령 제7조, 제8조, 제9조)

① 위원회의 위원장은 위원회를 대표하며, 위원회의 업무를 총괄한다.

② 위원회의 위원장이 부득이한 사유로 직무를 수행할 수 없는 때에는 위원회의 위원장이 미리 지명한 위원이 그 직무를 대행한다.
③ 위원회의 위원장은 위원회의 회의를 소집하고, 그 의장이 된다.
④ 위원회의 회의는 재적위원 과반수의 출석과 출석위원 과반수의 찬성으로 의결한다.
⑤ 위원회는 회의록을 작성·비치하여야 한다.
⑥ 위원회에 간사 1인을 두되, 간사는 국토교통부장관이 국토교통부소속공무원중에서 지명한다.

(6) 실무위원회의 구성(시행령 제10조)

위원회의 심의·조정사항과 위원회에서 위임한 사항의 실무적인 검토를 위하여 위원회에 실무위원회를 둔다.

① 실무위원회는 위원장을 포함한 20인 이내의 위원으로 구성한다.
② 실무위원회의 위원장은 국토교통부장관이 국토교통부의 3급 공무원 또는 고위공무원단에 속하는 일반직공무원중에서 지명한다.
③ 실무위원회의 위원은 다음의 자가 된다.
  ㉠ 기획재정부·교육부·과학기술정보통신부·행정안전부·산업통상자원부·고용노동부·국토교통부·해양수산부 및 공정거래위원회의 3급 공무원, 4급 공무원 또는 고위공무원단에 속하는 일반직공무원중 그 소속기관의 장이 지명하는 자 각 1인
  ㉡ 국가철도공단의 임직원 중 국가철도공단이사장이 지명하는 자 1인
  ㉢ 한국철도공사의 임직원중 한국철도공사사장이 지명하는 자 1인
  ㉣ 철도산업에 관한 전문성과 경험이 풍부한 자중에서 실무위원회의 위원장이 위촉하는 자
④ 실무위원회 위원장이 위촉한 위원의 임기는 2년으로 하되, 연임할 수 있다.
⑤ 실무위원회에 간사 1인을 두되, 간사는 국토교통부장관이 국토교통부소속 공무원중에서 지명한다.
⑥ 제8조(철도산업위원회의 회의)의 규정은 실무위원회의 회의에 관하여 이를 준용한다.

(7) 실무위원회 위원의 해촉(시행령 제10조의2)

① 실무위원회 위원을 지명한 자는 위원이 다음의 어느 하나에 해당하는 경우에는 그 지명을 철회할 수 있다.
  ㉠ 심신장애로 인하여 직무를 수행할 수 없게 된 경우
  ㉡ 직무와 관련된 비위사실이 있는 경우

ⓒ 직무태만, 품위손상이나 그 밖의 사유로 인하여 위원으로 적합하지 아니하다고 인정되는 경우
　　　ⓓ 위원 스스로 직무를 수행하는 것이 곤란하다고 의사를 밝히는 경우
　② 실무위원회의 위원장은 위원장이 위촉한 위원이 전항의 어느 하나에 해당하는 경우에는 해당 위원을 해촉할 수 있다.

(8) 철도산업구조개혁기획단의 구성 등

1) 철도산업구조개혁기획단의 구성(시행령 제11조제1항)
　① 철도산업위원회의 활동을 지원하고 철도산업의 구조개혁 그 밖에 철도정책과 관련되는 다음의 업무를 지원·수행하기 위하여 국토교통부장관 소속하에 철도산업구조개혁기획단(기획단이라 한다)을 둔다.
　② 기획단은 단장 1인과 단원으로 구성한다.
　③ 기획단의 단장은 국토교통부장관이 국토교통부의 3급 공무원 또는 고위공무원단에 속하는 일반직공무원중에서 임명한다.
　④ 국토교통부장관은 기획단의 업무수행을 위하여 필요하다고 인정하는 때에는 관계 행정기관, 한국철도공사 등 관련 공사, 국가철도공단 등 특별법에 의하여 설립된 공단 또는 관련 연구기관에 대하여 소속 공무원·임직원 또는 연구원을 기획단으로 파견하여 줄 것을 요청할 수 있다.
　⑤ 기획단의 조직 및 운영에 관하여 필요한 세부적인 사항은 국토교통부장관이 정한다.

2) 철도산업구조개혁기획단의 업무(시행령 제11조제2항)
　① 철도산업구조개혁기본계획 및 분야별 세부추진계획의 수립
　② 철도산업구조개혁과 관련된 철도의 건설·운영주체의 정비
　③ 철도산업구조개혁과 관련된 인력조정·재원확보대책의 수립
　④ 철도산업구조개혁과 관련된 법령의 정비
　⑤ 철도산업구조개혁추진에 따른 철도운임·철도시설사용료·철도수송시장 등에 관한 철도산업정책의 수립
　⑥ 철도산업구조개혁추진에 따른 공익서비스비용의 보상, 세제·금융지원 등 정부지원정책의 수립
　⑦ 철도산업구조개혁추진에 따른 철도시설건설계획 및 투자재원조달대책의 수립
　⑧ 철도산업구조개혁추진에 따른 전기·신호·차량 등에 관한 철도기술개발정책의 수립
　⑨ 철도산업구조개혁추진에 따른 철도안전기준의 정비 및 안전정책의 수립
　⑩ 철도산업구조개혁추진에 따른 남북철도망 및 국제철도망 구축정책의 수립

⑪ 철도산업구조개혁에 관한 대외협상 및 홍보
⑫ 철도산업구조개혁추진에 따른 각종 철도의 연계 및 조정
⑬ 그 밖에 철도산업구조개혁과 관련된 철도정책 전반에 관하여 필요한 업무

4. 철도산업의 육성

(1) 철도시설 투자의 확대(법 제7조)

① 국가는 철도시설 투자를 추진하는 경우 사회적·환경적 편익을 고려하여야 한다.
② 국가는 각종 국가계획에 철도시설 투자의 목표치와 투자계획을 반영하여야 하며, 매년 교통시설 투자예산에서 철도시설 투자예산의 비율이 지속적으로 높아지도록 노력하여야 한다.

(2) 철도산업의 지원(법 제8조)

국가 및 지방자치단체는 철도산업의 육성·발전을 촉진하기 위하여 철도산업에 대한 재정·금융·세제·행정상의 지원을 할 수 있다.

(3) 철도산업전문인력의 교육·훈련 등(법 제9조)

① 국토교통부장관은 철도산업에 종사하는 자의 자질향상과 새로운 철도기술 및 그 운영기법의 향상을 위한 교육·훈련방안을 마련하여야 한다.
② 국토교통부장관은 국토교통부령으로 정하는 바에 의하여 철도산업전문연수기관과 협약을 체결하여 철도산업에 종사하는 자의 교육·훈련프로그램에 대한 행정적·재정적 지원 등을 할 수 있다.
③ 철도산업전문연수기관은 매년 전문인력수요조사를 실시하고 그 결과와 전문인력의 수급에 관한 의견을 국토교통부장관에게 제출할 수 있다.
④ 국토교통부장관은 새로운 철도기술과 운영기법의 향상을 위하여 특히 필요하다고 인정하는 때에는 정부투자기관·정부출연기관 또는 정부가 출자한 회사 등으로 하여금 새로운 철도기술과 운영기법의 연구·개발에 투자하도록 권고할 수 있다.

(4) 철도산업전문연수기관과의 협약체결 등

1) 교육·훈련프로그램의 종류(시행규칙 제2조제1항)

국토교통부장관이 철도산업전문연수기관과 협약을 체결하여 행정적·재정적 지원 등을 할 수 있는 교육·훈련프로그램은 다음과 같다.
① 철도시설의 건설 및 관리에 관한 교육·훈련

② 철도차량의 제작 및 관리에 관한 교육·훈련
③ 철도차량의 운전에 관한 교육·훈련
④ 전철전력설비·정보통신설비 등 철도관련장비의 조작 및 정비에 관한 교육·훈련
⑤ 철도관련기술에 관한 교육·훈련
⑥ 철도안전관리에 관한 교육·훈련
⑦ 철도서비스에 관한 교육·훈련

2) 협약을 체결할 수 있는 철도산업전문연수기관(시행규칙 제2조제2항)

국토교통부장관과 협약을 체결할 수 있는 철도산업전문연수기관은 다음과 같다.

① 한국철도대학(국립한국교통대학교 철도대학)
② 한국철도기술연구원
③ 교통개발연구원(한국교통연구원)
④ 국가철도공단의 부속 연수기관
⑤ 한국철도공사의 부속 연수기관

3) 공고(시행규칙 제2조제3항)

국토교통부장관은 철도산업전문연수기관과 협약을 체결하고자 하는 경우에는 교육·훈련프로그램중 지원대상이 되는 교육·훈련프로그램의 명칭, 협약체결기관의 선정방법, 협약체결신청방법 등에 관한 사항을 관보 또는 보급지역을 전국으로 하여 등록한 2 이상의 일반일간신문에 공고하여야 한다.

4) 협약 서류의 제출(시행규칙 제2조제4항)

철도산업전문연수기관이 공고된 교육·훈련프로그램에 대하여 행정적·재정적 지원 등에 관한 협약체결을 신청하고자 하는 경우에는 국토교통부장관에게 다음의 사항이 포함된 서류를 제출하여야 한다.

① 교육·훈련의 목적 및 대상자
② 교육·훈련의 내용·방법·기간·강사 및 장소
③ 교육·훈련에 소요되는 비용

5) 협약의 내용(시행규칙 제2조제5항)

국토교통부장관은 협약 체결을 위한 서류를 제출받은 때에는 교육·훈련에 적합하다고 인정되는 철도산업전문연수기관을 선정하여 다음의 사항이 포함된 협약을 체결하여야 한다.

① 철도산업전문연수기관의 명칭·대표자 및 위치

② 지원대상 교육·훈련프로그램
③ 지원사항·지원방법 및 지원조건
④ 협약의 변경 및 해약에 관한 사항
⑤ 협약의 위반에 관한 조치

(5) 철도산업교육과정의 확대 등(법 제10조)

① 국토교통부장관은 철도산업전문인력의 수급의 변화에 따라 철도산업교육과정의 확대 등 필요한 조치를 관계중앙행정기관의 장에게 요청할 수 있다.
② 국가는 철도산업종사자의 자격제도를 다양화하고 질적 수준을 유지·발전시키기 위하여 필요한 시책을 수립·시행하여야 한다.
③ 국토교통부장관은 철도산업 전문인력의 원활한 수급 및 철도산업의 발전을 위하여 특성화된 대학 등 교육기관을 운영·지원할 수 있다.

(6) 철도기술의 진흥(법 제11조)

① 국토교통부장관은 철도기술의 진흥 및 육성을 위하여 철도기술전반에 대한 연구 및 개발에 노력하여야 한다.
② 국토교통부장관은 철도기술전반에 대한 연구 및 개발을 촉진하기 위하여 이를 전문으로 연구하는 기관 또는 단체를 지도·육성하여야 한다.
③ 국가는 철도기술의 진흥을 위하여 철도시험·연구개발시설 및 부지 등 국유재산을 한국철도기술연구원에 무상으로 대부·양여하거나 사용·수익하게 할 수 있다.

(7) 철도산업의 정보화 촉진(법 제12조)

① 국토교통부장관은 철도산업에 관한 정보를 효율적으로 처리하고 원활하게 유통하기 위하여 대통령령으로 정하는 바에 의하여 철도산업정보화기본계획을 수립·시행하여야 한다.
② 국토교통부장관은 철도산업에 관한 정보를 효율적으로 수집·관리 및 제공하기 위하여 대통령령으로 정하는 바에 의하여 철도산업정보센터를 설치·운영하거나 철도산업에 관한 정보를 수집·관리 또는 제공하는 자 등에게 필요한 지원을 할 수 있다.

(8) 철도산업정보화기본계획의 내용(시행령 제15조)

① 철도산업정보화기본계획에는 다음의 사항이 포함되어야 한다.
㉠ 철도산업정보화의 여건 및 전망
㉡ 철도산업정보화의 목표 및 단계별 추진계획

ⓒ 철도산업정보화에 필요한 비용
　　　ⓔ 철도산업정보의 수집 및 조사계획
　　　ⓜ 철도산업정보의 유통 및 이용활성화에 관한 사항
　　　ⓗ 철도산업정보화와 관련된 기술개발의 지원에 관한 사항
　　　ⓢ 그 밖에 국토교통부장관이 필요하다고 인정하는 사항
　② 국토교통부장관은 철도산업정보화기본계획을 수립 또는 변경하고자 하는 때에는 위원회의 심의를 거쳐야 한다.

(9) 철도산업정보센터의 업무 등(시행령 제16조)
　① 철도산업정보센터는 다음 각호의 업무를 행한다.
　　　㉠ 철도산업정보의 수집·분석·보급 및 홍보
　　　㉡ 철도산업의 국제동향 파악 및 국제협력사업의 지원
　② 국토교통부장관은 철도산업에 관한 정보를 수집·관리 또는 제공하는 자에게 예산의 범위 안에서 운영에 소요되는 비용을 지원할 수 있다.

(10) 국제협력 및 해외진출 촉진(법 제13조)
　① 국토교통부장관은 철도산업에 관한 국제적 동향을 파악하고 국제협력을 촉진하여야 한다.
　② 국가는 철도산업의 국제협력 및 해외시장 진출을 추진하기 위하여 다음의 사업을 지원할 수 있다.
　　　㉠ 철도산업과 관련된 기술 및 인력의 국제교류
　　　㉡ 철도산업의 국제표준화와 국제공동연구개발
　　　㉢ 그 밖에 국토교통부장관이 철도산업의 국제협력 및 해외시장 진출을 촉진하기 위하여 필요하다고 인정하는 사업

5. 철도협회의 설립 등

(1) 철도협회의 설립(법 제13조의2)
　① 철도산업에 관련된 기업, 기관 및 단체와 이에 관한 업무에 종사하는 자는 철도산업의 건전한 발전과 해외진출을 도모하기 위하여 철도협회(협회라 한다)를 설립할 수 있다.
　② 협회는 법인으로 한다.
　③ 협회는 국토교통부장관의 인가를 받아 주된 사무소의 소재지에 설립등기를 함으로써 성립한다.

④ 국가, 지방자치단체 및 공공기관의운영에관한 법률에 따른 철도 분야 공공기관은 협회에 위탁한 업무의 수행에 필요한 비용의 전부 또는 일부를 예산의 범위에서 지원할 수 있다.
⑤ 협회의 정관은 국토교통부장관의 인가를 받아야 하며, 정관의 기재사항과 협회의 운영 등에 필요한 사항은 대통령령으로 정한다.
⑥ 협회에 관하여 이 법에 규정한 것 외에는 민법 중 사단법인에 관한 규정을 준용한다.

(2) 철도협회의 업무(법 제13조의2제4항)

협회는 철도 분야에 관한 다음의 업무를 한다.
① 정책 및 기술개발의 지원
② 정보의 관리 및 공동활용 지원
③ 전문인력의 양성 지원
④ 해외철도 진출을 위한 현지조사 및 지원
⑤ 조사·연구 및 간행물의 발간
⑥ 국가 또는 지방자치단체 위탁사업
⑦ 그 밖에 정관으로 정하는 업무

03 철도안전 및 이용자 보호

1. 철도안전

(1) 국가의 의무(법 제14조제1항, 제4항)

① 국가는 국민의 생명·신체 및 재산을 보호하기 위하여 철도안전에 필요한 법적·제도적 장치를 마련하고 이에 필요한 재원을 확보하도록 노력하여야 한다.
② 국가는 객관적이고 공정한 철도사고조사를 추진하기 위한 전담기구와 전문인력을 확보하여야 한다.

(2) 철도시설관리자의 의무(법 제14조제2항)

철도시설관리자는 그 시설을 설치 또는 관리할 때에 법령에서 정하는 바에 따라 해당 시설의 안전한 상태를 유지하고, 해당 시설과 이를 이용하려는 철도차량간의 종합적인 성능검증 및 안전상태 점검 등 안전확보에 필요한 조치를 하여야 한다.

(3) 철도운영자 · 제조업자의 의무(법 제14조제3항)

철도운영자 또는 철도차량 및 장비 등의 제조업자는 법령에서 정하는 바에 따라 철도의 안전한 운행 또는 그 제조하는 철도차량 및 장비 등의 구조 · 설비 및 장치의 안전성을 확보하고 이의 향상을 위하여 노력하여야 한다.

2. 철도서비스의 품질개선 등

(1) 철도운영자의 의무(법 제15조제1항)

철도운영자는 그가 제공하는 철도서비스의 품질을 개선하기 위하여 노력하여야 한다.

(2) 국토교통부장관의 의무(법 제15조제2항)

국토교통부장관은 철도서비스의 품질을 개선하고 이용자의 편익을 높이기 위하여 철도서비스의 품질을 평가하여 시책에 반영하여야 한다.

(3) 철도서비스의 품질평가방법 등(법 제15조제3항, 시행규칙 제3조)

① 철도서비스 품질평가의 절차 및 활용 등에 관하여 필요한 사항은 국토교통부령으로 정한다.
② 국토교통부장관은 철도서비스의 품질평가(품질평가라 한다)를 2년마다 실시한다. 다만, 필요한 경우에는 품질평가일 2주전까지 철도운영자에게 품질평가계획을 통보한 후 수시품질평가를 실시할 수 있다.
③ 국토교통부장관은 객관적인 품질평가를 위하여 적정 철도서비스의 수준, 평가항목 및 평가지표를 정하여야 한다.
④ 국토교통부장관은 품질평가의 결과를 확정하기 전에 철도산업위원회(위원회라 한다)의 심의를 거쳐야 한다.

3. 철도이용자의 권익보호 등(법 제16조)

국가는 철도이용자의 권익보호를 위하여 다음의 시책을 강구하여야 한다.

① 철도이용자의 권익보호를 위한 홍보 · 교육 및 연구
② 철도이용자의 생명 · 신체 및 재산상의 위해 방지
③ 철도이용자의 불만 및 피해에 대한 신속 · 공정한 구제조치
④ 그 밖에 철도이용자 보호와 관련된 사항

04 철도산업구조개혁의 추진

1. 기본시책

(1) 철도산업구조개혁의 기본방향(법 제17조)

① 국가는 철도산업의 경쟁력을 강화하고 발전기반을 조성하기 위하여 철도시설 부문과 철도운영 부문을 분리하는 철도산업의 구조개혁을 추진하여야 한다.

② 국가는 철도시설 부문과 철도운영 부문 간의 상호 보완적 기능이 발휘될 수 있도록 대통령령으로 정하는 바에 의하여 상호협력체계 구축 등 필요한 조치를 마련하여야 한다.

(2) 업무절차서의 교환 등(시행령 제23조)

① 철도시설관리자와 철도운영자는 철도시설관리와 철도운영에 있어 상호협력이 필요한 분야에 대하여 업무절차서를 작성하여 정기적으로 이를 교환하고, 이를 변경한 때에는 즉시 통보하여야 한다.

② 철도시설관리자와 철도운영자는 상호협력이 필요한 분야에 대하여 정기적으로 합동점검을 하여야 한다.

(3) 선로배분지침의 수립 등

1) 선로배분지침의 수립·고시 의무(시행령 제24조제1항)

국토교통부장관은 철도시설관리자와 철도운영자가 안전하고 효율적으로 선로를 사용할 수 있도록 하기 위하여 선로용량의 배분에 관한 지침(선로배분지침이라 한다)을 수립·고시하여야 한다.

2) 선로배분지침의 내용(시행령 제24조제2항)

선로배분지침에는 다음의 사항이 포함되어야 한다.

① 여객열차와 화물열차에 대한 선로용량의 배분
② 지역간 열차와 지역내 열차에 대한 선로용량의 배분
③ 선로의 유지보수·개량 및 건설을 위한 작업시간
④ 철도차량의 안전운행에 관한 사항
⑤ 그 밖에 선로의 효율적 활용을 위하여 필요한 사항

3) 서로배분지침의 준수 의무(시행령 제24조제3항)

철도시설관리자·철도운영자 등 선로를 관리 또는 사용하는 자는 선로배분지침을 준수하여야 한다.

4) 철도교통관제시설을 설치·운영(시행령 제24조제4항)

국토교통부장관은 철도차량 등의 운행정보의 제공, 철도차량 등에 대한 운행통제, 적법운행 여부에 대한 지도·감독, 사고발생시 사고복구 지시 등 철도교통의 안전과 질서를 유지하기 위하여 필요한 조치를 할 수 있도록 철도교통관제시설을 설치·운영하여야 한다.

(4) 철도산업구조개혁기본계획

1) 철도산업구조개혁기본계획 수립 의무(법 제18조제1항)

국토교통부장관은 철도산업의 구조개혁을 효율적으로 추진하기 위하여 철도산업구조개혁기본계획(구조개혁계획이라 한다)을 수립하여야 한다.

2) 철도산업구조개혁기본계획의 내용(법 제18조제2항, 시행령 제25조)

① 철도산업구조개혁의 목표 및 기본방향에 관한 사항
② 철도산업구조개혁의 추진방안에 관한 사항
③ 철도의 소유 및 경영구조의 개혁에 관한 사항
④ 철도산업구조개혁에 따른 대내외 여건조성에 관한 사항
⑤ 철도산업구조개혁에 따른 자산·부채·인력 등에 관한 사항
⑥ 철도산업구조개혁에 따른 철도관련 기관·단체 등의 정비에 관한 사항
⑦ 그 밖에 철도산업구조개혁을 위하여 필요한 사항으로서 대통령령으로 정하는 사항[47]

3) 철도산업위원회의 심의(법 제18조제3항)

국토교통부장관은 구조개혁계획을 수립하고자 하는 때에는 미리 구조개혁계획과 관련이 있는 행정기관의 장과 협의한 후 철도산업위원회의 심의를 거쳐야 한다. 수립한 구조개혁계획을 변경(대통령령으로 정하는 경미한 변경[48]은 제외한다)하고자 하는 경우에도 또한 같다.

---

[47] 철도산업법 시행령 제25조(철도산업구조개혁기본계획의 내용) 법 제18조제2항제7호에서 "대통령령이 정하는 사항"이라 함은 다음 각호의 사항을 말한다.
  1. 철도서비스 시장의 구조개편에 관한 사항
  2. 철도요금·철도시설사용료 등 가격정책에 관한 사항
  3. 철도안전 및 서비스향상에 관한 사항
  4. 철도산업구조개혁의 추진체계 및 관계기관의 협조에 관한 사항
  5. 철도산업구조개혁의 중장기 추진방향에 관한 사항
  6. 그 밖에 국토교통부장관이 철도산업구조개혁의 추진을 위하여 필요하다고 인정하는 사항

[48] 철도산업법 시행령 제26조(철도산업구조개혁기본계획의 경미한 변경) 법 제18조제3항 후단에서 "대통령령이 정하는 경미한 변경"이라 함은 철도산업구조개혁기본계획 추진기간의 1년의 기간내에서의 변경을 말한다.

4) 관보에 고시(법 제18조제4항)

국토교통부장관은 구조개혁계획을 수립 또는 변경한 때에는 이를 관보에 고시하여야 한다.

5) 철도산업구조개혁계획의 시행계획 및 추진실적(법 제18조제5항)

관계행정기관의 장은 수립·고시된 구조개혁계획에 따라 연도별 시행계획을 수립·추진하고, 그 연도의 계획 및 전년도의 추진실적을 국토교통부장관에게 제출하여야 한다.

6) 철도산업구조개혁시행계획의 수립절차(법 제18조제5항, 시행령 제27조)

① 연도별 시행계획의 수립 및 시행 등에 관하여 필요한 사항은 대통령령으로 정한다.
② 관계행정기관의 장은 당해 연도의 시행계획을 전년도 11월말까지 국토교통부장관에게 제출하여야 한다.
③ 관계행정기관의 장은 전년도 시행계획의 추진실적을 매년 2월말까지 국토교통부장관에게 제출하여야 한다.

(5) 관리청

1) 철도의 관리청(법 제19조)

① 철도의 관리청은 국토교통부장관으로 한다.
② 국토교통부장관은 이 법과 그 밖의 철도에 관한 법률에 규정된 철도시설의 건설 및 관리 등에 관한 그의 업무의 일부를 대통령령으로 정하는 바에 의하여 국가철도공단으로 하여금 대행하게 할 수 있다. 이 경우 대행하는 업무의 범위·권한의 내용 등에 관하여 필요한 사항은 대통령령으로 정한다.
③ 국가철도공단은 국토교통부장관의 업무를 대행하는 경우에 그 대행하는 범위안에서 이 법과 그 밖의 철도에 관한 법률을 적용할 때에는 그 철도의 관리청으로 본다.

2) 관리청 업무의 대행 범위(시행령 제28조)

국토교통부장관이 국가철도공단으로 하여금 대행하게 하는 경우 그 대행업무는 다음과 같다.

① 국가가 추진하는 철도시설 건설사업의 집행
② 국가 소유의 철도시설에 대한 사용료 징수 등 관리업무의 집행
③ 철도시설의 안전유지, 철도시설과 이를 이용하는 철도차량간의 종합적인 성능검증·안전상태점검 등 철도시설의 안전을 위하여 국토교통부장관이 정하는 업무
④ 그 밖에 국토교통부장관이 철도시설의 효율적인 관리를 위하여 필요하다고 인정한 업무

(6) 철도시설

1) 철도시설 국가소유 원칙(법 제20조제1항)
철도산업의 구조개혁을 추진하는 경우 철도시설은 국가가 소유하는 것을 원칙으로 한다.

2) 국가철도공단의 설립(법 제20조제3항)
국가는 철도시설 관련업무를 체계적이고 효율적으로 추진하기 위하여 그 집행조직으로서 철도청 및 고속철도건설공단의 관련 조직을 통·폐합하여 특별법에 의하여 국가철도공단(국가철도공단이라 한다)을 설립한다.

3) 철도시설에 대한 시책 수립·시행(법 제20조제2항)
국토교통부장관은 철도시설에 대한 다음의 시책을 수립·시행한다.
① 철도시설에 대한 투자 계획수립 및 재원조달
② 철도시설의 건설 및 관리
③ 철도시설의 유지보수 및 적정한 상태유지
④ 철도시설의 안전관리 및 재해대책
⑤ 그 밖에 다른 교통시설과의 연계성확보 등 철도시설의 공공성 확보에 필요한 사항

(7) 철도운영

1) 철도운영의 원칙(법 제21조제1항)
철도산업의 구조개혁을 추진하는 경우 철도운영 관련사업은 시장경제원리에 따라 국가외의 자가 영위하는 것을 원칙으로 한다.

2) 한국철도공사의 설립(법 제21조제3항)
국가는 철도운영 관련사업을 효율적으로 경영하기 위하여 철도청 및 고속철도건설공단의 관련조직을 전환하여 특별법에 의하여 한국철도공사(철도공사라 한다)를 설립한다.

3) 철도운영에 시책 수립·시행(법 제21조제2항)
국토교통부장관은 철도운영에 대한 다음의 시책을 수립·시행한다.
① 철도운영부문의 경쟁력 강화
② 철도운영서비스의 개선
③ 열차운영의 안전진단 등 예방조치 및 사고조사 등 철도운영의 안전확보
④ 공정한 경쟁여건의 조성
⑤ 그 밖에 철도이용자 보호와 열차운행원칙 등 철도운영에 필요한 사항

2. 자산·부채 및 인력의 처리

(1) 철도자산의 구분 등(법 제22조)

① 국토교통부장관은 철도산업의 구조개혁을 추진하는 경우 철도청과 고속철도건설공단의 철도자산을 다음과 같이 구분하여야 한다.
  ㉠ 운영자산 : 철도청과 고속철도건설공단이 철도운영 등을 주된 목적으로 취득하였거나 관련 법령 및 계약 등에 의하여 취득하기로 한 재산·시설 및 그에 관한 권리
  ㉡ 시설자산 : 철도청과 고속철도건설공단이 철도의 기반이 되는 시설의 건설 및 관리를 주된 목적으로 취득하였거나 관련 법령 및 계약 등에 의하여 취득하기로 한 재산·시설 및 그에 관한 권리
  ㉢ 기타자산 : 제1호 및 제2호의 철도자산을 제외한 자산
② 국토교통부장관은 철도자산을 구분하는 때에는 기획재정부장관과 미리 협의하여 그 기준을 정한다.

(2) 철도자산의 처리

1) 철도자산 처리계획(법 제23조제1항, 제2항, 제3항)

① 국토교통부장관은 대통령령으로 정하는 바에 의하여 철도산업의 구조개혁을 추진하기 위한 철도자산의 처리계획(철도자산처리계획이라 한다)을 위원회의 심의를 거쳐 수립하여야 한다.
② 국가는 국유재산법에도 불구하고 철도자산처리계획에 의하여 철도공사에 운영자산을 현물출자한다.
③ 철도공사는 현물출자받은 운영자산과 관련된 권리와 의무를 포괄하여 승계한다.
④ 철도청장 또는 고속철도건설공단이사장이 철도자산의 인계·이관 등을 하고자 하는 때에는 그에 관한 서류를 작성하여 국토교통부장관의 승인을 얻어야 한다.
⑤ 철도자산의 인계·이관 등의 시기와 해당 철도자산 등의 평가방법 및 평가기준일 등에 관한 사항은 대통령령으로 정한다.

2) 철도자산처리계획의 내용(시행령 제29조)

철도자산처리계획에는 다음의 사항이 포함되어야 한다.
① 철도자산의 개요 및 현황에 관한 사항
② 철도자산의 처리방향에 관한 사항
③ 철도자산의 구분기준에 관한 사항
④ 철도자산의 인계·이관 및 출자에 관한 사항

⑤ 철도자산처리의 추진일정에 관한 사항
⑥ 그 밖에 국토교통부장관이 철도자산의 처리를 위하여 필요하다고 인정하는 사항

3) 이관받은 철도자산 관리(법 제23조제4항)

국토교통부장관은 철도자산처리계획에 의하여 철도청장으로부터 다음의 철도자산을 이관받으며, 그 관리업무를 국가철도공단, 철도공사, 관련 기관 및 단체 또는 대통령령으로 정하는 민간법인에 위탁하거나 그 자산을 사용·수익하게 할 수 있다.

① 철도청의 시설자산(건설중인 시설자산은 제외한다)
② 철도청의 기타자산

4) 철도자산 관리업무의 민간위탁계획(시행령 제30조)

① 법 제23조제4항에서 대통령령이 정하는 민간법인이라 함은 민법에 의하여 설립된 비영리법인과 상법에 의하여 설립된 주식회사를 말한다.
② 국토교통부장관은 철도자산의 관리업무를 민간법인에 위탁하고자 하는 때에는 위원회의 심의를 거쳐 민간위탁계획을 수립하여야 한다.
③ 민간위탁계획에는 다음의 사항이 포함되어야 한다.
　㉠ 위탁대상 철도자산
　㉡ 위탁의 필요성·범위 및 효과
　㉢ 수탁기관의 선정절차
④ 국토교통부장관이 민간위탁계획을 수립한 때에는 이를 고시하여야 한다.

5) 민간위탁계약의 체결(시행령 제31조)

① 국토교통부장관은 철도자산의 관리업무를 위탁하고자 하는 때에는 고시된 민간위탁계획에 따라 사업계획을 제출한 자중에서 당해 철도자산을 관리하기에 적합하다고 인정되는 자를 선정하여 위탁계약을 체결하여야 한다.
② 위탁계약에는 다음의 사항이 포함되어야 한다.
　㉠ 위탁대상 철도자산
　㉡ 위탁대상 철도자산의 관리에 관한 사항
　㉢ 위탁계약기간(계약기간의 수정·갱신 및 위탁계약의 해지에 관한 사항을 포함한다)
　㉣ 위탁대가의 지급에 관한 사항
　㉤ 위탁업무에 대한 관리 및 감독에 관한 사항
　㉥ 위탁업무의 재위탁에 관한 사항
　㉦ 그 밖에 국토교통부장관이 필요하다고 인정하는 사항

6) 권리와 의무 포괄승계(법 제23조제5항)

국가철도공단은 철도자산처리계획에 의하여 다음의 철도자산과 그에 관한 권리와 의무를 포괄하여 승계한다. 이 경우 제1호 및 제2호의 철도자산이 완공된 때에는 국가에 귀속된다.

① 철도청이 건설중인 시설자산
② 고속철도건설공단이 건설중인 시설자산 및 운영자산
③ 고속철도건설공단의 기타자산

(3) 철도부채의 처리

1) 철도부채의 구분(법 제24조제1항)

국토교통부장관은 기획재정부장관과 미리 협의하여 철도청과 고속철도건설공단의 철도부채를 다음과 같이 구분하여야 한다.

① **운영부채** : 운영자산과 직접 관련된 부채
② **시설부채** : 시설자산과 직접 관련된 부채
③ **기타부채** : 운영부채 및 시설부채의 철도부채를 제외한 부채로서 철도사업특별회계가 부담하고 있는 철도부채 중 공공자금관리기금에 대한 부채

2) 부채의 승계 방법(법 제24조제2항)

운영부채는 철도공사가, 시설부채는 국가철도공단이 각각 포괄하여 승계하고, 기타부채는 일반회계가 포괄하여 승계한다.

3) 국토교통부장관의 승인(법 제24조제3항)

철도청장 또는 고속철도건설공단이사장이 철도부채를 인계하고자 하는 때에는 인계에 관한 서류를 작성하여 국토교통부장관의 승인을 얻어야 한다.

4) 철도부채의 인계절차 및 시기(시행령 제33조)

① 철도청장 또는 한국고속철도건설공단이사장이 철도부채의 인계에 관한 승인을 얻고자 하는 때에는 인계 부채의 범위·목록 및 가액이 기재된 승인신청서에 인계에 필요한 서류를 첨부하여 국토교통부장관에게 제출하여야 한다.

② 철도부채의 인계시기는 다음과 같다.
　㉠ 한국철도공사가 운영부채를 인계받는 시기 : 한국철도공사의 설립등기일
　㉡ 국가철도공단이 시설부채를 인계받는 시기 : 2004년 1월 1일
　㉢ 일반회계가 기타부채를 인계받는 시기 : 2004년 1월 1일

ⓔ 인계하는 철도부채의 평가기준일은 제2항의 규정에 의한 인계일의 전일로 한다.
ⓕ 인계하는 철도부채의 평가가액은 평가기준일의 부채의 장부가액으로 한다.

(4) 고용승계(법 제25조)

① 철도공사 및 국가철도공단은 철도청 직원 중 공무원 신분을 계속 유지하는 자를 제외한 철도청 직원 및 고속철도건설공단 직원의 고용을 포괄하여 승계한다.
② 국가는 철도청 직원중 철도공사 및 국가철도공단 직원으로 고용이 승계되는 자에 대하여는 근로여건 및 퇴직급여의 불이익이 발생하지 않도록 필요한 조치를 한다.

3. 철도시설관리권 등

(1) 철도시설관리권

1) 철도시설관리권의 정의 및 등록(법 제26조)

① 국토교통부장관은 철도시설을 관리하고 그 철도시설을 사용하거나 이용하는 자로부터 사용료를 징수할 수 있는 권리(철도시설관리권이라 한다)를 설정할 수 있다.
② 철도시설관리권의 설정을 받은 자는 대통령령으로 정하는 바에 따라 국토교통부장관에게 등록하여야 한다. 등록한 사항을 변경하고자 하는 때에도 또한 같다.

2) 철도시설관리권의 성질(법 제27조)

철도시설관리권은 이를 물권으로 보며, 이 법에 특별한 규정이 있는 경우를 제외하고는 민법중 부동산에 관한 규정을 준용한다.

3) 저당권 설정의 특례(법 제28조)

저당권이 설정된 철도시설관리권은 그 저당권자의 동의가 없으면 처분할 수 없다.

4) 권리의 변동(법 제29조)

① 철도시설관리권 또는 철도시설관리권을 목적으로 하는 저당권의 설정·변경·소멸 및 처분의 제한은 국토교통부에 비치하는 철도시설관리권등록부에 등록함으로써 그 효력이 발생한다.
② 철도시설관리권의 등록에 관하여 필요한 사항은 대통령령으로 정한다.

(2) 철도시설 관리대장

1) 철도시설 관리대장 작성·비치 의무(법 제30조)

① 철도시설을 관리하는 자는 그가 관리하는 철도시설의 관리대장을 작성·비치하여야 한다.

② 철도시설 관리대장의 작성·비치 및 기재사항 등에 관하여 필요한 사항은 국토교통부령으로 정한다.

2) 철도시설관리대장의 작성(시행규칙 제4조)

① 철도시설관리대장은 철도노선별로 작성하되, 다음 각호의 사항을 기재하여야 한다.
㉠ 철도노선 및 철도시설의 현황 및 도면
㉡ 철도시설의 신설·증설·개량 등의 변동현황
㉢ 그 밖에 철도시설의 관리를 위하여 필요한 사항

② 도면중 평면도는 철도시설 부근의 지형·방위·해발고도 등을 표시하여 축척 1,200분의 1로 작성하되, 다음의 사항을 기재하여야 한다.
㉠ 철도시설 및 그 경계선
㉡ 행정구역의 명칭 및 경계선
㉢ 철도시설의 위치 및 배치현황
㉣ 도로·공항·항만 등 철도접근교통시설
㉤ 철도주변의 장애물 분포현황
㉥ 그 밖에 철도시설의 관리를 위하여 필요한 사항

(3) 철도시설 사용

1) 철도시설 사용료(법 제31조)

① 철도시설을 사용하고자 하는 자는 대통령령으로 정하는 바에 따라 관리청의 허가를 받거나 철도시설관리자와 시설사용계약을 체결하거나 그 시설사용계약을 체결한 자(시설사용계약자라 한다)의 승낙을 얻어 사용할 수 있다.

② 철도시설관리자 또는 시설사용계약자는 철도시설을 사용하는 자로부터 사용료를 징수할 수 있다. 다만, 지방자치단체가 직접 공용·공공용 또는 비영리 공익사업용으로 철도시설을 사용하고자 하는 경우에는 대통령령으로 정하는 바에 따라 그 사용료의 전부 또는 일부를 면제할 수 있다.

③ 철도시설 사용료를 징수하는 경우 철도의 사회경제적 편익과 다른 교통수단과의 형평성 등이 고려되어야 한다.

④ 철도시설 사용료의 징수기준 및 절차 등에 관하여 필요한 사항은 대통령령으로 정한다.

2) 철도시설 사용허가(시행령 제34조)

관리청의 허가 기준·방법·절차·기간 등에 관한 사항은 국유재산법에 따른다.

3) 사용허가에 따른 철도시설의 사용료 등(시행령 제34조의2)
③ 철도시설을 사용하려는 자가 관리청의 허가를 받아 철도시설을 사용하는 경우 관리청이 징수할 수 있는 철도시설의 사용료는 국유재산법 제32조[49]에 따른다.
④ 관리청은 지방자치단체가 직접 공용·공공용 또는 비영리 공익사업용으로 철도시설을 사용하려는 경우에는 다음의 구분에 따른 기준에 따라 사용료를 면제할 수 있다.
㉠ 철도시설을 취득하는 조건으로 사용하려는 경우로서 사용허가기간이 1년 이내인 사용허가의 경우 : 사용료의 전부
㉡ 제1호에서 정한 사용허가 외의 사용허가의 경우 : 사용료의 100분의 60
⑤ 사용허가에 따른 철도시설 사용료의 징수기준 및 절차 등에 관하여 이 영에서 규정된 것을 제외하고는 국유재산법에 따른다.

(4) 철도시설의 사용계약

1) 철도시설 사용계약의 내용(시행령 제35조제1항)

철도시설의 사용계약에는 다음의 사항이 포함되어야 한다.

① 사용기간·대상시설·사용조건 및 사용료
② 대상시설의 제3자에 대한 사용승낙의 범위·조건
③ 상호책임 및 계약위반시 조치사항
④ 분쟁 발생시 조정절차
⑤ 비상사태 발생시 조치
⑥ 계약의 갱신에 관한 사항
⑦ 계약내용에 대한 비밀누설금지에 관한 사항

2) 선로등 사용계약의 기준(시행령 제35조제2항)

법 제3조제2호가목부터 라목까지[50]에서 규정한 철도시설(선로등이라 한다)에 대한 법 제31조제1항에 따른 사용계약(선로등사용계약이라 한다)을 체결하려는 경우에는 다음의 기준을 모두 충족해야 한다.

---

49) 국유재산법 제32조(사용료) ① 행정재산을 사용허가한 때에는 대통령령으로 정하는 요율과 산출방법에 따라 매년 사용료를 징수한다. 다만, 연간 사용료가 대통령령으로 정하는 금액 이하인 경우에는 사용허가기간의 사용료를 일시에 통합 징수할 수 있다.
② 제1항의 사용료는 대통령령으로 정하는 바에 따라 나누어 내게 할 수 있다. 이 경우 연간 사용료가 대통령령으로 정하는 금액 이상인 경우에는 사용허가(허가를 갱신하는 경우를 포함한다)할 때에 그 허가를 받는 자에게 대통령령으로 정하는 금액의 범위에서 보증금을 예치하게 하거나 이행보증조치를 하도록 하여야 한다.
③ 중앙관서의 장이 제30조에 따른 사용허가에 관한 업무를 지방자치단체의 장에게 위임한 경우에는 제42조제6항을 준용한다.
④ 제1항 단서에 따라 사용료를 일시에 통합 징수하는 경우에 사용허가기간 중의 사용료가 증가 또는 감소되더라도 사용료를 추가로 징수하거나 반환하지 아니한다.

① 해당 선로등을 여객 또는 화물운송 목적으로 사용하려는 경우일 것
② 사용기간이 5년을 초과하지 않을 것

3) 선로등사용계약의 사용조건(철도산업법 시행령 제35조제3항)

선로등사용계약의 사용조건에는 다음의 사항이 포함되어야 하며, 그 사용조건은 선로배분지침에 위반되는 내용이어서는 안 된다.

① 투입되는 철도차량의 종류 및 길이
② 철도차량의 일일운행횟수 · 운행개시시각 · 운행종료시각 및 운행간격
③ 출발역 · 정차역 및 종착역
④ 철도운영의 안전에 관한 사항
⑤ 철도여객 또는 화물운송서비스의 수준

4) 사전 공고(철도산업법 시행령 제35조제4항)

철도시설관리자는 철도시설을 사용하려는 자와 사용계약을 체결하여 철도시설을 사용하게 하려는 경우에는 미리 그 사실을 공고해야 한다.

(5) 사용계약에 따른 선로등의 사용료

1) 선로등의 사용료 책정(시행령 제36조제1항)

철도시설관리자는 선로등의 사용료를 정하는 경우에는 다음의 한도를 초과하지 않는 범위에서 선로등의 유지보수비용 등 관련 비용을 회수할 수 있도록 해야 한다. 다만, 사회기반시설에 대한 민간투자법 제26조에 따라 사회기반시설관리운영권을 설정받은 철도시설관리자는 같은 법에서 정하는 바에 따라 선로등의 사용료를 정해야 한다.

① 국가 또는 지방자치단체가 건설사업비의 전액을 부담한 선로등 : 해당 선로등에 대한 유지보수비용의 총액
② 제1호의 선로등 외의 선로등: 해당 선로등에 대한 유지보수비용 총액과 총건설사업비(조사비 · 설계비 · 공사비 · 보상비 및 그 밖에 건설에 소요된 비용의 합계액에서 국가 · 지방자치단체 또는 수익자가 부담한 비용을 제외한 금액을 말한다)의 합계액

2) 선로등의 사용료 결정 시 고려사항(시행령 제36조제2항)

철도시설관리자는 선로등의 사용료를 정하는 경우에는 다음의 사항을 고려할 수 있다.

---

50) 가. 철도의 선로(선로에 부대되는 시설을 포함한다), 역시설(물류시설 · 환승시설 및 편의시설 등을 포함한다) 및 철도운영을 위한 건축물 · 건축설비
나. 선로 및 철도차량을 보수 · 정비하기 위한 선로보수기지, 차량정비기지 및 차량유치시설
다. 철도의 전철전력설비, 정보통신설비, 신호 및 열차제어설비
라. 철도노선간 또는 다른 교통수단과의 연계운영에 필요한 시설

① 선로등급 · 선로용량 등 선로등의 상태
② 운행하는 철도차량의 종류 및 중량
③ 철도차량의 운행시간대 및 운행횟수
④ 철도사고의 발생빈도 및 정도
⑤ 철도서비스의 수준
⑥ 철도관리의 효율성 및 공익성

(6) 선로등 사용계약 체결의 절차(시행령 제37조)

① 선로등사용계약을 체결하고자 하는 자(사용신청자라 한다)는 선로등의 사용목적을 기재한 선로등사용계약신청서에 다음의 서류를 첨부하여 철도시설관리자에게 제출하여야 한다.
  ㉠ 철도여객 또는 화물운송사업의 자격을 증명할 수 있는 서류
  ㉡ 철도여객 또는 화물운송사업계획서
  ㉢ 철도차량 · 운영시설의 규격 및 안전성을 확인할 수 있는 서류
② 철도시설관리자는 선로등사용계약신청서를 제출받은 날부터 1월 이내에 사용신청자에게 선로등사용계약의 체결에 관한 협의일정을 통보하여야 한다.
③ 철도시설관리자는 사용신청자가 철도시설에 관한 자료의 제공을 요청하는 경우에는 특별한 이유가 없는 한 이에 응하여야 한다.
④ 철도시설관리자는 사용신청자와 선로등사용계약을 체결하고자 하는 경우에는 미리 국토교통부장관의 승인을 받아야 한다. 선로등사용계약의 내용을 변경하는 경우에도 또한 같다.

(7) 선로등사용계약의 갱신(시행령 제38조)

① 선로등사용계약을 체결하여 선로등을 사용하고 있는 자(선로등사용계약자라 한다)는 그 선로등을 계속하여 사용하고자 하는 경우에는 사용기간이 만료되기 10월전까지 선로등사용계약의 갱신을 신청하여야 한다.
② 철도시설관리자는 선로등사용계약자가 선로등사용계약의 갱신을 신청한 때에는 특별한 사유가 없는 한 그 선로등의 사용에 관하여 우선적으로 협의하여야 한다. 이 경우 제35조제4항(사전 공고)의 규정은 이를 적용하지 아니한다.
③ 제35조제1항 내지 제3항, 제36조 및 제37조의 규정은 선로등사용계약의 갱신에 관하여 이를 준용한다.

4. 공익적 기능의 유지

(1) 공익서비스비용의 부담(법 제32조)

① 철도운영자의 공익서비스 제공으로 발생하는 비용(공익서비스비용이라 한다)은 대통령령으로 정하는 바에 따라 국가 또는 해당 철도서비스를 직접 요구한 자(원인제공자라 한다)가 부담하여야 한다.
② 원인제공자가 부담하는 공익서비스비용의 범위는 다음과 같다.
   ㉠ 철도운영자가 다른 법령에 의하거나 국가정책 또는 공공목적을 위하여 철도운임·요금을 감면할 경우 그 감면액
   ㉡ 철도운영자가 경영개선을 위한 적절한 조치를 취하였음에도 불구하고 철도이용수요가 적어 수지균형의 확보가 극히 곤란하여 벽지의 노선 또는 역의 철도서비스를 제한 또는 중지하여야 되는 경우로서 공익목적을 위하여 기초적인 철도서비스를 계속함으로써 발생되는 경영손실
   ㉢ 철도운영자가 국가의 특수목적사업을 수행함으로써 발생되는 비용

(2) 공익서비스 제공에 따른 보상계약의 체결

1) 보상계약 체결(법 제33조제1항, 제3항, 제4항, 제5항)

① 원인제공자는 철도운영자와 공익서비스비용의 보상에 관한 계약(보상계약이라 한다)을 체결하여야 한다.
② 원인제공자는 철도운영자와 보상계약을 체결하기 전에 계약내용에 관하여 국토교통부장관 및 기획재정부장관과 미리 협의하여야 한다.
③ 국토교통부장관은 공익서비스비용의 객관성과 공정성을 확보하기 위하여 필요한 때에는 국토교통부령으로 정하는 바에 의하여 전문기관을 지정하여 그 기관으로 하여금 공익서비스비용의 산정 및 평가 등의 업무를 담당하게 할 수 있다.
④ 보상계약체결에 관하여 원인제공자와 철도운영자의 협의가 성립되지 아니하는 때에는 원인제공자 또는 철도운영자의 신청에 의하여 위원회가 이를 조정할 수 있다.

2) 보상계약 포함사항(법 제33조제2항)

보상계약에는 다음의 사항이 포함되어야 한다.
① 철도운영자가 제공하는 철도서비스의 기준과 내용에 관한 사항
② 공익서비스 제공과 관련하여 원인제공자가 부담하여야 하는 보상내용 및 보상방법 등에 관한 사항
③ 계약기간 및 계약기간의 수정·갱신과 계약의 해지에 관한 사항
④ 그 밖에 원인제공자와 철도운영자가 필요하다고 합의하는 사항

3) 공익서비스비용 보상예산의 확보(시행령 제40조)

① 철도운영자는 매년 3월말까지 국가가 다음 연도에 부담하여야 하는 공익서비스비용(국가부담비용이라 한다)의 추정액, 당해 공익서비스의 내용 그 밖의 필요한 사항을 기재한 국가부담비용추정서를 국토교통부장관에게 제출하여야 한다. 이 경우 철도운영자가 국가부담비용의 추정액을 산정함에 있어서는 법 제33조제1항의 규정[51]에 의한 보상계약 등을 고려하여야 한다.

② 국토교통부장관은 국가부담비용추정서를 제출받은 때에는 관계행정기관의 장과 협의하여 다음 연도의 국토교통부소관 일반회계에 국가부담비용을 계상하여야 한다.

③ 국토교통부장관은 국가부담비용을 정하는 때에는 국가부담비용의 추정액, 전년도에 부담한 국가부담비용, 관련법령의 규정 또는 법8 제33조제1항의 규정에 의한 보상계약 등을 고려하여야 한다.

4) 국가부담비용의 지급(시행령 제41조)

① 철도운영자는 국가부담비용의 지급을 신청하고자 하는 때에는 국토교통부장관이 지정하는 기간내에 국가부담비용지급신청서에 다음의 서류를 첨부하여 국토교통부장관에게 제출하여야 한다.

㉠ 국가부담비용지급신청액 및 산정내역서
㉡ 당해 연도의 예상수입·지출명세서
㉢ 최근 2년간 지급받은 국가부담비용내역서
㉣ 원가계산서

② 국토교통부장관은 국가부담비용지급신청서를 제출받은 때에는 이를 검토하여 매 반기마다 반기초에 국가부담비용을 지급하여야 한다.

5) 국가부담비용의 정산(시행령 제42조)

① 국가부담비용을 지급받은 철도운영자는 당해 반기가 끝난 후 30일 이내에 국가부담비용정산서에 다음의 서류를 첨부하여 국토교통부장관에게 제출하여야 한다.

㉠ 수입·지출명세서
㉡ 수입·지출증빙서류
㉢ 그 밖에 현금흐름표 등 회계관련 서류

② 국토교통부장관은 국가부담비용정산서를 제출받은 때에는 전문기관 등으로 하여금 이를 확인하게 할 수 있다.

---

51) 철도산업발전기본법 제33조(공익서비스 제공에 따른 보상계약의 체결)제1항 원인제공자는 철도운영자와 공익서비스비용의 보상에 관한 계약(이하 "보상계약"이라 한다)을 체결하여야 한다.

(3) 특정노선 폐지 등의 승인

1) 특정노선 및 역의 폐지 조치(법 제34조제1항)

철도시설관리자와 철도운영자(승인신청자라 한다)는 다음의 어느 하나에 해당하는 경우에 국토교통부장관의 승인을 얻어 특정노선 및 역의 폐지와 관련 철도서비스의 제한 또는 중지 등 필요한 조치를 취할 수 있다.

① 승인신청자가 철도서비스를 제공하고 있는 노선 또는 역에 대하여 철도의 경영개선을 위한 적절한 조치를 취하였음에도 불구하고 수지균형의 확보가 극히 곤란하여 경영상 어려움이 발생한 경우
② 공익서비스 제공에 따른 보상계약체결에도 불구하고 공익서비스비용에 대한 적정한 보상이 이루어지지 아니한 경우
③ 원인제공자가 공익서비스비용을 부담하지 아니한 경우
④ 원인제공자가 철도산업위원회의 조정에 따르지 아니한 경우

2) 승인신청서에 포함되어야 할 사항(법 제34조제2항)

승인신청자는 다음의 사항이 포함된 승인신청서를 국토교통부장관에게 제출하여야 한다.

① 폐지하고자 하는 특정 노선 및 역 또는 제한·중지하고자 하는 철도서비스의 내용
② 특정 노선 및 역을 계속 운영하거나 철도서비스를 계속 제공하여야 할 경우의 원인제공자의 비용부담 등에 관한 사항
③ 그 밖에 특정 노선 및 역의 폐지 또는 철도서비스의 제한·중지 등과 관련된 사항

3) 특정노선 폐지 등의 승인신청서의 첨부서류(시행령 제44조)

철도시설관리자와 철도운영자가 국토교통부장관에게 특정노선 폐지 등의 승인신청서를 제출하는 때에는 다음의 사항을 기재한 서류를 첨부하여야 한다.

① 승인신청 사유
② 등급별·시간대별 철도차량의 운행빈도, 역수, 종사자수 등 운영현황
③ 과거 6월 이상의 기간 동안의 1일 평균 철도서비스 수요
④ 과거 1년 이상의 기간 동안의 수입·비용 및 영업손실액에 관한 회계보고서
⑤ 향후 5년 동안의 1일 평균 철도서비스 수요에 대한 전망
⑥ 과거 5년 동안의 공익서비스비용의 전체규모 및 원인제공자가 부담한 공익서비스비용의 규모
⑦ 대체수송수단의 이용가능성

4) 실태조사(시행령 제45조)
   ① 국토교통부장관은 특정노선 폐지 등의 승인을 위한 승인신청을 받은 때에는 당해 노선 및 역의 운영현황 또는 철도서비스의 제공현황에 관하여 실태조사를 실시하여야 한다.
   ② 국토교통부장관은 필요한 경우에는 관계 지방자치단체 또는 관련 전문기관을 실태조사에 참여시킬 수 있다.
   ③ 국토교통부장관은 실태조사의 결과를 철도산업위원회에 보고하여야 한다.

5) 관보의 공고(법 제34조제3항, 시행령 제46조)
   ① 국토교통부장관은 특정노선 폐지 등의 승인신청서가 제출된 경우 원인제공자 및 관계 행정기관의 장과 협의한 후 위원회의 심의를 거쳐 승인여부를 결정하고 그 결과를 승인신청자에게 통보하여야 한다. 이 경우 승인하기로 결정된 때에는 그 사실을 관보에 공고하여야 한다.
   ② 국토교통부장관은 특정노선 폐지 등에 대하여 승인을 한 때에는 그 승인이 있은 날부터 1월 이내에 폐지되는 특정노선 및 역 또는 제한·중지되는 철도서비스의 내용과 그 사유를 국토교통부령이 정하는 바에 따라 공고하여야 한다.

6) 특정노선 폐지 등에 따른 수송대책의 수립(법 제34조제4항, 시행령 제47조)
   ① 국토교통부장관 또는 관계행정기관의 장은 승인신청자가 특정 노선 및 역을 폐지하거나 철도서비스의 제한·중지 등의 조치를 취하고자 하는 때에는 대통령령으로 정하는 바에 의하여 대체수송수단의 마련 등 필요한 조치를 하여야 한다.
   ② 국토교통부장관 또는 관계행정기관의 장은 특정노선 및 역의 폐지 또는 철도서비스의 제한·중지 등의 조치로 인하여 영향을 받는 지역중에서 대체수송수단이 없거나 현저히 부족하여 수송서비스에 심각한 지장이 초래되는 지역에 대하여는 다음의 사항이 포함된 수송대책을 수립·시행하여야 한다.
      ㉠ 수송여건 분석
      ㉡ 대체수송수단의 운행횟수 증대, 노선조정 또는 추가투입
      ㉢ 대체수송에 필요한 재원조달
      ㉣ 그 밖에 수송대책의 효율적 시행을 위하여 필요한 사항

7) 승인의 제한(법 제35조)
   ⑥ 국토교통부장관은 법 제34조제1항 각 호[52]의 어느 하나에 해당되는 경우에도 다음의 어느 하나에 해당하는 경우에는 특정노선 폐지 등의 승인을 하지 아니할 수 있다.
      ㉠ 노선 폐지 등의 조치가 공익을 현저하게 저해한다고 인정하는 경우

ⓛ 노선 폐지 등의 조치가 대체교통수단 미흡 등으로 교통서비스 제공에 중대한 지장을 초래한다고 인정하는 경우

⑦ 국토교통부장관은 승인을 하지 아니함에 따라 철도운영자인 승인신청자가 경영상 중대한 영업손실을 받은 경우에는 그 손실을 보상할 수 있다.

(4) 신규운영자 선정 등

1) 신규 운영자 선정(시행령 제48조)

① 국토교통부장관은 철도운영자인 승인신청자(기존운영자라 한다)가 법 제34조제1항의 규정에 의하여 제한 또는 중지하고자 하는 특정 노선 및 역에 관한 철도서비스를 새로운 철도운영자(신규운영자라 한다)로 하여금 제공하게 하는 것이 타당하다고 인정하는 때에는 법 제34조제4항의 규정에 의하여 신규운영자를 선정할 수 있다.

② 국토교통부장관은 제1항의 규정에 의하여 신규운영자를 선정하고자 하는 때에는 법 제32조제1항의 규정에 의한 원인제공자와 협의하여 경쟁에 의한 방법으로 신규운영자를 선정하여야 한다.

③ 원인제공자는 신규운영자와 법 제33조의 규정에 의한 보상계약을 체결하여야 하며, 기존운영자는 당해 철도서비스 등에 관한 인수인계서류를 작성하여 신규운영자에게 제공하여야 한다.

④ 제2항 및 제3항의 규정에 의한 신규운영자 선정의 구체적인 방법, 인수인계절차 그 밖의 필요한 사항은 국토교통부령으로 정한다.

2) 신규철도운영자선정계획의 공고(시행규칙 제9조)

① 국토교통부장관은 영 제48조제1항의 규정에 의하여 새로운 철도운영자(신규운영자라 한다)를 선정하고자 하는 경우에는 위원회의 심의를 거쳐 수립한 신규운영자선정계획을 관보 또는 정기간행물의 등록등에관한법률 제7조제1항의 규정에 의하여 보급지역을 전국으로 하여 등록한 2이상의 일반일간신문에 공고하여야 한다.

② 제1항의 규정에 의한 신규운영자선정계획에는 다음의 사항이 포함되어야 한다.

㉠ 대상 특정 노선 또는 역과 철도서비스의 내용
㉡ 신규운영자의 선정사유

---

52) 철도산업법 제34조(특정노선 폐지 등의 승인)제1항 1. 승인신청자가 철도서비스를 제공하고 있는 노선 또는 역에 대하여 철도의 경영개선을 위한 적절한 조치를 취하였음에도 불구하고 수지균형의 확보가 극히 곤란하여 경영상 어려움이 발생한 경우
2. 제33조에 따른 보상계약체결에도 불구하고 공익서비스비용에 대한 적정한 보상이 이루어지지 아니한 경우
3. 원인제공자가 공익서비스비용을 부담하지 아니한 경우
4. 원인제공자가 제33조제5항에 따른 조정에 따르지 아니한 경우

ⓒ 신규운영자의 선정방법 및 절차
　　　ⓓ 신규운영자에 대한 손실보상에 관한 사항
　　　ⓔ 계약기간 및 계약의 갱신에 관한 사항
　　　ⓕ 그 밖에 국토교통부장관이 필요하다고 인정하는 사항

　3) **신규운영자의 선정에 따른 인수인계(시행규칙 제11조)**

　　시행령 제48조제1항의 규정에 의한 철도의 기존운영자는 동조제3항의 규정에 의하여 다음의 사항이 포함된 인수인계서류를 작성하여 국토교통부장관의 확인을 받아 신규운영자에게 제공하여야 한다.

　　① 당해 철도서비스의 내용
　　② 당해 특정 노선의 철도역 및 투입된 철도차량
　　③ 그 밖에 철도차량의 보수·정비설비 등 당해 특정 노선의 운영에 사용된 설비 및 장비

(5) 비상사태시 처분(법 제36조)

　1) **비상사태시 조치 등**

　　국토교통부장관은 천재·지변·전시·사변, 철도교통의 심각한 장애 그 밖에 이에 준하는 사태의 발생으로 인하여 철도서비스에 중대한 차질이 발생하거나 발생할 우려가 있다고 인정하는 경우에는 필요한 범위안에서 철도시설관리자·철도운영자 또는 철도이용자에게 다음의 사항에 관한 조정·명령 그 밖의 필요한 조치를 할 수 있다.

　　① 지역별·노선별·수송대상별 수송 우선순위 부여 등 수송통제
　　② 철도시설·철도차량 또는 설비의 가동 및 조업
　　③ 대체수송수단 및 수송로의 확보
　　④ 임시열차의 편성 및 운행
　　⑤ 철도서비스 인력의 투입
　　⑥ 철도이용의 제한 또는 금지
　　⑦ 그 밖에 철도서비스의 수급안정을 위하여 대통령령으로 정하는 사항

　2) **비상사태시 처분(시행령 제49조)**

　　법 제36조제1항제7호에서 대통령령이 정하는 사항이라 함은 다음의 사항을 말한다.

　　① 철도시설의 임시사용
　　② 철도시설의 사용제한 및 접근 통제
　　③ 철도시설의 긴급복구 및 복구지원
　　④ 철도역 및 철도차량에 대한 수색 등

3) 협조 요청(법 제36조제2항)

국토교통부장관은 제1항에 따른 조치의 시행을 위하여 관계행정기관의 장에게 필요한 협조를 요청할 수 있으며, 관계행정기관의 장은 이에 협조하여야 한다.

4) 처분의 해제(법 제36조제3항)

국토교통부장관은 제1항에 따른 조치를 한 사유가 소멸되었다고 인정하는 때에는 지체 없이 이를 해제하여야 한다.

05 보칙 및 벌칙

1. 보칙

(1) 철도건설 등의 비용부담(법 제37조)

① 철도시설관리자는 지방자치단체·특정한 기관 또는 단체가 철도시설건설사업으로 인하여 현저한 이익을 받는 경우에는 국토교통부장관의 승인을 얻어 그 이익을 받는 자(수익자라 한다)로 하여금 그 비용의 일부를 부담하게 할 수 있다.

② 제1항에 따라 수익자가 부담하여야 할 비용은 철도시설관리자와 수익자가 협의하여 정한다. 이 경우 협의가 성립되지 아니하는 때에는 철도시설관리자 또는 수익자의 신청에 의하여 위원회가 이를 조정할 수 있다.

(2) 권한의 위임 및 위탁

1) 권한의 위임 및 위탁(법 제38조)

국토교통부장관은 이 법에 따른 권한의 일부를 대통령령으로 정하는 바에 따라 특별시장·광역시장·도지사·특별자치도지사 또는 지방교통관서의 장에 위임하거나 관계행정기관·국가철도공단·철도공사·정부출연연구기관에게 위탁할 수 있다. 다만, 철도시설유지보수 시행업무는 철도공사에 위탁한다.

2) 권한의 위탁(시행규칙 제12조)

① 국토교통부장관은 철도산업정보센터의 설치·운영업무를 국가철도공단에 위탁한다.

② 국토교통부장관은 철도교통관제시설의 관리업무 및 철도교통관제업무를 한국철도공사에 위탁한다.

③ 국토교통부장관은 한국철도공사에 철도교통관제업무를 위탁하는 경우에는 한국철도공사로부터 철도교통관제업무에 종사하는 자의 독립성이 보장될 수 있도록 필요한 조치를 하여야 한다.

(2) 청문(법 제39조)

국토교통부장관은 제34조에 따른 특정 노선 및 역의 폐지와 이와 관련된 철도서비스의 제한 또는 중지에 대한 승인을 하고자 하는 때에는 청문을 실시하여야 한다.

2. 벌칙

(1) 징역 또는 벌금

1) 3년 이하의 징역 또는 5천만원 이하의 벌금

법 제34조(특정노선 폐지 등의 승인)의 규정을 위반하여 국토교통부장관의 승인을 얻지 아니하고 특정 노선 및 역을 폐지하거나 철도서비스를 제한 또는 중지한 자

2) 2년 이하의 징역 또는 3천만원 이하의 벌금

① 거짓이나 그 밖의 부정한 방법으로 법 제31조(철도시설 사용료)제1항에 따른 허가를 받은 자
② 법 제31조(철도시설 사용료)제1항에 따른 허가를 받지 아니하고 철도시설을 사용한 자
③ 법 제36조(비상사태시 처분)제1항제1호부터 제5호까지 또는 제7호에 따른 조정·명령 등의 조치를 위반한 자

(2) 양벌규정(법 제41조)

법인의 대표자나 법인 또는 개인의 대리인, 사용인, 그 밖의 종업원이 그 법인 또는 개인의 업무에 관하여 제40조(벌칙)의 위반행위를 하면 그 행위자를 벌하는 외에 그 법인 또는 개인에게도 해당 조문의 벌금형을 과한다. 다만, 법인 또는 개인이 그 위반행위를 방지하기 위하여 해당 업무에 관하여 상당한 주의와 감독을 게을리하지 아니한 경우에는 그러하지 아니하다.

(3) 과태료(법 제42조)

① 법 제36조(비상사태시 처분)제1항제6호(철도이용의 제한 또는 금지)의 규정을 위반한 자에게는 1천만원 이하의 과태료를 부과한다.
② 제1항에 따른 과태료는 대통령령으로 정하는 바에 따라 국토교통부장관이 부과·징수한다.

CHAPTER 04 교통법규 출제 예상문제

제1장 교통안전법

01 다음 중 교통안전법의 목적에 해당하지 않는 것은?

① 교통안전 증진에 이바지
② 교통안전에 관한 국가의 의무·추진체계 및 시책 등을 규정
③ 교통안전에 관한 지방자치단체의 의무·추진체계 및 시책 등을 종합적·계획적으로 추진
④ 항공기, 경량항공기 또는 초경량비행장치의 안전하고 효율적인 항행을 위한 방법을 규정

해설 법 제1조(목적) 이 법은 교통안전에 관한 국가 또는 지방자치단체의 의무·추진체계 및 시책 등을 규정하고 이를 종합적·계획적으로 추진함으로써 교통안전 증진에 이바지함을 목적으로 한다.

02 교통안전법에서 위임된 사항과 그 시행에 필요한 사항을 규정함을 목적으로 하는 것은?

① 교통안전법
② 교통안전법 시행령
③ 교통안전법 시행규칙
④ 교통안전법 시행세칙

해설 시행령 제1조(목적) 이 영은 교통안전법에서 위임된 사항과 그 시행에 필요한 사항을 규정함을 목적으로 한다.

03 다음 중 교통안전법에서 규정하는 교통수단으로 볼 수 없는 것은?

① 유모차   ② 항공기
③ 도시철도 ④ 선박

해설 법 제2조(정의) 제1호 교통안전법에서 규정하는 교통수단은 사람이 이동하거나 화물을 운송하는데 이용되는 것으로서 다음의 어느 하나에 해당하는 운송수단을 말한다.
1. 도로교통법에 의한 차마 또는 노면전차, 철도산업기본법에 의한 철도차량(도시철도 포함) 또는 궤도운송법에 따른 궤도에 의하여 교통용으로 사용되는 용구 등 육상교통용으로 사용되는 모든 운송수단
2. 해사안전기본법에 의한 선박 등 수상 또는 수중의 항행에 사용되는 모든 운송수단
3. 항공안전법에 의한 항공기 등 항공교통에 사용되는 모든 운송수단

04 다음 중 교통안전법에서 규정하는 교통시설로 보기 어려운 것은?

① 항행안전시설
② 교통안전표지
③ 교통관제시설
④ 주차장표지시설

해설 법 제2조(정의) 제2호 교통시설이란 도로·철도·궤도·항만·어항·수로·공항·비행장 등 교통수단의 운행·운항 또는 항행에 필요한 시설과 그 시설에 부속되어 사람의 이동 또는 교통수단의 원활하고 안전한 운행·운항 또는 항행을 보조하는 교통안전표지·교통관제시설·항행안전시설 등의 시설 또는 공작물을 말한다.

정답 01. ④ 02. ② 03. ① 04. ④

05 교통안전법상 사람 또는 화물의 이동·운송과 관련된 활동을 수행하기 위하여 개별적으로 또는 서로 유기적으로 연계되어있는 교통수단 및 교통시설의 이용·관리·운영체계 또는 이와 관련된 산업 및 제도 등을 무엇이라 하는가?

① 교통수단 ② 교통시설
③ 교통체계 ④ 교통관제시설

해설 법 제2조(정의)제3호 교통체계라 함은 사람 또는 화물의 이동·운송과 관련된 활동을 수행하기 위하여 개별적으로 또는 서로 유기적으로 연계되어 있는 교통수단 및 교통시설의 이용·관리·운영체계 또는 이와 관련된 산업 및 제도 등을 말한다.

06 다음 중 교통안전법상 교통사업자로 보기 어려운 자는?

① 교통수단운영자
② 교통시설설치·관리자
③ 교통수단제조사업자
④ 교통시설이용사업자

해설 법 제2조(정의)제4호 교통사업자란 교통수단·교통시설 또는 교통체계를 운행·운항·설치·관리 또는 운영 등을 하는 자로서 다음의 어느 하나에 해당하는 자를 말한다.
1. 여객자동차운수사업자, 화물자동차운수사업자, 철도사업자, 항공운송사업자, 해운업자 등 교통수단을 이용하여 운송 관련 사업을 영위하는 자(교통수단운영자라 한다)
2. 교통시설을 설치·관리 또는 운영하는 자(교통시설설치·관리자라 한다)
3. 교통수단운영자 및 교통시설설치·관리자 외에 교통수단 제조사업자, 교통관련 교육·연구·조사기관 등 교통수단·교통시설 또는 교통체계와 관련된 영리적·비영리적 활동을 수행하는 자

07 다음 중 교통안전법에서 말하는 지정행정기관에 해당하지 않는 기관은?

① 교육부   ② 문화체육관광부
③ 국방부   ④ 여성가족부

해설 법 제2조(정의)제5호, 시행령 제2조(지정행정기관) 지정행정기관이란 교통수단·교통시설 또는 교통체계의 운행·운항·설치 또는 운영 등에 관하여 지도·감독을 행하거나 관련 법령·제도를 관장하는 정부조직법에 의한 중앙행정기관으로서 대통령령으로 정하는 행정기관(기획재정부, 교육부, 법무부, 행정안전부, 문화체육관광부, 농림축산식품부, 산업통상자원부, 보건복지부, 환경부, 고용노동부, 여성가족부, 국토교통부, 해양수산부, 경찰청, 국무총리 지정 중앙행정기관)을 말한다.

08 다음 중 교통안전법에서 말하는 지정행정기관에 해당하지 않는 기관은?

① 기획재정부
② 법무부
③ 행정안전부
④ 과학기술정보통신부

해설 법 제2조(정의) 제5호, 시행령 제2조(지정행정기관) 참조

09 다음 중 교통안전법에서 말하는 지정행정기관에 해당하지 않는 기관은?

① 농림축산식품부 ② 환경부
③ 해양수산부   ④ 중소벤처기업부

해설 법 제2조(정의)제5호, 시행령 제2조(지정행정기관) 참조

10 다음 중 교통안전법에서 말하는 지정행정기관에 해당하지 않는 기관은?

① 경찰청   ② 해양경찰청
③ 기획재정부 ④ 교육부

해설 법 제2조(정의)제5호, 시행령 제2조(지정행정기관) 참조

11 다음 중 교통안전법에서 말하는 지정행정기관에 해당하지 않는 기관은?

① 통일부   ② 고용노동부
③ 여성가족부 ④ 행정안전부

해설 법 제2조(정의)제5호, 시행령 제2조(지정행정기관) 참조

정답 05. ③ 06. ④ 07. ③ 08. ④ 09. ④ 10. ② 11. ①

12 다음 중 교통안전법에서 말하는 지정행정기관에 해당하는 기관은?

① 국방부
② 과학기술정보통신부
③ 국가보훈부
④ 농림축산식품부

해설 법 제2조(정의)제5호, 시행령 제2조(지정행정기관) 참조

13 다음 중 교통안전법상 교통사업자에 대한 지도·감독을 행하는 교통행정기관에 해당하지 않는 자는?

① 지정행정기관의 장
② 시·도지사
③ 시·군·구청장
④ 한국교통안전공단이사장

해설 법 제2조(정의)제6호 교통행정기관이란 법령에 의하여 교통수단·교통시설 또는 교통체계의 운행·운항·설치 또는 운영 등에 관하여 교통사업자에 대한 지도·감독을 행하는 지정행정기관의 장, 특별시장·광역시장·도지사·특별자치도지사(시·도지사라 한다) 또는 시장·군수·(자치)구청장을 말한다.

14 교통행정기관이 이 법 또는 관계법령에 따라 소관 교통수단에 대하여 교통안전에 관한 위험요인을 조사·점검 및 평가하는 모든 활동을 무엇이라 하는가?

① 교통시설안전진단
② 교통시설안전점검
③ 교통수단안전진단
④ 교통수단안전점검

해설 법 제2조(정의)제8호 교통수단안전점검이란 교통행정기관이 이 법 또는 관계법령에 따라 소관 교통수단에 대하여 교통안전에 관한 위험요인을 조사·점검 및 평가하는 모든 활동을 말한다.

15 다음 중 교통안전법상 단지내도로에 포함되지 않는 것은?

① 공동주택관리법의 의무관리대상 공동주택단지에 설치되는 차도
② 공동주택관리법의 의무관리대상 공동주택단지에 설치되는 자전거도로
③ 고등교육법상의 학교에 설치되는 보도
④ 농어촌도로정비법에 따른 농어촌도로

해설 법 제2조(정의)제10호, 시행령 제2조의2) 단지내도로란 공동주택관리법 제2조제1항제3호에 따른 공동주택단지, 고등교육법 제2조에 따른 학교 등에 설치되는 통행로로서 도로교통법 제2조제1호에 따른 도로가 아닌 것을 말하며, 그 종류와 범위는 대통령령으로 정한다.

16 다음 중 교통안전법에서 말하는 국가 또는 지방자치단체의 의무로 볼 수 없는 것은?

① 교통안전 종합시책 수립·시행 의무
② 교통시설에 대한 안전 위험요인 조사 의무
③ 관할구역 내 교통안전시책 수립·시행 의무
④ 교육·문화에 관한 계획 및 정책 수립 시 교통안전에 관한 사항 배려 의무

해설 법 제3조(국가 등의 의무)
1. 국가는 국민의 생명·신체 및 재산을 보호하기 위하여 교통안전에 관한 종합적인 시책을 수립하고 이를 시행하여야 한다.
2. 지방자치단체는 주민의 생명·신체 및 재산을 보호하기 위하여 그 관할구역 내의 교통안전에 관한 시책을 해당 지역의 실정에 맞게 수립하고 이를 시행하여야 한다.
3. 국가 및 지방자치단체(국가등이라 한다)는 제1항 및 제2항의 규정에 따른 교통안전에 관한 시책을 수립·시행하는 것 외에 지역개발·교육·문화 및 법무 등에 관한 계획 및 정책을 수립하는 경우에는 교통안전에 관한 사항을 배려하여야 한다.

정답 12.④ 13.④ 14.④ 15.④ 16.②

17 다음 중 교통안전법에서 규정한 제 관련자의 의무사항 중 바르지 않은 것은?

① 교통수단운영자는 법령에서 정하는 바에 따라 그가 운영하는 교통수단의 안전한 운행·항행·운항 등을 확보하기 위하여 필요한 노력을 하여야 한다.
② 교통수단 제조사업자는 법령에서 정하는 바에 따라 그가 제조하는 교통수단의 구조·설비 및 장치의 안전성이 향상되도록 노력하여야 한다.
③ 교통시설 설치·관리자는 법령에서 정하는 바에 따라 그가 운영하는 교통시설의 안전 등을 확보하기 위하여 필요한 노력을 하여야 한다.
④ 보행자는 도로를 통행할 때 법령을 준수하여야 하고, 육상교통에 위험과 피해를 주지 아니하도록 노력하여야 한다.

해설 법 제4조(교통시설설치·관리자의 의무) 교통시설설치·관리자는 해당 교통시설을 설치 또는 관리하는 경우 교통안전표지 그 밖의 교통안전시설을 확충·정비하는 등 교통안전을 확보하기 위한 필요한 조치를 강구하여야 한다.

18 교통안전법령에서 정하는 바에 따라 그가 제조하는 교통수단의 구조·설비 및 장치의 안전성이 향상되도록 노력하여야 하는 의무가 있는 자는?

① 교통수단 제조사업자
② 교통수단운영자
③ 교통시설설치·관리자
④ 교통수단안전점검자

해설 법 제5조(교통수단 제조사업자의 의무) 교통수단 제조사업자는 법령에서 정하는 바에 따라 그가 제조하는 교통수단의 구조·설비 및 장치의 안전성이 향상되도록 노력하여야 한다.

19 다음 중 교통안전법령상 교통수단운영자의 의무를 규정해놓은 것은?

① 교통안전을 확보하기 위한 필요한 조치를 강구하여야 한다.
② 교통수단의 구조·설비 및 장치의 안전성이 향상되도록 노력하여야 한다.
③ 교통수단의 안전한 운행·항행·운항 등을 확보하기 위하여 필요한 노력을 하여야 한다.
④ 보행자와 자전거이용자에게 위험과 피해를 주지 아니하도록 안전하게 운전하여야 한다.

해설 법 제6조(교통수단운영자의 의무) 교통수단운영자는 법령에서 정하는 바에 따라 그가 운영하는 교통수단의 안전한 운행·항행·운항 등을 확보하기 위하여 필요한 노력을 하여야 한다.

20 다음중 교통안전법령상의 차량 운전자 등의 의무로 보기 어려운 것은?

① 차량을 운전하는 자 등은 해당 차량이 안전운행에 지장이 없는지를 점검하여야 한다.
② 선박승무원 등은 기상조건·해상조건·항로표지 등을 확인하여야 한다.
③ 항공승무원 등은 항공기의 운항 전 확인 및 항행안전시설 등의 기능장애에 대한 보고 등을 행하여야 한다.
④ 차량 운전자 등은 그가 운용하는 교통수단의 구조·설비 및 장치의 안전성이 향상되도록 노력하여야 한다.

해설 법 제7조(차량 운전자등의 의무)
1. 차량을 운전하는 자 등은 법령에서 정하는 바에 따라 해당 차량이 안전운행에 지장이 없는지를 점검하고 보행자와 자전거이용자에게 위험과 피해를 주지 아니하도록 안전하게 운전하여야 한다.
2. 선박에 승선하여 항행업무 등에 종사하는 자(선박승무원등이라 한다)는 법령에서 정하는 바에 따라 해당 선박이 출항하기 전에 검사를 행하여야 하며, 기상조건·해상조건·항로표지 및 사고의 통보 등을 확인하고 안전운항을 하여야 한다.

정답 17.③ 18.① 19.③ 20.④

3. 항공기에 탑승하여 그 운항업무 등에 종사하는 자(항공승무원등이라 한다)는 법령에서 정하는 바에 따라 해당 항공기의 운항전 확인 및 항행안전시설의 기능장애에 관한 보고 등을 행하고 안전운항을 하여야 한다.

21 다음 중 국가 등이 교통안전장치 장착을 의무화할 경우 이에 따른 비용을 지원할 수 있는데 그 지원대상으로 보기 어려운 것은?

① 여객자동차운수사업법에 따른 여객자동차 운송사업자
② 여객자동차운수사업법에 따른 여객자동차 운송가맹사업자
③ 화물자동차운수사업법에 따른 화물자동차 운송사업자
④ 화물자동차운수사업법에 따른 화물자동차 운송가맹사업자

해설 법 제9조(재정 및 금융조치)제2항 국가등은 이 법에 따라 다음의 어느 하나에 해당하는 자에게 교통안전장치 장착을 의무화할 경우 이에 따른 비용을 대통령령으로 정하는 바에 따라 지원할 수 있다.
1. 여객자동차 운수사업법에 따른 여객자동차운송사업자
2. 화물자동차 운수사업법에 따른 화물자동차 운송사업자 또는 화물자동차 운송가맹사업자
3. 도로교통법 제52조에 따른 어린이통학버스(제55조 제1항제1호에 따라 운행기록장치를 장착한 차량은 제외한다) 운영자

22 정부는 교통사고 상황, 국가교통안전기본계획 및 국가교통안전시행계획의 추진 상황 등에 관한 보고서를 언제까지 국회에 보고하여야 하는가?

① 매년 정기국회 개회 30일 전까지
② 매년 정기국회 개회 7일 전까지
③ 매년 정기국회 개회 전까지
④ 매년 정기국회 폐회 전까지

해설 법 제10조(국회에 대한 보고) 정부는 매년 국회에 정기국회 개회 전까지 교통사고 상황, 제15조에 따른 국가교통안전기본계획 및 제16조에 따른 국가교통안전시행계획의 추진 상황 등에 관한 보고서를 제출하여야 한다.

23 교통안전법상 국가교통안전기본계획을 수립하여야 하는 사람은?

① 대통령
② 국토교통부장관
③ 시 · 도지사
④ 한국교통안전공단이사장

해설 법 제15조(국가교통안전기본계획)제1항 국토교통부장관은 국가의 전반적인 교통안전수준의 향상을 도모하기 위하여 교통안전에 관한 기본계획(국가교통안전기본계획이라 한다)을 5년 단위로 수립하여야 한다.

24 교통안전법상 국가교통안전기본계획의 수립 주기는 몇 년인가?

① 1년 ② 3년
③ 5년 ④ 10년

해설 법 제15조(국가교통안전기본계획)제1항 참조

25 다음 중 교통안전법상 국가교통안전기본계획에 포함되어야 할 사항이 아닌 것은?

① 교통안전에 관한 중 · 장기 종합정책방향
② 교통안전정책의 목표달성을 위한 부문별 추진전략
③ 교통안전 전문인력의 양성
④ 연간 교통사고 현황과 분석

해설 법 제15조(국가교통안전기본계획)제2항 국가교통안전기본계획에는 다음의 사항이 포함되어야 한다.
1. 교통안전에 관한 중 · 장기 종합정책방향
2. 육상교통 · 해상교통 · 항공교통 등 부문별 교통사고의 발생현황과 원인의 분석
3. 교통수단 · 교통시설별 교통사고 감소목표
4. 교통안전지식의 보급 및 교통문화 향상목표
5. 교통안전정책의 추진성과에 대한 분석 · 평가
6. 교통안전정책의 목표달성을 위한 부문별 추진전략
7. 고령자, 어린이 등 교통약자의 이동편의 증진법에 따른 교통약자의 교통사고 예방에 관한 사항
8. 부문별 · 기관별 · 연차별 세부 추진계획 및 투자계획
9. 교통안전표지 · 교통관제시설 · 항행안전시설 등 교통안전시설의 정비 · 확충에 관한 계획
10. 교통안전 전문인력의 양성
11. 교통안전과 관련된 투자사업계획 및 우선순위

정답 21. ② 22. ② 23. ② 24. ③ 25. ④

12. 지정행정기관별 교통안전대책에 대한 연계와 집행력 보완방안
13. 그 밖에 교통안전수준의 향상을 위한 교통안전시책에 관한 사항

26 다음 중 교통안전법상 국가교통안전기본계획에 포함되어야 할 사항이 아닌 것은?

① 육상교통·해상교통·항공교통 등 부문별 교통사고의 발생현황과 원인의 분석
② 교통수단·교통시설별 교통사고 감소목표
③ 교통안전지식의 보급 및 교통문화 향상목표
④ 교통수단의 종류별 사고의 건수와 그 원인의 분석

해설 법 제15조(국가교통안전기본계획)제2항 참조

27 다음 중 교통안전법상 국가교통안전기본계획에 포함되어야 할 사항이 아닌 것은?

① 교통안전정책의 추진성과에 대한 분석·평가
② 교통안전정책의 목표달성을 위한 부문별 추진전략
③ 고령자, 어린이 등 교통약자의 교통사고 예방에 관한 사항
④ 교통수단의 운전자와 피해자의 성별 및 연령층별로 구분한 사고의 건수와 그 원인의 분석

해설 법 제15조(국가교통안전기본계획)제2항 참조

28 다음 중 교통안전법상 국가교통안전기본계획에 포함되어야 할 사항이 아닌 것은?

① 부문별·기관별·연차별 세부 추진계획 및 투자계획
② 교통안전표지·교통관제시설·항행안전시설 등 교통안전시설의 정비·확충에 관한 계획
③ 교통안전과 관련된 투자사업계획 및 우선순위
④ 지역교통안전시행계획의 추진상 문제점 및 대책

해설 법 제15조(국가교통안전기본계획)제2항 참조

29 국토교통부장관은 국가교통안전기본계획의 수립 또는 변경을 위한 지침을 언제까지 지정행정기관의 장에게 통보하여야 하는가?

① 계획연도 시작 전전년도 2월말
② 계획연도 시작 전전년도 6월말
③ 계획연도 시작 전년도 2월말
④ 계획연도 시작 전년도 6월말

해설 시행령 제10조(국가교통안전기본계획의 수립)제1항
국토교통부장관은 국가교통안전기본계획의 수립 또는 변경을 위한 지침을 작성하여 계획연도 시작 전전년도 6월 말까지 지정행정기관의 장에게 통보하여야 한다.

30 다음 중 교통안전법령상 국가교통안전기본계획을 세우기 위하여 지정행정기관의 장이 국토교통부장관에게 제출하여야 하는 것은 무엇인가?

① 소관별 교통안전계획안
② 국가교통안전기본계획안
③ 지역교통안전기본계획안
④ 지역교통안전시행계획안

해설 시행령 제10조(국가교통안전기본계획의 수립)제2항
지정행정기관의 장은 수립지침에 따라 소관별 교통안전에 관한 계획안을 작성하여 계획연도 시작 전년도 2월 말까지 국토교통부장관에게 제출하여야 한다.

정답 26. ④ 27. ④ 28. ④ 29. ② 30. ①

31 지정행정기관의 장은 수립지침에 따라 작성한 소관별 교통안전에 관한 계획안을 언제까지 국토교통부장관에게 제출하여야 하는가?

① 계획연도 시작 전전년도 2월말
② 계획연도 시작 전전년도 6월말
③ 계획연도 시작 전년도 2월말
④ 계획연도 시작 전년도 6월말

해설 시행령 제10조(국가교통안전기본계획의 수립)제2항 참조

32 국토교통부장관이 국가교통안전기본계획 확정을 위하여 소관별 교통안전에 관한 계획안을 종합·조정하는 경우에 검토해야 할 사항에 해당하지 않는 것은?

① 정책목표
② 정책과제의 추진시기
③ 투자규모
④ 소요예산의 확보 가능성

해설 시행령 제10조(국가교통안전기본계획의 수립)제3항
국토교통부장관은 소관별 교통안전에 관한 계획안을 종합·조정하여 계획연도 시작 전년도 6월 말까지 국가교통안전기본계획을 확정하여야 한다. 소관별 교통안전에 관한 계획안을 종합·조정하는 경우에는 다음 사항을 검토하여야 한다.
1. 정책목표
2. 정책과제의 추진시기
3. 투자규모
4. 정책과제의 추진에 필요한 해당 기관별 협의사항

33 국토교통부장관은 소관별 교통안전에 관한 계획안을 종합·조정하여 언제까지 국가교통안전기본계획을 확정하여야 하는가?

① 계획연도 시작 전전년도 2월말
② 계획연도 시작 전전년도 6월말
③ 계획연도 시작 전년도 2월말
④ 계획연도 시작 전년도 6월말

해설 시행령 제10조(국가교통안전기본계획의 수립)제3항 참조

34 국토교통부장관이 국가교통안전기본계획을 확정한 경우에는 언제까지 지정행정기관의 장과 시·도지사에게 이를 통보하여야 하는가?

① 확정한 날부터 10일 이내에
② 확정한 날부터 20일 이내에
③ 확정한 날부터 30일 이내에
④ 확정한 날부터 60일 이내에

해설 시행령 제10조(국가교통안전기본계획의 수립)제4항
국토교통부장관은 국가교통안전기본계획을 확정한 경우에는 확정한 날부터 20일 이내에 지정행정기관의 장과 시·도지사에게 이를 통보하여야 한다.

35 다음 중 교통안전법상 국가교통안전기본계획 수립 절차로 그 순서를 바르게 나열한 것은?

① 지침의 작성 및 통보 → 소관별 계획안 제출 → 국가교통안전기본계획안 작성 → 국가교통위원회 심의 → 확정된 국가교통안전기본계획 통보 및 공고
② 소관별 계획안 제출 → 지침의 작성 및 통보 → 국가교통안전기본계획안 작성 → 국가교통위원회 심의 → 확정된 국가교통안전기본계획 통보 및 공고
③ 지침의 작성 및 통보 → 소관별 계획안 제출 → 국가교통위원회 심의 → 국가교통안전기본계획안 작성 → 확정된 국가교통안전기본계획 통보 및 공고
④ 지침의 작성 및 통보 → 국가교통안전기본계획안 작성 → 소관별 계획안 제출 → 국가교통위원회 심의 → 확정된 국가교통안전기본계획 통보 및 공고

정답 31. ③ 32. ④ 33. ④ 34. ② 35. ①

해설 법 제15조, 시행령 제10조

국가교통안전기본계획 수립절차(법 제15조, 시행령 제10조)		
순서	내용	기한
1	국토교통부장관 수립지침 작성하여 지정행정기관장에게 통보	계획년도 시작 전전년도 6월말
2	지정행정기관장 소관별 계획안 국토교통부장관에게 제출	계획년도 시작 전년도 2월말
3	국토교통부장관 소관별 계획안 종합·조정하여 국가교통안전기본계획안 작성	
4	국가교통안전기본계획안 국가교통위원회 심의 및 확정	계획년도 시작 전년도 6월말
5	국토교통부장관 확정된 국가교통안전기본계획을 지정행정기관장과 시·도지사에게 통보하고 공고	확정한 날부터 20일 이내

36 교통안전법상 확정된 국가교통안전기본계획을 변경할 때 수립 절차에 관한 규정을 준용하지 않아도 되는 경우가 아닌 것은?

① 국가교통안전기본계획 또는 국가교통안전시행계획에서 정한 부문별 사업규모를 100분의 20 이내의 범위에서 변경하는 경우

② 국가교통안전기본계획 또는 국가교통안전시행계획에서 정한 시행기한의 범위에서 단위 사업의 시행 시기를 변경하는 경우

③ 계산 착오, 오기, 누락으로서 그 변경 근거가 분명한 사항을 변경하는 경우

④ 국가교통안전기본계획 또는 국가교통안전시행계획의 기본방향에 영향을 미치지 아니하는 사항으로서 그 변경 근거가 분명한 사항을 변경하는 경우

해설 법 제15조(국가교통안전기본계획)제6항, 시행령 제11조(경미한 사항의 변경) 확정된 국가교통안전기본계획을 변경하는 경우에 수립절차를 준용한다. 다만, 대통령령으로 정하는 경미한 사항을 변경하는 경우에는 그러하지 아니하다.
1. 국가교통안전기본계획 또는 국가교통안전시행계획에서 정한 부문별 사업규모를 100분의 10 이내의 범위에서 변경하는 경우
2. 국가교통안전기본계획 또는 국가교통안전시행계획에서 정한 시행기한의 범위에서 단위 사업의 시행 시기를 변경하는 경우

계산 착오, 오기, 누락, 그 밖에 국가교통안전기본계획 또는 국가교통안전시행계획의 기본방향에 영향을 미치지 아니하는 사항으로서 그 변경 근거가 분명한 사항을 변경하는 경우

37 교통안전법상 다음 연도의 소관별 교통안전시행계획안을 수립하는 자는 누구인가?

① 국토교통부장관
② 시·도지사
③ 지정행정기관의 장
④ 한국교통안전공단이사장

해설 시행령 제12조(국가교통안전시행계획의 수립)제1항 지정행정기관의 장은 다음 연도의 소관별 교통안전시행계획안을 수립하여 매년 10월 말까지 국토교통부장관에게 제출하여야 한다.

국가교통안전시행계획 수립절차(법 제16조, 시행령 제12조)		
순서	내용	기한
1	지정행정기관장 소관별 시행계획안 국토교통부장관에게 제출	매년 10월 말
2	국토교통부장관 소관별 시행계획안 종합·조정하여 국가교통안전시행계획안 작성	–
3	국가교통안전시행계획안 국가교통위원회 심의 및 확정	매년 12월 말
4	국토교통부장관 확정된 국가교통안전기본계획을 지정행정기관장과 시·도지사에게 통보하고 공고	–

38 지정행정기관의 장은 다음 연도의 소관별 교통안전시행계획안을 수립하여 언제까지 국토교통부장관에게 제출하여야 하는가?

① 매년 3월 말
② 매년 6월 말
③ 매년 10월 말
④ 매년 12월 말

해설 시행령 제12조(국가교통안전시행계획의 수립)제1항 참조

정답 36. ① 37. ③ 38. ③

39 국토교통부장관이 소관별 교통안전시행계획안을 종합·조정할 때 검토하여야 사항이 아닌 것은?

① 국가교통안전기본계획과의 부합성
② 기대 효과
③ 소요예산의 확보 가능성
④ 투자규모

해설 시행령 제12조(국가교통안전시행계획의 수립)제2항
국토교통부장관은 소관별 교통안전시행계획안을 종합·조정할 때에는 다음의 사항을 검토하여야 한다.
1. 국가교통안전기본계획과의 부합 여부
2. 기대 효과
3. 소요예산의 확보 가능성

40 국토교통부장관은 국가교통안전시행계획을 언제까지 확정하여 지정행정기관의 장과 시·도지사에게 통보하고 이를 공고하여야 하는가?

① 매년 3월 말   ② 매년 6월 말
③ 매년 10월 말 ④ 매년 12월 말

해설 시행령 제12조(국가교통안전시행계획의 수립)제3항
국토교통부장관은 국가교통안전시행계획을 12월 말까지 확정하여 지정행정기관의 장과 시·도지사에게 통보하여야 한다.

41 교통안전법상 시·도지사는 시·도교통안전기본계획을 몇 년 단위로 수립하여야 하는가?

① 1년   ② 3년
③ 5년   ④ 10년

해설 법 제17조(지역교통안전기본계획)제1항 시·도지사는 국가교통안전기본계획에 따라 시·도의 교통안전에 관한 기본계획(시·도교통안전기본계획이라 한다)을 5년 단위로 수립하여야 하며, 시장·군수·구청장은 시·도교통안전기본계획에 따라 시·군·구의 교통안전에 관한 기본계획(시·군·구교통안전기본계획이하 한다)을 5년 단위로 수립하여야 한다.

42 교통안전법상 지역교통안전기본계획에 대한 설명으로 바르지 않은 것은?

① 시·도지사는 시·도교통안전기본계획을 5년 단위로 수립하여야 한다.
② 시·도지사는 지역교통안전기본계획 수립에 관한 지침을 작성하여 시장·군수·구청장에게 통보하여야 한다.
③ 시·도지사는 지역교통안전기본계획을 확정한 때에는 확정한 날부터 20일 이내에 국토교통부장관에게 이를 제출하여야 한다.
④ 시·도지사가 시·도교통안전기본계획을 수립한 때에는 지방교통위원회의 심의를 거쳐 이를 확정한다.

해설 법 제17조(지역교통안전기본계획)제2항 국토교통부장관 또는 시·도지사는 시·도교통안전기본계획 또는 시·군·구교통안전기본계획(지역교통안전기본계획이라 한다)의 수립에 관한 지침을 작성하여 시·도지사 및 시장·군수·구청장에게 통보할 수 있다.

43 시·도지사등은 언제까지 지역교통안전기본계획을 확정하여야 하는가?

① 시작 전년도 2월 말까지
② 시작 전년도 6월 말까지
③ 시작 전년도 10월 말까지
④ 시작 전년도 12월 말까지

해설 시행령 제13조(지역교통안전기본계획의 수립)제2항
시·도지사 및 시장·군수·구청장(시·도지사등이라 한다)은 각각 계획연도 시작 전년도 10월 말까지 시·도교통안전기본계획 또는 시·군·구교통안전기본계획(지역교통안전기본계획이라 한다)을 확정하여야 한다.

지역교통안전기본계획 수립절차(법 제17조, 시행령 제13조)			
구분	심의·확정	제출·공고	기한
시·도 교통 안전기본 계획	시·도지사 지방교통위원회 심의·확정	확정일부터 20일 이내 국토교통부장관에게 제출	시작 전년도 10월 말
시·군·구 교통 안전기본 계획	시장·군수·구청장 시·군·구교통위원회 심의·확정	확정일부터 20일 이내 시·도지사에게 제출	시작 전년도 10월 말

정답 39. ④ 40. ④ 41. ③ 42. ② 43. ③

44 시·도지사가 시·도교통안전기본계획을 확정한 때에는 확정한 날부터 며칠 이내에 국토교통부장관에게 이를 제출하여야 하는가?

① 10일　　② 20일
③ 30일　　④ 60일

해설 시행령 제13조(지역교통안전기본계획의 수립)제3항 시·도지사등은 지역교통안전기본계획을 확정한 때에는 확정한 날부터 20일 이내에 시·도지사는 국토교통부장관에게 이를 제출하고, 시장·군수·구청장은 시·도지사에게 이를 제출하여야 한다.

45 지역교통안전기본계획의 수립 및 변경에 대한 설명으로 타당하지 않은 것은?

① 시·도지사는 시·도교통안전기본계획 수립하거나 변경하고자 할 때에는 지방교통위원회 심의 전에 주민 및 관계 전문가로부터 의견을 들어야 한다.
② 주민 및 관계 전문가의 의견을 들으려는 경우에는 지역교통안전기본계획안의 주요 내용을 해당 관할 지역을 주된 보급지역으로 하는 2개 이상의 일간신문과 해당 지방자치단체의 인터넷 홈페이지에 공고하고 일반인이 14일 이상 열람할 수 있도록 해야 한다.
③ 공고된 지역교통안전기본계획안의 내용에 대하여 의견이 있는 자는 열람기간 내에 시·도지사등에게 의견서를 제출할 수 있다.
④ 시·도지사등은 제출된 의견을 지역교통안전기본계획에 반영할 것인지를 검토하고, 그 결과를 열람기간이 끝난 날부터 30일 이내에 해당 의견서를 제출한 자에게 통보해야 한다.

해설 시행령 제13조(지역교통안전기본계획의 수립)제6항 시·도지사등은 제출된 의견을 지역교통안전기본계획에 반영할 것인지를 검토하고, 그 결과를 열람기간이 끝난 날부터 60일 이내에 해당 의견서를 제출한 자에게 통보해야 한다.

46 교통안전법상 시·도지사 및 시장·군수·구청장은 소관 지역교통안전기본계획을 집행하기 위하여 지역교통안전시행계획을 몇 년에 한 번씩 수립·시행하여야 하는가?

① 매년　　② 3년
③ 5년　　④ 10년

해설 법 제18조(지역교통안전시행계획)제1항 시·도지사 및 시장·군수·구청장은 소관 지역교통안전기본계획을 집행하기 위하여 시·도교통안전시행계획과 시·군·구교통안전시행계획(지역교통안전시행계획이라 한다)을 매년 수립·시행하여야 한다.

47 교통안전법상 지역교통안전시행계획에 대한 설명 중 잘못된 것은?

① 시·도지사등은 다음 연도의 지역교통안전시행계획을 12월 말까지 수립하여야 한다.
② 시장·군수·구청장은 시·군·구교통안전시행계획과 전년도의 시·군·구교통안전시행계획 추진실적을 매년 1월 말까지 시·도지사에게 제출하여야 한다.
③ 시·도지사는 시·도교통안전시행계획 및 전년도의 시·도교통안전시행계획 추진실적과 함께 매년 6월 말까지 국토교통부장관에게 제출하여야 한다.
④ 시·도지사는 시·도교통안전시행계획을 수립한 때에는 국토교통부장관에게 제출한 후 이를 공고하여야 하며, 시장·군수·구청장은 시·군·구교통안전시행계획을 수립한 때에는 시·도지사에게 제출한 후 이를 공고하여야 한다.

해설 시행령 제14조(지역교통안전시행계획의 수립 등)제2항 시·도지사는 시·도교통안전시행계획 및 전년도의 시·도교통안전시행계획 추진실적과 함께 매년 2월 말까지 국토교통부장관에게 제출하여야 한다.

지역교통안전시행계획 수립절차 (법 제18조, 시행령 제14조)		
구분	제출·공고	수립 기한
시·군·구 교통안전시행계획	매년 1월 말까지 시·도지사에게 제출한 후 공고	시작 전년도 12월 말
시·도 교통안전시행계획	매년 2월 말까지 국토교통부장관에게 제출한 후 공고	시작 전년도 12월 말

정답　44. ②　45. ④　46. ①　47. ③

48 지정행정기관의 장은 전년도 소관별 국가교통안전시행계획의 추진실적을 국토교통부장관에게 언제까지 제출해야 하는가?

① 매년 1월 말까지
② 매년 2월 말까지
③ 매년 3월 말까지
④ 매년 6월 말까지

해설 시행령 제15조(교통안전시행계획의 추진실적 평가)제1항 지정행정기관의 장은 전년도의 소관별 국가교통안전시행계획 추진실적을 매년 3월 말까지 국토교통부장관에게 제출하여야 한다.

교통안전시행계획 추진실적 제출(시행령 제14조, 제15조)			
제출자	제출처	제출내용	제출 기한
시장·군수·구청장	시·도지사	전년도의 시·군·구교통안전시행계획 추진실적 + 시·군·구교통안전시행계획	매년 1월 말
시·도지사	국토교통부장관	전년도의 시·군·구교통안전시행계획 추진실적 + 전년도의 시·도교통안전시행계획 추진실적 + 시·도교통안전시행계획	매년 2월 말
지정행정기관의 장	국토교통부장관	전년도의 소관별 국가교통안전시행계획 추진실적	매년 3월 말

49 시장·군수·구청장은 시·군·구교통안전시행계획과 전년도의 시·군·구교통안전시행계획 추진실적을 언제까지 시·도지사에게 제출하여야 하는가?

① 매년 1월 말까지
② 매년 2월 말까지
③ 매년 3월 말까지
④ 매년 6월 말까지

해설 시행령 제14조(지역교통안전시행계획의 수립 등)제2항 전단 시장·군수·구청장은 시·군·구교통안전시행계획과 전년도의 시·군·구교통안전시행계획 추진실적을 매년 1월 말까지 시·도지사에게 제출하여야 한다.

50 다음 중 지역교통안전시행계획의 추진실적에 포함되어야 하는 세부사항에 해당하지 않는 것은?

① 지역교통안전시행계획의 단위 사업별 추진실적
② 지역교통안전시행계획의 추진상 문제점 및 대책
③ 교통사고 현황 및 분석
④ 소요예산의 확보 가능성

해설 시행규칙 제3조(지역교통안전시행계획의 추진실적에 포함되어야 하는 세부사항 등) 시·도교통안전시행계획 또는 시·군·구교통안전시행계획(지역교통안전시행계획이라 한다)의 추진실적에 포함되어야 하는 세부사항은 다음과 같다.
1. 지역교통안전시행계획의 단위 사업별 추진실적(예산사업에는 사업량과 예산집행실적을 포함하고, 계획미달사업에는 그 사유와 대책을 포함한다)
2. 지역교통안전시행계획의 추진상 문제점 및 대책
3. 교통사고 현황 및 분석
  ① 연간 교통사고 발생건수 및 사상자 내역
  ② 교통수단별·교통시설별(관리청이 다른 경우 따로 구분한다) 교통안전정책 목표 달성 여부
  ③ 교통약자에 대한 교통안전정책 목표 달성 여부
  ④ 교통사고의 분석 및 대책
  ⑤ 교통문화지수 향상을 위한 노력
  ⑥ 그 밖에 지역교통안전 수준의 향상을 위하여 각 지역별로 추진한 시책의 실적

51 다음 중 교통안전법상 지역교통안전시행계획의 추진실적에 포함되어야 할 세부사항 중 교통사고 현황 및 분석의 내용으로 보기 어려운 것은?

① 연간 교통사고 발생건수 및 사상자 내역
② 교통수단별·교통시설별 교통안전정책 목표 달성 여부
③ 교통약자에 대한 교통안전정책 목표 달성 여부
④ 지역교통안전시행계획의 단위 사업별 추진실적

해설 시행규칙 제3조(지역교통안전시행계획의 추진실적에 포함되어야 하는 세부사항 등) 참조

정답 48. ③ 49. ① 50. ④ 51. ④

52 다음 중 교통안전법령상 교통시설 설치·관리자의 범위에 해당하지 않는 자는?

① 한국도로공사
② 관리청의 허가를 받아 도로공사를 시행하거나 유지하는 관리청이 아닌 자
③ 유료도로를 신설 또는 개축하여 통행료를 받는 비도로관리청
④ 한국도로교통공단

해설 시행령 별표 1

교통시설	설치·관리자
도로	1. 한국도로공사 2. 관리청의 허가를 받아 도로공사를 시행하거나 유지하는 관리청이 아닌 자 3. 유료도로를 신설 또는 개축하여 통행료를 받는 비도로관리청 4. 도로 및 도로부속물에 대하여 민간투자사업을 시행하고 이를 관리·운영하는 민간투자법인

53 다음 중 교통안전법령상 교통수단운영자의 범위에 해당하지 않는 자는?

① 여객자동차운수사업법에 따라 여객자동차운송사업의 면허를 받거나 등록을 한 자로서 20대 이상의 자동차를 사용하는 자
② 여객자동차운수사업법에 따라 여객자동차운수사업의 관리를 위탁받은 자로서 20대 이상의 자동차를 사용하는 자
③ 화물자동차운수사업법에 따라 자동차대여사업의 등록을 한 자로서 20대 이상의 자동차를 사용하는 자
④ 화물자동차운수사업법에 따라 일반화물자동차운송사업의 허가를 받은 자로서 20대 이상의 자동차를 사용하는 자

해설 시행령 별표 1

교통수단	운영자
자동차	1. 다음 중 어느 하나에 해당하는 자 중 사업용으로 20대 이상의 자동차(피견인 자동차는 제외한다)를 사용하는 자 2. 여객자동차운수사업법에 따라 여객자동차운송사업의 면허를 받거나 등록을 한 자 3. 여객자동차운수사업법에 따라 여객자동차운수사업의 관리를 위탁받은 자 4. 여객자동차운수사업법에 따라 자동차대여사업의 등록을 한 자 5. 화물자동차운수사업법에 따라 일반화물자동차운송사업의 허가를 받은 자
궤도	궤도운송법에 따라 궤도사업의 허가를 받은 자 또는 전용궤도의 승인을 받은 전용궤도운영자

54 교통안전법상 교통시설설치·관리자등은 교통안전관리규정을 정하여 누구한테 제출해야 하는가?

① 국토교통부   ② 한국교통안전공단
③ 시·도지사   ④ 관할교통행정기관

해설 법 제21조(교통시설설치·관리자등의 교통안전관리규정) 제1항, 시행령 제18조(교통안전관리규정에 포함할 사항)
대통령령으로 정하는 교통시설설치·관리자 및 교통수단운영자(교통시설설치·관리자등이라 한다)는 그가 설치·관리하거나 운영하는 교통시설 또는 교통수단과 관련된 교통안전을 확보하기 위하여 다음의 사항을 포함한 규정(교통안전관리규정)을 정하여 관할교통행정기관에 제출하여야 한다. 이를 변경한 때에도 또한 같다.
1. 교통안전의 경영지침에 관한 사항
2. 교통안전목표 수립에 관한 사항
3. 교통안전 관련 조직에 관한 사항
4. 교통안전담당자 지정에 관한 사항
5. 안전관리대책의 수립 및 추진에 관한 사항
6. 그 밖에 교통안전에 관한 중요 사항으로서 대통령령으로 정하는 사항
   ① 교통안전과 관련된 자료·통계 및 정보의 보관·관리에 관한 사항
   ② 교통시설의 안전성 평가에 관한 사항
   ③ 사업장에 있는 교통안전 관련 시설 및 장비에 관한 사항
   ④ 교통수단의 관리에 관한 사항
   ⑤ 교통업무에 종사하는 자의 관리에 관한 사항
   ⑥ 교통안전의 교육·훈련에 관한 사항
   ⑦ 교통사고 원인의 조사·보고 및 처리에 관한 사항
   ⑧ 그 밖에 교통안전관리를 위하여 국토교통부장관이 따로 정하는 사항

정답 52. ④ 53. ③ 54. ④

55 다음 중 교통안전관리규정에 포함되어야 하는 사항에 해당하지 않는 것은?

① 교통안전의 경영지침에 관한 사항
② 교통안전목표 수립에 관한 사항
③ 안전관리대책의 수립 및 추진에 관한 사항
④ 전년도 교통사고 현황 및 분석에 관한 사항

해설 법 제21조(교통시설설치·관리자등의 교통안전관리규정)제1항, 시행령 제18조(교통안전관리규정에 포함할 사항) 참조

56 다음 중 교통안전관리규정에 포함되어야 하는 사항에 해당하지 않는 것은?

① 교통안전 관련 조직에 관한 사항
② 교통안전담당자 지정에 관한 사항
③ 교통안전과 관련된 자료·통계 및 정보의 보관·관리에 관한 사항
④ 교통안전 전문인력 양성에 관한 사항

해설 법 제21조(교통시설설치·관리자등의 교통안전관리규정)제1항, 시행령 제18조(교통안전관리규정에 포함할 사항) 참조

57 다음 중 교통안전관리규정에 포함되어야 하는 사항에 해당하지 않는 것은?

① 교통시설의 안전성 평가에 관한 사항
② 사업장에 있는 교통안전 관련 시설 및 장비에 관한 사항
③ 교통수단의 관리에 관한 사항
④ 교통안전지식의 보급 및 교통문화 향상 목표

해설 법 제21조(교통시설설치·관리자등의 교통안전관리규정)제1항, 시행령 제18조(교통안전관리규정에 포함할 사항) 참조

58 다음 중 교통안전관리규정에 포함되어야 하는 사항에 해당하지 않는 것은?

① 교통업무에 종사하는 자의 관리에 관한 사항
② 교통안전의 교육·훈련에 관한 사항
③ 교통사고 원인의 조사·보고 및 처리에 관한 사항
④ 교통안전정책의 목표달성을 위한 부문별 추진전략

해설 법 제21조(교통시설설치·관리자등의 교통안전관리규정)제1항, 시행령 제18조(교통안전관리규정에 포함할 사항) 참조

59 다음 중 교통안전법상 교통안전관리규정에 대한 설명으로 옳지 않은 것은?

① 교통시설설치·관리자등은 교통안전관리규정을 준수하여야 한다.
② 교통행정기관은 교통시설설치·관리자등이 교통안전관리규정을 준수하고 있는지의 여부를 확인하고 이를 평가하여야 한다.
③ 교통행정기관은 교통시설설치·관리자등이 제출한 교통안전관리규정이 조건부 적합 또는 부적합 판정을 받은 경우에는 교통안전관리규정의 변경을 명하는 등 필요한 조치를 하여야 한다.
④ 교통안전관리규정 준수 여부의 확인·평가는 교통안전관리규정을 제출한 날을 기준으로 매 5년이 지난 날의 전후 60일 이내에 실시한다.

해설 시행규칙 제5조(교통안전관리규정 준수 여부의 확인·평가) 교통안전관리규정 준수 여부의 확인·평가는 교통안전관리규정을 제출한 날을 기준으로 매 5년이 지난 날의 전후 100일 이내에 실시한다.

정답 55. ④ 56. ④ 57. ④ 58. ④ 59. ④

60 교통행정기관이 교통시설설치·관리자등이 제출한 교통안전관리규정을 검토한 결과에 대한 설명으로 타당하지 않은 것은?

① 적합 : 교통안전에 필요한 조치가 구체적이고 명료하게 규정되어 있어 교통시설 또는 교통수단의 안전성이 충분히 확보되어 있다고 인정되는 경우
② 조건부 적합 : 교통안전의 확보에 중대한 문제가 있지는 아니하지만 부분적으로 보완이 필요하다고 인정되는 경우
③ 조건부 부적합 : 교통안전의 확보에 중대한 문제가 있지는 아니하지만 부분적으로 보완이 필요하다고 인정되는 경우
④ 부적합 : 교통안전의 확보에 중대한 문제가 있거나 교통안전관리규정 자체에 근본적인 결함이 있다고 인정되는 경우

해설 시행령 제19조(교통안전관리규정의 검토 등)

검토 결과의 구분	내용
적합	교통안전에 필요한 조치가 구체적이고 명료하게 규정되어 있어 교통시설 또는 교통수단의 안전성이 충분히 확보되어 있다고 인정되는 경우
조건부 적합	교통안전의 확보에 중대한 문제가 있지는 아니하지만 부분적으로 보완이 필요하다고 인정되는 경우
부적합	교통안전의 확보에 중대한 문제가 있거나 교통안전관리규정 자체에 근본적인 결함이 있다고 인정되는 경우

61 다음 중 교통안전법상 교통안전에 관한 기본시책에 해당하지 않는 것은?

① 교통시설의 정비 등
② 교통안전지식의 보급 등
③ 교통안전에 관한 정보의 수집·전파
④ 교통수단의 안전 점검

해설 법 제22조 ~ 제32조 교통안전법상 교통안전에 관한 기본시책으로는 교통시설의 정비 등, 교통안전지식의 보급 등, 교통안전에 관한 정보의 수집·전파, 교통수단의 안전성 향상, 교통질서의 유지, 위험물의 안전운송, 긴급 시의 구조체제의 정비 등, 손해배상의 적정화, 과학기술의 진흥 등, 교통안전에 관한 시책 강구상의 배려 등이 있다.

62 국가등이 강구하여야 할 교통안전에 관한 기본시책에 대한 설명으로 타당하지 않은 것은?

① 국가등은 안전한 교통환경을 조성하기 위하여 교통시설의 정비, 교통규제 및 관제의 합리화, 공유수면 사용의 적정화 등 필요한 시책을 강구하여야 한다.
② 국가등은 주거지·학교지역 및 상점가에 대하여 안전한 교통환경 조성을 위한 시책을 강구할 때에 특히 보행자와 자전거이용자가 보호되도록 배려하여야 한다.
③ 국가등은 교통안전에 관한 지식을 보급하고 교통안전에 관한 의식을 제고하기 위하여 반드시 학교를 통하여 교통안전교육의 진흥과 교통안전에 관한 홍보활동의 충실을 도모하는 등 필요한 시책을 강구하여야 한다.
④ 국가등은 교통안전에 관한 국민의 건전하고 자주적인 조직 활동이 촉진되도록 필요한 시책을 강구하여야 한다.

해설 법 제23조(교통안전지식의 보급 등)제1항 국가등은 교통안전에 관한 지식을 보급하고 교통안전에 관한 의식을 제고하기 위하여 학교 그 밖의 교육기관을 통하여 교통안전교육의 진흥과 교통안전에 관한 홍보활동의 충실을 도모하는 등 필요한 시책을 강구하여야 한다.

정답 60. ③ 61. ④ 62. ③

63 국가 등이 강구하여야 할 교통안전에 관한 기본시책에 대한 설명으로 타당하지 않은 것은?

① 국가등은 어린이, 노인 및 장애인의 교통안전 체험을 위한 교육시설 설치를 지원하기 위하여 예산의 범위에서 재정적 지원을 하여야 한다.
② 국가등은 차량의 운전자, 선박승무원등 및 항공승무원등이 해당 교통수단을 안전하게 운행할 수 있도록 필요한 교육을 받도록 하여야 한다.
③ 국가등은 운전자등의 자격에 관한 제도의 합리화, 교통수단 운행체계의 개선, 운전자등의 근무조건의 적정화와 복지향상 등을 위하여 필요한 시책을 강구하여야 한다.
④ 국가등은 기상정보 등 교통안전에 관한 정보를 신속하게 수집·전파하기 위하여 기상관측망과 통신시설의 정비 및 확충 등 필요한 시책을 강구하여야 한다.

해설 법 제23조(교통안전지식의 보급 등)제4항 국가등은 어린이, 노인 및 장애인의 교통안전 체험을 위한 교육시설 설치를 지원하기 위하여 예산의 범위에서 재정적 지원을 할 수 있다.

64 국가등이 강구하여야 할 교통안전에 관한 기본시책에 대한 설명으로 타당하지 않은 것은?

① 국가등은 교통수단의 안전성을 향상시키기 위하여 교통수단의 구조·설비 및 장비 등에 관한 안전상의 기술적 기준을 개선하고 교통수단에 대한 검사의 정확성을 확보하는 등 필요한 시책을 강구하여야 한다.
② 국가등은 교통질서를 유지하기 위하여 교통질서 위반자에 대한 단속 등 필요한 시책을 강구하여야 한다.
③ 국가등은 위험물의 운송을 금지하기 위한 제반기준의 제정 등 필요한 시책을 강구하여야 한다.
④ 국가등은 교통사고 부상자에 대한 응급조치 및 의료의 충실을 도모하기 위하여 구조체제의 정비 및 응급의료시설의 확충 등 필요한 시책을 강구하여야 한다.

해설 법 제28조(위험물의 안전운송) 국가등은 위험물의 안전운송을 위하여 운송 시설 및 장비의 확보와 그 운송에 관한 제반기준의 제정 등 필요한 시책을 강구하여야 한다.

65 국가등이 강구하여야 할 교통안전에 관한 기본시책에 대한 설명으로 타당하지 않은 것은?

① 국가등은 항공사고 구조의 충실을 도모하기 위하여 항공사고 발생정보의 수집체제 및 항공사고 구조체제의 정비 등 필요한 시책을 강구하여야 한다.
② 국가등은 교통사고로 인한 피해자에 대한 손해배상의 적정화를 위하여 손해배상보장제도의 충실 등 필요한 시책을 강구하여야 한다.
③ 국가등은 교통안전에 관한 과학기술의 진흥을 위한 시험연구체제를 정비하고 연구·개발을 추진하며 그 성과의 보급 등 필요한 시책을 강구하여야 한다.
④ 국가등은 교통사고 원인을 과학적으로 규명하기 위하여 교통체계등에 관한 종합적인 연구·조사의 실시 등 필요한 시책을 강구하여야 한다.

해설 법 제29조(긴급 시의 구조체제의 정비 등)제2항 국가등은 해양사고 구조의 충실을 도모하기 위하여 해양사고 발생정보의 수집체제 및 해양사고 구조체제의 정비 등 필요한 시책을 강구하여야 한다.

정답 63. ① 64. ③ 65. ①

66 교통안전법상 국가등은 어린이등이 교통안전 체험을 위한 교육시설을 설치할 수 있다. 이 교육시설의 설치 기준·방법 등에 관한 사항으로 바르지 않은 것은?

① 어린이등이 교통사고 예방법을 습득할 수 있도록 교통의 위험상황을 재현할 수 있는 영상장치 등 시설·장비를 갖출 것

② 어린이등이 자전거를 운전할 때 안전한 운전방법을 익힐 수 있는 체험시설을 갖출 것

③ 어린이등이 교통안전시설의 운영체계를 이해할 수 있도록 진입로·유도로·활주로 등의 시설을 관계 법령에 맞게 배치할 것

④ 교통안전 체험시설에 설치하는 교통안전표지 등이 관계 법령에 따른 기준과 일치할 것

해설 법 제23조제23조(교통안전지식의 보급 등)제3항, 시행령 제19조의2(교통안전 체험시설의 설치 기준 등) 국가등은 어린이, 노인 및 장애인의 교통안전 체험을 위한 교육시설을 설치할 수 있다. 전항의 교육시설의 설치 기준·방법 등에 관하여 필요한 사항은 다음과 같다.
1. 어린이등이 교통사고 예방법을 습득할 수 있도록 교통의 위험상황을 재현할 수 있는 영상장치 등 시설·장비를 갖출 것
2. 어린이등이 자전거를 운전할 때 안전한 운전방법을 익힐 수 있는 체험시설을 갖출 것
3. 어린이등이 교통시설의 운영체계를 이해할 수 있도록 보도·횡단보도 등의 시설을 관계 법령에 맞게 배치할 것
4. 교통안전 체험시설에 설치하는 교통안전표지 등이 관계 법령에 따른 기준과 일치할 것

67 다음 중 교통안전법상 교통수단안전점검의 대상으로 보기 어려운 것은?

① 여객자동차운송사업자가 보유한 자동차
② 화물자동차 운송사업자가 보유한 자동차
③ 건설기계사업자가 보유한 건설기계
④ 군용항공기 및 국가기관등 항공기

해설 시행령 제20조(교통수단안전점검의 대상 등)제1항, 시행규칙 제6조(교통수단안전점검 대상이 되는 자동차 등)제1항 교통수단안전점검의 대상은 다음과 같다.
1. 여객자동차 운수사업법에 따른 여객자동차운송사업자가 보유한 자동차 및 그 운영에 관련된 사항
2. 화물자동차 운수사업법에 따른 화물자동차 운송사업자가 보유한 자동차 및 그 운영에 관련된 사항
3. 건설기계관리법에 따른 건설기계사업자가 보유한 건설기계(도로교통법에 따른 운전면허를 받아야 하는 건설기계에 한정한다) 및 그 운영에 관련된 사항
4. 철도사업법에 따른 철도사업자 및 전용철도운영자가 보유한 철도차량 및 그 운영에 관련된 사항
5. 도시철도법에 따른 도시철도운영자가 보유한 철도차량 및 그 운영에 관련된 사항
6. 항공사업법에 따른 항공운송사업자가 보유한 항공기(군용항공기 등과 국가기관등항공기는 제외한다) 및 그 운영에 관련된 사항
7. 그 밖에 국토교통부령으로 정하는 어린이 통학버스 및 위험물 운반자동차 등 교통수단안전점검이 필요하다고 인정되는 자동차 및 그 운영에 관련된 사항 (시행규칙 제6조)
① 도로교통법 제2조제23호에 따른 어린이통학버스
② 고압가스 안전관리법 시행령 제2조에 따른 고압가스를 운송하기 위하여 필요한 탱크를 설치한 화물자동차(그 화물자동차가 피견인자동차인 경우에는 연결된 견인자동차를 포함한다)
③ 위험물안전관리법 시행령 제3조에 따른 지정수량 이상의 위험물을 운반하기 위하여 필요한 탱크를 설치한 화물자동차(그 화물자동차가 피견인자동차인 경우에는 연결된 견인자동차를 포함한다)
④ 화학물질관리법 제2조제7호에 따른 유해화학물질을 운반하기 위하여 필요한 탱크를 설치한 화물자동차(그 화물자동차가 피견인자동차인 경우에는 연결된 견인자동차를 포함한다)
⑤ 쓰레기 운반전용의 화물자동차
⑥ 피견인자동차와 긴급자동차를 제외한 최대적재량 8톤 이상의 화물자동차

68 다음 중 교통안전법상 교통수단안전점검의 대상에 해당하지 않는 것은?

① 철도사업자가 보유한 철도차량
② 어린이 통학버스
③ 고압가스를 운송하기 위하여 필요한 탱크를 설치한 화물자동차
④ 피견인자동차와 긴급자동차를 제외한 최대적재량 8톤 이하의 화물자동차

정답 66. ③ 67. ④ 68. ④

해설 시행령 제20조(교통수단안전점검의 대상 등)제1항, 시행규칙 제6조(교통수단안전점검 대상이 되는 자동차 등)제1항 참조

69 다음 중 교통안전법상 교통수단안전점검의 대상에 해당하지 않는 것은?

① 도시철도운영자가 보유한 철도차량
② 건설기계사업자가 보유한 건설기계 중 운전면허를 필요로 하지 않는 건설기계
③ 유해화학물질을 운반하기 위하여 필요한 탱크를 설치한 화물자동차
④ 여객자동차운송사업자가 보유한 자동차

해설 시행령 제20조(교통수단안전점검의 대상 등)제1항, 시행규칙 제6조(교통수단안전점검 대상이 되는 자동차 등)제1항 참조

70 교통안전법상 교통수단안전점검에 대한 설명으로 타당하지 않은 것은?

① 교통행정기관은 교통수단안전점검을 효율적으로 실시하기 위하여 관련 교통수단운영자로 하여금 필요한 보고를 하게 하거나 관련 자료를 제출하게 할 수 있다.
② 소속 공무원이 사업장을 출입하여 검사하려는 경우에는 출입·검사 14일 전까지 검사일시·검사이유 및 검사내용 등을 포함한 검사계획을 교통수단운영자에게 통지하여야 한다.
③ 출입·검사를 하는 공무원은 그 권한을 표시하는 증표를 내보이고 성명·출입시간 및 출입목적 등이 표시된 문서를 교부하여야 한다.
④ 국토교통부장관은 교통수단안전점검을 실시한 결과 교통안전을 저해하는 요인이 발견된 경우에는 그 결과를 소관 교통행정기관에 통보하여야 한다.

해설 법 제33조(교통수단안전점검)제4항 교통행정기관의 소속공무원이 사업장을 출입하여 검사하려는 경우에는 출입·검사 7일 전까지 검사일시·검사이유 및 검사내용 등을 포함한 검사계획을 교통수단운영자에게 통지하여야 한다. 다만, 증거인멸 등으로 검사의 목적을 달성할 수 없다고 판단되는 경우에는 검사일에 검사계획을 통지할 수 있다.

71 교통안전법상 교통수단안전점검에 대한 설명으로 타당하지 않은 것은?

① 교통행정기관은 소관 교통수단에 대한 교통안전 실태를 파악하기 위하여 주기적으로 교통수단안전점검을 실시하여야 한다.
② 교통행정기관은 교통수단안전점검을 실시한 결과 교통안전을 저해하는 요인이 발견된 경우 그 개선대책을 수립·시행하여야 하며, 교통수단운영자에게 개선사항을 권고할 수 있다.
③ 교통수단안전점검 결과를 통보받은 교통행정기관은 교통안전 저해요인을 제거하기 위하여 필요한 조치를 하고 국토교통부장관에게 그 조치의 내용을 통보하여야 한다.
④ 교통행정기관은 필요한 경우 소속 공무원으로 하여금 교통수단운영자의 사업장 등에 출입하여 교통수단 또는 장부·서류나 그 밖의 물건을 검사하게 하거나 관계인에게 질문하게 할 수 있다.

해설 법 제33조(교통수단안전점검)제1항 교통행정기관은 소관 교통수단에 대한 교통안전 실태를 파악하기 위하여 주기적으로 또는 수시로 교통수단안전점검을 실시할 수 있다.

72 다음 중 교통안전법상 교통안전점검 항목으로 보기 어려운 것은?

① 교통수단의 교통안전 위험요인 조사
② 교통안전 관계 법령의 위반 여부 확인
③ 교통안전관리규정의 준수 여부 점검
④ 교통안전시행계획 실시 여부 점검

정답 69. ② 70. ② 71. ① 72. ④

해설 시행령 제20조(교통수단안전점검의 대상 등)제4항 교통수단안전점검의 항목은 다음과 같다.
1. 교통수단의 교통안전 위험요인 조사
2. 교통안전 관계 법령의 위반 여부 확인
3. 교통안전관리규정의 준수 여부 점검
4. 그 밖에 국토교통부장관이 관계 교통행정기관의 장과 협의하여 정하는 사항

73 국토교통부장관은 대통령령으로 정하는 교통수단과 관련하여 1건의 사고로 사망자가 1명 이상 발생한 경우 해당 교통수단에 대하여 반드시 교통수단안전점검을 실시하여야 한다. 이때 대통령으로 정하는 교통수단에 해당하지 않는 것은?

① 여객자동차 운수사업법에 따른 여객자동차운송사업의 면허를 받거나 등록을 한 자
② 여객자동차 운수사업법에 따른 수요응답형 여객자동차운송사업자
③ 여객자동차 운수사업법에 따른 자동차 보유 대수가 1대인 개인택시운송사업자
④ 화물자동차 운수사업법에 따라 화물자동차 운송사업의 허가를 받은 자

해설 법 제33조(교통수단안전점검)제6항, 시행령 제20조(교통수단안전점검의 대상 등)
국토교통부장관은 대통령령으로 정하는 교통수단과 관련하여 대통령령으로 정하는 기준 이상의 교통사고가 발생한 경우 해당 교통수단에 대하여 교통수단안전점검을 실시하여야 한다.
대통령령으로 정하는 교통수단이란 다음의 어느 하나에 해당하는 자가 보유한 교통수단을 말한다.
1. 여객자동차 운수사업법 제4조에 따른 여객자동차운송사업의 면허를 받거나 등록을 한 자(같은 법에 따른 수요응답형 여객자동차운송사업자 및 개인택시운송사업자 등 자동차 보유 대수가 1대인 운송사업자는 제외한다)
2. 화물자동차 운수사업법 제3조에 따라 화물자동차 운송사업의 허가를 받은 자(자동차 보유 대수가 1대인 운송사업자는 제외한다)

74 교통안전도 평가지수에서 교통사고 발생 건수의 가중치는 얼마인가?

① 0.3   ② 0.4
③ 0.5   ④ 0.6

해설 시행령 별표 3의2
교통안전도 평가지수 =
$$\frac{(교통사고\ 발생건수 \times 0.4) + (교통사고\ 사상자\ 수 \times 0.6)}{자동차등록(면허)\ 대수} \times 10$$

*비고
1. 교통사고는 직전연도 1년간의 교통사고를 기준으로 하며, 다음과 같이 구분한다.
   ① 사망사고: 교통사고가 주된 원인이 되어 교통사고 발생 시부터 30일 이내에 사람이 사망한 사고
   ② 중상사고: 교통사고로 인하여 다친 사람이 의사의 최초 진단 결과 3주 이상의 치료가 필요한 상해를 입은 사고
   ③ 경상사고: 교통사고로 인하여 다친 사람이 의사의 최초 진단 결과 5일 이상 3주 미만의 치료가 필요한 상해를 입은 사고
2. 교통사고 발생건수 및 교통사고 사상자 수 산정 시 경상사고 1건 또는 경상자 1명은 '0.3', 중상사고 1건 또는 중상자 1명은 '0.7', 사망사고 1건 또는 사망자 1명은 '1'을 각각 가중치로 적용하되, 교통사고 발생건수의 산정 시, 하나의 교통사고로 여러 명이 사망 또는 상해를 입은 경우에는 가장 가중치가 높은 사고를 적용한다.

75 교통안전도 평가지수 산정 시 사망사고는 교통사고 발생 시부터 며칠 이내에 사망한 경우를 말하는가?

① 10일   ② 20일
③ 30일   ④ 60일

해설 시행령 별표 3의2 참조

76 교통안전도 평가지수 산정 시 중상사고 또는 중상자에 대한 가중치는 얼마인가?

① 0.3   ② 0.4
③ 0.6   ④ 0.7

해설 시행령 별표 3의2 참조

정답 73. ③ 74. ② 75. ③ 76. ④

77 교통안전도 평가지수 산정 시 중상사고란 최초 진단 결과 몇 주 이상의 치료가 필요한 상해를 말하는가?

① 1주 ② 2주
③ 3주 ④ 4주

해설 시행령 별표 3의2 참조

78 다음 중 교통안전법상의 교통안전실태조사의 대상은?

① 교통안전도 평가지수가 하위 100분의 20 이내
② 교통문화지수가 하위 100분의 20 이내
③ 교통안전도 평가지수가 하위 100분의 40 이내
④ 교통문화지수가 하위 100분의 40 이내

해설 법 제33조의2(교통안전 특별실태조사의 실시 등), 제7조의3(특별실태조사의 대상 등) 특별실태조사의 대상, 절차, 방법은 다음과 같다.
1. 특별실태조사는 교통문화지수가 하위 100분의 20 이내인 시·군·구를 대상으로 한다.
2. 지정행정기관의 장은 특별실태조사를 위하여 교통안전 관련 전문가로 하여금 교통안전이 취약한 지역에 대한 현장조사를 실시하도록 할 수 있다.

79 다음 중 교통안전법상의 교통시설안전진단에 대한 설명으로 타당하지 않은 것은?

① 대통령령으로 정하는 일정 규모 이상의 도로·철도·공항의 교통시설을 설치하려는 자는 해당 교통시설의 설치 전에 교통안전진단기관에 의뢰하여 교통시설안전진단을 받아야 한다.
② 대통령령으로 정하는 교통시설의 교통시설설치·관리자는 해당 교통시설의 완공 후 30일 내에 교통안전진단기관에 의뢰하여 교통시설안전진단을 받아야 한다.
③ 교통행정기관은 대통령령으로 정하는 기준 이상의 교통사고가 발생한 경우에는 교통시설설치·관리자로 하여금 교통안전진단기관에 의뢰하여 교통시설안전진단을 받을 것을 명할 수 있다.
④ 교통시설안전진단을 받은 교통시설설치·관리자는 교통안전진단기관이 작성·교부한 교통시설안전진단보고서를 관할 교통행정기관에 제출하여야 한다.

해설 법 제34조(교통시설안전진단)제3항 대통령령으로 정하는 교통시설의 교통시설설치·관리자는 해당 교통시설의 사용 개시 전에 교통안전진단기관에 의뢰하여 교통시설안전진단을 받아야 한다.

80 다음 중 교통시설안전진단을 받아야 하는 교통시설에 해당하지 않는 것은?

① 총 길이 5km 이상의 일반국도·고속국도
② 총 길이 3km 이상의 특별시도·광역시도·지방도
③ 1개소 이상의 정거장을 포함하는 총 길이 1km 이상의 철도의 건설
④ 연간 여객 처리능력이 1만 명 이상의 비행장 또는 공항의 신설

해설 시행령 제22조(교통시설안전진단을 받아야 하는 교통시설 등) 및 별표2

교통시설안전진단을 받아야 하는 교통시설 (시행령 제22조 관련, 별표 2)	
도로	1) 일반국도·고속국도: 총 길이 5km 이상 2) 특별시도·광역시도·지방도: 총 길이 3km 이상 3) 시도·군도·구도: 총 길이 1km 이상
철도	1) 철도의 건설 : 1개소 이상의 정거장을 포함하는 총 길이 1km 이상 2) 도시철도의 건설 : 1개소 이상의 정거장을 포함하는 총 길이 1km 이상
공항	비행장 또는 공항의 신설 : 연간 여객처리능력이 10만 명 이상

정답 77. ③ 78. ② 79. ② 80. ④

81 교통행정기관은 일정 기준 이상의 교통사고가 발생한 경우에는 교통시설설치·관리자로 하여금 해당 교통사고 발생 원인과 관련된 교통시설에 대하여 교통안전진단기관에 의뢰하여 교통시설안전진단을 받을 것을 명할 수 있는데 이 기준으로 옳지 않은 것은?

① 도로: 교통시설의 결함 여부 등을 조사한 교통사고
② 철도: 철도시설의 결함으로 1명 이상의 사망자가 발생한 교통사고
③ 공항: 공항 또는 공항시설의 결함으로 1명 이상의 사망자가 발생한 교통사고
④ 항구: 항구 또는 항구시설의 결함으로 1명 이상의 사망자가 발생한 교통사고

해설 시행령 제25조(교통시설안전진단의 실시 등)제3항

대통령령으로 정하는 기준 이상의 교통사고 (시행령 제25조제3항)
1. 도로: 교통시설의 결함 여부 등을 조사한 교통사고
2. 철도: 철도시설의 결함으로 1명 이상의 사망자가 발생한 교통사고
3. 공항: 공항 또는 공항시설의 결함으로 1명 이상의 사망자가 발생한 교통사고

82 다음 중 교통시설안전진단보고서에 필수적으로 포함되어야 할 사항에 해당하지 않는 것은?

① 교통시설안전진단을 받아야 하는 자의 명칭 및 소재지
② 교통시설안전진단 대상의 종류
③ 교통시설안전진단의 실시 방법
④ 교통시설안전진단 대상의 상태 및 결함 내용

해설 시행령 제26조(교통시설안전진단보고서) 교통시설안전진단보고서에는 다음의 사항이 포함되어야 한다.
1. 교통시설안전진단을 받아야 하는 자의 명칭 및 소재지
2. 교통시설안전진단 대상의 종류
3. 교통시설안전진단의 실시기간과 실시자
4. 교통시설안전진단 대상의 상태 및 결함 내용
5. 교통안전진단기관의 권고사항
6. 그 밖에 교통안전관리에 필요한 사항

83 다음 중 교통안전법령상 교통시설안전진단지침에 포함되어야 할 내용으로 바르지 않은 것은?

① 교통시설안전진단에 필요한 설비 및 도구에 관한 사항
② 교통시설안전진단의 대상 및 범위에 관한 사항
③ 교통시설안전진단 방법 및 절차에 관한 사항
④ 교통시설안전진단의 결과에 따른 조치에 관한 사항

해설 시행령 제31조(교통시설안전진단지침의 내용)제1항 교통시설안전진단지침에는 다음의 사항이 포함되어야 한다.
1. 교통시설안전진단에 필요한 사전준비에 관한 사항
2. 교통시설안전진단 실시자의 자격 및 구성에 관한 사항
3. 교통시설안전진단의 대상 및 범위에 관한 사항
4. 교통시설안전진단의 항목에 관한 사항
5. 교통시설안전진단 방법 및 절차에 관한 사항
6. 교통시설안전진단보고서의 작성 및 사후관리에 관한 사항
7. 교통시설안전진단의 결과에 따른 조치에 관한 사항
8. 교통시설안전진단의 평가에 관한 사항

84 교통시설안전진단을 실시하려는 자는 누구에게 등록하여야 하는가?

① 시·도지사
② 교통행정기관장
③ 국토교통부장관
④ 대통령

해설 법 제39조(교통안전진단기관의 등록 등) 교통시설안전진단을 실시하려는 자는 시·도지사에게 등록하여야 한다. 이 경우 시·도지사는 국토교통부령으로 정하는 바에 따라 교통안전진단기관등록증을 발급하여야 한다.

85 다음 중 교통시설안전진단 측정 장비에 포함되지 않는 것은?

① 노면 미끄럼 저항 측정기
② 조도계
③ 거리 및 경사 측정기
④ 가속도 측정장비

정답 81. ④ 82. ③ 83. ① 84. ① 85. ④

해설 시행규칙 별표 4

	교통시설안전진단 측정장비(시행규칙 별표 4)
도로	1. 노면 미끄럼 저항 측정기 2. 반사성능 측정기 3. 조도계 4. 평균 휘도계 5. 거리 및 경사 측정기 6. 속도 측정장비 7. 계수기 8. 워킹메저(walking-measure) 9. 위성항법장치(GPS) 10. 그 밖의 부대설비(컴퓨터 포함) 및 프로그램
철도	없음
공항	없음

86 다음 중 교통안전진단기관의 등록결격사유에 해당되지 않는 자는?

① 피성년후견인 또는 피한정후견인
② 파산선고를 받고 복권되지 아니한 자
③ 이 법을 위반하여 징역형의 실형을 선고받고 그 집행이 종료되거나 집행이 면제된 날부터 1년이 지나지 아니한 자
④ 이 법을 위반하여 징역형의 집행유예를 선고받고 그 유예기간 중에 있는 자

해설 법 제41조(결격사유) 다음 어느 하나에 해당하는 자는 교통안전진단기관으로 등록할 수 없다.
1. 피성년후견인 또는 피한정후견인
2. 파산선고를 받고 복권되지 아니한 자
3. 이 법을 위반하여 징역형의 실형을 선고받고 그 집행이 종료되거나 집행이 면제된 날부터 2년이 지나지 아니한 자
4. 이 법을 위반하여 징역형의 집행유예를 선고받고 그 유예기간 중에 있는 자
5. 교통안전진단기관의 등록이 취소된 후 2년이 지나지 아니한 자
6. 임원 중에 제1호부터 제5호까지의 어느 하나에 해당하는 자가 있는 법인

87 다음 중 교통안전진단기관의 등록사항 변경신고 대상에 해당하지 않는 것은?

① 상호의 변경
② 대표자 주소의 변경
③ 사무소 소재지의 변경
④ 전문인력의 변경

해설 시행규칙 제14조(변경사항의 신고 등) 등록한 교통안전진단기관의 상호, 대표자, 사무소 소재지 또는 전문인력을 변경한 경우에는 교통안전진단기관 등록사항 변경신고서에 이를 증명하는 서류를 첨부하여 30일 이내에 시·도지사에게 제출하여야 한다.

88 다음 중 교통안전진단기관의 필요적 등록 취소 사유에 해당하지 않는 것은?

① 거짓이나 그 밖의 부정한 방법으로 등록을 한 때
② 최근 2년간 2회의 영업정지처분을 받고 새로이 영업정지처분에 해당하는 사유가 발생한 때
③ 영업정지처분을 받고 영업정지처분기간 중에 새로이 교통시설안전진단 업무를 실시한 때
④ 교통안전진단기관의 등록기준에 미달하게 된 때

해설 법 제43조(등록의 취소 등)

필요적 등록취소 사유	임의적 등록취소 또는 1년 이내의 영업정지 사유
1. 거짓이나 그 밖의 부정한 방법으로 등록을 한 때 2. 최근 2년간 2회의 영업정지처분을 받고 새로이 영업정지처분에 해당하는 사유가 발생한 때 3. 교통안전진단기관의 결격사유에의 어느 하나에 해당하게 된 때. 다만, 법인의 임원 중에 어느 하나에 해당하는 자가 있는 경우 6개월 이내에 해당 임원을 개임한 때에는 그러하지 아니하다. 4. 명의대여금지 규정을 위반하여 타인에게 자기의 명칭 또는 상호를 사용하게 하거나 교통안전진단기관등록증을 대여한 때 5. 영업정지처분을 받고 영업정지처분기간 중에 새로이 교통시설안전진단 업무를 실시한 때	1. 교통안전진단기관의 등록기준에 미달하게 된 때 2. 교통시설안전진단을 실시할 자격이 없는 자로 하여금 교통시설안전진단을 수행하게 한 때 3. 교통시설안전진단의 실시 결과를 평가한 결과 안전의 상태를 사실과 다르게 진단하는 등 교통시설안전진단 업무를 부실하게 수행한 것으로 평가된 때

정답 86. ③ 87. ② 88. ④

89 교통안전법상 교통안전진단기관에 대한 지도·감독을 위하여 소속 공무원이 출입·검사를 하는 경우 검사일 며칠 전까지 검사계획을 통지하여야 하는가?

① 7일　　② 10일
③ 14일　　④ 30일

해설 법 제47조(교통안전진단기관에 대한 지도·감독)제2항 교통안전진단기관의 지도·감독을 위하여 소속 공무원이 출입·검사를 하는 경우에는 검사일 7일 전까지 검사일시·검사이유 및 검사내용 등을 포함한 검사계획을 교통안전진단기관에 통지하여야 한다. 다만, 증거인멸 등으로 검사의 목적을 달성할 수 없거나 긴급한 사정이 있는 경우에는 검사일에 검사계획을 통지할 수 있다.

90 교통사고관련자료등은 교통사고가 발생한 날로부터 몇 년간 이를 보관·관리하여야 하는가?

① 1년　　② 5년
③ 10년　　④ 20년

해설 시행령 제38조(교통사고관련자료등의 보관·관리) 교통사고와 관련된 자료·통계 또는 정보를 보관·관리하는 자는 교통사고가 발생한 날부터 5년간 이를 보관·관리하여야 한다.

91 다음 중 교통사고관련자료등의 보관·관리하는 자에 해당하지 않는 자는?

① 한국교통안전공단법에 따른 한국교통안전공단
② 한국도로교통공단법에 따른 한국도로교통공단
③ 한국도로공사법에 따른 한국도로공사
④ 화물자동차운수사업법에 따른 화물자동차운수사업자

해설 시행령 제39조(교통사고관련자료 등의 보관·관리) 교통사고관련자료 보관·관리자는 다음과 같다.
1. 한국교통안전공단법에 따른 한국교통안전공단
2. 한국도로교통공단법에 따른 한국도로교통공단
3. 한국도로공사법에 따른 한국도로공사
4. 보험업법에 따라 설립된 손해보험협회에 소속된 손해보험회사
5. 여객자동차운송사업법에 따른 여객자동차운송사업의 면허를 받거나 등록을 한 자
6. 여객자동차운수사업법에 따른 공제조합
7. 화물자동차운수사업법에 따라 화물자동차운수사업자로 구성된 협회가 설립한 연합회

92 다음 중 교통안전법령상 교통안전정보에 해당하지 않는 것은?

① 지역교통안전시행계획의 추진실적
② 교통수단안전점검 및 교통시설안전진단의 실시결과
③ 교통수단의 운행기록등의 점검·분석 결과
④ 교통안전도평가지수 조사 결과

해설 시행규칙 제17조(교통안전정보) 교통안전정보란 다음과 같다.
1. 교통사고 원인 분석(다만, 범죄의 수사와 관련된 사항은 제외한다)
2. 지역교통안전시행계획의 추진실적
3. 교통안전관리규정 준수 여부의 확인·평가 결과
4. 교통수단안전점검 및 교통시설안전진단의 실시결과
5. 교통수단의 운행기록등의 점검·분석 결과
6. 교통문화지수의 조사 결과
7. 여객자동차 운수사업법 또는 화물자동차 운수사업법에 따른 운전적성에 대한 정밀검사 결과
8. 자동차 주행거리 및 교통수단의 성능에 관한 정보
9. 전자지도 등 교통시설에 관한 정보
10. 그 밖에 교통안전에 필요한 정보

93 다음 중 교통안전관리자시험에 대한 계획을 수립하고 실시하는 기관은?

① 국토교통부　　② 한국교통안전공단
③ 교통행정기관　　④ 한국도로교통공단

해설 시행규칙 제18조(시험실시계획의 수립 등)
1. 한국교통안전공단은 교통안전관리자 시험을 매년 실시하여야 하며, 시험을 실시하기 전에 교통안전관리자의 수급상황을 파악하여 시험의 실시에 관한 계획을 국토교통부장관에게 제출하여야 한다.
2. 한국교통안전공단은 시험을 시행하려면 시험 시행일 90일 전까지 시험일정과 응시과목 등 시험의 시행에 필요한 사항을 일간신문 및 한국교통안전공단 인터넷 홈페이지에 공고하여야 한다.

정답 89. ①　90. ②　91. ④　92. ④　93. ②

94 한국교통안전공단은 교통안전관리자 시험을 시행하려면 시험 시행일 며칠 전까지 공고해야 하는가?

① 30일 ② 60일
③ 90일 ④ 120일

해설 시행규칙 제18조(시험실시계획의 수립 등)제2항 참조

95 다음 중 교통안전관리자의 종류로 보기 어려운 것은?

① 도로교통안전관리자
② 항공교통안전관리자
③ 해양교통안전관리자
④ 철도교통안전관리자

해설 시행령 제41조의2(교통안전관리자 자격의 종류) 교통안전관리자의 자격의 종류는 다음과 같다.
1. 도로교통안전관리자
2. 철도교통안전관리자
3. 항공교통안전관리자
4. 항만교통안전관리자
5. 삭도교통안전관리자

96 다음 중 교통안전법령상 교통안전관리자의 결격사유에 해당하지 않는 것은?

① 피한정후견인
② 금고 이상의 실형을 선고받고 그 집행이 종료되거나 집행이 면제된 날부터 2년이 지나지 아니한 자
③ 금고 이상의 형의 집행유예를 선고받고 그 집행이 종료되거나 집행이 면제된 날부터 2년이 지나지 아니한 자
④ 교통안전관리자 자격의 취소처분을 받은 날부터 2년이 지나지 아니한 자

해설 법 제53조(교통안전관리자 자격의 취득 등)제2항 다음의 어느 하나에 해당하는 자는 교통안전관리자가 될 수 없다.
1. 피성년후견인 또는 피한정후견인
2. 금고 이상의 실형을 선고받고 그 집행이 종료되거나 집행이 면제된 날부터 2년이 지나지 아니한 자
3. 금고 이상의 형의 집행유예를 선고받고 그 유예기간 중에 있는 자
4. 교통안전관리자 자격의 취소처분을 받은 날부터 2년이 지나지 아니한 자. 다만, 피성년후견인 또는 피한정후견인에 해당하여 자격이 취소된 경우는 제외한다.

97 다음 중 교통안전법령상 항공교통안전관리자 시험의 면제과목에 해당하지 않는 것은?

① 교통법규 ② 항행안전시설
③ 교통안전관리론 ④ 항공기체

해설 시행령 별표 6, 별표 7 참조
교통법규는 면제 대상과목이 아니다.

98 다음 중 항공교통안전관리자의 필기시험의 일부면제를 위한 실무경험요건으로 맞는 것은?

① 항공운송사업자 또는 관련 협회에서 2년 이상 안전업무를 담당한 경력이 있는 자
② 항공교통분야에서 3년 이상 근무한 경력이 있는 일반직 공무원
③ 항공교통안전 관련 교육기관 또는 연구기관에서 교원이나 연구원으로 5년 이상 근무한 경력이 있는 자
④ 항공교통안전 관련 공공기관에서 10년 이상 교통안전업무를 담당한 경력이 있는 자

해설 시행령 제43조(시험의 일부 면제 등, 시행령 별표 8)
교통안전관리자 시험의 일부 면제를 위한 실무경험 요건은 다음과 같다.
1. 항공운송사업자 또는 관련 협회에서 3년 이상 안전업무를 담당한 경력이 있는 자
2. 항공교통분야에서 3년 이상 근무한 경력이 있는 일반직 공무원
3. 항공교통안전 관련 교육기관 또는 연구기관에서 교원이나 연구원으로 3년 이상 근무한 경력이 있는 자
4. 항공교통안전 관련 공공기관에서 3년 이상 교통안전업무를 담당한 경력이 있는 자
5. 그 밖에 가목부터 라목까지와 같은 경력이 있다고 국토교통부장관이 인정하는 자

정답 94. ③ 95. ③ 96. ③ 97. ① 98. ②

99 다음 중 교통안전법상 교통안전관리자에 대한 자격의 취소 또는 정지를 명할 수 있는 기관은?

① 국토교통부장관
② 한국교통안전공단
③ 교통행정기관장
④ 시·도지사

해설 법 제54조(교통안전관리자 자격의 취소 등) 시·도지사는 교통안전관리자가 다음 제1호 및 제2호의 어느 하나에 해당하는 때에는 그 자격을 취소하여야 하며, 제3호에 해당하는 때에는 교통안전관리자의 자격을 취소하거나 1년 이내의 기간을 정하여 해당 자격의 정지를 명할 수 있다.
1. 제53조제3항 각 호(교통안전관리자의 결격사유)의 어느 하나에 해당하게 된 때
2. 거짓이나 그 밖의 부정한 방법으로 교통안전관리자 자격을 취득한 때
3. 교통안전관리자가 직무를 행하면서 고의 또는 중대한 과실로 인하여 교통사고를 발생하게 한 때

100 부정한 행위로 교통안전관리자 시험에 응시한 사람 또는 시험에서 부정행위를 한 사람은 시험의 정지 또는 무효 처분이 있는 날부터 몇 년간 교통안전관리자 시험에 응시할 수 없는가?

① 1년　　② 2년
③ 3년　　④ 4년

해설 법 제53조의2(부정행위자에 대한 제재)제2항 시험이 정지되거나 무효로 된 사람은 그 처분이 있는 날부터 2년간 시험에 응시할 수 없다.

101 시·도지사가 교통안전관리자에게 자격의 취소 또는 정지처분에 대한 통지를 할 때 그 통지에 포함되는 사항에 해당하지 않는 것은?

① 자격의 취소 또는 정지처분의 사유
② 자격의 취소 또는 정지처분에 대하여 불복하는 경우 불복신청의 절차와 기간 등
③ 교통안전관리자 자격증명서의 반납에 관한 사항
④ 자격의 정치처분 기간 완료 시 자격 회복절차

해설 법 제53조의2(부정행위자에 대한 제재), 시행규칙 제26조(자격의 취소 등) 시·도지사는 자격의 취소 또는 정지처분을 한 때에는 국토교통부령으로 정하는 바에 따라 해당 교통안전관리자에게 이를 통지하여야 한다. 다음 각 호의 사항이 포함되어야 한다.
1. 자격의 취소 또는 정지처분의 사유
2. 자격의 취소 또는 정지처분에 대하여 불복하는 경우 불복신청의 절차와 기간 등
3. 교통안전관리자 자격증명서의 반납에 관한 사항

102 다음 중 교통안전관리자 자격증명서를 교부하는 사람은 누구인가?

① 국토교통부장관
② 교통행정기관장
③ 한국교통안전공단이사장
④ 시·도지사

해설 법 제53조(교통안전관리자 자격의 취득 등)제2항 교통안전관리자 자격을 취득하려는 사람은 국토교통부장관이 실시하는 시험에 합격하여야 하며, 국토교통부장관은 시험에 합격한 사람에 대하여는 교통안전관리자 자격증명서를 교부한다.

103 다음 중 교통안전담당자를 지정하는 자에 해당하지 않는 사람은?

① 교통시설설치자
② 교통시설관리자
③ 교통수단운영자
④ 교통시설제조자

해설 법 제54조의2(교통안전담당자의 지정 등)제1항 대통령령으로 정하는 교통시설설치·관리자 및 교통수단운영자는 다음의 어느 하나에 해당하는 사람을 교통안전담당자로 지정하여 직무를 수행하게 하여야 한다.
1. 교통안전관리자 자격을 취득한 사람
2. 대통령령으로 정하는 자격을 갖춘 사람

정답 99. ④　100. ②　101. ④　102. ①　103. ④

104 다음 중 교통안전법령상 교통안전담당자의 직무에 해당하지 않는 것은?

① 교통안전관리규정의 시행 및 그 기록의 작성 · 보존
② 교통시설의 조건 및 기상조건에 따른 안전 운행등에 필요한 조치
③ 교통사고 현장 조사 · 분석 및 기록 유지
④ 운행기록장치 및 차로이탈경고장치 등의 점검 및 관리

해설 시행령 제44조의2(교통안전담당자의 직무)제1항 교통안전담당자의 직무는 다음과 같다.
1. 교통안전관리규정의 시행 및 그 기록의 작성 · 보존
2. 교통수단의 운행 · 운항 또는 항행 또는 교통시설의 운영 · 관리와 관련된 안전점검의 지도 · 감독
3. 교통시설의 조건 및 기상조건에 따른 안전 운행등에 필요한 조치
4. 법 제24조제1항(국가등의 운전자등에 대한 교육의무)에 따른 운전자등의 운행등 중 근무상태 파악 및 교통안전 교육 · 훈련의 실시
5. 교통사고 원인 조사 · 분석 및 기록 유지
6. 운행기록장치 및 차로이탈경고장치 등의 점검 및 관리

105 교통안전담당자는 교통안전을 위해 필요하다고 인정하는 경우에는 일정 조치를 교통시설설치 · 관리자등에게 요청해야 하는데 이러한 조치에 해당하지 않는 것은?

① 교통수단의 정비
② 운전자등의 승무계획 변경
③ 교통안전 관련 시설 및 장비의 설치 또는 보완
④ 교통시설의 조건 및 기상조건에 따른 안전 운행등에 필요한 조치

해설 시행령 제44조의2(교통안전담당자의 직무)제3항 교통안전담당자는 교통안전을 위해 필요하다고 인정하는 경우에는 다음의 조치를 교통시설설치 · 관리자등에게 요청해야 한다. 다만, 교통안전담당자가 교통시설설치 · 관리자등에게 필요한 조치를 요청할 시간적 여유가 없는 경우에는 직접 필요한 조치를 하고, 이를 교통시설설치 · 관리자등에게 보고해야 한다.

1. 국토교통부령으로 정하는 교통수단의 운행등의 계획 변경
2. 교통수단의 정비
3. 운전자등의 승무계획 변경
4. 교통안전 관련 시설 및 장비의 설치 또는 보완
5. 교통안전을 해치는 행위를 한 운전자등에 대한 징계 건의

106 교통안전담당자 교육기관은 전년도 교육인원 및 수료자 명단 등 교육 실적을 언제까지 국토교통부장관에게 제출해야 하는가?

① 매년 2월 말일　② 매년 6월 말일
③ 매년 10월 말일　④ 매년 12월 말일

해설 시행령 제44조의3(교통안전담당자에 대한 교육)제5항 교통안전담당자 교육기관은 전년도 교육인원 및 수료자 명단 등 교육 실적을 매년 2월 말일까지 국토교통부장관에게 제출해야 한다.

107 교통시설설치 · 관리자등은 교통안전담당자를 지정 또는 지정해지하거나 교통안전담당자가 퇴직한 경우에는 지체없이 그 사실을 관할 교통기관에 알리고 다른 교통안전담당자를 지정해야 한다. 이때 그 기간은?

① 지정해지 또는 퇴직한 날로부터 10일 이내
② 지정해지 또는 퇴직한 날로부터 30일 이내
③ 지정해지 또는 퇴직한 날로부터 60일 이내
④ 지정해지 또는 퇴직한 날로부터 90일 이내

해설 시행령 제44조(교통안전담당자의 지정)제3항 교통시설설치 · 관리자등은 교통안전담당자를 지정 또는 지정해지하거나 교통안전담당자가 퇴직한 경우에는 지체 없이 그 사실을 관할 교통행정기관에 알리고, 지정해지 또는 퇴직한 날부터 30일 이내에 다른 교통안전담당자를 지정해야 한다.

108 운행기록장치 장착의무자는 운행장치에 기록된 운행기록을 얼마나 보관해야 하는가?

① 1개월　② 3개월
③ 6개월　④ 12개월

정답 104. ③　105. ④　106. ①　107. ②　108. ③

해설 법 제55조(운행기록장치의 장착 및 운행기록의 활용 등)제2항, 시행령 제45조(운행기록장치의 장착시기 및 보관시기)제2항 운행기록장치를 장착하여야 하는 자는 운행기록장치에 기록된 운행기록을 6개월 동안 보관하여야 하며, 교통행정기관이 제출을 요청하는 경우 이에 따라야 한다.

109 다음 중 교통행정기관의 제출 요청과 관계없이 주기적으로 운행기록을 제출하여야 하는 자에 해당되지 않는 것은?

① 노선 여객자동차운송사업자
② 노선 여객자동차 운송가맹사업자
③ 화물자동차 운송사업자
④ 화물자동차 운송가맹사업자

해설 시행령 제45조(운행기록장치의 장착시기 및 보관시기)제3항 운행기록 주기적 제출의무자는 다음과 같다.
1. 여객자동차 운수사업법 제4조에 따라 면허를 받은 노선 여객자동차운송사업자
2. 화물자동차 운수사업법 제3조에 따라 허가를 받은 화물자동차 운송사업자 및 같은 법 제29조에 따라 허가를 받은 화물자동차 운송가맹사업자

110 한국교통안전공단이 운행기록장치 장착의무자가 제출한 운행기록을 점검하고 분석하여야 한다. 이때 분석하여야 하는 항목에 포함되지 않는 것은?

① 과속   ② 급제동
③ 급출발 ④ 진로변경

해설 시행규칙 제30조(운행기록의 보관 및 제출방법 등)제4항 한국교통안전공단은 운행기록장치 장착의무자가 제출한 운행기록을 점검하고 다음의 항목을 분석하여야 한다.
1. 과속   2. 급감속   3. 급출발
4. 회전   5. 앞지르기 6. 진로변경

111 교통안전법령상 운행기록장치 장착의무자가 제출한 운행기록을 분석한 결과를 활용할 수 있는 교통안전 업무 분야에 해당하지 않는 것은?

① 자동차의 운행관리

② 차량운전자에 대한 교육·훈련
③ 교통시설설치·관리자의 교통시설 안전관리
④ 운행계통 및 운행경로 개선

해설 시행규칙 제30조(운행기록의 보관 및 제출방법 등)제5항 운행기록의 분석 결과는 다음의 자동차·운전자·교통수단운영자에 대한 교통안전 업무 등에 활용되어야 한다.
1. 자동차의 운행관리
2. 차량운전자에 대한 교육·훈련
3. 교통수단운영자의 교통안전관리
4. 운행계통 및 운행경로 개선
5. 그 밖에 교통수단운영자의 교통사고 예방을 위한 교통안전정책의 수립

112 다음 중 운행기록장치 장착면제 대상 차량에 해당하지 않는 것은?

① 화물자동차운송사업용 자동차로서 최대 적재량 1톤 이하인 화물자동차
② 경형·소형 특수자동차 및 구난형·특수용도형 특수자동차
③ 여객자동차운송사업에 사용되는 자동차로서 2002년 6월 30일 이전에 등록된 자동차
④ 어린이 통학버스

해설 시행규칙 제29조의4(운행기록장치 장착면제 차량) 운행기록장치를 장착하지 않아도 되는 차량이란 다음의 어느 하나에 해당하는 차량을 말한다.
1. 화물자동차운수사업법 제2조제3호에 따른 화물자동차운송사업용 자동차로서 최대 적재량 1톤 이하인 화물자동차
2. 자동차관리법 시행규칙 별표 1에 따른 경형·소형 특수자동차 및 구난형·특수용도형 특수자동차
3. 여객자동차운수사업법 제3조에 따른 여객자동차운송사업에 사용되는 자동차로서 2002년 6월 30일 이전에 등록된 자동차

113 교통안전법상 차로이탈경고장치를 의무적으로 장착해야 하는 차량은?

① 피견인자동차
② 덤프형화물자동차

정답 109. ② 110. ② 111. ③ 112. ④ 113. ④

③ 입석을 할 수 있는 자동차

④ 여객자동차운송사업자가 운행하는 길이 9m 이상의 승합자동차

해설 법 제55조의2(차로이탈경고장치의 장착), 시행규칙 제30조의2(차로이탈경고장치의 장착) 차로이탈경고장치를 의무적으로 장착해야 하는 차량이란 여객자동차 운송사업자가 운행하는 길이 9m 이상의 승합자동차와 화물자동차 운송사업자 또는 화물자동차 운송가맹사업자가 운행하는 차량총중량 20톤을 초과하는 화물·특수자동차를 말한다. 다만, 다음의 어느 하나에 해당하는 자동차는 제외한다.
1. 자동차관리법 시행규칙 별표 1 제2호에 따른 덤프형 화물자동차
2. 피견인자동차
3. 자동차 및 자동차부품의 성능과 기준에 관한 규칙 제28조에 따라 입석을 할 수 있는 자동차
4. 그 밖에 자동차의 구조나 운행여건 등으로 설치가 곤란하거나 불필요하다고 국토교통부장관이 인정하는 자동차

114 다음 중 교통안전체험연구·교육시설이 갖춰야 할 내용에 해당하지 않는 것은?

① 교통사고에 관한 모의 실험
② 교통안전시설에 관한 교육시설
③ 비상상황에 대한 대처능력 향상을 위한 실습 및 교정
④ 상황별 안전운전 실습

해설 시행령 제46조(교통안전체험에 관한 연구·교육시설의 설치·운영)제2항 교통안전체험연구·교육시설은 다음의 내용을 체험할 수 있도록 하여야 한다.
1. 교통사고에 관한 모의 실험
2. 비상상황에 대한 대처능력 향상을 위한 실습 및 교정
3. 상황별 안전운전 실습

115 교통안전법상 차량의 운전자가 중대 교통사고를 일으킨 경우에는 교통안전체험교육을 받아야 한다. 여기에서 중대 교통사고란 1건의 사고로 몇 주 이상의 치료를 요하는 사고를 말하는가?

① 2주 ② 4주
③ 8주 ④ 12주

해설 시행규칙 제31조의2(중대 교통사고의 기준 및 교육실시)제2항 중대 교통사고란 차량운전자가 교통수단운영자의 차량을 운전하던 중 1건의 교통사고로 8주 이상의 치료를 요하는 의사의 진단을 받은 피해자가 발생한 사고를 말한다.

116 중대 교통사고를 일으킨 차량운전자는 교통사고조사에 대한 결과를 통지받은 날부터 며칠 이내에 교통안전 체험교육을 받아야 하는가?

① 10일 ② 30일
③ 60일 ④ 90일

해설 시행규칙 제31조의2(중대 교통사고의 기준 및 교육실시)제3항 차량운전자는 중대 교통사고가 발생하였을 때에는 도로교통법 제54조제6항에 따른 교통사고조사에 대한 결과를 통지받은 날부터 60일 이내에 교통안전 체험교육을 받아야 한다.

117 교통안전법상 중대 교통사고를 일으킨 차량운전자가 받아야 하는 교통안전 체험교육에 대한 설명으로 바르지 않은 것은?

① 특별한 사유가 없는 한 해당 차량운전자가 교통사고조사에 대한 결과를 통지받은 날부터 60일 이내에 받아야 한다.
② 해당 차량운전자가 구속 또는 금고 이상의 실형을 선고받고 그 형이 집행 중인 경우에는 석방 또는 그 집행이 종료되거나 집행을 받지 아니하기로 확정된 날부터 60일 이내에 받아야 한다.
③ 해당 차량운전자가 상해를 받아 치료를 받아야 하는 경우에는 치료가 시작된 날부터 60일 이내에 받아야 한다.
④ 중대 교통사고로 인하여 운전면허가 취소 또는 정지된 차량운전자의 경우에는 운전면허를 다시 취득하거나 정지기간이 만료되어 운전할 수 있는 날부터 60일 이내에 받아야 한다.

정답 114. ② 115. ③ 116. ③ 117. ③

해설 시행규칙 제31조의2(중대 교통사고의 기준 및 교육실시)제3항제2호 해당 차량운전자가 중대 교통사고 발생에 따른 상해를 받아 치료를 받아야 하는 경우에는 치료가 종료된 날부터 60일 이내

118 국민의 교통안전의식의 수준 또는 교통문화의 수준을 객관적으로 측정하기 위한 지수를 무엇이라 하는가?

① 교통사고지수
② 교통문화지수
③ 교통안전지수
④ 교통수준지수

해설 법 제57조(교통문화지수의 조사 및 활용)제1항 지정행정기관의 장은 소관 분야와 관련된 국민의 교통안전의식의 수준 또는 교통문화의 수준을 객관적으로 측정하기 위한 지수(교통문화지수라 한다)를 개발·조사·작성하여 그 결과를 공표할 수 있다.

119 다음 중 교통안전법상의 교통문화지수의 조사항목에 포함되지 않는 것은?

① 운전행태
② 교통안전
③ 교통사고 발생 건수
④ 보행행태(도로교통분야로 한정한다)

해설 시행령 제47조(교통문화지수의 조사 항목 등)제1항 교통문화지수의 조사 항목은 다음과 같다.
1. 운전행태
2. 교통안전
3. 보행행태(도로교통분야로 한정한다)
그 밖에 국토교통부장관이 필요하다고 인정하여 정하는 사항

120 다음 중 교통안전법상의 비밀유지의무를 지는 사람이 아닌 것은?

① 교통수단안전점검 업무 종사자
② 교통시설안전진단 업무에 종사하였던 자
③ 교통사고원인조사 업무 종사자
④ 교통안전전문교육 업무 종사자

해설 법 제58조(비밀유지 등) 다음의 어느 하나에 해당하는 업무에 종사하는 자 또는 종사하였던 자는 그 직무상 알게 된 비밀을 타인에게 누설하거나 직무상 목적 외에 이를 사용하여서는 아니된다. 다만, 다른 법령에 특별한 규정이 있는 경우에는 그러하지 아니하다.
1. 교통수단안전점검 업무
2. 교통시설안전진단 업무
3. 교통사고원인조사 업무
4. 교통사고관련자료등의 보관·관리업무
5. 운행기록 관련 업무

121 다음 중 교통안전법상의 수수료를 납부해야 하는 경우로 볼 수 없는 경우는?

① 교통안전진단기관의 등록(변경등록을 포함한다)을 하려는 경우
② 교통안전관리자 자격시험에 응시하려는 경우
③ 교통안전관리자자격증의 교부(재교부를 포함한다)를 받고자 하는 경우
④ 교통안전체험연구·교육시설을 설치하려는 경우

해설 법 제60조(수수료) 이 법의 규정에 따른 교통안전진단기관의 등록(변경등록을 포함한다), 교통안전관리자 자격시험의 응시, 교통안전관리자자격증의 교부(재교부를 포함한다)를 받고자 하는 자는 국토교통부령으로 정하는 바에 따라 수수료를 납부하여야 한다.

122 교통안전법상 교통안전관리자의 자격 취소처분을 하고자 하는 경우에는 청문을 실시하여야 한다. 이때 청문을 실시하는 자는 누구인가?

① 국토교통부장관
② 한국교통안전공단이사장
③ 교통행정기관장
④ 시·도지사

정답 118. ② 119. ③ 120. ④ 121. ④ 122. ④

해설 법 제61조(청문) 시·도지사는 다음 어느 하나에 해당하는 처분을 하고자 하는 경우에는 청문을 실시하여야 한다.
1. 교통안전진단기관 등록의 취소
2. 교통안전관리자 자격의 취소

123 다음 중 교통안전법상 청문을 해야만 하는 경우는?

① 교통안전진단기관 등록의 취소
② 교통안전진단기관 등록의 변경
③ 교통안전관리자 자격의 정지
④ 교통안전담당자의 변경

해설 법 제61조(청문) 참조

124 다음 중 교통안전법상 2년 이하의 징역 또는 2천만원 이하의 벌금형 처벌을 받는 경우가 아닌 경우는?

① 교통안전진단기관 등록을 하지 아니하고 교통시설안전진단 업무를 수행한 경우
② 교통시설안전진단을 받지 아니하거나 교통시설안전진단보고서를 거짓으로 제출한 경우
③ 타인에게 자기의 명칭 또는 상호를 사용하게 하거나 교통안전진단기관등록증을 대여한 경우
④ 영업정지처분을 받고 그 영업정지 기간 중에 새로이 교통시설안전진단 업무를 수행한 자

해설 법 제63조(벌칙) 다음 어느 하나에 해당하는 자는 2년 이하의 징역 또는 2천만원 이하의 벌금에 처한다.
1. 교통안전진단기관 등록을 하지 아니하고 교통시설안전진단 업무를 수행한 자
2. 거짓이나 그 밖의 부정한 방법으로 교통안전진단기관 등록을 한 자
3. 타인에게 자기의 명칭 또는 상호를 사용하게 하거나 교통안전진단기관등록증을 대여한 자 및 교통안전진단기관의 명칭 또는 상호를 사용하거나 교통안전진단기관등록증을 대여받은 자
4. 영업정지처분을 받고 그 영업정지 기간 중에 새로이 교통시설안전진단 업무를 수행한 자
5. 직무상 알게 된 비밀을 타인에게 누설하거나 직무상 목적 외에 이를 사용한 자
6. 교통시설안전진단을 받지 아니하거나 교통시설안전진단보고서를 거짓으로 제출한 경우는 1천만원 이하의 과태료 부과 대상이다.

125 다음 중 교통안전법상 과태료 부과·징수 권자에 포함되지 않는 자는?

① 국토교통부장관
② 교통행정기관
③ 시·도지사
④ 시장·군수·구청장

해설 법 제65조(과태료)제3항 과태료는 대통령령으로 정하는 바에 따라 국토교통부장관, 교통행정기관 또는 시장·군수·구청장이 부과·징수한다.

126 다음 중 교통안전법상 1천만원 이하의 과태료 부과대상자에 해당되지 않는 자는?

① 교통시설안전진단을 받지 아니하거나 교통시설안전진단보고서를 거짓으로 제출한 자
② 교통수단안전점검을 거부·방해 또는 기피한 자
③ 운행기록장치에 기록된 운행기록을 임의로 조작한 자
④ 차로이탈경고장치를 장착하지 아니한 자

해설 법 제65조(과태료)제2항제2호 교통수단안전점검을 거부·방해 또는 기피한 자에게는 500만원 이하 과태료를 부과한다.

정답 123. ① 124. ② 125. ③ 126. ②

과태료(법 제65조)	
1천만원 이하	① 교통시설안전진단을 받지 아니하거나 교통시설안전진단보고서를 거짓으로 제출한 자 ② 운행기록장치를 장착하지 아니한 자 ③ 운행기록장치에 기록된 운행기록을 임의로 조작한 자 ④ 차로이탈경고장치를 장착하지 아니한 자
500만원 이하	① 교통안전관리규정을 제출하지 아니하거나 이를 준수하지 아니하는 자 또는 변경명령에 따르지 아니하는 자 ② 교통수단안전점검을 거부·방해 또는 기피한 자 ③ 교통수단안전점검 보고를 하지 아니하거나 거짓으로 보고한 자 또는 자료제출요청을 거부·기피·방해하거나 관계공무원의 질문에 대하여 거짓으로 진술한 자 ④ 교통안전진단기관 등록사항 변경 신고를 하지 아니하거나 거짓으로 신고한 자 ⑤ 신고를 하지 아니하고 교통시설안전진단 업무를 휴업·재개업 또는 폐업하거나 거짓으로 신고한 자 ⑥ 교통안전진단기관에 대한 지도·감독의 경우 보고를 하지 아니하거나 거짓으로 보고한 자 또는 자료제출요청을 거부·기피·방해한 자 ⑦ 교통안전진단기관에 대한 지도·감독의 경우 점검·검사를 거부·기피·방해하거나 질문에 대하여 거짓으로 진술한 자 ⑧ 교통사고관련자료 보관·관리 규정을 위반하여 교통사고관련자료등을 보관·관리하지 아니한 자 ⑨ 교통사고관련자료 보관·관리 규정을 위반하여 교통사고관련자료등을 제공하지 아니한 자 ⑩ 교통안전담당자를 지정하지 아니한 자 ⑪ 교통안전담당자 교육을 받게 하지 아니한 자 ⑫ 운행기록을 보관하지 아니하거나 교통행정기관에 제출하지 아니한 자 ⑬ 운행기록장치 등의 장착 여부 조사를 거부·방해 또는 기피한 자 ⑭ 중대교통사고자 교육규정을 위반하여 교육을 받지 아니한 자 ⑮ 단지내도로의 교통안전규정을 위반하여 통행방법을 게시하지 아니한 자 ⑯ 단지내도로의 교통안전규정을 위반하여 중대한 사고를 통보하지 아니한 자
부가·징수권자	① 국토교통부장관 ② 교통행정기관 ③ 시장·군수·구청장

제2장 철도안전법

01 다음 중 철도안전법의 목적에 해당하지 않는 것은?

① 철도안전의 확보
② 철도안전 관리체계의 확립
③ 철도사고 조사 방법의 정립
④ 공공복리 증진에 이바지

[해설] 철도안전법 제1조(목적) 이 법은 철도안전을 확보하기 위하여 필요한 사항을 규정하고 철도안전 관리체계를 확립함으로써 공공복리의 증진에 이바지함을 목적으로 한다.

02 철도안전을 확보하기 위하여 필요한 사항을 규정하고 철도안전 관리체계를 확립함으로써 공공복리의 증진에 이바지함을 목적으로 제정한 법은?

① 철도안전법
② 도시철도법
③ 철도산업발전기본법
④ 철도의 건설 및 철도시설 유지관리에 관한 법률

[해설] 철도안전법 제1조(목적) 참조

03 여객 또는 화물을 운송하는 데 필요한 철도시설과 철도차량 및 이와 관련된 운영·지원체계가 유기적으로 구성된 운송체계를 무엇이라 하는가?

① 철도
② 철도체계
③ 철도시설
④ 철도운송체계

[해설] 철도안전법 제2조제1호, 철도산업발전기본법 제3조제1호
철도란 여객 또는 화물을 운송하는 데 필요한 철도시설과 철도차량 및 이와 관련된 운영·지원체계가 유기적으로 구성된 운송체계를 말한다.

정답 01. ③ 02. ① 03. ①

04 다른 사람의 수요에 따른 영업을 목적으로 하지 아니하고 자신의 수요에 따라 특수 목적을 수행하기 위하여 설치하거나 운영하는 철도를 무엇이라 하는가?

① 특수철도 ② 전용철도
③ 수요철도 ④ 개인철도

해설 철도안전법 제2조(정의)제2호, 철도사업법 제2조제5호 전용철도란 다른 사람의 수요에 따른 영업을 목적으로 하지 아니하고 자신의 수요에 따라 특수 목적을 수행하기 위하여 설치하거나 운영하는 철도를 말한다.

05 다음 중 철도시설에 해당하지 않는 것은?

① 철도의 선로
② 철도의 정보통신설비
③ 선로 보수기지
④ 철도 제조시설

해설 철도안전법 제2조(정의)제3호, 철도산업법 제3조(정의)제2호 철도시설이란 다음의 어느 하나에 해당하는 시설(부지를 포함한다)을 말한다.
① 철도의 선로(선로에 부대되는 시설을 포함한다), 역시설(물류시설·환승시설 및 편의시설 등을 포함한다) 및 철도운영을 위한 건축물·건축설비
② 선로 및 철도차량을 보수·정비하기 위한 선로보수기지, 차량정비기지 및 차량유치시설
③ 철도의 전철전력설비, 정보통신설비, 신호 및 열차제어설비
④ 철도노선간 또는 다른 교통수단과의 연계운영에 필요한 시설
⑤ 철도기술의 개발·시험 및 연구를 위한 시설
⑥ 철도경영연수 및 철도전문인력의 교육훈련을 위한 시설
⑦ 그 밖에 철도의 건설·유지보수 및 운영을 위한 시설로서 대통령령으로 정하는 시설

06 다음 중 철도운영으로 보기 어려운 것은?

① 철도 여객 운송
② 철도 화물 운송
③ 철도차량의 제작 관리
④ 철도시설 등을 활용한 부대사업개발 및 서비스

해설 철도안전법 제2조(정의)제4호, 철도산업법 제3조(정의)제3호 철도운영이란 철도와 관련된 다음의 어느 하나에 해당하는 것을 말한다.
① 철도 여객 및 화물 운송
② 철도차량의 정비 및 열차의 운행관리
③ 철도시설·철도차량 및 철도부지 등을 활용한 부대사업개발 및 서비스

07 철도안전법상 용어의 정의로 바르게 연결되지 않은 것은?

① 철도란 여객 또는 화물을 운송하는 데 필요한 철도시설과 철도차량 및 이와 관련된 운영·지원체계가 유기적으로 구성된 운송체계를 말한다.
② 열차란 선로를 운행할 목적으로 제작된 동력차·객차·화차 및 특수차를 말한다.
③ 철도용품이란 철도시설 및 철도차량 등에 사용되는 부품·기기·장치 등을 말한다.
④ 선로란 철도차량을 운행하기 위한 궤도와 이를 받치는 노반(路盤) 또는 인공구조물로 구성된 시설을 말한다.

해설 철도안전법 제2조(정의)제5호 철도차량이란 선로를 운행할 목적으로 제작된 동력차·객차·화차 및 특수차를 말한다. 제6호 열차란 선로를 운행할 목적으로 철도운영자가 편성하여 열차번호를 부여한 철도차량을 말한다.

08 다음 중 철도안전법에서 정한 열차의 정의로 타당한 것은?

① 선로를 운행할 목적으로 철도운영자가 편성한 철도차량
② 선로를 운행할 목적으로 철도운영자가 편성하여 열차번호를 부여한 철도차량
③ 철도운영자가 편성하여 운행번호를 부여한 철도차량
④ 선로를 운행할 목적으로 철도차량 운전자가 열차를 부여받은 철도차량

해설 철도안전법 제2조(정의)제6호 참조

정답 04. ② 05. ④ 06. ③ 07. ② 08. ②

09 철도안전법상 철도종사자에 해당하지 않는 자는?

① 철도차량 운전업무종사자
② 철도차량 관제업무종사자
③ 여객승무원
④ 철도안전관리자

해설 철도안전법 제2조(정의)제10호 철도종사자란 다음의 어느 하나에 해당하는 사람을 말한다.
1. 철도차량의 운전업무에 종사하는 사람(운전업무종사자라 한다)
2. 철도차량의 운행을 집중 제어·통제·감시하는 업무(관제업무라 한다)에 종사하는 사람
3. 여객에게 승무(乘務) 서비스를 제공하는 사람(여객승무원이라 한다)
4. 여객에게 역무(驛務) 서비스를 제공하는 사람(여객역무원이라 한다)
5. 철도차량의 운행선로 또는 그 인근에서 철도시설의 건설 또는 관리와 관련한 작업의 협의·지휘·감독·안전관리 등의 업무에 종사하도록 철도운영자 또는 철도시설관리자가 지정한 사람(작업책임자라 한다)
6. 철도차량의 운행선로 또는 그 인근에서 철도시설의 건설 또는 관리와 관련한 작업의 일정을 조정하고 해당 선로를 운행하는 열차의 운행일정을 조정하는 사람(철도운행안전관리자라 한다)
7. 그 밖에 철도운영 및 철도시설관리와 관련하여 철도차량의 안전운행 및 질서유지와 철도차량 및 철도시설의 점검·정비 등에 관한 업무에 종사하는 사람으로서 대통령령으로 정하는 사람

10 다음 중 철도종사자로 볼 수 없는 자는?

① 철도사고등이 발생한 현장에서 현장감독업무를 수행하는 사람
② 철도시설 또는 철도차량을 보호하기 위한 순회점검업무 또는 경비업무를 수행하는 사람
③ 정거장에서 철도신호기·선로전환기 또는 조작판 등을 취급하거나 열차의 조성업무를 수행하는 사람
④ 철도에 공급되는 전력의 원격제어장치를 운영하는 사람

해설 철도안전법 시행령 제3조(안전운행 또는 질서유지 철도종사자) 철도안전법 제2조제10호사목에서 대통령령으로 정하는 철도종사자란 다음의 어느 하나에 해당하는 사람을 말한다.
1. 철도사고, 철도준사고 및 운행장애(철도사고등이라 한다)가 발생한 현장에서 조사·수습·복구 등의 업무를 수행하는 사람
2. 철도차량의 운행선로 또는 그 인근에서 철도시설의 건설 또는 관리와 관련된 작업의 현장감독업무를 수행하는 사람
3. 철도시설 또는 철도차량을 보호하기 위한 순회점검업무 또는 경비업무를 수행하는 사람
4. 정거장에서 철도신호기·선로전환기 또는 조작판 등을 취급하거나 열차의 조성업무를 수행하는 사람
5. 철도에 공급되는 전력의 원격제어장치를 운영하는 사람
6. 사법경찰관리의 직무를 수행할 자와 그 직무범위에 관한 법률 제5조제11호에 따른 철도경찰 사무에 종사하는 국가공무원
7. 철도차량 및 철도시설의 점검·정비 업무에 종사하는 사람

11 다음 중 철도종사자에 해당하지 않는 사람은 누구인가?

① 정거장에서 철도신호기·선로전환기 또는 조작판 등을 취급하거나 열차의 조성업무를 수행하는 사람
② 철도에 공급되는 전력의 원격제어장치를 운영하는 사람
③ 사법경찰관리의 직무를 수행할 자와 그 직무범위에 관한 법률 제5조제11호에 따른 철도경찰 사무에 종사하는 국가공무원
④ 철도차량 및 철도시설의 설계·제작 업무에 종사하는 사람

해설 철도안전법 제2조(정의)제10호, 철도안전법 시행령 제3조(안전운행 또는 질서유지 철도종사자) 참조

정답 09. ④ 10. ① 11. ④

12 다음 중 철도종사자에 해당하지 않는 사람은 누구인가?

① 철도에 공급되는 전력의 원격제어장치를 운영하는 사람
② 여객에게 역무(驛務) 서비스를 제공하는 사람
③ 철도차량의 운전업무에 종사하는 사람
④ 철도차량을 이용하는 사람

해설 철도안전법 제2조(정의)제10호, 철도안전법 시행령 제3조(안전운행 또는 질서유지 철도종사자) 참조

13 다음 중 철도교통사고에 해당하지 않는 것은?

① 충돌사고　　② 탈선사고
③ 열차화재사고　④ 철도화재사고

해설 철도안전법 제2조(정의)제11호, 철도안전법 시행규칙 제1조의2(철도사고의 범위) 철도사고란 철도운영 또는 철도시설관리와 관련하여 사람이 죽거나 다치거나 물건이 파손되는 사고로 국토교통부령으로 정하는 것을 말한다.
1. 철도교통사고: 철도차량의 운행과 관련된 사고로서 다음의 어느 하나에 해당하는 사고
   ① 충돌사고: 철도차량이 다른 철도차량 또는 장애물(동물 및 조류는 제외한다)과 충돌하거나 접촉한 사고
   ② 탈선사고: 철도차량이 궤도를 이탈하는 사고
   ③ 열차화재사고: 철도차량에서 화재가 발생하는 사고
   ④ 기타철도교통사고: 위의 사고에 해당하지 않는 사고로서 철도차량의 운행과 관련된 사고
2. 철도안전사고: 철도시설 관리와 관련된 사고로서 다음의 어느 하나에 해당하는 사고. 다만, 재난 및 안전관리 기본법 제3조제1호가목에 따른 자연재난으로 인한 사고는 제외한다.
   ① 철도화재사고: 철도역사, 기계실 등 철도시설에서 화재가 발생하는 사고
   ② 철도시설파손사고: 교량·터널·선로, 신호·전기·통신 설비 등의 철도시설이 파손되는 사고
   ③ 기타철도안전사고: 위에 해당하지 않는 사고로서 철도시설 관리와 관련된 사고

14 다음 중 철도안전사고에 해당하는 사고는?

① 충돌사고　　② 탈선사고
③ 열차화재사고　④ 철도시설파손사고

해설 철도안전법 제2조(정의)제11호, 철도안전법 시행규칙 제1조의2(철도사고의 범위) 참조

15 다음 중 철도교통사고에 해당하는 사고는?

① 열차화재사고　② 철도화재사고
③ 철도시설파손사고　④ 기타철도안전사고

해설 철도안전법 제2조(정의)제11호, 철도안전법 시행규칙 제1조의2(철도사고의 범위) 참조

16 다음 중 철도사고에 해당하지 않는 것은?

① 철도차량이 동물 또는 조류와 충돌하거나 접촉한 사고
② 철도차량이 궤도를 이탈하는 사고
③ 철도역사, 기계실 등 철도시설에서 화재가 발생하는 사고
④ 교량·터널·선로, 신호·전기·통신 설비 등의 철도시설이 파손되는 사고

해설 철도안전법 제2조(정의)제11호, 철도안전법 시행규칙 제1조의2(철도사고의 범위) 참조

17 다음 중 철도준사고에 해당하지 않는 것은?

① 운행허가를 받지 않은 구간으로 열차가 주행하는 경우
② 열차 또는 철도차량이 승인 없이 정지신호를 지난 경우
③ 철도차량이 다른 철도차량 또는 장애물과 충돌하거나 접촉한 사고
④ 열차운행을 중지하고 공사 또는 보수작업을 시행하는 구간으로 열차가 주행한 경우

정답　12. ④　13. ④　14. ④　15. ①　16. ①　17. ③

해설 철도안전법 제2조(정의)제12호, 시행규칙 제1조의3(철도준사고의 범위)
철도준사고란 철도안전에 중대한 위해를 끼쳐 철도사고로 이어질 수 있었던 것으로 국토교통부령으로 정하는 것을 말한다.
1. 운행허가를 받지 않은 구간으로 열차가 주행하는 경우
2. 열차가 운행하려는 선로에 장애가 있음에도 진행을 지시하는 신호가 표시되는 경우. 다만, 복구 및 유지 보수를 위한 경우로서 관제 승인을 받은 경우에는 제외한다.
3. 열차 또는 철도차량이 승인 없이 정지신호를 지난 경우
4. 열차 또는 철도차량이 역과 역사이로 미끄러진 경우
5. 열차운행을 중지하고 공사 또는 보수작업을 시행하는 구간으로 열차가 주행한 경우
6. 안전운행에 지장을 주는 레일 파손이나 유지보수 허용범위를 벗어난 선로 뒤틀림이 발생한 경우
7. 안전운행에 지장을 주는 철도차량의 차륜, 차축, 차축베어링에 균열 등의 고장이 발생한 경우
8. 철도차량에서 화약류 등 철도안전법 시행령 제45조에 따른 위험물 또는 제78조제1항에 따른 위해물품이 누출된 경우
9. 제1호부터 제8호까지의 준사고에 준하는 것으로서 철도사고로 이어질 수 있는 것

18 다음 중 철도준사고에 해당하지 않는 것은?

① 철도차량이 궤도를 이탈하는 사고
② 열차 또는 철도차량이 역과 역 사이로 미끄러진 경우
③ 안전운행에 지장을 주는 레일 파손이나 유지보수 허용범위를 벗어난 선로 뒤틀림이 발생한 경우
④ 안전운행에 지장을 주는 철도차량의 차륜, 차축, 차축베어링에 균열 등의 고장이 발생한 경우

해설 철도안전법 제2조(정의)제12호, 시행규칙 제1조의3(철도준사고의 범위) 참조

19 다음 지문의 괄호 안에 들어갈 알맞은 용어는?

철도사고 및 철도준사고 외에 철도차량의 운행에 지장을 주는 것으로서 국토교통부령으로 정하는 것을 (　　)(이)라 한다.

① 운행고장　　② 운전장애
③ 운행장애　　④ 운행사고

해설 철도안전법 제2조(정의)제13호, 시행규칙 제1조의4(운행장애의 범위) 운행장애란 철도사고 및 철도준사고 외에 철도차량의 운행에 지장을 주는 것으로서 국토교통부령으로 정하는 것을 말한다.
1. 관제의 사전승인 없는 정차역 통과
2. 다음의 구분에 따른 운행 지연. 다만, 다른 철도사고 또는 운행장애로 인한 운행 지연은 제외한다.
　가. 고속열차 및 전동열차 : 20분 이상
　나. 일반여객열차 : 30분 이상
　다. 화물열차 및 기타열차 : 60분 이상

20 다음 중 철도차량의 운행장애에 해당하지 않는 것은?

① 관제의 사전승인 없는 정차역 통과
② 다른 철도사고로 인한 운행지연
③ 고속열차의 20분 이상 운행지연
④ 일반여객열차의 30분이상 운행지연

해설 철도안전법 제2조(정의)제13호, 시행규칙 제1조의4(운행장애의 범위) 참조

21 철도안전법상의 운행장애에 해당하는 운행 지연으로 볼 수 없는 것은?

① 전동열차 20분 지연
② 화물열차 30분 지연
③ 고속열차 20분 지연
④ 일반여객열차 30분 지연

해설 철도안전법 제2조(정의)제13호, 시행규칙 제1조의4(운행장애의 범위) 참조

정답 18. ① 19. ③ 20. ② 21. ②

22 철도안전법상 철도차량정비에 해당하지 않는 것은?

① 철도차량 점검
② 철도차량 수리
③ 철도차량 구성부품의 교환
④ 철도차량 구성부품의 제조

해설 철도안전법 제2조(정의)제14호 철도차량정비란 철도차량(철도차량을 구성하는 부품·기기·장치를 포함한다)을 점검·검사, 교환 및 수리하는 행위를 말한다.

23 철도차량을 점검·검사, 교환 및 수리하는 행위를 무엇이라 하는가?

① 철도차량점검 ② 철도차량수리
③ 철도차량정비 ④ 철도차량보수

해설 철도안전법 제2조(정의)제14호 참조

24 철도안전법상 국토교통부장관이 철도차량정비기술자를 인정할 때 인정기준으로 고려해야 할 사항이 아닌 것은?

① 철도차량정비에 대한 자격
② 철도차량정비에 대한 경력
③ 철도차량정비에 대한 학력
④ 철도차량정비에 대한 능력

해설 철도안전법 제2조(정의)제15호, 제24조의2(철도차량정비기술자의 인정 등), 시행령 제21조의2(철도차량정비기술자의 인정 기준) 철도차량정비기술자란 철도차량정비에 관한 자격, 경력 및 학력 등을 갖추어 철도안전법 제24조의2에 따라 국토교통부장관의 인정을 받은 사람을 말한다.

25 다음 중 철도안전법상의 철도차량정비기술자에 대한 정의를 바르게 설명한 것은?

① 철도차량정비에 관한 자격, 경력 및 학력 등을 갖추어 한국교통안전공단이사장의 인정을 받은 사람을 말한다.
② 철도차량정비에 관한 자격, 경력 및 학력 등을 갖추어 철도시설관리자의 인정을 받은 사람을 말한다.
③ 철도차량정비에 관한 자격, 경력 및 학력 등을 갖추어 철도운영자의 인정을 받은 사람을 말한다.
④ 철도차량정비에 관한 자격, 경력 및 학력 등을 갖추어 국토교통부장관의 인정을 받은 사람을 말한다.

해설 철도안전법 제2조(정의)제15호, 제24조의2(철도차량정비기술자의 인정 등), 시행령 제21조의2(철도차량정비기술자의 인정 기준) 참조

26 다음 지문에서 설명하고 있는 것은 무엇인가?

> 여객의 승하차, 화물의 적하(積荷), 열차의 조성, 열차의 교차통행 또는 대피를 목적으로 사용되는 장소를 말한다.

① 승강장 ② 정거장
③ 정류장 ④ 대합실

해설 철도안전법 시행령 제2조(정의)제1호 정거장이란 여객의 승하차(여객 이용시설 및 편의시설을 포함한다), 화물의 적하(積荷), 열차의 조성(組成: 철도차량을 연결하거나 분리하는 작업을 말한다), 열차의 교차통행 또는 대피를 목적으로 사용되는 장소를 말한다.

27 철도안전법 시행령상 정거장의 목적에 해당하지 않는 것은?

① 여객의 대피 ② 화물의 적하
③ 열차의 조성 ④ 열차의 교차통행

해설 철도안전법 시행령 제2조(정의)제1호 참조

28 철도차량의 운행선로를 변경시키는 기기를 무엇이라 하는가?

① 철도변환기 ② 선로전환기
③ 철도신호기 ④ 선로변환기

정답 22. ④ 23. ③ 24. ④ 25. ④ 26. ② 27. ① 28. ②

해설 철도안전법 시행령 제2조(정의)제2호 선로전환기란 철도차량의 운행선로를 변경시키는 기기를 말한다.

29 철도안전시책과 관련한 설명으로 타당하지 않은 것은?

① 철도운영자등은 국민의 생명·신체 및 재산을 보호하기 위하여 철도안전시책을 마련하여 성실히 추진하여야 한다.
② 철도운영자는 철도운영을 할 때 법령에서 정하는 바에 따라 철도안전에 필요한 조치를 하여야 한다.
③ 철도시설관리자는 철도시설관리를 할 때 법령에서 정하는 바에 따라 철도안전을 위하여 필요한 조치를 하여야 한다.
④ 철도운영자등은 국가나 지방자치단체가 시행하는 철도안전시책에 적극 협조하여야 한다.

해설 철도안전법 제4조(국가 등의 책무)
① 국가와 지방자치단체는 국민의 생명·신체 및 재산을 보호하기 위하여 철도안전시책을 마련하여 성실히 추진하여야 한다.
② 철도운영자 및 철도시설관리자(철도운영자등이라 한다)는 철도운영이나 철도시설관리를 할 때에는 법령에서 정하는 바에 따라 철도안전을 위하여 필요한 조치를 하고, 국가나 지방자치단체가 시행하는 철도안전시책에 적극 협조하여야 한다.

30 철도안전 종합계획은 몇 년 단위로 수립하여야 하는가?

① 1년 ② 2년
③ 5년 ④ 10년

해설 철도안전법 제5조(철도안전 종합계획)제1항 국토교통부장관은 5년마다 철도안전에 관한 종합계획(철도안전 종합계획이라 한다)을 수립하여야 한다.

31 철도안전 종합계획의 수립 의무자는 누구인가?

① 대통령
② 국토교통부장관
③ 시·도지사
④ 한국교통안전공단이사장

해설 철도안전법 제5조(철도안전 종합계획)제1항 참조

32 다음 중 철도안전 종합계획을 수립할 때 포함되어야 할 사항이 아닌 것은?

① 철도안전 종합계획의 추진 목표 및 방향
② 철도안전 관계 법령의 정비 등 제도개선에 관한 사항
③ 철도안전 관련 교육훈련에 관한 사항
④ 철도안전 시행계획에 관한 사항

해설 철도안전법 제5조(철도안전 종합계획)제2항 철도안전 종합계획에는 다음의 사항이 포함되어야 한다.
1. 철도안전 종합계획의 추진 목표 및 방향
2. 철도안전에 관한 시설의 확충, 개량 및 점검 등에 관한 사항
3. 철도차량의 정비 및 점검 등에 관한 사항
4. 철도안전 관계 법령의 정비 등 제도개선에 관한 사항
5. 철도안전 관련 전문 인력의 양성 및 수급관리에 관한 사항
6. 철도종사자의 안전 및 근무환경 향상에 관한 사항
7. 철도안전 관련 교육훈련에 관한 사항
8. 철도안전 관련 연구 및 기술개발에 관한 사항
9. 그 밖에 철도안전에 관한 사항으로서 국토교통부장관이 필요하다고 인정하는 사항

33 철도안전 종합계획에 포함되어야 할 사항에 해당하지 않는 것은?

① 철도안전에 관한 시설의 확충, 개량 및 점검 등에 관한 사항
② 철도차량의 정비 및 점검 등에 관한 사항
③ 철도종사자의 양성 및 수급관리에 관한 사항
④ 철도안전 관련 교육훈련에 관한 사항

정답 29.① 30.③ 31.② 32.④ 33.③

해설 철도안전법 제5조(철도안전 종합계획)제2항 참조

34 철도안전 종합계획에 포함되어야 할 사항으로 바르지 않은 것은?

① 철도안전 관계 법령의 정비 등 제도개선에 관한 사항
② 철도안전 관련 전문 인력의 양성 및 수급관리에 관한 사항
③ 철도종사자의 안전 및 근무환경 향상에 관한 사항
④ 철도시설 관련 연구 및 기술개발에 관한 사항

해설 철도안전법 제5조(철도안전 종합계획)제2항 참조

35 철도안전 종합계획의 수립 의무자와 수립 시기를 바르게 연결한 것은?

① 대통령 – 5년마다
② 국토교통부장관 – 5년마다
③ 시 · 도지사 – 3년마다
④ 철도운영자 – 3년마다

해설 철도안전법 제5조(철도안전 종합계획)제1항 참조

36 철도안전 종합계획을 변경할 때 철도산업위원회의 심의를 거치지 않아도 되는 경우가 아닌 것은?

① 철도안전 종합계획에서 정한 총사업비를 원래 계획의 100분의 20 이내에서의 변경
② 철도안전 종합계획에서 정한 시행기한 내에 단위사업의 시행시기의 변경
③ 법령의 개정 등과 관련하여 철도안전 종합계획을 변경하는 등 당초 수립된 철도안전 종합계획의 기본방향에 영향을 미치지 아니하는 사항의 변경
④ 행정구역의 변경 등과 관련하여 철도안전 종합계획을 변경하는 등 당초 수립된 철도안전 종합계획의 기본방향에 영향을 미치지 아니하는 사항의 변경

해설 철도안전법 제5조(철도안전 종합계획)제3항, 시행령 제4조(철도안전 종합계획의 경미한 변경) 국토교통부장관은 철도안전 종합계획을 수립할 때에는 미리 관계 중앙행정기관의 장 및 철도운영자등과 협의한 후 기본법 제6조제1항에 따른 철도산업위원회의 심의를 거쳐야 한다. 수립된 철도안전 종합계획을 변경(대통령령으로 정하는 경미한 사항의 변경은 제외한다)할 때에도 또한 같다. "대통령령으로 정하는 경미한 사항의 변경"이란 다음의 어느 하나에 해당하는 변경을 말한다.
1. 철도안전 종합계획에서 정한 총사업비를 원래 계획의 100분의 10 이내에서의 변경
2. 철도안전 종합계획에서 정한 시행기한 내에 단위사업의 시행시기의 변경
3. 법령의 개정, 행정구역의 변경 등과 관련하여 철도안전 종합계획을 변경하는 등 당초 수립된 철도안전 종합계획의 기본방향에 영향을 미치지 아니하는 사항의 변경

37 철도안전 종합계획을 변경할 때 철도산업위원회의 심의를 거치지 않아도 되는 경우는?

① 철도안전에 관한 시설의 확충, 개량 및 점검 등에 관한 사항
② 철도차량의 정비 및 점검 등에 관한 사항
③ 철도안전 종합계획에서 정한 시행기한 내에 단위사업의 시행시기의 변경
④ 철도종사자의 안전 및 근무환경 향상에 관한 사항

해설 철도안전법 제5조(철도안전 종합계획)제3항, 시행령 제4조(철도안전 종합계획의 경미한 변경) 참조

정답 34. ④ 35. ② 36. ① 37. ③

38 철도안전 종합계획에 대한 설명으로 타당하지 않은 것은?

① 국토교통부장관은 5년마다 철도안전에 관한 종합계획을 수립하여야 한다
② 국토교통부장관은 철도안전 종합계획을 수립할 때에는 미리 관계 중앙행정기관의 장 및 철도운영자등과 협의한 후 철도산업위원회의 심의를 거쳐야 한다.
③ 국토교통부장관은 철도안전 종합계획을 수립하거나 변경하기 위해서는 관계 중앙행정기관의 장 또는 시·도지사에게 관련 자료의 제출을 요구하여야 한다.
④ 국토교통부장관은 제3항에 따라 철도안전 종합계획을 수립하거나 변경하였을 때에는 이를 관보에 고시하여야 한다.

해설 철도안전법 제5조(철도안전 종합계획)제4항 국토교통부장관은 철도안전 종합계획을 수립하거나 변경하기 위하여 필요하다고 인정하면 관계 중앙행정기관의 장 또는 특별시장·광역시장·특별자치시장·도지사·특별자치도지사(시·도지사라 한다)에게 관련 자료의 제출을 요구할 수 있다. 자료 제출 요구를 받은 관계 중앙행정기관의 장 또는 시·도지사는 특별한 사유가 없으면 이에 따라야 한다.

39 철도안전 종합계획에 대한 설명으로 타당하지 않은 것은?

① 국토교통부장관은 10년마다 철도안전에 관한 종합계획을 수립하여야 한다
② 국토교통부장관은 철도안전 종합계획을 수립할 때에는 미리 관계 중앙행정기관의 장 및 철도운영자등과 협의하여야 한다.
③ 국토교통부장관은 철도안전 종합계획을 수립하거나 변경하기 위해서는 철도운영자등에게 관련 자료의 제출을 요구할 수 있다.
④ 국토교통부장관은 철도안전 종합계획을 수립하거나 변경하였을 때에는 이를 관보에 고시하여야 한다.

해설 철도안전법 제5조(철도안전 종합계획)제1항 참조

40 철도안전 종합계획을 수립하거나 변경하였을 때 국토교통부장관은 이를 어디에 고시하여야 하는가?

① 일간신문
② 국토교통부 게시판
③ 국토교통부 홈페이지
④ 관보

해설 철도안전법 제5조(철도안전 종합계획)제5항 국토교통부장관은 철도안전 종합계획을 수립하거나 변경하였을 때에는 이를 관보에 고시하여야 한다.

41 철도안전 종합계획의 단계적 시행에 필요한 연차별 시행계획을 수립·추진해야 하는 주체가 아닌 자는?

① 국토교통부장관
② 관계 중앙행정기관의 장
③ 시·도지사
④ 철도운영자

해설 철도안전법 제6조(시행계획)제1항 국토교통부장관, 시·도지사 및 철도운영자등은 철도안전 종합계획에 따라 소관별로 철도안전 종합계획의 단계적 시행에 필요한 연차별 시행계획(시행계획이라 한다)을 수립·추진하여야 한다.

42 시·도지사와 철도운영자등은 철도안전 종합계획과 관련한 다음 연도의 시행계획과 전년도 시행계획의 추진실적을 누구에게 제출해야 하는가?

① 대통령　　② 국무총리
③ 국토교통부장관　　④ 중앙행정기관의 장

해설 철도안전법 시행령 제5조(시행계획 수립절차 등)제1항, 제2항 특별시장·광역시장·특별자치시장·도지사 또는 특별자치도지사(시·도지사라 한다)와 철도운영자 및 철도시설관리자(철도운영자등이라 한다)는 다음 연도의 시행계획을 매년 10월 말까지 국토교통부장관에게 제출하여야 한다. 시·도지사 및 철도운영자등은 전년도 시행계획의 추진실적을 매년 2월 말까지 국토교통부장관에게 제출하여야 한다.

정답 38. ③　39. ①　40. ④　41. ②　42. ③

43 시·도지사와 철도운영자등은 철도안전 종합계획의 시행에 필요한 다음 연도의 시행계획을 언제까지 국토교통부장관에게 제출해야 하는가?

① 매년 2월 말 ② 매년 6월 말
③ 매년 10월 말 ④ 매년 12월 말

해설 철도안전법 시행령 제5조(시행계획 수립절차 등)제1항 참조

44 시·도지사와 철도운영자등은 철도안전 종합계획과 관련한 전년도 시행계획의 추진실적을 언제까지 국토교통부장관에게 제출해야 하는가?

① 매년 2월 말 ② 매년 6월 말
③ 매년 10월 말 ④ 매년 12월 말

해설 철도안전법 시행령 제5조(시행계획 수립절차 등)제2항 참조

45 철도안전 종합계획의 단계적 시행에 필요한 연차별 시행계획과 관련한 설명으로 타당하지 않은 것은?

① 시·도지사와 철도운영자등은 다음 연도의 시행계획을 매년 10월 말까지 국토교통부장관에게 제출하여야 한다.
② 시·도지사 및 철도운영자등은 전년도 시행계획의 추진실적을 매년 2월 말까지 국토교통부장관에게 제출하여야 한다.
③ 국토교통부장관은 시·도지사 및 철도운영자등이 제출한 다음 연도의 시행계획이 철도안전 종합계획에 위반된다고 인정될 때에는 시·도지사 및 철도운영자등에게 시행계획의 수정을 요청하여야 한다.
④ 시행계획에 대한 수정 요청을 받은 시·도지사 및 철도운영자등은 특별한 사유가 없는 한 이를 시행계획에 반영하여야 한다.

해설 철도안전법 시행령 제5조(시행계획 수립절차 등)제3항 국토교통부장관은 시·도지사 및 철도운영자등이 제출한 다음 연도의 시행계획이 철도안전 종합계획에 위반되거나 철도안전 종합계획을 원활하게 추진하기 위하여 보완이 필요하다고 인정될 때에는 시·도지사 및 철도운영자등에게 시행계획의 수정을 요청할 수 있다.

46 철도차량의 교체, 철도시설의 개량 등 철도안전 분야에 투자하는 예산 규모를 매년 공시하여야 하는 주체는?

① 국토교통부장관 ② 철도시설관리자
③ 철도운영자 ④ 시·도지사

해설 철도안전법 제6조의2(철도안전투자의 공시)제1항 철도운영자는 철도차량의 교체, 철도시설의 개량 등 철도안전 분야에 투자(철도안전투자라 한다)하는 예산 규모를 매년 공시하여야 한다.

47 철도운영자는 철도안전투자의 예산 규모를 언제까지 공시해야 하는가?

① 매년 2월 말 ② 매년 5월 말
③ 매년 10월 말 ④ 매년 12월 말

해설 철도안전법 제6조의2(철도안전투자의 공시)제2항 철도운영자는 철도안전투자의 예산 규모를 매년 5월말까지 공시해야 한다.

48 철도운영자가 철도안전투자의 예산 규모를 공시할 때 게시하는 곳으로 맞는 것은?

① 일간신문
② 관보
③ 철도안전정보종합관리시스템
④ 국토교통부 홈페이지

해설 철도안전법 제6조의2(철도안전투자의 공시)제3항 공시는 철도안전정보종합관리시스템과 해당 철도운영자의 인터넷 홈페이지에 게시하는 방법으로 한다.

정답 43. ③ 44. ① 45. ③ 46. ③ 47. ② 48. ③

49 철도안전투자의 공시에 관한 설명으로 타당하지 않은 것은?

① 철도운영자는 철도차량의 교체, 철도시설의 개량 등 철도안전 분야에 투자하는 예산 규모를 매년 공시하여야 한다.
② 철도안전투자의 공시 기준, 항목, 절차 등에 필요한 사항은 국토교통부령으로 정한다.
③ 국토교통부장관은 철도안전투자의 예산 규모를 매년 5월말까지 공시해야 한다.
④ 철도안전투자의 공시는 철도안전정보종합관리시스템과 해당 철도운영자의 인터넷 홈페이지에 게시하는 방법으로 한다.

[해설] 철도안전법 제6조의2(철도안전투자의 공시)제2항 참조

50 철도안전투자의 공시 기준에서 예산 규모에 포함되지 않는 예산은?

① 철도차량 교체에 관한 예산
② 노후 철도차량 평가에 관한 예산
③ 철도안전 교육훈련에 관한 예산
④ 철도시설 개량에 관한 예산

[해설] 철도안전법 시행규칙 제1조의5(철도안전투자의 공시 기준 등)제1항제1호 철도운영자는 철도안전투자의 예산 규모를 공시하는 경우에는 다음의 기준에 따라야 한다.
1) 예산 규모에 포함되어야 할 예산
 ① 철도차량 교체에 관한 예산
 ② 철도시설 개량에 관한 예산
 ③ 안전설비의 설치에 관한 예산
 ④ 철도안전 교육훈련에 관한 예산
 ⑤ 철도안전 연구개발에 관한 예산
 ⑥ 철도안전 홍보에 관한 예산
 ⑦ 그 밖에 철도안전에 관련된 예산으로서 국토교통부장관이 정해 고시하는 사항

51 철도안전투자의 공시 기준으로 바르지 않은 것은?

① 과거 2년간 철도안전투자의 예산 및 그 집행 실적을 포함할 것
② 해당 년도 철도안전투자의 예산을 포함할 것
③ 향후 2년간 철도안전투자의 예산을 포함할 것
④ 국가의 보조금, 지방자치단체의 보조금 및 철도운영자의 자금 등 철도안전투자 예산의 재원을 구분해 공시할 것

[해설] 철도안전법 시행규칙 제1조의5(철도안전투자의 공시 기준 등)제1항제2호, 제3호 철도운영자는 철도안전투자의 예산 규모를 공시하는 경우에는 다음의 기준에 따라야 한다.
1. 다음의 사항이 모두 포함된 예산 규모를 공시할 것
 ① 과거 3년간 철도안전투자의 예산 및 그 집행 실적
 ② 해당 년도 철도안전투자의 예산
 ③ 향후 2년간 철도안전투자의 예산
2. 국가의 보조금, 지방자치단체의 보조금 및 철도운영자의 자금 등 철도안전투자 예산의 재원을 구분해 공시할 것

52 철도운영자등이 철도운영을 하거나 철도시설을 관리하려는 경우에 누구의 승인을 받아야 하는가?

① 국토교통부장관
② 국무총리
③ 시·도지사
④ 철도시설관리자

[해설] 철도안전법 제7조(안전관리체계의 승인)제1항 철도운영자등(전용철도의 운영자는 제외한다)은 철도운영을 하거나 철도시설을 관리하려는 경우에는 인력, 시설, 차량, 장비, 운영절차, 교육훈련 및 비상대응계획 등 철도 및 철도시설의 안전관리에 관한 유기적 체계(안전관리체계라 한다)를 갖추어 국토교통부장관의 승인을 받아야 한다.

53 다음 중 철도운영자등이 안전관리체계에 대한 변경승인을 받아야 하는 경우가 아닌 것은?

① 안전업무 수행 전담조직 부서명 변경
② 열차운행 또는 유지관리 인력의 감소
③ 철도노선의 신설 또는 개량
④ 사업의 합병 또는 양도·양수

정답 49. ③ 50. ② 51. ① 52. ① 53. ①

| 해설 | 철도안전법 제7조(안전관리체계의 승인)제3항, 시행규칙 제3조(안전관리체계의 경미한 사항 변경) 철도운영자등은 승인받은 안전관리체계를 변경(안전관리기준의 변경에 따른 안전관리체계의 변경을 포함한다)하려는 경우에는 국토교통부장관의 변경승인을 받아야 한다. 다만, 국토교통부령으로 정하는 경미한 사항을 변경하려는 경우에는 국토교통부장관에게 신고하여야 한다. 국토교통부령으로 정하는 경미한 사항이란 다음의 어느 하나에 해당하는 사항을 제외한 변경사항을 말한다.
① 안전 업무를 수행하는 전담조직의 변경(조직 부서명의 변경은 제외한다)
② 열차운행 또는 유지관리 인력의 감소
③ 철도차량 또는 다음의 어느 하나에 해당하는 철도시설의 증가
  가. 교량, 터널, 옹벽
  나. 선로(레일)
  다. 역사, 기지, 승강장안전문
  라. 전차선로, 변전설비, 수전실, 수·배전선로
  마. 연동장치, 열차제어장치, 신호기장치, 선로전환기장치, 궤도회로장치, 건널목보안장치
  바. 통신선로설비, 열차무선설비, 전송설비
④ 철도노선의 신설 또는 개량
⑤ 사업의 합병 또는 양도·양수
⑥ 유지관리 항목의 축소 또는 유지관리 주기의 증가
⑦ 위탁 계약자의 변경에 따른 열차운행체계 또는 유지관리체계의 변경

54 다음 중 철도안전법 시행규칙에서 정의한 안전관리체계의 경미한 사항에 해당하는 것은?

① 안전업무를 수행하는 전담조직의 변경
② 열차운행의 변경
③ 유지관리 인력의 감소
④ 조직 부서명의 변경

| 해설 | 철도안전법 시행규칙 제3조(안전관리체계의 경미한 사항 변경) 참조

55 철도안전관리체계 기술기준에 포함하여야 할 사항으로 틀린 것은?

① 비상대응계획 및 비상대응훈련
② 위험관리 및 안전정보관리
③ 사고조사 및 보고
④ 차량의 기대수명에 관한 사항을 제외한 차량·시설의 유지관리

| 해설 | 철도안전법 제7조(안전관리체계의 승인)제5항 국토교통부장관은 철도안전경영, 위험관리, 사고 조사 및 보고, 내부점검, 비상대응계획, 비상대응훈련, 교육훈련, 안전정보관리, 운행안전관리, 차량·시설의 유지관리(차량의 기대수명에 관한 사항을 포함한다) 등 철도운영 및 철도시설의 안전관리에 필요한 기술기준을 정하여 고시하여야 한다.

56 철도운영자등이 철도안전관리체계에 대한 승인을 받고자 하는 경우 언제까지 철도안전관리체계 승인신청서를 국토교통부장관에게 제출하여야 하는가?

① 철도운용 또는 철도시설 관리 개시 예정일 30일 전까지
② 철도운용 또는 철도시설 관리 개시 예정일 60일 전까지
③ 철도운용 또는 철도시설 관리 개시 예정일 90일 전까지
④ 철도운용 또는 철도시설 관리 개시 예정일 120일 전까지

| 해설 | 철도안전법 시행규칙 제2조(안전관리체계 승인 신청 절차 등)제1항 철도운영자 및 철도시설관리자(철도운영자등이라 한다)가 안전관리체계를 승인받으려는 경우에는 철도운용 또는 철도시설 관리 개시 예정일 90일 전까지 철도안전관리체계 승인신청서에 다음의 서류를 첨부하여 국토교통부장관에게 제출하여야 한다.

57 다음 지문의 괄호 안에 들어갈 내용으로 옳은 것은?

> 철도운영자등이 철도안전법령에 따른 안전관리체계를 승인받으려는 경우에는 철도운용 또는 철도시설 관리 개시 예정일 ( ) 전까지 철도안전관리체계 승인신청서를 국토교통부장관에게 제출하여야 한다.

① 30일   ② 60일
③ 90일   ④ 120일

| 해설 | 철도안전법 시행규칙 제2조(안전관리체계 승인 신청 절차 등)제1항 참조

정답 54. ④　55. ④　56. ③　57. ③

58 다음 중 철도운영자등이 국토교통부장관에게 철도안전관리체계의 승인을 신청하는 경우 첨부하는 서류에 해당하지 않는 것은?

① 철도사업면허증 사본
② 조직·인력의 구성, 업무 분장 및 책임에 관한 서류
③ 철도안전관리시스템에 관한 서류
④ 철도차량제작에 관한 서류

해설 철도안전법 시행규칙 제2조(안전관리체계 승인 신청 절차 등)제1항 본문 참조
① 철도사업면허증 사본
② 조직·인력의 구성, 업무 분장 및 책임에 관한 서류
③ 철도안전관리시스템에 관한 서류
④ 열차운행체계에 관한 서류
⑤ 유지관리체계에 관한 서류
⑥ 법 제38조(종합시험운행)에 따른 종합시험운행 실시 결과 보고서

59 다음 중 철도안전관리체계 승인 신청서류 중 열차운행체계에 관한 서류에 해당되는 것은?

① 철도안전경영
② 철도차량 제작 감독
③ 철도보호 및 질서유지
④ 유지관리 이행계획

해설 철도안전법 시행규칙 제2조(안전관리체계 승인신청 절차 등)제1항 본문 참조, 제4호 다음의 사항을 적시한 열차운행체계에 관한 서류
가. 철도운영 개요
나. 철도사업면허
다. 열차운행 조직 및 인력
라. 열차운행 방법 및 절차
마. 열차 운행계획
바. 승무 및 역무
사. 철도관제업무
아. 철도보호 및 질서유지
자. 열차운영 기록관리
차. 위탁 계약자 감독 등 위탁업무 관리에 관한 사항

60 다음 중 철도안전관리체계 승인 신청서류 중 철도안전관리시스템에 관한 서류에 해당하지 않는 것은?

① 철도안전경영
② 철도사고 조사 및 보고
③ 비상대응
④ 철도관제업무

해설 철도안전법 시행규칙 제2조(안전관리체계 승인신청 절차 등)제1항 본문 참조, 제3호 다음의 사항을 적시한 철도안전관리시스템에 관한 서류
가. 철도안전관리시스템 개요
나. 철도안전경영 다. 문서화
라. 위험관리 마. 요구사항 준수
바. 철도사고 조사 및 보고 사. 내부 점검
아. 비상대응 자. 교육훈련
차. 안전정보 카. 안전문화

61 다음 중 철도안전관리체계 승인 신청서류 중 유지관리시스템에 관한 서류에 해당하지 않는 것은?

① 철도차량 제작 감독
② 유지관리 기록
③ 위탁 계약자 감독 등 위탁업무 관리에 관한 사항
④ 교육훈련

해설 철도안전법 시행규칙 제2조(안전관리체계 승인신청 절차 등)제1항 본문 참조, 제5호 다음의 사항을 적시한 유지관리체계에 관한 서류
가. 유지관리 개요
나. 유지관리 조직 및 인력
다. 유지관리 방법 및 절차(법 제38조에 따른 종합시험운행 실시 결과(완료된 결과를 말한다)를 반영한 유지관리 방법을 포함한다)
라. 유지관리 이행계획
마. 유지관리 기록
바. 유지관리 설비 및 장비
사. 유지관리 부품
아. 철도차량 제작 감독
자. 위탁 계약자 감독 등 위탁업무 관리에 관한 사항

정답 58. ④ 59. ③ 60. ④ 61. ④

62 철도운영자등이 승인받은 안전관리체계를 변경하고자 하는 경우 언제까지 철도안전관리체계 변경승인신청서를 국토교통부장관에게 제출하여야 하는가?

① 변경된 철도운용 또는 철도시설 관리 개시 예정일 30일 전까지
② 변경된 철도운용 또는 철도시설 관리 개시 예정일 60일 전까지
③ 변경된 철도운용 또는 철도시설 관리 개시 예정일 90일 전까지
④ 변경된 철도운용 또는 철도시설 관리 개시 예정일 120일 전까지

해설 철도안전법 시행규칙 제2조(안전관리체계 승인신청 절차 등)제2항 철도운영자등이 승인받은 안전관리체계를 변경하려는 경우에는 변경된 철도운용 또는 철도시설 관리 개시 예정일 30일 전(제3조제1항제4호(철도노선의 신설 또는 개량)에 따른 변경사항의 경우에는 90일 전)까지 철도안전관리체계 변경승인신청서에 다음의 서류를 첨부하여 국토교통부장관에게 제출하여야 한다.
① 안전관리체계의 변경내용과 증빙서류
② 변경 전후의 대비표 및 해설서

63 철도운영자등이 승인받은 안전관리체계를 변경하고자 하는 경우 변경된 철도운용 또는 철도시설 관리 개시 예정일 30일 전까지 변경승인신청서를 국토교통부장관에게 제출해야 하는데 이에 해당하지 않는 경우는?

① 열차운행 또는 유지관리 인력의 감소에 따른 변경
② 철도노선의 신설 또는 개량에 따른 변경
③ 사업의 합병 또는 양도·양수에 따른 변경
④ 유지관리 항목의 축소 또는 유지관리 주기의 증가에 따른 변경

해설 철도안전법 시행규칙 제2조(안전관리체계 승인신청 절차 등)제2항 참조

64 다음 중 철도안전관리체계를 갖추어 국토교통부장관의 승인을 받아야 할 의무가 없는 자는?

① 철도운영자 ② 전용철도운영자
③ 철도시설관리자 ④ 철도운영자등

해설 철도안전법 제7조(안전관리체계의 승인)제1항 및 제2항 철도운영자등(전용철도의 운영자는 제외한다)은 철도운영을 하거나 철도시설을 관리하려는 경우에는 인력, 시설, 차량, 장비, 운영절차, 교육훈련 및 비상대응계획 등 철도 및 철도시설의 안전관리에 관한 유기적 체계(안전관리체계라 한다)를 갖추어 국토교통부장관의 승인을 받아야 한다. 전용철도의 운영자는 자체적으로 안전관리체계를 갖추고 지속적으로 유지하여야 한다.

65 다음 중 철도안전법에서 정의한 철도안전관리체계에 대한 설명으로 옳지 않은 것은?

① 승인받은 철도안전관리체계를 변경하려는 경우에는 국토교통부장관의 변경승인을 받아야 한다.
② 철도안전관리체계를 승인받으려는 경우에는 철도운용 또는 철도시설 관리 개시 예정일 90일 전까지 국토교통부장관에게 승인 신청을 하여야 한다.
③ 국토교통부령으로 정하는 경미한 사항을 변경하려는 경우에는 국토교통부장관에게 신고하여야 한다.
④ 철도운영자등(전용철도 포함)이 철도운영을 하거나 철도시설을 관리하려는 경우에는 국토교통부장관으로부터 철도안전관리체계 승인을 받아야 한다.

해설 철도안전법 제7조(안전관리체계의 승인)제1항 및 제2항 참조

66 철도안전관리체계의 승인 또는 변경승인을 위한 검사로서 안전관리체계의 이행가능성 및 실효성을 현장에서 확인하기 위한 검사는 무슨 검사인가?

① 이행성검사 ② 실효성검사
③ 승인검사 ④ 현장검사

정답 62. ① 63. ② 64. ② 65. ④ 66. ④

해설 철도안전법 시행규칙 제4조(안전관리체계의 승인 방법 및 증명서 발급 등)제1항 안전관리체계의 승인 또는 변경승인을 위한 검사는 다음에 따른 서류검사와 현장검사로 구분하여 실시한다. 다만, 서류검사만으로 법 제7조제5항에 따른 안전관리에 필요한 기술기준(안전관리기준이라 한다)에 적합 여부를 판단할 수 있는 경우에는 현장검사를 생략할 수 있다.
① 서류검사: 철도운영자등이 제출한 서류가 안전관리기준에 적합한지 검사
② 현장검사: 안전관리체계의 이행가능성 및 실효성을 현장에서 확인하기 위한 검사

67 철도안전관리체계에 대한 국토교통부장관의 검사가 필요한 사유로서 바른 것은?

① 철도운영자등의 안전관리체계 위반 여부를 확인하여 처벌하기 위하여
② 철도운영자등이 안전관리체계를 지속적으로 유지하는지 점검·확인하기 위하여
③ 철도운영자등이 안전관리체계를 승인받도록 하기 위하여
④ 철도운영자등이 받은 안전관리체계에 대한 승인 취소를 하기 위하여

해설 철도안전법 제8조(안전관리체계의 유지 등)제2항 국토교통부장관은 안전관리체계 위반 여부 확인 및 철도사고 예방 등을 위하여 철도운영자등이 안전관리체계를 지속적으로 유지하는지 다음의 검사를 통해 국토교통부령으로 정하는 바에 따라 점검·확인할 수 있다.
① 정기검사 : 철도운영자등이 국토교통부장관으로부터 승인 또는 변경승인 받은 안전관리체계를 지속적으로 유지하는지를 점검·확인하기 위하여 정기적으로 실시하는 검사
② 수시검사 : 철도운영자등이 철도사고 및 운행장애 등을 발생시키거나 발생시킬 우려가 있는 경우에 안전관리체계 위반사항 확인 및 안전관리체계 위해요인 사전예방을 위해 수행하는 검사

68 철도안전관리체계와 관련하여 철도운영자등이 철도사고 및 운행장애 등을 발생시키거나 발생시킬 우려가 있는 경우에 실시하는 검사는?

① 정기검사　② 수시검사
③ 예방검사　④ 사전검사

해설 철도안전법 제8조(안전관리체계의 유지 등)제2항 참조

69 다음 중 철도안전관리체계의 유지·검사 등에 대한 설명으로 옳지 않은 것은?

① 철도운영자등은 철도안전관리체계 검사 결과에 따라 시정조치명령을 받은 경우에는 7일 이내에 시정조치계획서를 국토교통부장관에게 제출하여야 한다.
② 국토교통부장관은 1년마다 1회의 정기검사를 실시하여야 한다.
③ 국토교통부장관은 검사 시행일 7일 전까지 철도운영자등에게 검사계획을 통보하여야 한다.
④ 국토교통부장관은 철도사고, 준철도사고 및 운행장애 예방을 위하여 수시로 검사를 시행할 수 있다.

해설 철도안전법 시행규칙 제6조(안전관리체계의 유지·검사 등)제6항 철도운영자등이 시정조치명령을 받은 경우에 14일 이내에 시정조치계획서를 작성하여 국토교통부장관에게 제출하여야 하고, 시정조치를 완료한 경우에는 지체 없이 그 시정내용을 국토교통부장관에게 통보하여야 한다.

70 국토교통부장관은 정기검사 또는 수시검사를 시행하려는 경우 검사계획을 검사 대상 철도운영자등에게 통보해야 한다. 이때 통보 내용에 포함하여야 할 사항이 아닌 것은?

① 검사반의 구성
② 검사 일정 및 장소
③ 검사 수행 분야 및 검사 항목
④ 전체 검사 사항

해설 철도안전법 시행규칙 제6조(안전관리체계의 유지·검사 등)제2항 국토교통부장관은 정기검사 또는 수시검사를 시행하려는 경우에는 검사 시행일 7일 전까지 다음의 내용이 포함된 검사계획을 검사 대상 철도운영자등에게 통보해야 한다. 다만, 철도사고, 철도준사고 및 운행장애(철도사고등이라 한다)의 발생 등으로 긴급히 수시검사를 실시하는 경우에는 사전 통보를 하지 않을 수 있고, 검사 시작 이후 검사계획을 변경할

정답　67. ②　68. ②　69. ①　70. ④

사유가 발생한 경우에는 철도운영자등과 협의하여 검사계획을 조정할 수 있다.
① 검사반의 구성
② 검사 일정 및 장소
③ 검사 수행 분야 및 검사 항목
④ 중점 검사 사항
⑤ 그 밖에 검사에 필요한 사항

71 철도운영자등이 안전관리체계 정기검사의 유예를 요청한 경우 국토교통부장관은 검사 시기를 유예하거나 변경할 수 있다. 이에 해당하지 않는 경우는?

① 검사 대상 철도운영자등이 사법기관 및 중앙행정기관의 조사 및 감사를 받고 있는 경우
② 검사 대상 철도운영자등이 민형사상의 소송에 계류 중인 경우
③ 항공·철도사고조사위원회가 철도사고에 대한 조사를 하고 있는 경우
④ 대형 철도사고의 발생, 천재지변, 그 밖의 부득이한 사유가 있는 경우

해설 철도안전법 시행규칙 제6조(안전관리체계의 유지·검사 등)제3항 국토교통부장관은 다음의 사유로 철도운영자등이 안전관리체계 정기검사의 유예를 요청한 경우에 검사 시기를 유예하거나 변경할 수 있다.
① 검사 대상 철도운영자등이 사법기관 및 중앙행정기관의 조사 및 감사를 받고 있는 경우
② 항공·철도사고조사위원회가 철도사고에 대한 조사를 하고 있는 경우
③ 대형 철도사고의 발생, 천재지변, 그 밖의 부득이한 사유가 있는 경우

72 철도안전관리체계에 대한 정기검사 또는 수시검사를 마친 후 국토교통부장관이 작성하는 검사 결과보고서에 포함되어야 할 사항에 해당하지 않는 것은?

① 안전관리체계의 검사 개요 및 현황
② 안전관리체계의 검사 과정 및 내용
③ 제출된 시정조치계획서에 따른 시정조치명령의 이행 정도
④ 철도사고에 따른 사망자·중상자의 인적사항

해설 철도안전법 시행규칙 제6조(안전관리체계의 유지·검사 등)제4항 국토교통부장관은 정기검사 또는 수시검사를 마친 경우에는 다음의 사항이 포함된 검사 결과보고서를 작성하여야 한다.
① 안전관리체계의 검사 개요 및 현황
② 안전관리체계의 검사 과정 및 내용
③ 시정조치 사항
④ 제출된 시정조치계획서에 따른 시정조치명령의 이행 정도
⑤ 철도사고에 따른 사망자·중상자의 수 및 철도사고등에 따른 재산피해액

73 철도안전관리체계와 관련한 다음의 설명 중 타당하지 않은 것은?

① 철도운영자등은 철도운영을 하거나 철도시설을 관리하는 경우에는 승인받은 안전관리체계를 지속적으로 유지하여야 한다.
② 국토교통부장관은 철도안전관리체계 검사 결과 안전관리체계가 지속적으로 유지되지 아니하거나 그 밖에 철도안전을 위하여 필요하다고 인정하는 경우 시정조치를 명하여야 한다.
③ 국토교통부장관이 철도운영자등에게 시정조치를 명하는 경우 시정에 필요한 적정한 기간을 주어야 한다
④ 국토교통부장관은 철도사고등의 발생 등으로 긴급히 수시검사를 실시하는 경우 사전 통보를 하지 않을 수 있다.

해설 철도안전법 제8조(안전관리체계의 유지 등)제3항 국토교통부장관은 제2항에 따른 검사 결과 안전관리체계가 지속적으로 유지되지 아니하거나 그 밖에 철도안전을 위하여 필요하다고 인정하는 경우에는 국토교통부령으로 정하는 바에 따라 시정조치를 명할 수 있다. 철도안전법 시행규칙 제6조(안전관리체계의 유지·검사 등)제5항 국토교통부장관은 법 제8조제3항에 따라 철도운영자등에게 시정조치를 명하는 경우에는 시정에 필요한 적정한 기간을 주어야 한다.

정답 71. ② 72. ④ 73. ②

74 다음 중 국토교통부장관이 철도운영자등의 안전관리체계 승인을 반드시 취소하여야 하는 경우는?

① 거짓이나 그 밖의 부정한 방법으로 승인을 받은 경우에는 그 승인을 취소하여야 한다.
② 안전관리체계의 변경승인을 받지 아니하거나 변경신고를 하지 아니하고 안전관리체계를 변경한 경우
③ 철도운영자등이 안전관리체계를 지속적으로 유지하지 아니하여 철도운영이나 철도시설의 관리에 중대한 지장을 초래한 경우
④ 국토교통부장관의 시정조치명령을 정당한 사유 없이 이행하지 아니한 경우

해설 철도안전법 제9조(승인의 취소 등) 국토교통부장관은 안전관리체계의 승인을 받은 철도운영자등이 다음의 어느 하나에 해당하는 경우에는 그 승인을 취소하거나 6개월 이내의 기간을 정하여 업무의 제한이나 정지를 명할 수 있다.
1) 필요적 취소 사유
거짓이나 그 밖의 부정한 방법으로 승인을 받은 경우에는 그 승인을 취소하여야 한다.
2) 임의적 취소사유
① 법 제7조제3항(승인된 안전관리체계의 변경승인 및 신고)을 위반하여 변경승인을 받지 아니하거나 변경신고를 하지 아니하고 안전관리체계를 변경한 경우
② 법 제8조제1항(철도운영자등의 안전관리체계 유지의무)을 위반하여 안전관리체계를 지속적으로 유지하지 아니하여 철도운영이나 철도시설의 관리에 중대한 지장을 초래한 경우
③ 법 제8조제3항(국토교통부장관의 시정조치 명령)에 따른 시정조치명령을 정당한 사유 없이 이행하지 아니한 경우

75 국토교통부장관이 철도운영자등이 안전관리체계의 승인·변경·유지 등의 의무를 위반하였을 경우 업무의 제한이나 정지를 명할 수 있는 최대 기간은?

① 3개월 ② 6개월
③ 9개월 ④ 1년

해설 철도안전법 제9조(승인의 취소 등) 참조

76 안전관리체계의 승인을 취소하거나 6개월 이내의 기간을 정하여 업무의 제한이나 정지를 명할 수 있는 경우로 옳지 않은 것은?

① 거짓이나 그 밖의 부정한 방법으로 승인을 받은 경우
② 변경승인을 받지 아니하거나 변경신고를 하지 아니하고 안전관리체계를 변경한 경우
③ 안전관리체계를 지속적으로 유지하지 아니하여 철도운영이나 철도시설의 관리에 중대한 지장을 초래한 경우
④ 시정조치명령을 정당한 사유로 이행하지 아니한 경우

해설 철도안전법 제9조(승인의 취소 등) 참조

77 철도운영자등이 안전관리체계를 지속적으로 유지하지 않아 철도운영이나 철도시설의 관리에 중대한 지장을 초래한 경우로서 철도사고로 인한 사망자 수가 10명 이상인 경우 업무정지 기간은?

① 30일
② 60일
③ 120일
④ 180일

해설 철도안전법 제9조(승인의 취소 등), 시행규칙 제7조(안전관리체계 승인의 취소 등 처분기준, 별표 1제2호 개별기준)

정답 74. ① 75. ② 76. ④ 77. ④

위반행위	근거 법조문	처분 기준
가. 거짓이나 그 밖의 부정한 방법으로 승인을 받은 경우 1) 1차 위반	법 제9조 제1항 제1호	승인취소
나. 법 제7조제3항을 위반하여 변경승인을 받지 않고 안전관리체계를 변경한 경우 1) 1차 위반 2) 2차 위반 3) 3차 위반 4) 4차 이상 위반	법 제9조 제1항 제2호	업무정지(업무제한) 10일 업무정지(업무제한) 20일 업무정지(업무제한) 40일 업무정지(업무제한) 80일
다. 법 제7조제3항을 위반하여 변경신고를 하지 않고 안전관리체계를 변경한 경우 1) 1차 위반 2) 2차 위반 3) 3차 이상 위반	법 제9조 제1항 제2호	경고 업무정지(업무제한) 10일 업무정지(업무제한) 20일
라. 법 제8조제1항을 위반하여 안전관리체계를 지속적으로 유지하지 않아 철도운영이나 철도시설의 관리에 중대한 지장을 초래한 경우 1) 철도사고로 인한 사망자 수 가) 1명 이상 3명 미만 나) 3명 이상 5명 미만 다) 5명 이상 10명 미만 라) 10명 이상 2) 철도사고로 인한 중상자 수 가) 5명 이상 10명 미만 나) 10명 이상 30명 미만 다) 30명 이상 50명 미만 라) 50명 이상 100명 미만 마) 100명 이상 3) 철도사고 또는 운행장애로 인한 재산피해액 가) 5억원 이상 10억원 미만 나) 10억원 이상 20억원 미만 다) 20억원 이상	법 제9조 제1항 제3호	업무정지(업무제한) 30일 업무정지(업무제한) 60일 업무정지(업무제한) 120일 업무정지(업무제한) 180일 업무정지(업무제한) 15일 업무정지(업무제한) 30일 업무정지(업무제한) 60일 업무정지(업무제한) 120일 업무정지(업무제한) 60일 업무정지(업무제한) 15일 업무정지(업무제한) 30일 업무정지(업무제한) 60일
마. 법 제8조제3항에 따른 시정조치명령을 정당한 사유 없이 이행하지 않은 경우 1) 1차 위반 2) 2차 위반 3) 3차 위반 4) 4차 위반	법 제9조 제1항 제4호	업무정지(업무제한) 20일 업무정지(업무제한) 40일 업무정지(업무제한) 80일 업무정지(업무제한) 160일

*비고
1. "사망자"란 철도사고가 발생한 날부터 30일 이내에 그 사고로 사망한 경우를 말한다.
2. "중상자"란 철도사고로 인해 부상을 입은 날부터 7일 이내 실시된 의사의 최초 진단 결과 24시간 이상 입원 치료가 필요한 상해를 입은 사람(의식불명, 시력상실을 포함)을 말한다.
3. "재산피해액"이란 시설피해액(인건비와 자재비등 포함), 차량피해액(인건비와 자재비등 포함), 운임환불 등을 포함한 직접손실액을 말한다.

78 철도운영자등이 안전관리체계에 대한 변경승인을 받지 않고 안전관리체계를 변경한 경우로서 1차 위반한 경우에 업무정지 기간은?

① 10일 ② 20일
③ 40일 ④ 80일

해설 철도안전법 제9조(승인의 취소 등), 시행규칙 제7조(안전관리체계 승인의 취소 등 처분기준, 별표 1) 참조

79 철도운영자등이 안전관리체계의 승인·변경·유지 등과 관련한 사항을 위반하였을 경우 그 처분기준에 대한 설명으로 타당하지 않은 것은?

① 사망자란 철도사고가 발생한 날부터 30일 이내에 그 사고로 사망한 경우를 말한다.
② 중상자란 철도사고로 인해 부상을 입은 날부터 7일 이내 실시된 의사의 최초 진단 결과 24시간 이상 입원 치료가 필요한 상해를 입은 사람을 말한다.
③ 중상자에는 철도사고로 인해 부상을 입어 의식불명, 시력상실의 상태를 포함한다.
④ 재산피해액이란 시설피해액, 차량피해액, 운임환불 등 직접손실액과 제반 손해를 포함한 간접손실액을 포함한 금액을 말한다.

해설 철도안전법 제9조(승인의 취소 등), 시행규칙 제7조(안전관리체계 승인의 취소 등 처분기준, 별표 1) 참조

정답 78. ① 79. ④

80 철도운영자등이 안전관리체계의 승인·변경·유지 등과 관련한 사항을 위반하였을 경우 그 처분기준에 대한 설명으로 타당하지 않은 것은?

① 위반행위의 횟수에 따른 행정처분의 가중된 부과기준은 최근 3년간 같은 위반행위로 행정처분을 받은 경우에 적용한다.
② 가중된 부과처분을 하는 경우 가중처분의 적용 차수는 그 위반행위 전 부과처분 차수의 다음 차수로 한다.
③ 위반행위가 둘 이상인 경우로서 그에 해당하는 각각의 처분기준이 다른 경우에는 그 중 무거운 처분기준에 따른다.
④ 둘 이상의 처분기준이 같은 업무제한·정지인 경우에는 무거운 처분기준의 2분의 1 범위에서 가중할 수 있다.

해설 철도안전법 제9조(승인의 취소 등), 시행규칙 제7조(안전관리체계 승인의 취소 등 처분기준, 별표 1제1호 일반기준)
1) 일반기준
　가. 위반행위의 횟수에 따른 행정처분의 가중된 부과기준은 최근 2년간 같은 위반행위로 행정처분을 받은 경우에 적용한다. 이 경우 기간의 계산은 위반행위에 대하여 행정처분을 받은 날과 그 처분 후 다시 같은 위반행위를 하여 적발된 날을 기준으로 한다.
　나. 가목에 따라 가중된 부과처분을 하는 경우 가중처분의 적용 차수는 그 위반행위 전 부과처분 차수(가목에 따른 기간 내에 행정처분이 둘 이상 있었던 경우에는 높은 차수를 말한다)의 다음 차수로 한다.
　다. 위반행위가 둘 이상인 경우로서 그에 해당하는 각각의 처분기준이 다른 경우에는 그 중 무거운 처분기준(무거운 처분기준이 같을 때에는 그 중 하나의 처분기준을 말한다)에 따르며, 둘 이상의 처분기준이 같은 업무제한·정지인 경우에는 무거운 처분기준의 2분의 1 범위에서 가중할 수 있되, 각 처분기준을 합산한 기간을 초과할 수 없다.
　라. 국토교통부장관은 다음의 어느 하나에 해당하는 경우에는 제2호의 개별기준에 따른 업무제한·정지 기간의 2분의 1 범위에서 그 기간을 줄일 수 있다.
　　① 위반행위가 사소한 부주의나 오류로 인한 것으로 인정되는 경우
　　② 위반행위자가 법 위반상태를 시정하거나 해소하기 위한 노력이 인정되는 경우
　　③ 그 밖에 위반행위의 정도, 위반행위의 동기와 그 결과 등을 고려하여 업무제한·정지 기간을 줄일 필요가 있다고 인정되는 경우
　마. 국토교통부장관은 다음의 어느 하나에 해당하는 경우에는 제2호의 개별기준에 따른 업무제한·정지 기간의 2분의 1 범위에서 그 기간을 늘릴 수 있다. 다만, 법 제9조제1항에 따른 업무제한·정지 기간의 상한을 넘을 수 없다.
　　① 위반의 내용 및 정도가 중대하여 공중에게 미치는 피해가 크다고 인정되는 경우
　　② 법 위반상태의 기간이 6개월 이상인 경우
　　③ 그 밖에 위반행위의 정도, 위반행위의 동기와 그 결과 등을 고려하여 업무제한·정지 기간을 늘릴 필요가 있다고 인정되는 경우

81 국토교통부장관이 철도운영자등에 대하여 안전관리체계 관련하여 과징금을 부과할 경우 최대 한도는?

① 10억원　　② 20억원
③ 30억원　　④ 50억원

해설 철도안전법 제9조의2(과징금)제1항 국토교통부장관은 제9조제1항에 따라 철도운영자등에 대하여 업무의 제한이나 정지를 명하여야 하는 경우로서 그 업무의 제한이나 정지가 철도 이용자 등에게 심한 불편을 주거나 그 밖에 공익을 해할 우려가 있는 경우에는 업무의 제한이나 정지를 갈음하여 30억원 이하의 과징금을 부과할 수 있다.

82 철도운영자등이 안전관리체계를 지속적으로 유지하지 않아 철도운영이나 철도시설의 관리에 중대한 지장을 초래한 경우로서 철도사고로 인한 사망자 수가 10명 이상인 경우 과징금은?

① 360백만원　　② 720백만원
③ 1,440백만원　　④ 2,160백만원

해설 철도안전법 제9조의2(과징금)제2항, 시행령 제6조(안전관리체계 관련 과징금의 부과기준), 시행령 별표 1 제2호 개별기준

정답 80. ①　81. ③　82. ④

위반행위	근거 법조문	과징금 금액 (단위: 100만원)
가. 법 제7조제3항을 위반하여 변경승인을 받지 않고 안전관리체계를 변경한 경우	법 제9조 제1항 제2호	
1) 1차 위반		120
2) 2차 위반		240
3) 3차 위반		480
4) 4차 이상 위반		960
나. 법 제7조제3항을 위반하여 변경신고를 하지 않고 안전관리체계를 변경한 경우	법 제9조 제1항 제2호	
1) 1차 위반		경고
2) 2차 위반		120
3) 3차 이상 위반		240
다. 법 제8조제1항을 위반하여 안전관리체계를 지속적으로 유지하지 않아 철도운영이나 철도시설의 관리에 중대한 지장을 초래한 경우	법 제9조 제1항 제3호	
1) 철도사고로 인한 사망자 수		
가) 1명 이상 3명 미만		360
나) 3명 이상 5명 미만		720
다) 5명 이상 10명 미만		1,440
라) 10명 이상		2,160
2) 철도사고로 인한 중상자 수		
가) 5명 이상 10명 미만		180
나) 10명 이상 30명 미만		360
다) 30명 이상 50명 미만		720
라) 50명 이상 100명 미만		1,440
마) 100명 이상		2,160
3) 철도사고 또는 운행장애로 인한 재산피해액		
가) 5억원 이상 10억원 미만		180
나) 10억원 이상 20억원 미만		360
다) 20억원 이상		720
라. 법 제8조제3항에 따른 시정조치명령을 정당한 사유 없이 이행하지 않은 경우	법 제9조 제1항 제4호	
1) 1차 위반		240
2) 2차 위반		480
3) 3차 위반		960
4) 4차 위반		1,920

*비고
1. "사망자"란 철도사고가 발생한 날부터 30일 이내에 그 사고로 사망한 경우를 말한다.
2. "중상자"란 철도사고로 인해 부상을 입은 날부터 7일 이내 실시된 의사의 최초 진단 결과 24시간 이상 입원 치료가 필요한 상해를 입은 사람(의식불명, 시력상실을 포함)을 말한다.
3. "재산피해액"이란 시설피해액(인건비와 자재비등 포함), 차량피해액(인건비와 자재비등 포함), 운임환불 등을 포함한 직접손실액을 말한다.
4. 위 표의 다목 1)부터 3)까지의 규정에 따른 과징금을 부과하는 경우에 사망자, 중상자, 재산피해가 동시에 발생한 경우는 각각의 과징금을 합산하여 부과한다. 다만, 합산한 금액이 법 제9조의2제1항에 따른 과징금 금액의 상한을 초과하는 경우에는 법 제9조의2제1항에 따른 상한금액을 과징금으로 부과한다.
5. 위 표 및 제4호에 따른 과징금 금액이 해당 철도운영자등의 전년도(위반행위가 발생한 날이 속하는 해의 직전 연도를 말한다) 매출액의 100분의 4를 초과하는 경우에는 전년도 매출액의 100분의 4에 해당하는 금액을 과징금으로 부과한다.

83 철도운영자등이 안전관리체계를 지속적으로 유지하지 않아 철도운영이나 철도시설의 관리에 중대한 지장을 초래한 경우로서 철도사고로 인한 중상자 수가 10명 이상 30명 미만인 경우 과징금은?

① 180백만원 ② 360백만원
③ 720백만원 ④ 1,440백만원

[해설] 철도안전법 제9조의2(과징금)제2항, 시행령 제6조(안전관리체계 관련 과징금의 부과기준), 시행령 별표 1 제2호 개별기준 참조

84 철도운영자등이 안전관리체계를 지속적으로 유지하지 않아 철도운영이나 철도시설의 관리에 중대한 지장을 초래한 경우로서 철도사고 또는 운행장애로 재산피해액이 20억 이상인 경우 과징금은?

① 180백만원 ② 360백만원
③ 720백만원 ④ 1,440백만원

[해설] 철도안전법 제9조의2(과징금)제2항, 시행령 제6조(안전관리체계 관련 과징금의 부과기준), 시행령 별표 1 제2호 개별기준 참조

85 철도운영자등이 안전관리체계와 관련하여 국토교통부장관이 명한 시정조치명령을 정당한 사유없이 이행하지 아니한 경우로서 1차 위반했을 때의 과징금은?

① 240백만원 ② 480백만원
③ 960백만원 ④ 1,920백만원

[해설] 철도안전법 제9조의2(과징금)제2항, 시행령 제6조(안전관리체계 관련 과징금의 부과기준), 시행령 별표 1 제2호 개별기준 참조

정답 83. ② 84. ③ 85. ①

86 안전관리체계 관련 과징금의 부과기준으로 타당하지 않은 것은?

① 사망자란 철도사고가 발생한 날부터 30일 이내에 그 사고로 사망한 사람을 말한다.
② 중상자란 철도사고로 인해 부상을 입은 날부터 7일 이내 실시된 의사의 최초 진단결과 24시간 이상 입원 치료가 필요한 상해를 입은 사람을 말한다.
③ 재산피해액이란 시설피해액, 차량피해액, 운임환불 등을 포함한 직접손실액을 말한다.
④ 과징금 금액이 해당 철도운영자등의 전년도 매출액의 100분의 3을 초과하는 경우에는 전년도 매출액의 100분의 3에 해당하는 금액을 과징금으로 부과한다.

해설 철도안전법 제9조의2(과징금)제2항, 시행령 제6조(안전관리체계 관련 과징금의 부과기준), 시행령 별표 1 제2호 개별기준 참조

87 안전관리체계와 관련한 과징금에 대한 설명으로 타당하지 않은 것은?

① 과징금을 내야 할 자가 납부기한까지 과징금을 내지 아니하는 경우에는 국세 체납처분의 예에 따라 징수한다.
② 과징금을 부과할 때에는 그 위반행위의 종류와 해당 과징금의 금액을 명시하여 이를 납부할 것을 서면으로 통지하여야 한다.
③ 과징금의 통지를 받은 자는 통지를 받은 날부터 30일 이내에 국토교통부장관이 정하는 수납기관에 과징금을 내야 한다.
④ 과징금의 수납기관은 과징금을 받으면 지체없이 그 사실을 국토교통부장관에게 통보하여야 한다.

해설 철도안전법 제9조의2(과징금)제3항 국토교통부장관은 제1항에 따른 과징금을 내야 할 자가 납부기한까지 과징금을 내지 아니하는 경우에는 국세 체납처분의 예에 따라 징수한다.
철도안전법 시행령 제7조(과징금의 부과 및 납부)
① 국토교통부장관은 법 제9조의2제1항에 따라 과징금을 부과할 때에는 그 위반행위의 종류와 해당 과징금의 금액을 명시하여 이를 납부할 것을 서면으로 통지하여야 한다.
② 제1항에 따라 통지를 받은 자는 통지를 받은 날부터 20일 이내에 국토교통부장관이 정하는 수납기관에 과징금을 내야 한다.
③ 제2항에 따라 과징금을 받은 수납기관은 그 과징금을 낸 자에게 영수증을 내주어야 한다.
④ 과징금의 수납기관은 제2항에 따른 과징금을 받으면 지체 없이 그 사실을 국토교통부장관에게 통보하여야 한다.

88 철도안전법령상 과징금의 통지를 받은 자는 언제까지 과징금을 납부해야 하는가?

① 통지를 받은 날부터 7일 이내
② 통지를 받은 날부터 14일 이내
③ 통지를 받은 날부터 20일 이내
④ 통지를 받은 날부터 30일 이내

해설 철도안전법 시행령 제7조(과징금의 부과 및 납부) 참조

89 철도안전법상 철도운영자등에 대한 과징금 부과권자는 누구인가?

① 국토교통부장관
② 시·도지사
③ 한국교통안전공단이사장
④ 대통령

해설 철도안전법 제9조의2(과징금) 참조

90 철도안전법상 과징금을 부과하는 위반행위의 종류, 과징금의 부과기준 및 징수방법, 그 밖에 필요한 사항은 무엇으로 정하는가?

① 법률
② 대통령령
③ 국토교통부령
④ 고시

정답 86. ④ 87. ③ 88. ③ 89. ① 90. ②

해설 철도안전법 제9조의2(과징금)제2항 과징금을 부과하는 위반행위의 종류, 과징금의 부과기준 및 징수방법, 그 밖에 필요한 사항은 대통령령으로 정한다.

91 철도안전법상 안전관리체계 관련 과징금의 부과기준에서 사망은 철도사고가 발생한 날로부터 며칠 이내에 사망한 경우를 말하는가?

① 30일 ② 60일
③ 90일 ④ 120일

해설 철도안전법 제9조의2(과징금)제2항, 시행령 제6조(안전관리체계 관련 과징금의 부과기준), 시행령 별표 1 제2호 개별기준 참조

92 철도운영자등에 대한 안전관리 수준평가를 실시할 때 그 대상에 해당하지 않는 것은?

① 철도교통사고 건수
② 운행장애 건수
③ 정기검사 이행실적
④ 수시검사 이행실적

해설 철도안전법 시행규칙 제8조 (철도운영자등에 대한 안전관리 수준평가의 대상 및 기준 등) 철도운영자등의 안전관리 수준에 대한 평가(안전관리 수준평가라 한다)의 대상 및 기준은 다음과 같다. 다만, 철도시설관리자에 대해서 안전관리 수준평가를 하는 경우 철도안전투자 분야를 제외하고 실시할 수 있다.
1) 사고 분야
  가. 철도교통사고 건수
  나. 철도안전사고 건수
  다. 운행장애 건수
  라. 사상자 수
2) 철도안전투자 분야: 철도안전투자의 예산 규모 및 집행 실적
3) 안전관리 분야
  가. 안전성숙도 수준
  나. 정기검사 이행실적
4) 그 밖에 안전관리 수준평가에 필요한 사항으로서 국토교통부장관이 정해 고시하는 사항

93 철도운영자등에 대한 안전관리 수준평가를 실시할 때 그 대상 및 기준으로 틀린 것은?

① 철도안전사고 건수
② 중상자 수
③ 철도안전투자의 집행 실적
④ 안전성숙도 수준

해설 철도안전법 시행규칙 제8조 (철도운영자등에 대한 안전관리 수준평가의 대상 및 기준 등) 참조

94 철도운영자등에 대한 안전관리 수준평가는 누가 언제까지 실시해야 하는가?

① 시·도지사 – 매년 3월 말까지
② 국토교통부장관 – 매년 3월 말까지
③ 시·도지사 – 매년 6월 말까지
④ 국토교통부장관 – 매년 6월 말까지

해설 철도안전법 시행규칙 제8조(철도운영자등에 대한 안전관리 수준평가의 대상 및 기준 등)제2항 국토교통부장관은 매년 3월말까지 안전관리 수준평가를 실시한다.

95 철도운영자등에 대한 안전관리 수준평가에 대한 설명으로 타당하지 않은 것은?

① 국토교통부장관은 철도운영자등의 안전관리 수준에 대한 평가를 매년 3월 말까지 실시하여야 한다.
② 안전관리 수준평가의 대상, 기준, 방법, 절차 등에 필요한 사항은 국토교통부령으로 정한다.
③ 국토교통부장관은 안전관리 수준평가 결과를 해당 철도운영자등에게 통보해야 한다.
④ 안전관리 수준평가를 실시한 결과 그 평가결과가 미흡한 철도운영자등에 대하여 검사를 시행하거나 같은 시정조치 등 개선을 위하여 필요한 조치를 명할 수 있다.

정답 91. ① 92. ④ 93. ② 94. ② 95. ①

해설 제9조의3(철도운영자등에 대한 안전관리 수준평가)제1항 국토교통부장관은 철도운영자등의 자발적인 안전관리를 통한 철도안전 수준의 향상을 위하여 철도운영자등의 안전관리 수준에 대한 평가를 실시할 수 있다(임의규정).

96 철도안전 우수운영자 지정에 관한 설명으로 타당하지 않은 것은?

① 국토교통부장관은 안전관리 수준평가 결과에 따라 철도운영자등을 대상으로 철도안전 우수운영자를 지정할 수 있다.
② 철도안전 우수운영자로 지정을 받은 자는 철도차량, 철도시설이나 관련 문서 등에 철도안전 우수운영자로 지정되었음을 나타내는 표시를 할 수 있다.
③ 철도안전 우수운영자로 지정을 받은 자가 아니면 철도차량, 철도시설이나 관련 문서 등에 우수운영자로 지정되었음을 나타내는 표시를 하거나 이와 유사한 표시를 하여서는 아니 된다.
④ 시·도지사는 철도안전 우수운영자 지정 표시 규정을 위반하여 우수운영자로 지정되었음을 나타내는 표시를 하거나 이와 유사한 표시를 한 자에 대하여 해당 표시를 제거하게 하는 등 필요한 시정조치를 명할 수 있다.

해설 철도안전법 제9조의4(철도안전 우수운영자 지정)
① 국토교통부장관은 안전관리 수준평가 결과에 따라 철도운영자등을 대상으로 철도안전 우수운영자를 지정할 수 있다.
② 철도안전 우수운영자로 지정을 받은 자는 철도차량, 철도시설이나 관련 문서 등에 철도안전 우수운영자로 지정되었음을 나타내는 표시를 할 수 있다.
③ 철도안전 우수운영자로 지정을 받은 자가 아니면 철도차량, 철도시설이나 관련 문서 등에 우수운영자로 지정되었음을 나타내는 표시를 하거나 이와 유사한 표시를 하여서는 아니 된다.
④ 국토교통부장관은 철도안전 우수운영자 지정 표시 규정을 위반하여 우수운영자로 지정되었음을 나타내는 표시를 하거나 이와 유사한 표시를 한 자에 대하여 해당 표시를 제거하게 하는 등 필요한 시정조치를 명할 수 있다.

97 철도안전 우수운영자를 지정할 수 있는 자는 누구인가?

① 대통령
② 국토교통부장관
③ 시·도지사
④ 한국교통안전공단이사장

해설 철도안전법 제9조의4(철도안전 우수운영자 지정) 참조

98 다음 중 철도안전 우수운영자 지정에 관한 설명으로 바르지 않은 것은?

① 철도안전 우수운영자로 지정을 받은 자는 철도차량, 철도시설이나 관련 문서 등에 철도안전 우수운영자로 지정되었음을 나타내는 표시를 할 수 있다.
② 철도안전 우수운영자 지정의 유효기간은 지정받은 날부터 2년으로 한다.
③ 철도안전 우수운영자는 철도안전 우수운영자로 지정되었음을 나타내는 표시를 하려면 국토교통부장관이 정해 고시하는 표시를 사용해야 한다.
④ 국토교통부장관은 철도안전 우수운영자에게 포상 등의 지원을 할 수 있다.

해설 철도안전법 시행규칙 제9조(철도안전 우수운영자 지정 대상 등)제2항 철도안전 우수운영자 지정의 유효기간은 지정받은 날부터 1년으로 한다.

99 철도안전 우수운영자 지정의 유효기간은 지정받은 날부터 언제까지인가?

① 1년 ② 2년
③ 3년 ④ 5년

해설 철도안전법 시행규칙 제9조(철도안전 우수운영자 지정 대상 등) 참조

정답 96. ④ 97. ② 98. ② 99. ①

100 철도안전 우수운영자 지정을 반드시 취소하여야 하는 경우는?

① 안전관리체계의 승인이 취소된 경우
② 계산 착오로 안전관리 수준평가 결과가 최상위 등급이 아닌 것으로 확인된 경우
③ 자료의 오류로 안전관리 수준평가 결과가 최상위 등급이 아닌 것으로 확인된 경우
④ 국토교통부장관이 정해 고시하는 표시가 아닌 다른 표시를 사용한 경우

해설 철도안전법 제9조의5(우수운영자 지정의 취소), 시행규칙 제9조의2(철도안전 우수운영자 지정의 취소) 국토교통부장관은 철도안전 우수운영자 지정을 받은 자가 다음의 어느 하나에 해당하는 경우에는 그 지정을 취소할 수 있다. 다만, 제1호 또는 제2호에 해당하는 경우에는 지정을 취소하여야 한다.
1. 거짓이나 그 밖의 부정한 방법으로 철도안전 우수운영자 지정을 받은 경우
2. 안전관리체계의 승인이 취소된 경우
3. 계산 착오, 자료의 오류 등으로 안전관리 수준평가 결과가 최상위 등급이 아닌 것으로 확인된 경우
4. 철도안전 우수운영자 지정 표시 규정을 위반하여 국토교통부장관이 정해 고시하는 표시가 아닌 다른 표시를 사용한 경우

101 철도차량 운전면허에 대한 설명으로 타당하지 않은 것은?

① 철도차량을 운전하려는 사람은 시·도지사로부터 철도차량 운전면허를 받아야 한다.
② 운전교육훈련 또는 운전면허시험을 위하여 철도차량을 운전하는 경우에는 철도차량 운전면허 없이도 운전할 수 있다.
③ 운전면허는 철도차량의 종류별로 받아야 한다.
④ 노면전차를 운전하려는 사람은 철도차량 운전면허 외에 도로교통법에 따른 운전면허를 받아야 한다.

해설 철도안전법 제10조(철도차량 운전면허)
① 철도차량을 운전하려는 사람은 국토교통부장관으로부터 철도차량 운전면허를 받아야 한다. 다만, 교육훈련 또는 운전면허시험을 위하여 철도차량을 운전하는 경우 등 대통령령으로 정하는 경우에는 그러하지 아니하다.
② 도시철도법에 따른 노면전차를 운전하려는 사람은 제1항에 따른 운전면허 외에 도로교통법에 따른 운전면허를 받아야 한다.
③ 철도차량 운전면허는 대통령령으로 정하는 바에 따라 철도차량의 종류별로 받아야 한다.

102 해당 철도차량 운전면허를 소지한 자가 별도로 도로교통법상의 운전면허도 소지해야만 하는 경우는?

① 고속철도차량을 운전하려는 경우
② 디젤기관차를 운전하려는 경우
③ 노면전차를 운전하려는 경우
④ 전기기관차를 운전하려는 경우

해설 철도안전법 제10조(철도차량 운전면허) 참조

103 철도차량 운전면허 없이 철도차량을 운전할 수 있는 경우에 해당하지 않는 것은?

① 철도차량 운전에 관한 전문 교육훈련기관에서 실시하는 운전교육훈련을 받기 위하여 철도차량을 운전하는 경우
② 운전면허시험을 치르기 위하여 철도차량을 운전하는 경우
③ 철도차량을 제작·조립·정비하기 위하여 일반 선로에서 철도차량을 운전하여 이동하는 경우
④ 철도사고등을 복구하기 위하여 열차운행이 중지된 선로에서 사고복구용 특수차량을 운전하여 이동하는 경우

해설 철도안전법 시행령 제10조(운전면허 없이 운전할 수 있는 경우)
① 철도차량 운전에 관한 전문 교육훈련기관(운전교육훈련기관이라 한다)에서 실시하는 운전교육훈련을 받기 위하여 철도차량을 운전하는 경우

정답 100. ① 101. ① 102. ③ 103. ③

② 운전면허시험(운전면허시험이라 한다)을 치르기 위하여 철도차량을 운전하는 경우
③ 철도차량을 제작·조립·정비하기 위한 공장 안의 선로에서 철도차량을 운전하여 이동하는 경우
④ 철도사고등을 복구하기 위하여 열차운행이 중지된 선로에서 사고복구용 특수차량을 운전하여 이동하는 경우

104 다음 중 철도차량 운전면허의 종류에 해당하지 않는 것은?

① 고속철도차량 운전면허
② 디젤차량 운전면허
③ 철도장비 운전면허
④ 전동차량 운전면허

해설 철도안전법 시행령 제11조 (운전면허의 종류)
1. 고속철도차량 운전면허
2. 제1종 전기차량 운전면허
3. 제2종 전기차량 운전면허
4. 디젤차량 운전면허
5. 철도장비 운전면허
6. 노면전차 운전면허

105 다음 중 철도차량의 종류별 운전면허로 옳지 않은 것은?

① 고속철도차량 운전면허
② 제1종 전차선차량 운전면허
③ 디젤차량 운전면허
④ 철도장비 운전면허

해설 철도안전법 시행령 제11조 (운전면허의 종류) 참조

106 다음 중 철도차량 운전면허의 종류로 옳지 않은 것은?

① 철도장비 운전면허
② 노면전차 운전면허
③ 디젤차량 운전면허
④ 전기동차 운전면허

해설 철도안전법 시행령 제11조 (운전면허의 종류) 참조

107 다음 중 철도차량 종류별 운전면허와 운전 가능한 철도차량의 연결이 잘못된 것은?

① 고속철도차량 운전면허: 고속철도차량
② 제1종 전기차량 운전면허: 전기기관차
③ 디젤차량 운전면허: 증기기관차
④ 철도장비 운전면허: 전용철도에서 시속 30킬로미터 이하로 운전하는 차량

해설 철도안전법 시행규칙 제11조(운전면허의 종류에 따라 운전할 수 있는 철도차량의 종류), 시행규칙 별표 1의2(철도차량 운전면허 종류별 운전이 가능한 철도차량) 철도차량의 종류별 운전면허를 받은 사람이 운전할 수 있는 철도차량의 종류는 별표 1의2와 같다.

철도차량 운전면허 종류별 운전이 가능한 철도차량
(철도안전법 시행규칙 별표 1의2)

운전면허의 종류	운전할 수 있는 철도차량의 종류
1. 고속철도차량 운전면허	가. 고속철도차량 나. 철도장비 운전면허에 따른 운전할 수 있는 차량
2. 제1종 전기차량 운전면허	가. 전기기관차 나. 철도장비 운전면허에 따라 운전할 수 있는 차량
3. 제2종 전기차량 운전면허	가. 전기동차 나. 철도장비 운전면허에 따라 운전할 수 있는 차량
4. 디젤차량 운전면허	가. 디젤기관차 나. 디젤동차 다. 증기기관차 라. 철도장비 운전면허에 따라 운전할 수 있는 차량
5. 철도장비 운전면허	가. 철도건설과 유지보수에 필요한 기계나 장비 나. 철도시설의 검측장비 다. 철도·도로를 모두 운행할 수 있는 철도복구장비 라. 전용철도에서 시속 25킬로미터 이하로 운전하는 차량 마. 사고복구용 기중기 바. 입환(入換)작업을 위해 원격제어가 가능한 장치를 설치하여 시속 25킬로미터 이하로 운전하는 동력차
6. 노면전차 운전면허	노면전차

*비고
1. 시속 100킬로미터 이상으로 운행하는 철도시설의 검측장비 운전은 고속철도차량 운전면허, 제1종 전기차량 운전면허, 제2종 전기차량 운전면허, 디젤차량 운전면허 중 하나의 운전면허가 있어야 한다.
2. 선로를 시속 200킬로미터 이상의 최고운행 속도로 주행할 수 있는 철도차량을 고속철도차량으로 구분한다.
3. 동력장치가 집중되어 있는 철도차량을 기관차, 동력장치가 분산되어 있는 철도차량을 동차로 구분한다.
4. 도로 위에 부설한 레일 위를 주행하는 철도차량은 노면전차로 구분한다.
5. 철도차량 운전면허(철도장비 운전면허는 제외한다) 소지자는 철도차량 종류에 관계없이 차량기지 내에서 시속 25킬로미터 이하로 운전하는 철도차량을 운전할 수 있다. 이 경우 다른 운전면허의 철도차량을 운전하는 때에는 국토교통부장관이 정하는 교육훈련을 받아야 한다.
6. "전용철도"란 「철도사업법」 제2조제5호에 따른 전용철도를 말한다.

정답 104. ④ 105. ② 106. ④ 107. ④

108 다음 중 철도차량 종류별 운전면허와 운전 가능한 철도차량의 연결이 잘못된 것은?

① 고속철도차량 운전면허: 철도장비 운전면허에 따라 운전할 수 있는 차량
② 제1종 전기차량 운전면허: 전기동차
③ 디젤차량 운전면허: 디젤기관차
④ 노면전차 운전면허: 노면전차

해설 철도안전법 시행규칙 제11조(운전면허의 종류에 따라 운전할 수 있는 철도차량의 종류), 시행규칙 별표 1의2(철도차량 운전면허 종류별 운전이 가능한 철도차량) 참조

109 다음 중 철도차량 운전면허에 관한 설명으로 타당하지 않은 것은?

① 시속 100킬로미터 이상으로 운행하는 철도시설의 검측장비 운전은 고속철도차량 운전면허, 제1종 전기차량 운전면허, 제2종 전기차량 운전면허, 디젤차량 운전면허 중 하나의 운전면허가 있어야 한다.
② 선로를 시속 300킬로미터 이상의 최고운행 속도로 주행할 수 있는 철도차량을 고속철도차량으로 구분한다.
③ 동력장치가 집중되어 있는 철도차량을 기관차, 동력장치가 분산되어 있는 철도차량을 동차로 구분한다.
④ 도로 위에 부설한 레일 위를 주행하는 철도차량은 노면전차로 구분한다.

해설 철도안전법 시행규칙 별표 1의2(철도차량 운전면허 종류별 운전이 가능한 철도차량) 비고 참조

110 다음 중 철도차량 운전면허 결격사유에 해당하지 않는 것은?

① 19세 미만인 사람
② 철도차량 운전상의 위험과 장해를 일으킬 수 있는 정신질환자로서 해당 분야 전문의가 정상적인 운전을 할 수 있다고 인정하는 사람
③ 두 귀의 청력을 완전히 상실한 사람
④ 운전면허가 취소된 날부터 2년이 지나지 아니한 사람

해설 철도안전법 제11조(운전면허의 결격사유 등)제1항, 시행규칙 제12조(운전면허를 받을 수 없는 사람) 다음의 어느 하나에 해당하는 사람은 운전면허를 받을 수 없다.
1. 19세 미만인 사람
2. 철도차량 운전상의 위험과 장해를 일으킬 수 있는 정신질환자 또는 뇌전증환자로서 대통령으로 정하는 사람(해당 분야 전문의가 정상적인 운전을 할 수 없다고 인정하는 사람)
3. 철도차량 운전상의 위험과 장해를 일으킬 수 있는 약물(마약류 관리에 관한 법률에 따른 마약류 및 화학물질관리법에 따른 환각물질을 말한다) 또는 알코올 중독자로서 대통령으로 정하는 사람(해당 분야 전문의가 정상적인 운전을 할 수 없다고 인정하는 사람)
4. 두 귀의 청력 또는 두 눈의 시력을 완전히 상실한 사람
5. 운전면허가 취소된 날부터 2년이 지나지 아니하였거나 운전면허의 효력정지기간 중인 사람

111 철도차량 운전면허 결격사유 확인을 위하여 국토교통부장관이 개인정보 제공을 요청할 수 있는 대상기관에 해당하지 않는 것은?

① 보건복지부장관
② 국방부장관
③ 시·도지사
④ 해병대사령관

해설 철도안전법 시행령 제12조의2(운전면허의 결격사유 관련 개인정보의 제공 요청)제1항 국토교통부장관은 철도안전법 제11조제2항 전단에 따라 운전면허의 결격사유 확인을 위하여 다음 각 호의 기관의 장에게 해당 기관이 보유하고 있는 개인정보의 제공을 요청할 수 있다.
1. 보건복지부장관
2. 병무청장
3. 시·도지사 또는 시장·군수·구청장(자치구의 구청장을 말한다)
4. 육군참모총장, 해군참모총장, 공군참모총장 또는 해병대사령관

정답 108. ② 109. ② 110. ② 111. ②

112 다음 중 철도차량 운전면허 결격사유 확인을 위하여 국토교통부장관이 개인정보 제공을 요청하는 경우 그 내용에 해당하지 않는 것은?

① 마약류 중독자로 판명되거나 마약류 중독으로 치료보호기관에서 치료 중인 사람에 대한 자료
② 정신질환 및 뇌전증으로 신체등급이 5급 또는 6급으로 판정된 사람에 대한 자료
③ 시각장애인 또는 청각장애인으로 등록된 사람에 대한 자료
④ 정신질환으로 1년 이상 입원·치료 중인 사람에 대한 자료

해설 철도안전법 시행령 제12조의2(운전면허의 결격사유 관련 개인정보의 제공 요청)제2항 국토교통부장관이 대상기관의 장에게 요청할 수 있는 개인정보의 내용은 별표 1의2와 같다.

운전면허의 결격사유 확인을 위하여 요청할 수 있는 개인정보의 내용(시행령 별표 1의2)

보유기관	개인정보의 내용
1. 보건복지부장관 또는 시·도지사	마약류 중독자로 판명되거나 마약류 중독으로 치료보호기관에서 치료 중인 사람에 대한 자료
2. 병무청장	정신질환 및 뇌전증으로 신체등급이 5급 또는 6급으로 판정된 사람에 대한 자료
3. 특별자치시장·특별자치도지사·시장·군수 또는 구청장	가. 시각장애인 또는 청각장애인으로 등록된 사람에 대한 자료 나. 정신질환으로 6개월 이상 입원·치료 중인 사람에 대한 자료
4. 육군참모총장, 해군참모총장, 공군참모총장 또는 해병대사령관	군 재직 중 정신질환 또는 뇌전증으로 전역 조치된 사람에 대한 자료

113 철도차량 운전면허 신체검사에 대한 설명으로 타당하지 않은 것은?

① 운전면허를 받으려는 사람은 철도차량 운전에 적합한 신체상태를 갖추고 있는지를 판정받기 위하여 국토교통부장관이 실시하는 신체검사에 합격하여야 한다.
② 국토교통부장관은 철도안전 운전면허 신체검사를 의료법에 따른 의료기관에서 실시하게 할 수 있다.
③ 운전면허의 신체검사 또는 관제자격증명의 신체검사를 받으려는 사람은 신체검사 판정서에 성명·주민등록번호 등 본인의 기록사항을 작성하여 국토교통부장관에게 제출하여야 한다.
④ 신체검사의료기관은 신체검사 판정서의 각 신체검사 항목별로 신체검사를 실시한 후 합격여부를 기록하여 신청인에게 발급하여야 한다.

해설 철도안전법 제12조(운전면허의 신체검사), 시행규칙 제12조(신체검사 방법·절차·합격기준 등)
1. 운전면허를 받으려는 사람은 철도차량 운전에 적합한 신체상태를 갖추고 있는지를 판정받기 위하여 국토교통부장관이 실시하는 신체검사에 합격하여야 한다.
2. 국토교통부장관은 신체검사를 신체검사의료기관에서 실시하게 할 수 있다.
3. 운전면허의 신체검사 또는 관제자격증명의 신체검사를 받으려는 사람은 신체검사 판정서에 성명·주민등록번호 등 본인의 기록사항을 작성하여 신체검사 실시 의료기관(신체검사의료기관이라 한다)에 제출하여야 한다.
4. 신체검사의료기관은 신체검사 판정서의 각 신체검사 항목별로 신체검사를 실시한 후 합격여부를 기록하여 신청인에게 발급하여야 한다.

114 다음 중 철도차량 운전면허 신체검사를 실시할 수 있는 의료기관이 아닌 곳은?

① 의원 ② 병원
③ 한방병원 ④ 종합병원

정답 112. ④ 113. ③ 114. ③

해설 제13조(신체검사 실시 의료기관) 신체검사를 실시할 수 있는 의료기관은 다음과 같다.
1. 「의료법」 제3조제2항제1호가목의 의원
2. 「의료법」 제3조제2항제3호가목의 병원
3. 「의료법」 제3조제2항제3호바목의 종합병원

115 철도차량 운전면허 취득을 위한 신체검사 불합격 기준이 아닌 것은?

① 혈우병
② 심부전증
③ 만성 신장염
④ 고혈압증

해설 철도안전법 시행규칙 별표 2(신체검사 항목 및 불합격 기준) 고혈압증은 아니고 중증인 고혈압증(수축기 혈압 180mmHg 이상이고, 확장기 혈압 110mmHg 이상인 사람)이 신체검사 불합격 기준이다.

116 철도차량 운전면허 또는 관제자격증명 취득을 위한 신체검사에 대한 설명으로 타당하지 않은 것은?

① 철도차량 운전면허 소지자가 다른 종류의 철도차량 운전면허를 취득하려는 경우에는 운전면허 취득을 위한 신체검사를 받은 것으로 본다.
② 도시철도 관제자격증명을 취득한 사람이 철도 관제자격증명을 취득하려는 경우에는 관제자격증명 취득을 위한 신체검사를 받은 것으로 본다.
③ 철도차량 운전면허 소지자가 관제자격증명을 취득하려는 경우에는 관제자격증명취득을 위한 신체검사를 받은 것으로 본다.
④ 관제자격증명 취득자가 철도차량 운전면허를 취득하려는 경우에는 운전면허 취득을 위한 신체검사를 받아야 한다.

해설 철도안전법 시행규칙 별표 2(신체검사 항목 및 불합격 기준) 비고 참조. 관제자격증명 취득자가 철도차량 운전면허를 취득하려는 경우에는 운전면허 취득을 위한 신체검사를 받은 것으로 본다.

117 철도차량 운전적성검사에 대한 설명으로 타당하지 않은 것은?

① 운전면허를 받으려는 사람은 철도차량 운전에 적합한 적성을 갖추고 있는지를 판정받기 위하여 국토교통부장관이 실시하는 운전적성검사에 합격하여야 한다.
② 운전적성검사에 불합격한 사람은 검사일로부터 1년간 운전적성검사를 받을 수 없다.
③ 운전적성검사 과정에서 부정행위를 한 사람은 검사일부터 1년간 운전적성검사를 받을 수 없다.
④ 국토교통부장관은 운운전적성검사기관을 지정하여 운전적성검사를 하게 할 수 있다.

해설 철도안전법 제15조(운전적성검사)
1. 운전면허를 받으려는 사람은 철도차량 운전에 적합한 적성을 갖추고 있는지를 판정받기 위하여 국토교통부장관이 실시하는 적성검사(운전적성검사라 한다)에 합격하여야 한다.
2. 운전적성검사에 불합격한 사람 또는 운전적성검사 과정에서 부정행위를 한 사람은 다음의 구분에 따른 기간 동안 운전적성검사를 받을 수 없다.
 ⓐ 운전적성검사에 불합격한 사람: 검사일부터 3개월
 ⓑ 운전적성검사 과정에서 부정행위를 한 사람: 검사일부터 1년
3. 운전적성검사의 합격기준, 검사의 방법 및 절차 등에 관하여 필요한 사항은 국토교통부령으로 정한다.
4. 국토교통부장관은 운전적성검사에 관한 전문기관(운전적성검사기관이라 한다)을 지정하여 운전적성검사를 하게 할 수 있다.
5. 운전적성검사기관의 지정기준, 지정절차 등에 관하여 필요한 사항은 대통령령으로 정한다.
6. 운전적성검사기관은 정당한 사유 없이 운전적성검사 업무를 거부하여서는 아니 되고, 거짓이나 그 밖의 부정한 방법으로 운전적성검사 판정서를 발급하여서는 아니 된다.

정답 115. ④ 116. ④ 117. ②

118 철도차량 운전면허 취득을 위한 운전적성검사에 관한 설명으로 옳은 것은?

① 국토교통부장관은 운전적성검사에 관한 전문기관을 지정하여 운전적성검사를 하게 할 수 있다.
② 운전적성검사의 합격기준, 검사의 방법 및 절차 등에 관하여 필요한 사항은 대통령령으로 정한다.
③ 운전적성검사기관의 지정기준, 지정절차 등에 관하여 필요한 사항은 국토교통부령으로 정한다.
④ 국토교통부장관은 정당한 사유 없이 운전적성검사 업무를 거부하여서는 아니 되고, 거짓이나 그 밖의 부정한 방법으로 운전적성검사 판정서를 발급하여서는 아니 된다.

해설 철도안전법 제15조(운전적성검사) 참조

119 철도차량 운전면허 취득을 위한 운전적성검사에 불합격한 사람과 운전적성검사 과정에서 부정행위를 한 사람이 다시 운전적성검사를 받을 수 있으려면 각각 검사일로부터 얼마의 기간이 지나야 하는가?

① 3개월, 1년　　② 6개월, 1년
③ 3개월, 2년　　④ 6개월, 2년

해설 철도안전법 제15조(운전적성검사) 참조

120 다음 지문의 괄호 안에 들어갈 숫자의 합은?

운전적성검사에 불합격한 사람 또는 운전적성검사 과정에서 부정행위를 한 사람은 다음 각 호의 구분에 따른 기간 동안 운전적성검사를 받을 수 없다.
1. 운전적성검사에 불합격한 사람 : 검사일부터 (　)개월
2. 운전적성검사 과정에서 부정행위를 한 사람 : 검사일부터 (　)년

① 3　　② 4
③ 5　　④ 6

해설 철도안전법 제15조(운전적성검사) 참조

121 다음 중 철도안전법에서 정의한 다음 조건으로 운전적성검사에 불합격한 사람의 재검사 기간이 순서대로 옳은 것은?

조건
ㄱ : 운전적성검사 과정에서 부정행위를 한 사람
ㄴ : 운전적성검사에 불합격한 사람

① ㄱ : 검사일로부터 1년,
　ㄴ : 검사일로부터 3개월
② ㄱ : 검사일로부터 3개월,
　ㄴ : 검사일로부터 1년
③ ㄱ : 검사일로부터 3개월,
　ㄴ : 검사일로부터 6개월
④ ㄱ : 검사일로부터 3년,
　ㄴ : 검사일로부터 1년

해설 철도안전법 제15조(운전적성검사) 참조

122 다음 중 철도차량 운전적성검사 항목 및 불합격 기준에 관한 내용으로 틀린 것은?

① 문답형 검사 판정은 적합 또는 부적합으로 한다.
② 반응형 검사 점수 합계는 60점으로 한다.
③ 안전성향검사는 전문의(정신건강의학) 진단결과로 대체 할 수 있다.
④ 도시철도 관제자격증명을 취득한 사람이 철도 관제자격증명을 취득하려는 경우에는 관제적성검사를 받은 것으로 본다.

정답　118. ①　119. ①　120. ②　121. ①　122. ②

> **해설** 철도안전법 시행규칙 별표 4(적성검사 항목 및 불합격 기준)

적성검사 항목 및 불합격 기준(철도안전법 시행규칙 별표 4)

검사대상	검사항목		불합격기준
	문답형 검사	반응형 검사	
고속철도차량 제1종전기차량 제2종전기차량 디젤차량 노면전차 철도장비 철도차량 운전면허시험 응시자	• 인성 −일반성격 −안전성향	• 주의력 −복합기능 −선택주의 −지속주의 • 인식 및 기억력 −시각변별 −공간지각 • 판단 및 행동력 −추론 −민첩성	• 문답형 검사항목 중 안전성향 검사에서 부적합으로 판정된 사람 • 반응형 검사 평가 점수가 30점 미만인 사람
철도교통관제사 자격증명 응시자	• 인성 −일반성격 −안전성향	• 주의력 −복합기능 −선택주의 • 인식 및 기억력 −시각변별 −공간지각 −작업기억 • 판단 및 행동력 −추론 −민첩성	• 문답형 검사항목 중 안전성향 검사에서 부적합으로 판정된 사람 • 반응형 검사 평가 점수가 30점 미만인 사람

*비고
1. 문답형 검사 판정은 적합 또는 부적합으로 한다.
2. 반응형 검사 점수 합계는 70점으로 한다.
3. 안전성향검사는 전문의(정신건강의학) 진단결과로 대체 할 수 있으며, 부적합 판정을 받은 자에 대해서는 당일 1회에 한하여 재검사를 실시하고 그 재검사 결과를 최종적인 검사결과로 할 수 있다.
4. 철도차량 운전면허 소지자가 다른 종류의 철도차량 운전면허를 취득하려는 경우에는 운전적성검사를 받은 것으로 본다. 다만, 철도장비 운전면허 소지자(2020년 10월 8일 이전에 적성검사를 받은 사람만 해당한다)가 다른 종류의 철도차량 운전면허를 취득하려는 경우에는 적성검사를 받아야 한다.
5. 도시철도 관제자격증명을 취득한 사람이 철도 관제자격증명을 취득하려는 경우에는 관제적성검사를 받은 것으로 본다.

123 다음 중 철도차량 운전적성검사 항목 및 불합격 기준으로 바르지 않은 것은?

① 반응형 검사 점수 합계는 70점으로 한다.
② 반응형 검사 평가점수가 30점미만인사람은 불합격이다.
③ 문답형 검사항목 중 안전성향 검사에서 부적합으로 판정된 사람은 불합격이다.
④ 철도차량 운전면허 소지자가 다른 종류의 철도차량 운전면허를 취득하려는 경우에는 운전적성검사를 받아야 한다.

> **해설** 철도안전법 시행규칙 별표 4(적성검사 항목 및 불합격 기준) 참조

124 다음 중 철도안전법 시행규칙에서 정한 적성검사에 대한 설명으로 옳지 않은 것은?

① 문답형 검사 판정은 적합 또는 부적합으로 한다.
② 반응형 검사 점수 합계는 70점으로 한다.
③ 반응형 검사 평가점수가 30점 미만인 사람은 불합격 기준에 해당된다.
④ 문답형 검사에서는 인성 및 주의력 검사를 한다.

> **해설** 철도안전법 시행규칙 별표 4(적성검사 항목 및 불합격 기준) 참조. 주의력 검사는 반응형 검사 항목이다.

125 철도차량 운전적성검사기관으로 지정받으려는 자가 국토교통부장관에게 제출하여야 하는 서류에 해당하지 않는 것은?

① 운영계획서
② 운전적성검사를 담당하는 전문인력의 보유 현황 및 학력·경력·자격 등을 증명할 수 있는 서류
③ 운전적성검사시설 내역서
④ 법인 등기사항증명서

정답 123. ④ 124. ④ 125. ④

해설 철도안전법 시행규칙 제17조(운전적성검사기관 또는 관제적성검사기관의 지정절차 등)제1항 운전적성검사기관 또는 관제적성검사기관으로 지정받으려는 자는 적성검사기관 지정신청서에 다음 각 호의 서류를 첨부하여 국토교통부장관에게 제출하여야 한다. 이 경우 국토교통부장관은 전자정부법 제36조제1항에 따른 행정정보의 공동이용을 통하여 법인 등기사항증명서(신청인이 법인인 경우만 해당한다)를 확인하여야 한다.
1. 운영계획서
2. 정관이나 이에 준하는 약정(법인 그 밖의 단체만 해당한다)
3. 운전적성검사 또는 관제적성검사를 담당하는 전문인력의 보유 현황 및 학력·경력·자격 등을 증명할 수 있는 서류
4. 운전적성검사시설 또는 관제적성검사시설 내역서
5. 운전적성검사장비 또는 관제적성검사장비 내역서
6. 운전적성검사기관 또는 관제적성검사기관에서 사용하는 직인의 인영

126 철도차량 운전 적성검사기관의 지정기준에 관한 설명으로 옳지 않은 것은?

① 운전적성검사 업무의 통일성을 유지하고 운전적성검사 업무를 원활히 수행하는데 필요한 상설 전담조직을 갖출 것
② 운전적성검사 업무를 수행할 수 있는 전문검사인력을 3명 이상 확보할 것
③ 운전적성검사 시행에 필요한 사무실, 검사장과 검사 장비를 갖출 것
④ 국토교통부장관은 운전적성검사기관 또는 관제적성검사기관이 지정기준에 적합한지를 1년마다 심사해야 한다.

해설 철도안전법 시행령 제14조(운전적성검사기관의 지정기준) 운전적성검사기관의 지정기준은 다음과 같다.
1. 운전적성검사 업무의 통일성을 유지하고 운전적성검사 업무를 원활히 수행하는데 필요한 상설 전담조직을 갖출 것
2. 운전적성검사 업무를 수행할 수 있는 전문검사인력을 3명 이상 확보할 것
3. 운전적성검사 시행에 필요한 사무실, 검사장과 검사 장비를 갖출 것
4. 운전적성검사기관의 운영 등에 관한 업무규정을 갖출 것

철도안전법 시행규칙 제18조(운전적성검사기관 및 관제적성검사기관의 세부 지정기준 등)
1. 운전적성검사기관 및 관제적성검사기관의 세부 지정기준은 철도안전법 시행규칙 별표 5와 같다.

2. 국토교통부장관은 운전적성검사기관 또는 관제적성검사기관이 지정기준에 적합한지를 2년마다 심사해야 한다.

127 국토교통부장관은 철도차량 운전적성검사기관이 지정기준에 적합한지 여부를 몇 년마다 심사해야 하는가?

① 1년 ② 2년
③ 3년 ④ 4년

해설 철도안전법 시행규칙 제18조(운전적성검사기관 및 관제적성검사기관의 세부 지정기준 등) 참조

128 철도차량 운전적성검사기관의 명칭 또는 대표자 등의 변경이 있는 경우 운전적성검사기관은 해당 사유가 발생한 날부터 며칠 이내에 그 사실을 국토교통부장관에게 알려야 하는가?

① 7일 ② 10일
③ 15일 ④ 30일

해설 철도안전법 시행령 제15조(운전적성검사기관의 변경사항 통지)
1. 운전적성검사기관은 그 명칭·대표자·소재지나 그 밖에 운전적성검사 업무의 수행에 중대한 영향을 미치는 사항의 변경이 있는 경우에는 해당 사유가 발생한 날부터 15일 이내에 국토교통부장관에게 그 사실을 알려야 한다.
2. 국토교통부장관은 제1항에 따라 통지를 받은 때에는 그 사실을 관보에 고시하여야 한다.

129 다음 중 철도차량 운전적성검사기관의 필요적 지정취소 사유에 해당하는 것은?

① 거짓이나 그 밖의 부정한 방법으로 운전적성검사 판정서를 발급하였을 때
② 업무정지 명령을 위반하여 그 정지기간 중 운전적성검사 업무를 하였을 때
③ 운전적성검사기관 지정기준에 맞지 아니하게 되었을 때
④ 정당한 사유 없이 운전적성검사 업무를 거부하였을 때

정답 126. ④ 127. ② 128. ③ 129. ②

해설 철도안전법 제15조의2(운전적성검사기관의 지정취소 및 업무정지)제1항 국토교통부장관은 운전적성검사기관이 다음의 어느 하나에 해당할 때에는 지정을 취소하거나 6개월 이내의 기간을 정하여 업무의 정지를 명할 수 있다. 다만, 제1호 및 제2호에 해당할 때에는 지정을 취소하여야 한다.
1. 거짓이나 그 밖의 부정한 방법으로 지정을 받았을 때
2. 업무정지 명령을 위반하여 그 정지기간 중 운전적성검사 업무를 하였을 때
3. 운전적성검사기관 지정기준에 맞지 아니하게 되었을 때
4. 정당한 사유 없이 운전적성검사 업무를 거부하였을 때
5. 거짓이나 그 밖의 부정한 방법으로 운전적성검사 판정서를 발급하였을 때

130 다음 중 국토교통부장관이 철도차량 운전적성검사기관에 대하여 업무정지의 처분을 하는 경우로서 타당하지 않은 것은?

① 위반행위가 둘 이상인 경우로서 그에 해당하는 각각의 처분기준이 다른 경우에는 그 중 무거운 처분기준에 따른다.
② 위반행위의 횟수에 따른 행정처분의 가중된 부과기준은 최근 2년간 같은 위반행위로 행정처분을 받은 경우에 적용한다.
③ 가중된 행정처분을 하는 경우 가중처분의 적용 차수는 그 위반행위 전 부과처분 차수의 다음 차수로 한다.
④ 처분권자는 위반행위가 고의나 중대한 과실이 아닌 사소한 부주의나 오류로 인한 것으로 인정되는 경우에는 그 처분을 감경할 수 있다.

해설 철도안전법 시행규칙 별표 6(운전적성검사기관 및 관제적성검사기관의 지정취소 및 업무정지의 기준) 비고
1. 위반행위가 둘 이상인 경우로서 그에 해당하는 각각의 처분기준이 다른 경우에는 그 중 무거운 처분기준에 따르며, 위반행위가 둘 이상인 경우로서 그에 해당하는 각각의 처분기준이 같은 경우에는 무거운 처분기준의 2분의 1까지 가중할 수 있되, 각 처분기준을 합산한 기간을 초과할 수 없다.
2. 위반행위의 횟수에 따른 행정처분의 가중된 부과기준은 최근 1년간 같은 위반행위로 행정처분을 받은 경우에 적용한다. 이 경우 기간의 계산은 위반행위에 대하여 행정처분을 받은 날과 그 처분 후 다시 같은 위반행위를 하여 적발된 날을 기준으로 한다.
3. 비고 제2호에 따라 가중된 행정처분을 하는 경우 가중처분의 적용 차수는 그 위반행위 전 부과처분 차수(비고 제2호에 따른 기간 내에 행정처분이 둘 이상 있었던 경우에는 높은 차수를 말한다)의 다음 차수로 한다.
4. 처분권자는 위반행위의 동기·내용 및 위반의 정도 등 다음 각 목에 해당하는 사유를 고려하여 그 처분을 감경할 수 있다. 이 경우 그 처분이 업무정지인 경우에는 그 처분기준의 2분의 1 범위에서 감경할 수 있고, 지정취소인 경우(거짓이나 그 밖의 부정한 방법으로 지정을 받은 경우나 업무정지 명령을 위반하여 그 정지기간 중 적성검사업무를 한 경우는 제외한다)에는 3개월의 업무정지 처분으로 감경할 수 있다.
 가. 위반행위가 고의나 중대한 과실이 아닌 사소한 부주의나 오류로 인한 것으로 인정되는 경우
 나. 위반의 내용·정도가 경미하여 이해관계인에게 미치는 피해가 적다고 인정되는 경우

131 철도차량 운전교육훈련에 관한 설명으로 타당하지 않은 것은?

① 운전교육훈련은 운전면허 종류별로 실제 차량이 아닌 모의운전연습기를 활용하여 실시한다.
② 운전교육훈련을 받으려는 사람은 철도차량 운전교육훈련기관에 운전교육훈련을 신청하여야 한다.
③ 운전교육훈련기관은 운전교육훈련과정의 개설이 곤란한 경우에는 국토교통부장관의 승인을 받아 해당 운전교육훈련과정을 개설하지 아니할 수 있다.
④ 운전교육훈련기관은 운전교육훈련을 수료한 사람에게 운전교육훈련 수료증을 발급하여야 한다.

해설 철도안전법 시행규칙 제20조(운전교육의 기간 및 방법 등)
① 운전교육훈련은 운전면허 종류별로 실제 차량이나 모의운전연습기를 활용하여 실시한다.
② 운전교육훈련을 받으려는 사람은 철도차량 운전에 관한 전문 교육훈련기관(운전교육훈련기관이라 한다)에 운전교육훈련을 신청하여야 한다.

정답 130. ② 131. ①

③ 운전교육훈련기관은 운전교육훈련과정별 교육훈련 신청자가 적어 그 운전교육훈련과정의 개설이 곤란한 경우에는 국토교통부장관의 승인을 받아 해당 운전교육훈련과정을 개설하지 아니하거나 운전교육훈련시기를 변경하여 시행할 수 있다.
④ 운전교육훈련기관은 운전교육훈련을 수료한 사람에게 운전교육훈련 수료증을 발급하여야 한다.

132 철도안전법 시행규칙에서 규정하고 있는 일반응시자가 제2종 전기차량운전면허를 취득을 위하여 받아야 하는 기능교육 과목을 모두 나열한 것은?

> ㄱ. 현장실습교육
> ㄴ. 운전실무 및 모의운행 훈련
> ㄷ. 비상시 조치 등

① ㄱ, ㄴ, ㄷ
② ㄱ, ㄴ
③ ㄱ, ㄷ
④ ㄴ, ㄷ

해설 철도안전법 시행규칙 별표 7(운전면허 취득을 위한 교육훈련 과정별 교육시간 및 교육훈련과목)

교육과정	이론교육	기능교육
가. 디젤차량 운전면허(810)	• 철도관련법(50) • 철도시스템 일반(60) • 디젤 차량의 구조 및 기능(170) • 운전이론 일반(30) • 비상시 조치(인적오류 예방 포함) 등(30)	• 현장실습교육 • 운전실무 및 모의운행 훈련 • 비상시 조치 등
	340시간	470시간
나. 제1종 전기차량 운전면허(810)	• 철도관련법(50) • 철도시스템 일반(60) • 전기기관차의 구조 및 기능(170) • 운전이론 일반(30) • 비상시 조치(인적오류 예방 포함) 등(30)	• 현장실습교육 • 운전실무 및 모의운행 훈련 • 비상시 조치 등
	340시간	470시간
다. 제2종 전기차량 운전면허(680)	• 철도관련법(40) • 도시철도시스템 일반(45) • 전기동차의 구조 및 기능(100) • 운전이론 일반(25) • 비상시 조치(인적오류 예방 포함) 등(30)	• 현장실습교육 • 운전실무 및 모의운행 훈련 • 비상시 조치 등
	240시간	440시간
라. 철도장비 운전면허(340)	• 철도관련법(50) • 철도시스템 일반(40) • 기계·장비의 구조 및 기능(60) • 비상시 조치(인적오류 예방 포함) 등(20)	• 현장실습교육 • 운전실무 및 모의운행 훈련 • 비상시 조치 등
	170시간	170시간
마. 노면전차 운전면허(440)	• 철도관련법(50) • 노면전차 시스템 일반(40) • 노면전차의 구조 및 기능(80) • 비상시 조치(인적오류 예방 포함) 등(30)	• 현장실습교육 • 운전실무 및 모의운행 훈련 • 비상시 조치 등
	200시간	240시간

* 이론교육의 과목별 교육시간은 100분의 20 범위 내에서 조정 가능. ( ): 시간

133 철도차량 운전교육훈련기관의 지정과 관련한 설명으로 옳지 않은 것은?

① 운전교육훈련기관으로 지정을 받으려는 자는 국토교통부장관에게 지정 신청을 하여야 한다.
② 국토교통부장관은 운전교육훈련기관의 지정 신청을 받은 경우에는 지정기준을 갖추었는지 여부, 운전교육훈련기관의 운영계획 및 운전업무종사자의 수급 상황 등을 종합적으로 심사한 후 그 지정 여부를 결정하여야 한다.
③ 국토교통부장관은 운전교육훈련기관을 지정한 때에는 그 사실을 관보에 고시하여야 한다.
④ 국토교통부장관은 운전교육훈련기관이 지정기준에 적합한 지의 여부를 1년마다 심사하여야 한다.

해설 철도안전법 시행규칙 제22조(운전교육훈련기관의 세부 지정기준 등)제2항 국토교통부장관은 운전교육훈련기관이 제1항 및 영 제17조제1항에 따른 지정기준에 적합한 지의 여부를 2년마다 심사하여야 한다.

정답 132. ① 133. ④

134 철도차량 운전교육훈련기관으로 지정받으려는 자가 국토교통부장관에게 제출하여야 하는 서류에 포함되지 않는 것은?

① 지정신청서
② 운전교육훈련계획서
③ 운전교육훈련기관 운영규정
④ 대표자의 자격·학력·경력 등을 증명할 수 있는 서류

해설 철도안전법 시행규칙 제21조(운전교육훈련기관 지정을 위한 제출서류)제1항 운전교육훈련기관으로 지정받으려는 자는 운전교육훈련기관 지정신청서에 다음의 서류를 첨부하여 국토교통부장관에게 제출하여야 한다. 이 경우 국토교통부장관은 전자정부법 제36조제1항에 따른 행정정보의 공동이용을 통하여 법인 등기사항증명서(신청인이 법인인 경우만 해당한다)를 확인하여야 한다.
1. 운전교육훈련계획서(운전교육훈련평가계획을 포함한다)
2. 운전교육훈련기관 운영규정
3. 정관이나 이에 준하는 약정(법인 그 밖의 단체에 한정한다)
4. 운전교육훈련을 담당하는 강사의 자격·학력·경력 등을 증명할 수 있는 서류 및 담당업무
5. 운전교육훈련에 필요한 강의실 등 시설 내역서
6. 운전교육훈련에 필요한 철도차량 또는 모의운전연습기 등 장비 내역서
7. 운전교육훈련기관에서 사용하는 직인의 인영

135 철도차량 운전교육훈련기관 지정기준에 대한 설명으로 타당하지 않은 것은?

① 운전교육훈련 업무수행에 필요한 상설 전담조직을 갖출 것
② 운전면허의 종류별로 운전교육훈련 업무를 수행할 수 있는 전문인력을 확보할 것
③ 운전교육훈련생들의 휴식에 필요한 휴게시설을 갖출 것
④ 운전교육훈련기관의 운영 등에 관한 업무규정을 갖출 것

해설 철도안전법 시행령 제17조(운전교육훈련기관 지정기준)제1항 운전교육훈련기관 지정기준은 다음과 같다.
1. 운전교육훈련 업무 수행에 필요한 상설 전담조직을 갖출 것
2. 운전면허의 종류별로 운전교육훈련 업무를 수행할 수 있는 전문인력을 확보할 것
3. 운전교육훈련 시행에 필요한 사무실·교육장과 교육 장비를 갖출 것
4. 운전교육훈련기관의 운영 등에 관한 업무규정을 갖출 것

136 다음 중 철도안전법 시행령에서 규정하고 있는 운전교육훈련기관 지정기준에 대한 설명으로 옳지 않은 것은?

① 운전교육훈련 시행에 필요한 사무실·교육장을 갖출 것
② 운전교육훈련 업무 수행에 필요한 상설 전담조직을 갖출 것
③ 운전교육훈련기관의 운영 등에 관한 업무규정을 갖출 것
④ 운전면허의 종류별로 운전교육훈련 업무를 수행할 수 있는 전문인력을 확보할 것

해설 철도안전법 시행령 제17조(운전교육훈련기관 지정기준)제1항 참조

137 철도차량 운전면허 취득을 위한 운전교육훈련 과정 중 일반응시자의 디젤차량 운전면허 교육과정의 이론교육 시간과 기능교육 시간은 각각 몇 시간인가?

① 340시간, 340시간
② 340시간, 470시간
③ 470시간, 340시간
④ 470시간, 470시간

정답 134. ④ 135. ③ 136. ① 137. ②

해설 철도안전법 시행규칙 별표 7(운전면허 취득을 위한 교육훈련 과정별 교육시간 및 교육훈련과목)제1호 일반응시자

운전면허 취득을 위한 교육훈련 과정별 교육시간 및 교육훈련과목
(철도안전법 시행규칙 별표 7)

교육과정	교육과목 및 시간	
	이론교육	기능교육
가. 디젤차량 운전면허(810)	• 철도관련법(50) • 철도시스템 일반(60) • 디젤 차량의 구조 및 기능(170) • 운전이론 일반(30) • 비상시 조치(인적오류 예방 포함) 등(30)	• 현장실습교육 • 운전실무 및 모의운행 훈련 • 비상시 조치 등
	340시간	470시간
나. 제1종 전기차량 운전면허(810)	• 철도관련법(50) • 철도시스템 일반(60) • 전기기관차의 구조 및 기능(170) • 운전이론 일반(30) • 비상시 조치(인적오류 예방 포함) 등(30)	• 현장실습교육 • 운전실무 및 모의운행 훈련 • 비상시 조치 등
	340시간	470시간
다. 제2종 전기차량 운전면허(680)	• 철도관련법(40) • 도시철도시스템 일반(45) • 전기동차의 구조 및 기능(100) • 운전이론 일반(25) • 비상시 조치(인적오류 예방 포함) 등(30)	• 현장실습교육 • 운전실무 및 모의운행 훈련 • 비상시 조치 등
	240시간	440시간
라. 철도장비 운전면허(340)	• 철도관련법(50) • 철도시스템 일반(40) • 기계·장비의 구조 및 기능(60) • 비상시 조치(인적오류 예방 포함) 등(20)	• 현장실습교육 • 운전실무 및 모의운행 훈련 • 비상시 조치 등
	170시간	170시간
마. 노면전차 운전면허(440)	• 철도관련법(50) • 노면전차 시스템 일반(40) • 노면전차의 구조 및 기능(80) • 비상시 조치(인적오류 예방 포함) 등(30)	• 현장실습교육 • 운전실무 및 모의운행 훈련 • 비상시 조치 등
	200시간	240시간

* 이론교육의 과목별 교육시간은 100분의 20 범위 내에서 조정 가능.
( ): 시간

138 철도차량 운전면허 취득을 위한 운전교육훈련 과정 중 일반응시자의 제2종 전기차량 운전면허 교육과정과 노면전차 운전면허 교육과정의 기능교육 시간이 바르게 짝지어진 것은?

① 240시간, 440시간
② 170시간, 470시간
③ 440시간, 240시간
④ 170시간, 240시간

해설 철도안전법 시행규칙 별표 7(운전면허 취득을 위한 교육훈련 과정별 교육시간 및 교육훈련과목)제1호 일반응시자 참조

139 철도차량 운전교육훈련기관의 교수의 학력 및 경력에 대한 조건으로 옳은 것은?

① 학사학위 소지자로서 철도차량 운전업무수행자에 대한 지도교육 경력이 3년 이상 있는 사람
② 전문학사학위 소지자로서 철도차량 운전업무수행자에 대한 지도교육 경력이 5년 이상 있는 사람
③ 고등학교 졸업자로서 철도차량 운전업무수행자에 대한 지도교육 경력이 7년 이상 있는 사람
④ 철도차량 운전과 관련된 교육기관에서 강의 경력이 1년 이상 있는 사람

해설 철도안전법 시행규칙 별표 8(운전교육훈련기관의 세부 지정기준)제1호가목 자격기준

운전교육훈련기관의 세부 지정기준
(철도안전법 시행규칙 별표 8)

등급	학력 및 경력
책임교수	1) 박사학위 소지자로서 철도교통에 관한 업무에 10년 이상 또는 철도차량 운전 관련 업무에 5년 이상 근무한 경력이 있는 사람 2) 석사학위 소지자로서 철도교통에 관한 업무에 15년 이상 또는 철도차량 운전 관련 업무에 8년 이상 근무한 경력이 있는 사람

정답 138. ③ 139. ④

책임교수	3) 학사학위 소지자로서 철도교통에 관한 업무에 20년 이상 또는 철도차량 운전 관련 업무에 10년 이상 근무한 경력이 있는 사람 4) 철도 관련 4급 이상의 공무원 경력 또는 이와 같은 수준 이상의 자격 및 경력이 있는 사람 5) 대학의 철도차량 운전 관련 학과에서 조교수 이상으로 재직한 경력이 있는 사람 6) 선임교수 경력이 3년 이상 있는 사람
선임교수	1) 박사학위 소지자로서 철도교통에 관한 업무에 5년 이상 또는 철도차량 운전 관련 업무에 3년 이상 근무한 경력이 있는 사람 2) 석사학위 소지자로서 철도교통에 관한 업무에 10년 이상 또는 철도차량 운전 관련 업무에 5년 이상 근무한 경력이 있는 사람 3) 학사학위 소지자로서 철도교통에 관한 업무에 15년 이상 또는 철도차량 운전 관련 업무에 8년 이상 근무한 경력이 있는 사람 4) 철도차량 운전업무에 5급 이상의 공무원 경력 또는 이와 같은 수준 이상의 자격 및 경력이 있는 사람 5) 대학의 철도차량 운전 관련 학과에서 전임강사 이상으로 재직한 경력이 있는 사람 6) 교수 경력이 3년 이상 있는 사람
교수	1) 학사학위 소지자로서 철도차량 운전업무수행자에 대한 지도교육 경력이 2년 이상 있는 사람 2) 전문학사학위 소지자로서 철도차량 운전업무수행자에 대한 지도교육 경력이 3년 이상 있는 사람 3) 고등학교 졸업자로서 철도차량 운전업무수행자에 대한 지도교육 경력이 5년 이상 있는 사람 4) 철도차량 운전과 관련된 교육기관에서 강의 경력이 1년 이상 있는 사람

*비고
1. "철도교통에 관한 업무"란 철도운전·안전·차량·기계·신호·전기·시설에 관한 업무를 말한다.
2. "철도차량운전 관련 업무"란 철도차량 운전업무수행자에 대한 안전관리·지도교육 및 관리감독 업무를 말한다.
3. 교수의 경우 해당 철도차량 운전업무 수행경력이 3년 이상인 사람으로서 학력 및 경력의 기준을 갖추어야 한다.
4. 노면전차 운전면허 교육과정 교수의 경우 국토교통부장관이 인정하는 해외 노면전차 교육훈련과정을 이수한 경우에는 제3호에 따른 경력을 갖춘 것으로 본다.
5. 해당 철도차량 운전업무 수행경력이 있는 사람으로서 현장 지도교육의 경력은 운전업무 수행경력으로 합산할 수 있다.
6. 책임교수·선임교수의 학력 및 경력란 1)부터 3)까지의 "근무한 경력" 및 교수의 학력 및 경력란 1)부터 3)까지의 "지도교육 경력"은 해당 학위를 취득 또는 졸업하기 전과 취득 또는 졸업한 후의 경력을 모두 포함한다.

140 철도차량 운전교육훈련기관의 필요적 지정취소 사유에 해당하는 것은?

① 거짓이나 그 밖의 부정한 방법으로 지정을 받았을 때
② 지정기준에 맞지 아니하게 되었을 때
③ 정당한 사유 없이 운전교육훈련업무를 거부하였을 때
④ 거짓이나 그 밖의 부정한 방법으로 운전교육훈련 수료증을 발급하였을 때

해설 철도안전법 시행규칙 제23조(운전교육훈련기관의 지정취소 및 업무정지 등)제1항 국토교통부장관은 운전교육훈련기관이 다음의 어느 하나에 해당할 때에는 지정을 취소하거나 6개월 이내의 기간을 정하여 업무의 정지를 명할 수 있다. 다만, 제1호 및 제2호에 해당할 때에는 지정을 취소하여야 한다.
1. 거짓이나 그 밖의 부정한 방법으로 지정을 받았을 때
2. 업무정지 명령을 위반하여 그 정지기간 중 운전적성검사 업무를 하였을 때
3. 지정기준에 맞지 아니하게 되었을 때
4. 정당한 사유 없이 운전교육훈련업무를 거부하였을 때
5. 거짓이나 그 밖의 부정한 방법으로 운전교육훈련 수료증을 발급하였을 때

141 철도차량 운전교육훈련기관이 거짓이나 그 밖의 부정한 방법으로 운전교육훈련 수료증을 발급한 경우 3차 위반 시 그 처분은?

① 업무정지 1개월
② 업무정지 3개월
③ 업무정지 6개월
④ 지정취소

해설 해설: 철도안전법 시행규칙 별표 9(운전교육훈련기관의 지정취소 및 업무정지기준)

정답 140. ① 141. ④

운전교육훈련기관의 지정취소 및 업무정지기준(시행규칙 별표 9)					
위반사항	근거 법조문	처분기준			
		1차 위반	2차 위반	3차 위반	4차 위반
1. 거짓이나 그 밖의 부정한 방법으로 지정을 받은 경우	법 제15조의2 제1항 제1호	지정 취소			
2. 업무정지 명령을 위반하여 그 정지기간 중 운전교육훈련업무를 한 경우	법 제15조의2 제1항 제2호	지정 취소			
3. 법 제16조제4항에 따른 지정기준에 맞지 아니한 경우	법 제15조의2 제1항 제3호	경고 또는 보완 명령	업무 정지 1개월	업무 정지 3개월	지정 취소
4. 정당한 사유 없이 운전교육훈련업무를 거부한 경우	법 제15조의2 제1항 제4호	경고	업무 정지 1개월	업무 정지 3개월	지정 취소
5. 법 제16조제5항에 따라 준용되는 법 제15조제6항을 위반하여 거짓이나 그 밖의 부정한 방법으로 운전교육훈련 수료증을 발급한 경우	법 제15조의2 제1항 제5호	업무 정지 1개월	업무 정지 3개월	지정 취소	

*비고
1. 위반행위가 둘 이상인 경우로서 그에 해당하는 각각의 처분기준이 다른 경우에는 그 중 무거운 처분기준에 따르며, 위반행위가 둘 이상인 경우로서 그에 해당하는 각각의 처분기준이 같은 경우에는 무거운 처분기준의 2분의 1까지 가중할 수 있되, 각 처분기준을 합산한 기간을 초과할 수 없다.
2. 위반행위의 횟수에 따른 행정처분의 가중된 부과기준은 최근 1년간 같은 위반행위로 행정처분을 받은 경우에 적용한다. 이 경우 기간의 계산은 위반행위에 대하여 행정처분을 받은 날과 그 처분 후 다시 같은 위반행위를 하여 적발된 날을 기준으로 한다.
3. 비고 제2호에 따라 가중된 행정처분을 하는 경우 가중처분의 적용 차수는 그 위반행위 전 부과처분 차수(비고 제2호에 따른 기간 내에 행정처분이 둘 이상 있었던 경우에는 높은 차수를 말한다)의 다음 차수로 한다.
4. 처분권자는 위반행위의 동기·내용 및 위반의 정도 등 다음 각 목에 해당하는 사유를 고려하여 그 처분을 감경할 수 있다. 이 경우 그 처분이 업무정지인 경우에는 그 처분기준의 2분의 1 범위에서 감경할 수 있고, 지정취소인 경우(거짓이나 그 밖의 부정한 방법으로 지정을 받은 경우나 업무정지 명령을 위반하여 정지기간 중 교육훈련업무를 한 경우는 제외한다)에는 3개월의 업무정지 처분으로 감경할 수 있다.
  가. 위반행위가 고의나 중대한 과실이 아닌 사소한 부주의나 오류로 인정되는 경우
  나. 위반의 내용·정도가 경미하여 이해관계인에게 미치는 피해가 적다고 인정되는 경우

142 철도차량 운전면허시험에 응시하기 위하여 갖추어야 할 조건에 해당하지 않는 것은?

① 신체검사 합격
② 운전적성검사 합격
③ 운전교육훈련 수료
④ 운전업무 실무수습

해설 철도안전법 제17조(운전면허시험)제2항 운전면허시험은 철도안전법 제11조제1항제2호부터 제5호까지의 결격사유에 해당하지 아니하는 사람으로서 제12조에 따른 신체검사 및 운전적성검사에 합격한 후 운전교육훈련을 받은 사람이 응시할 수 있다.

143 철도차량 운전면허시험에 대한 설명으로 타당하지 않은 것은?

① 철도차량 운전면허시험은 운전면허의 종류별로 필기시험과 기능시험으로 구분하여 시행한다.
② 철도차량 운전면허 기능시험은 실제차량이나 모의운전연습기를 활용하여 시행한다.
③ 기능시험은 필기시험을 합격한 경우에만 응시할 수 있다.
④ 필기시험에 합격한 사람에 대해서는 필기시험에 합격한 날부터 2년이 되는 날이 속하는 달의 말일까지 실시하는 운전면허시험에 있어 필기시험의 합격을 유효한 것으로 본다.

해설 철도안전법 시행규칙 제24조(운전면허시험의 과목 및 합격기준)제3항 필기시험에 합격한 사람에 대해서는 필기시험에 합격한 날부터 2년이 되는 날이 속하는 해의 12월 31일까지 실시하는 운전면허시험에 있어 필기시험의 합격을 유효한 것으로 본다.

정답 142. ④ 143. ④

144 다음 중 일반응시자가 디젤차량 운전면허시험에 응시할 때 기능시험 과목에 해당하지 않는 것은?

① 제동취급
② 제동기 외의 기기 취급
③ 운전취급
④ 운전후 점검

해설 철도안전법 시행규칙 별표 10(철도차량 운전면허시험의 과목 및 합격기준)제1호 일반응시자의 기능시험 과목은 준비점검, 제동취급, 제동기 외의 기기 취급, 신호준수, 운전취급, 신호·선로 숙지, 비상 시 조치 등이다.

145 다음 중 철도차량 운전면허시험에 대한 설명으로 옳지 않은 것은?

① 필기시험 합격기준은 과목당 100점을 만점으로 한다.
② 필기시험은 합격기준은 매 과목 40점 이상, 총점 평균 60점 이상 득점한 사람이다.
③ 기능시험의 합격기준은 시험 과목당 60점 이상, 총점 평균 70점 이상 득점한 사람이다.
④ 기능시험은 실제차량이나 모의운전연습기를 활용한다.

해설 철도안전법 시행규칙 별표 10(철도차량 운전면허시험의 과목 및 합격기준)제2호, 제3호
2. 철도차량 운전면허 시험의 합격기준은 다음과 같다.
  가. 필기시험 합격기준은 과목당 100점을 만점으로 하여 매 과목 40점 이상(철도 관련 법의 경우 60점 이상), 총점 평균 60점 이상 득점한 사람
  나. 기능시험의 합격기준은 시험 과목당 60점 이상, 총점 평균 80점 이상 득점한 사람
3. 기능시험은 실제차량이나 모의운전연습기를 활용한다.

146 한국교통안전공단은 다음 해의 철도차량 운전면허시험 시행계획을 언제까지 공고하여야 하는가?

① 매년 9월 30일 ② 매년 10월 31일
③ 매년 11월 30일 ④ 매년 12월 31일

해설 철도안전법 시행규칙 제25조(운전면허시험 시행계획의 공고)
① 한국교통안전공단은 운전면허시험을 실시하려는 때에는 매년 11월 30일까지 필기시험 및 기능시험의 일정·응시과목 등을 포함한 다음 해의 운전면허시험 시행계획을 인터넷 홈페이지 등에 공고하여야 한다.
② 한국교통안전공단은 운전면허시험의 응시 수요 등을 고려하여 필요한 경우에는 제1항에 따라 공고한 시행계획을 변경할 수 있다. 이 경우 미리 국토교통부장관의 승인을 받아야 하며 변경되기 전의 필기시험일 또는 기능시험일(필기시험일 또는 기능시험일이 앞당겨진 경우에는 변경된 필기시험일 또는 기능시험일을 말한다)의 7일 전까지 그 변경사항을 인터넷 홈페이지 등에 공고하여야 한다.

147 철도차량 운전면허시험에 응시하려는 사람이 제출해야 하는 서류에 포함되지 않는 것은?

① 운전면허시험 응시원서 접수일 이전 2년 이내의 신체검사의료기관이 발급한 신체검사 판정서
② 운전면허시험 응시원서 접수일 이전 5년 이내인 운전적성검사기관이 발급한 운전적성검사 판정서
③ 운전교육훈련기관이 발급한 운전교육훈련 수료증명서
④ 운전교육훈련기관으로 지정받은 대학의 장이 발급한 철도운전관련 교육과목 이수 증명서

해설 철도안전법 시행규칙 제26조(운전면허시험 응시원서의 제출 등(시행규칙 제26조)제1항 운전면허시험에 응시하려는 사람은 필기시험 응시원서 접수기한까지 철도차량 운전면허시험 응시원서에 다음의 서류를 첨부하여 한국교통안전공단에 제출해야 한다. 다만, 운전교육훈련기관이 발급한 운전교육훈련 수료증명서는 기능시험 응시원서 접수기한까지 제출할 수 있다.

정답 144. ④ 145. ③ 146. ③ 147. ②

1. 신체검사의료기관이 발급한 신체검사 판정서(운전면허시험 응시원서 접수일 이전 2년 이내인 것에 한정한다)
2. 운전적성검사기관이 발급한 운전적성검사 판정서(운전면허시험 응시원서 접수일 이전 10년 이내인 것에 한정한다)
3. 운전교육훈련기관이 발급한 운전교육훈련 수료증명서
3의2. 운전교육훈련기관으로 지정받은 대학의 장이 발급한 철도운전관련 교육과목 이수 증명서(별표 7 제7호마목에 따라 이론교육 과목의 이수로 인정받으려는 경우에만 해당한다)
4. 철도차량 운전면허증의 사본(철도차량 운전면허 소지자가 다른 철도차량 운전면허를 취득하고자 하는 경우에 한정한다)
5. 관제자격증명서 사본(관제자격증명 취득자만 제출한다)
6. 운전업무 수행 경력증명서(고속철도차량 운전면허시험에 응시하는 경우에 한정한다)

148 철도차량의 운전면허의 갱신에 대한 설명으로 타당하지 않은 것은?

① 운전면허의 유효기간은 10년으로 한다.
② 운전면허 취득자로서 유효기간 이후에도 그 운전면허의 효력을 유지하려는 사람은 운전면허의 유효기간 만료 전에 국토교통부령으로 정하는 바에 따라 운전면허의 갱신을 받아야 한다.
③ 국토교통부장관은 운전면허의 갱신을 신청한 사람이 운전면허의 갱신을 신청하는 날 전 10년 이내에 국토교통부령으로 정하는 철도차량의 운전업무에 종사한 경력이 있는 경우에는 운전면허증을 갱신하여 발급하여야 한다.
④ 운전면허 취득자가 운전면허의 갱신을 받지 아니하면 그 운전면허의 유효기간이 만료되는 날의 다음 날부터 그 운전면허는 효력을 잃는다.

해설 철도안전법 제19조(운전면허의 갱신)
① 운전면허의 유효기간은 10년으로 한다.
② 운전면허 취득자로서 유효기간 이후에도 그 운전면허의 효력을 유지하려는 사람은 운전면허의 유효기간 만료 전에 국토교통부령으로 정하는 바에 따라 운전면허의 갱신을 받아야 한다.
③ 국토교통부장관은 운전면허의 갱신을 신청한 사람이 다음의 어느 하나에 해당하는 경우에는 운전면허증을 갱신하여 발급하여야 한다.
  1. 운전면허의 갱신을 신청하는 날 전 10년 이내에 국토교통부령으로 정하는 철도차량의 운전업무에 종사한 경력이 있거나 국토교통부령으로 정하는 바에 따라 이와 같은 수준 이상의 경력이 있다고 인정되는 경우
  2. 국토교통부령으로 정하는 교육훈련을 받은 경우
④ 운전면허 취득자가 운전면허의 갱신을 받지 아니하면 그 운전면허의 유효기간이 만료되는 날의 다음 날부터 그 운전면허의 효력이 정지된다.
⑤ 운전면허의 효력이 정지된 사람이 6개월의 범위에서 대통령령으로 정하는 기간 내에 운전면허의 갱신을 신청하여 운전면허의 갱신을 받지 아니하면 그 기간이 만료되는 날의 다음 날부터 그 운전면허는 효력을 잃는다.
⑥ 국토교통부장관은 운전면허 취득자에게 그 운전면허의 유효기간이 만료되기 전에 국토교통부령으로 정하는 바에 따라 운전면허의 갱신에 관한 내용을 통지하여야 한다.
⑦ 국토교통부장관은 운전면허의 효력이 실효된 사람이 운전면허를 다시 받으려는 경우 대통령령으로 정하는 바에 따라 그 절차의 일부를 면제할 수 있다.

149 철도차량 운전면허의 유효기간은 몇 년인가?

① 2년　　② 5년
③ 10년　　④ 20년

해설 철도안전법 제19조(운전면허의 갱신) 참조

150 철도차량 운전면허의 갱신을 받지 않아서 운전면허의 효력이 정지된 사람의 철도차량 운전면허의 갱신 신청기간으로 옳은 것은?

① 1개월　　② 3개월
③ 6개월　　④ 1년

정답 148. ④　149. ③　150. ③

해설 철도안전법 제19조(운전면허의 갱신) 참조, 시행규칙 제19조(운전면허의 갱신)제2항 법 제19조제5항에서 "대통령령으로 정하는 기간"이란 6개월을 말한다.

151 다음 중 철도차량 운전면허의 필요적 취소사유가 아닌 것은?

① 거짓이나 그 밖의 부정한 방법으로 운전면허를 받았을 때
② 운전면허의 효력정지기간 중 철도차량을 운전하였을 때
③ 운전면허증을 다른 사람에게 빌려주었을 때
④ 술을 마시거나 약물을 사용한 상태에서 철도차량을 운전하였을 때

해설 철도안전법 제20조(운전면허의 취소·정지 등)제1항 국토교통부장관은 운전면허 취득자가 다음의 어느 하나에 해당할 때에는 운전면허를 취소하거나 1년 이내의 기간을 정하여 운전면허의 효력을 정지시킬 수 있다. 다만, 제1호부터 제4호까지의 규정에 해당할 때에는 운전면허를 취소하여야 한다.
1. 거짓이나 그 밖의 부정한 방법으로 운전면허를 받았을 때
2. 제11조제1항제2호, 제3호, 제4호의 규정에 해당하게 되었을 때
3. 운전면허의 효력정지기간 중 철도차량을 운전하였을 때
4. 운전면허증을 다른 사람에게 빌려주었을 때
5. 철도차량을 운전 중 고의 또는 중과실로 철도사고를 일으켰을 때
5의2. 제40조의2제1항 또는 제5항을 위반하였을 때
6. 제41조제1항을 위반하여 술을 마시거나 약물을 사용한 상태에서 철도차량을 운전하였을 때
7. 제41조제2항을 위반하여 술을 마시거나 약물을 사용한 상태에서 업무를 하였다고 인정할 만한 상당한 이유가 있음에도 불구하고 국토교통부장관 또는 시·도지사의 확인 또는 검사를 거부하였을 때
8. 이 법 또는 이 법에 따라 철도의 안전 및 보호와 질서유지를 위하여 한 명령·처분을 위반하였을 때

152 다음 중 1차 위반으로 철도차량 운전면허가 취소되는 경우가 아닌 것은?

① 술을 마신 상태(혈중 알코올농도 0.02퍼센트 이상 0.1퍼센트 미만)에서 운전한 경우
② 운전면허증을 타인에게 대여한 경우
③ 거짓이나 그 밖의 부정한 방법으로 운전면허를 받은 경우
④ 운전면허의 효력정지 기간 중 철도차량을 운전한 경우

해설 철도안전법 제20조(운전면허의 취소·정지 등)제1항 및 철도안전법 시행규칙 별표 10의2(운전면허취소·효력정지 처분의 세부기준)제9호 법 제41조제1항을 위반하여 술을 마신 상태(혈중 알코올농도 0.02퍼센트 이상 0.1퍼센트 미만)에서 운전한 경우 제1차 위반 시 효력정지 3개월

153 철도차량 운전면허 취소·정지와 관련한 설명으로 옳지 않은 것은?

① 국토교통부장관이 운전면허의 취소 및 효력정지 처분을 하였을 때에는 그 내용을 해당 운전면허 취득자와 운전면허 취득자를 고용하고 있는 철도운영자등에게 통지하여야 한다.
② 처분대상자의 주소 등을 통상적인 방법으로 확인할 수 없거나 철도차량 운전면허 취소·효력정지 처분 통지서를 송달할 수 없는 경우에는 운전면허시험기관인 한국교통안전공단 게시판 또는 인터넷 홈페이지에 14일 이상 공고함으로써 통지에 갈음할 수 있다.
③ 운전면허의 취소 또는 효력정지 통지를 받은 운전면허 취득자는 그 통지를 받은 날부터 30일 이내에 운전면허증을 국토교통부장관에게 반납하여야 한다.
④ 국토교통부장관은 운전면허의 효력이 정지된 사람으로부터 운전면허증을 반납받았을 때에는 보관하였다가 정지기간이 끝나면 즉시 돌려주어야 한다.

해설 철도안전법 시행규칙 제34조(운전면허의 취소 및 효력정지 처분의 통지 등)제4항 운전면허의 취소 또는 효력정지 처분의 통지를 받은 사람은 통지를 받은 날부터 15일 이내에 운전면허증을 한국교통안전공단에 반납하여야 한다.

정답 151. ④ 152. ① 153. ③

154 처음으로 혈중 알코올농도 0.02퍼센트 이상 0.1퍼센트 미만으로 술을 마신 상태에서 철도차량을 운전한 운전면허취득자의 운전면허에 대한 처분은?

① 효력정지 1개월   ② 효력정지 2개월
③ 효력정지 3개월   ④ 면허취소

해설 철도안전법 시행규칙 별표 10의2(운전면허의 취소 또는 효력정지 처분의 세부기준)제9호 법 제41조제1항을 위반하여 술을 마신 상태(혈중 알코올농도 0.02퍼센트 이상 0.1퍼센트 미만)에서 운전한 경우 1차 위반 시 효력정지 3개월, 2차 위반 시 면허취소

155 다음 중 철도차량 운전면허 실무수습 이수경력이 없는 사람이 제2종 전기차량 운전면허 취득 후 받아야 하는 실무수습 교육시간(거리 포함)으로 옳은 것은?

① 400시간 이상 또는 6,000km 이상
② 300시간 이상 또는 6,000km 이상
③ 200시간 이상 또는 10,000km 이상
④ 400시간 이상 또는 8,000km 이상

해설 철도안전법 시행규칙 별표 11(실무수습·교육의 세부기준)

실무수습·교육의 세부기준(철도안전법 시행규칙 별표 11)

1. 운전면허취득 후 실무수습·교육 기준
가. 철도차량 운전면허 실무수습 이수경력이 없는 사람

면허종별	실무수습·교육 항목	실무수습·교육시간 또는 거리
제1종 전기차량 운전면허	· 선로·신호 등 시스템 · 운전취급 관련 규정 · 제동기 취급 · 제동기 외의 기기취급 · 속도관측 · 비상시 조치 등	400시간 이상 또는 8,000킬로미터 이상
디젤차량 운전면허		400시간 이상 또는 8,000킬로미터 이상
제2종 전기차량 운전면허		400시간 이상 또는 6,000킬로미터 이상(단, 무인운전 구간의 경우 200시간 이상 또는 3,000킬로미터 이상)
철도장비 운전면허		300시간 이상 또는 3,000킬로미터 이상(입환(入換)작업을 위해 원격제어가 가능한 장치를 설치하여 시속 25킬로미터 이하로 동력차를 운전할 경우 150시간 이상)
노면전차 운전면허		300시간 이상 또는 3,000킬로미터 이상

나. 철도차량 운전면허 실무수습 이수경력이 있는 사람

면허종별	실무수습·교육 항목	실무수습·교육시간 또는 거리
고속철도차량 운전면허	· 선로·신호 등 시스템 · 운전취급 관련 규정 · 제동기 취급 · 제동기 외의 기기취급 · 속도관측 · 비상시조치 등	200시간 이상 또는 10,000킬로미터 이상
제1종 전기차량 운전면허		200시간 이상 또는 4,000킬로미터 이상
디젤차량 운전면허		200시간 이상 또는 4,000킬로미터 이상
제2종 전기차량 운전면허		200시간 이상 또는 3,000킬로미터 이상(단,무인운전 구간의 경우 100시간 이상 또는 1,500킬로미터 이상)
철도장비 운전면허		150시간 이상 또는 1,500킬로미터 이상
노면전차 운전면허		150시간 이상 또는 1,500킬로미터 이상

156 다음 중 철도차량 운전면허 실무수습 이수경력이 있는 사람이 디젤차량 운전면허 취득 후 받아야 하는 실무수습 교육시간(거리 포함)으로 옳은 것은?

① 200시간 이상 또는 4,000km 이상
② 300시간 이상 또는 3,000km 이상
③ 400시간 이상 또는 6,000km 이상
④ 400시간 이상 또는 8,000km 이상

해설 철도안전법 시행규칙 별표 11(실무수습·교육의 세부기준) 참조

157 철도교통관제사 자격증명(관제자격증명)에 대한 설명으로 옳지 않은 것은?

① 관제자격증명을 받으려는 사람은 관제업무에 적합한 신체상태를 갖추고 있는지 판정받기 위하여 국토교통부장관이 실시하는 신체검사에 합격하여야 한다.
② 관제자격증명을 받으려는 사람은 관제업무에 적합한 적성을 갖추고 있는지 판정받기 위하여 국토교통부장관이 실시하는 적성검사에 합격하여야 한다.

정답 154. ③ 155. ① 156. ① 157. ④

③ 관제자격증명을 받으려는 사람은 관제업무의 안전한 수행을 위하여 국토교통부장관이 실시하는 관제업무에 필요한 지식과 능력을 습득할 수 있는 교육훈련을 받아야 한다.
④ 철도교통관제사 자격증명의 종류에는 노면철도 관제자격증명과 도시철도 관제자격증명이 있다.

해설 철도안전법 시행령(관제자격증명의 종류) 철도교통관제사 자격증명(관제자격증명이라 한다)은 다음의 구분에 따른 관제업무의 종류별로 받아야 한다.
1. 도시철도 차량에 관한 관제업무 : 도시철도 관제자격증명
2. 철도차량에 관한 관제업무(도시철도 차량에 관한 관제업무를 포함한다) : 철도 관제자격증명

158 철도교통관제사 자격증명에 대한 설명으로 바르지 않은 것은?

① 관제자격증명을 받으려는 사람은 관제업무에 적합한 적성을 갖추고 있는지 판정받기 위하여 국토교통부장관이 실시하는 적성검사에 합격하여야 한다.
② 국토교통부장관은 관제적성검사에 관한 전문기관을 지정하여 관제적성검사를 하게 할 수 있다.
③ 철도차량의 운전업무에 5년 이상의 경력을 취득한 사람은 관제교육훈련의 일부를 면제받을 수 있다.
④ 철도신호기·선로전환기·조작판의 취급업무에 5년 이상의 경력을 취득한 사람은 실기시험을 면제받을 수 있다.

해설 철도안전법 제21조의7(관제교육훈련)제1항 관제자격증명을 받으려는 사람은 관제업무의 안전한 수행을 위하여 국토교통부장관이 실시하는 관제업무에 필요한 지식과 능력을 습득할 수 있는 교육훈련(관제교육훈련이라 한다)을 받아야 한다. 다만, 다음의 어느 하나에 해당하는 사람에게는 국토교통부령으로 정하는 바에 따라 관제교육훈련의 일부를 면제할 수 있다.

1. 「고등교육법」 제2조에 따른 학교에서 국토교통부령으로 정하는 관제업무 관련 교과목을 이수한 사람
2. 다음 각 목의 어느 하나에 해당하는 업무에 대하여 5년 이상의 경력을 취득한 사람
   가. 철도차량의 운전업무
   나. 철도신호기·선로전환기·조작판의 취급업무
3. 관제자격증명을 받은 후 제21조의3제2항에 따른 다른 종류의 관제자격증명을 받으려는 사람

159 다음 중 관제자격증명의 결격사유에 해당하지 않는 것은?

① 18세 미만인 사람
② 관제업무상의 위험과 장해를 일으킬 수 있는 정신질환자 또는 뇌전증환자로서 대통령령으로 정하는 사람
③ 두 귀의 청력 또는 두 눈의 시력을 완전히 상실한 사람
④ 관제자격증명이 취소된 날부터 2년이 지나지 아니하였거나 관제자격증명의 효력정지기간 중인 사람

해설 철도안전법 제21조의4(관제자격증명의 결격사유) 다음의 어느 하나에 해당하는 사람은 관제자격증명을 받을 수 없다.
1. 19세 미만인 사람
2. 관제업무상의 위험과 장해를 일으킬 수 있는 정신질환자 또는 뇌전증환자로서 대통령령으로 정하는 사람
3. 관제업무상의 위험과 장해를 일으킬 수 있는 약물(마약류 및 환각물질을 말한다) 또는 알코올 중독자로서 대통령령으로 정하는 사람
4. 두 귀의 청력 또는 두 눈의 시력을 완전히 상실한 사람
5. 관제자격증명이 취소된 날부터 2년이 지나지 아니하였거나 관제자격증명의 효력정지기간 중인 사람

정답 158. ④ 159. ①

160 철도교통관제사 자격증명시험(관제자격증명시험)에 대한 설명으로 틀린 것은?

① 관제자격증명을 받으려는 사람은 관제업무에 필요한 지식 및 실무역량에 관하여 국토교통부장관이 실시하는 학과시험 및 실기시험에 합격하여야 한다.
② 관제자격증명시험은 결격사유에 해당하지 아니하는 사람으로서 신체검사와 관제적성검사에 합격한 후 관제교육훈련을 받은 사람이 응시할 수 있다.
③ 국토교통부장관은 철도차량 운전면허를 받은 사람에게는 국토교통부령으로 정하는 바에 따라 관제자격증명시험의 일부를 면제할 수 있다.
④ 관제자격증명시험 중 실기시험은 정상 운행하는 선로 또는 모의관제시스템을 활용하여 시행한다.

해설 철도안전법 시행규칙 제38조의7(관제자격증명시험의 과목 및 합격기준)제1항 관제자격증명시험 중 실기시험은 모의관제시스템을 활용하여 시행한다.

161 다음 중 철도 관제자격증명시험의 실기시험 과목에 해당하지 않는 것은?

① 열차운행준비
② 철도관제 시스템 운용 및 실무
③ 열차운행선 관리
④ 비상 시 조치 등

해설 철도안전법 시행규칙 별표 11의4(관제자격증명시험의 과목 및 합격기준 등) 철도 관제자격증명시험의 실기시험과목은 열차운행계획, 철도관제 시스템 운용 및 실무, 열차운행선 관리, 비상 시 조치 등이다.

162 다음 관제자격증명 학과시험 과목 중 철도차량 운전면허 소지자가 철도 관제자격증명시험에서 면제 가능한 과목을 모두 나열한 것은?

ㄱ. 철도 관련 법   ㄴ. 관제 관련 규정
ㄷ. 철도시스템 일반   ㄹ. 철도교통 관제 운영
ㅁ. 비상 시 조치 등

① ㄱ, ㄴ   ② ㄱ, ㄷ
③ ㄱ, ㄴ, ㄷ   ④ ㄷ, ㄹ, ㅁ

해설 철도안전법 시행규칙 별표 11의4(관제자격증명시험의 과목 및 합격기준 등)제2호 참조

163 관제자격증명시험 응시원서 제출 시 포함되어야 하는 서류가 아닌 것은?

① 신체검사의료기관이 발급한 신체검사 판정서
② 관제적성검사기관이 발급한 관제적성검사 판정서
③ 관제교육훈련기관이 발급한 관제교육훈련 수료증명서
④ 국가전문자격의 자격증 사본

해설 철도안전법 시행규칙 제38조의10(관제자격증명시험 응시원서의 제출 등)제1항 관제자격증명시험에 응시하려는 사람은 관제자격증명시험 응시원서에 다음의 서류를 첨부하여 한국교통안전공단에 제출해야 한다.
1. 신체검사의료기관이 발급한 신체검사 판정서(관제자격증명시험 응시원서 접수일 이전 2년 이내인 것에 한정한다)
2. 관제적성검사기관이 발급한 관제적성검사 판정서(관제자격증명시험 응시원서 접수일 이전 10년 이내인 것에 한정한다)
3. 관제교육훈련기관이 발급한 관제교육훈련 수료증명서
4. 철도차량 운전면허증의 사본(철도차량 운전면허 소지자만 제출한다)
5. 도시철도 관제자격증명서의 사본(도시철도 관제자격증명 취득자만 제출한다)

정답 160. ④ 161. ① 162. ② 163. ④

164. 다음 중 관제교육훈련에 대한 설명으로 바르지 않은 것은?

① 철도 관제자격증명의 교육훈련시간은 360시간이다.
② 도시철도 관제자격증명의 교육훈련시간은 280시간이다.
③ 철도차량의 운전업무에 5년 이상의 경력을 취득한 사람에 대한 도시철도 관제자격증명의 교육훈련시간은 105시간으로 한다.
④ 철도 관제자격증명을 취득한 사람에 대한 도시철도 관제자격증명의 교육훈련시간은 80시간으로 한다.

해설 철도안전법 시행규칙 별표 11의2(관제교육훈련의 과목 및 교육훈련시간) "도시철도 관제자격증명을 취득한 사람에 대한 철도 관제자격증명의 교육훈련시간은 80시간으로 한다."

165. 다음 중 철도교통 관제자격증명의 필요적 취소사유에 해당하지 않는 것은?

① 거짓이나 그 밖의 부정한 방법으로 관제자격증명을 취득하였을 때
② 관제업무 수행 중 고의 또는 중과실로 철도사고의 원인을 제공하였을 때
③ 관제자격증명의 효력정지 기간 중에 관제업무를 수행하였을 때
④ 관제자격증명서를 다른 사람에게 빌려주었을 때

해설 철도안전법 제21조의11(관제자격증명의 취소·정지 등)제1항 국토교통부장관은 관제자격증명을 받은 사람이 다음의 어느 하나에 해당할 때에는 관제자격증명을 취소하거나 1년 이내의 기간을 정하여 관제자격증명의 효력을 정지시킬 수 있다. 다만, 제1호부터 제4호까지의 어느 하나에 해당할 때에는 관제자격증명을 취소하여야 한다.
1. 거짓이나 그 밖의 부정한 방법으로 관제자격증명을 취득하였을 때
2. 제21조의4에서 준용하는 제11조제1항제2호부터 제4호까지의 어느 하나에 해당하게 되었을 때
3. 관제자격증명의 효력정지 기간 중에 관제업무를 수행하였을 때
4. 관제자격증명서를 다른 사람에게 빌려주었을 때
5. 관제업무 수행 중 고의 또는 중과실로 철도사고의 원인을 제공하였을 때
6. 제40조의2제2항1을 위반하였을 때
7. 술을 마시거나 약물을 사용한 상태에서 관제업무를 수행하였을 때
8. 술을 마시거나 약물을 사용한 상태에서 관제업무를 하였다고 인정할 만한 상당한 이유가 있음에도 불구하고 국토교통부장관 또는 시·도지사의 확인 또는 검사를 거부하였을 때

166. 철도운영자등이 관제업무 실무수습 계획을 수립하여 시행하는 경우 그 총 실무수습 시간은 몇 시간 이상이어야 하는가?

① 80시간
② 100시간
③ 200시간
④ 300시간

해설 철도안전법 시행규칙 제39조, 제39조의2(관제업무 실무수습 및 관리)
① 관제업무에 종사하려는 사람은 다음의 관제업무 실무수습을 모두 이수하여야 한다.
　1. 관제업무를 수행할 구간의 철도차량 운행의 통제·조정 등에 관한 관제업무 실무수습
　2. 관제업무 수행에 필요한 기기 취급방법 및 비상 시 조치방법 등에 대한 관제업무 실무수습
② 철도운영자등은 관제업무 실무수습의 항목 및 교육시간 등에 관한 실무수습 계획을 수립하여 시행하여야 한다. 이 경우 총 실무수습 시간은 100시간 이상으로 하여야 한다.
③ 전항에도 불구하고 관제업무 실무수습을 이수한 사람으로서 관제업무를 수행할 구간 또는 관제업무 수행에 필요한 기기의 변경으로 인하여 다시 관제업무 실무수습을 이수하여야 하는 사람에 대해서는 별도의 실무수습 계획을 수립하여 시행할 수 있다.
④ 철도운영자등은 실무수습 계획을 수립한 경우에는 그 내용을 한국교통안전공단에 통보하여야 한다.

정답 164. ④ 165. ② 166. ②

167 다음 중 철도종사자 신체검사에 대한 설명으로 옳지 않은 것은?

① 신체검사는 최초검사·정기검사·특별검사로 구분한다.
② 최초검사는 해당 업무를 수행하기 전에 실시하는 신체검사를 말한다.
③ 정기검사는 최초검사나 정기검사를 받은 날부터 2년이 되는 날 전 3개월 이내에 실시하여야 한다.
④ 운전업무종사자 또는 관제업무종사자는 최초검사를 받은 날부터 2년 이상이 지난 후 특별검사를 받아야 한다.

해설 철도안전법 시행규칙 제40조(신체검사의 구분)제1항
철도종사자에 대한 신체검사는 다음과 같이 구분하여 실시한다.
1. 최초검사: 해당 업무를 수행하기 전에 실시하는 신체검사
2. 정기검사: 최초검사를 받은 후 2년마다 실시하는 신체검사
3. 특별검사: 철도종사자가 철도사고등을 일으키거나 질병 등의 사유로 해당 업무를 적절히 수행하기가 어렵다고 철도운영자등이 인정하는 경우에 실시하는 신체검사

168 다음 중 정기적으로 신체검사와 적성검사를 받아야 하는 철도종사자에 해당하지 않는 사람은?

① 운전업무종사자
② 관제업무종사자
③ 철도운영자
④ 정거장에서 철도신호기를 취급하는 업무를 수행하는 사람

해설 철도안전법 시행령 제21조(신체검사 등을 받아야 하는 철도종사자) 정기적으로 신체검사와 적성검사를 받아야 하는 철도종사자는 다음의 어느 하나에 해당하는 철도종사자를 말한다.
1. 운전업무종사자
2. 관제업무종사자
3. 정거장에서 철도신호기를 취급하는 업무를 수행하는 사람

169 운전업무종사자등에 대한 신체검사를 설명한 것으로 옳지 않은 것은?

① 철도차량 운전업무에 종사하는 철도종사자는 정기적으로 신체검사를 받아야 한다.
② 관제업무종사자는 관제자격증명의 신체검사를 받은 날에 최초검사를 받은 것으로 본다.
③ 정기검사는 최초검사를 받은 후 10년마다 실시하는 검사이다.
④ 정기검사의 유효기간은 신체검사 유효기간 만료일의 다음날부터 기산한다.

해설 철도안전법 시행규칙 제40조(신체검사의 구분)제1항 참조

170 운전업무종사자등에 대한 적성검사를 설명한 것으로 바르지 않은 것은?

① 최초검사는 해당 업무를 수행하기 전에 실시하는 검사이다.
② 정기검사는 최초검사를 받은 후 2년마다 실시하는 검사이다.
③ 특별검사는 철도종사자가 철도사고등을 일으키거나 질병 등의 사유로 해당 업무를 적절히 수행하기 어렵다고 철도운영자등이 인정하는 경우에 실시하는 검사이다.
④ 정기검사는 적성검사 유효기간 만료일 전 12개월 이내에 실시한다.

해설 철도안전법 시행규칙 제41조(운전업무종사자 등에 대한 적성검사)
① 운전업무종사자등에 대한 적성검사는 다음과 같이 구분하여 실시한다.
1. 최초검사: 해당 업무를 수행하기 전에 실시하는 적성검사
2. 정기검사: 최초검사를 받은 후 10년(50세 이상인 경우에는 5년)마다 실시하는 적성검사
3. 특별검사: 철도종사자가 철도사고등을 일으키거나 질병 등의 사유로 해당 업무를 적절히 수행하기 어렵다고 철도운영자등이 인정하는 경우에 실시하는 적성검사

정답 167. ④ 168. ③ 169. ③ 170. ②

② 운전업무종사자 또는 관제업무종사자는 운전적성검사 또는 관제적성검사를 받은 날에 최초검사를 받은 것으로 본다. 다만, 해당 운전적성검사 또는 관제적성검사를 받은 날부터 10년(50세 이상인 경우에는 5년) 이상이 지난 후에 운전업무나 관제업무에 종사하는 사람은 최초검사를 받아야 한다.
③ 정기검사는 최초검사나 정기검사를 받은 날부터 10년(50세 이상인 경우에는 5년)이 되는 날(적성검사 유효기간 만료일이라 한다) 전 12개월 이내에 실시한다. 이 경우 정기검사의 유효기간은 적성검사 유효기간 만료일의 다음날부터 기산한다.

171 운전업무종사자에 대한 적성검사 중 정기검사의 기간으로 옳은 것은?

① 최초검사 유효기간 만료일 후 12개월 이내
② 기초검사 유효기간 만료일 후 12개월 이내
③ 특별검사 유효기간 만료일 전 12개월 이내
④ 정기검사 유효기간 만료일 전 12개월 이내

해설 철도안전법 시행규칙 제41조(운전업무종사자 등에 대한 적성검사) 참조

172 1970년 8월 4일 출생한 철도차량 운전업무종사자가 적성검사를 2025년 5월 5일에 받았다면 그 적성검사의 유효기간 만료일은?

① 2030년 5월 5일 ② 2030년 8월 4일
③ 2035년 5월 5일 ④ 2035년 8월 4일

해설 철도안전법 시행규칙 제41조(운전업무종사자 등에 대한 적성검사) 참조

173 운전업무종사자등에 대한 적성검사의 종류에 해당하지 않는 것은?

① 최초검사   ② 정기검사
③ 수시검사   ④ 특별검사

해설 철도안전법 시행규칙 제41조(운전업무종사자 등에 대한 적성검사) 참조

174 운전업무종사자등에 대한 적성검사 항목 및 불합격 기준으로 바르지 않은 것은?

① 안전성향 검사에서 부적합으로 판정된 사람은 불합격이다.
② 반응형 검사 점수 합계는 70점으로 한다.
③ 특별검사의 복합기능(운전) 검사는 실제 차량으로 시행하고 시각변별(관제/신호) 검사는 시뮬레이터 검사기로 시행한다.
④ 반응형 검사 항목 중 부적합(E등급)이 2개 이상인 사람은 불합격이다.

해설 철도안전법 시행규칙 제41조제4항(운전업무종사자등의 적성검사 항목 및 불합격 기준), 철도안전법 시행규칙 별표 13(운전업무종사자등의 적성검사 항목 및 불합격 기준)
1. 문답형 검사 판정은 적합 또는 부적합으로 한다.
2. 반응형 검사 점수 합계는 70점으로 한다. 다만, 정기검사와 특별검사는 검사항목별 등급으로 평가한다.
3. 특별검사의 복합기능(운전) 및 시각변별(관제/신호) 검사는 시뮬레이터 검사기로 시행한다.
4. 안전성향검사는 전문의(정신건강의학) 진단결과로 대체 할 수 있으며, 부적합 판정을 받은 자에 대해서는 당일 1회에 한하여 재검사를 실시하고 그 재검사 결과를 최종적인 검사결과로 할 수 있다.

검사대상	검사주기	검사항목 문답형 검사	검사항목 반응형 검사	불합격기준
운전업무종사자	정기검사	• 인성 −일반성격 −안전성향 −스트레스	• 주의력 −복합기능 −선택주의 −지속주의 • 인식및기억력 −시각변별 −공간지각 • 판단및행동력 −민첩성	• 문답형 검사항목 중 안전성향 검사에서 부적합으로 판정된 사람 • 반응형 검사 항목 중 부적합(E등급)이 2개 이상인 사람

정답 171. ④ 172. ① 173. ③ 174. ③

175 철도운영자등은 철도종사자에 대하여 정기적인 철도안전교육을 실시하여야 한다. 다음 중 철도안전교육 대상자에 해당하지 않는 사람은?

① 운전업무종사자
② 관제업무종사자
③ 여객역무원
④ 철도교통안전관리자

해설 철도안전법 시행규칙 제41조의2(철도종사자의 안전교육 대상 등)제1항 철도운영자등 및 철도운영자등과 계약에 따라 철도운영이나 철도시설 등의 업무에 종사하는 사업주(사업주라 한다)가 철도안전에 관한 교육(철도안전교육이라 한다)을 실시하여야 하는 대상은 다음과 같다.
1. 철도차량의 운전업무에 종사하는 사람(운전업무종사자라 한다)
2. 철도차량의 운행을 집중 제어·통제·감시하는 업무(관제업무라 한다)에 종사하는 사람
3. 여객에게 승무 서비스를 제공하는 사람(여객승무원이라 한다)
4. 여객에게 역무 서비스를 제공하는 사람(여객역무원이라 한다)
5. 철도차량의 운행선로 또는 그 인근에서 철도시설의 건설 또는 관리와 관련된 작업의 현장감독업무를 수행하는 사람
6. 철도시설 또는 철도차량을 보호하기 위한 순회점검업무 또는 경비업무를 수행하는 사람
7. 정거장에서 철도신호기·선로전환기 또는 조작판 등을 취급하거나 열차의 조성업무를 수행하는 사람
8. 철도에 공급되는 전력의 원격제어장치를 운영하는 사람
9. 철도차량 및 철도시설의 점검·정비 업무에 종사하는 사람

176 철도운영자등이 철도안전에 관한 교육을 실시하여야 하는 대상에 해당하지 않는 사람은?

① 철도사고 또는 운행장애가 발생한 현장에서 조사·수습·복구 등의 업무를 수행하는 사람
② 여객에게 역무 서비스를 제공하는 사람
③ 철도시설 또는 철도차량을 보호하기 위한 순회점검업무 또는 경비업무를 수행하는 사람
④ 철도차량 및 철도시설의 점검·정비 업무에 종사하는 사람

해설 철도안전법 시행규칙 제41조의2(철도종사자의 안전교육 대상 등)제1항 참조

177 다음 중 철도안전교육의 교육과목에 해당하지 않는 것은?

① 안전관리의 중요성 등 정신교육
② 철도관제법령 및 관제관련 규정
③ 철도사고 사례 및 사고예방대책
④ 철도안전관리체계 및 철도안전관리시스템

해설 철도안전법 시행규칙 별표 13의2(철도종사자에 대한 안전교육의 내용)

철도종사자에 대한 안전교육의 내용 (철도안전법 시행규칙 [별표 13의2])		
교육대상	교육과목	교육방법
1. 철도종사자 (법 제44조의3제1항에 따른 철도로 운송하는 위험물을 취급하는 종사자는 제외한다)	가. 철도안전법령 및 안전관련 규정 나. 철도운전 및 관제이론 등 분야별 안전업무수행 관련 사항 다. 철도사고 사례 및 사고예방대책 라. 철도사고 및 운행장애 등 비상 시 응급조치 및 수습복구대책 마. 안전관리의 중요성 등 정신교육 바. 근로자의 건강관리 등 안전·보건관리에 관한 사항 사. 철도안전관리체계 및 철도안전관리시스템(Safety Management System) 아. 위기대응체계 및 위기대응 매뉴얼 등	강의 및 실습
2. 위험물을 취급하는 철도종사자 (법 제44조의3제1항에 따른 철도로 운송하는 위험물을 취급하는 종사자를 말한다)	가. 제1호 가목부터 아목까지의 교육과목 나. 위험물 취급 안전 교육	강의 및 실습

정답 175. ④ 176. ① 177. ②

178 철도운영자등이 실시하는 철도직무교육 대상자에 해당하지 않는 사람은?

① 철도차량의 운전업무에 종사하는 사람
② 철도차량의 운행을 집중 제어·통제·감시하는 업무에 종사하는 사람
③ 여객에게 역무 서비스를 제공하는 사람
④ 정거장에서 철도신호기·선로전환기 또는 조작판 등을 취급하거나 열차의 조성업무를 수행하는 사람

해설 철도안전법 시행규칙 제41조의3(철도종사자의 직무교육 등)제1항 다음의 어느 하나에 해당하는 사람(철도운영자등이 철도직무교육 담당자로 지정한 사람은 제외한다)은 철도운영자등이 실시하는 직무교육(철도직무교육이라 한다)을 받아야 한다.
1. 철도차량의 운전업무에 종사하는 사람(운전업무종사자라 한다)
2. 철도차량의 운행을 집중 제어·통제·감시하는 업무(관제업무라 한다)에 종사하는 사람
3. 여객에게 승무 서비스를 제공하는 사람(여객승무원이라 한다)
4. 정거장에서 철도신호기·선로전환기 또는 조작판 등을 취급하거나 열차의 조성업무를 수행하는 사람
5. 철도에 공급되는 전력의 원격제어장치를 운영하는 사람
6. 철도차량 및 철도시설의 점검·정비 업무에 종사하는 사람

179 다음 중 철도운영자등이 실시하는 철도직무교육 대상자로 옳은 것은?

① 여객에게 역무 서비스를 제공하는 사람
② 철도차량의 운행선로 또는 그 인근에서 철도시설의 건설 또는 관리와 관련된 작업의 현장감독업무를 수행하는 사람
③ 철도시설 또는 철도차량을 보호하기 위한 순회점검업무 또는 경비업무를 수행하는 사람
④ 철도차량 및 철도시설의 점검·정비 업무에 종사하는 사람

해설 철도안전법 시행규칙 제41조의3(철도종사자의 직무교육 등)제1항 참조

180 철도차량 운전업무종사자에 대한 철도직무교육 시간은?

① 3년마다 21시간 이상
② 3년마다 35시간 이상
③ 5년마다 21시간 이상
④ 5년마다 35시간 이상

해설 철도안전법 시행규칙 별표 13의3(철도직무교육의 내용·시간·방법 등) 5년마다 35시간 이상

181 철도차량정비기술자의 인정에 관한 설명으로 바르지 않은 것은?

① 철도차량정비기술자로 인정을 받으려는 사람은 국토교통부장관에게 자격인정을 신청하여야 한다.
② 국토교통부장관은 신청인이 국토교통부령으로 정하는 자격, 경력 및 학력 등 철도차량정비기술자의 인정기준에 해당하는 경우에는 철도차량정비기술자로 인정하여야 한다.
③ 국토교통부장관은 신청인을 철도차량정비기술자로 인정하면 철도차량정비경력증을 그 철도차량정비기술자에게 발급하여야 한다.
④ 철도차량정비기술자 인정의 신청, 철도차량정비경력증의 발급 및 관리 등에 필요한 사항은 국토교통부령으로 정한다.

해설 철도안전법 제24조의2(철도차량정비기술자의 인정 등)제2항 국토교통부장관은 제1항에 따른 신청인이 대통령령으로 정하는 자격, 경력 및 학력 등 철도차량정비기술자의 인정 기준에 해당하는 경우에는 철도차량정비기술자로 인정하여야 한다.

정답 178. ③ 179. ④ 180. ④ 181. ②

182 철도차량정비기술자 인정 신청 시 등급 구분을 위한 심사 항목에 해당하지 않는 것은?

① 자격 ② 경력
③ 학력 ④ 나이

해설 철도안전법 제24조의2(철도차량정비기술자의 인정 등)제2항, 철도안전법 시행령 별표 1의3(철도차량정비기술자의 인정기준)

183 다음 중 1등급 철도차량정비기술자의 역량지수는 얼마인가?

① 60점 이상 ② 70점 이상
③ 80점 이상 ④ 90점 이상

해설 철도안전법 시행령 별표 1의3(철도차량정비기술자의 인정기준)

철도차량정비기술자의 인정기준

1. 철도차량정비기술자는 자격, 경력 및 학력에 따라 등급별로 구분하여 인정하되, 등급별 세부기준은 다음 표와 같다.

등급구분	역량지수
1등급 철도차량정비기술자	80점 이상
2등급 철도차량정비기술자	60점 이상 80점 미만
3등급 철도차량정비기술자	40점 이상 60점 미만
4등급 철도차량정비기술자	10점 이상 40점 미만

184 철도차량정비기술자 인정을 받으려는 사람이 인정 신청서에 첨부하는 서류에 해당하지 않는 것은?

① 철도차량정비업무 경력확인서
② 철도차량운전면허증
③ 졸업증명서
④ 정비교육훈련 수료증

해설 철도안전법 시행규칙 제42조(철도차량정비기술자의 인정 신청) 철도차량정비기술자로 인정(등급변경 인정을 포함한다)을 받으려는 사람은 철도차량정비기술자 인정 신청서에 다음의 서류를 첨부하여 한국교통안전공단에 제출해야 한다.
1. 철도차량정비업무 경력확인서
2. 국가기술자격증 사본
3. 졸업증명서 또는 학위취득서
4. 사진
5. 철도차량정비경력증
6. 정비교육훈련 수료증

185 철도차량정비기술자 인정을 받으려는 사람이 인정 신청서 및 필요서류를 누구에게 제출해야 하는가?

① 국토교통부장관 ② 한국교통안전공단
③ 시·도지사 ④ 철도운영자

해설 철도안전법 시행규칙 제42조(철도차량정비기술자의 인정 신청) 참조

186 국토교통부장관이 철도차량정비기술자 인정을 반드시 취소해야 하는 경우에 해당하지 않는 것은?

① 거짓이나 그 밖의 부정한 방법으로 철도차량정비기술자로 인정받은 경우
② 철도차량정비기술자의 인정기준에 따른 자격기준에 해당하지 아니하게 된 경우
③ 철도차량정비 업무 수행 중 고의로 철도사고의 원인을 제공한 경우
④ 다른 사람에게 철도차량정비경력증을 빌려 준 경우

해설 철도안전법 제24조의5(철도차량정비기술자의 인정취소 등)
① 국토교통부장관은 철도차량정비기술자가 다음의 어느 하나에 해당하는 경우 그 인정을 취소하여야 한다.
  1. 거짓이나 그 밖의 부정한 방법으로 철도차량정비기술자로 인정받은 경우
  2. 철도차량정비기술자의 인정기준에 따른 자격기준에 해당하지 아니하게 된 경우
  3. 철도차량정비 업무 수행 중 고의로 철도사고의 원인을 제공한 경우
② 국토교통부장관은 철도차량정비기술자가 다음의 어느 하나에 해당하는 경우 1년의 범위에서 철도차량정비기술자의 인정을 정지시킬 수 있다.
  1. 다른 사람에게 철도차량정비경력증을 빌려 준 경우
  2. 철도차량정비 업무 수행 중 중과실로 철도사고의 원인을 제공한 경우

정답 182. ④ 183. ③ 184. ② 185. ② 186. ④

187 다음 중 철도차량정비기술자의 교육훈련 시기 및 교육훈련 시간으로 옳은 것은?

① 철도차량정비업무의 수행기간 3년마다 20시간 이상
② 철도차량정비업무의 수행기간 1년마다 8시간 이상
③ 철도차량정비업무의 수행기간 3년마다 35시간 이상
④ 철도차량정비업무의 수행기간 5년마다 35시간 이상

해설 철도안전법 시행령 제21조의3(정비교육훈련 실시기준), 철도안전법 시행규칙 별표 13의4(정비교육훈련의 실시시기 및 시간 등)
정비교육훈련의 실시기준은 다음과 같다.
1. 교육내용 및 교육방법: 철도차량정비에 관한 법령, 기술기준 및 정비기술 등 실무에 관한 이론 및 실습 교육
2. 교육시간: 철도차량정비업무의 수행기간 5년마다 35시간 이상

188 다음 중 철도차량 정비교육훈련의 교육내용에 해당하지 않는 것은?

① 철도차량정비에 관한 법령
② 기술기준
③ 정비기술
④ 운전실습

해설 철도안전법 시행령 제21조의3(정비교육훈련 실시기준) 참조

189 철도차량 정비교육훈련기관의 지정기준으로 바르지 않은 것은?

① 정비교육훈련 업무 수행에 필요한 상설 전담조직을 갖출 것
② 정비교육훈련 업무를 수행할 수 있는 전문인력을 확보할 것
③ 정비교육훈련에 필요한 사무실, 교육장 및 교육 장비를 갖출 것
④ 정비교육훈련에 필요한 정비규정을 갖출 것

해설 철도안전법 시행령 제21조의4(정비교육훈련기관 지정기준)제1항 정비교육훈련기관의 지정기준은 다음과 같다.
1. 정비교육훈련 업무 수행에 필요한 상설 전담조직을 갖출 것
2. 정비교육훈련 업무를 수행할 수 있는 전문인력을 확보할 것
3. 정비교육훈련에 필요한 사무실, 교육장 및 교육 장비를 갖출 것
4. 정비교육훈련기관의 운영 등에 관한 업무규정을 갖출 것

190 철도차량 정비교육훈련기관이 거짓이나 그 밖의 부정한 방법으로 정비교육훈련 수료증을 발급한 경우, 2차 위반에 대한 처분 기준은?

① 업무정지 1개월
② 업무정지 2개월
③ 업무정지 3개월
④ 지정취소

해설 철도안전법 시행규칙 별표 13의6(정비교육훈련기관의 지정취소 및 업무정지의 기준)

정비교육훈련기관의 지정취소 및 업무정지의 기준 (철도안전법 시행규칙 별표 13의6)				
위반사항	처분기준			
	1차 위반	2차 위반	3차 위반	4차 위반
1. 거짓이나 그 밖의 부정한 방법으로 지정을 받은 경우	지정취소			
2. 업무정지 명령을 위반하여 그 정지기간 중 정비교육훈련업무를 한 경우	지정취소			
3. 법 제24조의4제3항에 따른 지정기준에 맞지 않은 경우	경고 또는 보완 명령	업무정지 1개월	업무정지 3개월	지정취소
4. 법 제24조의4제4항을 위반하여 정당한 사유 없이 정비교육훈련업무를 거부한 경우	경고	업무정지 1개월	업무정지 3개월	지정취소
5. 법 제24조의4제4항을 위반하여 거짓이나 그 밖의 부정한 방법으로 정비교육훈련 수료증을 발급한 경우	업무정지 1개월	업무정지 3개월	지정취소	

정답 187. ④ 188. ④ 189. ④ 190. ③

191 철도차량 정비교육훈련기관의 명칭 및 소재지가 변경된 때에는 그 사유가 발생한 날부터 며칠 이내에 그 내용을 국토교통부장관에게 통보해야 하는가?

① 7일 이내 ② 10일 이내
③ 15일 이내 ④ 30일 이내

해설 철도안전법 제21조의5(정비교육훈련기관의 변경사항 통지 등)제1항 정비교육훈련기관은 정비교육훈련기관의 명칭 및 소재지, 대표자의 성명, 그 밖에 정비교육훈련에 중요한 영향을 미친다고 국토교통부장관이 인정하는 사항이 변경된 때에는 그 사유가 발생한 날부터 15일 이내에 국토교통부장관에게 그 내용을 통지해야 한다.

192 철도시설관리자는 선로로부터의 수직거리가 (   ) 이상인 승강장에 열차의 출입문과 연동되어 열리고 닫히는 승하차용 출입문 설비를 설치하여야 한다. 괄호 안에 알맞은 것은?

① 1,100밀리미터
② 1,135밀리미터
③ 1,200밀리미터
④ 1,235밀리미터

해설 철도안전법 제25조의2(승하차용 출입문 설비의 설치) 철도시설관리자는 선로로부터의 수직거리가 국토교통부령으로 정하는 기준 이상인 승강장에 열차의 출입문과 연동되어 열리고 닫히는 승하차용 출입문 설비를 설치하여야 한다. 다만, 여러 종류의 철도차량이 함께 사용하는 승강장 등 국토교통부령으로 정하는 승강장의 경우에는 그러하지 아니하다. 철도안전법 시행규칙 제43조(승하차용 출입문 설비의 설치)제1항 법 제25조의2 본문에서 "국토교통부령으로 정하는 기준"이란 1,135밀리미터를 말한다.

193 승강장안전문을 설치하지 않아도 되는 조건에 해당하지 않는 것은?

① 여러 종류의 철도차량이 함께 사용하는 승강장으로서 열차 출입문의 위치가 서로 달라 승강장안전문을 설치하기 곤란한 경우
② 열차가 정차하지 않는 선로 쪽 승강장으로서 승객의 선로 추락 방지를 위해 안전난간 등의 안전시설을 설치하지 않은 경우
③ 여객의 승하차 인원, 열차의 운행 횟수 등을 고려하였을 때 승강장안전문을 설치할 필요가 없다고 인정되는 경우
④ 철도기술심의위원회에서 승강장에 열차의 출입문과 연동되어 열리고 닫히는 승강장안전문을 설치하지 않아도 된다고 심의·의결한 경우

해설 철도안전법 시행규칙 제43조(승하차용 출입문 설비의 설치)제2항제2호 열차가 정차하지 않는 선로 쪽 승강장으로서 승객의 선로 추락 방지를 위해 안전난간 등의 안전시설을 설치한 경우

194 철도기술심의위원회의 심의사항이 아닌 것은?

① 기술기준의 제정·개정 또는 폐지
② 형식승인 대상 철도용품의 선정·변경 및 취소
③ 철도차량 표준규격의 제정·개정 또는 폐지
④ 철도용품 제작에 관한 전문기관이나 단체의 지정

해설 철도안전법 시행규칙 제44조(철도기술심의위원회의 설치) 국토교통부장관은 다음의 사항을 심의하게 하기 위하여 철도기술심의위원회(기술위원회라 한다)를 설치한다.
1. 법 제7조제5항·제26조제3항·제26조의3제2항·제27조제2항 및 제27조의2제2항에 따른 기술기준의 제정·개정 또는 폐지
2. 법 제27조제1항에 따른 형식승인 대상 철도용품의 선정·변경 및 취소
3. 법 제34조제1항에 따른 철도차량·철도용품 표준규격의 제정·개정 또는 폐지
4. 영 제63조제4항에 따른 철도안전에 관한 전문기관이나 단체의 지정
5. 그 밖에 국토교통부장관이 필요로 하는 사항

정답 191. ③ 192. ② 193. ② 194. ④

195 다음 중 철도기술심의위원회의 구성 인원으로 옳은 것은?

① 위원장을 포함한 5인 이내
② 위원장을 포함한 7인 이내
③ 위원장을 포함한 10인 이내
④ 위원장을 포함한 15인 이내

해설 철도안전법 시행규칙 제45조(철도기술심의위원회의 구성·운영 등)
1. 기술위원회는 위원장을 포함한 15인 이내의 위원으로 구성하며 위원장은 위원중에서 호선한다.
2. 기술위원회에 상정할 안건을 미리 검토하고 기술위원회가 위임한 안건을 심의하기 위하여 기술위원회에 기술분별 전문위원회(전문위원회라 한다)를 둘 수 있다.
3. 이 규칙에서 정한 것 외에 기술위원회 및 전문위원회의 구성·운영 등에 관하여 필요한 사항은 국토교통부장관이 정한다.

196 철도차량 형식승인에 대한 설명으로 바르지 않은 것은?

① 국내에서 운행하는 철도차량을 제작하려는 자는 철도차량의 설계에 관하여 국토교통부장관의 형식승인을 받아야 한다.
② 국내에서 운행하는 철도차량을 수입하려는 자는 통관 전에 국토교통부장관에게 신고하여야 한다.
③ 형식승인을 받은 자가 승인받은 사항을 변경하려는 경우에는 국토교통부장관의 변경승인을 받아야 한다.
④ 국토교통부령으로 정하는 경미한 사항을 변경하려는 경우에는 국토교통부장관에게 신고하여야 한다.

해설 철도안전법 제26조(철도차량 형식승인)제1항 국내에서 운행하는 철도차량을 제작하거나 수입하려는 자는 국토교통부령으로 정하는 바에 따라 해당 철도차량의 설계에 관하여 국토교통부장관의 형식승인을 받아야 한다.

197 철도차량 형식승인을 받으려는 자가 국토교통부장관에게 철도차량 형식승인신청서를 제출할 때 첨부하여야 하는 서류가 아닌 것은?

① 철도차량기술기준에 대한 적합성 입증계획서 및 입증자료
② 철도차량의 설계도면, 설계 명세서 및 설명서
③ 철도차량 제작 시방서
④ 차량형식 시험 절차서

해설 철도안전법 시행규칙 제46조(철도차량 형식승인 신청 절차 등)제1항 철도차량 형식승인을 받으려는 자는 철도차량 형식승인신청서에 다음의 서류를 첨부하여 국토교통부장관에게 제출하여야 한다.
1. 철도차량기술기준에 대한 적합성 입증계획서 및 입증자료
2. 철도차량의 설계도면, 설계 명세서 및 설명서(적합성 입증을 위하여 필요한 부분에 한정한다)
3. 형식승인검사의 면제 대상에 해당하는 경우 그 입증서류
4. 차량형식 시험 절차서
5. 그 밖에 철도차량기술기준에 적합함을 입증하기 위하여 국토교통부장관이 필요하다고 인정하여 고시하는 서류

198 철도차량 형식승인을 받은 자가 승인받은 사항을 변경하려는 경우 신고만으로 가능한 경우가 아닌 것은?

① 철도차량의 구조안전 및 성능에 영향을 미치지 아니하는 차체 형상의 변경
② 철도차량의 안전에 영향을 미치지 아니하는 설비의 변경
③ 중량분포에 영향을 미치지 아니하는 장치 또는 부품의 배치 변경
④ 유사한 성능으로 입증할 수 있는 부품의 규격 변경

정답 195. ④ 196. ② 197. ③ 198. ④

해설 철도안전법 제26조(철도차량 형식승인)제2항, 철도안전법 시행규칙 제47조(철도차량 형식승인의 경미한 사항 변경)제1항 경미한 사항을 변경하려는 경우에는 국토교통부장관에게 신고하여야 한다. 경미한 사항을 변경하려는 경우란 다음의 어느 하나에 해당하는 변경을 말한다.
1. 철도차량의 구조안전 및 성능에 영향을 미치지 아니하는 차체 형상의 변경
2. 철도차량의 안전에 영향을 미치지 아니하는 설비의 변경
3. 중량분포에 영향을 미치지 아니하는 장치 또는 부품의 배치 변경
4. 동일 성능으로 입증할 수 있는 부품의 규격 변경
5. 그 밖에 철도차량의 안전 및 성능에 영향을 미치지 아니한다고 국토교통부장관이 인정하는 사항의 변경

199 국토교통부령으로 정하는 철도차량 형식승인의 경미한 사항 변경에 해당하지 않는 것은?

① 철도차량의 구조안전 및 성능에 영향을 미치지 아니하는 차체 형상의 변경
② 철도차량의 구조 및 차체 형상의 변경
③ 철도차량의 안전에 영향을 미치지 아니하는 설비의 변경
④ 중량분포에 영향을 미치지 아니하는 장치 또는 부품의 배치 변경

해설 철도안전법 제26조(철도차량 형식승인)제2항, 철도안전법 시행규칙 제47조(철도차량 형식승인의 경미한 사항 변경)제1항 참조

200 다음 중 철도안전법에서 정한 철도차량 형식승인검사 방법으로 옳지 않은 것은?

① 합치성 검사 ② 주행시험
③ 설계적합성 검사 ④ 차량형식 시험

해설 철도안전법 시행규칙 제48조(철도차량 형식승인검사의 방법 및 증명서 발급 등)제1항 철도차량 형식승인검사는 다음의 구분에 따라 실시한다.
1. 설계적합성 검사: 철도차량의 설계가 철도차량기술기준에 적합한지 여부에 대한 검사
2. 합치성 검사: 철도차량이 부품단계, 구성품단계, 완성차단계에서 제1호에 따른 설계와 합치하게 제작되었는지 여부에 대한 검사
3. 차량형식 시험: 철도차량이 부품단계, 구성품단계, 완성차단계, 시운전단계에서 철도차량기술기준에 적합한지 여부에 대한 시험

201 철도차량이 부품단계, 구성품단계, 완성차단계에서 설계와 합치하게 제작되었는지 여부에 대한 검사를 무엇이라 하는가?

① 설계적합성 검사 ② 합치성 검사
③ 차량형식 시험 ④ 안전도 검사

해설 철도안전법 시행규칙 제48조(철도차량 형식승인검사의 방법 및 증명서 발급 등)제1항 참조

202 철도차량이 부품단계, 구성품단계, 완성차단계, 시운전단계에서 철도차량기술기준에 적합한지 여부에 대한 시험을 무엇이라 하는가?

① 설계적합성 시험 ② 합치성 시험
③ 차량형식 시험 ④ 완성차 시험

해설 철도안전법 시행규칙 제48조(철도차량 형식승인검사의 방법 및 증명서 발급 등)제1항 참조

203 다음 중 철도차량 형식승인검사의 전부 또는 일부를 면제할 수 있는 경우가 아닌 것은?

① 시험·연구·개발 목적으로 제작 또는 수입되는 철도차량으로서 여객 및 화물 운송에 사용되지 아니하는 철도차량에 해당하는 경우
② 수출 목적으로 제작 또는 수입되는 철도차량으로서 국내에서 철도운영에 사용되지 아니하는 철도차량에 해당하는 경우
③ 대한민국이 체결한 협정 또는 대한민국이 가입한 협약에 따라 형식승인검사가 면제되는 철도차량의 경우
④ 철도차량의 구조안전 및 성능에 영향을 미치지 아니하는 차체 형상을 변경하는 경우

정답 199. ② 200. ② 201. ② 202. ③ 203. ④

해설 철도안전법 제26조(철도차량 형식승인)제4항, 시행령 제22조(형식승인검사를 면제할 수 있는 철도차량 등) 국토교통부장관은 다음의 어느 하나에 해당하는 경우에는 형식승인검사의 전부 또는 일부를 면제할 수 있다.
1. 시험·연구·개발 목적으로 제작 또는 수입되는 철도차량으로서 여객 및 화물 운송에 사용되지 아니하는 철도차량에 해당하는 경우: 형식승인검사의 전부 면제
2. 수출 목적으로 제작 또는 수입되는 철도차량으로서 국내에서 철도운영에 사용되지 아니하는 철도차량에 해당하는 경우: 형식승인검사의 전부 면제
3. 대한민국이 체결한 협정 또는 대한민국이 가입한 협약에 따라 형식승인검사가 면제되는 철도차량의 경우: 대한민국이 체결한 협정 또는 대한민국이 가입한 협약에서 정한 면제의 범위
4. 그 밖에 철도시설의 유지·보수 또는 철도차량의 사고복구 등 특수한 목적을 위하여 제작 또는 수입되는 철도차량으로서 국토교통부장관이 정하여 고시하는 경우: 형식승인검사 중 철도차량의 시운전 단계에서 실시하는 검사를 제외한 검사로서 국토교통부령으로 정하는 검사

204 철도차량 형식승인을 받은 자에 대하여 그 형식승인을 취소할 수 있는 경우가 아닌 것은?

① 거짓으로 형식승인을 받은 경우
② 부정한 방법으로 형식승인을 받은 경우
③ 철도차량 기술기준에 위반되는 경우
④ 변경승인명령을 이행하지 아니한 경우

해설 철도안전법 제26조의2(형식승인의 취소) 제1항 국토교통부장관은 형식승인을 받은 자가 다음의 어느 하나에 해당하는 경우에는 그 형식승인을 취소할 수 있다. 다만, 제1호에 해당하는 경우에는 그 형식승인을 취소하여야 한다.
1. 거짓이나 그 밖의 부정한 방법으로 형식승인을 받은 경우
2. 철도차량 기술기준에 중대하게 위반되는 경우
3. 변경승인명령을 이행하지 아니한 경우

205 다음 중 철도차량 제작자승인에 대한 설명으로 타당하지 않은 것은?

① 형식승인을 받은 철도차량을 제작하려는 자는 철도차량 품질관리체계를 갖추고 있는지에 대하여 국토교통부장관의 제작자승인을 받아야 한다.
② 국토교통부장관은 대한민국이 체결한 협정에 따라 제작자승인이 면제되는 경우에는 제작자승인 대상에서 제외하거나 제작자승인검사의 전부 또는 일부를 면제할 수 있다.
③ 국토교통부장관은 제작자승인을 하는 경우에는 해당 철도차량 품질관리체계가 국토교통부장관이 정하여 고시하는 철도차량의 제작관리 및 품질유지에 필요한 기술기준에 적합한지에 대하여 제작자승인검사를 하여야 한다.
④ 품질관리체계 적합성검사는 해당 철도차량에 대한 품질관리체계의 적용 및 유지 여부 등을 확인하는 검사이다.

해설 철도안전법 시행규칙 제53조(철도차량 제작자승인검사의 방법)제1항 철도차량 제작자승인검사는 다음의 구분에 따라 실시한다.
① 품질관리체계 적합성검사 : 해당 철도차량의 품질관리체계가 철도차량제작자승인기준에 적합한지 여부에 대한 검사
② 제작검사 : 해당 철도차량에 대한 품질관리체계의 적용 및 유지 여부 등을 확인하는 검사

206 철도차량 제작자승인검사의 방법 중 해당 철도차량의 품질관리체계가 철도차량제작자승인기준에 적합한지 여부에 대한 검사를 무슨 검사라고 하는가?

① 품질관리체계 적합성검사
② 제작검사
③ 합치성검사
④ 설계적합성검사

해설 철도안전법 시행규칙 제53조(철도차량 제작자승인검사의 방법)제1항 참조

207 철도차량 제작자승인 신청 시 제출하는 서류에 해당하지 않는 것은?

① 철도차량 제작자승인신청서
② 철도차량제작자승인기준에 대한 적합성 입증계획서 및 입증자료
③ 철도차량 품질관리체계서 및 설명서
④ 철도차량 제작검사서

해설 철도안전법 시행규칙 제51조(철도차량 제작자승인의 신청)제1항 철도차량 제작자승인을 받으려는 자는 철도차량 제작자승인신청서에 다음의 서류를 첨부하여 국토교통부장관에게 제출하여야 한다. 다만, 제작자승인이 면제되는 경우에는 그 입증서류만 첨부한다.
① 철도차량의 제작관리 및 품질유지에 필요한 기술기준(철도차량제작자승인기준이라 한다)에 대한 적합성 입증계획서 및 입증자료
② 철도차량 품질관리체계서 및 설명서
③ 철도차량 제작 명세서 및 설명서
④ 제작자승인 또는 제작자승인검사의 면제 대상에 해당하는 경우 그 입증서류
⑤ 그 밖에 철도차량제작자승인기준에 적합함을 입증하기 위하여 국토교통부장관이 필요하다고 인정하여 고시하는 서류

208 다음 중 철도차량 제작자승인의 변경과 관련하여 국토교통부장관의 승인 대신 신고만으로 처리 가능한 경미한 사항의 변경에 해당하지 않는 것은?

① 철도차량 제작자의 조직변경에 따른 품질관리책임자에 관한 사항의 변경
② 철도차량의 제작을 위한 인력, 설비, 장비, 기술에 관한 사항의 변경
③ 행정구역의 변경 등으로 인한 품질관리규정의 세부내용 변경
④ 서류간 불일치 사항 및 품질관리규정의 기본방향에 영향을 미치지 아니하는 사항으로서 그 변경근거가 분명한 사항의 변경

해설 철도안전법 시행규칙 제52조(철도차량 제작자승인의 경미한 사항 변경)제1항 다음에 해당하는 경미한 사항을 변경하려는 경우에는 국토교통부장관에게 신고하여야 한다.
① 철도차량 제작자의 조직변경에 따른 품질관리조직 또는 품질관리책임자에 관한 사항의 변경
② 법령 또는 행정구역의 변경 등으로 인한 품질관리규정의 세부내용 변경
③ 서류간 불일치 사항 및 품질관리규정의 기본방향에 영향을 미치지 아니하는 사항으로서 그 변경근거가 분명한 사항의 변경

209 다음 중 철도차량 제작자승인의 결격사유에 해당하지 않는 것은?

① 피성년후견인
② 피한정후견인
③ 파산선고를 받고 복권되지 아니한 사람
④ 제작자승인이 취소된 후 2년이 지나지 아니한 자

해설 철도안전법 제26조의4(제작자승인 결격사유) 다음의 어느 하나에 해당하는 자는 철도차량 제작자승인을 받을 수 없다.
① 피성년후견인
② 파산선고를 받고 복권되지 아니한 사람
③ 이 법 또는 대통령령으로 정하는 철도 관계 법령을 위반하여 징역형의 실형을 선고받고 그 집행이 종료(집행이 종료된 것으로 보는 경우를 포함한다)되거나 집행이 면제된 날부터 2년이 지나지 아니한 사람
④ 이 법 또는 대통령령으로 정하는 철도 관계 법령을 위반하여 징역형의 집행유예를 선고받고 그 유예기간 중에 있는 사람
⑤ 제작자승인이 취소된 후 2년이 지나지 아니한 자
⑥ 임원 중에 상기 사유 중 어느 하나에 해당하는 사람이 있는 법인

210 다음 중 철도차량 제작자승인의 결격사유에 해당하지 않는 것은?

① 피성년후견인
② 파산선고를 받고 복권되지 아니한 사람
③ 철도안전법을 위반하여 징역형의 실형을 선고받고 그 집행이 종료된 날부터 2년이 지나지 아니한 사람
④ 철도안전법을 위반하여 징역형의 집행유예를 선고받고 그 집행이 종료된 날부터 2년이 지나지 아니한 사람

정답 207. ④ 208. ② 209. ② 210. ④

해설 철도안전법 제26조의4(제작자승인 결격사유) 참조

211 다음 중 철도차량 제작자승인을 받을 수 없는 결격사유에 해당하는 사유 중에서 대통령령으로 정하는 철도 관계 법령의 범위에 속하지 않는 것은?

① 건널목 개량촉진법
② 철도의 건설 및 철도시설 유지관리에 관한 법률
③ 도시철도법
④ 중대재해 처벌에 관한 법률

해설 철도안전법 시행령 제24조(철도 관계 법령의 범위) 법 제26조의4제3호 및 제4호에서 "대통령령으로 정하는 철도 관계 법령"이란 각각 다음 각 호의 어느 하나에 해당하는 법령을 말한다.
1. 건널목 개량촉진법
2. 도시철도법
3. 철도의 건설 및 철도시설 유지관리에 관한 법률
4. 철도사업법
5. 철도산업발전 기본법
6. 한국철도공사법
7. 국가철도공단법
8. 항공·철도 사고조사에 관한 법률

212 철도차량 제작자승인의 지위를 승계하는 자는 승계일부터로 ( ) 이내에 그 승계사실을 국토교통부 장관에게 신고하여야 한다. 괄호 안에 들어갈 기간으로 바른 것은?

① 1개월   ② 2개월
③ 3개월   ④ 6개월

해설 철도안전법 제26조의5(승계)
① 철도차량 제작자승인을 받은 자가 그 사업을 양도하거나 사망한 때 또는 법인의 합병이 있는 때에는 양수인, 상속인 또는 합병 후 존속하는 법인이나 합병에 의하여 설립되는 법인은 제작자승인을 받은 자의 지위를 승계한다.
② 철도차량 제작자승인의 지위를 승계하는 자는 승계일부터 1개월 이내에 국토교통부령으로 정하는 바에 따라 그 승계사실을 국토교통부장관에게 신고하여야 한다.
③ 제작자승인의 지위를 승계하는 자에 대하여는 제26조의4(결격사유)를 준용한다. 다만, 제26조의4 각 호의 어느 하나에 해당하는 상속인이 피상속인이 사망한 날부터 3개월 이내에 그 사업을 다른 사람에게 양도한 경우에는 피상속인의 사망일부터 양도일까지의 기간 동안 피상속인의 제작자승인은 상속인의 제작자승인으로 본다.

213 제작한 철도차량을 판매하기 전에 해당 철도차량이 형식승인을 받은대로 제작되었는지를 확인하기 위하여 국토교통부장관이 시행하는 검사를 무슨 검사라 하는가?

① 설계적합성 검사   ② 합치성검사
③ 완성차시험   ④ 완성검사

해설 제26조의6(철도차량 완성검사)제1항 철도차량 제작자승인을 받은 자는 제작한 철도차량을 판매하기 전에 해당 철도차량이 제26조에 따른 형식승인을 받은대로 제작되었는지를 확인하기 위하여 국토교통부장관이 시행하는 완성검사를 받아야 한다.

214 다음 중 철도차량 완성검사신청 시 제출하는 서류에 포함되지 않는 것은?

① 철도차량 형식승인증명서
② 철도차량 제작자승인증명서
③ 철도차량 제작 명세서 및 설명서
④ 주행시험 절차서

해설 철도안전법 시행규칙 제56조(완성검사의 신청)제1항 철도차량 완성검사를 받으려는 자는 철도차량 완성검사신청서에 다음의 서류를 첨부하여 국토교통부장관에게 제출하여야 한다.
① 철도차량 형식승인증명서
② 철도차량 제작자승인증명서
③ 형식승인된 설계와의 형식동일성 입증계획서 및 입증서류
④ 주행시험 절차서
⑤ 그 밖에 형식동일성 입증을 위하여 국토교통부장관이 필요하다고 인정하여 고시하는 서류

정답 211. ④ 212. ① 213. ④ 214. ③

215 철도차량 완성검사의 방법 중 철도차량이 형식승인 받은대로 성능과 안전성을 확보하였는지 운행선로 시운전 등을 통하여 최종 확인하는 검사를 무슨 검사라 하는가?

① 완성차량검사 ② 주행시험
③ 차량형식시험 ④ 합치성검사

해설 철도안전법 시행규칙 제57조(완성검사의 방법)제1항 철도차량 완성검사는 다음의 구분에 따라 실시한다.
① 완성차량검사: 안전과 직결된 주요 부품의 안전성 확보 등 철도차량이 철도차량기술기준에 적합하고 형식승인 받은 설계대로 제작되었는지를 확인하는 검사
② 주행시험: 철도차량이 형식승인 받은대로 성능과 안전성을 확보하였는지 운행선로 시운전 등을 통하여 최종 확인하는 검사

216 철도차량 완성검사의 방법 중 안전과 직결된 주요 부품의 안전성 확보 등 철도차량이 철도차량기술기준에 적합하고 형식승인 받은 설계대로 제작되었는지를 확인하는 검사를 무슨 검사라 하는가?

① 설계적합성검사 ② 합치성검사
③ 완성차량검사   ④ 완성차시험

해설 철도안전법 시행규칙 제57조(완성검사의 방법)제1항 참조

217 철도차량 제작자승인을 받은 자에 대하여 반드시 그 승인을 취소해야 하는 경우는?

① 변경승인을 받지 아니하거나 변경신고를 하지 아니하고 철도차량을 제작한 경우
② 시정조치명령을 정당한 사유 없이 이행하지 아니한 경우
③ 철도차량 또는 철도용품의 제작·수입·판매 또는 사용 중지 명령을 이행하지 아니하는 경우
④ 업무정지 기간 중에 철도차량을 제작한 경우

해설 철도안전법 제26조의7(철도차량 제작자승인의 취소 등) 국토교통부장관은 철도차량 제작자승인을 받은 자가 다음의 어느 하나에 해당하는 경우에는 그 승인을 취소하거나 6개월 이내의 기간을 정하여 업무의 제한이나 정지를 명할 수 있다.
① 거짓이나 그 밖의 부정한 방법으로 제작자승인을 받은 경우(필요적 취소)
② 변경승인을 받지 아니하거나 변경신고를 하지 아니하고 철도차량을 제작한 경우
③ 시정조치명령을 정당한 사유 없이 이행하지 아니한 경우
④ 철도차량 또는 철도용품의 제작·수입·판매 또는 사용 중지 명령을 이행하지 아니하는 경우
⑤ 업무정지 기간 중에 철도차량을 제작한 경우(필요적 취소)

218 철도차량 제작자승인을 받은 자가 변경신고를 하지 않고 철도차량을 제작한 경우 1차 위반 시 그에 대한 처분은?

① 경고   ② 업무정지 1개월
③ 업무정지 3개월 ④ 업무정지 6개월

해설 철도안전법 시행규칙 별표 14(철도차량 제작자승인 관련 처분 기준)

위반사항	처분 기준			
	1차 위반	2차 위반	3차 위반	4차 이상 위반
가. 거짓이나 그 밖의 부정한 방법으로 제작자승인을 받은 경우	승인취소			
나. 변경승인을 받지 않고 철도차량을 제작한 경우	업무정지(업무제한) 3개월	업무정지(업무제한) 6개월	승인취소	
다. 변경신고를 하지 않고 철도차량을 제작한 경우	경고	업무정지(업무제한) 3개월	업무정지(업무제한) 6개월	승인취소
라. 시정조치명령을 정당한 사유 없이 이행하지 않은 경우	경고	업무정지(업무제한) 3개월	업무정지(업무제한) 6개월	승인취소
마. 철도차량 또는 철도용품의 제작·수입·판매 또는 사용 중지 명령을 이행하지 않은 경우	업무정지(업무제한) 3개월	업무정지(업무제한) 6개월	승인취소	
바. 업무정지 기간 중에 철도차량을 제작한 경우	승인취소			

정답 215. ② 216. ③ 217. ④ 218. ①

219 다음 중 철도용품 형식승인에 대한 설명으로 바르지 않은 것은?

① 국토교통부장관이 정하여 고시하는 철도용품을 제작하거나 수입하려는 자는 국토교통부령으로 정하는 바에 따라 해당 철도용품의 설계에 대하여 국토교통부장관의 형식승인을 받아야 한다.
② 누구든지 형식승인을 받지 아니한 철도용품을 철도시설 또는 철도차량 등에 사용하여서는 아니 된다.
③ 국토교통부장관은 철도용품 형식승인 또는 변경승인 신청을 받은 경우에 7일 이내에 승인 또는 변경승인에 필요한 검사 등의 계획서를 작성하여 신청인에게 통보하여야 한다.
④ 국토교통부장관은 형식승인 또는 변경승인을 하는 경우에는 해당 철도용품이 국토교통부장관이 정하여 고시하는 철도용품의 기술기준에 적합한지에 대하여 형식승인검사를 하여야 한다.

해설 철도안전법 시행규칙 제60조(철도용품 형식승인 신청절차 등)제3항 국토교통부장관은 철도용품 형식승인 또는 변경승인 신청을 받은 경우에 15일 이내에 승인 또는 변경승인에 필요한 검사 등의 계획서를 작성하여 신청인에게 통보하여야 한다.

220 철도용품 형식승인을 받으려는 자가 제출하여야 하는 서류에 포함되지 않는 것은?

① 철도용품 형식승인 증명서
② 철도용품의 기술기준에 대한 적합성 입증계획서 및 입증자료
③ 철도용품의 설계도면, 설계 명세서 및 설명서
④ 용품형식 시험 절차서

해설 철도안전법 시행규칙 제60조(철도용품 형식승인 신청절차 등)제1항 철도용품 형식승인을 받으려는 자는 철도용품 형식승인신청서에 다음의 서류를 첨부하여 국토교통부장관에게 제출하여야 한다.
① 철도용품의 기술기준에 대한 적합성 입증계획서 및 입증자료
② 철도용품의 설계도면, 설계 명세서 및 설명서
③ 형식승인검사의 면제 대상에 해당하는 경우 그 입증서류
④ 용품형식 시험 절차서
⑤ 그 밖에 철도용품기술기준에 적합함을 입증하기 위하여 국토교통부장관이 필요하다고 인정하여 고시하는 서류

221 철도용품 형식승인을 받은 자가 승인받은 사항을 변경하려는 경우에는 국토교통부장관의 변경승인을 받아야 한다. 다만, 국토교통부령으로 정하는 경미한 사항을 변경하려는 경우에는 국토교통부장관에게 신고하여야 하는데 이에 해당하는 경우가 아닌 것은?

① 철도용품의 안전 및 성능에 영향을 미치지 아니하는 장치의 변경
② 철도용품의 안전에 영향을 미치지 아니하는 설비의 변경
③ 중량분포 및 크기에 영향을 미치지 아니하는 부품의 배치 변경
④ 동일 성능으로 입증할 수 있는 부품의 규격 변경

해설 철도안전법 시행규칙 제61조(철도용품 형식승인의 경미한 사항 변경)제1항 국토교통부령으로 정하는 경미한 사항을 변경하려는 경우란 다음의 어느 하나에 해당하는 변경을 말한다.
① 철도용품의 안전 및 성능에 영향을 미치지 아니하는 형상 변경
② 철도용품의 안전에 영향을 미치지 아니하는 설비의 변경
③ 중량분포 및 크기에 영향을 미치지 아니하는 장치 또는 부품의 배치 변경
④ 동일 성능으로 입증할 수 있는 부품의 규격 변경
⑤ 그 밖에 철도용품의 안전 및 성능에 영향을 미치지 아니한다고 국토교통부장관이 인정하는 사항의 변경

정답 219. ③ 220. ① 221. ①

222 다음 중 철도용품 형식승인검사 구분 시 옳지 않은 것은?

① 시설물 검증시험 ② 설계적합성 검사
③ 합치성 검사   ④ 용품형식 시험

해설 철도안전법 시행규칙 제62조(철도용품 형식승인검사의 방법 및 증명서 발급 등)제1항 철도용품 형식승인검사는 다음의 구분에 따라 실시한다.
① 설계적합성 검사: 철도용품의 설계가 철도용품기술기준에 적합한지 여부에 대한 검사
② 합치성 검사: 철도용품이 부품단계, 구성품단계, 완성품단계에서 설계와 합치하게 제작되었는지 여부에 대한 검사
③ 용품형식 시험: 철도용품이 부품단계, 구성품단계, 완성품단계, 시운전단계에서 철도용품기술기준에 적합한지 여부에 대한 시험

223 철도용품 형식승인검사 중 철도용품이 부품단계, 구성품단계, 완성품단계, 시운전단계에서 철도용품 기술기준에 적합한지 여부에 대한 시험으로 옳은 것은?

① 용품형식 시험   ② 설계적합성 검사
③ 시설물 검증시험 ④ 합치성 검사

해설 철도안전법 시행규칙 제62조(철도용품 형식승인검사의 방법 및 증명서 발급 등)제1항 참조

224 철도용품 형식승인검사 중 철도용품의 설계가 철도용품기술기준에 적합한지 여부에 대한 검사는?

① 용품형식 시험   ② 설계적합성 검사
③ 시설물 검증시험 ④ 합치성 검사

해설 철도안전법 시행규칙 제62조(철도용품 형식승인검사의 방법 및 증명서 발급 등)제1항 참조

225 철도용품 형식승인검사 중 철도용품이 부품단계, 구성품단계, 완성품단계에서 설계와 합치하게 제작되었는지 여부에 대한 검사는?

① 용품형식 시험   ② 설계적합성 검사
③ 시설물 검증시험 ④ 합치성 검사

해설 철도안전법 시행규칙 제62조(철도용품 형식승인검사의 방법 및 증명서 발급 등)제1항 참조

226 다음 중 철도용품 형식승인검사 면제에 대한 설명으로 타당하지 않은 것은?

① 시험·연구·개발 목적으로 제작 또는 수입되는 철도용품으로서 여객 및 화물 운송에 사용되지 아니하는 철도용품에 해당하는 경우는 형식승인검사의 전부를 면제한다.
② 수출 목적으로 제작 또는 수입되는 철도용품으로서 국내에서 철도운영에 사용되지 아니하는 철도용품에 해당하는 경우는 형식승인검사의 일부를 면제한다.
③ 대한민국이 체결한 협정 또는 대한민국이 가입한 협약에 따라 형식승인검사가 면제되는 철도차량의 경우는 대한민국이 체결한 협정 또는 대한민국이 가입한 협약에서 정한 면제의 범위에 따른다.
④ 그 밖에 철도시설의 유지·보수 또는 철도차량의 사고복구 등 특수한 목적을 위하여 제작 또는 수입되는 철도용품으로서 국토교통부장관이 정하여 고시하는 경우는 형식승인검사 중 철도용품의 시운전단계에서 실시하는 검사를 제외한 검사로서 설계적합성 검사, 합치성 검사 및 용품형식 시험을 면제한다.

해설 철도안전법 제27조(철도용품 형식승인)제4항, 제26조(철도차량 형식승인)제4항, 시행령 제22조(형식승인검사를 면제할 수 있는 철도차량 등)제3항 수출 목적으로 제작 또는 수입되는 철도용품으로서 국내에서 철도운영에 사용되지 아니하는 철도용품에 해당하는 경우는 형식승인검사의 전부를 면제한다.

정답 222. ① 223. ① 224. ② 225. ④ 226. ②

227 철도용품 형식승인의 취소와 관련한 설명으로 타당하지 않은 것은?

① 거짓으로 형식승인을 받은 경우는 형식승인을 취소하여야 한다.
② 철도용품 기술기준에 중대하게 위반되는 경우는 형식승인을 취소하여야 한다.
③ 변경승인명령을 이행하지 아니한 경우는 형식승인을 취소할 수 있다.
④ 거짓으로 형식승인을 받은 경우에 해당되는 사유로 형식승인이 취소된 경우에는 그 취소된 날부터 2년간 동일한 형식의 철도용품에 대하여 새로 형식승인을 받을 수 없다.

해설 철도안전법 제27조(철도용품 형식승인)제4항, 제26조의2(형식승인의 취소 등)
① 국토교통부장관은 형식승인을 받은 자가 다음의 어느 하나에 해당하는 경우에는 그 형식승인을 취소할 수 있다. 다만, 제1호에 해당하는 경우에는 그 형식승인을 취소하여야 한다.
　1. 거짓이나 그 밖의 부정한 방법으로 형식승인을 받은 경우
　2. 철도용품 기술기준에 중대하게 위반되는 경우
　3. 제2항에 따른 변경승인명령을 이행하지 아니한 경우
② 국토교통부장관은 형식승인이 철도용품 기술기준에 위반(이 조 제1항제2호에 해당하는 경우는 제외한다)된다고 인정하는 경우에는 그 형식승인을 받은 자에게 국토교통부령으로 정하는 바에 따라 변경승인을 받을 것을 명하여야 한다.
③ 제1항제1호에 해당되는 사유로 형식승인이 취소된 경우에는 그 취소된 날부터 2년간 동일한 형식의 철도차량에 대하여 새로 형식승인을 받을 수 없다.

228 철도용품 변경승인 명령을 받은 자는 명령을 통보받은 날부터 며칠 이내에 철도용품의 변경승인을 신청하여야 하는가?

① 7일　　② 10일
③ 15일　　④ 30일

해설 철도안전법 제27조(철도용품 형식승인)제4항, 제26조의2(형식승인의 취소 등)제2항, 시행규칙 제50조(철도차량 형식 변경승인의 명령 등)
① 국토교통부장관은 변경승인을 받을 것을 명하려는 경우에는 그 사유를 명시하여 철도차량 형식승인을 받은 자에게 통보하여야 한다.
② 변경승인 명령을 받은 자는 명령을 통보받은 날부터 30일 이내에 철도차량 형식승인의 변경승인을 신청하여야 한다.

229 철도용품의 제작을 위한 인력, 설비, 장비, 기술 및 제작검사 등 철도용품의 적합한 제작을 위한 유기적 체계를 무엇이라 하는가?

① 철도용품 안전관리체계
② 철도용품 제작관리체계
③ 철도용품 설계적합체계
④ 철도용품 품질관리체계

해설 철도안전법 제27조의2(철도용품 제작자승인)제1항 형식승인을 받은 철도용품을 제작(외국에서 대한민국에 수출할 목적으로 제작하는 경우를 포함한다)하려는 자는 국토교통부령으로 정하는 바에 따라 철도용품의 제작을 위한 인력, 설비, 장비, 기술 및 제작검사 등 철도용품의 적합한 제작을 위한 유기적 체계(이하 "철도용품 품질관리체계"라 한다)를 갖추고 있는지에 대하여 국토교통부장관으로부터 제작자승인을 받아야 한다.

230 철도용품 제작자승인검사의 방법 중 해당 철도용품에 대한 품질관리체계 적용 및 유지 여부 등을 확인하는 검사를 무엇이라 하는가?

① 품질관리체계의 적합성 검사
② 품질관리체계의 합치성 검사
③ 제작검사
④ 용품형식 시험

해설 철도안전법 시행규칙 제66조(철도용품 제작자승인검사의 방법 및 증명서 발급 등)제1항 철도용품 제작자승인검사는 다음의 구분에 따라 실시한다.
① 품질관리체계의 적합성검사: 해당 철도용품의 품질관리체계가 철도용품제작자승인기준에 적합한지 여부에 대한 검사
② 제작검사: 해당 철도용품에 대한 품질관리체계 적용 및 유지 여부 등을 확인하는 검사

정답 227. ② 228. ④ 229. ④ 230. ③

231 철도안전법에서 정한 과징금을 부과하는 위반행위의 종류, 과징금(30억원 이하)의 부과기준 및 징수방법, 그 밖에 필요한 사항은 (　)으로 정한다. 괄호 안에 들어갈 말로 바른 것은?

① 한국교통안전공단 이사장
② 대통령령
③ 국토교통부장관
④ 국가철도공단

해설 철도안전법 제27조의2(철도용품 제작자승인)제4항, 제9조의2(과징금)
① 국토교통부장관은 철도운영자등에 대하여 업무의 제한이나 정지를 명하여야 하는 경우로서 그 업무의 제한이나 정지가 철도 이용자 등에게 심한 불편을 주거나 그 밖에 공익을 해할 우려가 있는 경우에는 업무의 제한이나 정지를 갈음하여 30억원 이하의 과징금을 부과할 수 있다.
② 제1항에 따라 과징금을 부과하는 위반행위의 종류, 과징금의 부과기준 및 징수방법, 그 밖에 필요한 사항은 대통령령으로 정한다.
③ 국토교통부장관은 제1항에 따른 과징금을 내야 할 자가 납부기한까지 과징금을 내지 아니하는 경우에는 국세 체납처분의 예에 따라 징수한다.

232 철도용품 제작자승인을 받은 자가 해당 철도용품에 형식승인품임을 나타내는 표시를 할 때 포함하여야 하는 사항이 아닌 것은?

① 형식승인품명 및 형식승인번호
② 형식승인 일자
③ 형식승인품의 제조자명
④ 형식승인기관의 명칭

해설 철도안전법 시행규칙 제68조(형식승인을 받은 철도용품의 표시)제1항 철도용품 제작자승인을 받은 자는 해당 철도용품에 다음의 사항을 포함하여 형식승인을 받은 철도용품(형식승인품이라 한다)임을 나타내는 표시를 하여야 한다.
① 형식승인품명 및 형식승인번호
② 형식승인품명의 제조일
③ 형식승인품의 제조자명(제조자임을 나타내는 마크 또는 약호를 포함한다)
④ 형식승인기관의 명칭

233 국토교통부장관이 한국철도기술연구원 및 한국교통안전공단에 위탁한 검사 업무에 해당하지 않은 것은?

① 철도차량 제작자승인검사
② 완성차량 검사
③ 철도용품 형식승인검사
④ 철도용품 제작자승인검사

해설 철도안전법 제27조의3(검사 업무의 위탁), 시행령 제28조의2(검사 업무의 위탁)
① 국토교통부장관은 다음의 업무를 한국철도기술연구원 및 한국교통안전공단에 위탁한다.
  1. 철도차량 형식승인검사
  2. 철도차량 제작자승인검사
  3. 철도차량 완성검사(완성차량검사는 제외)
  4. 철도용품 형식승인검사
  5. 철도용품 제작자승인검사
② 국토교통부장관은 완성차량검사 업무를 국토교통부장관이 지정하여 고시하는 철도안전에 관한 전문기관 또는 단체에 위탁한다.

234 국토교통부장관은 형식승인을 받은 철도차량 또는 철도용품의 안전 및 품질의 확인·점검을 위하여 필요하다고 인정하는 경우에는 소속 공무원으로 하여금 여러 가지 조치를 하게 할 수 있는데 이에 해당하지 않는 것은?

① 철도차량 또는 철도용품이 철도차량 기술기준 또는 철도용품 기술기준에 적합한지에 대한 조사
② 철도차량 또는 철도용품 형식승인 및 제작자승인을 받은 자의 관계 장부 또는 서류의 열람·제출
③ 철도차량 또는 철도용품에 대한 수거·검사
④ 철도차량 또는 철도용품의 안전 및 품질에 대한 시험·분석

해설 철도안전법 제31조(형식승인 등의 사후관리)제1항, 시행규칙 제72조(형식승인 등의 사후관리 대상 등)제1항 국토교통부장관은 형식승인을 받은 철도차량 또는 철도용품의 안전 및 품질의 확인·점검을 위하여 필

정답 231. ② 232. ② 233. ② 234. ④

요하다고 인정하는 경우에는 소속 공무원으로 하여금 다음의 조치를 하게 할 수 있다.
① 철도차량 또는 철도용품이 철도차량 기술기준 또는 철도용품 기술기준에 적합한지에 대한 조사
② 철도차량 또는 철도용품 형식승인 및 제작자승인을 받은 자의 관계 장부 또는 서류의 열람·제출
③ 철도차량 또는 철도용품에 대한 수거·검사
④ 철도차량 또는 철도용품의 안전 및 품질에 대한 전문연구기관에의 시험·분석 의뢰
⑤ 사고가 발생한 철도차량 또는 철도용품에 대한 철도운영 적합성 조사
⑥ 장기 운행한 철도차량 또는 철도용품에 대한 철도운영 적합성 조사
⑦ 철도차량 또는 철도용품에 결함이 있는지의 여부에 대한 조사
⑧ 그 밖에 철도차량 또는 철도용품의 안전 및 품질에 관하여 국토교통부장관이 필요하다고 인정하여 고시하는 사항

235 국토교통부장관은 형식승인을 받은 철도차량 또는 철도용품의 안전 및 품질의 확인·점검을 위하여 필요하다고 인정하는 경우에는 소속 공무원으로 하여금 여러 가지 조치를 하게 할 수 있는데 이에 해당하지 않는 것은?

① 철도차량 또는 철도용품의 안전 및 품질에 대한 전문연구기관에의 시험·분석 의뢰
② 사고가 발생한 철도차량 또는 철도용품에 대한 철도운영 적합성 조사
③ 신설 운행한 철도차량 또는 철도용품에 대한 철도운영 적합성 조사
④ 철도차량 또는 철도용품에 결함이 있는지의 여부에 대한 조사

해설 철도안전법 제31조(형식승인 등의 사후관리)제1항, 시행규칙 제72조(형식승인 등의 사후관리 대상 등)제1항 참조

236 철도차량 판매자는 철도차량 구매자에게 해당 철도차량 관련 부품을 그 철도차량의 완성검사를 받은 날부터 몇 년 이상 동안 공급해야 하는가?

① 5년　　② 10년
③ 20년　④ 30년

해설 철도안전법 시행규칙 제72조의2(철도차량 부품의 안정적 공급 등)제1항 철도차량 완성검사를 받아 해당 철도차량을 판매한 자(철도차량 판매자라 한다)는 그 철도차량의 완성검사를 받은 날부터 20년 이상 다음에 따른 부품을 해당 철도차량을 구매한 자(해당 철도차량을 구매한 자와 계약에 따라 해당 철도차량을 정비하는 자를 포함한다. 철도차량 구매자라 한다)에게 공급해야 한다. 다만, 철도차량 판매자가 철도차량 구매자와 협의하여 철도차량 판매자가 공급하는 부품 외의 다른 부품의 사용이 가능하다고 약정하는 경우에는 철도차량 판매자는 해당 부품을 철도차량 구매자에게 공급하지 않을 수 있다.
① 국토교통부장관이 형식승인 대상으로 고시하는 철도용품
② 철도차량의 동력전달장치(엔진, 변속기, 감속기, 견인전동기 등), 주행·제동장치 또는 제어장치 등이 고장난 경우 해당 철도차량 자력(自力)으로 계속 운행이 불가능하여 다른 철도차량의 견인을 받아야 운행할 수 있는 부품
③ 그 밖에 철도차량 판매자와 철도차량 구매자의 계약에 따라 공급하기로 약정한 부품

237 철도차량 판매자는 철도차량 구매자에게 언제까지 해당 철도차량 관련 자료를 제공하고 관련 교육을 시행해야 하는가?

① 해당 철도차량의 인도 예정일 1개월 전까지
② 해당 철도차량의 인도 예정일 2개월 전까지
③ 해당 철도차량의 인도 예정일 3개월 전까지
④ 해당 철도차량의 인도 예정일 6개월 전까지

해설 철도안전법 시행규칙 제72조의3(자료제공·기술지도 및 교육의 시행)제5항 철도차량 판매자는 철도차량 구매자에게 해당 철도차량의 인도 예정일 3개월 전까지 관련 자료를 제공하고 관련 교육을 시행해야 한다. 다만, 철도차량 구매자가 따로 요청하거나 철도차량 판매자와 철도차량 구매자가 합의하는 경우에는 기술지도 또는 교육의 시기, 기간 및 방법 등을 따로 정할 수 있다.

정답　235. ②　236. ③　237. ③

238 다음 중 철도차량 또는 철도용품에 대하여 그 제작·수입·판매 또는 사용의 중지를 반드시 명하여야 하는 경우는?

① 형식승인이 취소된 경우
② 변경승인 이행명령을 받은 경우
③ 완성검사를 받지 아니한 철도차량을 판매한 경우(판매 또는 사용의 중지 명령만 해당한다)
④ 형식승인을 받은 내용과 다르게 철도차량 또는 철도용품을 제작·수입·판매한 경우

해설 철도안전법 제32조(제작 또는 판매 중지 등)제1항 국토교통부장관은 형식승인을 받은 철도차량 또는 철도용품이 다음의 어느 하나에 해당하는 경우에는 그 철도차량 또는 철도용품의 제작·수입·판매 또는 사용의 중지를 명할 수 있다. 다만, 형식승인이 취소된 경우에는 제작·수입·판매 또는 사용의 중지를 명하여야 한다.
① 형식승인이 취소된 경우
② 변경승인 이행명령을 받은 경우
③ 완성검사를 받지 아니한 철도차량을 판매한 경우(판매 또는 사용의 중지 명령만 해당한다)
④ 형식승인을 받은 내용과 다르게 철도차량 또는 철도용품을 제작·수입·판매한 경우

239 철도차량 또는 철도용품의 제작·수입·판매 또는 사용의 중지 명령을 받은 철도차량 또는 철도용품의 제작자가 시정조치계획서를 제출하는 경우 포함되는 사항이 아닌 것은?

① 해당 철도차량 또는 철도용품의 명칭, 형식승인번호 및 제작연월일
② 해당 철도차량 또는 철도용품의 제작 수 및 판매 수
③ 해당 철도차량 또는 철도용품의 제작자 성명, 생년월일
④ 해당 철도차량 또는 철도용품의 회수, 환불, 교체, 보수 및 개선 등 시정계획

해설 철도안전법 시행규칙 제73조(시정조치계획의 제출 및 보고 등)제1항 중지명령을 받은 철도차량 또는 철도용품의 제작자는 다음의 사항이 포함된 시정조치계획서를 국토교통부장관에게 제출하여야 한다.
① 해당 철도차량 또는 철도용품의 명칭, 형식승인번호 및 제작연월일
② 해당 철도차량 또는 철도용품의 위반경위, 위반정도 및 위반결과
③ 해당 철도차량 또는 철도용품의 제작 수 및 판매 수
④ 해당 철도차량 또는 철도용품의 회수, 환불, 교체, 보수 및 개선 등 시정계획
⑤ 해당 철도차량 또는 철도용품의 소유자·점유자·관리자 등에 대한 통지문 또는 공고문

240 철도차량 또는 철도용품의 제작·수입·판매 또는 사용의 중지명령을 받은 철도차량 또는 철도용품의 제작자의 시정조치와 관련한 사항으로 타당하지 않은 것은?

① 중지명령을 받은 철도차량 또는 철도용품의 제작자는 국토교통부령으로 정하는 바에 따라 해당 철도차량 또는 철도용품의 회수 및 환불 등에 관한 시정조치계획을 작성하여 국토교통부장관에게 제출하고 이 계획에 따른 시정조치를 하여야 한다.
② 변경승인 이행명령을 받은 경우 및 완성검사를 받지 아니한 철도차량을 판매한 경우로서 그 위반경위, 위반정도 및 위반효과 등이 국토교통부령으로 정하는 경미한 경우에는 시정조치를 면제할 수 있다.
③ 철도차량 또는 철도용품 제작자가 시정조치를 하는 경우에는 시정조치가 완료될 때까지 매 분기마다 분기 종료 후 20일 이내에 국토교통부장관에게 시정조치의 진행상황을 보고하여야 한다.
④ 철도차량 또는 철도용품 제작자가 시정조치를 완료한 경우에는 완료 후 30일 이내에 그 시정내용을 국토교통부장관에게 보고하여야 한다.

정답 238. ① 239. ③ 240. ④

해설 철도안전법 시행규칙 제73조(시정조치계획의 제출 및 보고 등)제3항 철도차량 또는 철도용품 제작자가 시정조치를 하는 경우에는 시정조치가 완료될 때까지 매 분기마다 분기 종료 후 20일 이내에 국토교통부장관에게 시정조치의 진행상황을 보고하여야 하고, 시정조치를 완료한 경우에는 완료 후 20일 이내에 그 시정내용을 국토교통부장관에게 보고하여야 한다.

241 다음 중 철도차량 또는 철도용품의 제작·수입·판매 또는 사용의 중지명령을 받은 철도차량 또는 철도용품의 제작자가 그 시정조치를 면제받을 수 있는 경우가 아닌 것은?

① 구조안전 및 성능에 영향을 미치지 아니하는 형상의 변경 위반
② 안전에 영향을 미치지 아니하는 설비의 변경 위반
③ 중량분포의 10% 이내의 경미한 영향을 미치는 장치 또는 부품의 배치 변경 위반
④ 동일 성능으로 입증할 수 있는 부품의 규격 변경 위반

해설 철도안전법 시행규칙 제73조(시정조치계획의 제출 및 보고 등)제2항 시정조치를 면제할 수 있는 국토교통부령으로 정하는 경미한 경우란 다음의 어느 하나에 해당하는 경우를 말한다.
① 구조안전 및 성능에 영향을 미치지 아니하는 형상의 변경 위반
② 안전에 영향을 미치지 아니하는 설비의 변경 위반
③ 중량분포에 영향을 미치지 아니하는 장치 또는 부품의 배치 변경 위반
④ 동일 성능으로 입증할 수 있는 부품의 규격 변경 위반
⑤ 안전, 성능 및 품질에 영향을 미치지 아니하는 제작과정의 변경 위반
⑥ 그 밖에 철도차량 또는 철도용품의 안전 및 성능에 영향을 미치지 아니한다고 국토교통부장관이 인정하여 고시하는 경우

242 다음 중 철도표준규격에 대한 설명으로 타당하지 않은 것은?

① 국토교통부장관은 철도표준규격을 제정·개정하거나 폐지하려는 경우에는 기술위원회의 심의를 거쳐야 한다.
② 국토교통부장관은 철도표준규격을 제정·개정하거나 폐지하는 경우에는 공청회 등을 개최하여 이해관계인의 의견을 들어야 한다.
③ 국토교통부장관은 철도표준규격을 제정한 경우에는 해당 철도표준규격의 명칭·번호 및 제정 연월일 등을 관보에 고시하여야 한다.
④ 국토교통부장관은 철도표준규격을 고시한 날부터 3년마다 타당성을 확인하여 필요한 경우에는 철도표준규격을 개정하거나 폐지할 수 있다.

해설 철도안전법 시행규칙 제74조(철도표준규격의 제정 등)
① 국토교통부장관은 철도차량이나 철도용품의 표준규격(철도표준규격이라 한다)을 제정·개정하거나 폐지하려는 경우에는 기술위원회의 심의를 거쳐야 한다.
② 국토교통부장관은 철도표준규격을 제정·개정하거나 폐지하는 경우에 필요한 경우에는 공청회 등을 개최하여 이해관계인의 의견을 들을 수 있다.
③ 국토교통부장관은 철도표준규격을 제정한 경우에는 해당 철도표준규격의 명칭·번호 및 제정 연월일 등을 관보에 고시하여야 한다. 고시한 철도표준규격을 개정하거나 폐지한 경우에도 또한 같다.
④ 국토교통부장관은 철도표준규격을 고시한 날부터 3년마다 타당성을 확인하여 필요한 경우에는 철도표준규격을 개정하거나 폐지할 수 있다. 다만, 철도기술의 향상 등으로 인하여 철도표준규격을 개정하거나 폐지할 필요가 있다고 인정하는 때에는 3년 이내에도 철도표준규격을 개정하거나 폐지할 수 있다.
⑤ 철도표준규격의 제정·개정 또는 폐지에 관하여 이해관계가 있는 자는 철도표준규격 제정·개정·폐지 의견서에 다음의 서류를 첨부하여 한국철도기술연구원에 제출할 수 있다.
 1. 철도표준규격의 제정·개정 또는 폐지안
 2. 철도표준규격의 제정·개정 또는 폐지안에 대한 의견서
⑥ 철도표준규격 제정·개정·폐지 의견서를 받은 한국철도기술연구원은 이를 검토한 후 그 검토 결과를 해당 이해관계인에게 통보하여야 한다.
⑦ 철도표준규격의 관리 등에 필요한 세부사항은 국토교통부장관이 정하여 고시한다.

정답 241. ③ 242. ②

243 철도의 종합시험운행에 대한 설명으로 타당하지 않은 것은?

① 철도운영자등은 철도노선을 새로 건설하거나 기존노선을 개량하여 운영하려는 경우에는 정상운행을 하기 전에 종합시험운행을 실시한 후 그 결과를 국토교통부장관에게 보고하여야 한다.
② 철도운영자등이 실시하는 종합시험운행은 해당 철도노선의 영업을 개시하기 전에 실시한다.
③ 철도운영자등은 종합시험운행을 실시하기 전에 종합시험운행계획을 수립하여야 한다.
④ 철도운영자등이 종합시험운행을 실시하는 때에는 안전관리책임자를 지정하여 관련 업무를 수행하도록 하여야 한다.

[해설] 철도안전법 시행규칙 제75조(종합시험운행의 시기·절차 등)제3항 철도시설관리자는 종합시험운행을 실시하기 전에 철도운영자와 협의하여 종합시험운행계획을 수립하여야 한다.

244 철도 종합시험운행계획에 포함되어야 하는 사항이 아닌 것은?

① 평가항목 및 평가기준 등
② 종합시험운행의 실시 노선 및 장소
③ 종합시험운행에 사용되는 시험기기 및 장비
④ 종합시험운행을 실시하는 사람에 대한 교육훈련계획

[해설] 철도안전법 시행규칙 제75조(종합시험운행의 시기·절차 등)제3항 철도시설관리자는 종합시험운행을 실시하기 전에 철도운영자와 협의하여 다음의 사항이 포함된 종합시험운행계획을 수립하여야 한다.
① 종합시험운행의 방법 및 절차
② 평가항목 및 평가기준 등
③ 종합시험운행의 일정
④ 종합시험운행의 실시 조직 및 소요인원
⑤ 종합시험운행에 사용되는 시험기기 및 장비
⑥ 종합시험운행을 실시하는 사람에 대한 교육훈련계획
⑦ 안전관리조직 및 안전관리계획
⑧ 비상대응계획
⑨ 그 밖에 종합시험운행의 효율적인 실시와 안전 확보를 위하여 필요한 사항

245 해당 철도노선에서 허용되는 최고속도까지 단계적으로 철도차량의 속도를 증가시키면서 철도시설의 안전상태, 철도차량의 운행적합성이나 철도시설물과의 연계성, 철도시설물의 정상 작동 여부 등을 확인·점검하는 시험을 무엇이라 하는가?

① 영업시 운전
② 성능시험
③ 시설물 검증시험
④ 공종별 시험

[해설] 철도안전법 시행규칙 제75조(종합시험운행의 시기·절차 등)제5항 종합시험운행은 다음의 절차로 구분하여 순서대로 실시한다.
① 시설물검증시험: 해당 철도노선에서 허용되는 최고속도까지 단계적으로 철도차량의 속도를 증가시키면서 철도시설의 안전상태, 철도차량의 운행적합성이나 철도시설물과의 연계성, 철도시설물의 정상 작동 여부 등을 확인·점검하는 시험
② 영업시운전: 시설물검증시험이 끝난 후 영업 개시에 대비하기 위하여 열차운행계획에 따른 실제 영업상태를 가정하고 열차운행체계 및 철도종사자의 업무숙달 등을 점검하는 시험

246 시설물검증시험이 끝난 후 영업 개시에 대비하기 위하여 열차운행계획에 따른 실제 영업상태를 가정하고 열차운행체계 및 철도종사자의 업무숙달 등을 점검하는 시험은?

① 영업시 운전
② 성능시험
③ 시설물 검증시험
④ 공종별 시험

[해설] 철도안전법 시행규칙 제75조(종합시험운행의 시기·절차 등)제5항 참조

정답 243. ③ 244. ② 245. ③ 246. ①

247 철도운영자등이 종합시험운행을 실시할 때 안전관리책임자가 수행해야 할 업무가 아닌 것은?

① 산업안전보건법 등 관련 법령에서 정한 안전조치사항의 점검·확인
② 종합시험운행을 실시하기 전의 안전점검 및 종합시험운행 중 안전관리 감독
③ 종합시험운행에 사용되는 철도차량에 대한 형식승인증명서 및 제작자승인증명서 확인
④ 종합시험운행에 사용되는 안전장비의 점검·확인

해설 철도안전법 시행규칙 제75조(종합시험운행의 시기·절차 등)제9항 철도운영자등이 종합시험운행을 실시하는 때에는 안전관리책임자를 지정하여 다음의 업무를 수행하도록 하여야 한다.
① 산업안전보건법 등 관련 법령에서 정한 안전조치사항의 점검·확인
② 종합시험운행을 실시하기 전의 안전점검 및 종합시험운행 중 안전관리 감독
③ 종합시험운행에 사용되는 철도차량에 대한 안전통제
④ 종합시험운행에 사용되는 안전장비의 점검·확인
⑤ 종합시험운행 참여자에 대한 안전교육

248 철도차량 최초 제작 당시와 다르게 구조, 부품, 장치 또는 차량성능 등에 대하여 개량 및 변경 등을 하는 것을 무엇이라 하는가?

① 변경 ② 개조
③ 개량 ④ 수리

해설 철도안전법 제38조의2(철도차량의 개조 등)제1항 철도차량을 소유하거나 운영하는 자(소유자등이라 한다)는 철도차량 최초 제작 당시와 다르게 구조, 부품, 장치 또는 차량성능 등에 대한 개량 및 변경 등(개조라 한다)을 임의로 하고 운행하여서는 아니 된다.

249 다음 중 철도차량의 개조에 대한 설명으로 옳지 않은 것은?

① 국토교통부장관은 개조승인을 하려는 경우에는 해당 철도차량이 법에 따라 고시하는 기술기준에 적합한지에 대하여 개조승인검사를 하여야 한다.
② 소유자등이 철도차량 개조승인을 받으려는 경우 철도운영기관의 장이 적정 개조능력이 있다고 인정되는 자가 개조작업을 수행할 수 있도록 하여야 한다.
③ 개조승인절차, 승인방법 등에 대하여 필요한 사항은 국토교통부령으로 정한다.
④ 국토교통부령으로 경미한 사항을 개조하는 경우에는 국토교통장관에게 신고하여야 한다.

해설 철도안전법 제38조의2(철도차량의 개조 등)
① 철도차량을 소유하거나 운영하는 자(소유자등이라 한다)는 철도차량 최초 제작 당시와 다르게 구조, 부품, 장치 또는 차량성능 등에 대한 개량 및 변경 등(개조라 한다)을 임의로 하고 운행하여서는 아니 된다.
② 소유자등이 철도차량을 개조하여 운행하려면 철도차량의 기술기준에 적합한지에 대하여 국토교통부령으로 정하는 바에 따라 국토교통부장관의 승인(개조승인이라 한다)을 받아야 한다. 다만, 국토교통부령으로 정하는 경미한 사항을 개조하는 경우에는 국토교통부장관에게 신고(개조신고라 한다)하여야 한다.
③ 소유자등이 철도차량을 개조하여 개조승인을 받으려는 경우에는 국토교통부령으로 정하는 바에 따라 적정 개조능력이 있다고 인정되는 자가 개조 작업을 수행하도록 하여야 한다.
④ 국토교통부장관은 개조승인을 하려는 경우에는 해당 철도차량이 철도차량의 기술기준에 적합한지에 대하여 개조승인검사를 하여야 한다.
⑤ 개조승인절차, 개조신고절차, 승인방법, 검사기준, 검사방법 등에 대하여 필요한 사항은 국토교통부령으로 정한다.

정답 247. ③ 248. ② 249. ②

250 철도차량을 개조하려는 경우 국토교통부 장관에게 신고하여야 하는 경미한 사항을 개조하는 경우에 해당하지 않는 것은?

① 차체구조 등 철도차량 구조체의 개조로 인하여 해당 철도차량의 허용 적재하중 등 철도차량의 강도가 100분의 10 미만으로 변동되는 경우
② 고속철도차량의 동력차(기관차)의 중량 및 중량분포가 100분의 2 이하로 변동되는 경우
③ 일반철도차량의 객차·화차의 중량 및 중량분포가 100분의 4 이하로 변동되는 경우
④ 도시철도차량의 중량 및 중량분포가 100분의 5 이하로 변동되는 경우

해설 철도안전법 시행규칙 제75조의4(철도차량의 경미한 개조)제1항제1호, 제2호 법 제38조의2제2항 단서에서 "국토교통부령으로 정하는 경미한 사항을 개조하는 경우"란 다음의 어느 하나에 해당하는 경우를 말한다.
① 차체구조 등 철도차량 구조체의 개조로 인하여 해당 철도차량의 허용 적재하중 등 철도차량의 강도가 100분의 5 미만으로 변동되는 경우
② 설비의 변경 또는 교체에 따라 해당 철도차량의 중량 및 중량분포가 다음에 따른 기준 이하로 변동되는 경우
 1. 고속철도차량 및 일반철도차량의 동력차(기관차): 100분의 2
 2. 고속철도차량 및 일반철도차량의 객차·화차·전기동차·디젤동차: 100분의 4
 3. 도시철도차량: 100분의 5

251 다음 중 철도차량 개조능력이 있다고 인정되는 자가 아닌 자는?

① 개조 대상 철도차량 또는 그와 유사한 성능의 철도차량을 제작한 경험이 있는 자
② 개조 대상 부품 또는 장치 등을 제작하여 납품한 실적이 있는 자
③ 개조 대상 부품·장치 또는 그와 유사한 성능의 부품·장치 등을 3년 이상 정비한 실적이 있는 자
④ 개조 전의 부품 또는 장치 등과 동등 수준 이상의 성능을 확보할 수 있는 부품 또는 장치 등의 신기술을 개발하여 해당 부품 또는 장치를 철도차량에 설치 또는 개량하는 자

해설 철도안전법 시행규칙 제75조의5(철도차량 개조능력이 있다고 인정되는 자) 법 제38조의2제3항에서 국토교통부령으로 정하는 적정 개조능력이 있다고 인정되는 자란 다음의 어느 하나에 해당하는 자를 말한다.
① 개조 대상 철도차량 또는 그와 유사한 성능의 철도차량을 제작한 경험이 있는 자
② 개조 대상 부품 또는 장치 등을 제작하여 납품한 실적이 있는 자
③ 개조 대상 부품·장치 또는 그와 유사한 성능의 부품·장치 등을 1년 이상 정비한 실적이 있는 자
④ 철도차량 정비조직인증을 받은 인증정비조직
⑤ 개조 전의 부품 또는 장치 등과 동등 수준 이상의 성능을 확보할 수 있는 부품 또는 장치 등의 신기술을 개발하여 해당 부품 또는 장치를 철도차량에 설치 또는 개량하는 자

252 철도차량의 개조가 부품단계, 구성품단계, 완성차단계, 시운전단계에서 철도차량기술기준에 적합한지 여부에 대한 시험을 무엇이라 하는가?

① 개조적합성 검사
② 개조합치성 검사
③ 개조형식시험
④ 개조검증시험

해설 철도안전법 시행규칙 제75조의6(개조승인 검사 등)제1항 법 제38조의2제4항에 따른 개조승인 검사는 다음의 구분에 따라 실시한다.
① 개조적합성 검사: 철도차량의 개조가 철도차량기술기준에 적합한지 여부에 대한 기술문서 검사
② 개조합치성 검사: 해당 철도차량의 대표편성에 대한 개조작업이 기술문서와 합치하게 시행되었는지 여부에 대한 검사
③ 개조형식시험: 철도차량의 개조가 부품단계, 구성품단계, 완성차단계, 시운전단계에서 철도차량기술기준에 적합한지 여부에 대한 시험

정답 250. ① 251. ③ 252. ③

253 철도차량이 철도차량 기술기준에 적합하지 않은 경우 1차 위반 시 그 처분기준은?

① 시정명령 ② 운행정지 1개월
③ 운행정지 2개월 ④ 운행정지 3개월

해설 철도안전법 시행규칙 제75조의 7, 시행규칙 별표 16(철도차량 운행제한 관련 처분기준)
소유자등에 대한 철도차량의 운행제한 처분기준은 철도안전법 시행규칙 별표 16과 같다.

철도차량 운행제한 관련 처분기준(철도안전법 시행규칙 별표 16)				
위반 행위	처분기준(해당 철도차량)			
	1차 위반	2차 위반	3차 위반	4차 위반
가. 철도차량이 철도차량 기술기준에 적합하지 않은 경우	시정명령	운행정지 1개월	운행정지 2개월	운행정지 4개월
나. 소유자등이 개조승인을 받지 않고 임의로 철도차량을 개조하여 운행하는 경우	운행정지 1개월	운행정지 2개월	운행정지 4개월	운행정지 6개월

254 철도차량 이력관리에 대한 설명으로 타당하지 않은 것은?

① 소유자등은 보유 또는 운영하고 있는 철도차량과 관련한 제작, 운용, 철도차량정비 및 폐차 등 이력을 관리하여야 한다.
② 이력을 관리하여야 할 철도차량, 이력관리 항목, 전산망 등 관리체계, 방법 및 절차 등에 필요한 사항은 국토교통부령으로 정한다.
③ 소유자등은 철도차량 이력을 국토교통부장관에게 정기적으로 보고하여야 한다.
④ 국토교통부장관은 보고된 철도차량과 관련한 제작, 운용, 철도차량정비 및 폐차 등 이력을 체계적으로 관리하여야 한다.

해설 철도안전법 제38조의5(철도차량의 이력관리)제2항 이력을 관리하여야 할 철도차량, 이력관리 항목, 전산망 등 관리체계, 방법 및 절차 등에 필요한 사항은 국토교통부장관이 정하여 고시한다.

255 철도차량 이력관리와 관련한 금지행위에 해당하지 않는 것은?

① 이력사항을 고의 또는 과실로 입력하지 아니하는 행위
② 이력사항을 위조·변조하거나 고의로 훼손하는 행위
③ 이력사항을 무단으로 외부에 제공하는 행위
④ 이력사항을 세부적인 사항까지 입력하는 경우

해설 철도안전법 제38조의5(철도차량의 이력관리)제3항 누구든지 관리하여야 할 철도차량의 이력에 대하여 다음의 행위를 하여서는 아니 된다.
① 이력사항을 고의 또는 과실로 입력하지 아니하는 행위
② 이력사항을 위조·변조하거나 고의로 훼손하는 행위
③ 이력사항을 무단으로 외부에 제공하는 행위

256 다음 중 철도차량정비 또는 원상복구를 명할 수 있는 경우가 아닌 것은?

① 철도차량기술기준에 적합하지 아니하거나 안전운행에 지장이 있다고 인정되는 경우
② 소유자등이 개조승인을 받지 아니하고 철도차량을 개조한 경우
③ 철도차량의 고장 등 철도차량 결함에 따른 철도사고로 사망자가 발생한 경우
④ 동일한 부품·구성품 또는 장치 등의 고장으로 인해 법 및 시행규칙에 따른 보고대상이 되는 지연운행이 발생한 경우

해설 철도안전법 제36조의6(철도차량정비 등)제3항 국토교통부장관은 철도차량이 다음 각 호의 어느 하나에 해당하는 경우에 철도운영자등에게 해당 철도차량에 대하여 국토교통부령으로 정하는 바에 따라 철도차량정비 또는 원상복구를 명할 수 있다. 다만, 제2호 또는 제3호에 해당하는 경우에는 국토교통부장관은 철도운영자등에게 철도차량정비 또는 원상복구를 명하여야 한다.
1. 철도차량기술기준에 적합하지 아니하거나 안전운행에 지장이 있다고 인정되는 경우

정답 253. ① 254. ② 255. ④ 256. ④

2. 소유자등이 개조승인을 받지 아니하고 철도차량을 개조한 경우
3. 국토교통부령으로 정하는 철도사고 또는 운행장애 등이 발생한 경우

철도안전법 시행규칙 제75조의8(철도차량정비 또는 원상복구 명령 등)제4항 법 제38조의6제3항제3호에서 "국토교통부령으로 정하는 철도사고 또는 운행장애 등"이란 다음의 경우를 말한다.
1. 철도차량의 고장 등 철도차량 결함으로 인해 법 제61조 및 이 규칙 제86조제3항에 따른 보고대상이 되는 열차사고 또는 위험사고가 발생한 경우
2. 철도차량의 고장 등 철도차량 결함에 따른 철도사고로 사망자가 발생한 경우
3. 동일한 부품·구성품 또는 장치 등의 고장으로 인해 법 제61조 및 이 규칙 제86조제3항에 따른 보고대상이 되는 지연운행이 1년에 3회 이상 발생한 경우
4. 그 밖에 철도 운행안전 확보 등을 위해 국토교통부장관이 정하여 고시하는 경우

257 철도차량 정비조직인증의 결격사유에 해당하지 않는 것은?

① 피성년후견인 및 피한정후견인
② 파산선고를 받은 자로서 복권되지 아니한 자
③ 정비조직의 인증이 취소된 후 3년이 지나지 아니한 자
④ 철도안전법을 위반하여 징역 이상의 형의 집행유예를 선고받고 그 유예기간 중에 있는 사람

해설 철도안전법 제38조의8(결격사유) 다음의 어느 하나에 해당하는 자는 정비조직의 인증을 받을 수 없다. 법인인 경우에는 임원 중 다음의 어느 하나에 해당하는 사람이 있는 경우에도 또한 같다.
1. 피성년후견인 및 피한정후견인
2. 파산선고를 받은 자로서 복권되지 아니한 자
3. 정비조직의 인증이 취소된 후 2년이 지나지 아니한 자
4. 이 법을 위반하여 징역 이상의 실형을 선고받고 그 집행이 끝나거나 그 집행이 면제된 날부터 2년이 지나지 아니한 사람
5. 이 법을 위반하여 징역 이상의 형의 집행유예를 선고받고 그 유예기간 중에 있는 사람

258 다음 중 인증정비조직의 준수사항에 해당하지 않는 것은?

① 철도차량정비기술기준을 준수할 것
② 정비조직인증기준에 적합하도록 유지할 것
③ 정비조직운영기준을 지속적으로 유지할 것
④ 중고 부품을 사용하여 철도차량정비를 하지 말 것

해설 철도안전법 제38조의9(인증정비조직의 준수사항) 인증정비조직은 다음의 사항을 준수하여야 한다.
1. 철도차량정비기술기준을 준수할 것
2. 정비조직인증기준에 적합하도록 유지할 것
3. 정비조직운영기준을 지속적으로 유지할 것
4. 중고 부품을 사용하여 철도차량정비를 할 경우 그 적정성 및 이상 여부를 확인할 것
5. 철도차량정비가 완료되지 않은 철도차량은 운행할 수 없도록 관리할 것

259 다음 중 반드시 인증정비조직의 인증을 취소해야 하는 경우가 아닌 것은?

① 거짓이나 그 밖의 부정한 방법으로 인증을 받은 경우
② 고의로 사망자가 발생하는 철도사고를 일으킨 경우
③ 중대한 과실로 5억원 이상의 재산피해가 발생하는 중대한 운행장애를 발생시킨 경우
④ 피한정후견인에 해당하게 된 경우

해설 철도안전법 제38조의10(인증정비조직의 인증 취소 등), 시행규칙 제75조의12(인증정비조직의 인증 취소 등)제1항 국토교통부장관은 인증정비조직이 다음의 어느 하나에 해당하면 인증을 취소하거나 6개월 이내의 기간을 정하여 업무의 제한이나 정지를 명할 수 있다. 다만, 제1호, 제2호(고의에 의한 경우로 한정한다) 및 제4호에 해당하는 경우에는 그 인증을 취소하여야 한다.
1. 거짓이나 그 밖의 부정한 방법으로 인증을 받은 경우
2. 고의 또는 중대한 과실로 사망자가 발생하는 철도사고를 일으킨 경우 및 5억원 이상의 재산피해가 발생하는 중대한 운행장애를 발생시킨 경우

정답 257. ③ 258. ④ 259. ③

3. 변경인증을 받지 아니하거나 변경신고를 하지 아니하고 인증받은 사항을 변경한 경우
4. 피성년후견인, 피한정후견인 및 파산선고를 받고 복권되지 아니한 자 등 정비조직인증의 결격사유에 해당하게 된 경우
5. 인증정비조직의 준수사항을 위반한 경우

260 다음 중 철도안전법에서 정의한 정밀안전진단에 대한 설명으로 옳지 않은 것은?

① 철도차량이 제작된 시점은 완성검사증명서를 발급받은 날부터 기산한다.
② 정밀안전진단 등의 기준·방법·절차 등에 필요한 사항은 국토교통부령으로 정한다.
③ 일정기간 또는 일정주행거리가 지나 노후된 철도차량을 운행하려는 경우 일정기간마다 물리적 사용가능 여부 및 안전성능 등에 대한 진단을 받아야 한다.
④ 정밀안전진단기관은 대통령이 지정한다.

해설 철도안전법 제38조의12(철도차량 정밀안전진단)
① 소유자등은 철도차량이 제작된 시점(완성검사증명서를 발급받은 날부터 기산한다)부터 국토교통부령으로 정하는 일정기간 또는 일정주행거리가 지나 노후된 철도차량을 운행하려는 경우 일정기간마다 물리적 사용가능 여부 및 안전성능 등에 대한 진단(정밀안전진단이라 한다)을 받아야 한다.
② 국토교통부장관은 철도사고 및 중대한 운행장애 등이 발생된 철도차량에 대하여는 소유자등에게 정밀안전진단을 받을 것을 명할 수 있다. 이 경우 소유자등은 특별한 사유가 없으면 이에 따라야 한다.
③ 국토교통부장관은 정밀안전진단 대상이 특정 시기에 집중되는 경우나 그 밖의 부득이한 사유로 소유자등이 정밀안전진단을 받을 수 없다고 인정될 때에는 그 기간을 연장하거나 유예할 수 있다.
④ 소유자등은 정밀안전진단 대상이 정밀안전진단을 받지 아니하거나 정밀안전진단 결과 또는 정밀안전진단 결과에 대한 평가 결과 계속 사용이 적합하지 아니하다고 인정되는 경우에는 해당 철도차량을 운행해서는 아니 된다.
⑤ 소유자등은 정밀안전진단기관으로부터 정밀안전진단을 받아야 한다.
⑥ 정밀안전진단 등의 기준·방법·절차 등에 필요한 사항은 국토교통부령으로 정한다.

261 2014년 3월 19일 이후에 구매계약을 체결한 철도차량의 최초 정밀안전진단의 시행 시기는?

① 철도차량 완성검사서를 발급받은 날부터 20년이 경과하기 전
② 영업시운전을 시작한 날부터 20년이 경과하기 전
③ 완성차량검사를 받은 날부터 20년이 경과하기 전
④ 차량형식시험을 받은 날부터 20년이 경과하기 전

해설 철도안전법 시행규칙 제75조의13(정밀안전진단의 시행시기)제1항 소유자등은 다음의 구분에 따른 기간이 경과하기 전에 해당 철도차량의 물리적 사용가능 여부 및 안전성능 등에 대한 정밀안전진단(최초 정밀안전진단이라 한다)을 받아야 한다. 다만, 잦은 고장·화재·충돌 등으로 다음 구분에 따른 기간이 도래하기 이전에 정밀안전진단을 받은 경우에는 그 정밀안전진단을 최초 정밀안전진단으로 본다.
1. 2014년 3월 19일 이후 구매계약을 체결한 철도차량: 철도차량 완성검사증명서를 발급받은 날부터 20년
2. 2014년 3월 18일까지 구매계약을 체결한 철도차량: 영업 시운전을 시작한 날부터 20년

262 철도차량 정밀안전진단의 방법 중 역행시험, 제도시험, 진동시험 및 승차감시험은 무슨 평가에 해당하는가?

① 상태평가
② 안전성 평가
③ 성능 평가
④ 주행 평가

해설 철도안전법 시행규칙 제75조의16(철도차량 정밀안전진단의 방법 등)제1항 정밀안전진단은 다음의 구분에 따라 시행한다.
1. 상태 평가: 철도차량의 치수 및 외관검사
2. 안전성 평가: 결함검사, 전기특성검사 및 전선열화검사
3. 성능 평가: 역행시험, 제동시험, 진동시험 및 승차감시험

정답 260. ④ 261. ① 262. ③

263 다음 중 철도차량 정밀안전진단기관의 지정기준으로 바르지 않는 것은?

① 정밀안전진단업무를 수행할 수 있는 상설 전담조직을 갖출 것
② 정밀안전진단업무를 수행할 수 있는 기술 인력을 확보할 것
③ 정밀안전진단업무를 수행하기 위한 설비와 장비를 갖출 것
④ 지정 신청일 2년 이내에 정밀안전진단기관 지정취소 또는 업무정지를 받은 사실이 없을 것

해설 철도안전법 시행규칙 제75조의17(정밀안전진단기관의 지정기준 및 절차 등)제2항 정밀안전진단기관의 지정기준은 다음과 같다.
1. 정밀안전진단업무를 수행할 수 있는 상설 전담조직을 갖출 것
2. 정밀안전진단업무를 수행할 수 있는 기술 인력을 확보할 것
3. 정밀안전진단업무를 수행하기 위한 설비와 장비를 갖출 것
4. 정밀안전진단기관의 운영 등에 관한 업무규정을 갖출 것
5. 지정 신청일 1년 이내에 정밀안전진단기관 지정취소 또는 업무정지를 받은 사실이 없을 것
6. 정밀안전진단 외의 업무를 수행하고 있는 경우 그 업무를 수행함으로 인하여 정밀안전진단업무가 불공정하게 수행될 우려가 없을 것
7. 철도차량을 제조 또는 판매하는 자가 아닐 것
8. 그 밖에 국토교통부장관이 정하여 고시하는 정밀안전진단기관의 지정 세부기준에 맞을 것

264 철도차량 정밀안전진단기관의 업무로 볼 수 없는 것은?

① 정밀안전진단의 항목 및 기준 제정
② 해당 업무분야의 철도차량에 대한 정밀안전진단 시행
③ 정밀안전진단의 항목 및 기준에 대한 제정·개정 요청
④ 정밀안전진단의 기록 보존 및 보호에 관한 업무

해설 철도안전법 시행규칙 제75조의18(정밀안전진단기관의 업무) 정밀안전진단기관의 업무 범위는 다음과 같다.
1. 해당 업무분야의 철도차량에 대한 정밀안전진단 시행
2. 정밀안전진단의 항목 및 기준에 대한 조사·검토
3. 정밀안전진단의 항목 및 기준에 대한 제정·개정 요청
4. 정밀안전진단의 기록 보존 및 보호에 관한 업무
5. 그 밖에 국토교통부장관이 필요하다고 인정하는 업무

265 다음 중 철도차량 정밀안전진단기관의 지정을 반드시 취소하여야 하는 경우가 아닌 것은?

① 거짓이나 그 밖의 부정한 방법으로 지정을 받은 경우
② 업무정지명령을 위반하여 업무정지 기간 중에 정밀안전진단 업무를 한 경우
③ 정밀안전진단 업무와 관련하여 부정한 금품을 수수하거나 그 밖의 부정한 행위를 한 경우
④ 고의로 정밀안전진단 결과를 기록하지 아니한 경우

해설 철도안전법 제38조의13(정밀안전진단기관의 지정 등) 제3항 국토교통부장관은 정밀안전진단기관이 다음의 어느 하나에 해당하는 경우에 그 지정을 취소하거나 6개월 이내의 기간을 정하여 그 업무의 전부 또는 일부의 정지를 명할 수 있다. 다만, 제1호부터 제3호까지의 어느 하나에 해당하는 경우에는 그 지정을 취소하여야 한다.
1. 거짓이나 그 밖의 부정한 방법으로 지정을 받은 경우(필요적 취소)
2. 업무정지명령을 위반하여 업무정지 기간 중에 정밀안전진단 업무를 한 경우(필요적 취소)
3. 정밀안전진단 업무와 관련하여 부정한 금품을 수수하거나 그 밖의 부정한 행위를 한 경우(필요적 취소)
4. 정밀안전진단 결과를 조작한 경우
5. 정밀안전진단 결과를 거짓으로 기록하거나 고의로 결과를 기록하지 아니한 경우
6. 성능검사 등을 받지 아니한 검사용 기계·기구를 사용하여 정밀안전진단을 한 경우
7. 정밀안전진단 결과를 평가한 결과 고의 또는 중대한 과실로 사실과 다르게 진단하는 등 정밀안전진단 업무를 부실하게 수행한 것으로 평가된 경우

정답 263. ④ 264. ① 265. ④

266 철도차량 정밀안전진단기관이 정밀안전진단 결과를 조작한 경우 1차 위반일 때 그 처분은?

① 업무정지 1개월
② 업무정지 2개월
③ 업무정지 3개월
④ 업무정지 6개월

해설 철도안전법 시행규칙 별표 18

위반사항	처분기준			
	1차 위반	2차 위반	3차 위반	4차 이상 위반
가. 거짓이나 그 밖의 부정한 방법으로 지정을 받은 경우	지정 취소			
나. 업무정지명령을 위반하여 업무정지 기간 중에 정밀안전진단 업무를 한 경우	지정 취소			
다. 정밀안전진단 업무와 관련하여 부정한 금품을 수수하거나 그 밖의 부정한 행위를 한 경우	지정 취소			
라. 정밀안전진단 결과를 조작한 경우	업무 정지 2개월	업무 정지 6개월	지정 취소	
마. 정밀안전진단 결과를 거짓으로 기록하거나 고의로 결과를 기록하지 않은 경우	업무 정지 2개월	업무 정지 6개월	지정 취소	
바. 성능검사 등을 받지 않은 검사용 기계·기구를 사용하여 정밀안전진단을 한 경우	업무 정지 1개월	업무 정지 2개월	업무 정지 4개월	업무 정지 6개월
사. 법 제38조의14제1항에 따라 정밀안전진단 결과를 평가한 결과 고의 또는 중대한 과실로 사실과 다르게 진단하는 등 정밀안전진단 업무를 부실하게 수행한 것으로 평가된 경우	업무 정지 2개월	업무 정지 6개월	지정 취소	

267 다음 중 철도안전법 시행규칙에서 정의한 철도교통관제업무의 대상에서 제외되는 사항으로 옳지 않은 것은?

① 정상운행을 하기 전 신설선에서 철도차량을 운행하는 경우
② 정상운행을 하기 전 개량선에서 철도차량을 운행하는 경우
③ 철도차량을 보수·정비하기 위한 차량정비기지 및 차량유치시설에서 철도차량을 운행하는 경우
④ 철도차량의 운행에 대한 집중 제어·통제 및 감시

해설 철도안전법 시행규칙 제76조(철도교통관제업무의 대상 및 내용 등) 다음의 어느 하나에 해당하는 경우에는 국토교통부장관이 행하는 철도교통관제업무(관제업무라 한다)의 대상에서 제외한다.
1. 정상운행을 하기 전의 신설선 또는 개량선에서 철도차량을 운행하는 경우
2. 철도차량을 보수·정비하기 위한 차량정비기지 및 차량유치시설에서 철도차량을 운행하는 경우

268 다음 중 철도교통관제업무의 내용에 해당하지 않는 것은?

① 철도차량의 운행에 대한 집중 제어·통제 및 감시
② 철도시설의 운용상태 등 철도차량의 운행과 관련된 조언과 정보의 제공 업무
③ 철도보호지구에서 토석, 자갈 및 모래의 채취행위를 할 경우 열차운행 통제 업무
④ 철도차량을 보수·정비하기 위한 차량정비기지에서 운행하는 철도차량의 통제 업무

해설 철도안전법 시행규칙 제76조(철도교통관제업무의 대상 및 내용 등)제2항 국토교통부장관이 행하는 철도교통관제업무의 내용은 다음과 같다.
1. 철도차량의 운행에 대한 집중 제어·통제 및 감시
2. 철도시설의 운용상태 등 철도차량의 운행과 관련된 조언과 정보의 제공 업무

정답 266. ② 267. ④ 268. ④

3. 철도보호지구에서 법 제45조제1항 각 호의 어느 하나에 해당하는 행위를 할 경우 열차운행 통제 업무
4. 철도사고등의 발생 시 사고복구, 긴급구조·구호 지시 및 관계 기관에 대한 상황 보고·전파 업무
5. 그 밖에 국토교통부장관이 철도차량의 안전운행 등을 위하여 지시한 사항

269 다음 중 영상기록장치를 설치·운영하여야 하는 철도차량 또는 철도시설에 해당하지 않는 것은?

① 열차의 맨 앞에 위치한 동력차로서 운전실 또는 운전설비가 있는 동력차
② 승객 설비를 갖추고 여객을 수송하는 객차
③ 철도차량을 중정비하는 차량정비기지
④ 대지면적이 1천제곱미터 이상인 차량정비기지

해설 철도안전법 제39조의3(영상기록장치의 설치·운영 등)제1항, 철도안전법 시행규칙 제30조(영상기록장치 설치대상)
① 법 제39조의3제1항제1호에서 "대통령령으로 정하는 동력차 및 객차"란 다음 각 호의 동력차 및 객차를 말한다.
  1. 열차의 맨 앞에 위치한 동력차로서 운전실 또는 운전설비가 있는 동력차
  2. 승객 설비를 갖추고 여객을 수송하는 객차
② 법 제39조의3제1항제2호에서 "승강장 등 대통령령으로 정하는 안전사고의 우려가 있는 역 구내"란 승강장, 대합실 및 승강설비를 말한다.
③ 법 제39조의3제1항제3호에서 "대통령령으로 정하는 차량정비기지"란 다음 각 호의 차량정비기지를 말한다.
  1. 철도사업법 제4조의2제1호에 따른 고속철도차량을 정비하는 차량정비기지
  2. 철도차량을 중정비(철도차량을 완전히 분해하여 검수·교환하거나 탈선·화재 등으로 중대하게 훼손된 철도차량을 정비하는 것을 말한다)하는 차량정비기지
  3. 대지면적이 3천제곱미터 이상인 차량정비기지
④ 법 제39조의3제1항제4호에서 "변전소 등 대통령령으로 정하는 안전확보가 필요한 철도시설"이란 다음 각 호의 철도시설을 말한다.
  1. 변전소(구분소를 포함한다), 무인기능실(전철전력설비, 정보통신설비, 신호 또는 열차 제어설비 운영과 관련된 경우만 해당한다)
  2. 노선이 분기되는 구간에 설치된 분기기(선로전환기를 포함한다), 역과 역 사이에 설치된 건넘선
  3. 통합방위법 제21조제4항에 따라 국가중요시설로 지정된 교량 및 터널
  4. 철도의 건설 및 철도시설 유지관리에 관한 법률 제2조제2호에 따른 고속철도에 설치된 길이 1킬로미터 이상의 터널
⑤ 법 제39조의3제1항제5호에서 "대통령령으로 정하는 안전확보가 필요한 건널목"이란 건널목 개량촉진법 제4조제1항에 따라 개량건널목으로 지정된 건널목(같은 법 제6조에 따라 입체교차화 또는 구조 개량된 건널목은 제외한다)을 말한다.

270 다음 중 영상기록장치를 설치·운영하여야 하는 철도차량 또는 철도시설에 해당하지 않는 것은?

① 노선이 분기되는 구간에 설치된 분기기
② 국가중요시설로 지정된 교량 및 터널
③ 고속철도에 설치된 길이 1킬로미터 이상의 터널
④ 입체교차화 또는 구조 개량된 건널목

해설 철도안전법 제39조의3(영상기록장치의 설치·운영 등)제1항, 철도안전법 시행규칙 제30조(영상기록장치 설치대상) 참조

271 승객설비를 갖추고 여객을 수송하는 객차에 설치되는 영상기록장치 설치 기준에 해당하지 않는 것은?

① 영상기록장치의 해상도는 범죄 예방 및 범죄 상황 파악 등에 지장이 없는 정도일 것
② 객차 내에 사각지대가 없도록 설치할 것
③ 여객 등이 영상기록장치를 쉽게 인식할 수 있는 위치에 설치할 것
④ 여객의 대기·승하차 및 이동 상황을 파악할 수 있을 것

정답 269. ④ 270. ④ 271. ④

해설 철도안전법 시행령 별표 4의4(영상기록장치의 설치 기준 및 방법)

영상기록장치의 설치 기준 및 방법(철도안전법 시행령 별표 4의4)

1. 법 제39조의3제1항제1호에 따른 동력차에는 다음 각 목의 기준에 따라 영상기록장치를 설치해야 한다.
   가. 다음의 상황을 촬영할 수 있는 영상기록장치를 각각 설치할 것
      1) 선로변을 포함한 철도차량 전방의 운행 상황
      2) 운전실의 운전조작 상황
   나. 가목에도 불구하고 다음의 어느 하나에 해당하는 철도차량의 경우에는 같은 목 2)의 상황을 촬영할 수 있는 영상기록장치는 설치하지 않을 수 있다.
      1) 운행정보의 기록장치 등을 통해 철도차량의 운전조작 상황을 파악할 수 있는 철도차량
      2) 무인운전 철도차량
      3) 전용철도의 철도차량
2. 법 제39조의3제1항제1호에 따른 객차에는 다음 각 목의 기준에 따라 영상기록장치를 설치해야 한다.
   가. 영상기록장치의 해상도는 범죄 예방 및 범죄 상황 파악 등에 지장이 없는 정도일 것
   나. 객차 내에 사각지대가 없도록 설치할 것
   다. 여객 등이 영상기록장치를 쉽게 인식할 수 있는 위치에 설치할 것
3. 법 제39조의3제1항제2호부터 제4호까지의 규정에 따른 시설에는 다음 각 목의 기준에 따라 영상기록장치를 설치해야 한다.
   가. 다음의 상황을 촬영할 수 있는 영상기록장치를 모두 설치할 것
      1) 여객의 대기·승하차 및 이동 상황
      2) 철도차량의 진출입 및 운행 상황
      3) 철도시설의 운영 및 현장 상황
   나. 철도차량 또는 철도시설이 충격을 받거나 화재가 발생한 경우 등 정상적이지 않은 환경에서도 영상기록장치가 최대한 보호될 수 있을 것

272 다음 중 영상기록장치를 설치 안내판에 표시하여야 하는 사항이 아닌 것은?

① 영상기록장치의 설치 목적
② 영상기록장치의 설치 위치, 촬영 범위 및 촬영 시간
③ 영상기록장치 관리 책임 부서, 관리책임자의 성명 및 연락처
④ 영상기록장치 제조사 및 연락처

해설 철도안전법 시행령 제31조(영상기록장치 설치 안내) 철도운영자등은 운전업무종사자 및 여객 등 개인정보 보호법 제2조제3호에 따른 정보주체가 쉽게 인식할 수 있는 운전실 및 객차 출입문 등에 다음의 사항이 표시된 안내판을 설치해야 한다.
1. 영상기록장치의 설치 목적
2. 영상기록장치의 설치 위치, 촬영 범위 및 촬영 시간
3. 영상기록장치 관리 책임 부서, 관리책임자의 성명 및 연락처
4. 그 밖에 철도운영자등이 필요하다고 인정하는 사항

273 철도운영자등이 영상기록장치의 영상기록을 다른 자에게 제공할 수 있는 경우가 아닌 것은?

① 교통사고 상황 파악을 위하여 필요한 경우
② 범죄의 수사와 공소의 제기 및 유지에 필요한 경우
③ 법원의 재판업무수행을 위하여 필요한 경우
④ 철도기술심의위원회의 결정으로 필요한 경우

해설 철도안전법 제39조의3(영상기록장치의 설치·운영 등)제4항 철도운영자등은 다음의 어느 하나에 해당하는 경우 외에는 영상기록을 이용하거나 다른 자에게 제공하여서는 아니 된다.
1. 교통사고 상황 파악을 위하여 필요한 경우
2. 범죄의 수사와 공소의 제기 및 유지에 필요한 경우
3. 법원의 재판업무수행을 위하여 필요한 경우

274 철도차량 또는 철도시설에 대한 영상기록 보관기간은 최소 며칠 이상이어야 하는가?

① 1일 ② 3일
③ 7일 ④ 10일

해설 철도안전법 시행규칙 제76조의3(영상기록의 보관기준 및 보관기간)
① 철도운영자등은 영상기록장치에 기록된 영상기록을 영 제32조에 따른 영상기록장치 운영·관리 지침에서 정하는 보관기간 동안 보관하여야 한다. 이 경우 보관기간은 3일 이상의 기간이어야 한다.
② 철도운영자등은 보관기간이 지난 영상기록을 삭제하여야 한다. 다만, 보관기간 내에 영상기록에 대한 제공을 요청 받은 경우에는 해당 영상기록을 제공하기 전까지는 영상기록을 삭제해서는 아니 된다.

정답 272. ④ 273. ④ 274. ②

275 영상기록장치 운영·관리 지침에 포함하여야 할 사항에 해당하지 않는 것은?

① 영상기록장치의 설치 근거 및 설치 목적
② 영상기록장치의 설치 대수, 설치 위치 및 촬영 범위
③ 영상기록의 촬영 시간, 보관기간, 보관 장소 및 처리방법
④ 정보주체의 영상기록 확인 방법 및 장소

해설 철도안전법 시행령 제32조(영상기록장치의 운영·관리 지침) 철도운영자등은 영상기록장치에 기록된 영상이 분실·도난·유출·변조 또는 훼손되지 않도록 다음호의 사항이 포함된 영상기록장치 운영·관리 지침을 마련해야 한다.
1. 영상기록장치의 설치 근거 및 설치 목적
2. 영상기록장치의 설치 대수, 설치 위치 및 촬영 범위
3. 관리책임자, 담당 부서 및 영상기록에 대한 접근 권한이 있는 사람
4. 영상기록의 촬영 시간, 보관기간, 보관장소 및 처리방법
5. 철도운영자등의 영상기록 확인 방법 및 장소
6. 정보주체의 영상기록 열람 등 요구에 대한 조치
7. 영상기록에 대한 접근 통제 및 접근 권한의 제한 조치
8. 영상기록을 안전하게 저장·전송할 수 있는 암호화 기술의 적용 또는 이에 상응하는 조치
9. 영상기록 침해사고 발생에 대응하기 위한 접속기록의 보관 및 위조·변조 방지를 위한 조치
10. 영상기록에 대한 보안프로그램의 설치 및 갱신
11. 영상기록의 안전한 보관을 위한 보관시설의 마련 또는 잠금장치의 설치 등 물리적 조치
12. 그 밖에 영상기록장치의 설치·운영 및 관리에 필요한 사항

276 열차운행의 일시중지에 대한 설명으로 바르지 않은 것은?

① 철도운영자는 지진, 태풍, 폭우, 폭설 등으로 열차의 안전운행에 지장이 있다고 인정하는 경우에는 열차운행을 일시 중지할 수 있다.
② 철도운영자는 재해가 발생하였거나 재해가 발생할 것으로 예상되는 경우 열차운행을 일시 중지할 수 있다.
③ 철도종사자는 철도사고 및 운행장애의 징후가 발견되거나 발생 위험이 높다고 판단되는 경우에는 관제업무종사자에게 열차운행을 일시 중지할 것을 요청할 수 있다.
④ 철도종사자는 열차운행의 중지 요청과 관련하여 과실이 있는 경우에는 민사상 책임을 진다.

해설 철도안전법 제40조(열차운행의 일시 중지)
① 철도운영자는 다음의 어느 하나에 해당하는 경우로서 열차의 안전운행에 지장이 있다고 인정하는 경우에는 열차운행을 일시 중지할 수 있다.
  1. 지진, 태풍, 폭우, 폭설 등 천재지변 또는 악천후로 인하여 재해가 발생하였거나 재해가 발생할 것으로 예상되는 경우
  2. 그 밖에 열차운행에 중대한 장애가 발생하였거나 발생할 것으로 예상되는 경우
② 철도종사자는 철도사고 및 운행장애의 징후가 발견되거나 발생 위험이 높다고 판단되는 경우에는 관제업무종사자에게 열차운행을 일시 중지할 것을 요청할 수 있다. 이 경우 요청을 받은 관제업무종사자는 특별한 사유가 없으면 즉시 열차운행을 중지하여야 한다.
③ 철도종사자는 열차운행의 중지 요청과 관련하여 고의 또는 중대한 과실이 없는 경우에는 민사상 책임을 지지 아니한다.
④ 누구든지 열차운행의 중지를 요청한 철도종사자에게 이를 이유로 불이익한 조치를 하여서는 아니 된다.

277 다음 중 철도차량 운전업무종사자의 준수사항에 해당하지 않는 것은?

① 철도차량이 차량정비기지에서 출발하는 경우 운전제어와 관련된 장치의 기능에 대하여 이상 여부를 확인할 것
② 철도차량이 역시설에서 출발하는 경우 여객의 승하차 여부를 확인할 것
③ 철도운영자가 정하는 구간별 제한속도에 따라 운행할 것
④ 열차의 운행 간격을 조정해서 운행할 것

해설 철도안전법 제40조의2(철도종사자의 준수사항)제1항 운전업무종사자는 철도차량의 운전업무 수행 중 다음의 사항을 준수하여야 한다.

정답 275. ④ 276. ④ 277. ④

1. 철도차량 출발 전 국토교통부령으로 정하는 조치사항을 이행할 것
2. 국토교통부령으로 정하는 철도차량 운행에 관한 안전 수칙을 준수할 것

철도안전법 시행규칙 제76조의4(운전업무종사자의 준수사항)제1항 철도차량 출발 전 국토교통부령으로 정하는 조치사항이란 다음을 말한다.
① 철도차량이 차량정비기지에서 출발하는 경우 다음의 기능에 대하여 이상 여부를 확인할 것
  1. 운전제어와 관련된 장치의 기능
  2. 제동장치 기능
  3. 그 밖에 운전 시 사용하는 각종 계기판의 기능
② 철도차량이 역시설에서 출발하는 경우 여객의 승하차 여부를 확인할 것. 다만, 여객승무원이 대신하여 확인하는 경우에는 그러하지 아니하다.

철도안전법 시행규칙 제76조의4(운전업무종사자의 준수사항)제2항 국토교통부령으로 정하는 철도차량 운행에 관한 안전 수칙이란 다음을 말한다.
① 철도신호에 따라 철도차량을 운행할 것
② 철도차량의 운행 중에 휴대전화 등 전자기기를 사용하지 아니할 것. 다만, 다음의 어느 하나에 해당하는 경우로서 철도운영자가 운행의 안전을 저해하지 아니하는 범위에서 사전에 사용을 허용한 경우에는 그러하지 아니하다.
  1. 철도사고등 또는 철도차량의 기능장애가 발생하는 등 비상상황이 발생한 경우
  2. 철도차량의 안전운행을 위하여 전자기기의 사용이 필요한 경우
  3. 그 밖에 철도운영자가 철도차량의 안전운행에 지장을 주지 아니한다고 판단하는 경우
③ 철도운영자가 정하는 구간별 제한속도에 따라 운행할 것
④ 열차를 후진하지 아니할 것. 다만, 비상상황 발생 등의 사유로 관제업무종사자의 지시를 받는 경우에는 그러하지 아니하다.
⑤ 정거장 외에는 정차를 하지 아니할 것. 다만, 정지신호의 준수 등 철도차량의 안전운행을 위하여 정차를 하여야 하는 경우에는 그러하지 아니하다.
⑥ 운행구간의 이상이 발견된 경우 관제업무종사자에게 즉시 보고할 것
⑦ 관제업무종사자의 지시를 따를 것

278 철도사고등이 발생하였을 경우 관제업무종사자가 취하여야 할 조치사항에 해당하지 않는 것은?

① 사고현장의 열차운행 통제
② 여객의 승하차 여부 확인
③ 의료기관 및 소방서 등 관계기관에 지원 요청
④ 사고 수습을 위한 철도종사자의 파견 요청

해설 여객의 승하차 여부 확인은 운전업무종사자의 준수사항이다. 철도안전법 시행규칙 제76조의5(관제업무종사자의 준수사항)제2항 관제업무종사자가 철도사고등 발생 시 이행하여야 할 조치사항은 다음과 같다.
① 철도사고등이 발생하는 경우 여객 대피 및 철도차량 보호 조치 여부 등 사고현장 현황을 파악할 것
② 철도사고등의 수습을 위하여 필요한 경우 다음 각 목의 조치를 할 것
  1. 사고현장의 열차운행 통제
  2. 의료기관 및 소방서 등 관계기관에 지원 요청
  3. 사고 수습을 위한 철도종사자의 파견 요청
  4. 2차 사고 예방을 위하여 철도차량이 구르지 아니하도록 하는 조치 지시
  5. 안내방송 등 여객 대피를 위한 필요한 조치 지시
  6. 전차선(선로를 통하여 철도차량에 전기를 공급하는 장치를 말한다)의 전기공급 차단 조치
  7. 구원열차 또는 임시열차의 운행 지시
  8. 열차의 운행간격 조정
③ 철도사고등의 발생사유, 지연시간 등을 사실대로 기록하여 관리할 것

279 철도차량의 운행선로 또는 그 인근에서 철도시설의 건설 또는 관리와 관련된 작업수행을 하는 작업책임자가 작업 수행 전에 작업원을 대상으로 실시해야 하는 안전교육에 포함되는 내용이 아닌 것은?

① 해당 작업일의 작업계획
② 안전장비 착용 등 작업원 보호에 관한 사항
③ 작업특성 및 현장여건에 따른 위험요인에 대한 안전조치 방법
④ 작업이 지연되거나 작업 중 비상상황 발생 시 작업일정 및 열차의 운행일정 재조정 등에 관한 조치 방법

해설 작업이 지연되거나 작업 중 비상상황 발생 시 작업일정 및 열차의 운행일정 재조정 등에 관한 조치는 철도운행안전관리자의 준수사항이다. 철도안전법 시행규칙 제76조의6(작업책임자의 준수사항)제항 작업책임자는 작업 수행 전에 작업원을 대상으로 다음의 사항이 포함된 안전교육을 실시해야 한다.

정답 278. ② 279. ④

① 해당 작업일의 작업계획(작업량, 작업일정, 작업순서, 작업방법, 작업원별 임무 및 작업장 이동방법 등을 포함한다)
② 안전장비 착용 등 작업원 보호에 관한 사항
③ 작업특성 및 현장여건에 따른 위험요인에 대한 안전조치 방법
④ 작업책임자와 작업원의 의사소통 방법, 작업통제 방법 및 그 준수에 관한 사항
⑤ 건설기계 등 장비를 사용하는 작업의 경우에는 철도사고 예방에 관한 사항
⑥ 그 밖에 안전사고 예방을 위해 필요한 사항으로서 국토교통부장관이 정해 고시하는 사항

280 작업책임자의 작업안전에 관한 조치사항 중 국토교통부령으로 정하고 있는 내용으로 옳지 않은 것은?

① 작업이 지연되거나 작업 중 비상상황 발생 시 작업일정 및 열차의 운행일정 재조정 등에 관한 조치
② 작업시간 내 작업현장 이탈 금지
③ 작업 수행 전 작업원의 안전장비 착용상태 점검
④ 작업 수행 전 작업에 필요한 안전장비·안전시설의 점검

해설 작업이 지연되거나 작업 중 비상상황 발생 시 작업일정 및 열차의 운행일정 재조정 등에 관한 조치는 철도운행안전관리자의 준수사항이다. 철도안전법 시행규칙 제76조의6(작업책임자의 준수사항)제2항 법 제40조의2제3항제2호에서 국토교통부령으로 정하는 작업안전에 관한 조치 사항이란 다음을 말한다.
① 법 제40조의2제4항제1호 및 제2호에 따른 조정 내용에 따라 작업계획 등의 조정·보완
② 작업 수행 전 작업원의 안전장비 착용상태 점검
③ 작업 수행 전 작업에 필요한 안전장비·안전시설의 점검
④ 그 밖에 작업 수행 전에 필요한 조치로서 국토교통부장관이 정해 고시하는 조치
⑤ 작업시간 내 작업현장 이탈 금지
⑥ 작업 중 비상상황 발생 시 열차방호 등의 조치
⑦ 해당 작업으로 인해 열차운행에 지장이 있는지 여부 확인
⑧ 작업완료 시 상급자에게 보고
⑨ 그 밖에 작업안전에 필요한 사항으로서 국토교통부장관이 정해 고시하는 사항

281 다음 중 철도운행안전관리자의 준수사항에 해당하지 않는 것은?

① 작업일정 및 열차의 운행일정을 작업 수행 전에 조정할 것
② 작업일정 및 열차의 운행일정을 작업과 관련하여 관할 역의 관리책임자와 협의하여 조정할 것
③ 작업일정 및 열차의 운행일정을 작업과 관련하여 운전업무종사자와 협의하여 조정할 것
④ 작업이 지연되거나 작업 중 비상상황 발생 시 작업일정 및 열차의 운행일정 재조정 등에 관한 조치사항을 이행할 것

해설 철도안전법 제40조의2(철도종사자의 준수사항)제4항 철도운행안전관리자는 철도차량의 운행선로 또는 그 인근에서 철도시설의 건설 또는 관리와 관련된 작업 수행 중 다음의 사항을 준수하여야 한다.
① 작업일정 및 열차의 운행일정을 작업수행 전에 조정할 것
② 작업일정 및 열차의 운행일정을 작업과 관련하여 관할 역의 관리책임자(정거장에서 철도신호기·선로전환기 또는 조작판 등을 취급하는 사람을 포함한다) 및 관제업무종사자와 협의하여 조정할 것
③ 국토교통부령으로 정하는 열차운행 및 작업안전에 관한 조치 사항을 이행할 것

철도안전법 시행규칙 제76조의7(철도운행안전관리자의 준수사항) 국토교통부령으로 정하는 열차운행 및 작업안전에 관한 조치사항이란 다음을 말한다.
① 작업일정 및 열차의 운행일정 등에 관한 작업수행 전 조정에 따른 조정 내용을 작업책임자에게 통지
② 철도운행안전관리자의 업무
③ 작업 수행 전 다음 각 목의 조치
  1. 배치한 열차운행감시인의 안전장비 착용상태 및 휴대물품 현황 점검
  2. 그 밖에 작업 수행 전에 필요한 조치로서 국토교통부장관이 정해 고시하는 조치
④ 관할 역의 관리책임자(정거장에서 철도신호기·선로전환기 또는 조작판 등을 취급하는 사람을 포함한다) 및 작업책임자와의 연락체계 구축
⑤ 작업시간 내 작업현장 이탈 금지
⑥ 작업이 지연되거나 작업 중 비상상황 발생 시 작업일정 및 열차의 운행일정 재조정 등에 관한 조치
⑦ 그 밖에 열차운행 및 작업안전에 필요한 사항으로서 국토교통부장관이 정해 고시하는 사항

정답 280. ① 281. ③

282 철도사고등이 발생했을 때 운전업무종사자와 여객승무원이 이행해야 할 후속조치가 아닌 것은?

① 철도운행안전관리자에게 철도사고등의 상황을 전파할 것
② 여객의 안전을 확보하기 위하여 필요한 경우 철도차량 내 여객을 대피시킬 것
③ 여객의 안전을 확보하기 위하여 필요한 경우 철도차량의 비상문을 개방할 것
④ 사상자 발생 시 응급환자를 응급처치하거나 의료기관에 긴급히 이송되도록 지원할 것

해설 철도안전법 시행규칙 제76조의8(철도사고등의 발생 시 후속조치 등)제1항 운전업무종사자와 여객승무원은 다음의 후속조치를 이행하여야 한다. 이 경우 운전업무종사자와 여객승무원은 후속조치에 대하여 각각의 역할을 분담하여 이행할 수 있다.
① 관제업무종사자 또는 인접한 역시설의 철도종사자에게 철도사고등의 상황을 전파할 것
② 철도차량 내 안내방송을 실시할 것. 다만, 방송장치로 안내방송이 불가능한 경우에는 확성기 등을 사용하여 안내하여야 한다.
③ 여객의 안전을 확보하기 위하여 필요한 경우 철도차량 내 여객을 대피시킬 것
④ 2차 사고 예방을 위하여 철도차량이 구르지 아니하도록 하는 조치를 할 것
⑤ 여객의 안전을 확보하기 위하여 필요한 경우 철도차량의 비상문을 개방할 것
⑥ 사상자 발생 시 응급환자를 응급처치하거나 의료기관에 긴급히 이송되도록 지원할 것

283 운전업무종사자나 여객승무원이 철도사고등의 후속조치를 이행하지 않아도 되는 경우가 아닌 것은?

① 운전업무종사자 또는 여객승무원이 중대한 부상 등으로 인하여 의료기관으로의 이송이 필요한 경우
② 관제업무종사자 또는 철도사고등의 관리책임자로부터 철도사고등의 현장 이탈이 가능하다고 통보받은 경우
③ 여객을 안전하게 대피시킨 후 운전업무종사자와 여객승무원의 안전을 위하여 현장을 이탈하여야 하는 경우
④ 철도차량 내 안전 및 질서유지를 위하여 긴급하게 현장을 이탈하여야 하는 경우

해설 철도안전법 시행규칙 제76조의8(철도사고등의 발생 시 후속조치 등)제2항 후속조치 의무가 면제되는 의료기관으로의 이송이 필요한 경우 등 국토교통부령으로 정하는 경우란 다음의 어느 하나에 해당하는 경우를 말한다.
① 운전업무종사자 또는 여객승무원이 중대한 부상 등으로 인하여 의료기관으로의 이송이 필요한 경우
② 관제업무종사자 또는 철도사고등의 관리책임자로부터 철도사고등의 현장 이탈이 가능하다고 통보받은 경우
③ 여객을 안전하게 대피시킨 후 운전업무종사자와 여객승무원의 안전을 위하여 현장을 이탈하여야 하는 경우

284 철도안전법상 술을 마시거나 약물을 사용한 상태에서의 업무가 금지되는 사람이 아닌 자는?

① 운전업무종사자
② 관제업무종사자
③ 여객역무원
④ 정거장에서 철도신호기·선로전환기 및 조작판 등을 취급하는 업무를 수행하는 사람

해설 철도안전법 제41조(철도종사자의 음주 제한 등)제1항 다음의 어느 하나에 해당하는 철도종사자(실무수습 중인 사람을 포함한다)는 술을 마시거나 약물을 사용한 상태에서 업무를 하여서는 아니 된다.
① 운전업무종사자
② 관제업무종사자
③ 여객승무원
④ 작업책임자
⑤ 철도운행안전관리자
⑥ 정거장에서 철도신호기·선로전환기 및 조작판 등을 취급하거나 열차의 조성(철도차량을 연결하거나 분리하는 작업을 말한다)업무를 수행하는 사람
⑦ 철도차량 및 철도시설의 점검·정비 업무에 종사하는 사람

정답 282. ① 283. ④ 284. ③

285 철도종사자가 업무를 수행하기 위해서는 음주가 제한된다. 다음 중 음주 여부 판단에서 혈중 알코올농도가 다른 사람은?

① 운전업무종사자
② 여객승무원
③ 철도운행안전관리자
④ 철도차량 및 철도시설의 점검·정비 업무에 종사하는 사람

해설 철도안전법 제41조(철도종사자의 음주 제한 등) 제3항 음주 또는 약물 투여의 확인 또는 검사 결과 철도종사자가 술을 마시거나 약물을 사용하였다고 판단하는 기준은 다음의 구분과 같다.
① 술
 1. 혈중 알코올농도가 0.02퍼센트 이상인 경우: 운전업무종사자, 관제업무종사자, 여객승무원, 철도차량 및 철도시설의 점검·정비 업무에 종사하는 사람
 2. 혈중 알코올농도가 0.03퍼센트 이상인 경우: 작업책임자, 철도운행안전관리자, 정거장에서 철도신호기·선로전환기 및 조작판 등을 취급하거나 열차의 조성(철도차량을 연결하거나 분리하는 작업을 말한다)업무를 수행하는 사람
② 약물 : 양성으로 판정된 경우

286 운전업무종사자는 혈중 알코올농도가 몇 퍼센트 이상이 되면 술을 마셨다고 판단하는가?

① 알코올농도가 0.01퍼센트 이상
② 알코올농도가 0.02퍼센트 이상
③ 알코올농도가 0.03퍼센트 이상
④ 알코올농도가 0.05퍼센트 이상

해설 철도안전법 제41조(철도종사자의 음주 제한 등) 제3항 참조

287 철도종사자에 대한 음주 제한에 대한 설명으로 옳지 않은 것은?

① 철도종사자는 술을 마시거나 약물을 사용한 상태에서 업무를 하여서는 아니 된다.
② 국토교통부장관 또는 시·도지사는 철도안전과 위험방지를 위하여 필요하다고 인정한 때에는 철도종사자에 대하여 술을 마셨거나 약물을 사용하였는지 확인 또는 검사할 수 있다.
③ 술을 마셨는지에 대한 확인 또는 검사는 소변 검사 또는 모발 채취 등의 방법으로 실시한다.
④ 약물을 사용하였다고 판단하는 기준은 양성으로 판정된 경우이다.

해설 철도안전법 시행령 제43조의2(철도종사자의 음주 등에 대한 확인 또는 검사)
① 술을 마셨는지에 대한 확인 또는 검사는 호흡측정기 검사의 방법으로 실시하고, 검사 결과에 불복하는 사람에 대해서는 그 철도종사자의 동의를 받아 혈액 채취 등의 방법으로 다시 측정할 수 있다.
② 약물을 사용하였는지에 대한 확인 또는 검사는 소변 검사 또는 모발 채취 등의 방법으로 실시한다.

288 누구든지 위해물품을 열차에서 휴대하거나 적재할 수 없다. 다만, 특정한 직무를 수행하기 위한 경우에는 그러하지 아니하다. 이 특정한 직무에 종사하는 사람에 해당하지 않는 자는?

① 철도경찰 사무에 종사하는 국가공무원
② 경찰관 직무를 수행하는 사람
③ 경비업법에 따른 경비원
④ 위험물품을 운송하는 군용열차를 운전하는 운전업무종사자

해설 철도안전법 제42조(위해물품의 휴대 금지)제1항 누구든지 무기, 화약류, 유해화학물질 또는 인화성이 높은 물질 등 공중이나 여객에게 위해를 끼치거나 끼칠 우려가 있는 물건 또는 물질(위해물품이라 한다)을 열차에서 휴대하거나 적재할 수 없다. 다만, 국토교통부장관 또는 시·도지사의 허가를 받은 경우 또는 국토교통부령으로 정하는 특정한 직무를 수행하기 위한 경우에는 그러하지 아니하다. 철도안전법 시행규칙 제77조(위해물품 휴대금지 예외) 국토교통부령으로 정하는 특정한 직무를 수행하기 위한 경우란 다음의 사람이 직무를 수행하기 위하여 위해물품을 휴대·적재하는 경우를 말한다.

정답 285. ③ 286. ② 287. ③ 288. ④

① 철도경찰 사무에 종사하는 국가공무원(철도특별사법경찰관리라 한다)
② 경찰관 직무를 수행하는 사람
③ 경비업법에 따른 경비원
④ 위험물품을 운송하는 군용열차를 호송하는 군인

289 다음 중 열차에서 휴대 또는 적재가 금지되는 위해물품에 해당하지 않는 것은?

① 방사성 물질
② 총포·도검류 등
③ 고압가스
④ 장난감 권총

해설 철도안전법 시행규칙 제78조(위해물품의 종류 등)제1항 위해물품의 종류는 다음과 같다.
① 화약류: 총포·도검·화약류 등의 안전관리에 관한 법률에 따른 화약·폭약·화공품과 그 밖에 폭발성이 있는 물질
② 고압가스: 섭씨 50도 미만의 임계온도를 가진 물질, 섭씨 50도에서 300킬로파스칼을 초과하는 절대압력(진공을 0으로 하는 압력을 말한다)을 가진 물질, 섭씨 21.1도에서 280킬로파스칼을 초과하거나 섭씨 54.4도에서 730킬로파스칼을 초과하는 절대압력을 가진 물질이나, 섭씨 37.8도에서 280킬로파스칼을 초과하는 절대가스압력(진공을 0으로 하는 가스압력을 말한다)을 가진 액체상태의 인화성 물질
③ 인화성 액체: 밀폐식 인화점 측정법에 따른 인화점이 섭씨 60.5도 이하인 액체나 개방식 인화점 측정법에 따른 인화점이 섭씨 65.6도 이하인 액체
④ 가연성 물질류: 다음 각 목에서 정하는 물질
  1. 가연성고체: 화기 등에 의하여 용이하게 점화되며 화재를 조장할 수 있는 가연성 고체
  2. 자연발화성 물질: 통상적인 운송상태에서 마찰·습기흡수·화학변화 등으로 인하여 자연열발하거나 자연발화하기 쉬운 물질
  3. 그 밖의 가연성물질: 물과 작용하여 인화성 가스를 발생하는 물질
⑤ 산화성 물질류: 다음 각 목에서 정하는 물질
  1. 산화성 물질: 다른 물질을 산화시키는 성질을 가진 물질로서 유기과산화물 외의 것
  2. 유기과산화물: 다른 물질을 산화시키는 성질을 가진 유기물질
⑥ 독물류: 다음 각 목에서 정하는 물질
  1. 독물: 사람이 흡입·접촉하거나 체내에 섭취한 경우에 강력한 독작용이나 자극을 일으키는 물질
  2. 병독을 옮기기 쉬운 물질: 살아 있는 병원체 및 살아 있는 병원체를 함유하거나 병원체가 부착되어 있다고 인정되는 물질

⑦ 방사성 물질: 원자력안전법에 따른 핵물질 및 방사성물질이나 이로 인하여 오염된 물질로서 방사능의 농도가 킬로그램당 74킬로베크렐(그램당 0.002 마이크로큐리) 이상인 것
⑧ 부식성 물질: 생물체의 조직에 접촉한 경우 화학반응에 의하여 조직에 심한 위해를 주는 물질이나 열차의 차체·적하물 등에 접촉한 경우 물질적 손상을 주는 물질
⑨ 마취성 물질: 객실승무원이 정상근무를 할 수 없도록 극도의 고통이나 불편함을 발생시키는 마취성이 있는 물질이나 그와 유사한 성질을 가진 물질
⑩ 총포·도검류 등: 총포·도검·화약류 등의 안전관리에 관한 법률에 따른 총포·도검 및 이에 준하는 흉기류
⑪ 그 밖의 유해물질: 상기 외의 것으로서 화학변화 등에 의하여 사람에게 위해를 주거나 열차 안에 적재된 물건에 물질적인 손상을 줄 수 있는 물질

290 철도운송의 위탁뿐만 아니라 운송이 금지된 위험물에 속하지 않는 것은?

① 점화 또는 점폭약류를 붙인 폭약
② 니트로글리세린
③ 행사용 폭죽
④ 뇌홍질화연에 속하는 것

해설 철도안전법 철도안전법 제43조(위험물의 운송위탁 및 운송 금지) 누구든지 점화류 또는 점폭약류를 붙인 폭약, 니트로글리세린, 건조한 기폭약, 뇌홍질화연에 속하는 것 등 대통령령으로 정하는 위험물의 운송을 위탁할 수 없으며, 철도운영자는 이를 철도로 운송할 수 없다.

시행령 제44조(운송위탁 및 운송 금지 위험물 등) 대통령령으로 정하는 위험물이란 다음의 위험물을 말한다.
① 점화 또는 점폭약류를 붙인 폭약
② 니트로글리세린
③ 건조한 기폭약
④ 뇌홍질화연에 속하는 것
⑤ 그 밖에 사람에게 위해를 주거나 물건에 손상을 줄 수 있는 물질로서 국토교통부장관이 정하여 고시하는 위험물

정답 289. ④ 290. ③

291 다음 중 철도운송 시 철도운행상의 위험 방지 및 인명 보호를 위하여 위험물을 안전하게 포장·적재·관리·운송하여야 하는 운송취급주의 위험물에 해당하지 않는 것은?

① 대폭발위험성이 없는 둔감한 폭발성 제품
② 비인화성·비독성가스
③ 건조한 기폭약
④ 산화성 물질

해설 건조한 기폭약은 운송위탁 및 운송금지 위험물이다. 철도안전법 시행령 제45조(운송취급주의 위험물) 대통령령으로 정하는 위험물이란 다음의 어느 하나에 해당하는 것으로서 국토교통부령으로 정하는 것을 말한다.
① 철도운송 중 폭발할 우려가 있는 것
② 마찰·충격·흡습 등 주위의 상황으로 인하여 발화할 우려가 있는 것
③ 인화성·산화성 등이 강하여 그 물질 자체의 성질에 따라 발화할 우려가 있는 것
④ 용기가 파손될 경우 내용물이 누출되어 철도차량·레일·기구 또는 다른 화물 등을 부식시키거나 침해할 우려가 있는 것
⑤ 유독성 가스를 발생시킬 우려가 있는 것
⑥ 그 밖에 화물의 성질상 철도시설·철도차량·철도종사자·여객 등에 위해나 손상을 끼칠 우려가 있는 것, 위험물철도운송규칙 제2조(운송취급주의 위험물의 범위) 철도안전법 시행령 제45조에서 국토교통부령이 정하는 것이란 별표 1과 같다. 위험물철도운송규칙 별표 1

운송취급주의 위험물
(위험물철도운송규칙 별표 1, 철도안전법 시행령 제45조 관련)

제1류 화약류
1. 제1.1급: 대폭발위험성이 있는 폭발성 물질 및 폭발성 제품(발화 시 해당 폭발성 물질 또는 폭발성 제품의 대부분이 동시에 폭발하는 것)
2. 제1.2급: 대폭발위험성은 없으나 분사위험성이 있는 폭발성 물질 및 폭발성 제품(발화 시 해당 폭발성 물질 또는 폭발성 제품이 연소되면서 빠른 속도로 가스를 내뿜는 것)
3. 제1.3급: 대폭발위험성은 없으나 화재위험성, 폭발위험성 또는 분사위험성이 있는 폭발성 물질 및 폭발성 제품
4. 제1.4급: 폭발위험성과 분사위험성이 낮은 폭발성 물질 및 폭발성 제품(운송 중 발화하는 경우 폭발위험성이 포장에 국한되거나 분사위험성이 감지되지 않을 정도의 것)
5. 제1.5급: 대폭발위험성이 있는 둔감한 폭발성 물질(통상의 운송조건에서는 발화하기 어렵고 화재의 경우에도 폭발하기 어려운 물질)
6. 제1.6급: 대폭발위험성이 없는 둔감한 폭발성 제품(둔감한 폭발성 물질을 주성분으로 하여 만들어진 폭발성 제품)

제2류 가스류
1. 제2.1급: 인화성가스
2. 제2.2급: 비인화성·비독성가스
3. 제2.3급: 독성가스

제3류 인화성액체류

제4류 가연성 고체, 자연 발화성 물질, 물과 접촉 시 인화성 가스를 방출하는 물질
1. 제4.1급: 가연성 고체, 자기 반응성 물질 및 둔감한 화약류
2. 제4.2급: 자연 발화성 물질
3. 제4.3급: 물과 접촉 시 인화성 가스를 방출하는 물질

제5류 산화성 물질 및 유기과산화물
1. 제5.1급: 산화성물질
2. 제5.2급: 유기과산화물

제6류 독물 및 전염성 물질
1. 제6.1급: 독물
2. 제6.2급: 전염성 물질

제7류 방사능 물질

제8류 부식성 물질

제9류 철도운송 중 나타나는 유해성이 제1류부터 제8류까지에 속하지 아니하는 물질이나 제품으로 국토교통부장관이 정하여 고시하는 물질이나 제품

292 철도안전법령에서 규정하는 운송취급주의 위험물로 옳지 않은 것은?

① 철도운송 중 폭발할 우려가 있는 것
② 유독성 가스를 발생시킬 우려가 있는 것
③ 마찰·충격·흡습 등 주위의 상황으로 인하여 발화할 우려가 있는 것
④ 뇌홍질화연에 속하는 것

해설 철도안전법 시행령 제45조(운송취급주의 위험물) 참조

293 다음 중 철도보호지구에서의 행위 시 국토교통부장관 또는 시·도지사에게 신고해야 하는 행위로 옳지 않은 것은?

① 토지의 형질변경 및 굴착
② 토석, 자갈 및 모래의 채취
③ 건축물의 신축·개축·증축 또는 인공구조물의 설치
④ 토지의 명의변경

정답 291. ③ 292. ④ 293. ④

해설 철도안전법 제45조(철도보호지구에서의 행위제한 등) 제1항 철도경계선(가장 바깥쪽 궤도의 끝선을 말한다)으로부터 30미터 이내(도시철도법상의 노면전차의 경우에는 10미터 이내)의 지역(철도보호지구라 한다)에서 다음의 어느 하나에 해당하는 행위를 하려는 자는 대통령령으로 정하는 바에 따라 국토교통부장관 또는 시·도지사에게 신고하여야 한다.
① 토지의 형질변경 및 굴착
② 토석, 자갈 및 모래의 채취
③ 건축물의 신축·개축·증축 또는 인공구조물의 설치
④ 나무의 식재(대통령령으로 정하는 경우만 해당한다)
⑤ 그 밖에 철도시설을 파손하거나 철도차량의 안전운행을 방해할 우려가 있는 행위로서 대통령령으로 정하는 행위

294 다음 중 철도안전법에서 정한 철도보호지구의 범위로 옳은 것은?

① 철도시설물로부터 30미터 이내
② 철도용지로부터 30미터 이내
③ 궤도중심으로부터 30미터 이내
④ 철도경계선으로부터 30미터 이내

해설 철도안전법 제45조(철도보호지구에서의 행위제한 등) 제1항 참조

295 철도보호지구에서의 대통령령으로 정하는 철도보호를 위한 안전조치에 해당하지 않는 것은?

① 선로 옆의 제방 등에 대한 흙막이공사 시행
② 선로나 정거장 주변의 주거환경에 대한 개선조치
③ 신호기를 가리거나 신호기를 보는데 지장을 주는 시설이나 설비 등의 철거
④ 안전울타리나 안전통로 등 안전시설의 설치

해설 철도안전법 시행령 제49조(철도보호를 위한 안전조치) 법 제45조제3항에서 대통령령으로 정하는 필요한 조치란 다음의 어느 하나에 해당하는 조치를 말한다.
① 공사로 인하여 약해질 우려가 있는 지반에 대한 보강대책 수립·시행
② 선로 옆의 제방 등에 대한 흙막이공사 시행
③ 굴착공사에 사용되는 장비나 공법 등의 변경
④ 지하수나 지표수 처리대책의 수립·시행
⑤ 시설물의 구조 검토·보강
⑥ 먼지나 티끌 등이 발생하는 시설·설비나 장비를 운용하는 경우 방진막, 물을 뿌리는 설비 등 분진방지시설 설치
⑦ 신호기를 가리거나 신호기를 보는데 지장을 주는 시설이나 설비 등의 철거
⑧ 안전울타리나 안전통로 등 안전시설의 설치
⑨ 그 밖에 철도시설의 보호 또는 철도차량의 안전운행을 위하여 필요한 안전조치

296 국토교통부장관 또는 시·도지사는 철도차량의 안전 운행 및 철도보호를 위하여 필요하다고 인정할 때에는 토지, 나무, 시설, 건축물, 그 밖의 공작물의 소유자나 점유자에게 일정한 조치를 하도록 명령할 수 있다. 이 조치에 해당하지 않는 것은?

① 시설등이 시야에 장애를 주면 그 장애물을 제거할 것
② 시설등이 붕괴하여 철도에 위해를 끼치거나 끼칠 우려가 있으면 그 위해를 제거하고 필요하면 방지시설을 할 것
③ 시설물의 구조를 검토하고 보강할 것
④ 철도에 토사 등이 쌓이거나 쌓일 우려가 있으면 그 토사 등을 제거하거나 방지시설을 할 것

해설 철도안전법 제45조(철도보호지구에서의 행위제한 등) 제4항 국토교통부장관 또는 시·도지사는 철도차량의 안전운행 및 철도 보호를 위하여 필요하다고 인정할 때에는 토지, 나무, 시설, 건축물, 그 밖의 공작물(시설 등이라 한다)의 소유자나 점유자에게 다음의 조치를 하도록 명령할 수 있다.
1. 시설등이 시야에 장애를 주면 그 장애물을 제거할 것
2. 시설등이 붕괴하여 철도에 위해를 끼치거나 끼칠 우려가 있으면 그 위해를 제거하고 필요하면 방지시설을 할 것
3. 철도에 토사 등이 쌓이거나 쌓일 우려가 있으면 그 토사 등을 제거하거나 방지시설을 할 것

정답 294. ④ 295. ② 296. ③

297 다음 중 여객열차에서의 금지행위에 해당하지 않는 것은?

① 정당한 사유 없이 운행 중에 비상정지버튼을 누르거나 철도차량의 옆면에 있는 승강용 출입문을 여는 등 철도차량의 장치 또는 기구 등을 조작하는 행위
② 여객열차 안에 있는 사람을 위험하게 할 우려가 있는 물건을 여객열차 밖으로 던지는 행위
③ 흡연하는 행위
④ 철도종사자와 여객 등에게 성적 수치심을 일으키는 행위

해설 철도안전법 제47조(여객열차에서의 금지행위)제1항 여객(무임승차자를 포함한다)은 여객열차에서 다음 각 호의 어느 하나에 해당하는 행위를 하여서는 아니 된다.
1. 정당한 사유 없이 국토교통부령으로 정하는 여객출입 금지장소에 출입하는 행위
2. 정당한 사유 없이 운행 중에 비상정지버튼을 누르거나 철도차량의 옆면에 있는 승강용 출입문을 여는 등 철도차량의 장치 또는 기구 등을 조작하는 행위
3. 여객열차 밖에 있는 사람을 위험하게 할 우려가 있는 물건을 여객열차 밖으로 던지는 행위
4. 흡연하는 행위
5. 철도종사자와 여객 등에게 성적 수치심을 일으키는 행위
6. 술을 마시거나 약물을 복용하고 다른 사람에게 위해를 주는 행위
7. 그 밖에 공중이나 여객에게 위해를 끼치는 행위로서 국토교통부령으로 정하는 행위

298 다음 중 여객출입 금지장소를 지정하는 자로 옳은 것은?

① 국토교통부장관
② 한국교통안전공단
③ 운영기관
④ 대통령

해설 철도안전법 제47조(여객열차에서의 금지행위)제1항제1호 정당한 사유 없이 국토교통부령으로 정하는 여객출입 금지장소에 출입하는 행위

299 다음 중 국토교통부령으로 정하는 출입금지 철도시설로 옳은 것은?

① 철도역사
② 방송실
③ 철도터널
④ 철도운전용 급유시설물이 있는 장소

해설 철도안전법 시행규칙 제79조(여객출입 금지장소) 국토교통부령으로 정하는 여객출입 금지장소는 다음과 같다.
① 운전실 ② 기관실
③ 발전실 ④ 방송실

300 철도안전법상 누구든지 궤도의 중심으로부터 양측으로 폭 ( ) 이내의 장소에 철도차량의 안전 운행에 지장을 주는 물건을 방치하여서는 아니 된다. 괄호 안에 들어갈 말로 옳은 것은?

① 3미터 ② 5미터
③ 7미터 ④ 10미터

해설 철도안전법 제48조(철도 보호 및 질서유지를 위한 금지행위)제1항 누구든지 정당한 사유 없이 철도 보호 및 질서유지를 해치는 다음의 어느 하나에 해당하는 행위를 하여서는 아니 된다.
① 철도시설 또는 철도차량을 파손하여 철도차량 운행에 위험을 발생하게 하는 행위
② 철도차량을 향하여 돌이나 그 밖의 위험한 물건을 던져 철도차량 운행에 위험을 발생하게 하는 행위
③ 궤도의 중심으로부터 양측으로 폭 3미터 이내의 장소에 철도차량의 안전 운행에 지장을 주는 물건을 방치하는 행위
④ 철도교량 등 국토교통부령으로 정하는 시설 또는 구역에 국토교통부령으로 정하는 폭발물 또는 인화성이 높은 물건 등을 쌓아 놓는 행위
⑤ 선로(철도와 교차된 도로는 제외한다) 또는 국토교통부령으로 정하는 철도시설에 철도운영자등의 승낙 없이 출입하거나 통행하는 행위
⑥ 역시설 등 공중이 이용하는 철도시설 또는 철도차량에서 폭언 또는 고성방가 등 소란을 피우는 행위
⑦ 철도시설에 국토교통부령으로 정하는 유해물 또는 열차운행에 지장을 줄 수 있는 오물을 버리는 행위
⑧ 역시설 또는 철도차량에서 노숙하는 행위
⑨ 열차운행 중에 타고 내리거나 정당한 사유 없이 승강용 출입문의 개폐를 방해하여 열차운행에 지장을 주는 행위

정답 297. ② 298. ① 299. ② 300. ①

301 철도안전법령에서 규정하는 철도보호 및 질서유지를 위한 금지행위에 해당하지 않는 것은?

① 역시설 등 공중이 이용하는 철도시설 또는 철도차량에서 폭언 또는 고성방가 등 소란을 피우는 행위
② 궤도의 중심으로부터 양측으로 폭 3미터 이내의 장소에 철도차량의 안전 운행에 지장을 주는 물건을 방치하는 행위
③ 여객열차 밖에 있는 사람을 위험하게 할 우려가 있는 물건을 여객열차 밖으로 던지는 행위
④ 철도시설 또는 철도차량을 파손하여 철도차량 운행에 위험을 발생하게 하는 행위

해설 여객열차 밖에 있는 사람을 위험하게 할 우려가 있는 물건을 여객열차 밖으로 던지는 행위는 여객열차에서의 금지행위에 해당한다. 철도안전법 제48조(철도 보호 및 질서유지를 위한 금지행위) 참조

302 다음 중 철도안전법 시행규칙에서 정의한 여객출입 금지장소, 폭발물 등 적치금지 구역이 순서대로 옳은 것은?

① 철도교량 – 정거장 및 선로(선로를 지지하는 구조물 및 그 주변지역을 포함)
② 방송실 – 철도터널
③ 발전실 – 방송실
④ 철도역사 – 기관실

해설 철도안전법 시행규칙 제79조(여객출입 금지장소) 참조, 철도안전법 시행규칙 제81조(폭발물 등 적치금지 구역) 국토교통부령으로 정하는 폭발물 또는 인화성이 높은 물건 등을 쌓아 놓는 행위를 금지하는 철도교량 등 국토교통부령으로 정하는 시설 또는 구역이란 다음의 구역 또는 시설을 말한다.
① 정거장 및 선로(정거장 또는 선로를 지지하는 구조물 및 그 주변지역을 포함한다)
② 철도 역사
③ 철도 교량
④ 철도 터널

303 철도운영자등의 승낙 없이 출입하거나 통행하는 행위가 금지되는 철도시설에 해당하지 않는 것은?

① 위험물을 적하하거나 보관하는 장소
② 신호·통신기기 설치장소 및 전력기기·관제설비 설치장소
③ 철도운전용 급유시설물이 있는 장소
④ 철도와 교차된 도로

해설 철도안전법 시행규칙 제83조(출입금지 철도시설) 철도운영자등의 승낙 없이 출입하거나 통행하는 행위가 금지되는 철도시설이란 다음의 철도시설을 말한다.
① 위험물을 적하하거나 보관하는 장소
② 신호·통신기기 설치장소 및 전력기기·관제설비 설치장소
③ 철도운전용 급유시설물이 있는 장소
④ 철도차량 정비시설

304 국토교통부령으로 정하는 철도시설이나 철도차량을 훼손하거나 정상적인 기능·작동을 방해하여 열차운행에 지장을 줄 수 있는 산업폐기물·생활폐기물로 옳은 것은?

① 위험물   ② 위험물품
③ 위험품   ④ 유해물

해설 철도안전법 시행규칙 제84조(열차운행에 지장을 줄 수 있는 유해물) 철도시설에 버리는 행위가 금지되는 유해물이란 철도시설이나 철도차량을 훼손하거나 정상적인 기능·작동을 방해하여 열차운행에 지장을 줄 수 있는 산업폐기물·생활폐기물을 말한다.

305 철도안전과 관련하여 휴대·적재 금지 위해물품을 휴대·적재하였다고 판단되는 사람과 물건에 대하여 실시하는 보안검색은?

① 위해물품검색
② 위험물검색
③ 전수검색
④ 일부검색

정답 301. ③ 302. ② 303. ④ 304. ④ 305. ④

해설 철도안전법 시행규칙 제85조의2(보안검색의 실시 방법 및 절차 등)제1항 보안검색의 실시 범위는 다음의 구분에 따른다.
① 전부검색 : 국가의 중요 행사 기간이거나 국가 정보기관으로부터 테러 위험 등의 정보를 통보받은 경우 등 국토교통부장관이 보안검색을 강화하여야 할 필요가 있다고 판단하는 경우에 국토교통부장관이 지정한 보안검색 대상 역에서 보안검색 대상 전부에 대하여 실시
② 일부검색 : 휴대·적재 금지 위해물품(위해물품이라 한다)을 휴대·적재하였다고 판단되는 사람과 물건에 대하여 실시하거나 전부검색으로 시행하는 것이 부적합하다고 판단되는 경우에 실시

306 철도특별사법경찰관리가 사전 설명 없이 보안검색을 실시할 수 있는 경우가 아닌 것은?

① 보안검색 장소의 안내문 등을 통하여 사전에 보안검색 실시계획을 안내한 경우
② 철도특별사법경찰관리가 합리적으로 판단하여 신속한 보안검색을 실시해야 하는 경우
③ 의심물체로 신고된 물건에 대하여 검색하는 경우
④ 장시간 방치된 수하물로 신고된 물건에 대하여 검색하는 경우

해설 철도안전법 시행규칙 제85조의2(보안검색의 실시 방법 및 절차 등)제5항 철도특별사법경찰관리가 보안검색을 실시하는 경우에는 검색 대상자에게 자신의 신분증을 제시하면서 소속과 성명을 밝히고 그 목적과 이유를 설명하여야 한다. 다만, 다음의 어느 하나에 해당하는 경우에는 사전 설명 없이 검색할 수 있다.
① 보안검색 장소의 안내문 등을 통하여 사전에 보안검색 실시계획을 안내한 경우
② 의심물체 또는 장시간 방치된 수하물로 신고된 물건에 대하여 검색하는 경우

307 여객열차에 승차하는 사람이 휴대 또는 적재하는 위해물품을 검색·탐지·분석하기 위한 보안검색장비에 해당하지 않는 것은?

① 액체폭발물탐지장비
② 방검복
③ 폭발물흔적탐지장비
④ 금속탐지장비

해설 철도안전법 시행규칙 제85조의3(보안검색장비의종류) 보안검색장비의 종류는 다음의 구분에 따른다.
① 위해물품을 검색·탐지·분석하기 위한 장비 : 엑스선 검색장비, 금속탐지장비(문형 금속탐지장비와 휴대용 금속탐지장비를 포함한다), 폭발물 탐지장비, 폭발물흔적탐지장비, 액체폭발물탐지장비 등
② 보안검색 시 안전을 위하여 착용·휴대하는 장비: 방검복, 방탄복, 방폭 담요 등

308 철도특별사법경찰관리가 휴대하여 범인 검거와 피의자 호송 등의 직무수행에 사용하는 직무장비에 해당하지 않는 것은?

① 수갑
② 포승
③ 권총
④ 경비봉

해설 철도안전법 제48조의5(직무장비의 휴대 및 사용 등)제2항 직무장비란 철도특별사법경찰관리가 휴대하여 범인검거와 피의자 호송 등의 직무수행에 사용하는 수갑, 포승, 가스분사기, 가스발사총(고무탄 발사겸용인 것을 포함한다), 전자충격기, 경비봉을 말한다.

309 철도종사자가 사람 또는 물건을 열차 밖이나 대통령령으로 정하는 지역 밖으로 퇴거시키거나 철거할 수 있는 경우가 아닌 것은?

① 여객열차에서 위해물품을 휴대한 사람 및 그 위해물품
② 운송금지 위험물을 운송위탁하거나 운송하는 자 및 그 위험물
③ 철도종사자의 직무상 지시를 따르지 아니하거나 직무집행을 방해하는 사람
④ 술 또는 약물을 섭취한 사람 및 그 술 또는 약물

해설 철도안전법 제50조(사람 또는 물건에 대한 퇴거 조치 등) 철도종사자는 다음의 어느 하나에 해당하는 사람 또는 물건을 열차 밖이나 대통령령으로 정하는 지역 밖으로 퇴거시키거나 철거할 수 있다.
① 제42조(위해물품의 휴대 금지)를 위반하여 여객열차에서 위해물품을 휴대한 사람 및 그 위해물품

정답 306. ② 307. ② 308. ③ 309. ④

② 제43조(위험물의 운송위탁 및 운송 금지)를 위반하여 운송 금지 위험물을 운송위탁하거나 운송하는 자 및 그 위험물
③ 제45조(철도보호지구에서의 행위제한 등)제3항 또는 제4항에 따른 행위 금지·제한 또는 조치 명령에 따르지 아니하는 사람 및 그 물건
④ 제47조(여객열차에서의 금지행위)제1항 또는 제2항을 위반하여 금지행위를 한 사람 및 그 물건
⑤ 제48조(철도 보호 및 질서유지를 위한 금지행위)제1항을 위반하여 금지행위를 한 사람 및 그 물건
⑥ 제48조의2(여객 등의 안전 및 보안)에 따른 보안검색에 따르지 아니한 사람
⑦ 제49조(철도종사자의 직무상 지시 준수)를 위반하여 철도종사자의 직무상 지시를 따르지 아니하거나 직무집행을 방해하는 사람

310 다음 중 대통령령으로 정하는 퇴거지역의 범위로 옳지 않은 것은?

① 정거장
② 철도신호기·철도차량정비소·통신기기·전력설비 등의 설비가 설치되어 있는 장소의 담장이나 경계선 안의 지역
③ 화물을 적하하는 장소의 담장이나 경계선 안의 지역
④ 대합실

[해설] 철도안전법 시행령 제52조(퇴거지역의 범위) 사람 또는 물건을 퇴거시키거나 철거할 수 있는 대통령령으로 정하는 지역이란 다음의 어느 하나에 해당하는 지역을 말한다.
① 정거장
② 철도신호기·철도차량정비소·통신기기·전력설비 등의 설비가 설치되어 있는 장소의 담장이나 경계선 안의 지역
③ 화물을 적하하는 장소의 담장이나 경계선 안의 지역

311 국토교통부장관에게 즉시 보고하여야 하는 철도사고에 해당하지 않는 것은?

① 열차의 충돌이나 탈선사고
② 철도차량이나 열차에서 화재가 발생하여 운행을 중지시킨 사고
③ 철도차량이나 열차의 운행과 관련하여 1명 이상 사상자가 발생한 사고
④ 철도차량이나 열차의 운행과 관련하여 5천만원 이상의 재산피해가 발생한 사고

[해설] 철도안전법 시행령 제57조(국토교통부장관에게 즉시 보고하여야 하는 철도사고등) 법 제61조제1항에서 사상자가 많은 사고 등 대통령령으로 정하는 철도사고 등이란 다음의 어느 하나에 해당하는 사고를 말한다.
① 열차의 충돌이나 탈선사고
② 철도차량이나 열차에서 화재가 발생하여 운행을 중지시킨 사고
③ 철도차량이나 열차의 운행과 관련하여 3명 이상 사상자가 발생한 사고
④ 철도차량이나 열차의 운행과 관련하여 5천만원 이상의 재산피해가 발생한 사고

312 사상자가 많은 사고등 대통령령으로 정하는 철도사고등이 발생한 때에 즉시 보고해야 하는 사항에 해당하지 않는 것은?

① 사고 발생 일시 및 장소
② 사상자의 성명 및 주소
③ 사고 발생 경위
④ 사고 수습 및 복구 계획 등

[해설] 철도안전법 제86조(철도사고등의 의무보고)제1항 철도운영자등은 사상자가 많은 사고 등 대통령령으로 정하는 철도사고등이 발생한 때에는 다음의 사항을 국토교통부장관에게 즉시 보고하여야 한다.
① 사고 발생 일시 및 장소
② 사상자 등 피해사항
③ 사고 발생 경위
④ 사고 수습 및 복구 계획 등

313 다음 중 철도사고등의 의무보고 분류방법으로 옳지 않은 것은?

① 초기보고
② 중간보고
③ 경위보고
④ 종결보고

[해설] 철도안전법 시행규칙 제86조(철도사고등의 의무보고) 제2항 철도운영자등은 사상자가 많은 사고 등 대통령령으로 정하는 철도사고등을 제외한 법 제61조제2항에 따른 철도사고등이 발생한 때에는 다음의 구분에 따라 국토교통부장관에게 이를 보고하여야 한다.
① 초기보고 : 사고발생현황 등
② 중간보고 : 사고수습·복구상황 등
③ 종결보고 : 사고수습·복구결과 등

정답 310. ④ 311. ③ 312. ② 313. ③

314 철도안전 자율보고는 누구에게 하여야 하는가?

① 국토교통부장관
② 시 · 도지사
③ 한국교통안전공단이사장
④ 철도운영자

해설 철도안전법 시행규칙 제88조(철도안전 자율보고의 절차 등)제1항 철도안전 자율보고를 하려는 자는 철도안전 자율보고서를 한국교통안전공단 이사장에게 제출하거나 국토교통부장관이 정하여 고시하는 방법으로 한국교통안전공단 이사장에게 보고해야 한다.

315 다음 보기에서 철도안전법 시행령상의 철도안전전문기술자를 모두 선택한 것은?

ㄱ. 전기철도 분야 ㄴ. 철도신호 분야
ㄷ. 철도궤도 분야 ㄹ. 철도시설 분야

① ㄴ, ㄷ, ㄹ   ② ㄱ, ㄴ, ㄷ, ㄹ
③ ㄱ, ㄴ, ㄷ   ④ ㄱ, ㄴ, ㄹ

해설 철도안전법 시행령 제59조(철도안전 전문인력의 구분)제1항 철도안전전문인력이란 다음의 어느 하나에 해당하는 인력을 말한다.
① 철도운행안전관리자
② 철도안전전문기술자
  1. 전기철도 분야 철도안전전문기술자
  2. 철도신호 분야 철도안전전문기술자
  3. 철도궤도 분야 철도안전전문기술자
  4. 철도차량 분야 철도안전전문기술자

316 철도안전 전문인력의 정기교육에 대한 설명으로 타당하지 않은 것은?

① 철도안전 전문인력의 분야별 자격을 부여받은 사람은 직무 수행의 적정성 등을 유지할 수 있도록 정기적으로 교육을 받아야 한다.
② 철도운영자등은 철도안전 전문인력의 정기교육을 받지 아니한 사람을 관련 업무에 종사하게 하여서는 아니 된다.
③ 철도안전 전문인력에 대한 정기교육의 주기, 교육 내용, 교육 절차 등에 관하여 필요한 사항은 국토교통부령으로 정한다.
④ 철도안전 전문인력의 정기교육은 한국교통안전공단에서 실시한다.

해설 철도안전법 제69조의3(철도안전 전문인력의 정기교육), 철도안전법 시행규칙 제92조의7(철도안전 전문인력의 정기교육)
① 철도안전 전문인력의 분야별 자격을 부여받은 사람은 직무 수행의 적정성 등을 유지할 수 있도록 정기적으로 교육을 받아야 한다.
② 철도운영자등은 철도안전 전문인력의 정기교육을 받지 아니한 사람을 관련 업무에 종사하게 하여서는 아니 된다.
③ 철도안전 전문인력에 대한 정기교육의 주기, 교육 내용, 교육 절차 등에 관하여 필요한 사항은 국토교통부령으로 정한다.
④ 법 제69조의3제1항에 따른 철도안전 전문인력에 대한 정기교육의 주기, 교육 내용, 교육 절차 등은 별표 28과 같다.
⑤ 철도안전 전문인력의 정기교육은 안전전문기관에서 실시한다.

317 다음 중 철도운행안전관리자의 자격을 반드시 취소하여야 하는 경우가 아닌 것은?

① 거짓이나 그 밖의 부정한 방법으로 철도운행안전관리자 자격을 받았을 때
② 철도운행안전관리자 자격의 효력정지 기간 중에 철도운행안전관리자 업무를 수행하였을 때
③ 철도운행안전관리자 자격을 다른 사람에게 빌려주었을 때
④ 철도운행안전관리자의 업무 수행 중 고의 또는 중과실로 인한 철도사고가 일어났을 때

해설 철도안전법 제69조의5(철도안전 전문인력 분야별 자격의 취소 · 정지)제1항 국토교통부장관은 철도운행안전관리자가 다음의 어느 하나에 해당할 때에는 철도운행안전관리자 자격을 취소하거나 1년 이내의 기간을 정하여 철도운행안전관리자 자격을 정지시킬 수 있다. 다만, 제1호부터 제3호까지의 규정에 해당할 때에는 철도운행안전관리자 자격을 취소하여야 한다.

정답 314. ③ 315. ③ 316. ④ 317. ④

① 거짓이나 그 밖의 부정한 방법으로 철도운행안전관리자 자격을 받았을 때(필요적 취소)
② 철도운행안전관리자 자격의 효력정지기간 중에 철도운행안전관리자 업무를 수행하였을 때(필요적 취소)
③ 철도운행안전관리자 자격을 다른 사람에게 빌려주었을 때(필요적 취소)
④ 철도운행안전관리자의 업무 수행 중 고의 또는 중과실로 인한 철도사고가 일어났을 때
⑤ 술을 마시거나 약물을 사용한 상태에서 철도운행안전관리자 업무를 하였을 때
⑥ 술을 마시거나 약물을 사용한 상태에서 업무를 하였다고 인정할 만한 상당한 이유가 있음에도 불구하고 국토교통부장관 또는 시·도지사의 확인 또는 검사를 거부하였을 때

318 다음 중 철도안전법령에서 규정하는 재정지원 기관 및 단체에 해당하지 않은 것은?

① 운전적성검사기관
② 안전전문기관 및 철도안전에 관한 단체
③ 관제교육훈련기관
④ 운전신체검사기관

해설 철도안전법 제72조(재정지원) 정부는 다음의 기관 또는 단체에 보조 등 재정적 지원을 할 수 있다.
① 운전적성검사기관, 관제적성검사기관 또는 정밀안전진단기관
② 운전교육훈련기관, 관제교육훈련기관 또는 정비교육훈련기관
③ 인증기관, 시험기관, 안전전문기관 및 철도안전에 관한 단체
④ 제77조제2항에 따라 업무를 위탁받은 기관 또는 단체(한국교통안전공단)

319 다음 중 철도안전법에서 정한 청문을 실시하는 경우로 옳지 않은 것은?

① 철도차량정비기술자의 인정 취소
② 안전관리체계의 승인 취소
③ 운전면허의 취소 및 효력정지
④ 운전적성검사 유효기간의 취소

해설 철도안전법 제75조(청문) 국토교통부장관은 다음의 어느 하나에 해당하는 처분을 하는 경우에는 청문을 하여야 한다.

1. 제9조제1항에 따른 안전관리체계의 승인 취소
2. 제15조의2에 따른 운전적성검사기관의 지정취소(제16조제5항, 제21조의6제5항, 제21조의7제5항, 제24조의4제5항 또는 제69조제7항에서 준용하는 경우를 포함한다)
3. 삭제
4. 제20조제1항에 따른 운전면허의 취소 및 효력정지
4의2. 제21조의11제1항에 따른 관제자격증명의 취소 또는 효력정지
4의3. 제24조의5제1항에 따른 철도차량정비기술자의 인정 취소
5. 제26조의2제1항(제27조제4항에서 준용하는 경우를 포함한다)에 따른 형식승인의 취소
6. 제26조의7(제27조의2제4항에서 준용하는 경우를 포함한다)에 따른 제작자승인의 취소
7. 제38조의10제1항에 따른 인증정비조직의 인증 취소
8. 제38조의13제3항에 따른 정밀안전진단기관의 지정 취소
8의2. 제44조의2제6항에 따른 위험물 포장·용기검사기관의 지정 취소 또는 업무정지
8의3. 제44조의3제5항에 따른 위험물취급전문교육기관의 지정 취소 또는 업무정지
9. 제48조의4제3항에 따른 시험기관의 지정 취소
10. 제69조의5제1항에 따른 철도운행안전관리자의 자격 취소
11. 제69조의5제2항에 따른 철도안전전문기술자의 자격 취소

320 다음 중 철도안전법 시행령에서 정의한 국토교통부장관이 한국교통안전공단에 위탁한 업무 사항으로 옳은 것은?(모두 선택)

ㄱ. 안전관리기준에 대한 적합 여부 검사
ㄴ. 기술기준의 제정
ㄷ. 철도운영자등에 대한 안전관리 수준평가

① ㄱ, ㄷ
② ㄱ, ㄴ, ㄷ
③ ㄴ, ㄷ
④ ㄱ, ㄴ

해설 철도안전법 시행령 제63조(업무의 위탁)제1항 국토교통부장관은 다음의 업무를 한국교통안전공단에 위탁한다.
① 안전관리기준에 대한 적합 여부 검사
② 기술기준의 제정 또는 개정을 위한 연구·개발
③ 안전관리체계에 대한 정기검사 또는 수시검사
④ 철도운영자등에 대한 안전관리 수준평가
⑤ 운전면허시험의 실시

정답 318. ④ 319. ④ 320. ①

⑥ 운전면허증 또는 관제자격증명서의 발급과 운전면허증 또는 관제자격증명서의 재발급이나 기재사항의 변경
⑦ 운전면허증 또는 관제자격증명서의 갱신 발급과 따른 운전면허 또는 관제자격증명 갱신에 관한 내용 통지
⑧ 운전면허증 또는 관제자격증명서의 반납의 수령 및 보관
⑨ 운전면허 또는 관제자격증명의 발급·갱신·취소 등에 관한 자료의 유지·관리
⑩ 관제자격증명시험의 실시
⑪ 철도차량정비기술자의 인정 및 철도차량정비경력증의 발급·관리
⑫ 철도차량정비기술자 인정의 취소 및 정지에 관한 사항
⑬ 종합시험운행 결과의 검토
⑭ 철도차량의 이력관리에 관한 사항
⑮ 철도차량 정비조직의 인증 및 변경인증의 적합 여부에 관한 확인
⑯ 정비조직운영기준의 작성
⑰ 정밀안전진단기관이 수행한 해당 정밀안전진단의 결과 평가
⑱ 철도안전 자율보고의 접수
⑲ 철도안전에 관한 지식 보급과 철도안전에 관한 정보의 종합관리를 위한 정보체계 구축 및 관리
⑳ 철도차량정비기술자의 인정 취소에 관한 청문

321 다음 중 철도안전법에서 정의한 사람이 탑승하여 운행 중인 철도차량에 불을 놓아 소훼로 인하여 사망에 이르게 한 자에게 해당되는 벌칙사항으로 옳지 않은 것은?

① 사형
② 무기징역
③ 7년 이상의 징역
④ 5년 이상의 징역

해설 철도안전법 제78조(벌칙)제1항 다음의 어느 하나에 해당하는 사람은 무기징역 또는 5년 이상의 징역에 처한다.
1. 사람이 탑승하여 운행 중인 철도차량에 불을 놓아 소훼한 사람
2. 사람이 탑승하여 운행 중인 철도차량을 탈선 또는 충돌하게 하거나 파괴한 사람

철도안전법 제80조(형의 가중)제1항 제78조제1항의 죄를 지어 사람을 사망에 이르게 한 자는 사형, 무기징역 또는 7년 이상의 징역에 처한다.

322 철도차량 운전면허를 받지 아니하고(운전면허 효력이 정지된 경우 포함) 철도차량을 운전한 자에 대한 벌칙으로 옳은 것은?

① 5년 이하의 징역 또는 5천만원 이하의 벌금
② 3년 이하의 징역 또는 3천만원 이하의 벌금
③ 2년 이하의 징역 또는 2천만원 이하의 벌금
④ 1년 이하의 징역 또는 1천만원 이하의 벌금

해설 철도안전법 제79조(벌칙)제4항제1호 제10조제1항을 위반하여 운전면허를 받지 아니하고(제20조에 따라 운전면허가 취소되거나 그 효력이 정지된 경우를 포함한다) 철도차량을 운전한 사람은 1년 이하의 징역 또는 1천만원 이하의 벌금에 처한다.

323 철도안전법령을 위반하여 탁송 및 운송금지 위험물을 탁송한 자에 대한 처벌로 옳은 것은?

① 5년 이하의 징역 또는 5천만원 이하의 벌금
② 3년 이하의 징역 또는 3천만원 이하의 벌금
③ 2년 이하의 징역 또는 2천만원 이하의 벌금
④ 1년 이하의 징역 또는 1천만원 이하의 벌금

해설 철도안전법 제79조(벌칙)제2항제6호 제43조를 위반하여 운송 금지 위험물의 운송을 위탁하거나 그 위험물을 운송한 자는 자는 3년 이하의 징역 또는 3천만원 이하의 벌금에 처한다.

324 다음 중 거짓이나 그 밖의 부정한 방법으로 안전관리체계의 승인을 받은 자에 대한 벌칙으로 옳은 것은?

① 5년 이하의 징역 또는 5천만원 이하의 벌금
② 3년 이하의 징역 또는 3천만원 이하의 벌금
③ 2년 이하의 징역 또는 2천만원 이하의 벌금
④ 1년 이하의 징역 또는 1천만원 이하의 벌금

해설 철도안전법 제79조(벌칙)제3항제1호 거짓이나 그 밖의 부정한 방법으로 제7조제1항에 따른 안전관리체계의 승인을 받은 자는 2년 이하의 징역 또는 2천만원 이하의 벌금에 처한다.

정답 321. ④ 322. ④ 323. ② 324. ③

325 다음 중 철도안전법에서 정한 여객열차에서 흡연을 한 사람에게 해당되는 벌칙으로 옳은 것은?

① 100만원 이하의 과태료
② 200만원 이하의 과태료
③ 300만원 이하의 과태료
④ 400만원 이하의 과태료

해설 철도안전법 제82조(과태료)제4항제2호 제47조제1항제4호를 위반하여 여객열차에서 흡연을 한 자에게는 100만원 이하의 과태료를 부과한다.

326 철도안전법상 폭행·협박으로 철도종사자의 직무집행을 방해한 자에 대한 벌칙은?

① 5년 이하의 징역 또는 5천만원 이하의 벌금
② 3년 이하의 징역 또는 3천만원 이하의 벌금
③ 2년 이하의 징역 또는 2천만원 이하의 벌금
④ 1년 이하의 징역 또는 1천만원 이하의 벌금

해설 철도안전법 제79조(벌칙)제1항 제49조제2항을 위반하여 폭행·협박으로 철도종사자의 직무집행을 방해한 자는 5년 이하의 징역 또는 5천만원 이하의 벌금에 처한다.

327 철도안전법상 철도차량 제작자승인을 받지 아니하고 철도차량을 제작한 자에 대한 벌칙은?

① 1년 이하의 징역 또는 1천만원 이하의 벌금
② 2년 이하의 징역 또는 2천만원 이하의 벌금
③ 3년 이하의 징역 또는 3천만원 이하의 벌금
④ 5년 이하의 징역 또는 5천만원 이하의 벌금

해설 철도안전법 제79조(벌칙)제2항제2호 참조

328 개조승인을 받지 아니하고 철도차량을 임의로 개조하여 운행한 자에 대한 벌칙은?

① 1년 이하의 징역 또는 1천만원 이하의 벌금
② 2년 이하의 징역 또는 2천만원 이하의 벌금
③ 3년 이하의 징역 또는 3천만원 이하의 벌금
④ 5년 이하의 징역 또는 5천만원 이하의 벌금

해설 철도안전법 제79조(벌칙)제2항제3의2호 참조

329 다음 중 적정 개조능력이 있다고 인정되지 아니한 자에게 철도차량 개조 작업을 수행하게 한 자에 대한 벌칙으로 옳은 것은?

① 1년 이하의 징역 또는 1천만원 이하의 벌금
② 2년 이하의 징역 또는 2천만원 이하의 벌금
③ 3년 이하의 징역 또는 3천만원 이하의 벌금
④ 5년 이하의 징역 또는 5천만원 이하의 벌금

해설 철도안전법 제79조(벌칙)제2항제3의3호 참조

330 술을 마시거나 약물을 사용한 상태에서 업무를 한 철도종사자에 대한 벌칙은?

① 1년 이하의 징역 또는 1천만원 이하의 벌금
② 2년 이하의 징역 또는 2천만원 이하의 벌금
③ 3년 이하의 징역 또는 3천만원 이하의 벌금
④ 5년 이하의 징역 또는 5천만원 이하의 벌금

해설 철도안전법 제79조(벌칙)제2항제5호 참조

331 다음 중 여객열차에서 다른 사람을 폭행하여 열차운행에 지장을 초래한 자에 대한 벌칙으로 옳은 것은?

① 1년 이하의 징역 또는 1천만원 이하의 벌금
② 2년 이하의 징역 또는 2천만원 이하의 벌금
③ 3년 이하의 징역 또는 3천만원 이하의 벌금
④ 5년 이하의 징역 또는 5천만원 이하의 벌금

해설 철도안전법 제79조(벌칙)제2항제7의2호 참조

정답 325. ① 326. ① 327. ③ 328. ③ 329. ③ 330. ③ 331. ③

332 승인받은 안전관리체계 유지의무를 위반하여 철도운영이나 철도시설의 관리에 중대하고 명백한 지장을 초래한 자에 대한 벌칙은?

① 1년 이하의 징역 또는 1천만원 이하의 벌금
② 2년 이하의 징역 또는 2천만원 이하의 벌금
③ 3년 이하의 징역 또는 3천만원 이하의 벌금
④ 5년 이하의 징역 또는 5천만원 이하의 벌금

해설 철도안전법 제79조(벌칙)제3항제2호 참조

333 거짓이나 부정한 방법으로 운전적성검사기관의 지정을 받은 자에 대한 벌칙은?

① 1년 이하의 징역 또는 1천만원 이하의 벌금
② 2년 이하의 징역 또는 2천만원 이하의 벌금
③ 3년 이하의 징역 또는 3천만원 이하의 벌금
④ 5년 이하의 징역 또는 5천만원 이하의 벌금

해설 철도안전법 제79조(벌칙)제3항제3호 참조

334 거짓이나 그 밖의 부정한 방법으로 철도차량 형식승인을 받은 자에 대한 벌칙은?

① 1년 이하의 징역 또는 1천만원 이하의 벌금
② 2년 이하의 징역 또는 2천만원 이하의 벌금
③ 3년 이하의 징역 또는 3천만원 이하의 벌금
④ 5년 이하의 징역 또는 5천만원 이하의 벌금

해설 철도안전법 제79조(벌칙)제3항제5호 참조

335 다음 중 형식승인을 받지 아니한 철도차량을 운행한 자에 벌칙으로 옳은 것은?

① 1년 이하의 징역 또는 1천만원 이하의 벌금
② 2년 이하의 징역 또는 2천만원 이하의 벌금
③ 3년 이하의 징역 또는 3천만원 이하의 벌금
④ 5년 이하의 징역 또는 5천만원 이하의 벌금

해설 철도안전법 제79조(벌칙)제3항제6호 참조

336 다음 중 거짓이나 그 밖의 부정한 방법으로 철도용품 제작자승인을 받은 자에 대한 벌칙으로 옳은 것은?

① 1년 이하의 징역 또는 1천만원 이하의 벌금
② 2년 이하의 징역 또는 2천만원 이하의 벌금
③ 3년 이하의 징역 또는 3천만원 이하의 벌금
④ 5년 이하의 징역 또는 5천만원 이하의 벌금

해설 철도안전법 제79조(벌칙)제3항제7호 참조

337 철도안전법상 완성검사를 받지 아니하고 철도차량을 판매한 자에 대한 벌칙은?

① 1년 이하의 징역 또는 1천만원 이하의 벌금
② 2년 이하의 징역 또는 2천만원 이하의 벌금
③ 3년 이하의 징역 또는 3천만원 이하의 벌금
④ 5년 이하의 징역 또는 5천만원 이하의 벌금

해설 철도안전법 제79조(벌칙)제3항제9호 참조

338 형식승인을 받지 아니한 철도용품을 철도시설 또는 철도차량 등에 사용한 자에 대한 벌칙은?

① 1년 이하의 징역 또는 1천만원 이하의 벌금
② 2년 이하의 징역 또는 2천만원 이하의 벌금
③ 3년 이하의 징역 또는 3천만원 이하의 벌금
④ 5년 이하의 징역 또는 5천만원 이하의 벌금

해설 철도안전법 제79조(벌칙)제3항제11호 참조

339 다음 중 철도차량정비가 되지 않은 철도차량임을 알면서 운행한 자에 대한 벌칙으로 옳은 것은?

① 1년 이하의 징역 또는 1천만원 이하의 벌금
② 2년 이하의 징역 또는 2천만원 이하의 벌금
③ 3년 이하의 징역 또는 3천만원 이하의 벌금
④ 5년 이하의 징역 또는 5천만원 이하의 벌금

해설 철도안전법 제79조(벌칙)제3항제13의2호 참조

정답 332. ② 333. ② 334. ② 335. ② 336. ② 337. ② 338. ② 339. ②

340 거짓이나 그 밖의 부정한 방법으로 철도차량 정비조직의 인증을 받은 자에 대한 벌칙은?

① 1년 이하의 징역 또는 1천만원 이하의 벌금
② 2년 이하의 징역 또는 2천만원 이하의 벌금
③ 3년 이하의 징역 또는 3천만원 이하의 벌금
④ 5년 이하의 징역 또는 5천만원 이하의 벌금

해설 철도안전법 제79조(벌칙)제3항제13의4호 참조

341 철도안전법상 정당한 사유 없이 열차에서 위해물품을 휴대하거나 적재한 사람에 대한 벌칙은?

① 1년 이하의 징역 또는 1천만원 이하의 벌금
② 2년 이하의 징역 또는 2천만원 이하의 벌금
③ 3년 이하의 징역 또는 3천만원 이하의 벌금
④ 5년 이하의 징역 또는 5천만원 이하의 벌금

해설 철도안전법 제79조(벌칙)제3항제16호 참조

342 다음 중 여객열차에서 운행 중 비상정지버튼을 누르거나 승강용 출입문을 여는 행위를 한 사람에 대한 벌칙으로 옳은 것은?

① 1년 이하의 징역 또는 1천만원 이하의 벌금
② 2년 이하의 징역 또는 2천만원 이하의 벌금
③ 3년 이하의 징역 또는 3천만원 이하의 벌금
④ 5년 이하의 징역 또는 5천만원 이하의 벌금

해설 철도안전법 제79조(벌칙)제3항제18호 참조

343 철도안전법상 거짓이나 그 밖의 부정한 방법으로 철도차량 운전면허를 받은 사람에 대한 벌칙은?

① 1년 이하의 징역 또는 1천만원 이하의 벌금
② 2년 이하의 징역 또는 2천만원 이하의 벌금
③ 3년 이하의 징역 또는 3천만원 이하의 벌금
④ 5년 이하의 징역 또는 5천만원 이하의 벌금

해설 철도안전법 제79조(벌칙)제4항제1호 참조

344 철도차량 운전면허증을 다른 사람에게 빌려주거나 빌리거나 이를 알선한 사람에 대한 벌칙은?

① 1년 이하의 징역 또는 1천만원 이하의 벌금
② 2년 이하의 징역 또는 2천만원 이하의 벌금
③ 3년 이하의 징역 또는 3천만원 이하의 벌금
④ 5년 이하의 징역 또는 5천만원 이하의 벌금

해설 철도안전법 제79조(벌칙)제4항제2의4호 참조

345 철도안전법상 관제업무 실무수습을 이수하지 아니하고 관제업무에 종사한 사람에 대한 벌칙은?

① 1년 이하의 징역 또는 1천만원 이하의 벌금
② 2년 이하의 징역 또는 2천만원 이하의 벌금
③ 3년 이하의 징역 또는 3천만원 이하의 벌금
④ 5년 이하의 징역 또는 5천만원 이하의 벌금

해설 철도안전법 제79조(벌칙)제4항제4호 참조

346 철도안전법상 정비조직의 인증을 받지 아니하고 철도차량정비를 한 자에 대한 벌칙은?

① 1년 이하의 징역 또는 1천만원 이하의 벌금
② 2년 이하의 징역 또는 2천만원 이하의 벌금
③ 3년 이하의 징역 또는 3천만원 이하의 벌금
④ 5년 이하의 징역 또는 5천만원 이하의 벌금

해설 철도안전법 제79조(벌칙)제4항제7의2호 참조

정답 340. ② 341. ② 342. ② 343. ① 344. ① 345. ① 346. ①

347 다음 중 여객열차에서 술을 마시거나 약물을 복용하고 다른 사람에게 위해를 주는 행위를 한 사람에 대한 벌칙은?

① 1년 이하의 징역 또는 1천만원 이하의 벌금
② 2년 이하의 징역 또는 2천만원 이하의 벌금
③ 3년 이하의 징역 또는 3천만원 이하의 벌금
④ 5년 이하의 징역 또는 5천만원 이하의 벌금

해설 철도안전법 제79조(벌칙)제4항제12호 참조

348 철도안전법상 거짓이나 부정한 방법으로 철도운행안전관리자 자격을 받은 사람에 대한 벌칙은?

① 1년 이하의 징역 또는 1천만원 이하의 벌금
② 2년 이하의 징역 또는 2천만원 이하의 벌금
③ 3년 이하의 징역 또는 3천만원 이하의 벌금
④ 5년 이하의 징역 또는 5천만원 이하의 벌금

해설 철도안전법 제79조(벌칙)제4항제13호 참조

349 다음 중 철도운행안전관리자를 배치하지 아니하고 철도시설의 건설 또는 관리와 관련한 작업을 시행한 철도운영자에 대한 벌칙으로 옳은 것은?

① 1년 이하의 징역 또는 1천만원 이하의 벌금
② 2년 이하의 징역 또는 2천만원 이하의 벌금
③ 3년 이하의 징역 또는 3천만원 이하의 벌금
④ 5년 이하의 징역 또는 5천만원 이하의 벌금

해설 철도안전법 제79조(벌칙)제4항제14호 참조

350 철도안전 전문인력 정기교육을 받지 아니하고 업무를 한 사람에 대한 벌칙은?

① 1년 이하의 징역 또는 1천만원 이하의 벌금
② 2년 이하의 징역 또는 2천만원 이하의 벌금
③ 3년 이하의 징역 또는 3천만원 이하의 벌금
④ 5년 이하의 징역 또는 5천만원 이하의 벌금

해설 철도안전법 제79조(벌칙)제4항제15호 참조

351 여객열차에서 철도종사자와 여객 등에게 성적 수치심을 일으키는 행위를 한 자에 대한 벌칙은?

① 500만원 이하의 벌금
② 1년 이하의 징역 또는 1천만원 이하의 벌금
③ 2년 이하의 징역 또는 2천만원 이하의 벌금
④ 3년 이하의 징역 또는 3천만원 이하의 벌금

해설 철도안전법 제79조(벌칙)제5항 참조

352 철도안전법상 안전관리체계의 변경승인을 받지 아니하고 안전관리체계를 변경한 자에 대한 벌칙은?

① 100만원 이하 과태료
② 300만원 이하 과태료
③ 500만원 이하 과태료
④ 1,000만원 이하 과태료

해설 철도안전법 제82조(과태료)제1항제1호 참조

353 형식승인을 받은 철도용품임을 나타내는 형식승인표시를 하지 아니한 자에 대한 벌칙은?

① 100만원 이하 과태료
② 300만원 이하 과태료
③ 500만원 이하 과태료
④ 1,000만원 이하 과태료

해설 철도안전법 제82조(과태료)제1항제6호 참조

354 다음 중 철도차량 정밀안전진단 명령을 따르지 아니한 자에 대한 벌칙으로 옳은 것은?

① 100만원 이하 과태료
② 300만원 이하 과태료
③ 500만원 이하 과태료
④ 1,000만원 이하 과태료

정답 347. ① 348. ① 349. ① 350. ① 351. ④ 352. ④ 353. ④ 354. ④

해설 철도안전법 제82조(과태료)제1항제9의5호 참조

355 철도차량 또는 철도시설에 영상기록장치를 설치·운영하지 아니한 자에 대한 벌칙은?

① 100만원 이하 과태료
② 300만원 이하 과태료
③ 500만원 이하 과태료
④ 1,000만원 이하 과태료

해설 철도안전법 제82조(과태료)제1항제10의2호 참조

356 철도안전법상 안전관리체계의 변경신고를 하지 아니하고 안전관리체계를 변경한 자에 대한 벌칙은?

① 100만원 이하 과태료
② 300만원 이하 과태료
③ 500만원 이하 과태료
④ 1,000만원 이하 과태료

해설 철도안전법 제82조(과태료)제2항제1호 참조

357 철도차량 개조신고를 하지 아니하고 개조한 철도차량을 운행한 자에 대한 벌칙은?

① 100만원 이하 과태료
② 300만원 이하 과태료
③ 500만원 이하 과태료
④ 1,000만원 이하 과태료

해설 철도안전법 제82조(과태료)제2항제4호 참조

358 여객열차에서 여객출입 금지장소에 출입하거나 물건을 여객열차 밖으로 던지는 행위를 한 사람에 대한 벌칙은?

① 100만원 이하 과태료
② 300만원 이하 과태료
③ 500만원 이하 과태료
④ 1,000만원 이하 과태료

해설 철도안전법 제82조(과태료)제2항제8호 참조

359 철도안전법상 선로에 승낙 없이 출입하거나 통행한 사람에 대한 벌칙은?

① 100만원 이하 과태료
② 300만원 이하 과태료
③ 500만원 이하 과태료
④ 1,000만원 이하 과태료

해설 철도안전법 제82조(과태료)제4항제3호 참조

360 역시설 등 공중이 이용하는 철도시설 또는 철도차량에서 폭언 또는 고성방가 등 소란을 피우는 행위를 한 자에 대한 벌칙은?

① 100만원 이하 과태료
② 300만원 이하 과태료
③ 500만원 이하 과태료
④ 1,000만원 이하 과태료

해설 철도안전법 제82조(과태료)제4항제4호 참조

361 철도안전법상 과태료는 누가 부과·징수하는가?

ㄱ. 대통령   ㄴ. 국토교통부장관
ㄷ. 시·도지사   ㄹ. 국세청장

① ㄱ, ㄴ   ② ㄴ, ㄷ
③ ㄷ, ㄹ   ④ ㄱ, ㄹ

해설 철도안전법 제82조(과태료)제6항 과태료는 대통령령으로 정하는 바에 따라 국토교통부장관 또는 시·도지사가 부과·징수한다.

정답 355. ④ 356. ③ 357. ③ 358. ③ 359. ① 360. ① 361. ②

제3장 철도산업발전기본법

01 다음 중 철도산업발전기본법의 궁극적 목적으로 옳은 것은?

① 철도산업의 관리체계 확립
② 철도산업의 건전한 발전 도모
③ 국민경제의 발전에 이바지
④ 철도산업에 관한 질서 확립

해설 철도산업발전기본법(약칭: 철도산업법) 제1조(목적) 이 법은 철도산업의 경쟁력을 높이고 발전기반을 조성함으로써 철도산업의 효율성 및 공익성의 향상과 국민경제의 발전에 이바지함을 목적으로 한다.

02 다음 중 철도산업발전기본법의 목적에 해당하지 않는 것은?

① 공공복리의 증진에 이바지
② 철도산업의 효율성 향상
③ 철도산업의 공익성 향상
④ 국민경제의 발전에 이바지

해설 철도산업법 제1조(목적) 참조

03 다음 중 철도산업발전기본법이 적용되는 철도로 바르지 않은 것은?

① 국가 및 지방자치단체가 소유·건설·운영 또는 관리하는 철도
② 한국고속철도건설공단이 소유·건설·운영 또는 관리하는 철도
③ 국가철도공단이 소유·건설·운영 또는 관리하는 철도
④ 한국철도공사가 소유·건설·운영 또는 관리하는 철도

해설 철도산업법 제2조(적용범위) 이 법은 다음의 어느 하나에 해당하는 철도에 대하여 적용한다. 다만, 제2장(철도산업 발전기반의 조성)의 규정은 모든 철도에 대하여 적용한다.
① 국가 및 한국고속철도건설공단이 소유·건설·운영 또는 관리하는 철도
② 국가철도공단 및 한국철도공사가 소유·건설·운영 또는 관리하는 철도

04 여객 또는 화물을 운송하는 데 필요한 철도시설과 철도차량 및 이와 관련된 운영·지원체계가 유기적으로 구성된 운송체계를 무엇이라 하는가?

① 철도   ② 철도운영
③ 철도체계   ④ 철도산업

해설 철도산업법 제3조(정의)제1호 철도라 함은 여객 또는 화물을 운송하는 데 필요한 철도시설과 철도차량 및 이와 관련된 운영·지원체계가 유기적으로 구성된 운송체계를 말한다.

05 다음 중 철도산업발전기본법상의 철도시설에 해당하지 않는 것은?

① 철도의 선로
② 역시설
③ 철도운영을 위한 건축물·건축설비
④ 역 주변 공공주차장

해설 철도산업법 제3조(정의)제2호 철도시설이란 다음의 어느 하나에 해당하는 시설(부지를 포함한다)을 말한다.
① 철도의 선로(선로에 부대되는 시설을 포함한다), 역시설(물류시설·환승시설 및 편의시설 등을 포함한다) 및 철도운영을 위한 건축물·건축설비
② 선로 및 철도차량을 보수·정비하기 위한 선로보수기지, 차량정비기지 및 차량유치시설
③ 철도의 전철전력설비, 정보통신설비, 신호 및 열차제어설비
④ 철도노선간 또는 다른 교통수단과의 연계운영에 필요한 시설
⑤ 철도기술의 개발·시험 및 연구를 위한 시설
⑥ 철도경영연수 및 철도전문인력의 교육훈련을 위한 시설
⑦ 그 밖에 철도의 건설·유지보수 및 운영을 위한 시설로서 대통령령으로 정하는 시설

정답 01. ③ 02. ① 03. ① 04. ① 05. ④

06 철도산업기본법상의 철도시설 중 역시설에 포함되지 않는 것은?

① 편의시설　　② 환승시설
③ 물류시설　　④ 차량유치시설

해설 철도산업법 제3조(정의)제2호 참조

07 다음 중 철도산업발전기본법상의 철도시설이 아닌 것은?

① 선로를 보수하기 위한 선로보수기지
② 철도차량을 정비하기 위한 차량정비기지
③ 철도의 신호 및 열차제어설비
④ 철도차량의 개발·시험 및 연구를 위한 시설

해설 철도차량이 아니고 철도기술의 개발·시험 및 연구를 위한 시설임. 철도산업법 제3조(정의)제2호 참조

08 다음 중 철도산업발전기본법상의 철도시설에 해당하지 않는 것은?

① 철도노선간 또는 다른 교통수단과의 연계운영에 필요한 시설
② 철도기술의 개발·시험 및 연구를 위한 시설
③ 철도경영연수 및 철도전문인력의 교육훈련을 위한 시설
④ 역시설을 보수·정비하기 위한 역시설 보수기지

해설 철도산업법 제3조(정의)제2호 참조

09 다음 중 철도산업발전기본법령상 철도시설로 보기 어려운 것은?

① 철도의 건설공사에 사용되는 진입도로
② 철도의 건설공사에 사용되는 차량유치시설
③ 철도의 건설공사에 사용되는 토석채취장
④ 철도의 건설공사에 사용되는 사토장

해설 철도산업법 시행령 제2조(철도시설) 법 제3조제2호 사목에서 그 밖에 철도의 건설·유지보수 및 운영을 위한 시설로서 대통령령으로 정하는 시설이라 함은 다음의 시설을 말한다.
① 철도의 건설 및 유지보수에 필요한 자재를 가공·조립·운반 또는 보관하기 위하여 당해 사업기간 중에 사용되는 시설
② 철도의 건설 및 유지보수를 위한 공사에 사용되는 진입도로·주차장·야적장·토석채취장 및 사토장과 그 설치 또는 운영에 필요한 시설
③ 철도의 건설 및 유지보수를 위하여 당해 사업기간 중에 사용되는 장비와 그 정비·점검 또는 수리를 위한 시설
④ 그 밖에 철도안전관련시설·안내시설 등 철도의 건설·유지보수 및 운영을 위하여 필요한 시설로서 국토교통부장관이 정하는 시설

10 다음 중 철도운영으로 볼 수 없는 것은?

① 철도 여객 및 화물 운송
② 철도차량의 정비 및 열차의 운행관리
③ 철도시설·철도차량 및 철도부지 등을 활용한 부대사업개발 및 서비스
④ 철도시설의 현상유지 및 성능향상을 위한 점검·보수·교체·개량 등의 활동

해설 철도산업법 제3조(정의)제3호 철도운영이라 함은 철도와 관련된 다음의 어느 하나에 해당하는 것을 말한다.
① 철도 여객 및 화물 운송
② 철도차량의 정비 및 열차의 운행관리
③ 철도시설·철도차량 및 철도부지 등을 활용한 부대사업개발 및 서비스

11 다음 중 철도산업발전기본법에서 정의하는 용어 중 '철도운영'에 대한 설명으로 옳지 않은 것은?

① 철도차량의 정비 및 열차의 운행관리
② 철도시설·철도차량 및 철도부지 등을 활용한 부대사업개발 및 서비스
③ 철도 여객 및 화물 운송
④ 철도시설의 신설과 기존 철도시설의 현대화

해설 철도산업법 제3조(정의)제3호 참조

정답 06. ④　07. ④　08. ④　09. ②　10. ④　11. ④

12 다음 중 철도차량의 범위에 해당하지 않는 것은?

① 동력차   ② 화차
③ 객차   ④ 특장차

해설 철도산업법 제3조(정의)제4호 철도차량이라 함은 선로를 운행할 목적으로 제작된 동력차·객차·화차 및 특수차를 말한다.

13 철도차량을 운행하기 위한 궤도와 이를 받치는 노반 또는 공작물로 구성된 시설을 무엇이라 하는가?

① 철도   ② 철도시설
③ 선로   ④ 철로

해설 철도산업법 제3조(정의)제5호 선로라 함은 철도차량을 운행하기 위한 궤도와 이를 받치는 노반 또는 공작물로 구성된 시설을 말한다.

14 다음 지문의 괄호 안에 들어갈 내용으로 적당하지 않은 것은?

> 철도시설의 건설이라 함은 철도시설의 신설과 기존 철도시설의 ( ) 등 철도시설의 성능 및 기능향상을 위한 철도시설의 개량을 포함한 활동을 말한다.

① 직선화   ② 고속화
③ 전철화   ④ 복선화

해설 철도산업법 제3조(정의)제6호 철도시설의 건설이라 함은 철도시설의 신설과 기존 철도시설의 직선화·전철화·복선화 및 현대화 등 철도시설의 성능 및 기능향상을 위한 철도시설의 개량을 포함한 활동을 말한다.

15 철도시설의 유지보수에 포함되는 활동으로 보기 어려운 것은?

① 현상유지   ② 성능유지
③ 점검·보수   ④ 교체·개량

해설 철도산업법 제3조(정의)제7호 철도시설의 유지보수라 함은 기존 철도시설의 현상유지 및 성능향상을 위한 점검·보수·교체·개량 등 일상적인 활동을 말한다.

16 다음 중 철도산업발전기본법상 철도시설관리자에 포함되지 않는 것은?

① 관리청
② 한국철도공사
③ 철도시설관리권을 설정받은 자
④ 철도시설의 관리를 대행·위임 또는 위탁받은 자

해설 철도산업법 제3조(정의)제9호 철도시설관리자라 함은 철도시설의 건설 및 관리 등에 관한 업무를 수행하는 자로서 다음의 어느 하나에 해당하는 자를 말한다.
① 관리청(국토교통부장관)
② 국가철도공단
③ 철도시설관리권을 설정받은 자
④ 철도시설의 관리를 대행·위임 또는 위탁받은 자

17 철도산업발전기본법상 철도산업과 관련한 다음의 설명 중 타당하지 않은 것은?

① 국가는 철도산업시책을 수립하여 시행하는 경우 효율성과 공익적 기능을 고려하여야 한다.
② 국가는 철도수송분담의 목표를 설정하여 유지하고 이를 위한 철도시설을 확보하는 등 철도산업발전을 위한 여러 시책을 마련하여야 한다.
③ 국가는 철도산업시책과 철도투자·안전 등 관련 시책을 효율적으로 추진하기 위하여 필요한 조직과 인원을 확보하여야 한다.
④ 국토교통부장관은 철도산업의 육성과 발전을 촉진하기 위하여 10년 단위로 철도산업발전기본계획을 수립하여 시행하여야 한다.

해설 철도산업법 제5조(철도산업발전기본계획의 수립 등)제1항 국토교통부장관은 철도산업의 육성과 발전을 촉진하기 위하여 5년 단위로 철도산업발전기본계획을 수립하여 시행하여야 한다.

정답 12. ④ 13. ③ 14. ② 15. ② 16. ② 17. ④

18 철도산업발전기본계획을 수립하는 자와 수립주기를 바르게 나열한 것은?

① 시·도지사, 3년 단위
② 국토교통부장관, 3년 단위
③ 시·도지사, 5년 단위
④ 국토교통부장관, 5년 단위

해설 철도산업법 제5조(철도산업발전기본계획의 수립 등) 제1항 참조

19 철도산업발전기본법상의 철도산업시책과 관련한 다음 지문에서 괄호 안에 들어갈 말로 바르게 짝지어진 것은?

> 국가는 철도산업시책을 수립하여 시행하는 경우 ( )과 ( )을 고려하여야 한다.

① 경제성, 효율성
② 효율성, 환경친화성
③ 경제성, 공익적 기능
④ 효율성, 공익적 기능

해설 철도산업법 제4조(시책의 기본방향)제1항 국가는 철도산업시책을 수립하여 시행하는 경우 효율성과 공익적 기능을 고려하여야 한다.

20 철도산업발전기본법상 국토교통부장관은 몇 년 단위로 철도산업발전기본계획을 수립하여야 하는가?

① 1년 ② 2년
③ 5년 ④ 10년

해설 법 제5조(철도산업발전기본계획의 수립 등)제1항 참조

21 다음 중 철도산업발전기본계획에 포함되어야 하는 사항이 아닌 것은?

① 철도산업 육성시책의 기본방향에 관한 사항
② 철도산업의 여건 및 동향전망에 관한 사항
③ 철도시설의 투자·건설·유지보수 및 이를 위한 재원확보에 관한 사항
④ 철도차량의 정비 및 점검 등에 관한 사항

해설 철도산업법 제5조(철도산업발전기본계획의 수립 등) 제2항 철도산업발전기본계획에는 다음의 사항이 포함되어야 한다.
① 철도산업 육성시책의 기본방향에 관한 사항
② 철도산업의 여건 및 동향전망에 관한 사항
③ 철도시설의 투자·건설·유지보수 및 이를 위한 재원확보에 관한 사항
④ 각종 철도간의 연계수송 및 사업조정에 관한 사항
⑤ 철도운영체계의 개선에 관한 사항
⑥ 철도산업 전문인력의 양성에 관한 사항
⑦ 철도기술의 개발 및 활용에 관한 사항
⑧ 그 밖에 철도산업의 육성 및 발전에 관한 사항으로서 대통령령으로 정하는 사항

22 다음 중 철도산업발전기본계획에 포함되어야 하는 사항이 아닌 것은?

① 각종 철도간의 연계수송 및 사업조정에 관한 사항
② 철도운영체계의 개선에 관한 사항
③ 철도종사자의 안전 및 근무환경 향상에 관한 사항
④ 철도기술의 개발 및 활용에 관한 사항

해설 철도산업법 제5조(철도산업발전기본계획의 수립 등) 제2항 참조

23 다음 중 철도산업발전기본법령상 철도산업발전기본계획에 포함되어야 할 사항으로 바르지 않은 것은?

① 철도수송분담의 목표
② 철도안전에 관한 시설의 확충, 개량 및 점검 등에 관한 사항
③ 다른 교통수단과의 연계수송에 관한 사항
④ 철도산업의 국제협력 및 해외시장 진출에 관한 사항

정답 18. ④ 19. ④ 20. ③ 21. ④ 22. ③ 23. ②

해설 철도산업법 시행령 제3조(철도산업발전기본계획의 내용) 법 제5조제2항제8호에서 그 밖에 철도산업의 육성 및 발전에 관한 사항으로서 대통령령으로 정하는 사항이라 함은 다음의 사항을 말한다.
① 철도수송분담의 목표
② 철도안전 및 철도서비스에 관한 사항
③ 다른 교통수단과의 연계수송에 관한 사항
④ 철도산업의 국제협력 및 해외시장 진출에 관한 사항
⑤ 철도산업시책의 추진체계
⑥ 그 밖에 철도산업의 육성 및 발전에 관한 사항으로서 국토교통부장관이 필요하다고 인정하는 사항

24 철도산업발전기본계획을 수립할 때 그 조화를 고려하여야 하는 계획에 해당하지 않는 것은?

① 국가기간교통망계획
② 중기 교통시설투자계획
③ 국토교통과학기술 연구개발 종합계획
④ 국토종합개발계획

해설 철도산업법 제5조(철도산업발전기본계획의 수립 등) 제3항 철도산업발전기본계획은 국가기간교통망계획, 중기 교통시설투자계획 및 국토교통과학기술 연구개발 종합계획과 조화를 이루도록 하여야 한다.

25 철도산업발전기본법령상 수립된 철도산업발전기본계획을 변경하고자 하는 때에는 미리 기본계획과 관련이 있는 행정기관의 장과 협의한 후 철도산업위원회의 심의를 거쳐야 한다. 하지만 대통령령이 정하는 경미한 사항을 변경하고자 하는 경우는 제외한다. 이 경미한 사항의 변경에 해당하는 것은?

① 철도시설투자사업 규모의 100분의 1의 범위안에서의 변경
② 철도시설투자사업 총투자비용의 100분의 3의 범위안에서의 변경
③ 법령의 개정, 행정구역의 변경 등과 관련하여 당초 수립된 철도산업발전기본계획의 기본방향에 영향을 미치지 아니하는 사항의 변경
④ 철도시설투자사업 기간의 1년의 기간내에서의 변경

해설 철도산업법 시행령 제4조(철도산업발전기본계획의 경미한 변경) 법 제5조제4항 후단에서 대통령령이 정하는 경미한 변경이라 함은 다음의 변경을 말한다.
① 철도시설투자사업 규모의 100분의 1의 범위안에서의 변경
② 철도시설투자사업 총투자비용의 100분의 1의 범위안에서의 변경
③ 철도시설투자사업 기간의 2년의 기간내에서의 변경

26 철도산업발전시행계획에 관한 사항을 설명한 다음 지문에서 괄호 안에 들어갈 말이 순서대로 바르게 나열된 것은?

( )은(는) 수립·고시된 기본계획에 따라 연도별 시행계획을 수립·추진하고, 해당 연도의 계획 및 전년도의 추진실적을 ( )에게 제출하여야 한다.

① 시·도지사, 대통령
② 국토교통부장관, 대통령
③ 관계행정기관의 장, 국토교통부장관
④ 관계행정기관의 장, 대통령

해설 철도산업법 제5조(철도산업발전기본계획의 수립 등) 제6항 관계행정기관의 장은 수립·고시된 기본계획에 따라 연도별 시행계획을 수립·추진하고, 해당 연도의 계획 및 전년도의 추진실적을 국토교통부장관에게 제출하여야 한다.

27 철도산업발전시행계획의 수립절차 등을 설명한 다음 지문에서 괄호 안에 들어갈 말이 순서대로 바르게 나열된 것은?

• 관계행정기관의 장은 당해 연도의 시행계획을 ( )까지 국토교통부장관에게 제출하여야 한다.
• 관계행정기관의 장은 전년도 시행계획의 추진실적을 ( )까지 국토교통부장관에게 제출하여야 한다.

① 전년도 6월말, 매년 1월말
② 전년도 9월말, 매년 2월말
③ 전년도 11월말, 매년 2월말
④ 전년도 12월말, 매년 1월말

정답 24. ④ 25. ① 26. ③ 27. ③

[해설] 철도산업법 제제5조(철도산업발전시행계획의 수립절차 등)
① 관계행정기관의 장은 법 제5조제6항의 규정에 의한 당해 연도의 시행계획을 전년도 11월말까지 국토교통부장관에게 제출하여야 한다.
② 관계행정기관의 장은 전년도 시행계획의 추진실적을 매년 2월말까지 국토교통부장관에게 제출하여야 한다.

28 철도산업발전기본법상의 철도산업위원회에 대한 설명으로 타당하지 않은 것은?

① 철도산업에 관한 기본계획 및 중요정책 등을 심의·조정하기 위하여 국토교통부에 철도산업위원회를 둔다.
② 위원회는 위원장을 포함한 16인 이내의 위원으로 구성한다.
③ 위원회에 상정할 안건을 미리 검토하고 위원회가 위임한 안건을 심의하기 위하여 위원회에 분과위원회를 둔다.
④ 이 법에서 규정한 사항외에 위원회 및 분과위원회의 구성·기능 및 운영에 관하여 필요한 사항은 대통령령으로 정한다.

[해설] 철도산업법 제6조(철도산업위원회)
① 철도산업에 관한 기본계획 및 중요정책 등을 심의·조정하기 위하여 국토교통부에 철도산업위원회(위원회라 한다)를 둔다.
② 위원회는 위원장을 포함한 25인 이내의 위원으로 구성한다.
③ 위원회에 상정할 안건을 미리 검토하고 위원회가 위임한 안건을 심의하기 위하여 위원회에 분과위원회를 둔다.
④ 이 법에서 규정한 사항 외에 위원회 및 분과위원회의 구성·기능 및 운영에 관하여 필요한 사항은 대통령령으로 정한다

29 다음 중 철도산업위원회에 대한 설명으로 옳지 않은 것은?

① 국토교통부에 위원회를 두며, 위원장을 포함한 25인 이내의 위원으로 구성한다.
② 위원회의 위원에 교육부차관, 국가철도공단의 이사장, 한국철도공사의 사장이 포함된다.
③ 분과위원회의 구성·기능 및 운영에 관하여 필요한 사항은 대통령령으로 정한다.
④ 위원회 위원의 임기는 3년으로 하되, 연임할 수 있다.

[해설] 철도산업법 시행령 제6조(철도산업위원회의 구성)
① 철도산업위원회(위원회라 한다)의 위원장은 국토교통부장관이 된다.
② 위원회의 위원은 다음의 자가 된다.
  1. 기획재정부차관·교육부차관·과학기술정보통신부차관·행정안전부차관·산업통상자원부차관·고용노동부차관·국토교통부차관·해양수산부차관 및 공정거래위원회부위원장
  2. 국가철도공단의 이사장
  3. 한국철도공사의 사장
  4. 철도산업에 관한 전문성과 경험이 풍부한 자중에서 위원회의 위원장이 위촉하는 자
③ 위원장 위촉에 의한 위원의 임기는 2년으로 하되, 연임할 수 있다.

30 다음 중 철도산업발전기본법 시행령에서 규정한 철도산업위원회의 위원장으로 옳은 것은?

① 철도운영사 사장   ② 시·도지사
③ 국토교통부장관   ④ 기획재정부차관

[해설] 철도산업법 시행령 제6조(철도산업위원회의 구성) 참조

31 철도산업위원회의 위원에 해당하지 않는 자는?

① 기획재정부차관
② 국방부차관
③ 국가철도공단의 이사장
④ 한국철도공사의 사장

[해설] 철도산업법 시행령 제6조(철도산업위원회의 구성) 참조

정답 28. ② 29. ④ 30. ③ 31. ②

32 철도산업발전기본법상의 철도산업위원회의 심의·조종사항으로 법에 명시된 사항으로 옳지 않은 것은?

① 철도산업구조개혁에 관한 중요정책 사항
② 철도안전과 철도운영에 관한 중요정책 사항
③ 철도시설관리자와 철도운영자간 상호협력 및 조정에 관한 사항
④ 철도차량의 제작 및 관리 등 철도차량에 관한 정책 사항

[해설] 철도산업법 제6조(철도산업위원회)제2항 위원회는 다음의 사항을 심의·조정한다.
① 철도산업의 육성·발전에 관한 중요정책 사항
② 철도산업구조개혁에 관한 중요정책 사항
③ 철도시설의 건설 및 관리 등 철도시설에 관한 중요정책 사항
④ 철도안전과 철도운영에 관한 중요정책 사항
⑤ 철도시설관리자와 철도운영자간 상호협력 및 조정에 관한 사항
⑥ 이 법 또는 다른 법률에서 위원회의 심의를 거치도록 한 사항
⑦ 그 밖에 철도산업에 관한 중요한 사항으로서 위원장이 회의에 부치는 사항

33 철도산업위원회의 위원장이 위촉한 위원의 해촉 사유에 해당하지 않는 것은?

① 심신장애로 인하여 직무를 수행할 수 없게 된 경우
② 직무와 관련된 비위사실이 있는 경우
③ 직무태만, 품위손상이나 그 밖의 사유로 인하여 위원으로 적합하지 아니하다고 인정되는 경우
④ 이 법 또는 대통령령으로 정하는 철도관계 법령을 위반하여 징역형의 집행유예를 선고받은 사람

[해설] 철도산업법 시행령 제6조의2(위원의 해촉) 위원회의 위원장은 위원장이 위촉한 위원이 다음의 어느 하나에 해당하는 경우에는 해당 위원을 해촉할 수 있다.
① 심신장애로 인하여 직무를 수행할 수 없게 된 경우
② 직무와 관련된 비위사실이 있는 경우
③ 직무태만, 품위손상이나 그 밖의 사유로 인하여 위원으로 적합하지 아니하다고 인정되는 경우
④ 위원 스스로 직무를 수행하는 것이 곤란하다고 의사를 밝히는 경우

34 철도산업위원회의 운영과 관련된 설명으로 타당하지 않은 것은?

① 위원회의 위원장은 위원회를 대표하며, 위원회의 업무를 총괄한다.
② 위원회의 위원장이 부득이한 사유로 직무를 수행할 수 없는 때에는 연장자가 그 직무를 대행한다.
③ 위원회의 위원장은 위원회의 회의를 소집하고, 그 의장이 된다.
④ 위원회의 회의는 재적위원 과반수의 출석과 출석위원 과반수의 찬성으로 의결한다.

[해설] 철도산업법 시행령 제7조(위원회의 위원장의 직무), 제8조(회의), 제9조(간사)
① 위원회의 위원장은 위원회를 대표하며, 위원회의 업무를 총괄한다.
② 위원회의 위원장이 부득이한 사유로 직무를 수행할 수 없는 때에는 위원회의 위원장이 미리 지명한 위원이 그 직무를 대행한다.
③ 위원회의 위원장은 위원회의 회의를 소집하고, 그 의장이 된다.
④ 위원회의 회의는 재적위원 과반수의 출석과 출석위원 과반수의 찬성으로 의결한다.
⑤ 위원회는 회의록을 작성·비치하여야 한다.
⑥ 위원회에 간사 1인을 두되, 간사는 국토교통부장관이 국토교통부소속공무원중에서 지명한다.

35 다음 중 철도산업위원회 실무위원회에 대한 설명으로 타당하지 않은 것은?

① 실무위원회는 위원장을 포함한 20인 이내의 위원으로 구성한다.
② 실무위원회의 위원장은 국토교통부장관이 국토교통부의 3급 공무원 또는 고위공무원단에 속하는 일반직공무원중에서 지명한다.

정답 32. ④ 33. ④ 34. ② 35. ④

③ 실무위원회 위원장이 위촉한 위원의 임기는 2년으로 하되, 연임할 수 있다.
④ 실무위원회에 간사 1인을 두되, 간사는 실무위원회 위원장이 국토교통부소속 공무원중에서 지명한다.

해설 철도산업법 시행령 제10조(실무위원회의 구성 등)
철도산업위원회의 심의·조정사항과 철도산업위원회에서 위임한 사항의 실무적인 검토를 위하여 위원회에 실무위원회를 둔다.
① 실무위원회는 위원장을 포함한 20인 이내의 위원으로 구성한다.
② 실무위원회의 위원장은 국토교통부장관이 국토교통부의 3급 공무원 또는 고위공무원단에 속하는 일반직공무원중에서 지명한다.
③ 실무위원회의 위원은 다음의 자가 된다.
  1. 기획재정부·교육부·과학기술정보통신부·행정안전부·산업통상자원부·고용노동부·국토교통부·해양수산부 및 공정거래위원회의 3급 공무원, 4급 공무원 또는 고위공무원단에 속하는 일반직공무원중 그 소속기관의 장이 지명하는 자 각 1인
  2. 국가철도공단의 임직원 중 국가철도공단이사장이 지명하는 자 1인
  3. 한국철도공사의 임직원중 한국철도공사사장이 지명하는 자 1인
  4. 철도산업에 관한 전문성과 경험이 풍부한 자중에서 실무위원회의 위원장이 위촉하는 자
④ 실무위원회 위원장이 위촉한 위원의 임기는 2년으로 하되, 연임할 수 있다.
⑤ 실무위원회에 간사 1인을 두되, 간사는 국토교통부장관이 국토교통부소속 공무원중에서 지명한다.
⑥ 제8조(철도산업위원회의 회의)의 규정은 실무위원회의 회의에 관하여 이를 준용한다.

36 다음 중 철도산업위원회 실무위원회의 위원이 될 수 없는 자는?

① 기획재정부 3급 공무원
② 국토교통부 3급 공무원
③ 농림수산식품부 3급 공무원
④ 과학기술정통부 4급 공무원

해설 철도산업법 시행령 제10조(실무위원회의 구성 등) 참조

37 다음 중 철도산업발전기본법령상 철도산업위원회 실무위원회의 실무위원이 될 수 없는 자는?

① 국가철도공단의 임직원 중 국가철도공단이사장이 지명하는 자
② 한국철도공사의 임직원중 한국철도공사사장이 지명하는 자
③ 철도산업에 관한 전문성과 경험이 풍부한 자중에서 실무위원회의 위원장이 위촉하는 자
④ 고위공무원단에 속하는 기능직공무원중 그 소속기관의 장이 지명하는 자

해설 철도산업법 시행령 제10조(실무위원회의 구성 등) 참조

38 철도산업발전기본법령상의 철도산업구조개혁기획단에 대한 설명으로 타당하지 않은 것은?

① 철도산업위원회의 활동을 지원하고 철도산업의 구조개혁 그 밖에 철도정책과 관련되는 업무를 지원·수행하기 위하여 국토교통부장관 소속하에 철도산업구조개혁기획단을 둔다.
② 철도산업구조개혁기획단은 단장을 포함한 20인 이내의 단원으로 구성한다.
③ 철도산업구조개혁기획단의 단장은 국토교통부장관이 국토교통부의 3급 공무원 또는 고위공무원단에 속하는 일반직공무원중에서 임명한다.
④ 국토교통부장관은 기획단의 업무수행을 위하여 필요하다고 인정하는 때에는 관계 행정기관, 한국철도공사 등 관련 공사, 국가철도공단 등 특별법에 의하여 설립된 공단 또는 관련 연구기관에 대하여 소속 공무원·임직원 또는 연구원을 기획단으로 파견하여 줄 것을 요청할 수 있다.

정답 36. ③ 37. ④ 38. ②

해설 철도산업법 시행령 제11조(철도산업구조개혁기획단의 구성 등) 철도산업구조개혁기획단은 단장 1인과 단원으로 구성한다.

39 철도산업구조개혁기획단의 업무에 포함되지 않는 것은?

① 철도산업구조개혁 기본계획 및 분야별 세부추진계획의 수립
② 철도산업구조개혁과 관련된 인력조정·재원확보대책의 수립
③ 철도산업구조개혁추진에 따른 전기·신호·차량 등에 관한 철도기술개발정책의 수립
④ 철도산업구조개혁추진에 따른 남북철도망 및 국제철도망 구축정책의 시행

해설 철도산업법 시행령 제11조(철도산업구조개혁기획단의 구성 등)제1항 철도산업위원회의 활동을 지원하고 철도산업의 구조개혁 그 밖에 철도정책과 관련되는 다음의 업무를 지원·수행하기 위하여 국토교통부장관 소속하에 철도산업구조개혁기획단을 둔다.
① 철도산업구조개혁기본계획 및 분야별 세부추진계획의 수립
② 철도산업구조개혁과 관련된 철도의 건설·운영주체의 정비
③ 철도산업구조개혁과 관련된 인력조정·재원확보대책의 수립
④ 철도산업구조개혁과 관련된 법령의 정비
⑤ 철도산업구조개혁추진에 따른 철도운임·철도시설사용료·철도수송시장 등에 관한 철도산업정책의 수립
⑥ 철도산업구조개혁추진에 따른 공익서비스비용의 보상, 세제·금융지원 등 정부지원정책의 수립
⑦ 철도산업구조개혁추진에 따른 철도시설건설계획 및 투자재원조달대책의 수립
⑧ 철도산업구조개혁추진에 따른 전기·신호·차량 등에 관한 철도기술개발정책의 수립
⑨ 철도산업구조개혁추진에 따른 철도안전기준의 정비 및 안전정책의 수립
⑩ 철도산업구조개혁추진에 따른 남북철도망 및 국제철도망 구축정책의 수립
⑪ 철도산업구조개혁에 관한 대외협상 및 홍보
⑫ 철도산업구조개혁추진에 따른 각종 철도의 연계 및 조정
⑬ 그 밖에 철도산업구조개혁과 관련된 철도정책 전반에 관하여 필요한 업무

40 철도산업발전기본법상 국가는 철도산업의 육성을 위하여 지속적으로 노력하여야 한다. 이와 관련하여 국가는 철도시설 투자를 추진하는 경우 (　)·(　) 편익을 고려하여야 한다. 괄호 안에 들어갈 말로 바르게 연결된 것은?

① 사회적, 경제적
② 사회적, 환경적
③ 경제적, 환경적
④ 경제적, 시간적

해설 철도산업법 제7조(철도시설 투자의 확대)
① 국가는 철도시설 투자를 추진하는 경우 사회적·환경적 편익을 고려하여야 한다.
② 국가는 각종 국가계획에 철도시설 투자의 목표치와 투자계획을 반영하여야 하며, 매년 교통시설 투자예산에서 철도시설 투자예산의 비율이 지속적으로 높아지도록 노력하여야 한다.

41 철도산업발전기본법상 철도산업의 육성을 위한 철도산업전문인력의 교육·훈련과 관련한 내용으로 타당하지 않은 것은?

① 국토교통부장관은 철도산업에 종사하는 자의 자질향상과 새로운 철도기술 및 그 운영기법의 향상을 위한 교육·훈련방안을 마련하여야 한다.
② 국토교통부장관은 국토교통부령으로 정하는 바에 의하여 철도산업전문연수기관과 협약을 체결하여 철도산업에 종사하는 자의 교육·훈련프로그램에 대한 행정적·재정적 지원 등을 할 수 있다.
③ 관계행정기관의 장은 매년 전문인력수요조사를 실시하고 그 결과와 전문인력의 수급에 관한 의견을 국토교통부장관에게 제출할 수 있다.
④ 국토교통부장관은 새로운 철도기술과 운영기법의 향상을 위하여 특히 필요하다고 인정하는 때에는 정부투자기관·정부출연기관 또는 정부가 출자한 회사 등으로 하여금 새로운 철도기술과 운영기법의 연구·개발에 투자하도록 권고할 수 있다.

정답 39. ④ 40. ② 41. ③

해설 철도산업법 제9조(철도산업전문인력의 교육·훈련 등)제3항 철도산업전문연수기관은 매년 전문인력수요조사를 실시하고 그 결과와 전문인력의 수급에 관한 의견을 국토교통부장관에게 제출할 수 있다.

42 국토교통부장관은 철도산업전문연수기관과 협약을 체결하여 철도산업에 종사하는 자의 교육·훈련프로그램에 대한 행정적·재정적 지원 등을 할 수 있다. 다음 중 국토교통부장관이 행정적·재정적 지원 등을 할 수 있는 교육·훈련프로그램에 해당하지 않는 것은?

① 철도시설의 건설 및 관리에 관한 교육·훈련
② 철도차량의 제작 및 관리에 관한 교육·훈련
③ 철도차량의 정비에 관한 교육·훈련
④ 전철전력설비·정보통신설비 등 철도관련장비의 조작 및 정비에 관한 교육·훈련

해설 철도산업법 시행규칙 제2조(철도산업전문연수기관과의 협약체결 등)제1항 국토교통부장관이 철도산업전문연수기관과 협약을 체결하여 행정적·재정적 지원 등을 할 수 있는 교육·훈련프로그램은 다음과 같다.
① 철도시설의 건설 및 관리에 관한 교육·훈련
② 철도차량의 제작 및 관리에 관한 교육·훈련
③ 철도차량의 운전에 관한 교육·훈련
④ 전철전력설비·정보통신설비 등 철도관련장비의 조작 및 정비에 관한 교육·훈련
⑤ 철도관련기술에 관한 교육·훈련
⑥ 철도안전관리에 관한 교육·훈련
⑦ 철도서비스에 관한 교육·훈련

43 국토교통부장관은 철도산업전문연수기관과 협약을 체결하여 철도산업에 종사하는 자의 교육·훈련프로그램에 대한 행정적·재정적 지원 등을 할 수 있다. 다음 중 국토교통부장관과 협약을 체결할 수 있는 철도산업전문연수기관에 해당하지 않는 것은?

① 한국철도기술연구원
② 한국철도학회
③ 국가철도공단의 부속 연수기관
④ 한국철도공사의 부속 연수기관

해설 철도산업법 시행규칙 제2조(철도산업전문연수기관과의 협약체결 등)제2항 국토교통부장관과 협약을 체결할 수 있는 철도산업전문연수기관은 다음과 같다.
① 한국철도대학(국립한국교통대학교 철도대학)
② 한국철도기술연구원
③ 교통개발연구원(한국교통연구원)
④ 국가철도공단의 부속 연수기관
⑤ 한국철도공사의 부속 연수기관

44 국토교통부장관이 철도산업전문인력의 교육·훈련에 적합하다고 인정되는 철도산업전문연수기관을 선정하여 협약을 체결하려는 경우 협약에 포함되어야 하는 사항이 아닌 것은?

① 철도산업전문연수기관의 명칭·대표자 및 위치
② 지원대상 교육·훈련프로그램
③ 지원사항·지원방법 및 지원조건
④ 교육·훈련의 목적 및 대상자

해설 철도산업법 시행규칙 제2조(철도산업전문연수기관과의 협약체결 등)제5항 국토교통부장관은 협약 체결을 위한 서류를 제출받은 때에는 교육·훈련에 적합하다고 인정되는 철도산업전문연수기관을 선정하여 다음의 사항이 포함된 협약을 체결하여야 한다.
① 철도산업전문연수기관의 명칭·대표자 및 위치
② 지원대상 교육·훈련프로그램
③ 지원사항·지원방법 및 지원조건
④ 협약의 변경 및 해약에 관한 사항
⑤ 협약의 위반에 관한 조치

정답 42. ③ 43. ② 44. ④

45 철도산업발전기본법상 철도산업의 육성을 위한 철도산업 교육과정에 관한 내용으로 타당하지 않은 것은?

① 국토교통부장관은 철도산업전문인력의 수급의 변화에 따라 철도산업교육과정의 확대 등 필요한 조치를 관계중앙행정기관의 장에게 요청할 수 있다.
② 국토교통부장관은 철도산업종사자의 자격제도를 다양화하고 질적 수준을 유지·발전시키기 위하여 필요한 시책을 수립·시행하여야 한다.
③ 국토교통부장관은 철도산업 전문인력의 원활한 수급을 위하여 특성화된 대학 등 교육기관을 운영·지원할 수 있다.
④ 국토교통부장관은 철도산업의 발전을 위하여 특성화된 대학 등 교육기관을 운영·지원할 수 있다.

해설 철도산업법 제10조(철도산업교육과정의 확대 등)제2항 국가는 철도산업종사자의 자격제도를 다양화하고 질적 수준을 유지·발전시키기 위하여 필요한 시책을 수립·시행하여야 한다.

46 철도산업정보화기본계획에 포함되어야 하는 사항이 아닌 것은?

① 철도산업정보화의 여건 및 전망
② 철도산업정보화의 목표 및 단계별 추진계획
③ 철도산업정보의 활용계획
④ 철도산업정보화와 관련된 기술개발의 지원에 관한 사항

해설 철도산업법 시행령 제15조(철도산업정보화기본계획의 내용 등)제1항 철도산업정보화기본계획에는 다음의 사항이 포함되어야 한다.
① 철도산업정보화의 여건 및 전망
② 철도산업정보화의 목표 및 단계별 추진계획
③ 철도산업정보화에 필요한 비용
④ 철도산업정보의 수집 및 조사계획
⑤ 철도산업정보의 유통 및 이용활성화에 관한 사항
⑥ 철도산업정보화와 관련된 기술개발의 지원에 관한 사항
⑦ 그 밖에 국토교통부장관이 필요하다고 인정하는 사항

47 철도산업정보의 수집·분석·보급 및 홍보 그리고 철도산업의 국제동향 파악 및 국제협력사업의 지원 업무를 행하는 기관은?

① 한국철도공사
② 국가철도공단
③ 한국교통안전공단
④ 철도산업정보센터

해설 철도산업법 시행령 제16조(철도산업정보센터의 업무 등)제1항 철도산업정보센터는 다음 의 업무를 행한다.
① 철도산업정보의 수집·분석·보급 및 홍보
② 철도산업의 국제동향 파악 및 국제협력사업의 지원

48 철도산업발전기본법령상 철도산업의 정보화와 관련된 내용으로 바르지 않은 것은?

① 국토교통부장관은 철도산업에 관한 정보를 효율적으로 처리하고 원활하게 유통하기 위하여 대통령령으로 정하는 바에 의하여 철도산업정보화기본계획을 수립·시행하여야 한다.
② 국토교통부장관은 철도산업에 관한 정보를 효율적으로 수집·관리 및 제공하기 위하여 대통령령으로 정하는 바에 의하여 철도산업정보센터를 설치·운영하거나 철도산업에 관한 정보를 수집·관리 또는 제공하는 자 등에게 필요한 지원을 할 수 있다.
③ 국토교통부장관은 철도산업정보화기본계획을 수립 또는 변경하고자 하는 때에는 위원회의 심의를 거쳐야 한다.
④ 국토교통부장관은 철도산업에 관한 정보를 수집·관리 또는 제공하는 자에게 예산의 범위안에서 운영에 소요되는 비용을 지원하여야 한다.

해설 철도산업법 시행령 제16조(철도산업정보센터의 업무 등)제2항 국토교통부장관은 철도산업에 관한 정보를 수집·관리 또는 제공하는 자에게 예산의 범위 안에서 운영에 소요되는 비용을 지원할 수 있다(임의 규정).

정답 45. ② 46. ③ 47. ④ 48. ④

49 국토교통부장관이 철도산업정보화기본계획을 수립 또는 변경하고자 할 때 반드시 거쳐야 하는 절차는?

① 철도산업위원회의 심의
② 철도산업위원회 실무위원회의 심의
③ 철도산업구조개혁기획단의 심의
④ 철도산업정보센터의 심의

해설 철도산업법 시행령 제15조(철도산업정보화기본계획의 내용 등)제2항 국토교통부장관은 법 철도산업정보화기본계획을 수립 또는 변경하고자 하는 때에는 철도산업위원회의 심의를 거쳐야 한다.

50 다음 중 철도산업발전기본법에서 정한 철도협회의 설립 시 정관의 기재사항과 협회의 운영 등에 필요한 사항을 정하는 기관(자)으로 옳은 것은?

① 국토교통부령
② 한국교통안전공단
③ 대통령령
④ 철도운영기관

해설 철도산업법 제13조의2(협회의 설립)
① 철도산업에 관련된 기업, 기관 및 단체와 이에 관한 업무에 종사하는 자는 철도산업의 건전한 발전과 해외진출을 도모하기 위하여 철도협회(협회라 한다)를 설립할 수 있다.
② 협회는 법인으로 한다.
③ 협회는 국토교통부장관의 인가를 받아 주된 사무소의 소재지에 설립등기를 함으로써 성립한다.
④ 국가, 지방자치단체 및 공공기관의운영에관한 법률에 따른 철도 분야 공공기관은 협회에 위탁한 업무의 수행에 필요한 비용의 전부 또는 일부를 예산의 범위에서 지원할 수 있다.
⑤ 협회의 정관은 국토교통부장관의 인가를 받아야 하며, 정관의 기재사항과 협회의 운영 등에 필요한 사항은 대통령령으로 정한다(법 조문에는 이렇게 나와 있으나 현재는 입법의 불비로 대통령령이 없는 상태임).
⑥ 협회에 관하여 이 법에 규정한 것 외에는 민법 중 사단법인에 관한 규정을 준용한다.

51 철도산업발전기본법에서 정한 철도협회에 대한 설명으로 바르지 않은 것은?

① 철도산업에 관련된 기업, 기관 및 단체와 이에 관한 업무에 종사하는 자는 철도협회를 설립할 수 있다.
② 협회는 법인으로 한다.
③ 협회는 국토교통부장관의 인가를 받아 주된 사무소의 소재지에 설립등기를 함으로써 성립한다.
④ 국가, 지방자치단체 및 공공기관의운영에관한 법률에 따른 철도 분야 공공기관은 협회에 위탁한 업무의 수행에 필요한 비용의 전부 또는 일부를 예산의 범위에서 지원하여야 한다.

해설 철도산업법 제13조의2(협회의 설립)제5항 국가, 지방자치단체 및 「공공기관의운영에관한 법률」에 따른 철도 분야 공공기관은 협회에 위탁한 업무의 수행에 필요한 비용의 전부 또는 일부를 예산의 범위에서 지원할 수 있다(임의 규정).

52 철도산업발전기본법상 철도협회의 업무에 해당하지 않는 것은?

① 정책 및 기술개발의 지원
② 정보의 관리 및 공동활용 지원
③ 전문인력의 양성 지원
④ 철도사고 발생 시 현장 조사

해설 철도산업법 제13조의2(협회의 설립)제4항 협회는 철도 분야에 관한 다음의 업무를 한다.
① 정책 및 기술개발의 지원
② 정보의 관리 및 공동활용 지원
③ 전문인력의 양성 지원
④ 해외철도 진출을 위한 현지조사 및 지원
⑤ 조사·연구 및 간행물의 발간
⑥ 국가 또는 지방자치단체 위탁사업
⑦ 그 밖에 정관으로 정하는 업무

정답 49. ① 50. ③ 51. ④ 52. ④

53 철도산업발전기본법상 철도협회의 업무가 아닌 것은?

① 해외철도 진출을 위한 현지조사 및 지원
② 철도운영기관에 대한 지도·감독
③ 조사·연구 및 간행물의 발간
④ 국가 또는 지방자치단체 위탁사업

해설 철도산업법 제13조의2(협회의 설립)제4항 참조

54 철도산업발전기본법상 철도안전에 관한 설명으로 타당하지 않은 것은?

① 국가는 국민의 생명·신체 및 재산을 보호하기 위하여 철도안전에 필요한 법적·제도적 장치를 마련하고 이에 필요한 재원을 확보하도록 노력하여야 한다.
② 국토교통부장관은 그 시설을 설치 또는 관리할 때에 법령에서 정하는 바에 따라 해당 시설의 안전한 상태를 유지하고, 해당 시설과 이를 이용하려는 철도차량 간의 종합적인 성능검증 및 안전상태 점검 등 안전확보에 필요한 조치를 하여야 한다.
③ 철도운영자 또는 철도차량 및 장비 등의 제조업자는 법령에서 정하는 바에 따라 철도의 안전한 운행 또는 그 제조하는 철도차량 및 장비 등의 구조·설비 및 장치의 안전성을 확보하고 이의 향상을 위하여 노력하여야 한다.
④ 국가는 객관적이고 공정한 철도사고조사를 추진하기 위한 전담기구와 전문인력을 확보하여야 한다.

해설 철도산업법 제14조(철도안전)제2항 철도시설관리자는 그 시설을 설치 또는 관리할 때에 법령에서 정하는 바에 따라 해당 시설의 안전한 상태를 유지하고, 해당 시설과 이를 이용하려는 철도차량간의 종합적인 성능 검증 및 안전상태 점검 등 안전확보에 필요한 조치를 하여야 한다.

55 철도서비스의 품질을 개선하기 위한 철도서비스의 품질평가는 몇 년마다 실시하는가?

① 1년　② 2년
③ 3년　④ 5년

해설 철도산업법 시행규칙 제3조(철도서비스의 품질평가방법 등)
① 국토교통부장관은 철도서비스의 품질평가(품질평가라 한다)를 2년마다 실시한다. 다만, 필요한 경우에는 품질평가일 2주전까지 철도운영자에게 품질평가계획을 통보한 후 수시품질평가를 실시할 수 있다.
② 국토교통부장관은 객관적인 품질평가를 위하여 적정 철도서비스의 수준, 평가항목 및 평가지표를 정하여야 한다.
③ 국토교통부장관은 품질평가의 결과를 확정하기 전에 철도산업위원회(위원회라 한다)의 심의를 거쳐야 한다.

56 철도서비스 품질평가의 결과를 확정하기 전에 국토교통부장관이 반드시 거쳐야 하는 절차는?

① 철도산업위원회의 심의
② 철도산업위원회 실무위원회의 심의
③ 철도안전심의위원회의 심의
④ 철도기술심의위원회의 심의

해설 철도산업법 시행규칙 제3조(철도서비스의 품질평가방법 등)제3항 참조

57 철도산업발전기본법령상 철도서비스의 품질평가와 관련한 설명이다. 지문의 괄호 안에 들어갈 말로 순서대로 바르게 나열된 것은?

> 국토교통부장관은 철도서비스의 품질평가를 (　)마다 실시한다. 다만, 필요한 경우에는 품질평가일 (　) 전까지 철도운영자에게 품질평가계획을 통보한 후 (　)를 실시할 수 있다.

① 1년, 1주, 임시품질평가
② 1년, 1주, 수시품질평가
③ 2년, 2주, 임시품질평가
④ 2년, 2주, 수시품질평가

정답 53. ② 54. ② 55. ② 56. ① 57. ④

해설 철도산업법 시행규칙 제3조(철도서비스의 품질평가방법 등)제1항 참조

58 철도산업발전기본법상 국가는 철도이용자의 권익보호를 위하여 시책을 강구하여야 한다. 이에 해당하지 않는 것은?

① 철도이용자의 권익보호를 위한 홍보·교육 및 연구
② 철도이용자의 생명·신체 및 재산상의 위해 방지
③ 철도이용자의 불만 및 피해에 대한 신속·공정한 구제조치
④ 철도이용자의 편익을 위한 차량 안정화 기술 고도화

해설 철도산업법 제16조(철도이용자의 권익보호 등) 국가는 철도이용자의 권익보호를 위하여 다음의 시책을 강구하여야 한다.
① 철도이용자의 권익보호를 위한 홍보·교육 및 연구
② 철도이용자의 생명·신체 및 재산상의 위해 방지
③ 철도이용자의 불만 및 피해에 대한 신속·공정한 구제조치
④ 그 밖에 철도이용자 보호와 관련된 사항

59 철도산업발전기본법상 철도산업구조개혁과 관련한 다음 지문의 괄호 안에 들어갈 말이 순서대로 바르게 나열된 것은?

> 국가는 철도산업의 경쟁력을 강화하고 발전기반을 조성하기 위하여 (   )과 (   )을 분리하는 철도산업의 구조개혁을 추진하여야 한다.

① 철도차량 부문, 철도정비 부문
② 철도시설 부문, 철도운송 부문
③ 철도차량 부문, 철도운송 부문
④ 철도시설 부문, 철도운영 부문

해설 철도산업법 제17조(철도산업구조개혁의 기본방향)
① 국가는 철도산업의 경쟁력을 강화하고 발전기반을 조성하기 위하여 철도시설 부문과 철도운영 부문을 분리하는 철도산업의 구조개혁을 추진하여야 한다.

② 국가는 철도시설 부문과 철도운영 부문간의 상호보완적 기능이 발휘될 수 있도록 대통령령으로 정하는 바에 의하여 상호협력체계 구축 등 필요한 조치를 마련하여야 한다.

60 다음 지문의 괄호 안에 들어갈 말로 알맞은 것은?

> 철도시설관리자와 철도운영자는 철도시설관리와 철도운영에 있어 상호협력이 필요한 분야에 대하여 (   )를 작성하여 정기적으로 이를 교환하고, 이를 변경한 때에는 즉시 통보하여야 한다.

① 업무협약서   ② 양해각서
③ 업무절차서   ④ 계약서

해설 철도산업법 시행령 제23조(업무절차서의 교환 등)제1항 참조

61 철도산업발전기본법령상 국토교통부장관은 철도시설관리자와 철도운영자가 안전하고 효율적으로 선로를 사용할 수 있도록 하기 위하여 (   )을 수립·고시하여야 한다. 괄호 안에 들어갈 말로 알맞은 것은?

① 철도구분지침   ② 철도운영지침
③ 선로사용지침   ④ 선로배분지침

해설 철도산업법 시행령 제24조(선로배분지침의 수립 등)제1항 참조

62 철도산업발전기본법령상의 선로배분지침에 포함되어야 할 사항에 해당하지 않는 것은?

① 보통열차와 고속열차에 대한 선로용량의 배분
② 지역간 열차와 지역내 열차에 대한 선로용량의 배분
③ 선로의 유지보수·개량 및 건설을 위한 작업시간
④ 철도차량의 안전운행에 관한 사항

정답 58. ④ 59. ④ 60. ③ 61. ④ 62. ①

해설 철도산업법 시행령 제24조(선로배분지침의 수립 등) 제2항 선로배분지침에는 다음의 사항이 포함되어야 한다.
① 여객열차와 화물열차에 대한 선로용량의 배분
② 지역간 열차와 지역내 열차에 대한 선로용량의 배분
③ 선로의 유지보수·개량 및 건설을 위한 작업시간
④ 철도차량의 안전운행에 관한 사항
⑤ 그 밖에 선로의 효율적 활용을 위하여 필요한 사항

63 다음 지문의 괄호 안에 들어갈 말로 알맞은 것은?

> 국토교통부장관은 철도차량 등의 운행정보의 제공, 철도차량 등에 대한 운행통제, 적법운행 여부에 대한 지도·감독, 사고 발생 시 사고복구 지시 등 철도교통의 안전과 질서를 유지하기 위하여 필요한 조치를 할 수 있도록 (   )을 설치·운영하여야 한다.

① 운행정보제공시설 ② 운행정보통제시설
③ 철도교통관제시설 ④ 선로교통통제시설

해설 철도사업법 시행령 제24조(선로배분지침의 수립 등) 제4항 참조

64 철도산업발전기본법령상의 철도산업구조개혁과 관련한 내용으로 타당하지 않은 것은?

① 국가는 철도산업의 경쟁력을 강화하고 발전기반을 조성하기 위하여 철도시설 부문과 철도운영 부문을 분리하는 철도산업의 구조개혁을 추진하여야 한다.
② 국가는 철도시설 부문과 철도운영 부문 간의 상호 보완적 기능이 발휘될 수 있도록 대통령령으로 정하는 바에 의하여 상호협력체계 구축 등 필요한 조치를 마련하여야 한다.
③ 국토교통부장관은 철도시설관리자와 철도운영자가 안전하고 효율적으로 선로를 사용할 수 있도록 하기 위하여 선로용량의 배분에 관한 지침을 수립·고시하여야 한다.

④ 철도시설관리자는 철도차량 등의 운행정보의 제공, 철도차량 등에 대한 운행통제, 적법운행 여부에 대한 지도·감독, 사고발생시 사고복구 지시 등 철도교통의 안전과 질서를 유지하기 위하여 필요한 조치를 할 수 있도록 철도교통관제시설을 설치·운영하여야 한다.

해설 철도사업법 시행령 제24조(선로배분지침의 수립 등) 제4항 국토교통부장관은 철도차량 등의 운행정보의 제공, 철도차량 등에 대한 운행통제, 적법운행 여부에 대한 지도·감독, 사고발생시 사고복구 지시 등 철도교통의 안전과 질서를 유지하기 위하여 필요한 조치를 할 수 있도록 철도교통관제시설을 설치·운영하여야 한다.

65 다음 중 철도산업구조개혁기본계획에 포함되어야 할 사항이 아닌 것은?

① 철도산업구조개혁의 목표 및 기본방향에 관한 사항
② 철도산업구조개혁의 추진비용에 관한 사항
③ 철도의 소유 및 경영구조의 개혁에 관한 사항
④ 철도산업구조개혁에 따른 대내외 여건 조성에 관한 사항

해설 철도산업법 제18조(철도산업구조개혁기본계획의 수립 등)제2항 구조개혁계획에는 다음의 사항이 포함되어야 한다.
① 철도산업구조개혁의 목표 및 기본방향에 관한 사항
② 철도산업구조개혁의 추진방안에 관한 사항
③ 철도의 소유 및 경영구조의 개혁에 관한 사항
④ 철도산업구조개혁에 따른 대내외 여건조성에 관한 사항
⑤ 철도산업구조개혁에 따른 자산·부채·인력 등에 관한 사항
⑥ 철도산업구조개혁에 따른 철도관련 기관·단체 등의 정비에 관한 사항
⑦ 그 밖에 철도산업구조개혁을 위하여 필요한 사항으로서 대통령령으로 정하는 사항

정답 63. ③ 64. ④ 65. ②

66 철도산업발전기본법령상 철도산업구조개혁을 위하여 필요한 사항으로서 대통령령이 정하는 사항에 해당하지 않는 것은?

① 철도서비스 시장의 구조개편에 관한 사항
② 철도요금·철도시설사용료 등 가격정책에 관한 사항
③ 철도시설의 신설·증설·개량 등에 관한 사항
④ 철도안전 및 서비스향상에 관한 사항

해설 철도산업법 시행령 제25조(철도산업구조개혁기본계획의 내용) 법 제18조제2항제7호에서 "대통령령이 정하는 사항"이라 함은 다음의 사항을 말한다.
① 철도서비스 시장의 구조개편에 관한 사항
② 철도요금·철도시설사용료 등 가격정책에 관한 사항
③ 철도안전 및 서비스향상에 관한 사항
④ 철도산업구조개혁의 추진체계 및 관계기관의 협조에 관한 사항
⑤ 철도산업구조개혁의 중장기 추진방향에 관한 사항
⑥ 그 밖에 국토교통부장관이 철도산업구조개혁의 추진을 위하여 필요하다고 인정하는 사항

67 철도산업구조개혁기본계획에 관한 설명으로 타당하지 않은 것은?

① 국토교통부장관은 철도산업의 구조개혁을 효율적으로 추진하기 위하여 철도산업구조개혁기본계획을 수립하여야 한다.
② 국토교통부장관은 구조개혁계획을 수립하고자 하는 때에는 철도산업위원회의 심의를 거쳐야 한다.
③ 국토교통부장관은 구조개혁계획을 수립 또는 변경한 때에는 이를 관보에 고시하여야 한다.
④ 시·도지사는 수립·고시된 구조개혁계획에 따라 연도별 시행계획을 수립·추진하고, 그 연도의 계획 및 전년도의 추진실적을 국토교통부장관에게 제출하여야 한다.

해설 철도산업법 제18조(철도산업구조개혁기본계획의 수립 등)제5항 관계행정기관의 장은 수립·고시된 구조개혁계획에 따라 연도별 시행계획을 수립·추진하고, 그 연도의 계획 및 전년도의 추진실적을 국토교통부장관에게 제출하여야 한다.

68 철도산업구조개혁시행계획과 관련한 다음의 설명 중 괄호 안에 들어갈 말로 순서대로 바르게 나열된 것은?

• 관계행정기관의 장은 당해 연도의 시행계획을 (　　　)까지 국토교통부장관에게 제출하여야 한다.
• 관계행정기관의 장은 전년도 시행계획의 추진실적을 (　　　)까지 국토교통부장관에게 제출하여야 한다.

① 전년도 11월말, 매년 1월말
② 전년도 11월말, 매년 2월말
③ 전년도 12월말, 매년 1월말
④ 전년도 12월말, 매년 2월말

해설 철도산업법 시행령 제27조(철도산업구조개혁시행계획의 수립절차 등)
① 관계행정기관의 장은 법 제18조제5항의 규정에 의한 당해 연도의 시행계획을 전년도 11월말까지 국토교통부장관에게 제출하여야 한다.
② 관계행정기관의 장은 전년도 시행계획의 추진실적을 매년 2월말까지 국토교통부장관에게 제출하여야 한다.

69 다음 중 철도의 관리청으로 가장 적합한 기관은?

① 국토교통부장관
② 한국교통안전공단이사장
③ 한국철도공사 사장
④ 국가철도공단 이사장

해설 철도산업법 제19조(관리청)
① 철도의 관리청은 국토교통부장관으로 한다.
② 국토교통부장관은 이 법과 그 밖의 철도에 관한 법률에 규정된 철도시설의 건설 및 관리 등에 관한 그의 업무의 일부를 대통령령으로 정하는 바에 의하여 국가철도공단으로 하여금 대행하게 할 수 있다. 이 경우 대행하는 업무의 범위·권한의 내용 등에 관하여 필요한 사항은 대통령령으로 정한다.
③ 국가철도공단은 국토교통부장관의 업무를 대행하는 경우에 그 대행하는 범위안에서 이 법과 그 밖의 철도에 관한 법률을 적용할 때에는 그 철도의 관리청으로 본다.

정답 66. ③ 67. ④ 68. ② 69. ①

70 국토교통부장관이 철도시설의 건설 및 관리 등에 관한 그의 업무의 일부를 국가철도공단으로 하여금 대행하게 하는 경우 그 대행업무에 속하지 않는 것은?

① 국가가 추진하는 철도시설 건설사업의 계획 수립
② 국가 소유의 철도시설에 대한 사용료 징수 등 관리업무의 집행
③ 철도시설의 안전유지
④ 철도시설과 이를 이용하는 철도차량간의 종합적인 성능검증·안전상태점검

해설 철도산업법 시행령 제28조(관리청 업무의 대행범위) 국토교통부장관이 국가철도공단으로 하여금 대행하게 하는 경우 그 대행업무는 다음과 같다.
① 국가가 추진하는 철도시설 건설사업의 집행
② 국가 소유의 철도시설에 대한 사용료 징수 등 관리업무의 집행
③ 철도시설의 안전유지, 철도시설과 이를 이용하는 철도차량간의 종합적인 성능검증·안전상태점검 등 철도시설의 안전을 위하여 국토교통부장관이 정하는 업무
④ 그 밖에 국토교통부장관이 철도시설의 효율적인 관리를 위하여 필요하다고 인정한 업무

71 철도산업의 구조개혁을 추진하기 위해 철도시설에 대해 국토교통부장관이 수립·시행하는 시책에 해당하지 않는 것은?

① 철도시설에 대한 건설 계획수립 및 재원조달
② 철도시설의 건설 및 관리
③ 철도시설의 유지보수 및 적정한 상태 유지
④ 철도시설의 안전관리 및 재해대책

해설 철도산업법 제20조(철도시설)제2항 국토교통부장관은 철도시설에 대한 다음의 시책을 수립·시행한다.
① 철도시설에 대한 투자 계획수립 및 재원조달
② 철도시설의 건설 및 관리
③ 철도시설의 유지보수 및 적정한 상태유지
④ 철도시설의 안전관리 및 재해대책
⑤ 그 밖에 다른 교통시설과의 연계성확보 등 철도시설의 공공성 확보에 필요한 사항

72 철도산업의 구조개혁을 추진하기 위해 철도운영에 대해 국토교통부장관이 수립·시행하는 시책에 해당하지 않는 것은?

① 철도운영부문의 경쟁력 강화
② 철도노선의 확대 및 운영시간의 단축
③ 열차운영의 안전진단 등 예방조치 및 사고조사 등 철도운영의 안전확보
④ 공정한 경쟁여건의 조성

해설 철도산업법 제21조(철도운영)제2조 국토교통부장관은 철도운영에 대한 다음의 시책을 수립·시행한다.
① 철도운영부문의 경쟁력 강화
② 철도운영서비스의 개선
③ 열차운영의 안전진단 등 예방조치 및 사고조사 등 철도운영의 안전확보
④ 공정한 경쟁여건의 조성
⑤ 그 밖에 철도이용자 보호와 열차운행원칙 등 철도운영에 필요한 사항

73 철도산업발전기본법상 철도산업의 구조개혁과 관련한 다음 지문의 내용 중 괄호 안에 들어갈 말이 순서대로 바르게 나열된 것은?

- 국가는 (   ) 관련업무를 체계적이고 효율적으로 추진하기 위하여 그 집행조직으로서 철도청 및 고속철도건설공단의 관련 조직을 통·폐합하여 특별법에 의하여 (   )을 설립한다.
- 국가는 (   ) 관련사업을 효율적으로 경영하기 위하여 철도청 및 고속철도건설공단의 관련조직을 전환하여 특별법에 의하여 (   )를 설립한다.

① 철도시설, 국가철도공단, 철도운영, 한국철도공사
② 철도시설, 한국철도공사, 철도운영, 국가철도공단
③ 철도운영, 국가철도공단, 철도시설, 한국철도공사
④ 철도운영, 한국철도공사, 철도시설, 국가철도공단

정답 70. ① 71. ① 72. ② 73. ①

해설 철도산업법 제20조(철도시설)제3항 국가는 철도시설 관련업무를 체계적이고 효율적으로 추진하기 위하여 그 집행조직으로서 철도청 및 고속철도건설공단의 관련 조직을 통·폐합하여 특별법에 의하여 국가철도공단을 설립한다. 철도산업법 제21조(철도운영)제3항 국가는 철도운영 관련사업을 효율적으로 경영하기 위하여 철도청 및 고속철도건설공단의 관련조직을 전환하여 특별법에 의하여 한국철도공사를 설립한다.

74 철도산업발전기본법상 철도자산에 해당하지 않는 것은?

① 운영자산
② 시설자산
③ 고정자산
④ 기타자산

해설 철도산업법 제22조(철도자산의 구분 등)제1항 국토교통부장관은 철도산업의 구조개혁을 추진하는 경우 철도청과 고속철도건설공단의 철도자산을 다음과 같이 구분하여야 한다.
① 운영자산 : 철도청과 고속철도건설공단이 철도운영 등을 주된 목적으로 취득하였거나 관련 법령 및 계약 등에 의하여 취득하기로 한 재산·시설 및 그에 관한 권리
② 시설자산 : 철도청과 고속철도건설공단이 철도의 기반이 되는 시설의 건설 및 관리를 주된 목적으로 취득하였거나 관련 법령 및 계약 등에 의하여 취득하기로 한 재산·시설 및 그에 관한 권리
③ 기타자산 : 제1호 및 제2호의 철도자산을 제외한 자산

75 철도산업발전기본법상 국토교통부장관이 철도자산을 구분하는 때에는 (   )과(와) 미리 협의하여 그 기준을 정한다. 괄호 안에 들어갈 말로 알맞은 것은?

① 철도산업위원회 위원장
② 기획재정부장관
③ 국가철도공단 이사장
④ 한국철도공사 사장

해설 철도산업법 제22조(철도자산의 구분 등)제2항 국토교통부장관은 철도자산을 구분하는 때에는 기획재정부장관과 미리 협의하여 그 기준을 정한다.

76 철도산업발전기본법령상 철도자산처리계획에 포함되어야 할 사항으로 바르지 않은 것은?

① 철도자산의 개요 및 현황에 관한 사항
② 철도자산의 처리기준에 관한 사항
③ 철도자산의 구분기준에 관한 사항
④ 철도자산처리의 추진일정에 관한 사항

해설 철도산업법 시행령 제29조(철도자산처리계획의 내용) 철도자산처리계획에는 다음의 사항이 포함되어야 한다.
① 철도자산의 개요 및 현황에 관한 사항
② 철도자산의 처리방향에 관한 사항
③ 철도자산의 구분기준에 관한 사항
④ 철도자산의 인계·이관 및 출자에 관한 사항
⑤ 철도자산처리의 추진일정에 관한 사항
⑥ 그 밖에 국토교통부장관이 철도자산의 처리를 위하여 필요하다고 인정하는 사항

77 철도산업의 구조개혁을 추진하기 위한 철도자산처리에 대한 설명이다. 다음 중 그 내용이 바르지 않은 것은?

① 국토교통부장관은 대통령령으로 정하는 바에 의하여 철도산업의 구조개혁을 추진하기 위한 철도자산의 처리계획을 위원회의 심의를 거쳐 수립하여야 한다.
② 국가는 국유재산법에도 불구하고 철도자산처리계획에 의하여 한국철도공사에 운영자산을 현물출자한다.
③ 한국철도공사는 현물출자받은 운영자산과 관련된 권리와 의무를 포괄하여 승계한다.
④ 철도청장 또는 고속철도건설공단이사장이 철도자산의 인계·이관 등을 하고자 하는 때에는 그에 관한 서류를 작성하여 국가철도공단 이사장의 승인을 얻어야 한다.

해설 철도산업법 제23조(철도자산의 처리)제6항 철도청장 또는 고속철도건설공단이사장이 철도자산의 인계·이관 등을 하고자 하는 때에는 그에 관한 서류를 작성하여 국토교통부장관의 승인을 얻어야 한다.

정답 74. ③ 75. ② 76. ② 77. ④

78 철도산업발전기본법상의 철도자산처리계획에 의하여 국가철도공단이 해당 자산과 그에 대한 권리와 의무를 포괄하여 승계하는 자산에 포함되지 않는 것은?

① 철도청의 시설자산
② 철도청이 건설중인 시설자산
③ 고속철도공단이 건설중인 시설자산 및 운영자산
④ 고속철도건설공단의 기타자산

해설 철도산업법 제23조(철도자산의 처리)제4항 국토교통부장관은 철도자산처리계획에 의하여 철도청장으로부터 다음의 철도자산을 이관받으며, 그 관리업무를 국가철도공단, 철도공사, 관련 기관 및 단체 또는 대통령령으로 정하는 민간법인에 위탁하거나 그 자산을 사용·수익하게 할 수 있다.
1. 철도청의 시설자산(건설중인 시설자산은 제외한다)
2. 철도청의 기타자산

철도산업법 제23조(철도자산의 처리)제5항 국가철도공단은 철도자산처리계획에 의하여 다음의 철도자산과 그에 관한 권리와 의무를 포괄하여 승계한다. 이 경우 제1호 및 제2호의 철도자산이 완공된 때에는 국가에 귀속된다.
1. 철도청이 건설중인 시설자산
2. 고속철도건설공단이 건설중인 시설자산 및 운영자산
3. 고속철도건설공단의 기타자산

79 철도산업발전기본법상의 철도부채 중 철도사업특별회계가 부담하고 있는 철도부채 중 공공자금관리기금에 대한 부채는?

① 운영부채　② 시설부채
③ 기타부채　④ 공공부채

해설 철도산업법 제24조(철도부채의 처리)제1항 국토교통부장관은 기획재정부장관과 미리 협의하여 철도청과 고속철도건설공단의 철도부채를 다음과 같이 구분하여야 한다.
1. 운영부채 : 운영자산과 직접 관련된 부채
2. 시설부채 : 시설자산과 직접 관련된 부채
3. 기타부채 : 운영부채 및 시설부채의 철도부채를 제외한 부채로서 철도사업특별회계가 부담하고 있는 철도부채 중 공공자금관리기금에 대한 부채

80 철도산업발전기본법령상 철도부채의 처리와 관련한 설명으로 타당하지 않은 것은?

① 국토교통부장관은 기획재정부장관과 미리 협의하여 철도청과 고속철도건설공단의 철도부채를 운영부채, 시설부채, 기타부채로 구분하여야 한다.
② 운영부채는 국가철도공단이, 시설부채는 한국철도공사가 각각 포괄하여 승계하고, 기타부채는 국토교통부가 포괄하여 승계한다.
③ 철도청장 또는 고속철도건설공단이사장이 철도부채를 인계하고자 하는 때에는 인계에 관한 서류를 작성하여 국토교통부장관의 승인을 얻어야 한다.
④ 철도부채를 인계하는 시기와 인계하는 철도부채 등의 평가방법 및 평가기준일 등에 관한 사항은 대통령령으로 정한다.

해설 철도산업법 제24조(철도부채의 처리)제2항 운영부채는 철도공사가, 시설부채는 국가철도공단이 각각 포괄하여 승계하고, 기타부채는 일반회계가 포괄하여 승계한다.

81 다음의 지문은 철도산업발전기본법상의 어떠한 권리를 설명한 것인가?

> 철도시설을 관리하고 그 철도시설을 사용하거나 이용하는 자로부터 사용료를 징수할 수 있는 권리

① 철도사용료징수권
② 철도시설관리권
③ 철도시설사용료징수권
④ 철도시설감독권

해설 철도산업법 제26조(철도시설관리권)제1항 국토교통부장관은 철도시설을 관리하고 그 철도시설을 사용하거나 이용하는 자로부터 사용료를 징수할 수 있는 권리(이하 "철도시설관리권"이라 한다)를 설정할 수 있다.

정답　78. ①　79. ③　80. ②　81. ②

82 철도산업발전기본법상의 철도시설관리권에 대한 설명으로 타당하지 않은 것은?

① 철도시설관리권의 설정을 받은 자는 대통령령으로 정하는 바에 따라 국토교통부장관에게 등록하여야 한다.
② 철도시설관리권은 이를 물권으로 보며, 철도산업발전기본법에 특별한 규정이 있는 경우를 제외하고는 민법 중 부동산에 관한 규정을 준용한다.
③ 저당권이 설정된 철도시설관리권은 그 저당권자의 동의가 없더라도 처분할 수 있다.
④ 철도시설관리권 또는 철도시설관리권을 목적으로 하는 저당권의 설정·변경·소멸 및 처분의 제한은 국토교통부에 비치하는 철도시설관리권등록부에 등록함으로써 그 효력이 발생한다.

해설 철도산업법 제28조(저당권 설정의 특례) 저당권이 설정된 철도시설관리권은 그 저당권자의 동의가 없으면 처분할 수 없다.

83 다음 지문은 철도산업발전기본법상 철도시설관리권에 관한 설명이다. 괄호 안에 들어갈 알맞은 말을 순서대로 나열한 것은?

> 철도시설관리권 또는 철도시설관리권을 목적으로 하는 저당권의 설정·변경·소멸 및 처분의 제한은 (   )에 비치하는 (   )에 등록함으로써 그 효력이 발생한다.

① 국토교통부, 철도시설관리권등록부
② 국토교통부, 철도등기사항증명서
③ 법원, 철도시설관리권등록부
④ 법원, 철도등기사항증명서

해설 철도산업법 제29조(권리의 변동)제1항 철도시설관리권 또는 철도시설관리권을 목적으로 하는 저당권의 설정·변경·소멸 및 처분의 제한은 국토교통부에 비치하는 철도시설관리권등록부에 등록함으로써 그 효력이 발생한다.

84 철도산업발전기본법령상의 철도시설관리대장에 대한 다음의 설명 중 타당하지 않은 것은?

① 철도시설을 관리하는 자는 그가 관리하는 철도시설의 관리대장을 작성·비치하여야 한다.
② 철도시설관리대장은 철도노선별로 작성하여야 한다.
③ 철도노선 및 철도시설의 도면 중 평면도는 철도시설 부근의 지형·방위·해발고도 등을 표시하여 작성하여야 한다.
④ 철도노선 및 철도시설의 도면 중 평면도는 축척 500분의 1로 작성하여야 한다.

해설 철도산업법 시행규칙 제4조(철도시설관리대장의 작성)제2항 철도노선 및 철도시설의 도면중 평면도는 철도시설 부근의 지형·방위·해발고도 등을 표시하여 축척 1,200분의 1로 작성하되, 다음의 사항을 기재하여야 한다.
1. 철도시설 및 그 경계선
2. 행정구역의 명칭 및 경계선
3. 철도시설의 위치 및 배치현황
4. 도로·공항·항만 등 철도접근교통시설
5. 철도주변의 장애물 분포현황
6. 그 밖에 철도시설의 관리를 위하여 필요한 사항

85 철도산업발전기본법령상 철도시설의 사용과 관련한 내용으로 바르지 않은 것은?

① 철도시설을 사용하고자 하는 자는 대통령령으로 정하는 바에 따라 관리청의 허가를 받거나 철도시설관리자와 시설사용계약을 체결하거나 그 시설사용계약을 체결한 자의 승낙을 얻어 사용할 수 있다.
② 철도시설관리자 또는 시설사용계약자는 철도시설을 사용하는 자로부터 사용료를 징수할 수 있다.
③ 지방자치단체가 직접 공용·공공용 또는 비영리 공익사업용으로 철도시설을 사용하고자 하는 경우에는 국토교통부장관의 승인을 받아야 한다.
④ 철도시설 사용료의 징수기준 및 절차 등에 관하여 필요한 사항은 대통령령으로 정한다.

정답 82. ③ 83. ① 84. ④ 85. ③

해설 철도산업법 제31조(철도시설 사용료)제2항 철도시설관리자 또는 시설사용계약자는 철도시설을 사용하는 자로부터 사용료를 징수할 수 있다. 다만, 국유재산법 제34조에도 불구하고 지방자치단체가 직접 공용·공공용 또는 비영리 공익사업용으로 철도시설을 사용하고자 하는 경우에는 대통령령으로 정하는 바에 따라 그 사용료의 전부 또는 일부를 면제할 수 있다.

86 지방자치단체가 직접 공용·공공용 또는 비영리 공익사업용으로 1년 이상 철도시설을 사용하려는 경우에 관리청은 그 사용료의 얼마를 면제해줄 수 있는가?

① 100분의 40   ② 100분의 60
③ 100분의 30   ④ 전부

해설 철도산업법 시행령 제34조의2(사용허가에 따른 철도시설의 사용료 등)제2항 관리청은 지방자치단체가 직접 공용·공공용 또는 비영리 공익사업용으로 철도시설을 사용하려는 경우에는 다음의 구분에 따른 기준에 따라 사용료를 면제할 수 있다.
1. 철도시설을 취득하는 조건으로 사용하려는 경우로서 사용허가기간이 1년 이내인 사용허가의 경우: 사용료의 전부
2. 제1호에서 정한 사용허가 외의 사용허가의 경우: 사용료의 100분의 60

87 철도산업발전기본법령상 철도시설의 사용계약에 포함되어야 하는 사항이 아닌 것은?

① 사용기간·대상시설·사용조건 및 사용료
② 대상시설의 제3자에 대한 사용승낙의 범위·조건
③ 상호책임 및 계약위반시 조치사항
④ 분쟁 발생시 관할법원

해설 철도산업법 시행령 제35조(철도시설의 사용계약)제1항 철도시설의 사용계약에는 다음의 사항이 포함되어야 한다.
1. 사용기간·대상시설·사용조건 및 사용료
2. 대상시설의 제3자에 대한 사용승낙의 범위·조건
3. 상호책임 및 계약위반시 조치사항
4. 분쟁 발생시 조정절차
5. 비상사태 발생시 조치
6. 계약의 갱신에 관한 사항
7. 계약내용에 대한 비밀누설금지에 관한 사항

88 철도산업발전기본법령상 선로등사용계약의 최장 기간은?

① 5년   ② 7년
③ 10년   ④ 20년

해설 철도산업법 시행령 제35조(철도시설의 사용계약)제2항 철도산업법 제3조제2호가목부터 라목까지에서 규정한 철도시설(선로등이라 한다)에 대한 법 제31조제1항에 따른 사용계약(선로등사용계약이라 한다)을 체결하려는 경우에는 다음의 기준을 모두 충족해야 한다.
1. 해당 선로등을 여객 또는 화물운송 목적으로 사용하려는 경우일 것
2. 사용기간이 5년을 초과하지 않을 것

89 철도산업발전기본법령상 선로등사용계약의 사용조건에 포함되어야 하는 사항이 아닌 것은?

① 투입되는 철도차량의 종류 및 길이
② 철도차량의 일일운행횟수·운행개시시각·운행종료시각 및 운행간격
③ 출발역·정차역 및 종착역
④ 철도여객 또는 화물운송물의 대상 및 종류

해설 철도산업법 시행령 제35조(철도시설의 사용계약)제3항 선로등사용계약의 사용조건에는 다음의 사항이 포함되어야 하며, 그 사용조건은 선로배분지침에 위반되는 내용이어서는 안 된다.
1. 투입되는 철도차량의 종류 및 길이
2. 철도차량의 일일운행횟수·운행개시시각·운행종료시각 및 운행간격
3. 출발역·정차역 및 종착역
4. 철도운영의 안전에 관한 사항
5. 철도여객 또는 화물운송서비스의 수준

90 철도산업발전기본법령상 철도시설 사용계약 등에 대한 설명으로 타당하지 않은 것은?

① 철도시설의 사용계약에는 반드시 사용기간·대상시설·사용조건 및 사용료 등이 포함되어야 한다.
② 선로등사용계약은 해당 선로등을 여객 또는 화물운송 목적으로 사용하려는 경우에만 계약을 체결할 수 있다.

정답 86. ② 87. ④ 88. ① 89. ④ 90. ③

③ 선로배분지침은 선로등사용계약에 위반되는 내용이어서는 안된다.

④ 철도시설관리자는 철도시설을 사용하려는 자와 사용계약을 체결하여 철도시설을 사용하게 하려는 경우에는 미리 그 사실을 공고해야 한다.

해설 철도산업법 시행령 제35조(철도시설의 사용계약)제3항 참조

91 철도시설 사용계약을 체결하는 철도시설관리자가 선로등의 사용료를 정하는 경우에는 일정 한도를 초과하지 않는 범위에서 선로등의 유지보수비용 등 관련 비용을 회수할 수 있도록 해야 한다. 이와 관련한 다음의 지문에서 ⓐ와 ⓑ에 들어갈 알맞은 말을 순서대로 나열한 것은?

> • 국가 또는 지방자치단체가 건설사업비의 전액을 부담한 선로등 : 해당 선로등에 대한 (ⓐ)
> • 국가 또는 지방자치단체가 건설사업비의 전액을 부담한 선로등 외의 선로등 : 해당 선로등에 대한 (ⓐ)과(와) (ⓑ)의 합계액

① 유지보수비용 총액, 총건설사업비
② 총건설사업비, 유지보수비용 총액
③ 유지보수비용 총액, 총건설비용
④ 총건설비용, 유지보수비용 총액

해설 철도산업법 시행령 제36조(사용계약에 따른 선로등의 사용료 등)제1항 철도시설관리자는 선로등의 사용료를 정하는 경우에는 다음의 한도를 초과하지 않는 범위에서 선로등의 유지보수비용 등 관련 비용을 회수할 수 있도록 해야 한다. 다만, 사회기반시설에 대한 민간투자법 제26조에 따라 사회기반시설관리운영권을 설정받은 철도시설관리자는 같은 법에서 정하는 바에 따라 선로등의 사용료를 정해야 한다.
1. 국가 또는 지방자치단체가 건설사업비의 전액을 부담한 선로등: 해당 선로등에 대한 유지보수비용의 총액
2. 제1호의 선로등 외의 선로등: 해당 선로등에 대한 유지보수비용 총액과 총건설사업비(조사비·설계비·공사비·보상비 및 그 밖에 건설에 소요된 비용의 합계액에서 국가·지방자치단체 또는 수익자가 부담한 비용을 제외한 금액을 말한다)의 합계액

92 다음 중 철도산업발전기본법 시행령에서 정한 선로등의 사용료를 정할 때 고려사항으로 옳지 않은 것은?

① 선로등급·선로용량 등 선로등의 상태
② 운행하는 철도차량의 종류 및 중량
③ 철도차량의 운행시간대 및 운행횟수
④ 종사원의 전체 수 및 정비능력

해설 철도산업법 시행령 제36조(사용계약에 따른 선로등의 사용료 등)제2항 철도시설관리자는 선로등의 사용료를 정하는 경우에는 다음의 사항을 고려할 수 있다.
1. 선로등급·선로용량 등 선로등의 상태
2. 운행하는 철도차량의 종류 및 중량
3. 철도차량의 운행시간대 및 운행횟수
4. 철도사고의 발생빈도 및 정도
5. 철도서비스의 수준
6. 철도관리의 효율성 및 공익성

93 철도산업발전기본법령상 선로등사용계약을 체결하고자 하는 자가 선로등사용계약신청서를 제출할 때 첨부하는 서류가 아닌 것은?

① 철도여객 또는 화물운송사업의 자격을 증명할 수 있는 서류
② 철도여객 또는 화물운송사업계획서
③ 철도차량·운영시설의 규격 및 안전성을 확인할 수 있는 서류
④ 운행하는 철도차량의 종류 및 중량을 표시한 제원표

해설 철도산업법 시행령 제37조(선로등사용계약 체결의 절차)제1항 선로등사용계약을 체결하고자 하는 자(사용신청자라 한다)는 선로등의 사용목적을 기재한 선로등사용계약신청서에 다음의 서류를 첨부하여 철도시설관리자에게 제출하여야 한다.
1. 철도여객 또는 화물운송사업의 자격을 증명할 수 있는 서류
2. 철도여객 또는 화물운송사업계획서
3. 철도차량·운영시설의 규격 및 안전성을 확인할 수 있는 서류

정답 91. ① 92. ④ 93. ④

94 철도산업발전기본법령상 선로등사용계약을 체결하는 절차에 대한 설명으로 바르지 않은 것은?

① 선로등사용계약을 체결하고자 하는 자는 선로등의 사용목적을 기재한 선로등사용계약신청서를 철도시설관리자에게 제출하여야 한다.
② 철도시설관리자는 선로등사용계약신청서를 제출받은 날부터 14일 이내에 사용신청자에게 선로등사용계약의 체결에 관한 협의일정을 통보하여야 한다.
③ 철도시설관리자는 사용신청자가 철도시설에 관한 자료의 제공을 요청하는 경우에는 특별한 이유가 없는 한 이에 응하여야 한다.
④ 철도시설관리자는 사용신청자와 선로등사용계약을 체결하고자 하는 경우에는 미리 국토교통부장관의 승인을 받아야 한다.

해설 철도산업법 시행령 제37조(선로등사용계약 체결의 절차)제2항 철도시설관리자는 선로등사용계약신청서를 제출받은 날부터 1월 이내에 사용신청자에게 선로등사용계약의 체결에 관한 협의일정을 통보하여야 한다.

95 철도산업발전기본법령상 선로등사용계약을 체결하여 선로등을 사용하고 있는 자가 계속하여 사용하고자 하는 경우에는 사용기간이 만료되기 ( )까지 선로등사용계약의 갱신을 신청하여야 한다. 괄호 안에 들어갈 말로 알맞은 것은?

① 2월전　　② 6월전
③ 10월전　④ 12월전

해설 철도안전법 시행령 제38조(선로등사용계약의 갱신)제1항 선로등사용계약을 체결하여 선로등을 사용하고 있는 자(선로등사용계약자라 한다)는 그 선로등을 계속하여 사용하고자 하는 경우에는 사용기간이 만료되기 10월전까지 선로등사용계약의 갱신을 신청하여야 한다.

96 철도산업발전기본법상 철도운영자의 공익서비스 제공으로 발생하는 비용은 누가 부담하는가?

① 국가, 지방자치단체
② 지방자치단체, 철도시설관리자
③ 국가, 원인제공자
④ 철도시설관리자, 원인제공자

해설 철도산업법 제32조(공익서비스비용의 부담)제1항 철도운영자의 공익서비스 제공으로 발생하는 비용(공익서비스비용이라 한다)은 대통령령으로 정하는 바에 따라 국가 또는 해당 철도서비스를 직접 요구한 자(원인제공자라 한다)가 부담하여야 한다.

97 철도산업발전기본법상 원인제공자가 부담하는 공익서비스비용의 범위에 해당하지 않는 것은?

① 철도운영자가 다른 법령에 의하여 철도운임·요금을 감면할 경우 그 감면액
② 철도운영자가 국가정책 또는 공공목적을 위하여 철도운임·요금을 감면할 경우 그 감면액
③ 철도운영자가 경영개선을 위한 적절한 조치를 취하지 않아서 철도이용수요가 적어 수지균형의 확보가 극히 곤란하여 벽지의 노선 또는 역의 철도서비스를 제한 또는 중지하여야 되는 경우로서 공익목적을 위하여 기초적인 철도서비스를 계속함으로써 발생되는 경영손실
④ 철도운영자가 국가의 특수목적사업을 수행함으로써 발생되는 비용

해설 철도산업법 제32조(공익서비스비용의 부담)제2항제2호 철도운영자가 경영개선을 위한 적절한 조치를 취하였음에도 불구하고 철도이용수요가 적어 수지균형의 확보가 극히 곤란하여 벽지의 노선 또는 역의 철도서비스를 제한 또는 중지하여야 되는 경우로서 공익목적을 위하여 기초적인 철도서비스를 계속함으로써 발생되는 경영손실

정답 94. ② 95. ③ 96. ③ 97. ③

98 철도산업발전기본법상의 공익서비스 제공에 따른 보상계약에 관한 내용으로서 바르지 않은 것은?

① 원인제공자는 철도운영자와 공익서비스비용의 보상에 관한 계약을 체결하여야 한다.
② 원인제공자는 철도운영자와 보상계약을 체결하기 전에 계약내용에 관하여 국토교통부장관 및 기획재정부장관과 미리 협의하여야 한다.
③ 국토교통부장관은 공익서비스비용의 객관성과 공정성을 확보하기 위하여 필요한 때에는 전문기관을 지정하여 그 기관으로 하여금 공익서비스비용의 산정 및 평가 등의 업무를 담당하게 할 수 있다.
④ 보상계약체결에 관하여 원인제공자와 철도운영자의 협의가 성립되지 아니하는 때에는 원인제공자 또는 철도운영자의 신청에 의하여 국토교통부장관이 이를 조정할 수 있다.

해설 철도산업법 제33조(공익서비스 제공에 따른 보상계약의 체결)제1항, 제3항, 제4항, 제5항
1. 원인제공자는 철도운영자와 공익서비스비용의 보상에 관한 계약(보상계약이라 한다)을 체결하여야 한다.
2. 원인제공자는 철도운영자와 보상계약을 체결하기 전에 계약내용에 관하여 국토교통부장관 및 기획재정부장관과 미리 협의하여야 한다.
3. 국토교통부장관은 공익서비스비용의 객관성과 공정성을 확보하기 위하여 필요한 때에는 국토교통부령으로 정하는 바에 의하여 전문기관을 지정하여 그 기관으로 하여금 공익서비스비용의 산정 및 평가 등의 업무를 담당하게 할 수 있다.
4. 보상계약체결에 관하여 원인제공자와 철도운영자의 협의가 성립되지 아니하는 때에는 원인제공자 또는 철도운영자의 신청에 의하여 위원회가 이를 조정할 수 있다.

99 철도산업발전기본법상 원인제공자와 철도운영자 사이에 체결되는 공익서비스비용의 보상에 관한 계약에 포함되어야 하는 사항이 아닌 것은?

① 철도운영자가 제공하는 철도서비스의 기준과 내용에 관한 사항
② 공익서비스 제공과 관련하여 원인제공자가 부담하여야 하는 보상내용 및 보상방법 등에 관한 사항
③ 계약기간 및 계약기간의 수정·갱신과 계약의 해지에 관한 사항
④ 그 밖에 국토교통부장관이 필요하다고 인정하는 사항

해설 철도산업법 제33조(공익서비스 제공에 따른 보상계약의 체결)제2항 보상계약에는 다음의 사항이 포함되어야 한다.
1. 철도운영자가 제공하는 철도서비스의 기준과 내용에 관한 사항
2. 공익서비스 제공과 관련하여 원인제공자가 부담하여야 하는 보상내용 및 보상방법 등에 관한 사항
3. 계약기간 및 계약기간의 수정·갱신과 계약의 해지에 관한 사항
4. 그 밖에 원인제공자와 철도운영자가 필요하다고 합의하는 사항

100 철도산업발전기본법상 공익서비스 제공에 따른 보상계약과 관련한 다음 지문에서 괄호 안에 들어갈 말로 알맞은 것은?

> 원인제공자는 철도운영자와 보상계약을 체결하기 전에 계약 내용에 관하여 ( ) 및 ( )과(와) 미리 협의하여야 한다.

① 국토교통부장관, 기획재정부장관
② 시·도지사, 철도시설관리자
③ 국토교통부장관, 국가철도공단 이사장
④ 시·도지사, 한국철도공사 사장

해설 철도산업법 제33조(공익서비스 제공에 따른 보상계약의 체결)제3항 원인제공자는 철도운영자와 보상계약을 체결하기 전에 계약내용에 관하여 국토교통부장관 및 기획재정부장관과 미리 협의하여야 한다.

정답 98. ④ 99. ④ 100. ①

101 철도산업발전기본법령상 공익서비스비용 보상예산에 관한 설명으로 타당하지 않은 것은?

① 철도운영자는 매년 9월말까지 국가가 다음 연도에 부담하여야 하는 공익서비스비용의 추정액, 당해 공익서비스의 내용 그 밖의 필요한 사항을 기재한 국가부담비용추정서를 국토교통부장관에게 제출하여야 한다.

② 철도운영자가 국가부담비용의 추정액을 산정함에 있어서는 철도산업발전기본법 제33조제1항의 규정에 의한 보상계약 등을 고려하여야 한다.

③ 국토교통부장관은 국가부담비용추정서를 제출받은 때에는 관계행정기관의 장과 협의하여 다음 연도의 국토교통부소관 일반회계에 국가부담비용을 계상하여야 한다.

④ 국토교통부장관은 국가부담비용을 정하는 때에는 국가부담비용의 추정액, 전년도에 부담한 국가부담비용, 관련 법령의 규정 또는 법 제33조제1항의 규정에 의한 보상계약 등을 고려하여야 한다.

해설 철도산업법 시행령 제40조(공익서비스비용 보상예산의 확보)제1항 철도운영자는 매년 3월말까지 국가가 법 제32조제1항의 규정에 의하여 다음 연도에 부담하여야 하는 공익서비스비용(국가부담비용이라 한다)의 추정액, 당해 공익서비스의 내용 그 밖의 필요한 사항을 기재한 국가부담비용추정서를 국토교통부장관에게 제출하여야 한다. 이 경우 철도운영자가 국가부담비용의 추정액을 산정함에 있어서는 법 제33조제1항의 규정에 의한 보상계약 등을 고려하여야 한다.

102 다음 지문은 철도산업발전기본법 시행령의 내용이다. 괄호 안에 들어갈 말로 알맞은 것은?

> 국토교통부장관은 철도운영자로부터 국가부담비용추정서를 제출받은 때에는 (   )과(와) 협의하여 다음 연도의 국토교통부소관 일반회계에 국가부담비용을 계상하여야 한다.

① 기획재정부장관
② 관계행정기관이 장
③ 철도시설관리자
④ 국가철도공단 이사장

해설 철도산업법 시행령 제40조(공익서비스비용 보상예산의 확보)제2항 국토교통부장관은 국가부담비용추정서를 제출받은 때에는 관계행정기관의 장과 협의하여 다음 연도의 국토교통부소관 일반회계에 국가부담비용을 계상하여야 한다.

103 철도산업발전기본법령상 철도운영자가 국가부담비용의 지급을 신청하고자 하는 때에 첨부하는 서류에 해당하지 않는 것은?

① 국가부담비용지급신청액 및 산정내역서
② 당해 연도의 예상수입 · 지출명세서
③ 최근 5년간 지급받은 국가부담비용내역서
④ 원가계산서

해설 철도산업법 시행령 제41조(국가부담비용의 지급)
① 철도운영자는 국가부담비용의 지급을 신청하고자 하는 때에는 국토교통부장관이 지정하는 기간내에 국가부담비용지급신청서에 다음의 서류를 첨부하여 국토교통부장관에게 제출하여야 한다.
1. 국가부담비용지급신청액 및 산정내역서
2. 당해 연도의 예상수입 · 지출명세서
3. 최근 2년간 지급받은 국가부담비용내역서
4. 원가계산서
② 국토교통부장관은 국가부담비용지급신청서를 제출받은 때에는 이를 검토하여 매 반기마다 반기초에 국가부담비용을 지급하여야 한다.

정답 101. ① 102. ② 103. ③

104 철도산업발전기본법령상 국토교통부장관이 철도운영자로부터 국가부담비용지급신청서를 제출받은 때에는 이를 검토하여 국가부담비용을 지급하여야 한다. 그 지급하는 주기는?

① 매 분기마다 분기초
② 매 분기마다 분기말
③ 매 반기마다 반기초
④ 매 반기마다 반기말

해설 철도산업법 시행령 제41조(국가부담비용의 지급)제2항 참조

105 다음 지문은 철도산업발전기본법 시행령상 국가부담비용과 관련한 내용이다. 괄호 안에 들어갈 말로 알맞은 것은?

> 국가부담비용을 지급받은 철도운영자는 당해 반기가 끝난 후 ( ) 이내에 국가부담비용정산서에 다음의 서류를 첨부하여 국토교통부장관에게 제출하여야 한다.
> 1. 수입·지출명세서
> 2. 수입·지출증빙서류
> 3. 그 밖에 현금흐름표 등 회계관련 서류

① 10일   ② 20일
③ 30일   ④ 60일

해설 철도산업법 시행령 제42조(국가부담비용의 정산)
① 국가부담비용을 지급받은 철도운영자는 당해 반기가 끝난 후 30일 이내에 국가부담비용정산서에 다음의 서류를 첨부하여 국토교통부장관에게 제출하여야 한다.
 1. 수입·지출명세서
 2. 수입·지출증빙서류
 3. 그 밖에 현금흐름표 등 회계관련 서류
② 국토교통부장관은 국가부담비용정산서를 제출받은 때에는 전문기관 등으로 하여금 이를 확인하게 할 수 있다.

106 철도산업발전기본법상 철도시설관리자와 철도운영자가 국토교통부장관의 승인을 얻어 특정노선 및 역의 폐지와 관련 철도서비스의 제한 또는 중지 등 필요한 조치를 취할 수 있는 경우가 아닌 것은?

① 승인신청가 철도서비스를 제공하고 있는 노선 또는 역에 대하여 철도의 경영개선을 위한 적절한 조치를 취하였음에도 불구하고 수지균형의 확보가 극히 곤란하여 경영상 어려움이 발생한 경우
② 공익서비스 제공에 따른 보상계약체결에도 불구하고 공익서비스비용에 대한 적정한 보상이 이루어지지 아니한 경우
③ 원인제공자가 공익서비스비용을 부담하지 아니한 경우
④ 철도시설관리자가 철도산업위원회의 조정에 따르지 아니한 경우

해설 철도산업법 제34조(특정노선 폐지 등의 승인)제1항 철도시설관리자와 철도운영자(승인신청자라 한다)는 다음의 어느 하나에 해당하는 경우에 국토교통부장관의 승인을 얻어 특정노선 및 역의 폐지와 관련 철도서비스의 제한 또는 중지 등 필요한 조치를 취할 수 있다.
① 승인신청자가 철도서비스를 제공하고 있는 노선 또는 역에 대하여 철도의 경영개선을 위한 적절한 조치를 취하였음에도 불구하고 수지균형의 확보가 극히 곤란하여 경영상 어려움이 발생한 경우
② 공익서비스 제공에 따른 보상계약체결에도 불구하고 공익서비스비용에 대한 적정한 보상이 이루어지지 아니한 경우
③ 원인제공자가 공익서비스비용을 부담하지 아니한 경우
④ 원인제공자가 철도산업위원회의 조정에 따르지 아니한 경우

정답 104. ③ 105. ③ 106. ④

107 철도산업발전기본법상 철도시설관리자와 철도운영자가 특정노선 및 역의 폐지와 관련 철도서비스의 제한 또는 중지 등을 위해 국토교통부장관에게 승인신청서를 제출하는 경우 포함되어야 하는 사항이 아닌 것은?

① 폐지하고자 하는 특정 노선 및 역
② 제한·중지하고자 하는 철도서비스의 내용
③ 특정 노선 및 역을 계속 운영하거나 철도서비스를 계속 제공하여야 할 경우의 철도운영자의 비용부담 등에 관한 사항
④ 그 밖에 특정 노선 및 역의 폐지 또는 철도서비스의 제한·중지 등과 관련된 사항

해설 철도산업법 제34조(특정노선 폐지 등의 승인)제2항 승인신청자는 다음의 사항이 포함된 승인신청서를 국토교통부장관에게 제출하여야 한다.
1. 폐지하고자 하는 특정 노선 및 역 또는 제한·중지하고자 하는 철도서비스의 내용
2. 특정 노선 및 역을 계속 운영하거나 철도서비스를 계속 제공하여야 할 경우의 원인제공자의 비용부담 등에 관한 사항
3. 그 밖에 특정 노선 및 역의 폐지 또는 철도서비스의 제한·중지 등과 관련된 사항

108 철도산업발전기본법령상 철도시설관리자와 철도운영자가 특정노선 폐지 등의 승인신청서를 국토교통부장관에게 제출하는 때에 첨부하여야 하는 서류에 해당하지 않는 것은?

① 승인신청 사유
② 등급별·시간대별 철도차량의 운행빈도, 역수, 종사자수 등 운영현황
③ 과거 1년 이상의 기간 동안의 1일 평균 철도서비스 수요
④ 과거 1년 이상의 기간 동안의 수입·비용 및 영업손실액에 관한 회계보고서

해설 철도산업법 시행령 제44조(특정노선 폐지 등의 승인신청서의 첨부서류) 철도시설관리자와 철도운영자가 국토교통부장관에게 특정노선 폐지 등의 승인신청서를 제출하는 때에는 다음의 사항을 기재한 서류를 첨부하여야 한다.
1. 승인신청 사유
2. 등급별·시간대별 철도차량의 운행빈도, 역수, 종사자수 등 운영현황
3. 과거 6월 이상의 기간 동안의 1일 평균 철도서비스 수요
4. 과거 1년 이상의 기간 동안의 수입·비용 및 영업손실액에 관한 회계보고서
5. 향후 5년 동안의 1일 평균 철도서비스 수요에 대한 전망
6. 과거 5년 동안의 공익서비스비용의 전체규모 및 원인제공자가 부담한 공익서비스 비용의 규모
7. 대체수송수단의 이용가능성

109 철도산업발전기본법령상 특정노선 폐지 등에 관한 실태조사에 관한 설명으로 타당하지 않은 것은?

① 국토교통부장관은 특정노선 폐지 등의 승인을 위한 승인신청을 받은 때에는 당해 노선 및 역의 운영현황에 관하여 실태조사를 실시하여야 한다.
② 국토교통부장관은 특정노선 폐지 등의 승인을 위한 승인신청을 받은 때에는 철도서비스의 제공현황에 관하여 실태조사를 실시하여야 한다.
③ 국토교통부장관은 관계 지방자치단체 또는 관련 전문기관을 실태조사에 참여시켜야 한다.
④ 국토교통부장관은 실태조사의 결과를 철도산업위원회에 보고하여야 한다.

해설 철도산업법 시행령 제45조(실태조사)
① 국토교통부장관은 특정노선 폐지 등의 승인을 위한 승인신청을 받은 때에는 당해 노선 및 역의 운영현황 또는 철도서비스의 제공현황에 관하여 실태조사를 실시하여야 한다.
② 국토교통부장관은 필요한 경우에는 관계 지방자치단체 또는 관련 전문기관을 실태조사에 참여시킬 수 있다.
③ 국토교통부장관은 실태조사의 결과를 철도산업위원회에 보고하여야 한다.

정답 107. ③ 108. ③ 109. ③

110 철도산업발전기본법령상 특정노선 폐지 등과 관련한 내용으로 바르지 않은 것은?

① 국토교통부장관은 특정노선 폐지 등의 승인신청서가 제출된 경우 원인제공자 및 관계 행정기관의 장과 협의하여야 한다.
② 국토교통부장관은 원인제공자 및 관계 행정기관의 장과 협의한 후 철도산업위원회의 심의를 거쳐 승인여부를 결정하고 그 결과를 승인신청자에게 통보하여야 한다.
③ 국토교통부장관은 특정노선 폐지 등에 대하여 승인을 한 때에는 그 승인이 있은 날부터 2주 이내에 공고하여야 한다.
④ 특정노선 폐지 등의 공고에는 폐지되는 특정노선 및 역 또는 제한·중지되는 철도서비스의 내용과 그 사유가 포함되어야 한다.

해설 철도산업법 제34조(특정노선 폐지 등의 승인)제3항 국토교통부장관은 특정노선 폐지 등의 승인신청서가 제출된 경우 원인제공자 및 관계 행정기관의 장과 협의한 후 위원회의 심의를 거쳐 승인여부를 결정하고 그 결과를 승인신청자에게 통보하여야 한다. 이 경우 승인하기로 결정된 때에는 그 사실을 관보에 공고하여야 한다.

철도산업법 시행령 제46조(특정노선 폐지 등의 공고) 국토교통부장관은 법 제34조제3항의 규정에 의하여 승인을 한 때에는 그 승인이 있은 날부터 1월 이내에 폐지되는 특정노선 및 역 또는 제한·중지되는 철도서비스의 내용과 그 사유를 국토교통부령이 정하는 바에 따라 공고하여야 한다.

111 철도산업발전기본법령상 특정노선 및 역의 폐지 또는 철도서비스의 제한·중지 등의 조치로 인하여 영향을 받는 지역중에서 대체수송수단이 없거나 현저히 부족하여 수송서비스에 심각한 지장이 초래되는 지역에 대하여는 별도의 수송대책을 수립·시행하여야 한다. 이 경우 수송대책에 포함되어야 할 사항에 해당하지 않는 것은?

① 수송여건 분석
② 대체수송수단의 운행횟수 증대, 노선조정 또는 추가투입
③ 대체수송에 필요한 재원조달
④ 대체수송수단의 종류와 수량

해설 철도산업법 시행령 제47조(특정노선 폐지 등에 따른 수송대책의 수립) 국토교통부장관 또는 관계행정기관의 장은 특정노선 및 역의 폐지 또는 철도서비스의 제한·중지 등의 조치로 인하여 영향을 받는 지역중에서 대체수송수단이 없거나 현저히 부족하여 수송서비스에 심각한 지장이 초래되는 지역에 대하여는 다음의 사항이 포함된 수송대책을 수립·시행하여야 한다.
1. 수송여건 분석
2. 대체수송수단의 운행횟수 증대, 노선조정 또는 추가투입
3. 대체수송에 필요한 재원조달
4. 그 밖에 수송대책의 효율적 시행을 위하여 필요한 사항

112 철도산업발전기본법상 철도시설관리자와 철도운영자의 특정노선 폐지 등의 신청에 대하여 국토교통부장관은 승인을 제한할 수 있다. 이와 관련된 내용으로 타당하지 않은 것은?

① 특정노선 폐지 등의 조치가 공익을 현저하게 저해한다고 인정하는 경우 승인을 제한할 수 있다.
② 특정노선 폐지 등의 조치가 대체교통수단 미흡 등으로 교통서비스 제공에 중대한 지장을 초래한다고 인정하는 경우 승인을 제한할 수 있다.
③ 국토교통부장관은 승인을 하지 아니함에 따라 철도운영자인 승인신청자가 경영상 중대한 영업손실을 받은 경우에는 그 손실을 보상하여야 한다.
④ 승인신청자가 철도서비스를 제공하고 있는 노선 또는 역에 대하여 철도의 경영개선을 위한 적절한 조치를 취하였음에도 불구하고 수지균형의 확보가 극히 곤란하여 경영상 어려움이 발생한 경우에도 승인을 제한할 수 있다.

정답 110. ③ 111. ④ 112. ③

해설 철도산업법 제35조(승인의 제한 등)
① 국토교통부장관은 국토교통부장관은 법 제34조제1항 각 호의 어느 하나에 해당하는 경우에도 다음의 어느 하나에 해당하는 경우에는 특정노선 폐지 등의 승인을 하지 아니할 수 있다.
  1. 노선 폐지 등의 조치가 공익을 현저하게 저해한다고 인정하는 경우
  2. 노선 폐지 등의 조치가 대체교통수단 미흡 등으로 교통서비스 제공에 중대한 지장을 초래한다고 인정하는 경우
② 국토교통부장관은 승인을 하지 아니함에 따라 철도운영자인 승인신청자가 경영상 중대한 영업손실을 받은 경우에는 그 손실을 보상할 수 있다(임의 규정).

113 철도산업발전기본법령상 특정노선 폐지 등의 승인에 따른 신규운영자 선정과 관련한 내용으로 바르지 않은 것은?

① 국토교통부장관은 기존운영자가 제한 또는 중지하고자 하는 특정 노선 및 역에 관한 철도서비스를 신규운영자로 하여금 제공하게 하는 것이 타당하다고 인정하는 때에는 신규운영자를 선정하여야 한다.

② 국토교통부장관은 신규운영자를 선정하고자 하는 때에는 원인제공자와 협의하여 경쟁에 의한 방법으로 신규운영자를 선정하여야 한다.

③ 원인제공자는 신규운영자와 보상계약을 체결하여야 하며, 기존운영자는 당해 철도서비스 등에 관한 인수인계서류를 작성하여 신규운영자에게 제공하여야 한다.

④ 국토교통부장관은 신규운영자를 선정하고자 하는 경우에는 위원회의 심의를 거쳐 수립한 신규운영자선정계획을 관보 또는 보급지역을 전국으로 하여 등록한 2 이상의 일반일간신문에 공고하여야 한다.

해설 철도산업법 시행령 제48조(철도서비스의 제한 또는 중지에 따른 신규운영자의 선정)제1항 국토교통부장관은 철도운영자인 승인신청자(기존운영자라 한다)가 제한 또는 중지하고자 하는 특정 노선 및 역에 관한 철도서비스를 새로운 철도운영자(신규운영자라 한다)로 하여금 제공하게 하는 것이 타당하다고 인정하는 때에는 신규운영자를 선정할 수 있다(임의 규정).

114 철도산업발전기본법령상 철도서비스 제한 또는 중지에 따라 선정된 신규운영자에게 기존운영자가 제공하여야 하는 인수인계서류에 포함되어야 하는 사항이 아닌 것은?

① 당해 철도서비스의 내용

② 당해 특정 노선의 철도역 및 투입된 철도차량

③ 당해 특정 노선에 투입된 철도종사자의 인적 사항

④ 철도차량의 보수·정비설비 등 당해 특정 노선의 운영에 사용된 설비 및 장비

해설 철도산업법 시행규칙 제11조(신규운영자의 선정에 따른 인수인계) 철도산업법 시행령 제48조제1항의 규정에 의한 철도의 기존운영자는 동조제3항의 규정에 의하여 다음 각호의 사항이 포함된 인수인계서류를 작성하여 국토교통부장관의 확인을 받아 신규운영자에게 제공하여야 한다.
1. 당해 철도서비스의 내용
2. 당해 특정 노선의 철도역 및 투입된 철도차량
3. 그 밖에 철도차량의 보수·정비설비 등 당해 특정 노선의 운영에 사용된 설비 및 장비

115 철도산업발전기본법상 국토교통부장관은 천재·지변 등 비상사태 시 필요한 범위 안에서 철도시설관리자·철도운영자 또는 철도이용자에게 일정한 사항에 관한 조정·명령 그 밖의 필요한 조치를 할 수 있다. 이에 해당하지 않는 것은?

① 지역별·노선별·수송대상별 수송 우선순위 부여 등 수송통제

② 철도차량의 보수·정비설비 등

③ 대체수송수단 및 수송로의 확보

④ 임시열차의 편성 및 운행

정답 113. ① 114. ③ 115. ②

해설 철도산업법 제36조(비상사태시 처분)제1항 국토교통부장관은 천재·지변·전시·사변, 철도교통의 심각한 장애 그 밖에 이에 준하는 사태의 발생으로 인하여 철도서비스에 중대한 차질이 발생하거나 발생할 우려가 있다고 인정하는 경우에는 필요한 범위안에서 철도시설관리자·철도운영자 또는 철도이용자에게 다음의 사항에 관한 조정·명령 그 밖의 필요한 조치를 할 수 있다.
1. 지역별·노선별·수송대상별 수송 우선순위 부여 등 수송통제
2. 철도시설·철도차량 또는 설비의 가동 및 조업
3. 대체수송수단 및 수송로의 확보
4. 임시열차의 편성 및 운행
5. 철도서비스 인력의 투입
6. 철도이용의 제한 또는 금지
7. 그 밖에 철도서비스의 수급안정을 위하여 대통령령으로 정하는 사항

116 국토교통부장관은 비상사태 시 철도서비스의 수급안정을 위하여 대통령령으로 정하는 사항에 대하여 조정·명령 그 밖의 필요한 조치를 할 수 있다. 다음 보기에서 이를 모두 고른 것은?

> ㄱ. 철도시설의 임시사용
> ㄴ. 철도시설의 사용제한 및 접근 통제
> ㄷ. 철도시설의 긴급복구 및 복구지원

① ㄴ, ㄷ ② ㄱ, ㄴ, ㄷ
③ ㄱ, ㄷ ④ ㄱ, ㄴ

해설 철도산업법 제36조(비상사태시 처분)제1항 참조, 철도산업법 시행령 제49조(비상사태시 처분) 법 제36조제1항제7호에서 대통령령이 정하는 사항이라 함은 다음 각호의 사항을 말한다.
1. 철도시설의 임시사용
2. 철도시설의 사용제한 및 접근 통제
3. 철도시설의 긴급복구 및 복구지원
4. 철도역 및 철도차량에 대한 수색 등

117 철도산업발전기본법령상 국토교통부장관이 한국철도공사에 위탁하는 업무가 아닌 것은?

① 철도시설유지보수 시행업무
② 철도산업정보센터의 설치·운영업무
③ 철도교통관제시설의 관리업무
④ 철도교통관제업무

해설 철도산업법 제38조(권한의 위임 및 위탁) 국토교통부장관은 이 법에 따른 권한의 일부를 대통령령으로 정하는 바에 따라 특별시장·광역시장·도지사·특별자치도지사 또는 지방교통관서의 장에 위임하거나 관계 행정기관·국가철도공단·철도공사·정부출연연구기관에게 위탁할 수 있다. 다만, 철도시설유지보수 시행업무는 철도공사에 위탁한다.
철도산업법 시행규칙 제12조(권한의 위탁)
① 국토교통부장관은 철도산업정보센터의 설치·운영 업무를 국가철도공단에 위탁한다.
② 국토교통부장관은 철도교통관제시설의 관리업무 및 철도교통관제업무를 한국철도공사에 위탁한다.
③ 국토교통부장관은 한국철도공사에 철도교통관제업무를 위탁하는 경우에는 한국철도공사로부터 철도교통관제업무에 종사하는 자의 독립성이 보장될 수 있도록 필요한 조치를 하여야 한다.

118 철도산업발전기본법상 반드시 청문을 실시하여야 하는 경우는?

① 특정 노선 및 역의 폐지와 이와 관련된 철도서비스의 제한 또는 중지에 대한 승인을 하고자 하는 경우
② 철도산업의 육성·발전에 관한 중요정책 사항을 심의하는 경우
③ 철도산업정보화기본계획을 수립하는 경우
④ 철도자산의 인계·이관하는 경우

해설 철도산업법 제39조(청문) 국토교통부장관은 제34조에 따른 특정 노선 및 역의 폐지와 이와 관련된 철도서비스의 제한 또는 중지에 대한 승인을 하고자 하는 때에는 청문을 실시하여야 한다.

119 철도산업발전기본법상 국토교통부장관의 승인을 얻지 아니하고 특정 노선 및 역을 폐지하거나 철도서비스를 제한 또는 중지한 자에 대한 벌칙은?

① 1년 이하의 징역 또는 1천만원 이하의 벌금
② 2년 이하의 징역 또는 2천만원 이하의 벌금
③ 3년 이하의 징역 또는 3천만원 이하의 벌금
④ 3년 이하의 징역 또는 5천만원 이하의 벌금

정답 116. ② 117. ② 118. ① 119. ④

해설 철도산업법 제40조(벌칙)제1항 법 제34조의 규정을 위반하여 국토교통부장관의 승인을 얻지 아니하고 특정노선 및 역을 폐지하거나 철도서비스를 제한 또는 중지한 자는 3년 이하의 징역 또는 5천만원 이하의 벌금에 처한다.

120 철도산업발전기본법상 거짓이나 그 밖의 부정한 방법으로 철도시설 사용에 관한 관리청의 허가를 받은 자에 대한 벌칙은?

① 1년 이하의 징역 또는 1천만원 이하의 벌금
② 2년 이하의 징역 또는 3천만원 이하의 벌금
③ 3년 이하의 징역 또는 3천만원 이하의 벌금
④ 3년 이하의 징역 또는 5천만원 이하의 벌금

해설 철도산업법 제40조(벌칙)제2항 다음의 어느 하나에 해당하는 자는 2년 이하의 징역 또는 3천만원 이하의 벌금에 처한다. 제1호 거짓이나 그 밖의 부정한 방법으로 법 제31조(철도시설 사용료)제1항에 따른 허가를 받은 자

121 철도산업발전기본법상 관리청의 허가를 받지 아니하고 철도시설을 사용한 자에 대한 벌칙은?

① 1년 이하의 징역 또는 1천만원 이하의 벌금
② 2년 이하의 징역 또는 3천만원 이하의 벌금
③ 3년 이하의 징역 또는 3천만원 이하의 벌금
④ 3년 이하의 징역 또는 5천만원 이하의 벌금

해설 철도산업법 제40조(벌칙)제2항 다음의 어느 하나에 해당하는 자는 2년 이하의 징역 또는 3천만원 이하의 벌금에 처한다. 제2호 법 제31조(철도시설 사용료)제1항에 따른 허가를 받지 아니하고 철도시설을 사용한 자

122 철도산업발전기본법상 천재 · 지변 · 전시 · 사변 등 비상사태시 국토교통부장관이 철도시설관리자 · 철도운영자에게 취하는 조정 · 명령 그 밖의 필요한 조치를 위반한 자에 대한 벌칙은?

① 1년 이하의 징역 또는 1천만원 이하의 벌금
② 2년 이하의 징역 또는 3천만원 이하의 벌금
③ 3년 이하의 징역 또는 3천만원 이하의 벌금
④ 3년 이하의 징역 또는 5천만원 이하의 벌금

해설 철도산업법 제40조(벌칙)제2항 다음의 어느 하나에 해당하는 자는 2년 이하의 징역 또는 3천만원 이하의 벌금에 처한다. 제3호 법 제36조(비상사태시 처분)제1항제1호부터 제5호까지 또는 제7호에 따른 조정 · 명령 등의 조치를 위반한 자

123 철도산업발전기본법상 천재 · 지변 · 전시 · 사변 등 비상사태시 국토교통부장관이 철도시설이용자에게 취하는 철도이용의 제한 또는 금지조치를 위반한 자에 대한 벌칙은?

① 백만원 이하의 과태료
② 3백만 이하의 과태료
③ 5백만원 이하의 과태료
④ 1천만원 이하의 과태료

해설 철도산업법 제42조(과태료)제1항 법 제36조제1항제6호(철도이용의 제한 또는 금지)의 규정을 위반한 자에게는 1천만원 이하의 과태료를 부과한다.

124 철도산업발전기본법상의 과태료 부과 · 징수권자는 누구인가?

① 국토교통부장관　② 시 · 도지사
③ 시 · 군 · 구청장　④ 기획재정부장관

해설 철도산업법 제42조(과태료)제2항 제1항에 따른 과태료는 대통령령으로 정하는 바에 따라 국토교통부장관이 부과 · 징수한다.

정답　120. ②　121. ②　122. ②　123. ④　124. ①

철도교통안전관리자

P·A·R·T 02

모의고사

1회 모의고사
2회 모의고사

1회 교통법규 모의고사

01 교통안전법상 교통수단운영자(운수회사)에 적용되는 교통안전업무가 아닌 것은?

① 교통문화지수의 조사
② 교통안전담당자의 지정
③ 차로이탈경고장치의 장착
④ 교통수단안전점검의 수검

02 다음 중 국토교통부령으로 정하는 출입금지 철도시설로 옳은 것은?

① 철도역사
② 방송실
③ 철도터널
④ 철도운전용 급유시설물이 있는 장소

03 다음 중 보안검색장비의 작동점검 시행기관과 정기점검 주기로 옳은 것은?

① 한국철도기술연구원 – 필요하다고 인정하는 때
② 한국철도기술연구원 – 매년 1회
③ 한국교통안전공단 – 분기별
④ 한국보안기관 – 연간 4회

04 다음 중 철도안전법에서 정한 여객열차에서 흡연을 한 사람에게 해당되는 벌칙으로 옳은 것은?

① 100만원 이하의 과태료
② 200만원 이하의 과태료
③ 300만원 이하의 과태료
④ 400만원 이하의 과태료

05 교통안전도 평가지수 산정 시 중상사고 또는 중상자에 대한 가중치는 얼마인가?

① 0.7 ② 0.9
③ 0.3 ④ 0.5

06 다음 중 철도보호지구에서의 행위 시 국토교통부장관 또는 시·도지사에게 신고해야 하는 행위로 옳지 않은 것은?

① 토지의 형질변경 및 굴착
② 토석, 자갈 및 모래의 채취
③ 건축물의 신축·개축·증축 또는 인공구조물의 설치
④ 토지의 명의변경

07 다음 중 철도안전법에서 정의한 사람이 탑승하여 운행 중인 철도차량에 불을 놓아 소훼로 인하여 사망에 이르게 한 자에게 해당되는 벌칙사항으로 옳지 않은 것은?

① 사형
② 무기징역
③ 7년 이상의 징역
④ 5년 이상의 징역

정답 01.① 02.② 03.② 04.① 05.① 06.④ 07.④

08 철도안전법 시행규칙에서 규정하고 있는 일반응시자가 제2종 전기차량 운전면허를 취득을 위하여 받아야 하는 기능교육 과목을 모두 나열한 것은?

> ㄱ. 현장실습교육
> ㄴ. 운전실무 및 모의운행 훈련
> ㄷ. 비상시 조치 등

① ㄱ, ㄴ, ㄷ   ② ㄱ, ㄴ
③ ㄱ, ㄷ   ④ ㄴ, ㄷ

09 다음 중 대통령령으로 정하는 퇴거지역의 범위로 옳지 않은 것은?

① 정거장
② 철도신호기 · 철도차량정비소 · 통신기기 · 전력설비 등의 설비가 설치되어 있는 장소의 담장이나 경계선 안의 지역
③ 화물을 적하하는 장소의 담장이나 경계선 안의 지역
④ 한국교통안전공단 교육훈련기관

10 다음 중 철도차량 운전면허 실무수습 이수 경력이 없는 사람이 제2종 전기차량 운전면허 취득 후 받아야 하는 실무수습 교육시간(거리 포함)으로 옳은 것은?

① 400시간 이상 또는 6,000km 이상
② 300시간 이상 또는 6,000km 이상
③ 200시간 이상 또는 10,000km 이상
④ 400시간 이상 또는 8,000km 이상

11 다음 중 철도안전 전문인력 자격기준에 대한 그 타당성을 검토하여 개선 등의 조치를 시행하는 주기로 옳은 것은?

① 1년   ② 2년
③ 3년   ④ 5년

12 다음 중 철도안전법에서 정한 열차의 정의로 타당한 것은?

① 선로를 운행할 목적으로 철도운영자가 편성한 철도차량
② 선로를 운행할 목적으로 철도운영자가 편성하여 열차번호를 부여한 철도차량
③ 철도운영자가 편성하여 운행번호를 부여한 철도차량
④ 선로를 운행할 목적으로 철도차량 운전자가 열차를 부여받은 철도차량

13 다음 중 국토교통부장관이 수립하는 철도안전에 관한 종합계획 주기로 옳은 것은?

① 1년   ② 2년
③ 5년   ④ 10년

14 다음 중 철도기술심의위원회의 구성 인원으로 옳은 것은?

① 위원장을 포함한 5인 이내
② 위원장을 포함한 7인 이내
③ 위원장을 포함한 10인 이내
④ 위원장을 포함한 15인 이내

15 다음 중 철도운영자등이 국토교통부장관에게 즉시 보고하여야 할 철도사고등 발생 시 보고사항으로 옳지 않은 것은?

① 사고 발생 일시 및 장소
② 사고조사자 소속 및 명단
③ 사고 발생 경위
④ 사고 수습 및 복구 계획 등

정답 08. ① 09. ④ 10. ① 11. ③ 12. ② 13. ③ 14. ④ 15. ②

16 다음 중 철도안전법에서 정한 청문을 실시하는 경우로 옳지 않은 것은?

① 철도차량정비기술자의 인정
② 안전관리체계의 승인 취소
③ 운전면허의 취소 및 효력정지
④ 운전적성검사기관의 지정 취소

17 교통안전법에서 정의하는 교통수단을 규정하고 있지 않은 법은?

① 항공안전법
② 궤도운송법
③ 철도산업발전기본법
④ 항만운송사업법

18 다음 지문의 괄호 안에 들어갈 용어로 옳은 것은?

> 철도운영자등이 철도안전법령에 따른 안전관리체계를 승인받으려는 경우에는 철도운용 또는 철도시설 관리 개시 예정일 ( ) 전까지 철도안전관리체계 승인신청서를 국토교통부장관에게 제출하여야 한다.

① 30일 ② 60일
③ 90일 ④ 120일

19 다음 중 철도안전관리체계의 유지·검사 등에 대한 설명으로 옳지 않은 것은?

① 철도운영자등은 철도안전관리체계 검사 결과에 따라 시정조치명령을 받은 경우에는 7일 이내에 시정조치계획서를 국토교통부장관에게 제출하여야 한다.
② 국토교통부장관은 1년마다 1회의 정기검사를 실시하여야 한다.
③ 국토교통부장관은 검사 시행일 7일 전까지 철도운영자등에게 검사계획을 통보하여야 한다.
④ 국토교통부장관은 철도사고, 준철도사고 및 운행장애 예방을 위하여 수시로 검사를 시행할 수 있다.

20 다음 중 여객출입 금지장소를 지정하는 자로 옳은 것은?

① 국토교통부장관 ② 한국교통안전공단
③ 운영기관 ④ 대통령

21 다음 중 철도산업위원회에 대한 설명으로 옳지 않은 것은?

① 국토교통부에 위원회를 두며, 위원장을 포함한 25인 이내의 위원으로 구성한다.
② 위원회의 위원에 교육부차관, 국가철도공단의 이사장, 한국철도공사의 사장이 포함된다.
③ 분과위원회의 구성·기능 및 운영에 관하여 필요한 사항은 대통령령으로 정한다.
④ 위원회 위원의 임기는 3년으로 하되, 연임할 수 있다.

22 다음 중 철도안전법에서 정한 정부로부터 재정지원을 받을 수 있는 기관(자)로 옳은 것은?

① 정밀안전훈련기관
② 신체검사지정기관
③ 관제적성훈련기관
④ 철도안전법에 따른 업무의 일부를 대통령령으로 정하는 바에 따라 위탁받은 철도안전 관련 기관 또는 단체

정답 16. ① 17. ④ 18. ③ 19. ① 20. ① 21. ④ 22. ④

23 해당 철도노선에서 허용되는 최고속도까지 단계적으로 철도차량의 속도를 증가시키면서 철도시설의 안전상태, 철도차량의 운행 적합성이나 철도시설물과의 연계성, 철도시설물의 정상 작동 여부 등을 확인·점검하는 시험을 무엇이라 하는가?

① 영업시 운전 ② 성능시험
③ 시설물 검증시험
④ 공종별 시험

24 교통시설설치·관리자 등은 교통안전담당자의 지정이 해지되거나 교통안전담당자가 퇴직한 경우 며칠 이내에 교통안전담당자를 지정해야 하나?

① 10일 이내 ② 20일 이내
③ 30일 이내 ④ 40일 이내

25 다음 중 철도 관계 법령의 범위에 속하지 않는 것은?

① 건널목 개량촉진법
② 철도의 건설 및 철도시설 유지관리에 관한 법률
③ 도시철도법
④ 중대재해 처벌에 관한 법률

26 다음 중 철도산업발전기본법에서 정한 비상사태 시 처분으로서 철도서비스의 수급안정을 위하여 대통령령으로 정하는 사항으로 옳은 것은? (모두 선택)

> ㄱ. 철도시설의 임시사용
> ㄴ. 철도시설의 사용제한 및 접근 통제
> ㄷ. 철도시설의 긴급복구 및 복구지원

① ㄴ, ㄷ ② ㄱ, ㄴ, ㄷ
③ ㄱ, ㄷ ④ ㄱ, ㄴ

27 다음 중 철도운영자등이 안전관리체계 검사에 따른 시정조치명령을 받은 경우 시정조치계획서 제출 기간으로 옳은 것은?

① 7일 이내 ② 10일 이내
③ 14일 이내 ④ 20일 이내

28 다음 중 철도산업발전기본법에서 정한 철도협회의 설립 시 정관의 기재사항과 협회의 운영 등에 필요한 사항을 정하는 기관(자)으로 옳은 것은?

① 국토교통부령 ② 한국교통안전공단
③ 대통령령 ④ 철도운영기관

29 다음 중 철도안전법 시행령에서 정한 국토교통부장관에게 즉시 보고하여야 하는 대통령령으로 정한 철도사고로 옳은 것은? (모두 선택)

> ㄱ. 열차의 충돌이나 탈선사고
> ㄴ. 철도차량이나 열차에서 화재가 발생하여 운행을 중지시킨 사고
> ㄷ. 철도차량이나 열차의 운행과 관련하여 2명 이상 사상자가 발생한 사고
> ㄹ. 철도차량이나 열차의 운행과 관련하여 3천만원 이상의 재산피해가 발생한 사고

① ㄱ, ㄴ ② ㄴ, ㄷ
③ ㄴ, ㄷ, ㄹ ④ ㄱ, ㄴ, ㄷ, ㄹ

30 철도안전법상 폭행·협박으로 철도종사자의 직무집행을 방해한 자에 대한 벌칙은?

① 5년 이하의 징역 또는 5천만원 이하의 벌금
② 3년 이하의 징역 또는 3천만원 이하의 벌금
③ 2년 이하의 징역 또는 2천만원 이하의 벌금
④ 1년 이하의 징역 또는 1천만원 이하의 벌금

정답 23. ③ 24. ③ 25. ④ 26. ② 27. ③ 28. ③ 29. ① 30. ①

31 다음 중 철도안전법 시행규칙에서 정한 적성검사에 대한 설명으로 옳지 않은 것은?

① 문답형 검사 판정은 적합 또는 부적합으로 한다.
② 반응형 검사 점수 합계는 70점으로 한다.
③ 반응형 검사 평가점수가 30점 미만인 사람은 불합격 기준에 해당된다.
④ 문답형 검사에서는 인성 및 주의력 검사를 한다.

32 여객자동차운송사업 중 교통수단안전점검 대상이 되는 교통안전도 평가지수 기준 2.5에 해당하지 않는 사업은?

① 농어촌버스운송사업
② 시내버스운송사업
③ 전세버스운송사업
④ 마을버스운송사업

33 다음 중 1차 위반 시 철도차량 운전면허의 취소 처분기준으로 옳지 않은 것은?

① 술을 마신 상태(혈중 알코올농도 0.02퍼센트 이상 0.1퍼센트 미만)에서 운전한 경우
② 운전면허증을 타인에게 대여한 경우
③ 거짓이나 그 밖의 부정한 방법으로 운전면허를 받은 경우
④ 운전면허의 효력정지 기간 중 철도차량을 운전한 경우

34 다음 중 철도산업기본법에서 정한 철도시설에 해당하지 않는 것은?

① 물류시설 · 환승시설 및 편의시설 등
② 선로에 부대되는 시설을 제외한 철도의 선로
③ 선로 및 철도차량을 보수 · 정비하기 위한 선로보수기지, 차량정비기지 및 차량유치시설
④ 철도의 전철전력설비, 정보통신설비, 신호 및 열차제어설비

35 철도운영자등이 안전관리체계를 지속적으로 유지하지 않아 철도운영이나 철도시설의 관리에 중대한 지장을 초래한 경우로서 철도사고로 인한 사망자 수가 10명 이상인 경우 과징금은?

① 3억 6천만원
② 7억 2천만원
③ 14억 4천만원
④ 21억 6천만원

36 다음 중 철도차량 운전면허의 종류로 옳지 않은 것은?

① 고속철도차량 운전면허
② 디젤차량 운전면허
③ 철도장비 운전면허
④ 전동차량 운전면허

37 다음 중 철도산업발전기본법 시행령에서 정한 선로등의 사용료를 정할 때 고려사항으로 옳지 않은 것은?

① 선로등급 · 선로용량 등 선로등의 상태
② 운행하는 철도차량의 종류 및 중량
③ 철도차량의 운행시간대 및 운행횟수
④ 종사원의 전체 수 및 정비능력

정답 31. ④ 32. ③ 33. ① 34. ② 35. ④ 36. ④ 37. ④

38 다음 중 거짓이나 그 밖의 부정한 방법으로 안전관리체계의 승인을 받은 자에 대한 벌칙으로 옳은 것은?

① 5년 이하의 징역 또는 5천만원 이하의 벌금
② 3년 이하의 징역 또는 3천만원 이하의 벌금
③ 2년 이하의 징역 또는 2천만원 이하의 벌금
④ 1년 이하의 징역 또는 1천만원 이하의 벌금

39 다음 중 교통안전관리자가 될 수 없는 자는?

① 피성년후견인이 아닌 자
② 금고 이상의 실형을 선고받고 그 집행이 종료되어 2년이 지난 자
③ 금고 이상의 형의 집행유예를 선고받고 그 유예기간이 지난 자
④ 교통안전관리자 자격의 취소처분을 받은 날부터 1년이 지난 자

40 교통안전법상 교통안전담당자로 지정될 수 없는 자는?

① 교통기사
② 교통사고분석사(민간자격)
③ 교통안전관리자
④ 산업안전보건법에 따른 안전관리자

41 국토교통부장관이 실시하는(한국교통안전공단에 위탁)하는 교통수단안전점검 대상에 해당하지 않는 것은?

① 1건의 사고로 사망자가 1명 이상 발생한 교통사고
② 교통사고지수 기준을 초과하여 발생한 교통사고
③ 1건의 사고로 중상자가 2명 이상 발생한 교통사고
④ 교통안전도 평가지수가 기준을 초과하여 발생한 교통사고

42 교통안전법에 따른 처분을 하고자 할 때 청문을 실시해야 하는 경우는?

① 과태료 부과처분
② 교통안전관리자 자격의 취소
③ 교통안전진단기관의 영업정지
④ 교통안전담당자 지정의 취소

43 다음 중 철도사고등의 의무보고 분류방법으로 옳지 않은 것은?

① 초기보고　　② 중간보고
③ 경위보고　　④ 종결보고

44 다음 중 철도안전법에서 정한 철도보호지구의 범위로 옳은 것은?

① 철도시설물로부터 30미터 이내
② 철도용지로부터 30미터 이내
③ 궤도중심으로부터 30미터 이내
④ 철도경계선으로부터 30미터 이내

45 다음 중 철도안전을 확보하기 위하여 필요한 사항을 규정하고 철도안전 관리체계를 확립함으로써 공공복리의 증진에 이바지함을 목적으로 제정한 법은?

① 철도안전법
② 도시철도법
③ 철도산업발전기본법
④ 철도의 건설 및 철도시설 유지관리에 관한 법률

정답　38. ③　39. ④　40. ①　41. ②　42. ②　43. ③　44. ④　45. ①

46 다음 중 철도안전법에서 정한 철도차량 형식승인검사 방법으로 옳지 않은 것은?

① 합치성 검사 ② 주행시험
③ 설계적합성 검사 ④ 차량형식 시험

47 다음 중 철도용품 형식승인검사 구분 시 옳지 않은 것은?

① 시설물 검증시험
② 설계적합성 검사
③ 합치성 검사
④ 용품형식 시험

48 교통수단안전점검은 교통점검기관이 교통안전법 또는 관계법령에 따라 소관 교통수단, 교통시설 또는 교통체계에 대하여 무엇을 조사, 점검 및 평가하는가?

① 교통운영에 따른 비용효과
② 시설·장비의 결함 여부
③ 교통안전에 관한 위험요인
④ 운수종사자의 인적요인

49 철도안전법에서 정한 과징금을 부과하는 위반행위의 종류, 과징금(30억원 이하)의 부과기준 및 징수방법, 그 밖에 필요한 사항은 ( )으로 정한다. 괄호 안에 들어갈 말로 알맞은 것은?

① 한국교통안전공단 이사장
② 대통령령
③ 국토교통부장관
④ 국가철도공단

50 다음 중 철도차량정비기술자의 교육훈련 시기 및 교육훈련 시간으로 옳은 것은?

① 철도차량정비업무의 수행기간 3년마다 20시간 이상
② 철도차량정비업무의 수행기간 1년마다 8시간 이상
③ 철도차량정비업무의 수행기간 3년마다 35시간 이상
④ 철도차량정비업무의 수행기간 5년마다 35시간 이상

정답 46. ② 47. ① 48. ③ 49. ② 50. ④

2회 교통법규 모의고사

01 철도운영자등이 철도안전에 관한 교육을 실시하여야 하는 대상에 해당하지 않는 사람은?

① 철도사고 또는 운행장애가 발생한 현장에서 조사·수습·복구 등의 업무를 수행하는 사람
② 여객에게 역무 서비스를 제공하는 사람
③ 철도시설 또는 철도차량을 보호하기 위한 순회점검업무 또는 경비업무를 수행하는 사람
④ 철도차량 및 철도시설의 점검·정비 업무에 종사하는 사람

02 철도산업발전기본법상의 철도산업위원회의 심의·조종사항으로 법에 명시된 사항으로 옳지 않은 것은?

① 철도산업구조개혁에 관한 중요정책 사항
② 철도안전과 철도운영에 관한 중요정책 사항
③ 철도시설관리자와 철도운영자간 상호협력 및 조정에 관한 사항
④ 철도차량의 제작 및 관리 등 철도차량에 관한 정책 사항

03 철도차량 운전면허를 받지 아니하고(운전면허 효력이 정지된 경우 포함) 철도차량을 운전한 자에 대한 벌칙으로 옳은 것은?

① 5년 이하의 징역 또는 5천만원 이하의 벌금
② 3년 이하의 징역 또는 3천만원 이하의 벌금
③ 2년 이하의 징역 또는 2천만원 이하의 벌금
④ 1년 이하의 징역 또는 1천만원 이하의 벌금

04 다음 중 철도차량의 종류별 운전면허로 옳지 않은 것은?

① 고속철도차량 운전면허
② 제1종 전차선차량 운전면허
③ 디젤차량 운전면허
④ 철도장비 운전면허

05 철도차량의 완성검사에 대한 설명 중 옳지 않은 것은?

① 철도차량 완성검사의 절차 및 방법 등에 관하여 필요한 사항은 대통령령으로 정한다.
② 국토교통부장관은 완성검사 신청을 받은 경우에 15일 이내에 완성검사의 계획서를 작성하여 신청인에게 통보하여야 한다.
③ 철도차량 제작자승인을 받은 자는 제작한 철도차량을 판매하기 전에 해당 철도차량이 형식승인을 받은대로 제작되었는지를 확인하기 위하여 국토교통부장관이 시행하는 완성검사를 받아야 한다.
④ 완성검사를 받으려는 자는 철도차량 제작자승인 증명서를 제출하여야 한다.

06 교통안전법령상 교통안전관리규정 검토 결과 교통안전의 확보에 중대한 문제가 있지는 아니하지만 부분적으로 보완이 필요하다고 인정되는 경우에 해당하는 판정은?

① 재검토 적합　② 수정후 적합
③ 점검후 적합　④ 조건부 적합

정답　01. ①　02. ④　03. ④　04. ②　05. ①　06. ④

07 교통사고관련자료 등을 보관·관리하지 아니한 경우에 대해 부과되는 개별기준 과태료의 금액은?

① 100만원　　② 200만원
③ 300만원　　④ 500만원

08 안전관리체계의 승인을 취소하거나 6개월 이내의 기간을 정하여 업무의 제한이나 정지를 명할 수 있는 경우로 옳지 않은 것은

① 거짓이나 그 밖의 부정한 방법으로 승인을 받은 경우
② 변경승인을 받지 아니하거나 변경신고를 하지 아니하고 안전관리체계를 변경한 경우
③ 안전관리체계를 지속적으로 유지하지 아니하여 철도운영이나 철도시설의 관리에 중대한 지장을 초래한 경우
④ 시정조치명령을 정당한 사유로 이행하지 아니한 경우

09 다음 중 철도안전법 시행령에서 정의한 국토교통부장관에게 즉시 보고하여야 하는 대통령령으로 정하는 철도사고로 옳은 것은?

> ㄱ. 열차의 충돌이나 탈선사고
> ㄴ. 철도차량이나 열차에서 화재가 발생하여 운행을 중지시킨 사고
> ㄷ. 철도차량이나 열차의 운행과 관련하여 2명 이상 사상자가 발생한 사고
> ㄹ. 철도차량이나 열차의 운행과 관련하여 3천만원 이상의 재산피해가 발생한 사고

① ㄴ, ㄷ, ㄹ
② ㄱ, ㄴ, ㄷ, ㄹ
③ ㄱ, ㄴ
④ ㄴ, ㄷ

10 국토교통부령으로 정하는 철도차량 형식승인의 경미한 사항 변경에 해당하지 않는 것은?

① 철도차량의 구조안전 및 성능에 영향을 미치지 아니하는 차체 형상의 변경
② 철도차량의 구조 및 차체 형상의 변경
③ 철도차량의 안전에 영향을 미치지 아니하는 설비의 변경
④ 중량분포에 영향을 미치지 아니하는 장치 또는 부품의 배치 변경

11 철도용품 형식승인검사 중 철도용품이 부품단계, 구성품단계, 완성품단계, 시운전단계에서 철도용품 기술기준에 적합한지 여부에 대한 시험으로 옳은 것은?

① 용품형식 시험　　② 설계적합성 검사
③ 시설물 검증시험　　④ 합치성 검사

12 다음 중 철도안전법 시행규칙에서 정의한 여객출입 금지장소, 폭발물 등 적치금지 구역이 순서대로 옳은 것은?

① 철도교량 – 정거장 및 선로(선로를 지지하는 구조물 및 그 주변지역을 포함)
② 방송실 – 철도터널
③ 발전실 – 방송실
④ 철도역사 – 기관실

13 다음 중 철도안전법에서 정의한 소유자등이 개조승인을 받지 아니하고 임의로 철도차량을 개조하여 운행하는 경우 철도차량의 운행제한통보 사항으로 옳지 않은 것은?

① 운행제한 기간
② 운행제한 목적
③ 운행제한 대상자
④ 운행제한 내용

정답　07. ④　08. ④　09. ③　10. ②　11. ①　12. ②　13. ③

14 시·도지사가 교통안전진단기관에 대해 처분을 하고자 청문을 실시하여야 하는 경우는?

① 과실로 인한 폐업신고
② 과실로 인한 중대 교통사고 발생시
③ 자격 관련 결격사유 발생시
④ 등록의 취소

15 다음 중 철도안전법 시행령에서 정의한 철도안전전문기술자에 대한 구분으로 옳은 것은?(모두 선택)

| ㄱ. 전기철도 분야 | ㄴ. 철도신호 분야 |
| ㄷ. 철도궤도 분야 | ㄹ. 철도시설 분야 |

① ㄴ, ㄷ, ㄹ ② ㄱ, ㄴ, ㄷ, ㄹ
③ ㄱ, ㄴ, ㄷ ④ ㄱ, ㄴ, ㄹ

16 다음 중 철도안전법 시행규칙에서 정의한 철도운행안전관리자의 교육훈련 내용으로 옳지 않은 것은?

① 안전관리 일반 ② 비상 시 조치 등
③ 기초전문 직무교육 ④ 관계법령

17 철도안전법령을 위반하여 탁송 및 운송금지 위험물을 탁송한 자에 대한 처벌로 옳은 것은?

① 5년 이하의 징역 또는 5천만원 이하의 벌금
② 3년 이하의 징역 또는 3천만원 이하의 벌금
③ 2년 이하의 징역 또는 2천만원 이하의 벌금
④ 1년 이하의 징역 또는 1천만원 이하의 벌금

18 교통안전도 평가지수 산정 시 중상사고 또는 중상자에 대한 가중치는 얼마인가?

① 0.3 ② 0.5
③ 0.7 ④ 0.9

19 다음 중 철도산업발전기본법 시행령에서 규정한 철도산업위원회의 위원장으로 옳은 것은?

① 철도운영사 사장
② 시·도지사
③ 국토교통부장관
④ 기획재정부차관

20 다음 중 철도안전법에서 정한 열차의 정의로 타당한 것은?

① 선로를 운행할 목적으로 철도운영자가 편성한 철도차량
② 선로를 운행할 목적으로 철도운영자가 편성하여 열차번호를 부여한 철도차량
③ 철도운영자가 편성하여 운행번호를 부여한 철도차량
④ 선로를 운행할 목적으로 철도차량 운전자가 열차를 부여받은 철도차량

21 국토교통부령으로 정하는 철도시설이나 철도차량을 훼손하거나 정상적인 기능·작동을 방해하여 열차운행에 지장을 줄 수 있는 산업폐기물·생활폐기물로 옳은 것은?

① 위험물 ② 위험물품
③ 위험품 ④ 유해물

22 철도안전투자의 공시 기준에서 예산 규모에 포함되지 않는 예산은?

① 철도차량 교체에 관한 예산
② 노후 철도차량 평가에 관한 예산
③ 철도안전 교육훈련에 관한 예산
④ 철도시설 개량에 관한 예산

정답 14. ④ 15. ③ 16. ③ 17. ② 18. ③ 19. ③ 20. ② 21. ④ 22. ②

23 교통안전법령에 따른 교통행정기관이 아닌 것은?

① 시·도지사
② 시장·군수·(자치)구청장
③ 지정행정기관의 장
④ 시·도 경찰청장

24 다음 중 철도안전법 시행규칙에서 정의한 철도교통관제업무의 대상에서 제외되는 사항으로 옳지 않은 것은?

① 정상운행을 하기 전 신설선에서 철도차량을 운행하는 경우
② 정상운행을 하기 전 개량선에서 철도차량을 운행하는 경우
③ 철도차량을 보수·정비하기 위한 차량정비기지 및 차량유치시설에서 철도차량을 운행하는 경우
④ 철도차량의 운행에 대한 집중 제어·통제 및 감시

25 다음 중 철도안전법에서 정의한 철도안전관리체계에 대한 설명으로 옳지 않은 것은?

① 승인받은 철도안전관리체계를 변경하려는 경우에는 국토교통부장관의 변경승인을 받아야 한다.
② 철도안전관리체계를 승인받으려는 경우에는 철도운용 또는 철도시설 관리 개시 예정일 90일 전까지 국토교통부장관에게 승인 신청을 하여야 한다.
③ 국토교통부령으로 정하는 경미한 사항을 변경하려는 경우에는 국토교통부장관에게 신고하여야 한다.
④ 철도운영자등(전용철도 포함)이 철도운영을 하거나 철도시설을 관리하려는 경우에는 국토교통부장관으로부터 철도안전관리체계 승인을 받아야 한다.

26 다음 중 철도안전법령에서 규정하는 재정지원 기관 및 단체에 해당하지 않은 것은?

① 운전적성검사기관
② 안전전문기관 및 철도안전에 관한 단체
③ 관제교육훈련기관
④ 관제신체검사기관

27 철도안전법 시행규칙에서 규정하고 있는 일반응시자가 제2종 전기차량 운전면허를 취득을 위하여 받아야 하는 기능교육 과목을 모두 나열한 것은?

> ㄱ. 현장실습교육
> ㄴ. 운전실무 및 모의운행 훈련
> ㄷ. 비상시 조치 등

① ㄱ, ㄴ, ㄷ
② ㄱ, ㄴ
③ ㄱ, ㄷ
④ ㄴ, ㄷ

28 다음 중 철도산업발전기본법에서 정의하는 용어 중 '철도운영'에 대한 설명으로 옳지 않은 것은?

① 철도차량의 정비 및 열차의 운행관리
② 철도시설·철도차량 및 철도부지 등을 활용한 부대사업개발 및 서비스
③ 철도 여객 및 화물 운송
④ 철도시설의 신설과 기존 철도시설의 현대화

정답 23.④ 24.④ 25.④ 26.④ 27.① 28.④

29 다음 중 철도차량의 개조에 대한 설명으로 옳지 않은 것은?

① 국토교통부장관은 개조승인을 하려는 경우에는 해당 철도차량이 법에 따라 고시하는 기술기준에 적합한지에 대하여 개조승인검사를 하여야 한다.
② 소유자등이 철도차량 개조승인을 받으려는 경우 철도운영기관의 장이 적정 개조능력이 있다고 인정되는 자가 개조작업을 수행할 수 있도록 하여야 한다.
③ 개조승인절차, 승인방법 등에 대하여 필요한 사항은 국토교통부령으로 정한다.
④ 국토교통부령으로 경미한 사항을 개조하는 경우에는 국토교통장관에게 신고하여야 한다.

30 다음 중 철도안전법에서 정의한 정밀안전진단에 대한 설명으로 옳지 않은 것은?

① 철도차량이 제작된 시점은 완성검사증명서를 발급받은 날부터 기산한다.
② 정밀안전진단 등의 기준·방법·절차 등에 필요한 사항은 국토교통부령으로 정한다.
③ 일정기간 또는 일정주행거리가 지나 노후된 철도차량을 운행하려는 경우 일정기간마다 물리적 사용가능 여부 및 안전성능 등에 대한 진단을 받아야 한다.
④ 정밀안전진단기관은 대통령이 지정한다.

31 다음 중 철도안전법에서 정의한 다음 조건으로 운전적성검사에 불합격한 사람의 재검사 기간이 순서대로 옳은 것은?

조건
ㄱ: 운전적성검사 과정에서 부정행위를 한 사람
ㄴ: 운전적성검사에 불합격한 사람

① ㄱ 검사일로부터 1년,
　ㄴ 검사일로부터 3개월
② ㄱ 검사일로부터 3개월,
　ㄴ 검사일로부터 1년
③ ㄱ 검사일로부터 3개월,
　ㄴ 검사일로부터 6개월
④ ㄱ 검사일로부터 3년,
　ㄴ 검사일로부터 1년

32 운전업무종사자에 대한 적성검사 중 정기검사의 기간으로 옳은 것은?

① 최초검사 유효기간 만료일 후 12개월 이내
② 기초검사 유효기간 만료일 후 12개월 이내
③ 특별검사 유효기간 만료일 전 12개월 이내
④ 정기검사 유효기간 만료일 전 12개월 이내

33 다음 중 철도산업발전기본법에서 정한 비상사태 시 처분으로서 철도서비스의 수급 안정을 위하여 대통령령으로 정하는 사항으로 옳은 것은? (모두 선택)

ㄱ. 철도시설의 임시사용
ㄴ. 철도시설의 사용제한 및 접근 통제
ㄷ. 철도시설의 긴급복구 및 복구지원

① ㄴ, ㄷ　　② ㄱ, ㄴ, ㄷ
③ ㄱ, ㄷ　　④ ㄱ, ㄴ

34 철도안전법령에서 규정하는 운송취급주의 위험물로 옳지 않은 것은?

① 철도운송 중 폭발할 우려가 있는 것
② 유독성 가스를 발생시킬 우려가 있는 것
③ 마찰·충격·흡습 등 주위의 상황으로 인하여 발화할 우려가 있는 것
④ 뇌홍질화연에 속하는 것

정답 29. ② 30. ④ 31. ① 32. ④ 33. ② 34. ④

35 다음 중 철도의 관리청으로 가장 적합한 기관은?

① 국토교통부장관
② 한국교통안전공단이사장
③ 한국철도공사 사장
④ 국가철도공단 이사장

36 철도안전법령에서 규정하는 철도보호 및 질서유지를 위한 금지행위에 해당하지 않는 것은?

① 역시설 등 공중이 이용하는 철도시설 또는 철도차량에서 폭언 또는 고성방가 등 소란을 피우는 행위
② 궤도의 중심으로부터 양측으로 폭 3미터 이내의 장소에 철도차량의 안전 운행에 지장을 주는 물건을 방치하는 행위
③ 여객열차 밖에 있는 사람을 위험하게 할 우려가 있는 물건을 여객열차 밖으로 던지는 행위
④ 철도시설 또는 철도차량을 파손하여 철도차량 운행에 위험을 발생하게 하는 행위

37 다음 중 교통수단안전점검 대상이 아닌 것은?

① 해운업자가 보유한 선박
② 철도사업법에 따른 철도차량
③ 항공운송사업자가 보유한 항공기
④ 건설기계관리법에 따른 건설기계

38 교통안전관리규정을 제출하지 아니하거나 이를 준수하지 아니하는 경우 또는 변경명령에 따르지 아니하는 경우 부과되는 개별기준 과태료의 금액은?

① 100만원 이하   ② 200만원 이하
③ 300만원 이하   ④ 500만원 이하

39 작업책임자의 작업안전에 관한 조치사항 중 국토교통부령으로 정하고 있는 내용으로 옳지 않은 것은?

① 작업이 지연되거나 작업 중 비상상황 발생 시 작업일정 및 열차의 운행일정 재조정 등에 관한 조치
② 작업시간 내 작업현장 이탈 금지
③ 작업 수행 전 작업원의 안전장비 착용상태 점검
④ 작업 수행 전 작업에 필요한 안전장비·안전시설의 점검

40 다음 중 철도안전법 시행규칙에서 정의한 안전관리체계의 경미한 사항에 해당하는 것은?

① 안전업무를 수행하는 전담조직의 변경
② 열차운행의 변경
③ 유지관리 인력의 감소
④ 조직 부서명의 변경

41 다음 중 철도안전법 시행령에서 정의한 국토교통부장관이 한국교통안전공단에 위탁한 업무 사항으로 옳은 것은?(모두 선택)

> ㄱ. 안전관리기준에 대한 적합 여부 검사
> ㄴ. 기술기준의 제정
> ㄷ. 철도운영자등에 대한 안전관리 수준평가

① ㄱ, ㄷ   ② ㄱ, ㄴ, ㄷ
③ ㄴ, ㄷ   ④ ㄱ, ㄴ

42 다음 중 철도차량 운전면허의 종류로 옳지 않은 것은?

① 철도장비 운전면허
② 노면전차 운전면허
③ 디젤차량 운전면허
④ 전기동차 운전면허

정답 35.① 36.③ 37.① 38.④ 39.① 40.④ 41.② 42.④

43 국토교통부장관이 행하는 관제업무의 대상 또는 내용으로 옳지 않은 것은?

① 정상운행을 하기 전의 신설선 또는 개량선에서 철도차량을 운행하는 경우
② 철도차량의 운행에 대한 집중 제어·통제 및 감시
③ 철도사고등의 발생 시 사고복구
④ 조언과 정보의 제공 업무

44 다음 중 철도종사자 신체검사에 대한 설명으로 옳지 않은 것은?

① 신체검사는 최초검사·정기검사·특별검사로 구분한다.
② 최초검사는 해당 업무를 수행하기 전에 실시하는 신체검사를 말한다.
③ 정기검사는 최초검사나 정기검사를 받은 날부터 2년이 되는 날 전 3개월 이내에 실시하여야 한다.
④ 운전업무종사자 또는 관제업무종사자는 최초검사를 받은 날부터 2년 이상이 지난 후 특별검사를 받아야 한다.

45 다음 중 철도안전법 시행령에서 규정하고 있는 운전교육훈련기관 지정기준에 대한 설명으로 옳지 않은 것은?

① 운전교육훈련 시행에 필요한 사무실·교육장을 갖출 것
② 운전교육훈련 업무 수행에 필요한 상설 전담조직을 갖출 것
③ 운전교육훈련기관의 운영 등에 관한 업무규정을 갖출 것
④ 운전면허의 종류별로 운전교육훈련 업무를 수행할 수 있는 전문인력을 확보할 것

46 교통안전도 평가지수에 대한 설명으로 틀린 것은?

① 교통사고 사상자 수 산정 시 경상자 1명은 '0.3', 중상자 1명은 '0.7', 사망자 1명은 '1'을 각각 가중치로 적용한다.
② 교통사고 발생건수의 산정 시 하나의 교통사고로 여러 명의 사망 또는 상해를 입은 경우에는 합산하여 계산한다.
③ 교통사고는 직전연도 1년간의 교통사고를 기준으로 한다.
④ 사망사고라 함은 교통사고가 주된 원인이 되어 교통사고 발생 시부터 30일 이내에 사람이 사망한 사고를 말한다.

47 시·도지사 등은 다음 연도의 시·도 교통안전시행계획을 언제까지 수립해야 하는가?

① 1월말까지
② 11월말까지
③ 12월말까지
④ 12월20일까지

48 다음 중 철도안전관리체계의 유지·검사 등에 대한 설명으로 옳지 않은 것은?

① 철도운영자등은 철도안전관리체계 검사 결과에 따라 시정조치명령을 받은 경우에는 7일 이내에 시정조치계획서를 국토교통부장관에게 제출하여야 한다.
② 국토교통부장관은 1년마다 1회의 정기검사를 실시하여야 한다.
③ 국토교통부장관은 검사 시행일 7일 전까지 철도운영자등에게 검사계획을 통보하여야 한다.
④ 국토교통부장관은 철도사고, 준철도사고 및 운행장애 예방을 위하여 수시로 검사를 시행할 수 있다.

정답 43. ① 44. ④ 45. ① 46. ② 47. ③ 48. ①

49 다음 중 철도안전관리체계 승인 신청서류 중 열차운행체계에 관한 서류에 해당되는 것은?

① 철도안전경영
② 철도차량 제작 감독
③ 철도보호 및 질서유지
④ 유지관리 이행계획

50 어린이, 노인, 장애인을 위한 교통안전 체험시설을 설치할 때 설치기준과 방법으로 적절치 않은 것은?

① 교통사고 예방법을 습득할 수 있도록 교통의 위험상황을 재현할 수 있는 영상장치 등 시설·장비를 갖출 것
② 어린이등이 자동차를 운전할 때 안전한 운전방법을 익힐 수 있는 체험시설을 갖출 것
③ 어린이등이 교통시설의 운영체계를 이해할 수 있도록 보도·횡단보도 등의 시설을 관계 법령에 맞게 배치할 것
④ 교통안전 체험시설에 설치하는 교통안전표지 등이 관계 법령에 따른 기준과 일치할 것

정답 49. ③   50. ②

저자

공학박사 민수홍

〈약력〉

- 세종사이버대학교 드론로봇융합학과 교수
- 법학사, 공학사, 이학석사, 공학박사
- 경량항공기조종사
- 무인멀티콥터 실기평가조종자
- 무인비행기 지도조종자
- 항공교통안전관리자
- 항공무선통신사
- 한국국방연구원 평가위원

- 인천테크노파크 평가위원
- 경기도 경기기술닥터
- (사)한국무인기시스템협회 전문위원
- (사)한국무인방제방역협회 고문
- (사)대한드론농구협회 자문위원
- 경기테크노파크 평가위원
- (사)한국드론기업연합회 자문위원
- 경찰청 장비심사위원회 심사위원

〈저서〉

무인항공기[드론] 운용총론, (주) 골든벨, 2019.
드론정비학원론, (주) 골든벨, 2021.
항공교통안전관리자 1200제, (주) 골든벨, 2025.

PASS 시험 2주 작전

철도교통안전관리자
교통법규 600제 ②

초판 인쇄 | 2026년 1월 5일
초판 발행 | 2026년 1월 12일

저　　자 | 민수홍
발 행 인 | 김길현
발 행 처 | (주) 골든벨
등　　록 | 제 1987-000018호
I S B N | 979-11-5806-312-2
가　　격 | 20,000원

(우)04316 서울특별시 용산구 원효로 245(원효로 1가 53-1) 골든벨 빌딩 6F
- TEL : 도서 주문 및 발송 02-713-4135 / 회계 경리 02-713-4137
　　기획디자인본부 02-713-7452 / 해외 오퍼 및 광고 02-713-7453
- FAX : 02-718-5510　　• 홈페이지 : http : //www.gbbook.co.kr　　• E-mail : 7134135@naver.com

본 도서의 내용(텍스트, 도해, 도표, 이미지 등)은 저작권자의 사전 서면 승인 없이 아래와 같은 행위는 금지되며, 위반 시 「저작권법」 제125조(손해배상의 청구) 및 관련 조항에 따라 민·형사상 책임을 질 수 있습니다.
① 개인 학습 목적을 넘어 도서의 전부 또는 일부를 무단 복제·배포하는 행위
② 학교·학원·공공기관·기업·단체 등에서 영리 또는 비영리 목적을 불문하고 허락 없이 복제·전송·배포하는 행위
③ 전자책, PDF, 스캔본, 사진 촬영본, 클라우드 공유, 온라인 커뮤니티 게시, SNS 업로드, 파일 공유 서비스 등을 통한 무단 이용
④ 기타 디지털 복제·전송 수단(USB, 디스크, 서버 저장, 스트리밍 등)을 이용한 무단 사용

※ 파본은 구입하신 서점에서 교환해 드립니다.